"十三五"水体污染控制与治理科技重大专项重点图书

饮用水安全保障技术体系理论与实践

邵益生 杨 敏 等著

中国建筑工业出版社

图书在版编目(CIP)数据

饮用水安全保障技术体系理论与实践 / 邵益生等著.
北京：中国建筑工业出版社，2025.4. --("十三五"
水体污染控制与治理科技重大专项重点图书). -- ISBN
978-7-112-31023-4

Ⅰ.TU991.2

中国国家版本馆 CIP 数据核字第 2025SV8803 号

责任编辑：于　莉　杜　洁
文字编辑：李鹏达
责任校对：姜小莲

"十三五"水体污染控制与治理科技重大专项重点图书
饮用水安全保障技术体系理论与实践
邵益生　杨　敏　等著

*

中国建筑工业出版社出版、发行（北京海淀三里河路9号）
各地新华书店、建筑书店经销
北京红光制版公司制版
北京中科印刷有限公司印刷

*

开本：787 毫米×1092 毫米　1/16　印张：33¾　字数：778 千字
2025 年 4 月第一版　　2025 年 4 月第一次印刷
定价：**128.00 元**
ISBN 978-7-112-31023-4
(44586)

版权所有　翻印必究
如有内容及印装质量问题，请与本社读者服务中心联系
电话：(010) 58337283　　QQ：2885381756
(地址：北京海淀三里河路9号中国建筑工业出版社604室　邮政编码：100037)

"十三五"水体污染控制与治理科技重大专项重点图书
（饮用水安全保障主题成果）

编 委 会

主　　　任：邵益生　杨　敏
副　主　任：尹大强　张土乔　张金松　贾瑞宝　崔福义
　　　　　　郄燕秋　刘书明
编　　　委：刘锁祥　樊仁毅　胡嘉东　贾瑞宝　杨书平
　　　　　　肖　磊　安　伟　张　燕　陶　涛　张仪萍
　　　　　　楚文海　张志果　林明利　孔祥娟　田永英
　　　　　　任海静　石春力　薛重华　焦贝贝　王双玲
　　　　　　倪晓棠　马一祎

本书编委会

主　　　任：邵益生　杨　敏

副　主　任：尹大强　张晓健　张土乔　张金松　贾瑞宝
　　　　　　　崔福义　郄燕秋　刘书明

编　　　委：（按姓氏笔画排序）

丁香鹏　于水利　于建伟　马一祎　王双玲
王东升　王建平　尹兆栋　孔祥娟　邓志光
邓慧萍　石春力　叶　辉　田永英　白迪琪
边　际　吕　谋　朱建国　任海静　刘文君
刘佳福　刘玲花　刘秋水　刘锁祥　齐学斌
闫冠宇　安　伟　孙志林　孙韶华　苏一兵
杜建国　李　星　李　琳　李玉中　杨　帆
杨书平　吴丰昌　肖　磊　何　琴　宋兰合
张　东　张　全　张　岚　张　雷　张　燕
张仪萍　张亚峰　张志果　张宏伟　张宏建
张明德　陈　健　陈　超　陈良刚　邵卫云
林明利　周长青　郑丙辉　孟明群　赵　锂
郝　力　胡启春　胡强干　胡嘉东　柳　冰
侯立安　袁一星　莫　罹　桂　萍　顾玉亮
顾金山　顾海涛　倪晓棠　高乃云　郭　萍
陶　涛　梅旭荣　龚道孝　董秉直　蒋绍阶
韩　伟　韩德宏　焦贝贝　靳满城　楚文海
樊仁毅　潘文堂　薛重华

主要执笔人：邵益生　杨　敏　尹大强　张晓健　张土乔
　　　　　　　张金松　贾瑞宝　崔福义　郄燕秋　刘书明
　　　　　　　林明利　宋兰合　张志果　安　伟　邹苏红
　　　　　　　王明泉　潘章斌

序　言

　　水体污染控制与治理科技重大专项（以下简称水专项）作为一项民生科技重大专项，是国家科研项目中探索新型科研体制开展关键核心技术攻关的重要实践。水专项的组织实施管理，充分体现了明确国家发展目标、动员协调各种资源要素、发挥国内外多元力量的科技管理机制体制创新。水专项组织实施历经"十一五"时期、"十二五"时期、"十三五"时期三个五年计划，各级管理部门不断探索工作机制、排除各种干扰、逐步完善管理方法，创新了一套符合我国国情、中央与地方协同、政产学研用"大兵团"联合攻关的重大项目组织实施机制，形成了一套较为完整的大型科研项目的管理体系。

　　水专项组织实施15年，具有以下几个特点：项目课题多、研究人员多、涉及范围广，产生影响大。15年来，水专项共立项510个项目（课题），全国参与水专项科研人员4万余名，高水平科研团队约百个，涉及高等院校、科研院所、供水排水企业，以及水务设备产品生产企业等不同领域、不同属性的数百个单位。水专项的综合示范应用，从"十一五"时期的"三河三湖一江一库"，到"十二五"时期的太湖、巢湖、滇池、辽河4大重点流域，再到"十三五"时期的太湖流域、京津冀区域，基本覆盖全国主要水系流域及周边重点城市。水专项组织实施的15年，也是各地（尤其是京津冀、太湖流域、长江下游、珠江流域等地）饮用水水质大幅度提升、城市人居环境得到极大改善的15年，切实解决了当地民生问题。

　　水专项科技研发项目的顶层设计，坚持需求牵引、问题导向和目标导向。需求牵引，即以满足老百姓对更好人居环境和更高品质饮用水的需求为工作方向；问题导向，即以解决水环境污染问题和城乡供水安全问题为出发点；目标导向，即支撑全国范围，特别是重点流域，实现水环境改善和饮用水安全为总体目标。住房城乡建设部作为水专项的牵头组织单位之一，主要负责"城市水污染控制与水环境综合整治技术研究与示范"和"饮用水安全保障技术研究与综合示范"两个主题的组织实施，立足研究构建城市水污染控制技术体系和饮用水安全保障技术体系，在重点流域重点地区开展综合示范，通过科技水平和管理能力的进步，带动城市水体污染控制、城市水环境改善和城市供水安全保障，从而整体提升人居环境质量、提高供水水质，满足城市高质量发展要求和百姓生活品质需求。

　　自2007年正式组织实施以来，水专项采取科技研发和治水工程紧密结合的模式，集合全国优势科研力量，调动地方各级行政管理部门积极性，通过科技支撑和示范引领，带动全国城市供水能力整体提升、污水处理厂整体升级改造、黑臭水体有效治理，有效支撑了《水污染防治行动计划》（以下简称"水十条"）实施，推动了行业技术水平整体进步。水专项的实施，为我国水环境治理领域培养储备了大量科技人才、管理人才和工程人才。

水专项培养的优秀人才（杰青、优青、百千万人计划、长江学者等）近100人，博士硕士近万人，全国供水企业、污水处理厂、水质监测部门、地方管理部门等机构接受培训的人员近万人。通过示范工程和依托工程的建设运营，大幅度提高了地方技术人员的实践能力。

在"饮用水安全保障"领域，水专项构建了"从源头到龙头"全流程饮用水安全保障技术体系，在太湖流域、长三角地区、南水北调受水区、珠江下游等重点区域（流域）进行技术示范和规模化应用，支撑当地饮用水水质提升与安全达标，直接受益人口超过1亿人。水专项有效化解了南水北调水进京后可能导致的供水管网"黄水"风险，保障了首都供水安全；提升了上海市供水应急保障能力，有效保障超大城市（近3000万人口）的供水安全；为深圳市饮用水水质提升提供技术支持，实现盐田区23万人自来水直饮。在水专项的技术支持下，我国供水行业的科技水平和供水安全保障能力得到整体性提升，全国城市饮用水水质达标率由2009年的58.2%提高到目前的96%以上，为"让人民群众喝上放心水"作出了重要贡献。

为了加强水专项成果的宣传、扩散和推广，住房城乡建设部水专项办组织编制水专项"系列丛书"。作为这套丛书之一的《饮用水安全保障技术体系理论与实践》，系统反映了15年来饮用水安全保障领域取得的重要成果，是一部集理论探索、技术创新、产品研发、工程应用和供水管理于一体的重要专著，其核心成果《饮用水安全保障技术体系创建与应用》荣获2023年国家科学技术进步奖一等奖。

回顾过去，从2012年开始，本人参与水专项这一具有历史意义的组织实施管理工作中，感受到水专项的管理工作者们、科研工作者们，以及地方工程规划建设者们，发挥求真务实的精神，迎难而上，不断攻关；也目睹了在水专项的科技支撑下，城镇水务行业科技水平不断进步，各地水环境质量逐步改善，城市供水水质大幅度提升。水专项的全体工作者们，向党和国家交出了高水平的答卷。

展望未来，无论是错综复杂的国际形势，还是人民群众对美好人居环境的需求，水处理领域的广大科技工作者们都要牢记"以人民为中心"的思想，不断探索，加强实践，用科技力量释放城市发展新动能，用科技力量提供可持续发展驱动力，用科技力量为人民群众谋幸福。

郭理桥
住房城乡建设部标准定额司原副司长
住房城乡建设部水专项实施管理办公室原副主任
2024年10月15日

前　言

　　饮用水是人类生存最基本的需求，城乡供水是最重要的基础设施和公共事业。党中央、国务院历来高度重视饮用水安全问题，要求"让人民群众喝上放心水"。但在饮用水水源普遍污染和突发事故频发背景下，保障饮用水安全面临着系统性的问题和挑战，亟需整体性的解决方案和体系化的科技支撑。

　　2006年，国家启动了水体污染控制与治理科技重大专项（以下简称水专项）的顶层设计和实施方案的编制工作。随后，水专项正式进入实施阶段，直至2022年水专项成果评估验收结束，历时3个五年计划共15年之久。水专项是中华人民共和国成立以来，首次推出的以科技创新为先导，为水污染治理、水环境管理和饮用水安全保障提供全面科技支撑的重大科技专项，是《国家中长期科学和技术发展规划纲要（2006—2020年）》确定的16个国家科技重大专项之一。

　　水专项是重大的科技工程和民生工程，探索"新型举国体制"的组织实施模式，发挥我国制度优势，行政与技术协同推进，集中力量办大事。在行政管理层面，成立了由科学技术部、国家发展改革委、财政部等10个部委机构组成的领导小组，明确由国家环境保护总局和建设部牵头组织实施，各相关省市政府也成立了相应的管理机构。在技术管理层面，水专项成立咨询专家组、总体专家组、主题专家组、流域专家组，按相关要求负责对专项、主题、项目、课题等不同层面进行技术指导。

　　水专项设立的"饮用水安全保障技术研究与综合示范"主题，针对我国饮用水水源普遍污染、突发事故频发、供水安全隐患多、监管体系不健全等突出问题，按照重点突破、系统集成、综合保障三个阶段进行任务部署。在15年的时间里，组织全国近百家单位、近万名科研人员参加技术攻关和应用示范，系统构建了"从源头到龙头"全流程饮用水安全保障技术体系，形成了一批关键技术、成套技术、重大装备、标准规范等成果，并在典型示范和推广应用中取得显著成效。"全流程饮用水安全保障技术体系"由三个系统组成：一是"从源头到龙头"多级屏障工程技术，涵盖水源保护、供水厂净化、管网输配、二次供水等关键环节，主要服务于供水规划、设计与建设；二是"从中央到地方"多维协同管理技术，涉及水质监测、风险评估、预警应急、安全管理等方面，主要服务于运维管理、监督管理和应急管理；三是"从书架到货架"材料设备制造技术，包括净水材料、监测设备及其集成化装备的制造技术，主要服务于相关行业的制造类企业。

　　水专项在实施过程中，坚持目标导向、问题导向和需求牵引，坚持服务于国家重大战略，关注并回应民生诉求。"全流程饮用水安全保障技术体系"在长三角、珠三角、京津冀等地区进行综合性的示范应用，显著提升了北京、上海、深圳等超大城市的饮用水安全保障能力，直接受益人口超过1亿人，惠及人口达5亿多人，增强了人民群众对供水安全的获得感和幸福感。

在太湖流域和长三角地区，水专项形成了针对太湖水、江河水、河网水等三类水源特征的整体解决方案，通过净水工艺技术创新、验证和工程示范，显著提升了环太湖地区的饮用水质量，彻底解决了长期困扰上海市的饮用水嗅味问题，有效避免了无锡市及太湖周边城市因蓝藻暴发可能造成的大面积停水危机，攻克了嘉兴市因取用高氨氮高有机物污染河网原水在低温期的水质稳定达标难题。

在京津冀示范区和黄河下游地区，系统优化了南水北调受水区的多水源配置、供水设施布局和净水技术工艺，有效化解了水源切换后供水管网大面积出现"黄水"的风险，保障了首都的供水安全；为济南、东营等城市合理配置黄河水、长江水和当地水资源，优选净水工艺提供了重要支撑；在雄安新区积极探索未来城市水系统的综合规划构建模式和现代化标准。

在珠三角-粤港澳大湾区，针对珠江下游地区水源污染、咸潮上溯以及湿热气候条件下深度处理工艺生物安全性等问题，开展了适应性技术研究和工程示范，为广州、深圳、珠海、东莞等城市供水安全保障提供了技术支撑，深圳市盐田区实现23万人自来水直饮。粤港澳大湾区"共饮一江水"，澳门、香港也间接受益。

在供水应急救援方面，针对突发污染事故和其他灾害风险，制定了应急预案编制指南，建立了突发事故应急监测方法库、应急处理技术库，并为40多起突发水源污染事故的成功应对提供了强有力技术支撑；支撑建成国家供水应急救援中心及八大基地，在雅安地震、恩施泥石流等事件的应急供水中起到"安定民心"的特殊作用。

在国际技术合作方面，自主研发的部分技术和设备产品已经在"一带一路"沿线的斯里兰卡、柬埔寨、缅甸、孟加拉、尼泊尔等国家推广应用，产生了良好国际影响。中德政府间科技合作项目在提升水厂及管网运行效能方面取得重要进展。

为了加强水专项成果的宣传、扩散和推广，住房和城乡建设部水专项办组织编制水专项"系列丛书"。作为饮用水主题的系列丛书之一，2019年组织编写出版了《饮用水安全保障理论与技术研究进展》，全书分设5篇共16章，初步总结了前10年产出的主要成果。在此基础上，这次又组织编写出版《饮用水安全保障技术体系理论与实践》，试图全面系统反映水专项15年来在饮用水安全保障技术领域取得的重要成果。全书分5篇共15章，是对2019年版专著的继承、补充和完善。

本书是水专项饮用水主题层面具有统领性、集成性和总结性的成果专著，具有以下如下特点：**一是系统性**，全书围绕饮用水安全保障技术体系构建设置的5个篇章，是个(1+3+1)的有机整体，第一篇是顶层设计和总体架构，主要阐述研究背景、科技需求、技术路线，以及理论方法和技术体系；第二、三、四篇分别是饮用水多级屏障工程技术、饮用水多维协同管理技术、供水设备材料产业化三个技术系统的成果介绍。第五篇为技术应用成效与展望。**二是索引性**，考虑"系列丛书"相关成果专著之间的衔接关系，本书第二、三、四篇部分章节的内容写的比较精简，有兴趣详细了解的读者可查阅"系列丛书"

及相关专著，详见本书附录清单。

全书由邵益生负责组织撰写和审阅定稿，全书由邵益生负责组织撰写和审阅定稿，各章节主要撰写人员为：第1章，邵益生、杨敏、林明利；第2章，邵益生、尹大强、林明利；第3章，崔福义、张燕、顾玉亮、姜蕾、付青、张东等；第4章，尹大强、郄燕秋；第5章，张土乔，刘书明，邵煜，信昆仑，石宝友等；第6章，郄燕秋、刘广奇、莫罹、孔彦鸿、周飞祥等；第7章，贾瑞宝、宋兰合、孙韶华、王明泉、马中雨等；第8章，张金松、邹苏红、李爽、李悦、徐荣等；第9章，张志果、李琳、安伟等；第10章，张晓健、陈超、梁涛、张岚、董红；第11、12、13章，贾瑞宝、潘章斌等；第14章，邵益生、杨敏、林明利、李化雨、郭风巧等；第15章，邵益生、杨敏、林明利。

本书编写工作得到了水专项管理办公室、水专项总体专家组、饮用水主题项目课题组、示范应用单位的专家学者、工程技术和管理人员的密切配合，本书相关内容和素材由相关课题研究人员提供，在此一并表示衷心感谢。同时，限于编者学识水平和实践经验，书中不足之处在所难免，敬请广大读者批评指正。

邵益生
国际欧亚科学院院士
水专项技术副总师
水专项饮用水安全保障主题专家组组长
2024年10月15日

目 录

第一篇 总论 ……………………………………………………………………… 1

第1章 国家战略与科技需求 …………………………………………………… 1
1.1 概述 …………………………………………………………………… 1
1.2 国家战略与行业需求 ………………………………………………… 2
1.3 存在的问题与挑战 …………………………………………………… 3
1.4 科学问题与技术需求 ………………………………………………… 8
1.5 任务部署 ……………………………………………………………… 9

第2章 饮用水安全保障技术体系 ……………………………………………… 13
2.1 饮用水安全保障理论创新与发展 …………………………………… 13
2.2 饮用水安全技术体系基本架构 ……………………………………… 18
2.3 三个技术系统的主要进展 …………………………………………… 20

第二篇 饮用水多级屏障工程技术 ……………………………………………… 23

第3章 水源保护与调控 ………………………………………………………… 23
3.1 饮用水水源保护 ……………………………………………………… 23
3.2 饮用水水源水质水量联合调度 ……………………………………… 28
3.3 感潮河段饮用水水源抑咸避咸 ……………………………………… 31
3.4 受污染饮用水水源湿地生态净化 …………………………………… 38
3.5 调蓄湖库水源水水质调控 …………………………………………… 45
3.6 南水北调中线干渠水源水质调控 …………………………………… 48

第4章 供水厂净化处理 ………………………………………………………… 57
4.1 概述 …………………………………………………………………… 57
4.2 原水预处理和常规强化技术 ………………………………………… 58
4.3 臭氧-生物活性炭深度处理技术 …………………………………… 63
4.4 膜法净水技术 ………………………………………………………… 71
4.5 消毒及其副产物控制关键技术 ……………………………………… 80
4.6 地下水特殊污染物水处理技术 ……………………………………… 91

第5章 城市供水管网安全输配 ………………………………………………… 104
5.1 概述 …………………………………………………………………… 104

  5.2 管网水力水质模型 ·························· 106
  5.3 管网优化设计与调度 ·························· 117
  5.4 管网水质保持与"黄水"控制 ·················· 133
  5.5 管网漏损监测识别与控制 ······················ 139
  5.6 用户末端龙头水水质保障 ······················ 152
  5.7 管网智能化管理系统构建 ······················ 168

第三篇 饮用水多维协同管理技术 ·················· 179

第 6 章 饮用水安全保障系统规划 ·················· 179
  6.1 概述 ······································ 179
  6.2 供水系统风险识别与应急能力评估 ·············· 182
  6.3 水资源优化配置技术 ·························· 186
  6.4 空间布局优化及管控技术 ······················ 188
  6.5 规划决策评价与标准化 ························ 195
  6.6 应用案例 ···································· 203

第 7 章 饮用水水质监测预警 ······················ 214
  7.1 概述 ······································ 214
  7.2 水质实验室检测技术 ·························· 219
  7.3 水质在线监测技术 ···························· 230
  7.4 现场及应急监测集成应用技术 ·················· 234
  7.5 水质预警技术 ································ 248

第 8 章 供水系统风险管控与绩效评估 ·············· 261
  8.1 概述 ······································ 261
  8.2 水质风险管控 ································ 262
  8.3 风险管控技术规程 ···························· 275
  8.4 供水运行绩效评估 ···························· 284

第 9 章 城市供水水质监督管理 ···················· 297
  9.1 概述 ······································ 297
  9.2 水质风险筛查与标准制定 ······················ 297
  9.3 水质督察与安全监管 ·························· 308
  9.4 供水安全监管技术平台 ························ 323

第 10 章 城市供水应急救援 ······················ 341
  10.1 形势与任务 ································ 341
  10.2 应急水源 ·································· 343
  10.3 应急净水技术 ······························ 353
  10.4 应急净水设施 ······························ 382

10.5 突发事件应急管理 ······ 395
10.6 灾后应急供水救援 ······ 410

第四篇 供水设备材料产业化 ······ 417

第11章 水质监测设备材料国产化 ······ 417
11.1 基本情况 ······ 417
11.2 实验室检测设备 ······ 417
11.3 移动监测设备 ······ 420
11.4 在线监测设备 ······ 421
11.5 固相萃取材料设备 ······ 430
11.6 标准物质 ······ 431

第12章 供水关键材料与设备 ······ 433
12.1 玻璃介质大型臭氧发生器 ······ 433
12.2 非玻璃介质大型臭氧发生器设备 ······ 437
12.3 饮用水处理用PVC膜组件及装备 ······ 443
12.4 饮用水处理用PVDF膜组件及装备 ······ 447
12.5 小型一体水质净化装备 ······ 456
12.6 供水管网漏损监控设备 ······ 466
12.7 新型二次供水设备 ······ 472

第13章 材料设备评估验证与标准化 ······ 476
13.1 材料设备评估 ······ 476
13.2 材料设备验证 ······ 485
13.3 材料设备标准化 ······ 496

第五篇 技术应用成效与展望 ······ 508

第14章 标志性成果与应用 ······ 508
14.1 主要标志性成果 ······ 508
14.2 典型成果应用案例 ······ 519
14.3 实施成效与影响 ······ 522

第15章 总结与展望 ······ 525
15.1 经验与体会 ······ 525
15.2 存在的问题 ······ 525
15.3 发展趋势展望 ······ 526

附：水专项饮用水主题部分图书清单 ······ 527

第一篇 总 论

第1章 国家战略与科技需求

1.1 概 述

2006年国家启动了水体污染控制与治理科技重大专项（以下简称水专项）的顶层设计和实施方案的编制工作，2007年12月26日国务院审议并原则通过了《水体污染控制与治理重大科技专项实施方案》，随后水专项正式进入实施阶段，直至2021年水专项成果评估验收结束，历时3个五年计划（15年）。水专项是在我国城镇化、工业化快速推进、水环境污染日趋严重背景下，党中央、国务院作出的重大决策，作为16个国家科技重大专项之一，旨在为水污染治理、水环境管理和饮用水安全保障提供全面技术支撑。

饮用水是人类生存的基本需求，饮用水安全保障科技支撑是水专项的三大核心目标之一。党中央、国务院历来高度重视，要求切实让人民群众喝上放心水。保障饮用水安全是重大民生工程，也是复杂的系统工程，需要体系化的科技支撑。水专项针对我国饮用水水源普遍污染、突发事故频繁发生、供水安全隐患多、监管体系不健全等突出问题，设立了"饮用水安全保障技术研究与综合示范"主题（以下简称饮用水主题），针对我国饮用水水源普遍污染、水污染事件频繁发生、供水系统存在安全隐患、饮用水监管体系不健全和安全保障技术支撑能力不足等问题，配合《全国城市饮用水安全保障规划（2006—2020）》及其相关规划的实施，以《生活饮用水卫生标准》GB 5749—2006为依据，坚持问题导向和目标导向，面向行业需求，服务国家战略，通过科技创新、应用示范和能力建设，构建"从源头到龙头"全流程的饮用水安全保障技术体系，为国家饮用水安全保障战略的实施和供水系统规划、建设和管理提供体系化、持续性的技术支撑。饮用水安全保障技术研发总体思路如图1-1所示。

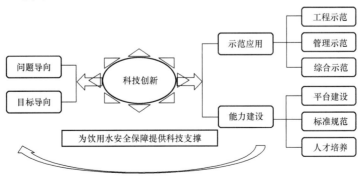

图1-1 饮用水安全保障技术研发总体思路

1.2 国家战略与行业需求

1.2.1 国家承诺"让人民群众喝上放心水"

城乡公共供水是公用事业,"让人民群众喝上放心水"是党和国家对全国人民的庄严承诺!这是一项复杂的系统工程、重大的民生工程,也是各级政府的重大责任。饮用水安全保障问题已成为落实以人民为中心的发展思想的一项重要内容。2006~2007年,国家层面相继发布了3个相关的水质标准、保障规划和科技规划,彰显了国家对饮用水安全保障工作的高度重视,同时也为系统解决饮用水安全保障问题创造难得的机会和良好的条件。

1.2.2 发布施行《生活饮用水卫生标准》GB 5749—2006

2006年12月29日国家发布并施行了要求更加严格的《生活饮用水卫生标准》GB 5749—2006。该标准基于我国水源状况,参考世界卫生组织(WHO)的水质准则,借鉴欧盟水质指令和国家环境保护局(EPA)的部分指标限值,检测项目由35项增至106项,大幅增加了微量有机物、消毒副产物等毒理性指标。该标准的施行这有助于引导供水设施的改造与建设,促进供水企业安全管理水平的提升,让老百姓喝到更高质量标准的饮用水。

1.2.3 印发《全国城市饮用水安全保障规划(2006—2020)》

2006年12月12日,国务院批准印发了《全国城市饮用水安全保障规划(2006—2020)》,提出"十一五"时期要重点解决205个设市城市及350个问题突出的县级城镇饮用水安全问题,至2020年全面改善设市城市和县级城镇的饮用水安全状况的目标,并明确部署了各项具体任务。此外,国务院相关部门还就饮用水水源保护、城镇供水设施改造建设、农村饮水工程等,编制了以五年为周期的具体实施计划。城乡饮用水安全保障工作有了行业规划的政策引导。

1.2.4 落实《国家中长期科学和技术发展规划纲要(2006—2020年)》的任务

2006年2月9日发布的《国家中长期科学和技术发展规划纲要(2006—2020年)》将"水体污染控制与治理"列为16个重大专项之一,该专项的目标是构建我国流域水污染治理、水环境管理和饮用水安全保障三大技术体系,开展典型流域和重点地区的综合示范。饮用水安全保障技术体系的构建,将为我国施行新的生活饮用水卫生标准、确保老百姓喝上放心水提供体系化的科技支撑。

1.3 存在的问题与挑战

随着我国工业化、城镇化进程的快速推进和经济社会的快速发展，水资源开发利用强度不断加大，水体污染日趋严重，水质问题日趋复杂，总体而言，我国河流、湖库乃至地下水各种类型水源均存在不同程度的污染问题，特别是在河流的下游地区、城市化进程快且土地开发强度高的地区，水源水质污染问题更为突出。城市河流、河网水源水氨氮、有机物特别是毒害性有机污染物含量普遍偏高，腐败性嗅味问题比较普遍，有些地区还有病原性微生物污染问题；湖库型水源除了具有河流型水源的某些污染特征外，藻类暴发以及由此带来的嗅味、藻毒素等问题也很严重；地下水除了由于地质原因而存在的砷、氟、铁、锰等元素含量高外，还有氨氮、硝酸盐、有机物和病原性微生物污染。

与此同时，水源保护、净水处理、安全输配、水质监控等技术整体上还比较落后，水质监管还不是很到位，供水管网末梢水质不达标现象时有发生，供水系统各关键环节仍存在安全隐患，供水水质合格率不高，与老百姓的期望还有比较大的距离。

水源水质的污染问题，加之供水系统存在的安全隐患，由此带来的供水水质不达标给饮用水安全保障带来巨大挑战。

1.3.1 饮用水水源水质普遍遭受污染

我国饮用水水源污染形势非常严峻，大部分饮用水水源受到不同程度污染，有机、有毒污染现象较为严重，饮用水安全保障存在严重隐患。在我国不少城市饮用水水源中检出数十种有机污染物，许多有机污染物具有致癌、致畸、致突变性，对人体健康存在长期潜在危害。

1.3.2 全国水源总体状况

2006 年，国家发展改革委、水利部、建设部、卫生部组织了对 120 个城市 152 个典型饮用水水源地的有机污染物调查，有机污染物检出率达 40%，其中有 29 个水源地出现了 1~2 项有机污染物超过《地表水环境质量标准》GB 3838—2002 限值的情况，主要超标有机污染物包括苯、四氯化碳、苯并（a）芘、多氯联苯等。

2009 年，住房城乡建设部对全国 2199 个城镇的 4457 个公共供水厂取水口水质进行了调查（表 1-1）：在 2714 个公共供水地表水厂中，水源水质不达标的供水厂有 1219 个，供水能力 1.15 亿 m^3/d，占地表水厂总数的 45%，占地表水厂总供水能力的 59%。在 1743 个公共供水地下水厂中，水源水质不达标的供水厂有 640 个，供水能力 0.122 亿 m^3/d，占地下水厂总数的 37%，占地下水厂总供水能力的 29%。原水水质超标主要指标为铁、高锰酸盐指数、锰、氨氮、氟化物、砷和硝酸盐。截至 2010 年年底，还没有一个城市的饮用水水质能够全面达到《生活饮用水卫生标准》GB 5749—2006 的要求。

2009年全国城镇供水厂原水水质总体情况表　　表1-1

城市类别		城市			供水厂			主要超标指标
		总数（个）	超标（个）	超标比例	总数（个）	超标（个）	超标比例	
设市城市	重点城市（含市辖区）	35	32	91%	471	257	55%	总氮、铁、高锰酸盐指数、粪大肠菌群、氟化物、硝酸盐
	地级市	260	180	69%	1071	494	46%	铁、锰、高锰酸盐指数、氨氮、氟化物、硝酸盐、砷
	县级市	370	195	53%	659	278	42%	高锰酸盐指数、锰、氨氮、铁、氟化物、砷、硝酸盐
	合计	665	407	61%	2201	1029	47%	铁、总氮、高锰酸盐指数、锰、氟化物、硝酸盐、砷
县城		1534	664	43%	2256	830	37%	高锰酸盐指数、锰、铁、氨氮、氟化物、砷、硝酸盐
合计		2199	1071	49%	4457	1859	42%	铁、高锰酸盐指数、锰、氨氮、氟化物、砷、硝酸盐

住房城乡建设部城市供水水质监测中心对全国35个重点城市地表水源约20000个样品的检测数据进行统计，总体上水源水质合格率低，而且呈现逐年下降的趋势。按照《地表水环境质量标准》GB 3838—2002对集中式供水水源的要求（Ⅱ类），水源水质符合要求的比例从2002年的28.2%下降到2013年的16.0%（图1-2）。

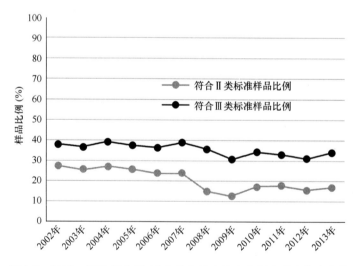

图1-2　2002～2013年全国35个重点城市地表水源水质合格率变化

天然湖泊是重要的饮用水水源。我国是一个多湖泊国家，共有湖泊20000多个，面积在1 km²以上的天然湖泊共有2759个，总面积达91019 km²，占国土总面积的0.95%，贮水总量7088亿 m³，其中淡水贮量2260亿 m³。全国城镇饮用水水源的50%以上来自天然湖泊。随着经济的快速发展，到20世纪90年代后期，我国已有88.6%的被调查湖泊处于富营养化状态，进入21世纪，我国湖泊富营养化呈现高速发展的态势。我国已经发生富营养化的湖泊的面积达5000km^2，具备发生富营养化条件的湖泊的面积达到14000km^2。富营养化湖泊型水源存在高藻、藻毒素、臭味等突出问题，饮用水安全保障形势十分严峻，已成为我国饮用水安全保障一项亟待解决的共性科学问题。

1.3.3 重点地区水源状况

长江下游地区的上海黄浦江水源属于Ⅲ～Ⅳ类水体，且呈污染加剧态势，长江水源的陈行水库季节性藻类暴发，同时受咸潮入侵频繁，严重影响上海市安全供水。相当一部分污染物质采用传统水处理工艺难以去除，出厂水水质难以达到国家标准《生活饮用水卫生标准》GB 5749—2006的要求。上海市自来水口感差，嗅味物质去除效果欠佳，全面提高城市饮用水安全保障能力，是城市发展的必然要求，也是城市发展到现阶段的内在需要。以嘉兴地区为代表的太湖河网地区，河网交织、地势平坦，河水流速缓慢，过境流量大（75%水量为过境水），水源水质常年处在Ⅳ类到劣Ⅴ类，氨氮和有机物污染严重。嘉兴市等原水耗氧量和氨氮绝大部分时间分别在5～8mg/L和0.5～4.0mg/L范围，耗氧量偶尔会超过8mg/L，氨氮超过4mg/L。嘉兴市供水资源不足，整体水环境的恶化，属于水质型缺水城市。太湖富营养化严重，是我国重点治理的"三河三湖"之一。20世纪90年代前后，随着区域经济飞速发展和城市化进程的加快，水资源开发与利用程度剧增，排入水体污染物总量不断增加，区域内饮用水水源质量日益下降，水源水质普遍降至Ⅳ类，甚至达到Ⅴ类和劣Ⅴ类。近年来，太湖水华现象日趋严重，2007年蓝藻暴发，导致无锡发生城市停水危机，严重影响城乡居民饮水的安全和区域经济社会的可持续发展，受到党中央、国务院和广大群众的高度关注。

黄河流域随着社会经济的快速发展，污水排放量急剧增加。据统计，黄河干流44个地表水国控监测断面中，Ⅳ类以上水质的断面比例达66%。与中、上游地区相比，黄河下游地区面临的水质污染问题更为复杂，饮用水安全保障形势更为严峻。多年来，为缓解城市水资源压力，黄河下游且位于黄河附近的城市多以引黄水为水源。以引黄水为水源的城镇为保证足够的水量，大多建有调蓄水库，引黄水库蓄集了经预沉后的低浊度高营养盐澄清水，水体相对较浅（小于10m），呈现中度富营养化状态，形成引黄水库特有的低浊高藻高嗅味、小分子有机物和溴离子含量高等水质特征。该类水源水中无机物、有机物和有害生物并存，净化处理难度较大，对供水厂的稳定运行和出水水质形成冲击。

珠江下游地区经济和社会高速发展，形成了以广州、深圳、东莞为代表的珠江下游地区城市群。2007年该地区国内生产总值达到30673亿元（广东省），约占全国的1/7，财税总收入达到6946亿元。目前，该地区用水人口8000余万人，生活用水量巨大，每年接近100亿m^3。香港和澳门水源也来自珠江流域。由于水资源时空分布的不均匀性以及水源污染，珠江下游地区的饮用水安全保障水平与经济社会高速发展的需求之间的矛盾凸显，尤其是国家标准《生活饮用水卫生标准》GB 5749—2006在2007年7月1日正式实施后，地区内饮用水安全面临极大的技术和管理挑战。该地区是典型的"南方江河型"下游水源，水质水量变化大，饮用水安全保障面临的主要问题是水源污染问题严重，根据广东省污染源普查领导小组办公室公布的数据，2010年广东省污染源数目60.2万个，占全国总数的10.1%，居全国首位。其中，以广州、东莞和深圳饮用水问题最为突出，保障水质安全的需求迫切。另外，水资源时空分布不均，取水点通常地处下游，受上游污染威胁很大，而且咸潮上溯问题也非常突出。

1.3.4 典型地区水源状况

典型城市：我国地域辽阔，空间差异大，受地形地貌、气候等条件影响，地域性饮用水问题具有明显的特征：(1) 沿海潮汐影响地区，如长三角（上海、杭州等），以及珠三角（香港、广州和深圳为主体的地区），潮汐河流在遭受水环境污染危害的同时，枯水季节受咸汐强烈水入侵和潮汐强烈混合作用而造成水源地氯含量超标严重、现有供水厂工艺又无法处理高氯水，致使人口高度密集的潮汐影响地区城市饮用水安全难以保障。(2) 地下水源城市如沈阳市，地下水水质问题一是与铁、锰共存，且锰浓度较高，二是污染物种类繁多，沈阳的两大地下水源水中利用GC和MS分别检出95种和93种有机物，多为有毒有害微量有机污染物。(3) 南水北调受水区，如北京、郑州等，北京是一个地处水资源严重短缺的海河流域的特大型城市，郑州市供水保证程度过度依赖黄河水，水质不断恶化，南水北调工程完工后，北京、郑州将面临多水源供水的局面，多水源供水局面以及由此带来的水源水质多样化将对现行处理工艺带来冲击，从而对水源预警、处理工艺与输配水系统适应水源水质多样性的能力也提出更高的要求。(4) 山地丘陵城市，如重庆、绵阳，该类地区供水压力大，管网易破损且漏损严重；基于较好水源水质而设计的水处理工艺更易受到水源水微污染的冲击；管网采用分区建设，易受冲击用水负荷影响；广泛分布有膨胀土，膨胀土吸水膨胀、失水收缩，对供水管网建设和运行带来安全隐患；地形、地质条件特殊，地震多发，城市形态分区块、分组团显著。(5) 北方寒冷地区城市，水体自净能力极弱，寒冷地区冬季自然气温低于零度，水体表面覆盖冰层可厚达1m，挥发机制不起作用，微生物活动减弱，生化降解机制也受到很大的影响；松花江等北方寒冷地区水系高低漫滩潜流水含有高浓度铁、锰离子，在农田径流渗透下常富有氨氮离子，在低温下高浓度铁、锰离子和氨氮难以去除；地表水中的有机物和水中铁、锰离子等成分络合，显著地提高了铁、锰离子在水中的稳定性，使低温低浊时期的水质更加难以处理。(6) 季节性重污染水源城市，如淮南，面临的水质问题属于水源非稳定性高风险特征，淮河水源水的特点主要表现在高有机物、高氨氮、污染物种类多、水量、水质变化大、突发性污染风险大，而目前淮河沿岸城市基本都采用常规处理方法，对于COD、氨氮的去除率偏低，对多种复杂有机污染物去除能力很弱，而且系统缺乏弹性与缓冲能力，不能灵活应对原水水质的变化。

典型村镇：我国不同地区因不同农业产业结构，其村镇的水体污染也呈现不同的污染物特征和发展趋势。(1) 华北地区随化肥使用量逐年上升，地下水的污染不断加剧；(2) 华南地区规模化养殖和复种指数提高已成为农业生产主流，使有机污染不断增加；(3) 西南地区随着社会经济的发展以及城市化进程的加快，农村居民向乡镇集中，使污染负荷变的集中和生活污水量增加;(4)西北地区随着气候变化,干旱性缺水面积越来越严重,农村饮水困难的人数还在急剧增加;(5)乡镇供水污染问题多,影响居民安全饮水;(6)海岛资源型与水质型缺水并重,饮水安全适用技术缺乏。此外,长期以来,村镇供水一直是我国饮用水安全保障工作中最为薄弱的部分,缺乏有效的供水安全保障模式以及相应的技术规范,与城市供水相比,在水源保护、承受能力、供水规模、人才队伍等方面都明显不足,急需改善。

1.3.5 突发水源污染事件

我国突发性饮用水污染事件进入高发期。2005年,中国石油天然气股份有限公司吉林分公司双苯厂爆炸造成松花江重大水环境污染事件,为了防止硝基苯进入供水管网,哈尔滨市被迫停水4天,沿岸数百万居民的生产和生活受到严重影响。2006年,株洲霞湾港至长沙江段发生镉重大污染事件,湘潭、长沙两市供水厂取水水源受到不同程度污染。2007年5月底,太湖蓝藻水华暴发导致无锡市城区大范围自来水发臭的问题,自来水无法饮用被迫停水。2008年,广州白水村发生"毒水"事件,云南阳宗海发生砷污染事件。2009年江苏盐城发生水污染事件,山东沂南发生砷污染事件,湖南浏阳发生镉污染事件。2010年,紫金矿业集团股份有限公司发生铜酸水渗漏事故,大连新港发生原油泄漏事件,松花江发生化工桶事件。2011年,渤海(蓬莱区)发生油田溢油事故,浙江杭州发生水源污染事件,云南曲靖发生铬渣污染事件。2012年,广西龙江河发生镉污染事件,江苏镇江发生水污染事件。2013年,杭州钱塘江发生臭味事件。2014年,兰州发生自来水苯超标事件。各种水源污染事件给当地居民的供水安全造成严重威胁,影响社会稳定。

1.3.6 水源污染趋势判断

为了尽快解决水环境污染问题,近年来我国一方面加大了水污染治理的力度,建成了大量城市污水处理厂,污水处理率正在逐年上升;另一方面加强了产业结构调整,鼓励绿色低碳企业发展,调整和减少了大量高耗能、高排放、高污染的企业,从长远来看,这种努力有助于遏制水环境污染的发展趋势,并最终促使水环境质量逐步好转。另外,由于面源控制和内源控制等污染治理的复杂性,我国水源质量差、水质不稳定、突发污染多发等的问题很难在短期内得到实质性的改变。

江河型水源的主要风险源依然是沿岸化工石化企业和危险化学品运输。由于我国长期以来工业布局,特别是化工石化企业大多分布在江河湖库附近,造成水源水污染事故隐患难以根除。据国家环境保护总局2006年的调查,全国总投资近10152亿元的7555个化工石化建设项目中,81%布设在江河水域、人口密集区等环境敏感区域,45%为重大风险源。由于长期以来对水源保护缺乏规划调控措施,交通设施建设和水源保护管理不协调,航运和公路运输事故时有发生,经常造成化学品的泄漏,污染下游水源。我国2001年到2004年间发生水污染事故3988件,自2005年年底松花江水污染事故发生后又发生上百起水污染事故,如广东韶关某冶炼厂向北江违法排放含镉废水、太湖北部湖湾蓝藻暴发等,其中多数是由工业生产和交通事故等突发性事故引起,大多影响饮用水水源,直接影响城市的安全供水。这类突发性水污染事件很难在短期内得到有效控制,突发性污染事故问题仍应该长期重视。长江下游、珠江下游等重点地区的饮用水水源保护区还普遍面临着土地高强度开发、高环境风险源分布、浅层地下水源受污染等问题,许多城市普遍面临着水源逐渐被城市包围的现象,水源保护形势严峻。加上枯水期、平水期咸潮入侵问题,水源水质风险问题难以在近期内缓解。

湖库富营养化导致的藻类暴发现象将继续存在,仍将是我国水源污染的突出问题。国外的经验表明,采取有力的污染控制技术措施以后,河流的污染问题会逐步得到改善。进入富营养化的湖泊在很长时间内不会发生显著的变化,即使在一些水污染控制做得比较好的发达国家,藻类暴发现象仍然时有发生。在外源污染得到较好控制后,沉积物中多年累积下来的营养盐等污染物会成为重要的内源污染物继续发挥作用。因此,在今后很长一段时间太湖、巢湖等大型湖泊仍然会较高频率出现蓝藻水华暴发现象。

村镇污水处理基础设施建设落后是影响村镇水源水质的重要因素。与基础设置较完善、经济负担能力较强、污水收集较容易的城市相比,高度分散排放的农村生活污水的收集和处理存在很大的困难。如何建立有效的农村污水处理模式仍需要较长时间的摸索。即使在点源污染问题基本得到解决后,面源污染对水环境质量也有很大的影响,而且,相对于点源污染,这种面源污染的控制难度要大得多。

1.4 科学问题与技术需求

1.4.1 水源中特征污染物种类、风险及其迁移转化机制不清

我国目前严重缺乏不同地区水源中特征污染物种类、含量及其迁移、转化规律的基础数据,因此不能准确确定各水源水的水质风险和相应的工艺对策,难以制定科学的饮用水水源水质标准,导致水源水质管理目标模糊。同时由于水源水质基础数据的缺乏,也导致饮用水水质相关标准缺乏针对性,适用条件不明确,有些水质指标不适合我国现阶段的实际情况,难以为供水企业的水质改善指明方向。因此,需要创新高通量风险识别方法,从复杂环境背景中识别出具有健康或感官效应的人工或天然源微量风险物质,为饮用水水质相关标准的制定以及精准的风险物质去除提供科学基础。

1.4.2 亟待开发针对特征污染物的协同控制和高效去除技术

我国水源水中污染指标包括有机物、氨氮、藻类、臭味、病原微生物以及地区性的砷、氟等,亟需研究和揭示,并针对不同的水质问题开发不同的处理技术,同时要尽量避免技术本身可能产生的有毒有害副产物,如化学副产物和有害微生物。目前的主流处理技术包括强化常规技术、生物技术、化学预氧化技术和高级氧化技术等,需要根据不同水质特点确定最优的水处理技术,需要揭示各种风险物质在水源、水处理及输配过程中的迁移

转化规律,深化认识污染物的调控机制,发展水质净化的新方法和新技术。

1.4.3 管网水质输送过程中水质转化机制与漏点识别技术

我国城市供水的管网系统普遍规模大,停留时间长,管材复杂,老化严重。出厂水在管网输送过程中产生复杂的生物、化学反应,使用户水水质比出厂水水质差,严重制约饮用水安全性的提高。为了确保饮用水在输送工程中的安全,必须识别导致饮用水输送工程中水质变化的主要因素,研究水质变化中的化学和微生物学规律,解决制约饮用水输送工程中水质稳定性的关键技术问题。

1.4.4 解决系统性的饮用水安全问题需要体系化的科技支撑

长期以来,饮用水安全保障主要聚焦于供水厂净化单元。然而,供水系统是一个半开放或全开放的系统,风险源多、风险因子复杂,而且相互作用、相互影响,除了供水厂净化以外,水源规划与保护、管网输配、水质标准与管理多个环节都会影响饮用水水质安全。因此,饮用水安全保障是个系统性的问题,解决系统性问题不仅需要有关键技术的突破,更需要有体系化的科技支撑,主要包括以下科技需求:

一是在饮用水设施的规划设计和建设方面,需要针对不同水源的水质特征、不同的污染类型、不同的供水模式和不同发展阶段的需求,在重要环节突破关键技术,集成成套技术和整体解决方案,形成针对性强、技术可靠、经济适用的工程技术体系,进行不同规模、不同类型、不同形式的工程示范和推广应用。

二是在饮用水安全运行管理、监督管理和应急管理方面,需要创新饮用水安全管理模式,探索饮用水安全监管机制,制定技术政策和相关标准,建立饮用水水质监测预警及应急救援技术体系。

三是在饮用水水质监测、净水关键材料设备的国产化方面,需要研发系列化的具有自主知识产权的技术产品,并在重要领域集成重大技术装备,为推动饮用水关键材料设备国产化目标提供技术支撑。

水专项的实施,为建立体系化的饮用水安全保障理论技术提供了重要机遇,为系统解决饮用水安全保障技术问题创造了重要条件。

1.5 任 务 部 署

水专项启动实施正处于我国脱贫攻坚-实现全面小康的关键时期,目标、任务具有过渡性、阶段性、探索性等特征,相应组织实施也具有的类似特点。水专项设置了湖泊富营养化控制、河流水污染治理、流域水环境管理、城市水环境整治、饮用水安全保障及战略与政策研究六个主题,按照"控源减排、减负修复、综合调控"统一部署实施。系统构建了水污染治理、水环境管理和饮用水安全保障三个技术体系,重点突破了工业污染源控制与治理、农业面源污染控制与治理、城市污水处理与资源化、水体水质净化与生态修复、饮用水安全保障、水环境监控预警与管理等关键技术和共性技术，全面提升了我国在该领域的科技创新能力和技术水平，为坚决打好水污染防治攻坚战、让人民群众喝上放心水、建设美丽中国提供了强有力的支撑。

1.5.1 研究目标

针对我国饮用水水源普遍污染、水污染事件频繁发生、供水系统存在安全隐患、饮用水监管体系不健全和安全保障技术支撑能力不足等问题，结合《全国城市饮用水安全保障规划（2006—2020）》及其相关规划的实施，以《生活饮用水卫生标准》GB 5749—2006为依据，坚持问题导向和目标导向，面向国家战略和行业需求，通过科技创新和能力建设，构建"从源头到龙头"全流程的饮用水安全保障技术体系，为国家饮用水安全保障规划的实施提供体系化、可持续的技术支撑。

(1) 第一阶段"十一五"时期（2008~2010年）

针对我国饮用水安全隐患和保障技术的薄弱环节，结合重点地区和典型区域水源污染和供水系统特征，通过关键技术突破和应用示范，初步构建"水源保护、净化处理、安全输配"全流程的工程技术体系和集"水质监测、风险管理、应急处置"于一体的监管技术体系，为提升我国饮用水安全保障能力和促进相关产业发展提供科技支撑。

(2) 第二阶段"十二五"时期（2011~2015年）

通过技术集成和综合示范，深化研究饮用水安全保障技术体系，推动工程技术的规模化应用、监管技术的业务化运行和产业化平台建设，支撑重点示范地区城乡饮用水水质全面达标，促进关键材料设备产业化发展，不断提升供水安全保障能力。

(3) 第三阶段"十三五"时期（2016~2020年）

通过技术筛选、评估、优化和标准化提升，不断丰富饮用水安全保障技术体系，聚焦太湖流域和京津冀协同发展区开展综合保障示范，全面支撑重点示范区龙头水水质稳定达标，推动供水行业相关技术标准规范的修订，促进技术进步和产业发展，全面提升我国饮用水安全保障能力。

1.5.2 任务部署

(1)"十一五"时期任务部署

"十一五"时期，饮用水主题以构建具有区域特色的饮用水安全保障工程技术和监管技术体系为目标，在典型城市、典型村镇和长江下游、黄河下游、珠江下游3个重点地区设置了7个项目共45个课题，开展饮用水安全保障共性技术、适用技术和集成技术研究和应用示范，为解决我国其他地区的类似问题提供借鉴（图1-3）。

(2)"十二五"时期任务部署

"十二五"时期，延续"十一五"时期的技术路线，在"聚焦瘦身"的基础上，开展工程建设、监督管理和产业化三大领域的关键技术研究，进一步突出了饮用水安全保障关键材料设备的研发和产业化，在加强太湖流域城市群、南水北调受水区等重点示范区研究

第 1 章 国家战略与科技需求

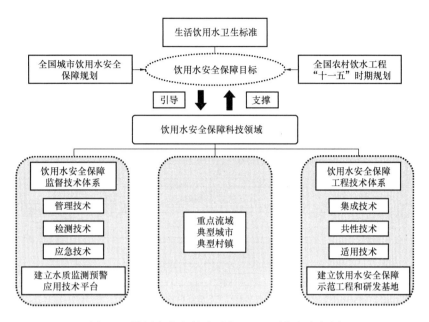

图 1-3 饮用水安全保障"十一五"时期任务部署

的同时，更加注重研发平台、业务化平台、产业化基地以及标准规范等能力建设，共设置 32 个课题（图 1-4）。

（3）"十三五"时期任务部署

"十三五"时期以深化完善饮用水安全保障技术体系为目标，紧紧围绕补齐技术短板和体系推广应用两个突破方向，开展研究成果的技术评估、验证及标准化和饮用水全过程监管系统及业务化运行研究，形成若干针对我国重点地区典型问题的饮用水安全保障整体解决方案，构建饮用水全过程监管系统及业务化平台，实现技术体系的系统化、工程化、

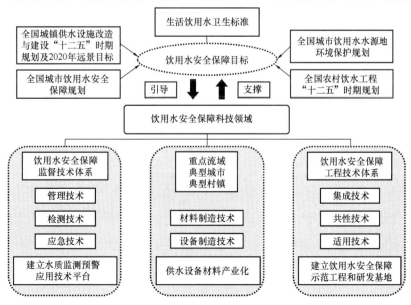

图 1-4 饮用水安全保障"十二五"时期任务部署

11

业务化、产业化和标准化；在太湖流域和京津冀两个重点地区开展技术体系的示范应用。"十三五"时期设置饮用水技术体系集成和综合应用示范2个板块，包括2个项目和11个独立课题（图1-5）。

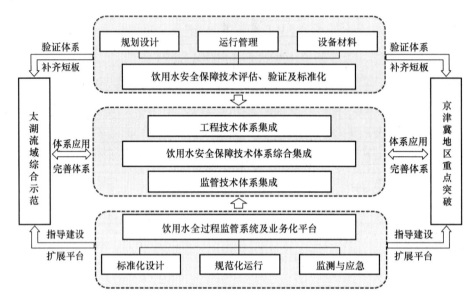

图1-5 饮用水安全保障"十三五"任务部署图

第 2 章 饮用水安全保障技术体系

2.1 饮用水安全保障理论创新与发展

2.1.1 饮用水安全保障理论的发展与借鉴

饮用水安全直接关系到广大人民群众的身体健康以及社会经济的可持续发展，供应洁净、安全、可信赖的饮用水至关重要。随着社会经济高速发展，全球水质污染日趋严重。饮用水水源面临人工和天然来源的微量物质污染。为此，国际上发展和形成了饮用水安全多级屏障理论和方法，将供水系统的各个组成部分集成起来，包括取、输、净、配过程，通过在技术和管理环节上构建多级屏障，以实现"从源头到龙头"的全流程控制，保障饮用水的洁净、安全。

美国国家环境保护局（EPA）于1996年修订《饮用水安全法》时制定了一套程序和要求，提出饮用水安全多级屏障方法，以防止饮用水水质污染。EPA发布的官方文件提出，成功构建饮用水安全多级屏障一方面需要在用户与潜在威胁之间形成屏障，例如识别和去除水源水中的污染物、对操作人员进行培训和资质认证以及合理设计并修建构筑物等；另一方面，有关部门需要确保多级屏障已成功形成并稳步运行，相关操作包括通过卫生调查评估供水系统生产和输配安全饮用水的效能、通过综合性能评估方法确定如何经济有效地提高供水系统效能、通过标准的制定规范供水系统各组成部分的设计及建造、对管理人员及有资质的操作人员进行持续的培训以及通过制定应急计划以确保供水系统可较好地应对未来潜在的危机或灾难等。

美国饮用水安全多级屏障方法分为风险防控（Risk Prevention）、风险管理（Risk Management）、监测与管控（Monitoring and Compliance）以及个体行动（Individual Action）四个部分（图2-1）。风险防控屏障即是尽可能地选择和保护最佳的饮用水水源，或对已有水源进行管理保护，供水系统可利用这一屏障降低对水处理工艺的需求和依赖，有效提高供水水质和水量。风险管理屏障则是利用高效的处理工艺、合理设计和修建的构筑物并聘用受过专业培训拥有资质认证的操作人员来确保供水系统各组分稳步运行，这一屏障还包括制定和实施适当的安全计划及措施以应对紧急情况，从而降低安全漏洞或其他紧急情况引发的风险。监测和管控屏障要求及时检查并解决水源和管网系统中的问题，供水系统应围绕自身需求和特征制定监测计划并遵守所有法规要求，这一屏障可帮助系统维护其各组分的物理完整性，并根据需要进行调整以实现供水的稳定安全。个体行动屏障即是向用户普及有关饮用水水质及健康的信息从而让其更加了解自己的饮用水系统,这要求社区水系统至少每年向用户提供一次水质报告,并在供水水质不满足美国国家饮用水要求时及时通知用户。

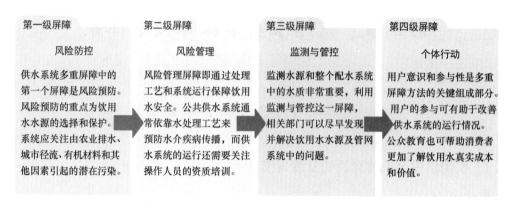

图 2-1　美国饮用水安全多级屏障方法示意

饮用水在加拿大被认为是一种自然资源,各级政府都直接或间接地负责保障饮用水安全。所有利益相关者,包括政府部门、供水企业、私营公司、非政府组织以及消费者,都应以保护公共健康为终极目标进行合作。2002 年,加拿大卫生部发布有关饮用水安全多级屏障方法的立场文件,文件中提出多级屏障是管理饮用水系统、保障饮用水安全的最有效方法;该方法通过构建一套程序、流程及工具的集成系统,以防止或减少"从源头到龙头"发生的水质污染,降低公共卫生风险。加拿大卫生部门提出的饮用水安全多级屏障方法(图 2-2),椭圆的外圈包含监督饮用水安全所需的必要要素,包括立法和政策框架,公众的参与和意识,准则、标准和目标,以及研究、科学和技术。向内移动,第二个椭圆形环即为需要进行的监测和管理活动。这些活动应用于第三环的过程中,包括水源保护、工艺处理和管网输送,这也是多级屏障方法的三个主要元素。最后,该图的中心是多级屏障方法的核心目标,即提供干净、安全、可靠的饮用水。

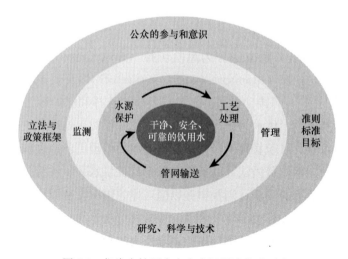

图 2-2　加拿大饮用水安全多级屏障方法示意

"十一五"时期以来,水专项学习借鉴国外先进理论与方法,以"全流程保障饮用水安全"为目标,重点围绕饮用水水源地保护、供水厂水质稳定达标、供水管网安全保障、水质预警及突发性污染事件应急,以及饮用水水质基准与标准体系建设等系统研究,探索针对我国水源水质和供水特征的饮用水保障理论,创新与发展了基于系统风险控制的饮用水水质安全多级屏障理论和基于供水安全保障的多维协同理论,并在此基础上,创建了我国"从源头到龙头"全流程饮用水安全保障技术体系。

2.1.2 基于系统风险控制的水质安全多级屏障理论

饮用水微量物质种类繁多、组成极其复杂,包括病原微生物、人工化学品和天然源物质(及其次生物质)等,现有供水厂的净化工艺对这些风险物质的去除能力非常有限,给饮用水水质安全保障带来挑战。为管控饮用水风险物质对饮用水安全的影响,亟待研究阐明以下两个关键科学问题:一是创新风险物质的高通量风险识别方法,从复杂环境背景中识别出具有健康或感官效应的人工或天然源微量风险物质,为饮用水水质相关标准的制定以及风险物质的精准去除提供科学基础;二是揭示各种风险物质在水源、水处理及输配过程中的迁移转化规律,深入认识污染物的调控机制,发展水质净化与运行管控的新方法和新原理。自"十一五"时期以来,饮用水主题围绕关键科学问题开展系统研究,在复杂环境背景下饮用水风险物质的识别、转化及调控取得重大进展和突破,发展与形成了基于系统风险控制的"从源头到龙头"全流程的饮用水水质安全多级屏障理论。其主要创新发展与突破在以下方面。

1. 开发了饮用水风险物质的高通量识别及风险评估技术,在全国实施了持续三个五年计划的饮用水水质调查和风险物质筛查

建立嗅觉层次分析法,开发致嗅物高通量识别技术和涵盖100种致嗅物的质谱数据库,发现我国80%的重点城市水源存在嗅味,阐明了我国饮用水嗅味的污染特征,明确2-甲基异莰醇是土霉味、硫醚是腥臭味的主要致嗅物。嗅味表征方法被编入国家标准《生活饮用水标准检验方法》GB/T 5750和行业标准《城镇供水水质标准检验方法》CJ/T 141。

创建了同时检测未知卤代消毒副产物及其天然有机物前驱物的超高分辨傅立叶变换离子回旋共振质谱技术,结合卤素元素氯、溴、碘的高分辨、高质量精度同位素峰比对,发现1679种新型卤代消毒副产物。突破了非挥发性消毒副产物的表征方法。

开发了基于多途径累积暴露的饮用水贡献率计算方法、异源毒性数据荟萃方法、以疾病负担为评估尺度的风险比较方法,解决了我国饮用水风险评估中暴露数据缺乏、毒性数据不全面、风险值缺乏可比性等问题。相关成果及建议被国家标准《生活饮用水卫生标准》GB 5749和《饮用水健康风险评估规范》采纳,为国家标准的制定从参考国际标准走向自主研究制定奠定了基础。

2. 提出微污染水源生态修复及水质调控的新原理,增加了水质风险控制的新屏障

发现水源地水陆交错带存在净水反应"活区",提出基于"活区"增强作用的微污染水源生态修复与调控方法,创建人工诱导和自然促发协同作用的"活区"生态净水技术系统,解决了生态环境自修复、水体自净化等工程难题,为嘉兴石臼漾等地建设示范工程提供了理论方法基础,在浙江北部推广应用形成约 1000hm² 饮用水水源湿地群。获联合国人居署 2012 年"迪拜国际改善居住环境最佳范例奖"。

揭示丝状产嗅藻生态位特征,开辟调光抑藻控嗅新途径。采用表征光能接受与利用的两个细胞形态参数构建了藻类种群演替模型,揭示丝状产嗅藻受水下光照驱动,具有喜好在水体亚表层/深层生长的生态位特征,据此确立了调光抑藻的技术路线,成功应用于上海青草沙水库(500 万 m³/d),使该水库在 2020 年 2-甲基异莰醇峰值同比降低 80%。

3. 揭示污染物界面转化的新机制,为风险物质的精准化控制提供了科学基础

阐明了基于天然有机物分子氧碳比特征的分子转化规律,为调控氧碳比强化消毒副产物前驱物去除提供了理论基础;基于芳香环上氯的亲核取代反应机制,确定天然有机物中含有多羧基的 CHO 组分是这类新型消毒副产物的前驱体,解决了大数据量天然有机物分子的定量比较难题。建立的高分辨质谱方法及相对反应指数揭示了天然有机物在混凝前后的变化规律。

提出了复合金属氧化物界面构造与原位调控原理,突破三价砷与五价砷同步去除、氟化物络合吸附去除等关键难题。揭示三价砷在铁锰复合氧化物界面氧化-吸附过程与微界面机制,构建可实现规模化工程应用的吸附剂原位负载颗粒化、在线制备与利用等工艺原理,突破传统除砷技术先氧化再吸附、需碱液再生等应用瓶颈。揭示羟基铝与氟的配位络合-沉淀过程与热力学机制,提出实现自由态氟向络合态、颗粒态转化的形态调控原理,突破传统活性氧化铝、羟基磷灰石等吸附剂容量低、活性组分利用率低、再生操作复杂等难题。

4. 阐明了铁腐蚀产物在输配管网中转化的生物、化学机制,为"黄水"调控提供了理论基础

提出铁离子致"黄水"形成的机制,揭示了不同通水历史条件下形成的管垢形貌和结构特征与管垢稳定性的关系,建立了以管垢层 Fe_3O_4 与 $FeOOH$ 含量比值为指标的管网稳定性评价方法;开发出以水源切换前后拉森指数+腐蚀性综合指数变化为依据的管网"黄水"风险识别技术;提出基于风险管控的水源调配与渐进切换模式及水质稳定化技术系统,为保证北京等"南水北调"沿线城市水源平稳切换和安全利用提供了技术支撑。

揭示了管网中硝酸盐浓度和硝酸盐还原菌影响稳定管垢形成的机制,为管垢稳定性调控提供了理论依据。水中硝酸盐浓度较低时,管网生物膜中硝酸盐还原菌可诱发铁的氧化还原循环,加速 Fe_3O_4 形成,促进稳定管垢形成;而水中硝酸盐浓度较高时,管网生物膜中的生物反硝化过程可破坏铁的氧化还原循环,不利于 Fe_3O_4 的形成,导致腐蚀层疏松。提出了基于臭氧-生物活性炭和紫外-氯联合消毒促使管网中硝酸盐还原菌成为优势菌,从而加速管垢稳定、有效抑制管网"黄水"现象。

2.1.3 面向饮用水系统供水安全管理的多维协同理论

饮用水安全保障是个系统工程,不仅涉及供水系统工程设施保障的规划设计与建设,还与供水系统的运行管理、各级政府的监督管理和发生突发事件后的应急管理等密切相关。饮用水安全保障系统是一个开放或半开放的系统；其中水源系统是完全开放的，风险源的类型繁多，风险因子复杂，存在很大的不确定性；供水系统虽相对封闭，但在一些关键环节也存在安全隐患，二次供水系统的风险会更大。因此，无论是从水源系统到供水系统的各工艺环节，还是从水源保护到市政供水、二次供水的各实施主体，或是从中央到地方各级政府及其各相关部门之间，都存在着如何协同的机制和方法问题。围绕对上述问题的思考，水专项自"十一五"时期以来，结合饮用水主题设置的相关项目和课题，从三个维度进行了梳理和探索性研究，逐步形成了面向饮用水安全管理的多维协同理论。

1. 从饮用水系统的运行管理维度，揭示供水安全保障全过程关键单元之间的相互关系和作用机理，发展了关键单元之间的协同控制方法

无论是从水源保护、水厂净化、管网输配、二次供水的各个环节之间，还是同一环节的不同工艺技术单元之间都存在协同控制问题。例如，针对太湖蓝藻原水的处理难题，逐步探索形成"在湖区打捞—取水口拦截—原水预处理—供水厂工艺净化"多级协同除藻方案，为开发集成除藻的成套技术和在无锡等城市建设工程示范提供了理论指导；此外，针对河网水源冬季氨氮的超标问题，形成了"水源湿地净化—原水预处理—供水厂两级净化"多级协同控制流程，为开发集成高氨氮原水处理成套技术和嘉兴等城市的示范工程设计提供了理论指导。同时，也为供水企业优化供水管理流程提供技术支撑。

2. 从饮用水系统的安全管理维度，发展了"企业自检、行业监测、政府监督、公众参与"的协同机制，为加强供水水质督察和安全监管提供了理论依据

公共供水的公用事业属性决定了饮用水安全保障的责任主体是政府，各级政府相关部门按照职责分工行使监督责任，企业受政府委托或特许负责供水系统的日常运行管理，公众（百姓）参与监督有助于改善供水系统的运行状况。水专项研究发展了"企业自检、行业监测、政府监督、公众参与"的协调机制，为优化我国城市供水水质三级网络（国家、省、市）职能、开展全国城镇供水水质督察和安全管理规范化考核等业务工作夯实了理论基础，指导构建了国家层面的饮用水安全监管业务化平台（监管范围涉及全国所有直辖市、省会城市和计划单列市），并在江苏省、山东省和河北省进行了省域范围的示范应用，支撑了全国城镇供水水质督察（抽检）和安全管理规范化考核的全覆盖。

3. 从饮用水系统应急管理的维度，揭示供水系统安全风险关键与敏感环节，建立了饮用水水质监测预警和应急救援协同机制和方法

阐明饮用水水源系统存在的安全风险和供水链中各种安全隐患，明确各级政府、供水企业和社会公众在应对突发事件中的角色定位，建立了政府和企业两个责任主体的联动机制，指导编制了《城市供水应急预案编制办法》《城市供水突发事件应对管理办法》等政策性文件。创新了饮用水突发事故应急管理模式，为饮用水水质监控预警与应急救援体系建设提供了科学依据。在南水北调中线工程受水区，指导建设了水质监测预警和应急平台，打破了部门、行业和上游下游之间的信息壁垒，实现了南水北调中线工程水源区、输水干渠在线监测数据与沿线 20 多个受水城市的实时信息共享。

2.2 饮用水安全技术体系基本架构

2.2.1 技术体系结构与功能

在我国饮用水安全面临系统性问题和挑战的背景下，在创新发展饮用水风险防控理论、突破一批关键技术瓶颈的基础上，创建全流程饮用水安全保障技术体系。

1. 技术体系的结构

水专项历经15年逐步形成的"从源头到龙头"全流程饮用水安全保障技术体系，包括"从源头到龙头"多级屏障工程技术、"从中央到地方"多维协同管理技术和"从书架到货架"材料设备开发技术三个技术系统（图2-3）。每个技术系统可拆分为若干不同的成套技术，成套技术又可细分为关键技术和支撑技术，也可根据实际需求集成可以解决特定问题的整体解决方案。

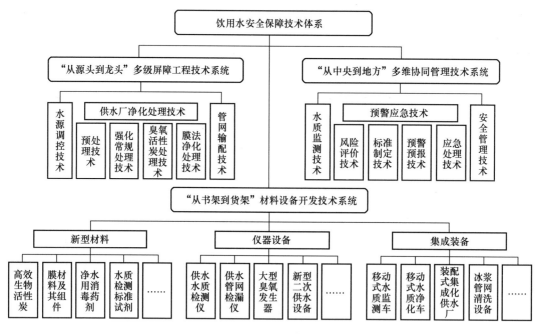

图2-3 饮用水安全保障技术体系架构拓扑图

2. 技术体系的功能

饮用水安全保障技术体系是个有机的整体，三个技术系统是协同耦合的，既相对独立又相互作用，其总体功能是为应对系统风险、保障饮用水安全提供体系化的技术支撑。根据系统科学结构决定功能的原理，饮用水安全保障技术体系的功能又可细分为三个技术系统的功能。

一是"从源头到龙头"多级屏障工程技术系统，涵盖水源保护、供水厂净化、管网输配、二次供水等各个重要环节的技术链条，可进一步分解为一系列的关键技术、成套技术和工艺组合，这些不同尺度的技术成果主要服务于城乡供水设施/系统的规划设计与建设。

二是"从中央到地方"多维协同管理技术系统，由水质检测、风险评估、标准制定、监测预警、应急救援、安全管理等技术链条或技术板块组成，主要服务于供水企业的运维管理、政府部门的监督管理和多方协调的应急管理。

三是"从书架到货架"材料设备开发技术系统，包括净水材料、仪器设备及其集成化装备开发的技术链条、产业化模式和工程化应用机制等，主要服务于与供水行业相关的材料设备制造类企业。

2.2.2 技术体系基本特征

技术体系通常指为特定目标服务且有内在逻辑关系的"技术集群"。在饮用水安全保障技术领域，技术体系是以关键技术为核心、以集成技术和（或）组合工艺为依托的"技术集群"，也可以理解为是由几个相互关联的技术链条组成的"技术集合体"，在不同的目标任务下可以有不同的表现形式。

1. 技术体系的内涵

技术体系包涵了体系中的所有技术形式，若用"同心圆"结构来描述的话，"圆心"是技术体系的核心，是亟需研究突破的关键技术，这也是技术体系创新发展的逻辑起点和内生动力。鉴于水源污染和水质问题的复杂性，即使突破了几项关键技术，在实际应用中也需要通过技术集成，与既有支撑技术结合形成成套技术、组合工艺或整体解决方案，才能使关键技术起到"关键"的作用；研发平台或示范工程是技术载体，因而成为技术体系的重要组成部分，关键技术及其成套技术或组合工艺只有通过平台试验和示范工程验证，才能确定技术的性能指标和应用效果；经应用验证、监测评估确认是稳定可靠和经济适用的技术，最终会以导则、指南、标准、规范、手册等标准化形式得以体现（图 2-4）。

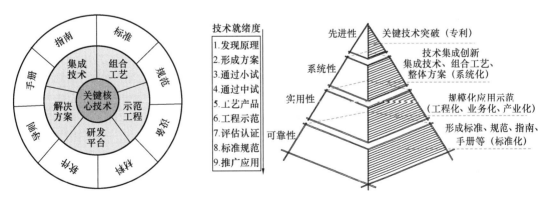

图 2-4 饮用水安全保障技术体系的内涵及形成过程示意图

2. 技术体系的发展

技术体系的形成和发展是个动态过程，若用"金字塔"结构来描述并结合技术就绪度分析，那么位于"塔尖"的无疑是亟需突破的关键技术，也是就绪度相对较低的技术形式；处在"塔基"的则是就绪度最高的技术形式，也就是处于"同心圆"外圈的那些技术成果；而介于两者之间的则是在转化、应用和发展中的技术形式，如集成创新的成套技术、组合工艺或解决方案等。开发创新的关键技术经过验证后示范应用，逐步成熟后形成标准规范，技术就绪度达到9级，这便完成了一个技术发展培育，进而发展和丰富了相应的技术体系。"从源头到龙头"全流程饮用水安全保障技术体系，是在消化吸收前人研究成果的基础上总结凝练而成并有所发展的，也必将在后续的实践应用中不断丰富，不断完善。

2.3 三个技术系统的主要进展

2.3.1 "从源头到龙头"多级屏障工程技术系统

针对我国重点流域和典型地区水源复合污染、水质复杂多变条件下饮用水高效净化处理难题，突破了饮用水水源原位净化、臭氧活性炭工艺次生风险控制、膜法净水组合工艺、消毒副产物控制、地下水除砷等技术瓶颈，发展了"从源头到龙头"饮用水安全多级屏障工程技术及其组合工艺，突破36项关键技术，集成12项成套技术，形成154项支撑技术，技术就绪度整体上由5~6级提高到8~9级（图2-5）。

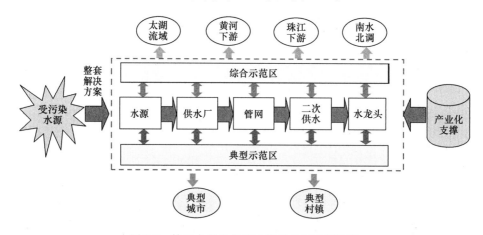

图 2-5　饮用水安全多级屏障技术与应用示范

依托重点示范区的企业和科研机构，支持建成50多个技术研发平台，在示范区建成100多项示范工程，并得到大规模的推广应用，形成我国以臭氧-活性炭工艺和膜处理为核心的多级屏障两大主流净水技术系统，全国臭氧活性炭深度处理的总能力已由水专项实施前的800万 m^3/d 扩大到5000万 m^3/d，江苏省2020年达到3000万 m^3/d（占全省总供水能力的95%）；国产超滤膜供水厂规模由2万 m^3/d 发展到900万 m^3/d，北京郭公庄国产超滤膜示范供水厂规模达到了50万 m^3/d。

2.3.2 "从中央到地方"多维协同管理技术系统

针对我国饮用水系统运行日常管理、监督管理、应急管理等科技需求，突破水质检测、风险评价、标准制定、监测预警、应急救援、安全管理领域的17项关键技术,集成5套成套技术,形成46项支撑技术,建成30多个管理技术平台,支撑了"水十条"要求的从水源地到水龙头全过程监管饮用水安全的全面落实,提高了我国饮用水安全监管的业务化水平(图2-6)。

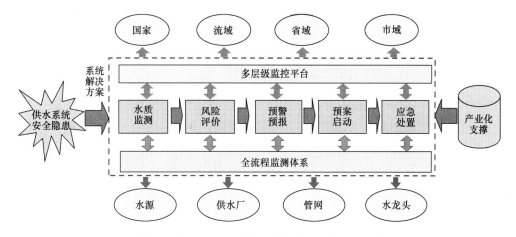

图2-6 饮用水安全多维协同管理技术与应用示范

首次完成全国654个城市、1534个县城的4457个水厂的水质、工艺状况的系统调查,重点对20多个城市100个供水厂的原水和出厂水进行了200项指标的调查,建立了水质风险评价方法;研发了240项水质指标的实验室检测和13项指标的在线监测方法,规范了涉及127项水质指标的71个标准化检测方法,建立了针对300多种特征污染物检测方法和40种快速检测方法库;建立了针对172种污染物的应急处理技术,开发了应急监测、应急处置和应急救援等成套技术,为应对40多起突发水源污染和其他灾害事故中提供了强有力技术支撑;发展了全国城镇供水水质监测"两级网三级站"体系,建设了国家供水应急救援中心和八大基地,整体提升了国家、省、市三级网络的水质监测能力,系统支撑全国供水水质督察由35个城市扩展到全国667个城市和1472个县城,实现了全国城镇供水安全监管的全覆盖。

2.3.3 "从书架到货架"材料设备开发技术系统

针对我国供水行业部分关键设备与材料存在技术落后、市场竞争力弱、长期依赖进口等问题,建成了臭氧发生器、饮用水水质监测、超滤膜组件及其装备等18个产业化基地,研发了一批具有自主知识产权的供水用关键材料和设备,产品应用场景涵盖水源、供水厂、管网、二次供水等各个主要环节,加速了饮用水关键材料设备的产业化进程(图2-7)。

国产超滤膜组件已在我国膜法供水厂中占据主导地位,价格相比进口产品降低30%,市场占有率超过70%;突破了玻璃介质、搪瓷介质高性放电核心技术,开发了大型臭氧发生器系列产品(20~120kg/h),放电效率提高了20%~30%,国产化率达90%以上,价格相比进口产品降低30%~50%,在供水行业应用实现"零"的突破,并逐步替代了

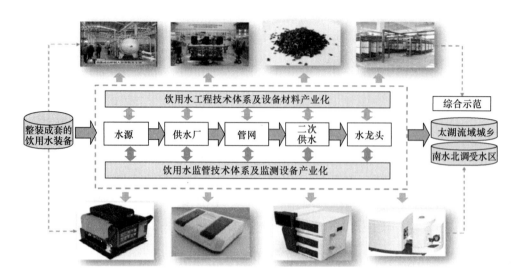

图 2-7 饮用水安全材料设备开发技术及其产业化

国外品牌产品，2019年市场占有率达到50%～60%；生物毒性监测仪、激光颗粒计数仪、便携/车载式气相色谱-质谱联用仪（GC-MS）和电子耦合质谱仪（ICP-MS）等仪器设备填补了国内空白，移动式水质实验室和模块化净水装备已批量生产并投入使用。形成了《水处理用臭氧发生器技术要求》GB/T 37894—2019、《饮用水处理用膜工艺运行维护管理指南》等一系列饮用水材料与设备标准规范及导则，科学引导并推动供水行业材料设备产业的规范化和规模化发展。

第二篇 饮用水多级屏障工程技术

第3章 水源保护与调控

在饮用水水源保护与调控方面,水专项从"十一五"时期到"十三五"时期三个五年规划期间,在项目、课题、任务等不同层面开展了系列的研究与应用示范工作,其中包括:饮用水水源地保护与管理技术研究与示范(2009ZX07419-003)、河口浅池型特大江心水库的水质维持与改善技术集成与示范(2008ZX07421-001-005)、河口蓄淡水库咸潮风险评估与预警技术(2008ZX07421-001-006)、太湖流域上海饮用水安全保障技术集成与示范(2012ZX07403-002)、潮汐影响城市饮用水安全保障共性技术研究与示范(2009ZX07424-001)、太浦河金泽水源地水质安全保障综合示范(2017ZX07207)、区域饮用水源优化配置与水质改善技术集成与示范(2008ZX07421-001)、浙江太湖河网地区饮用水安全保障技术集成与示范(2012ZX07403-003)、嘉兴市城乡一体化安全供水保障技术集成与综合示范(2017ZX07201004)等。这些研究工作分别针对水源保护区划分问题(包括饮用水水源地污染源解析、风险评价等),河口水源水库面临的冬春季咸潮入侵加剧问题,青草沙水库为代表的含藻、嗅水库水源问题,金泽水库保护区内雨水径流污染问题,沿海城市水源地受咸潮影响问题,南方地区河网水源高氨氮和高有机物污染问题,区域饮用水水源优化配置与水质改善问题,城乡一体化安全供水保障问题等,开展研究并进行技术集成与应用示范。研究形成了一批关键技术和成套技术,包括:基于环境风险的饮用水水源保护区划分成套技术、河口咸潮监测与风险评估技术、河口蓄淡水库咸潮预警预报关键技术、水库水源藻类调控与去除技术、"水力调控控藻—原位物理除藻—生物操纵治藻—原水预处理削减"的水力调控与生态协同藻嗅防控多级屏障技术体系、基于绿色雨水基础设施的雨水径流污染控制成套技术、畜禽养殖业新污染物末端处置关键技术、水产养殖业新污染物末端处置关键技术、调蓄水库水质生态净化集成技术、水动力-盐度耦合的咸水入侵高效预报技术、强潮作用下蓄淡水库避咸蓄淡调度和控制技术、受污染水源人工湿地强化净化技术等。这些技术成果对于加强我国饮用水水源的保护与调控起到了重要的支撑作用。本章对其中部分成果与应用情况进行介绍。

3.1 饮用水水源保护

3.1.1 基于环境风险的饮用水水源保护区划分成套技术

划定饮用水水源保护区,是开展水源地保护、污染防治和风险防控的基础,而确定水源地主要污染物来源及需要重点防控的区域,则是划定饮用水水源保护区的关键,为解决集中式饮用水水源保护区划分方法科学性不足及防控突发环境事件能力不足的问题,需要针对不同类型饮用水水源地的水体特点及其污染源特征,建立水体污染源解析技术体系,开展不同类型污染源风险评价技术研究,识别水源地重点污染源和重点污染区域,结合水源地所在区域的地理位置、水文、气象、地质特征、水动力特性、水源地规模、水量需求等诸多影响因素,采用水质模型等技术方法,研究建立针对不同水源地类型的饮用水水源保护区划分成套技术。

1. 饮用水水源地污染物识别和污染源解析技术体系

针对饮用水水源地污染来源复杂,污染物迁移过程中物理、化学和生物影响多样,以大气污染源解析的受体模型为基础,对模型进行完善、改进和耦合,建立了工业及农业污染源与水源地之间的水质响应关系,分别建立了氮、磷特征污染物负荷集成模型、营养盐多同位素和混合多元统计分析的源解析技术,构建了针对不同类型污染物的水源地污染源识别和解析技术体系。

针对河流型水源,建立了用于重金属源解析的 NMF/CMB 复合受体模型和用于氨氮源解析的污染负荷集成模型。针对湖库型水源,建立了基于耦合应用系统聚类法(CA)/化学质量平衡法(CMB)的重金属源解析技术和营养盐多同位素的氮源解析技术;针对地下水源地,建立了基于多元统计法、矩阵分解法、化学质量平衡法、数值模拟法和基于地理统计学源解析方法的不同水文地质条件的地下水水源污染源解析技术体系。

2. 饮用水水源地污染风险评价技术

针对不同类型饮用水水源地所在区域污染源分布及排放特征,运用未确知理论、改进的 SevesoⅢ指令模型、费克定律和 DRASTIC 模型等技术,分别建立了水污染因子评价、水生态和健康风险评价、区域风险评价和内源二次污染风险评价的技术方法,构建了针对水源地不同污染源来源、不同区域的风险评价技术体系。

针对地表水源,建立了基于未确知理论、改进的 SevesoⅢ指令模型进行区域风险评价和费克定律进行内源二次释放污染风险评价的技术方法;针对地下水源所在区域及水源取水的特点,利用地下水脆弱性代替地下水污染的可能性,利用污染源危害分级代替地下水污染的后果,分别建立地下水脆弱性图和污染源危害分级图,将二者耦合得到地下水污染分级分类图,并对前期调研筛选的研究区特征污染物的迁移转化进行数值模拟,从而从时间和空间上对水源地的污染风险进行评价。

3. 饮用水水源保护区划分技术

针对不同类型饮用水水源地污染源分布、水文水动力差异等特点,针对地表水源,采用经验类比法,以卫生防护距离为依据确定一级保护区的范围;采用水质模型对应急响应时间内污染物的迁移过程进行模拟,建立了迁移时间法(TOT)和水质模型相结合的二级保护区水域划分方法,基于水源地区域风险的高低,确定二级保护区陆域的划分方法;对于准保护区,以满足总量控制为目标,参照二级保护区划分方法,确定准保护区范围。

针对水质模型中模型参数的随机性,建立了基于 Bayesian-MCMC 参数反演未确知水质模型,从而构建了地表水水源保护区划分的技术体系,实现了环境风险因子和应急响应时间在保护区划分体系中的有机融合。福建晋江流域入河支流及风险评价的保护区划分研究结果表明,设定应急响应时间为3h,泄漏量为1t COD时,计算出的二级保护区水域长度为2.6km,基于水源环境风险评价划定的一级保护区陆域纵深宽度处于50～110.38m,二级保护区陆域纵深宽度处于1000～2207.65m。Bayesian-MCMC 参数反演未确知水质模型保护区划分研究结果表明,基于利用未确知二维水质模型,以 COD 为污染物计算的某水源二级保护区水域长度为6870m,该长度能在92.00%的主观可信度上保证水质安全,而基于确定性二维水质模型,利用各参数试验均值计算的保护区长度5990m 存在100%的水质超标风险率。针对地下水水源,运用 MODFLOW、MODPATH 等数值模拟软件对研究区的地下水流场进行模拟,确定水源地的地下水补给来源和补给通道,并计算出从地下水补给区渗流至研究区所经历的时间,结合不同时间内截获区的概念来确定各级保护区的范围。

基于技术研究成果形成了我国饮用水水源地环境保护相关的技术标准和指南,支撑构建了我国饮用水水源地风险管控体系,填补了我国在饮用水水源地环境监管体系存在的短板,解决了我国饮用水水源地精准保护和差异化管理的科技难题。编制完成的《集中式饮用水水源地环境保护状况评估技术规范》HJ 774—2015、《集中式饮用水水源地规范化建设环境保护技术要求》HJ 773—2015、《饮用水水源保护区划分技术规范》HJ 338—2018、《集中式地表水饮用水水源地突发环境事件应急预案编制指南》《饮用水水源地风险源名录编制指南》等系列成果,在全国饮用水水源地保护区划分、规范化建设与环境监管等多个方面得到了广泛应用,健全了我国饮用水水源地环境监管体系,为水源地环境保护攻坚战提供了科技支撑。

3.1.2 水源地面源污染削减关键技术应用示范

面源污染是影响集中式饮用水水源地水质安全的重要原因。随着区域城市化程度的不断提高,不透水面积的上升加大了雨水径流量,加剧了水体污染,雨水地表径流已成为区域主要污染来源,随着污水处理率、工业废水达标率进一步提高,雨水径流污染贡献将愈发突出。"十二五"时期,以规模化畜禽养殖场为重点的农业源首次纳入国家主要污染物总量减排范围,要求进行养殖业布局规划,开展规模化畜禽养殖场的污染减排工程建设,养殖业使用大量抗生素、激素类物质,大部分抗生素和激素类物质随养殖废弃物直接排放或农业利用流失进入地表水环境,新污染物问题也已成为养殖业污染的新热点问题,尤其在水源地等水环境敏感区域,其污染风险需引起足够重视。

金泽水库位于上海市青浦区金泽镇西部、太浦河北岸,取水来自太湖东南部河网片区的太浦河。金泽水库总库容约910万 m^3,供水规模为351万 m^3/d,于2016年12月正式通水,惠及上海西南五区(青浦、松江、金山、奉贤和闵行)约670万人。太浦河流域属于典型的平原河网,沿线支流密布,周边区域工业、农业、养殖业密集,产业结构复杂,雨水径流面源污染和养殖业排放污染是影响金泽水源地安全的重要因素。水专项以金泽水源地为代表,针对雨水径流面源污染和养殖业新污染物排放污染,突破适用于水源地"三高一低"特点的雨水径流污染防控集成技术、养殖业新型污染物末端处置关键技术,支撑水源地面源污染削减控制。

1. 适用于水源地"三高一低"特点的雨水径流污染防控集成技术

面源污染是水体污染的主因之一,金泽水库区域不同污染物的面源污染贡献量占63%～85%,其中,地表径流 COD_{Cr} 排放892.7t/年、氨氮排放41.1t/年、总氮排放67.6t/年、总磷排放20.4t/年,雨水地表径流污染贡献率为27%～49%,地表径流已成为区域的主要污染来源。同时,金泽水源地具有地下水位高、水面率高、水质要求高和土壤渗透性低的"三高一低"特征,已有雨水径流管理技术在功能、特征、形态属性上不能满足"三高一低"湖荡区的径流污染控制需求。针对上述问题,水专项通过技术突破与集成,形成"源头减排—过程控制—末端阻控"全过程的雨水径流污染防控技术体系和策略。

(1) 源头减排—源头强化调蓄净化技术

在源头强化调蓄净化方面,形成了强化调蓄净化生物滞留技术、强化除磷及蒸发的渗透铺装技术,分散精准控制源头径流污染,平均年径流总量控制率可达90%,径流污染控制率在75%以上(以SS计)。

强化调蓄净化生物滞留技术:优化了生物滞留设施的进配水模式及纵向构型设计,增设防渗及排水导流层,解决了水源地区域"短历时、大流量"径流污染大水量冲击难点;设施表层构建大气复氧廊道,确保设施深层含氧量;选用沸石等中细基质为设施填料,种植层优选土著植物菖蒲、再力花、芦苇、狼尾草、黄金菊等;末端设置电控出水装置,优化设施潮汐运行模式,确保设施内部好氧-厌氧微环境的形成,当进水SS、COD_{Cr}、TN、TP平均浓度分别为82mg/L、30mg/L、0.57mg/L、0.10mg/L时,设施对地表径流中SS、COD_{Cr}、TN、TP的去除率分别为85.3%、58.0%、33.0%和42.4%,实现了较高标准出水水质。

强化除磷及蒸发的渗透铺装技术:在设施底部设置防水膜并通过排水管上弯在碎石基层中形成蓄水层,创新性地开发了设置在碎石基层中的具有结构强度的陶土砖毛细柱,持续将蓄水层中积水输送到设施面层,在降雨量为14.5～64.6mm时,实现了不透型渗透铺装的径流总量削减率达90%以上;同时,蒸发作用显著降低了设施面层温度,缓解了热岛效应。基于新型渗透铺装饱水区丰富的生物活动,降雨间歇期积水中 COD_{Cr} 和SS较传统渗透铺装相比,当进水COD和SS平均浓度分别为142.86mg/L和195.3mg/L时,实现年污染负荷分别减少78.3%和87.2%。

(2) 过程控制—排水过程污染强化净化技术

在过程控制方面,利用强化除磷及脱氮的干式植草沟技术改造耕地排水沟渠或道路边沟,提升重点下垫面的雨水径流控制能力,创新性研发雨水径流污染控制一体化处理装置,进一步提升绿色基础设施对雨水径流中磷污染的去除能力。

强化除磷脱氮的干式植草沟技术:针对金泽水源地地下水位高、土壤渗透性差、径流难以就地入渗、河道水位高的地域特点，形成了强化除磷脱氮的干式植草沟技术。技术通过在植草沟基质层添加有机质和供水厂污泥，将设施底部排水管上弯，在减少汛期雨、污水倒灌风险的同时保持基质层的含水率与微生物活性，实现了强化脱氮除磷的效果，可在基质层很浅的条件下有效控制径流中有害物质含量。基质层添加3%发酵木屑的干式植草沟设施，在基质厚度为30cm、基质饱和渗透速率为10.5cm/h的条件下，可在进水期因有机质耗氧形成缺氧环境，发生反硝化作用去除径流中氮素。当单位进水质量负荷SS为48.0×10^3g、COD_{Cr}为15.4×10^3g、TP为49.6g、TN为518.0g、氨氮为201.8g，设施对SS、COD_{Cr}、TP、TN、氨氮的削减率分别达95.4%、83.1%、90.0%、57.7%、78.3%。

雨水径流污染控制一体化处理装置：针对金泽水源地径流磷污染负荷较为严重、控磷要求较高的需求，研发了雨水径流污染控制一体化处理装置，将供水厂脱水污泥低温干化制备成为填料颗粒，经酸浸泡改性后形成强化除磷颗粒，以强化除磷颗粒为主体填料构建生物滞留池或滤池，当进水磷浓度为0.5～1.0mg/L，出水平均去除率约为90%，解决了传统过滤填料对磷去除效果不稳定的问题。

(3) 末端阻控—湖荡及河道末端生态强化调蓄净化技术

在末端阻控方面，结合区域水面率高的特点提出了湖荡湿地调蓄及生态净化技术和水源地河道生态护岸污染梯级阻控及重建技术，湖荡湿地可满足100年一遇降雨的有效调蓄，能有效提升河、湖、荡等天然水体的雨洪蓄滞和水质保持能力。

湖荡湿地调蓄及生态净化技术：湖荡湿地具有拦截径流、削减洪峰的重要作用，结合区域场地地形特征和河塘现状，通过进出口设施构型优化、高低程湿地空间分布、沉积物处理区面积和构造，实现雨水径流的综合控制。进水口对主要污染物去除效果明显，当COD_{Cr}、氨氮、TN、TP质量浓度分别为31.7mg/L、0.43mg/L、1.55mg/L、0.22mg/L时，污染负荷COD_{Cr}降低43%、氨氮降低36%、TN降低42%、TP降低56%，在2020年实现汛期有效削减。植被景观效果良好，对区域径流起到了良好的调蓄净化作用。

水源地河道生态护岸污染梯级阻控及重建技术：基于水源地河道滨岸带资源环境结构和受损状况、雨水径流特性、岸带类型及坡度状况、土壤以及土著植物状况的研究，获取了水质状况、土著植物物种、土壤肥力、坡度等河道生态护岸系统重建的核心参数，利用以上参数，构集透水铺装、生态护岸和人工湿地为一体的生态护岸梯级阻控装置，耦合了以陶瓷透水砖为面层、加气混凝土与陶粒混合为基层的透水铺装结构和加气混凝土为填充基质、美人蕉为种植植物的人工湿地结构，最终能够实现氮磷、COD_{Cr}、SS逐步分级阻控，雨水径流中COD_{Cr}、SS和TP质量浓度分别为260mg/L、0.77mg/L和1080mg/L，平均去除率分别达79.2%、64.0%、89.5%。

2. 养殖业新型污染物末端处置关键技术

上海金泽水源地上、下游及周边区域养殖场相对较多，干流和支流水体检测到抗生素、激素类等新污染物，给金泽水源水质安全带来风险。为了降低养殖废水排放对水环境和水源地的影响，分别针对畜禽养殖废水和水产养殖废水，形成养殖业新污染物末端处置技术。

(1) 畜禽养殖业新型污染物末端处置技术

针对畜禽养殖废水高有机负荷低浓度抗生素激素类新污染物的特点，以新污染物高效选择性去除为目标，以资源化利用养殖废水中氮磷营养物质为导向，在畜禽养殖废水还田利用模式（污水→厌氧池→贮存池→还田）基础上，通过抑制硝化 SBR 和短泥龄 A^2O 创新工艺作为新增技术模块，实现抗生素和激素去除率达 90% 以上，氮素损失率低于 15%，达到了保留粪污资源化利用价值与去除新污染物的双重目标。

该技术在奶牛养殖场、生猪养殖场应用，针对主要抗生素和激素类新污染物（β-内酰胺类、氨基糖苷类、磺胺类、头孢菌素类等）总质量浓度不低于 $1\mu g/L$ 的畜禽养殖废水，新污染物去除率达 90% 以上，污水处理成本约为 6.5 元/t，在现有污水减排模式基础上工程投资增加 13.5%。依据技术成果与编制完成《上海市养殖业抗菌药物使用规范（试行）》。

(2) 水产养殖业新型污染物末端处置关键技术

针对水产养殖尾水排放间歇性、水量大、浓度低的特点，以养殖尾水抗生素类新污染物和氮磷常规污染物协同净化为导向，制备了单斜晶相钒酸铋（$BiVO_4$）/纤维活性炭新型金属负载型多孔平板材料，开发了可拆卸式金属负载型材料模块，并将其耦合于常规人工湿地系统中，形成了基于钒酸铋金属负载型多孔材质吸附模块人工湿地系统的水产养殖抗生素类新污染物处理技术。技术针对抗生素和激素类新污染物总浓度不低于 $0.4\mu g/L$ 的水产养殖尾水，实现了总氮、总磷、高锰酸盐指数等常规水质去除率高于 60% 和抗生素新污染物去除率达 80% 以上，具有占地面积小、对抗生素类新污染物处理效率高、成本低、运行管理简便等特点，有效降低了水产养殖尾水对周边水环境的抗生素新污染物污染风险，对水源地水质安全保障具有重要的应用价值。依据技术成果编制完成《水产养殖尾水新型污染物末端处置可行技术指南（试行）》。

3.2 饮用水水源水质水量联合调度

饮用水水源是整个城市供水系统中的最上游，研究水源及原水系统的优化调度不仅要从水量上满足用户需求，更要从水质上保障供水安全，提高原水系统调度的效益。本节从空间规模角度出发，选择东深引水工程、上海多水源水质水量联合调度两个比较典型的饮用水水源水质水量联合调度案例，从水资源调度优化的客观需求、调度思路、调度技术及效益等方面，阐述原水系统水质水量联合调度在跨流域、流域、区域层面上的技术研究及应用。

3.2.1 东深引水水质水量联合调度

香港虽然地表水系发达，但水系作用范围有限，多为山地，其坚硬的地层无法提供大量的地下水，区域内也没有大的湖泊或河流，天然淡水资源极度缺乏。随着香港人口不断增多，经济不断发展，生活用水量与旅游用水量也不断增大，仅靠本地区水资源供水存在较大淡水差额，外地输入水资源成为解决香港缺水问题的必然途径。东江水源水质良好，多数指标可达地表水Ⅱ类标准要求，香港缺水，必须依靠东江水源。

东深供水工程的兴建和改造解决了香港、深圳、东莞等城市的用水需求，对支撑包括香港在内的珠江东部地区经济社会发展至关重要。广东省委省政府和各级水利部门认真贯彻落实空间均衡的要求，合理分配东江流域水资源，加强流域水资源科学调度、统一调度、精细调度，解决流域水资源与生产力布局不匹配、不平衡问题，有效保障东深供水工程取水和流域其他地区的用水需求。

然而，由于东江流域所在的珠三角地区经济持续高速发展，排入河流的污染物总量和种类不断增加，且污染物类型越发复杂，从之前的常规污染物，转变为常规污染物、重金属和持久性有机污染物的复合型污染。水质良好的上、中游区域在经济高速发展的同时，也导致区域水体水质有下降趋势，对保证下游人口密集的重要城市饮用水水质有重要责任。而经济较发达的下游城市群水质污染严重，本地河流因缺乏来水交换，水动力不足，虽然在多年大力治理下，黑臭恶化现象得到抑制，但供水水质风险仍然存在，区域对水环境水质高质量要求与经济高速发展之间的矛盾使得水质保护任务十分艰巨。

为了解决这一矛盾，水专项在"十一五"期间，设立了东江专项（2008ZX07211），并提出了"控制风险、维护生态、保水甘甜、发展持续"的水源流域管理创新总体策略。专项研发的技术体系与策略在东江流域成功示范应用，东江主干流水质常年优于Ⅱ类。

"东江流域水质与水生态风险控制技术集成与综合示范"项目，以高品质饮用水安全保障为目标，针对东江流域潜在的水源污染等水质风险问题，开展东深供水水质风险控制与管理体系、优先控制污染物治理、受污染支流污染综合防治的研究与示范，研发并集成面源污染控制、石马河水质达标深度处理技术、优先控制污染控源减排技术、水库水质安全保障系统技术，构建一套适用的重大输水工程水质安全保障关键技术体系、工程控制与应急管理体系，解决高品质饮用水水源水质安全保障、东深供水水质风险控制与管理、优控污染物综合防治的问题，为东深供水水质安全保障提供可行的技术方案，为国家解决未来更高标准饮用水需求提供前瞻性的技术贮备。

在管理调度方面，"东江流域饮用水源型河流水质安全保障技术集成与综合示范"课题建立了东江流域水质风险实时数字化管理决策支持平台，在东江流域水质风险识别评估、监控预警、滚动预报、溯源追踪以及优化控制等方面取得了一系列创新性成果，并得到了有效应用，显著提升了东江水质风险防控和管理决策支持能力，为水污染防治行动计划实施提供了技术支持，在诸多技术指南编制、水污染防治行动计划制订中发挥了科技支撑的作用，带来了良好的环境效益、经济效益和社会效益。

为实时掌握流域水资源利用状况，2014年，东江局建成广东省第一个现代化水质水量实时监控系统，实现对东江干流及主要支流55个重要对象的实时监控。监控内容包括新丰江、枫树坝、白盆珠三大水库的水位、蓄水量、出入库流量、库区雨量和运行工况，东江11个重要控制断面的水位、流量和水质，12个梯级电站的闸上闸下水位和流量，19个重要取水口的取水量以及10个主要污染控制断面的实时状况。为全面掌握东江流域水资源动态、科学管理调度东江水资源提供了强有力的支撑。

经过半个多世纪的高质量发展，东深供水工程已成为以东江流域水资源统一调度为依托，以精细化、规范化、智能化为管理手段安全稳定高效的大型引水工程，对粤港地区社会发展和经济繁荣发挥着越来越大的作用。

3.2.2 上海多水源水质水量联合调度

1. 黄浦江上游太浦闸-金泽水库-松浦大桥的上、下游水质水量联合调度

为改善和稳定区域原水水质，上海市落实"两江并举、多源互补"的水源战略布局，在太浦河北岸建设金泽水库，为西南五区供应原水，原松浦大桥取水口作为应急备用水源。黄浦江上游水源地位于开放式、流动性、多功能水域，受上游来水污染和本地排放污染及航运突发污染等因素的影响，存在锑、石油类、有机物、藻嗅等污染物超标风险。为进一步提升区域原水供应的安全保障能力，亟需加强区域水质水量监测预警，提高上、下游联合调度。基于金泽水源地取水安全保障需求，在整合和优化区域内上海、江苏吴江的水务、环保等多部门的水质监测数据的基础上，集成了污染源和风险源数据、在线监测水质数据，建立了多源异构数据集成一体化实时数据库系统，通过数据清洗和数据协同耦合分析保障数据质量，依托金泽水库水动力学/藻类生态动力学模型、河网水质水量/突发水污染事件调控模型、供水量预测和水质变化趋势分析以及生态调控研究，构建了跨区域、跨部门的金泽水源水质水量监测与预警业务化平台。该平台已集成并应用于金泽水库水质水量监测、调度，实现日供水量数据在线预测误差在3%左右，输水区COD_{Mn}在线预测误差在5%以下。

针对金泽水库取水口常规水质超标（氨氮、耗氧量等）、突发污染（石油类、化学品类、重金属锑等），考虑污染物属性与特征，运用OilMap模型、ChemMap模型和河网水动力学模型，模拟太浦闸不同流量下石油类、化学品和锑污染物扩散、迁移等变化特征，形成太浦闸—金泽水库—松浦大桥的上、下游水质水量联合调度技术方案。对于突发污染，当污染距离水源地取水口较远时，以减少上游闸（泵）下泄流量、集中收集处置、减少河道中污染物量为主调度；当污染接近水源地取水口或者已经影响取水口时，以加大闸（泵）下泄流量、促使污染物快速通过缩短影响时长为主调度，根据不同污染物的特性，形成联合调度方案。

2. 黄浦江和长江水源的联合调度

针对目前上海市黄浦江上游、长江陈行水库和青草沙水库等水源地在水量和水质方面存在应对重大突发事故调配能力不强的突出问题，从完善上海市原水系统"两江并举、多源联动"的角度，通过"量质兼顾、优化调度"等手段实现原水供应动态平衡，形成上海城市多水源原水系统综合调控方案，完成原水调度系统功能建设。原水调度系统由SCADA系统和高级应用系统组成。高级应用系统包括GIS、智能调度系统和调度管理平台。

水专项课题太湖流域上海饮用水安全保障技术集成与示范（2012ZX07403-002）的研究成果已在上海城投原水有限公司严桥泵站进行工程示范，可调配水量达到700万 m^3/d

以上，包括黄浦江上游原水系统向青草沙水库原水系统调配原水 496 万 m^3/d，青草沙水库原水系统向黄浦江上游原水系统调配原水 123 万 m^3/d，青草沙水库原水系统与陈行水库原水系统互调原水 81 万 m^3/d，受益人口超过 1000 万人，实现多水源的综合调控和科学调配，提升上海城市原水系统的风险应对能力。在"十一五"时期、"十二五"时期青草沙水库、陈行水库原水调度系统基础上，基于"十三五"时期水专项课题太浦河金泽水源地水质安全保障综合示范（2017ZX07207）的成果，新建金泽原水智能调度系统，形成上海市原水联合调度系统并业务化运行，实现可调配原水水量 1000 万 m^3/d。在上述联合调度平台基础上，接入金泽水源水质水量监测与预警业务化平台，形成上海市多水源供水信息化业务平台，进行业务化运行，可调配原水水量由"十二五"时期的 700 万 m^3/d 扩展至 1000 万 m^3/d。

3. 长江口水源地的联合调度

长江口水源地位于长江入海口和长江下游，冬季存在咸潮入侵问题，夏季水库水源存在藻类大量生长问题，还面临多种突发污染等水质风险；同时，各水源还面临主干输水管渠爆管、枢纽泵站故障等带来的水量风险。面对上述风险，通过不同水源之间的调度互补，来实现不同工况下上海市原水的供水安全保障。青草沙水库、陈行水库原水系统的正常工况调度分为冬季供应模式与夏季供应模式，两个模式支线的运行交接点为青草沙水库原水系统的凌桥支线和陈行水库原水系统的闸凌支线，切换涉及主要供水厂为凌桥水厂和闸北水厂。

冬季是长江口咸潮入侵期，陈行水库库容较小，面对特大咸潮入侵时，水库供水存在一定压力。为了减轻陈行水库冬季供水压力，提升咸潮应对能力，冬季咸潮供水时期（11月~次年4月），青草沙水库和陈行水库两大原水系统按照"联合抗咸、保质优先"的原则，以冬季供应模式运行，降低陈行水库原水供水量，两者联合供应闸北水厂，陈行水库原水系统仅承担闸北水厂三分之一原水，青草沙水库原水系统承担凌桥水厂全部原水和闸北水厂三分之二原水。咸潮入侵期间，青草沙水库原水系统向陈行水库原水系统的切换调度水量为 41.3 万 m^3/d，占陈行水库原水系统供水量（125.3 万 m^3/d）的比例约为 33%，可相应延长陈行水库原水系统咸潮入侵期的供水周期。

夏季是水源水库藻类暴发风险期，陈行水库水力停留时间约为 5d，青草沙水库水力停留时间约为 20d，陈行水库水力停留时间较短，藻类风险相对较小，水质较为稳定，夏季期间可使用陈行水库原水系统供应。因此，夏季高峰供水时期（历年5月~10月），两大原水系统按照"经济、合理、高效"的原则，以夏季供应模式运行，联合供应凌桥水厂，陈行水库原水系统承担凌桥水厂三分之一原水和闸北水厂全部原水，青草沙水库原水系统承担凌桥水三分之二原水。

3.3 感潮河段饮用水水源抑咸避咸

潮汐影响地区饮用水安全的突出问题之一在于咸水入侵，且越接近河口，咸水入侵越严重，因而对饮用水安全的威胁也越大。针对潮汐影响地区这一区域特点，应注重对饮用水源咸水入侵预测预警及应急措施关键技术创新，基于"实时监测-高效预报-抑咸调度-避咸控制"的思想，实现强潮河流水库泄水抑咸优化调度、蓄淡避咸调度与控制和系统集成，是强潮河流水源饮用水安全保障的关键。

3.3.1 强潮河流三维水动力-盐度耦合预报

1. 二维高精度涌潮盐度数值模拟技术

潮汐河口存在水位、流速突变的涌潮。涌潮数值模拟有两个关键问题，一是强间断的模拟，二是方程源项的处理，前者要求模拟涌潮前后水位、流速（流量）突变的非线性效应；后者则要求采用守恒型方程并解决方程左端压力项与方程右端底坡源项的"和谐"问题以准确求解涌潮传播速度。

二维高精度涌潮盐度数值模拟技术采用基于无碰撞二维 Boltzmann 方程的 KFVS（Kinetic flux vector splitting）格式求解，该格式能模拟间断流动；盐度控制方程采用二维对流-扩散方程；采用无结构三角形单元进行有限体积法离散，并采用网格中心格式和应用能模拟间断流的干底 Riemann 求解处理动边界问题，成功解决涌潮模拟中存在的间断捕获、非齐次底坡源项的处理、强间断大流速情况下的动边界模拟、计算范围大与计算单元小的矛盾等关键技术问题，模型在计算精度、涌潮分辨率、计算稳定性和守恒性、干湿点动边界处理等方面，综合性能优于现有先进模型。同时，采用 OpenMP 并行编程技术，对基于多核处理器的计算程序实现了并行计算，大大提高计算效率，计算效率提高约 50%。

2. 三维氯度数值模拟技术

氯度在水流中扩散分布跟一般的标量输运的区别在于除受流体输运作用外，自身溶解于水的过程会引起溶液密度的变化。考虑氯度在水流中扩散分布的特殊性，兼顾流场作用下氯度的对流扩散特性和重力作用下氯度的沉积特性，采用基于分子动力学方法，把溶解于水的盐度模拟为分子尺度的氯度颗粒，在此基础上建立了新的氯度运动扩散数学模型。

首先，将盐度表示成关于空间位置、颗粒体积和时间的连续函数 $C = C(x, v, t)$；其次，连续介质对盐分颗粒的影响，考虑到颗粒粒径不大，只考虑水对颗粒的作用，因此假定颗粒相速度等于液体相速度。忽略颗粒碰撞凝结等影响，并考虑重力沉降作用；最后，结合现有的湍流数值模拟技术，将湍流数值求解与盐度对流扩散进行耦合求解，对不同情况下的水动力流场及盐度分布进行较为准确的数值模拟；在复杂流场条件下能完成并行计算及分析。

3. 基于实测与数值模拟的咸潮入侵可视化技术

该技术研发一种适合潮汐影响河口的水位和水体氯离子自动检测仪器，提供了一种利用离子电极的采样和数据采集技术实现客观、自动精度反映潮汐影响江河的含氯度的方法。获得了连续长时间氯度随潮变化的观测记录，根据氯度与盐度的换算关系，可计算出该站盐度随时间的变化，为分析研究钱塘江河口在不同下泄径流量和潮差条件下盐度随时间的变化规律提供了基础资料。适用于野外，具备低耗性、防水和防潮性能的氯度监测装置的研发,成功在钱塘江河口布设 8 站氯度实时监测系统(图 3-1)。

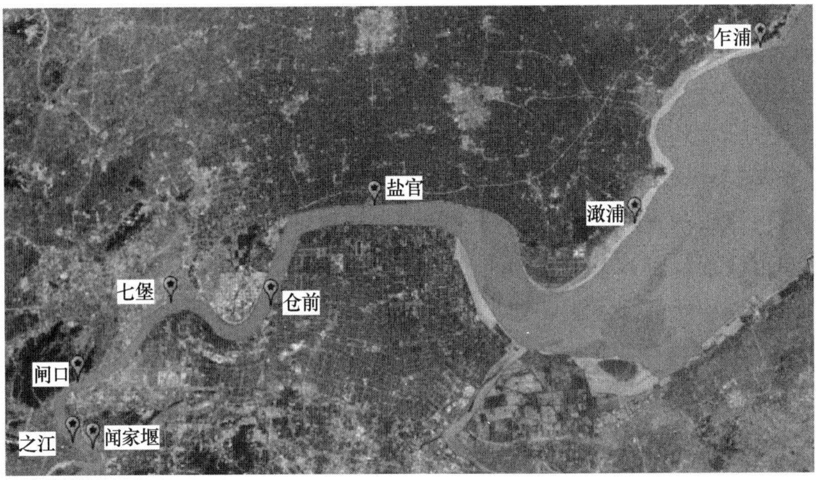

图 3-1 钱塘江河口氯度监测站沿程分布示意图

在此基础上,结合强潮河流水动力盐度耦合预报技术数值模拟得到的盐度数据进一步研发实时可视化软件系统实现盐度入侵的可视化。系统界面使用 QT 开发,主要代码使用 Fortran 和 C++混合开发,最终实现了钱塘江水动力和盐度耦合的三维数值预测数据的可视化。

3.3.2 强潮河流水库泄水抑咸优化调度技术与示范

基于实时遥测、自行研发的预报和可视化技术,以钱塘江河口为例,对强潮河流盐度分布进行高效预报,快速合理地预测出未来数天至数十天的盐度的三维分布,为上游新安江水库和富春江水库水资源优化调度提供依据,并开展泄水调度示范。

1. 基于河口生态环境需水的流域水资源控咸调配

钱塘江河口为强潮河口,在枯水大潮季节,潮汐动力强劲,江水氯度混合较强,氯度纵向分布因淡水与海水的相互作用自下而上递减,横向分布随断面形态而有一定的差异,氯度垂向分布在涨落转流时段呈现短时间局部地方分层现象。沿程氯度随时间变化主要有日、月、季、年内和多年变化之分,其中:日、月、季变化主要因潮汐大小变化所致,日变化中最大、最小氯度相差较大,除较长时间(8~15d)枯水流量外,一天中可取水时间较短;而季节、年际间的变化则主要因径流的变化所致,影响杭州取水口处氯度大小的主要因素是径流大小。

表 3-1 是钱塘江河口氯度特征值与径流量的关系,当径流量从枯水径流 285m³/s 增加到 696m³/s 时,最大、最小和平均氯度值,以及氯度超标时间不同程度减少,平均每立方米径流量减小氯度约为 0.57mg/L;当径流量继续增加至 529m³/s 时,全天氯度无超标,此时平均每立方米径流量减小氯度 0.35mg/L;而当径流量增加至 826m³/s 时,平均氯度仅减小 64mg/L,平均每立方米径流量减小氯度 0.078mg/L。可见,当径流量较小

时，径流量的增加能有效降低饮用水水源地的氯度，随着径流量的增加，径流的抑咸作用越来越小，当径流量超过一定的范围后，流量的继续增加对氯度的减小作用非常微弱。

钱塘江河口氯度特征值与径流量关系　　　　表3-1

径流量	最大氯度(mg/L)	最小氯度(mg/L)	平均氯度(mg/L)	日超标时间(h)	平均时间变化率[mg/(L·min)]	最大变化率[mg/(L·min)]
285m³/s	1513	52	521	15.8	4.14	166.8
696m³/s	489	50	285	12.3	1.21	73.8
1225m³/s	141	45	99.5	0	0.31	19.2
2051m³/s	51	26	35.3	0	0.17	5.6

通过研究径流与氯度变化的关系可知，在枯水径流时，采用增加上游水库下泄流量来控制饮用水水源地咸水入侵的措施是非常有效的，而若在上游径流量已较大且饮用水水源地仍有氯度超标的情况下，通过继续增大下泄流量以减小氯度所起到的作用是很有限的，且对水资源是极大的浪费，此时应采取其他更有效的措施（如利用避咸水库的水等）保证饮用水的安全，这对上游水库水资源的优化调度有很好的指导意义。

2. 基于实时监测和数值预报的水库泄水抑咸优化调度方案

在实测资料分析的基础上，建立考虑涌潮作用的三维盐度数学模型，探讨钱塘江河口咸水入侵规律，模拟径流和强潮组合条件下钱塘江河口咸水入侵的量化时空变化规律，根据径流和潮汐对咸水入侵影响的数值试验结果，提出上游水库泄水抑咸的优化调度初步方案。

（1）抑咸临界流量

钱塘江河口咸水入侵的强弱，径流量是主要因素，为保障钱塘江河口段重要取水口的取水氯度安全，提出了控制咸水入侵的抑咸流量，即富春江电站以日均最小泄流量来满足杭州市珊瑚沙取水口江水氯度超标时间小于7~14h的要求。在15d一个潮汛中，珊瑚沙取水口江水氯度连续超标时间小于0.6d的临界抑咸流量随七堡最大潮差的不同而异，最大潮差越小，临界抑咸流量也越小，反之亦然。在现状取水条件下，潮差为1.7m左右对应的临界抑咸流量 $Q=200\sim300\text{m}^3/\text{s}$；潮差为2.8m左右的临界抑咸流量 $Q=300\sim400\text{m}^3/\text{s}$；潮差为3.9m左右的临界抑咸流量 $Q=400\sim500\text{m}^3/\text{s}$。当然，上述临界抑咸流量是数值模拟分析的结果，在实际应用中还应综合考虑前期径流、河口段下边界氯度及江道地形等因素的影响，并留有余地。

（2）泄水方式选择

不同的泄水方式对抑咸效果的影响反映了富春江电站不同的泄水过程对珊瑚沙取水口氯度及超标时间的影响，分析计算中，对富春江电站径流过程在一汛（15d）内按均匀、阶梯非均匀及大流量提前三种不同泄放方式进行了比较。其中：大潮期（5d）流量为 $1.2\bar{Q}\sim1.3\bar{Q}$；中潮期（5d）流量为 $\bar{Q}$；小潮期（5d）流量为 $0.6\bar{Q}$。在总水量相同的情况下，对珊瑚沙取水口的最大氯度和超标时间而言，均匀放水时均大于阶梯泄放；按大、中、小潮的实际时间阶梯泄放大于提前2天阶梯泄放，氯度连续超标时间由4.5d减为0.4d（15d平均流量为300m³/s），均匀放水400m³/s才能达到相同的连续超标时间0.4d，由此说明通过泄水优化调度可节省100m³/s，约占20%以上的水资源量。在临界抑咸流量下，选择合适的泄放过程可有效提高抑咸取淡效果，一般情况下按提前2d左右"大潮时段按15d平均流量的1.2~1.3倍左右放水，中潮时段按平均流量放水，小潮时段按平均流量的0.6倍左右放水"的原则放水（图3-2）。

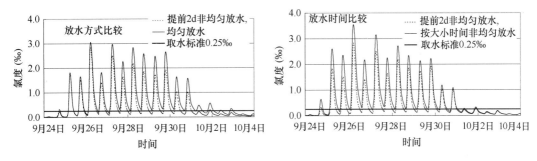

图3-2 不同的泄水方式对抑咸效果的影响

3. 钱塘江河口水库泄水抑咸示范

选择钱塘江强涌潮河口闸口至富阳水源地（12km）开展多站氯度同步实时监测、盐度数值预报及水库泄水抑咸调度方案三位一体的强潮河流泄水抑咸调度关键技术示范，示范区为杭州市重要饮用水水源地，设有九溪水厂等钱塘江沿岸9大供水厂的取水口，自钱塘江取原水约240万m³/d，占杭州市饮用水水源的85%以上。

以2012年为例，根据七堡潮差、南星水厂附近江水氯度实测资料计算得到各次咸潮进入示范区的氯化物总量，进入抑咸示范区超标时段最大盐量为4.2万t，下半年进盐量总计达20万t。2012年下半年枯水季节杭州市取水口在大潮汛期间受咸潮影响2次共9d。南星水厂取水口氯度超过《生活饮用水卫生标准》GB 5749—2006中相关限值（250mg/L）的累计时间为69.25h，最长连续超标时间为22h，最大含氯度为720mg/L；珊瑚沙水库取水口累计超标时间为1.02d，最长连续超标时间为7.3d，最大含氯度为450mg/L。

与2003年实测氯度资料相比，2012年下半年受咸潮影响时段进入水源地的氯化物最大值约4.2万t，累计达20万t，而2003年下半年受咸潮影响时段进入水源地的氯化物最大值约10万t，累计达182万t，强潮作用下示范区河口的咸水入侵得到了有效地抑制。

因此，通过钱塘江河口水库泄水抑咸示范，实现削减水源地咸潮影响时段含盐量约30%以上，通过"大潮多放，小潮少放"的非均匀阶梯放水的抑咸优化调度技术，可有效节约水资源量达20%以上，达到了预期的要求。

3.3.3 强潮河流蓄淡避咸调度控制技术与示范

研究不同潮型与不同径流组合条件下蓄淡水库避咸机理、抢淡补水和取水口启动和关闭（以下简称启闭）时间，制定钱塘江河口珊瑚沙水库、闸泵与取水口联合优化调度方案,以应对各种可能发生的咸水入侵危险,尽可能避免咸水进入供水厂,以满足即使在特殊枯水大潮组合条件下也能保证供水厂进水的含氯度控制在最低程度。

1. 多点集中监控信息远程无线传输技术

杭州市大刀沙泵站配有 4 台流量为 $6.5m^3/s$ 的轴流泵,整个泵组的理论调度能力为 $26m^3/s$,该泵站一通钱塘江,二通珊瑚沙水库(蓄淡避咸水库),三通闲林水库(应急备用水库),是杭州市区避咸调度控制的重要枢纽。本技术在多地布设数据采集和传输装置,远程无线传输以最大程度保证避咸控制系统的正常运行。蓄淡水库与取水口联合避咸调度控制示意图如图 3-3 所示。在泵站取水口安装在线盐度传感器用于采集泵站地区的钱塘江实时盐度数据,数据直接传送至泵站的中控室;在水库安装超声波液位计用于采集水库实时水位数据;在泵站安装 PLC,通过短信通信模块,实现珊瑚沙水库与大刀沙泵站的通信,将水库采集到的实时水位数据传送至泵站的控制室中;此外,在大刀沙泵站和实验室中各安装一组通信模块,运用串口无线通信技术,实现两者通信,即将水泵开闭时间段实验室预测的数据传送至泵站的控制室,同时泵站机组当天的运行数据及时回传至实验室,形成完善的反馈机制。一旦泵站和水库运行有问题,实验室也能第一时间发现错误并采取相应的应急措施。

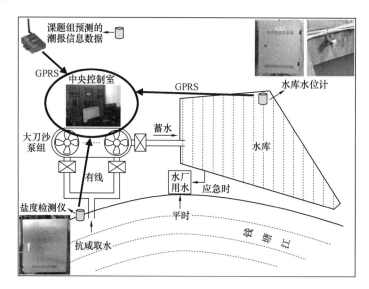

图 3-3 蓄淡水库与取水口联合避咸调度控制示意图

2. 多泵轮启技术

强潮河流地区水源地盐度不定时超标,水泵连续启闭或长时间运行而导致水泵寿命减短、电力负荷增大,通过建立数学建模,确定水泵启闭顺序以及每台水泵累计开启时间,并通过算法实现水泵取水避咸抢淡的优化控制技术,最终实现水泵安全取水。

控制水泵启闭需同时满足以下三个条件:

(1) 珊瑚沙水库水位低于设计阈值。

(2) 预测的钱塘江水源地河段安全取水时间段内。

（3）取水口盐度传感器数据低于 250mg/L。

满足三大阈值条件时，水泵才会根据其控制程序运行；若有一个条件不满足，水泵便停止工作。泵组控制模式分自动控制与手动控制模式，各泵组可根据需要选择是否参与自动控制，默认模式为手动控制模式。当泵组处于自动控制模式时，根据水位、盐度、启停时间条件，自动进行开停机操作，此时闭锁上位机开停机操作命令。若泵组出现故障，不能运行时，控制系统可以发出警报，由现场人员通过上位机切换为自动控制，最大程度保证泵组的安全，这部分功能需要结合上位机设计一起来实现。

3. 基于串口无线通信技术的智能取水技术

智能取水系统由中央控制室和图像工作站组成，上位机具有实时监视泵组、油水气系统、励磁等运行状态，监视泵组的启停流程，进行泵组及其辅助设备的控制操作，监视电流、电压、有功、无功、温度等的趋势，监视系统报警状况，以及查询或打印值班报表等功能。中央控制室包括1号、2号工作站和图像工作站，1号和2号工作站是两台相互独立运行的 PC 机，安装有监控系统软件；图像工作站由一台液晶显示单元及大屏幕多图像处理器组成，用来显示泵站的工作状态、报警信息、视频图像等，传感器采集取水口盐度及水库水位信息，GPRS 模块通过短信方式接收浙江大学海洋系预测的无咸潮时间段数据，方案通过网线将这三大条件信息传送给两个工作站。工作站与泵组 LCU 间通过网络交换机连接，工作站经以太网向泵组 LCU 发送控制命令，启动 LCU 中的 PLC 控制程序，从而开启或关闭相应通道的水泵。

4. 蓄淡水库避咸调度示范

以杭州市大刀沙泵站为核心的钱塘江蓄淡水库避咸调度控制示范工程根据每日预测的潮报数据以及实时水位、盐度等数据，将避咸控制和多泵轮启技术、面向避咸控制的多点集中监控信息远程无线传输技术和蓄淡水库-泵站监视与控制实时数据的集成技术应用于珊瑚沙水库-大刀沙泵站，实现水库的自动控制。

大刀沙泵站的辅助监视系统平台，如图 3-4 所示，将多画面、实时图示、表格、流程

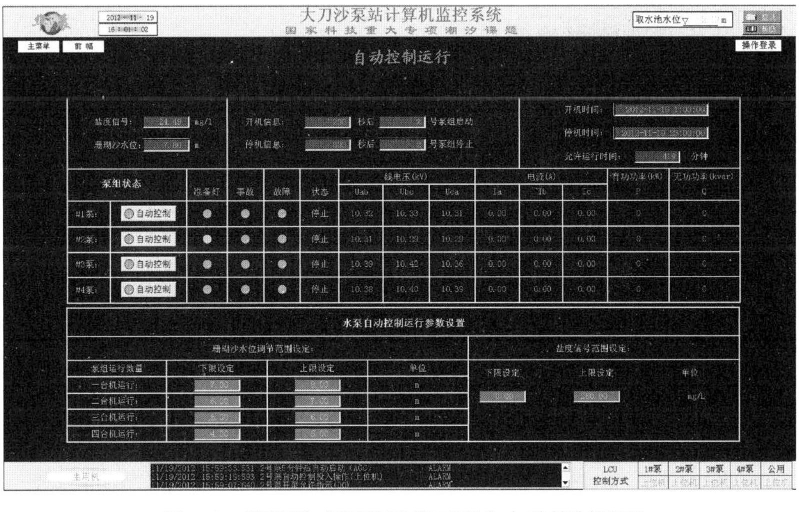

图 3-4 蓄淡避咸调度示范工程全自动控制界面

框图和视频监控全方位结合,实现示范工程全自动运行的安全性和系统运行的可视化。基于无线数字微波通信技术研究,将实时监测与 PLC 控制技术有机结合,通过将潮位、氯度等传感器、实时监测设备、智能仪表和阀门等的信号集中汇总并处理,通过取水口数字微波通信系统组建示范工程 2D 通信网络,以实现示范工程闸门盐度、远程水库水位、预报数据到控制中心等信息的传输。自动控制程序安全可靠提升工作效率,各视频监控点实现远程监控和管理,结合泵站中控室和浙江大学的监控反馈,三者层层相扣,相辅相成,极大地提高杭州城市饮用水水源供水系统的蓄淡避咸能力,最大程度减少钱塘江咸潮入侵对杭州市饮用水的影响。

3.4 受污染饮用水水源湿地生态净化

由于工业农业的快速发展和城市人口集中,结合污水处理能力不足的现状,我国许多地表水源都面临有机物和氨氮浓度超标的问题,以缓滞型平原河网水更为严重。以地处太湖流域末端的嘉兴市为例,嘉兴市河网交织,但地势平坦,河水流速缓慢,75%水量为水质较差的过境水。2009 年,在嘉兴市区域 64 个断面中,Ⅲ类水质占比为 1.6%;Ⅳ类、Ⅴ类和劣Ⅴ类水质占比分别为 23.4%、34.4%和 40.6%,主要超标因子为氨氮、总磷、溶解氧和高锰酸盐指数,氨氮和高锰酸盐指数大部分时间分别处于 0.5~4.0mg/L 和 5~8mg/L,呈现典型的氨氮超标、有机污染严重等特征。由于无其他水源,只能采用受污染的河网水作为水源,直接影响居民的饮水安全和身体健康,不利于经济和社会的发展。针对我国饮用水水源水质普遍存在氨氮、有机物超标等问题,开发经济适宜的水源生态湿地处理技术,对减少饮用水处理成本和提高饮用水质量具有至关重要的作用。因此,针对南方河网地区水源污染的特点,有效构建仿自然湿地生态系统、研发典型污染物的强化净化技术,为后续供水厂出水水质达标处理提供保障,为解决复合污染饮用水水源的水质修复提供技术支撑,在我国南方地区有重大的科技需求。

3.4.1 水源湿地生态净化技术原理

水源湿地生态净化技术是指在湿地填料上种植特定的湿地植物,从而建立起湿地生态系统,利用湿地系统中土壤、人工介质、植物、动物、微生物的物理、化学、生物的协同作用,对水源水进行预处理的一种技术,当水源水通过湿地系统时,其中的污染物质和营养物质被系统吸收或分解,从而使水质得到净化。其作用包括吸附、沉淀(沉积)、过滤、氧化还原、微生物分解转化、植物吸收和生物降解作用等。

湿地系统是复杂的综合体,其净化效果是基质(也称填料、介质)接触氧化、湿地植物、水力条件等元素的有机组合、综合作用的结果。水源湿地生态净化技术主要是利用生物接触氧化、吸附与水力调控耦合作用,利用水陆交错带厌氧-好氧环境交替频繁、生物活性高的特点,通过构建大面积水陆交错带湿地,在湿地中构筑丰富的微生物生态环境,以及在运行中周期性调节水位等方式,强化水陆交错带水质净化功能,从而实现对水源水中的氨氮和有机物等进行去除。水源湿地对有机物、氨氮、磷的去除原理如下：

(1) 有机物的去除

水源湿地对有机物起主导去除作用的是沉积和微生物的生物降解作用。水源中不溶性有机物可通过湿地的沉淀、基质的过滤作用而被截留或被微生物降解，水源中溶解态的有机物则通过植物根系生物膜的吸附、吸收及生物代谢过程而被分解去除。最后，通过定期或不定期的清淤、基质的更换和植物的收割将有机物去除。

(2) 氨氮的去除

水源湿地对氨氮的去除主要通过基质或植物根系中微生物的接触氧化、基质的吸附、植物的吸收等来实现的。由于微生物种群结构、基质代谢活动等因素，湿地系统内部会存在多种多样的微环境类型，植物床体中形成好氧区、厌氧区，因此可以同时实现硝化和反硝化作用。

(3) 磷的去除

水源湿地对磷的去除主要通过基质的吸附和过滤等物理化学作用来实现，生物和植物对磷的去除作用较小。基质具有一定的磷吸附能力，以土壤、砾石等为基质时，含有的铁、铝、钙氧化物会与磷形成不溶性物质，从而被吸附去除。

3.4.2 水源湿地设计与运行

1. 水源湿地设计

水源湿地可改善水源水质，减轻供水厂水处理工艺负荷，提高供水厂抗风险能力，从而为保障供水厂供水安全提供前提条件；同时通过湿地的建设，改善城市周围生态环境和生物多样性，具有显著的社会效益、生态环境效益和经济效益。在设计时，水源湿地应符合生态优先、因地制宜、遵循自然的原则，充分发挥湿地生态系统自我维持的特点，以自然恢复为主，人工诱导为辅，宜充分利用当地原有的楔形绿地等。水源人工湿地一般由多级湿地串联，多个处理单元并联组成，湿地采取表流与潜流相结合的复合流模式，以增强湿地对各类污染物的复合去除效应。湿地水源净化工艺一般主要由预处理区（也称缓冲自净区）、主生态净化区、后处理区等组成。

(1) 预处理区

预处理区域的主要功能是曝气增氧和降浊。预处理区域占总城市水源人工湿地区域总面积比根据原水水质及预处理工艺而定，一般为10%~15%。在该区域，因水流过水面积的增大，降低了水流的流速，起到沉砂和缓冲作用，可减少SS含量，沉淀不溶性有机物。在预处理区还可以设置一定的生态浮床，既可以去除氨氮和有机物等，还可以美化环境。同时，预处理区往往设曝气充氧区，主要起到提高水中溶解氧，为后面的生态净化区创造一定的有氧环境，促进亚硝酸菌和硝酸菌的增殖，强化湿地的硝化能力。曝气充氧可以通过引水水泵提升跌落充氧，也可通过溢流堰或跌水坝等构筑物进行充氧。

当水源湿地来水浊度大于100NTU时，宜增加混凝沉淀预处理，混凝沉淀宜利用泵站加药混合，采用预处理塘作为沉淀区，预处理出水浊度不宜小于5NTU。

(2) 主生态净化区

该区域是水源湿地的主要核心区，提供大规模的水土流动接触场所，其氧化还原的交替环境为微生物降解污染物创造条件。主要作用是利用湿地植物、土壤根孔或介质在生态净化区水位变幅作用下，通过土壤吸附、截留、交替氧化还原、微生物降解等措施，达到去除氨氮和有机物等的作用。城市水源人工湿地生态处理单元宜占湿地总面积的50%～70%，城市水源人工湿地生态处理单元停留时间不宜小于2d。

城市水源人工湿地生态处理单元宜交替布置湿地床与配水渠道、集水渠道。配水渠道应进行双向配水，集水渠道应经渗滤净化、出水收集后，进入主集水渠道。各配水渠道和集水渠道宜设置调节卡口闸。湿地床长度宜根据建设用地条件长度确定，长宽比宜为2:1～3:1，湿地床尽量采用曲线布置，以增加湿地床的长度。湿地床填料层的厚度应满足植物根系的生长需要，填料厚度宜为1.0～1.3m。植物床上应种植能形成发达根孔、净化能力较强、具有抗冻及抗病虫害能力的本土化植物。

(3) 后处理区

该区主要起到引水和储存水体的作用，后处理单元面积宜占人工湿地的20%～30%，宜采用具有不同深度的调蓄水塘。水源人工湿地水陆交错带宜布置旱湿交替植物、挺水植物和沉水植物，构建水陆交错生态净化带。在该区域可进一步利用介质的生物接触氧化、水生植物的吸收与动物的联合作用进一步去除水中有机物和氨氮，有效减少SS含量，起到对湿地系统最后的强化作用。

这些功能区分布规模和连接方式主要根据工艺要求适当结合区域内的土地利用而设定。在各功能区之间主要通过大沟、小沟、卡口闸、节制闸、顶管等规划结构进行连通、沟通或过渡。根据处理污染物的不同而填充不同介质，种植不同种类的净化植物，通过工艺流态和结构的优化可形成良好的硝化与反硝化功能区，从而达到脱氮的目的。水通过基质、植物和微生物的物理、化学和生物的途径共同完成系统的净化。

2. 水源湿地运行维护

需要注意的是，经过一段时间的运行，水中的悬浮物、床体中的微生物不断累积可能会阻塞床体，进而阻碍了水和空气在湿地中的流动，从而降低了处理效率，所以在运行过程中需要加强维护，通过相应的措施减少湿地的堵塞，保障湿地长效运行。

水源湿地的运行维护单位应制定湿地运行相关管理制度及运行维护操作规程，建立健全的运行维护台账，编制湿地运行方案和应急预案，并有效执行。

在水质管理方面，应定期对水源人工湿地系统进水、出水进行监测，监测项目应包括水位、溶解氧、浑浊度、COD_{Mn}、氨氮、总氮、总磷等，监测频率不宜少于每天一次，如发现水质异常，应启动应急程序。在水位调节方面，水源人工湿地运行应合理控制水位变化，定期检查集水、配水均匀性和填料区水流畅通性，防止湿地滞流、淤积等现象发生。湿地生态处理单元不应出现壅水或上部床层无水状态，当出现壅水现象时，应检查集水和配水的均匀性和填料区堵塞情况。雨季宜采用减少进水量或快速排水的方式调节水位，防止湿地长期处于水淹状态。冬季宜对水位进行升降调节，降低低温环境对水质净化的影响。应对进、出水管（渠）采取防冻保温措施，可适当抬高水源人工湿地水位，延长水力停留时间，或适当增加水位上下波动变幅以提高床体的温度，提高微生物活性降解水中的有机物和氨氮。在植物维护方面，应定期检查植物的生长情况，对植物进行维护。如，应定期巡查，及时打捞枯黄、枯死植株，及时清除岸边浅水区的浮水类杂草，并应采用人工打捞方法去除水面非目的性漂浮植物；生态浮岛上种植的挺水植物应根据植物生长情况进行更换或补种，植物更换后应缩短检查间隔，如有坏死应及时将根系全部取出并补种同种植物；当因病虫害等原因造成某个或某些植被死亡时，应将植被撤出，并应进行相应的补种；当植物有严重病虫害时，应撤出处理，不得使用杀虫剂；每年冬季湿地挺水植物枯萎后应进行收割外运等。

3.4.3 水源湿地生态净化技术对污染物的去除效果

人工湿地技术应用于水源生态湿地修复工程，可有效改善水体中 DO、NH_3-N、TP 等指标，COD_{Mn} 及其他指标值有所降低。

1. 有机物的去除

由于水源湿地进水水质相对较好，有机物含量少，COD_{Mn} 指标值较低，因此其对有机物的去除效率小于生活污水湿地处理效果。且由于不同地区采用的水源湿地工艺、进水量不同，COD_{Mn} 去除能力也不相同，如盐龙湖水源生态湿地的 COD_{Mn} 去除能力约为 30%，皎口水库复合水源湿地的 COD_{Mn} 最高去除率达到 57.3%，而嘉兴石臼漾水源湿地的 COD_{Mn} 去除能力不到 10%，石臼漾水源湿地 2008~2015 年，冬季进水高锰酸盐指数平均值为 5.70mg/L，出水高锰酸盐指数平均值为 5.49mg/L，平均去除率仅为 3.64%。蟒蛇河原水经过湿地预处理工艺处理后有机物的去除率也只有 3.6%。一般夏季时湿地对有机物的去除能力普遍高于冬季和春季。其原因为进入冬季之后，水温下降，微生物的活性大大降低，其分解利用有机物的效率降低；植物在冬天不断的枯萎死去，部分枯萎物和残留物可能会进入水中转化为有机物。但相对于温度对氨氮去除效果而言，温度对有机物的去除影响相对较小。

除此之外，湿地系统可有效去除饮用水水源水中残留微量抗生素（PPCPs）、持久性有机物多环芳烃（PAHs）等。石臼漾水源湿地系统中检出的 12 种 PAHs 中除荧蒽外，其余 11 种 PAHs 经过湿地净化后总体都呈下降趋势，平均去除率为 21.18%。湿地系统对诺氟沙星及磺胺嘧啶去除率达到 100%，对环丙沙星、恩诺沙星以及磺胺甲噁唑去除率分别为 28%、41% 和 30%，但对氧氟沙星及沙拉沙星的去除效果不明显。因此，湿地可以作为对水源水中 PPCPs、PAHs 等持久性有机污染物去除的有益补充，可减轻后续供水厂的负荷。

2. 氨氮的去除

水源湿地系统对氨氮去除效果受季节性的变化影响较大，当温度较高时，湿地系统中的微生物生长迅速，硝化作用增强，氨氮去除率也升高，而水温较低的冬季和早春季节湿地对氨氮的去除率明显下降。夏季湿地对氨氮的去除率基本可达到 50% 以上，而冬季低温期湿地对氨氮的去除率可降到20%以下。不同的湿地类型对氨氮的去除能力有着些许差别,一般的,复合湿地拥有着多级的植物系统、生物膜系统,因此对氨氮的去除效果略好于其他类型湿地。针对各功能区模块来说,生物净化系统对氨氮的去除贡献主要在于生物接触氧化的作用。

湿地中氨氮的去除效果还会随时间的变化发生变化,水源湿地初期,水中无机氮可直接被植物摄取,合成植物蛋白质等有机氮,并通过收割植物被去除,但由于植物吸收与基质吸附是有限的,从长期角度出发微生物硝化和反硝化作用是人工湿地去除氮的主要途径。

总氮的去除规律与氨氮类似,但去除率总体小于氨氮去除率,这是因为水体中还存在一部分的硝态氮没有被反硝化菌利用。但是,即使在寒冷的冬季,湿地仍具有一定的总氮去除能力,如玉清湖水库湿地在11月份总氮去除能力仍达到40%,嘉兴石臼漾水源湿地2008~2015年,冬季进水氨氮平均值为1.81mg/L,出水氨氮平均值为1.51mg/L,平均去除率达16.9%,这是因为在植物休眠期间根部仍具有一定活性,并能促进微生物的代谢活动。

3. 磷的去除

水源湿地对磷的去除包括基质的化学和物理作用、聚磷菌的菌种摄取作用、植物的吸收作用以及微生物同化作用等。湿地对于总磷的去除效果都较好,基本达到了50%。嘉兴石臼漾水源湿地的总磷去除率只有20%左右,可能与该水源湿地受面积限制、水力负荷大、影响因素多有关,但不可否认的是水源湿地出水可以将总磷指标提升至少一个等级。

类似的,总磷也受到季节的影响,各个水源湿地都展现出夏季总磷的去除率大于冬季,这是因为温度较高的季节有助于聚磷菌与湿地植物的生长,从而吸收了大部分的磷。同时,偶尔会出现出水总磷浓度高于进水浓度的现象,这也与磷在基质中的吸附、置换、沉淀等作用有关,磷在基质中的吸附、解吸作用是个很复杂的过程,当进水浓度几乎为零时,基质中吸附的磷就会释放到水环境中。有研究表明随着湿地的运行年限增加,对总磷的去除效果逐渐保持稳定。

4. 其他物质的去除

SS和浊度:预处理中的沉淀与吸附、湿地净化区的植物机械的阻挡作用、后续的人工介质吸附都会很大程度地降低SS和浊度,去除率都达到50%以上。通常温度的变化不会对其产生重要的影响,但是植物的种植密度和土壤状况等,会对SS和浊度的去除效果造成很大的影响。从去除率来看,当秋冬季浊度较高时,去除率达到40%~60%;夏季水体较清,浊度的去除率为10%~25%。值得指出的是,SS和浊度去除效果会逐年下降。

金属元素:水源湿地可以通过植物、基质有机质生成的有机化合物、非溶性微量元素化合物的沉淀、基质有机层等吸收水源中的重金属元素,去除铁、锰、铝、砷、汞等重金属元素。如石臼漾水源湿地系统对Fe、Zn、Al、Ti、Co、Cu、Pb的去除率分别为65%、

70%、42%、55%、67%、49%、47%。金属元素的去除受温度季节影响程度较小，且主要发生在后处理区。

溶解氧：对于水体中的溶解氧，湿地能够起到提升其含量的作用，与进水相比，湿地出水溶解氧浓度增加 0.80~2.70mg/L，溶解氧浓度平均增加量在 1.6mg/L 左右。溶解氧浓度的升高会受到季节的影响，一般在冬季春季的提升效果最好，夏秋次之，这是因为夏季温度较高时，植物和微生物生长较快，呼吸作用增强，消耗水中大量的溶解氧；而冬季春季，植物呼吸作用减弱，甚至光合作用增强，从而有利于溶解氧浓度的提升。

细菌：水源湿地可以通过交替变化的好氧环境、床体内部厌氧、基质颗粒吸附以及沉淀等方式实现细菌菌体的滞留、沉淀、凝聚，使细菌组数以及细菌总数减少。石臼漾水源湿地运行结果表明，该湿地出水中粪大肠杆菌的减少率达 50% 以上，明显提升一个净化级别。

综上，水源湿地可以有效降低氨氮、总磷、溶解氧、粪大肠杆菌、SS 和浊度、金属离子等的浓度，从季节上的影响来看，夏季有利于对有机物、氮、磷的去除，冬季春季有利于溶解氧浓度的提升，而 SS 和浊度、Fe、Mn 的去除效果与季节相关性较小。从运行角度来看，由于堵塞等原因，对浊度、Fe、Mn 的去除效果逐年下降。

3.4.4 受污染水源湿地水质净化应用案例与成效

在水专项的支持下，针对氨氮和有机物为典型污染物的污染河网水源，提出了受污染水源人工湿地强化净化技术，受污染水源人工湿地强化净化技术主要是利用生物接触氧化、吸附与水力调控耦合作用，利用水陆交错带厌氧-好氧环境交替频繁、生物活性高的特点，通过构建大面积水陆交错带湿地、在湿地中构筑丰富的微生物生态环境以及在运行中周期性调节水位等方式，强化水陆交错带水质净化功能，从而实现对水源水中的氨氮和有机物等进行去除。

受污染水源人工湿地强化净化技术在嘉兴市贯泾港水源生态湿地进行了示范应用。贯泾港水源生态湿地工程位于嘉兴市区南部，工程总占地面积 146.67hm²，现状处理水源水的规模为 20 万 m³/d，远期处理规模将达到 45 万 m³/d，工程于 2013 年 10 月投入试运行。贯泾港水源湿地单位面积建设工程投资（不含征地和环境部分）为 155 元/m²，运行、管理成本约为 0.055 元/m³。

工程采用了前塘-植物床/沟壕湿地-后塘复合系统净化平原河网污染水源，主要分为缓冲自净区、湿地生态净化区、后净化区、引水区 4 个功能区。

缓冲自净区（即预处理区），其功能主要是泥沙沉降和跌水曝气，设有溢流堰（含立体石笼）和适当的生态浮床（种植冬季常绿植物）；湿地生态净化区为湿地核心区域，主要由沟壕和生态床构成，在水位变幅驱动下水源水通过根孔或介质孔隙流动，起到物质持留和微生物降解氨氮和有机物等各类物质的作用；后净化区首先经过约 1.7km 狭长的湿地沟通河段，沟通河段增设潜水丁坝（砾石、方解石），进一步去除氨氮、有机物、颗粒物等，而且宽阔的水面能为供水厂贮存大量备用原水。

贯泾港水源生态湿地是石臼漾水源湿地的升级版（图3-5）。通过湿地植物床-沟壕系统改进技术、水力调控和水质净化功能耦合提高技术、物理介质的强化技术、冬季常绿植物的优化配置技术等技术的应用，强化了水陆交错带的边缘过滤效应，利用生物接触氧化、吸附与水力调控耦合作用实现冬季湿地对氨氮和有机物的强化去除。

与石臼漾水源湿地相比，采取的若干改进和优化措施主要包括：

(1) 植物床结构形态优化改进

湿地根孔生态净化区中的植物床由直形变弯形，弯形植物床-沟壕水陆交错带的边界长度是直形边界长度的1.57倍左右。为增加湿地植物床的有效过水面积和效率，改进植物床（由宽床变窄床），在已建植物床中央新开沟渠，其面宽3.5m，底宽0.5m，深1m，对已建堵头进行位置调整，改变水力流向，窄型的植物床-沟壕其水陆交错带的边界长度为原宽型的1.8倍左右。充分发挥水陆交错带边缘的过滤净化效应，以增加水源水在湿地交错带边缘的过滤比例、氨氮氧化能力、磷吸附能力。

(2) 湿地水力调控的优化改进

提升泵站移至系统前端，以强化预处理区的曝气增氧和水力调控等功能；增设节制阀，大沟的砾石床卡口改成卡口闸，以增强大沟对根孔区水流的约束和再分配效果，通过合理水力调控使更多水量流经根孔植物床，强化水陆交错带的边缘过滤效应。

(3) 物理介质的强化

在水位提升和跌水曝气区的溢流堰处增设6排共303笼的石笼坝，内部分别填装砾石、沸石、方解石、方解石、火山石，呈梅花桩式排布，发挥强化跌水激流增氧、水流接触生物氧化和强化吸附氮磷等功能。在湿地根孔生态净化区出水后沟通河段增设3组（3个为一组）长15m、宽4m的潜水丁坝，呈犬牙交错式排布，内装方解石及砾石，对沟通河段的水流进行微调控，同样起到强化水流接触生物氧化和强化吸附氮磷等功能。在深度净化区周围岸边带滩地区域增设顶宽为19m、总厚度为80cm的砾石床和方解石床平台，强化水流通过时岸边带介质的接触氧化和吸附功能。

(4) 水生植物的强化

在预处理区、生态净化区的大沟、深度净化区增设网式浮岛，共622笼，面积约13302m²，引种冬季常绿植物——粉绿狐尾藻，强化低温期水生植物对水体氮磷的吸收功能。

这些措施较大幅度地提升了湿地对水源水中氨氮和有机物的净化去除率，对各类物质净化的广谱性增强，同时因其后置了具备较大缓冲容量的深度净化塘，从而在稳定水质、贮存水量以及缓冲应急等方面较现有传统系统具有优势。

贯泾港湿地在冬季对氨氮去除率（2013～2014年冬季进水氨氮质量浓度平均为2.33mg/L，出水氨氮质量浓度平均为1.78mg/L，平均去除率为23.8%）较同期石臼漾湿地（进水氨氮质量浓度平均为2.00mg/L，出水氨氮质量浓度平均为1.84mg/L，平均去除率为8.9%）提高约15%。对高锰酸盐指数去除率（2013～2014年冬季进水高锰酸盐质量浓度平均为6.71mg/L，出水高锰酸盐质量浓度平均为5.92mg/L，平均去除率为

图 3-5　嘉兴贯泾港湿地鸟瞰图

11.9%）较同期石臼漾湿地（进水高锰酸盐质量浓度平均为 5.38mg/L，出水高锰酸盐质量浓度平均为 5.71mg/L，平均去除率为 −5.9%）提高约 18%。且 PAHs 在湿地沉积物和土壤中的增加量可达 $70\mu g/(m^2 \cdot d)$。

通过受污染水源人工湿地强化净化技术的应用，嘉兴水源水质从 2005 年的 V 类和劣 V 类为主到目前的 III 类水体为主，湿地出水基本达到 III 类水体。湿地出水主要水质指标的改善，为供水厂的安全供水奠定了重要基础。同时，湿地系统的调蓄作用，为预防水源污染突发事件提供了应急条件和保障基础，提高了城市供水的可靠性。此外，湿地工程还带来区域环境改善、生物多样性保护、区域宜居舒适度提升等多重生态服务功能，有效促进了生态和人居环境的持续改善，拥有很好的社会经济环境效益。

3.5　调蓄湖库水源水水质调控

调蓄水源水库是指在河流、山谷、水利枢纽等处通过修建挡水坝、堤堰、隔水墙等方式，蓄集来水，用作饮用水水源地，在保障取水安全、提升保障能力、净化原水水质等方面发挥重要作用。调蓄水源水库可以起到生态净化作用，通过库区生态系统的构建与水质净化措施的应用，利用生态水库的水力停留调蓄及生态净化能力，削减污染物，提升原水水质。

调蓄水源水库水质受到上游来水水质、水库水力停留时间等因素影响。以上海为例，青草沙水源水库处于长江河口，每年 12 月至次年 3 月，长江来水锐减导致咸潮入侵加剧，威胁水库安全取水；同时，受长江上游来水氮磷营养盐偏高和库区水体流速小、水力停留时间长的影响，存在季节性藻类增殖现象，同时产生致嗅物质 2-甲基异茨醇（2-MIB），对供水厂制水过程、出厂水水质以及居民龙头水口感造成不良影响。太浦河金泽水库处于典型平原河网地区，水库来水水质易受流域污染影响，主要问题包括东太湖来水外源性藻类及藻源性嗅味、太浦河沿线区域密集印染行业锑排放引起的重金属超标、工业排放化学性嗅味、养殖业排放新污染物、有机物偏高、突发化学品污染风险等。上述问题也是大多调蓄水源水库的共性问题。

3.5.1 调蓄水源水库藻类及藻源性嗅味多级屏障防控技术

藻类及其产生的致嗅物质是青草沙水库及其他水源水库面对的重要水质问题，控制和解决藻类及藻源性嗅味是保障供水安全的核心技术需求。针对调蓄水源水库藻类及藻源性嗅味问题，研究形成"水力调控控藻-原位物理除藻-生物操纵治藻-原水预处理削减"的水力调控与生态协同藻嗅防控多级屏障技术体系，系统解决藻类及藻源性嗅味问题。

1. 调蓄水源水库水力调度运行关键技术

水力条件是藻类生长的重要因素，改变水力条件是藻类防控的重要手段。基于气象、水文水力、藻类生长与迁移特性等，构建水库水动力学模型，结合水力引排、水位消落等受控因素，以水动力调控作为抑制藻类增殖的主要技术手段，通过水库进出水闸门引排和泵闸联动调度，在水库内形成适宜的流场和水力条件，减少库内原水停留时间，达到防止藻类过度增殖、控制嗅味产生的目的。

青草沙水库库容大、入库营养盐质量浓度相对较高，总磷为 1.2～3.6mg/L，总氮为 0.05～0.56mg/L，存在藻类增殖风险。为了解决青草沙水库藻类增殖问题，在高效自净规律与藻类增殖规律研究的基础上，以富营养化控制为主要目标，以最短停留时间为原则，以降低水库水体"水龄"为手段，通过加大水体交换效率、减少水力停留时间等手段，研究形成青草沙水库非咸潮期运行调度关键技术。技术采用"上引下排"调度方式，下游闸加大排量导出高藻水，上游闸利用潮汐规律多引水，尤其是引入含泥沙量较高的水，通过上述方式加大库区水体交换率，从流态角度防止藻类增殖，排藻抑藻；采用控制水库运行水位的运行措施，在保证夏季供水高峰期间正常供水并满足应对突发情况供水能力的条件下，夏季运行水位控制在 2～3m，水力停留时间控制在 18～21d，维护库内水质，抑藻控藻。

上述技术形成青草沙水库非咸潮期运行调度方案，2013 年起在青草沙水库实践应用。依据调度方案，水库上游闸每天引水 1～2 次，下游闸排水 2 次，水库藻类增殖情况发生明显改善，藻密度和叶绿素下降 50% 以上，验证了水力调控措施是一种藻类防控的重要手段。

2. 调蓄水源水库原位物理除藻技术

在水库藻类易积聚区域及输水区关键点位布设滤藻网和拦藻浮坝，通过拦截、吸附等作用对藻类进行物理截留，可截留 30%～50% 的藻类，减少出库原水的藻类生物量。

3. 调蓄水源水库生物操纵治藻技术

一是，建设水库生态护坡与边滩湿地，种植芦苇等水生植物，水生植物吸收水体中的营养盐物质，通过对水生植物定期收割，将营养盐从水库水体中移除，起到削减水体营养负荷、控藻抑藻的作用。二是，定期投放鱼苗，每年 12 月至次年 3 月投放鲢、鳙等滤食性鱼苗,鱼苗投放总量和密度根据水库生物量调查结果确定,通过鱼类对藻类的滤食作用,削减库区藻类生物量。

4. 原水预处理藻嗅削减技术

研究形成预氧化除藻、粉末活性炭吸附除嗅的原水预处理关键技术,通过投加次氯酸钠氧化灭活藻细胞,投加粉末活性炭吸附 2-MIB 嗅味物质,同时利用长距离输送管道的反应器作用与水动力混合条件,强化预处理的污染物削减作用。投加次氯酸钠灭活藻细胞以叶绿素 a 质量浓度为 20μg/L 作为预氯化启动条件,投加粉末活性炭以 2-MIB 质量浓度为 30ng/L 作为投加启动条件。

上述技术已在青草沙水库实施应用(图 3-6)。经应用验证,闸门引排联合调度每天可排出藻类几十至上百千克(以叶绿素 a 质量计算),滤藻网可拦截水层表面藻类数量为 30%~50%,对库区藻类起到很好控制效果;建设了青草沙水库原水预处理系统,形成《青草沙原水系统预加氯技术规程》和《青草沙原水系统粉末活性炭除嗅技术规程》,依据原水藻类和嗅味情况启动次氯酸钠和粉末活性炭投加,次氯酸钠投加量为 0.6~1.5mg/L,粉末活性炭投加量为 10~25mg/L,输水区至各供水厂的输送时间为 2~11h,藻细胞密度可降低 90%以上,2-MIB 质量浓度基本降到 30ng/L 以下,有效减少后续供水厂污染物处理负荷,保证青草沙水厂出厂水水质达标。结合青草沙水库的应用经验,相关技术目前已在陈行水库、金泽水库得到推广应用,取得预期的藻、嗅控制效果。

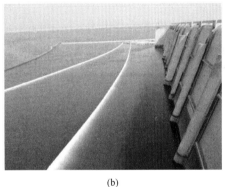

(a) (b)

图 3-6 青草沙水库藻、嗅防控多级屏障技术应用
(a)粉末活性炭投加系统;(b)拦藻网

3.5.2 调蓄水源水库生态净化调控关键技术

充分利用水库的水力停留调蓄及生态净化能力,可发挥削减污染物、提升原水水质的作用。金泽水库库形小、流量大、停留时间短,受东太湖来水藻类和区域污染汇入的影响,来水水质存在有机物偏高、藻类较多、复合嗅味等水质问题,强化生态净化调控是提升金泽水库原水水质的主要措施之一。根据金泽水库出库原水稳定达到Ⅲ类水质的目标和藻类增殖预控的目的,集成物理净化措施、生物净化措施、化学预处理措施,构建金泽水库生态净化系统,形成金泽水库生态净化与调度关键技术。

1. 扩容沉淀强化物理措施

强化预处理措施突出水质初步净化功能，是生态净化调控系统的重要前置核心单元。扩容沉淀利用引水河进行布置，将引水河设计为先扩宽后均匀的细长形态，通过整流提高水体沉淀性能，经自然沉淀去除大颗粒悬浮物，有效降低水体中总磷等污染物含量，同时便于清淤，也可降低对后续净化植物生长的影响。

2. 生物接触氧化措施

在引水河道后段，通过人工介质承载的微生物膜发挥物理拦截、吸附及分解作用，进一步去除水体中的悬浮物及氨氮污染物含量，在溶解氧较低时先进行强化充氧，促进后续净化效果。

3. 植物净化措施

植物净化利用水位波动与植物生长高度及生物节律吻合的优势，在李家荡库区导流潜堤及岸带平台构建适宜生态环境，分别种植沉水植物和挺水植物，并利用导流潜堤顶部布置人工介质填料框架，针对性的去除氮磷营养盐。同时，在库区布置植物浮床，在库周布置生态砾石床营造多孔微生物富集空间，拦截吸附水中有机物。

4. 强化充氧措施

在引水河道建设调水曝气措施，设置纳米充氧装置，在输水区设置太阳能循环增氧系统，通过曝气提升水体中溶解氧含量，还可去除部分水中可挥发性有机物。

5. 化学预处理措施

在青草沙水库藻类和嗅味控制的原水预处理应用经验的基础上，建设了金泽水库次氯酸钠除藻、粉末活性炭吸附嗅味的原水预处理系统，依据原水藻类和嗅味情况启动次氯酸钠和粉末活性炭投加，削减原水藻类和致嗅物质。

6. 增建取水泵站

为应对太浦河来水突发污染，在水库取水口建设取水泵站，通过泵站加压主动取水的方式，在紧急情况下抢取1d的应急储备水量，发挥水库蓄水功能，提升原水系统抗风险能力；同时，在取水闸下游建设跌水曝气，一方面增加水中溶解氧，防止水体富营养化，促进水体自净，另一方面增加水体与空气的接触，进一步削减水中的挥发性有机物浓度。

通过金泽水库生态净化效果评估，金泽水库输水水质较进水有明显提升，2019年水库出库原水浊度、高锰酸盐指数、氨氮、总氮、总磷、锑较水库进水分别下降了45.1%、4.2%、22.2%、3.7%、28.6%、3.7%，溶解氧提高了7.8%。

3.6 南水北调中线干渠水源水质调控

南水北调是国家重大工程，国家十分重视中线工程的水质安全问题。南水北调中线一期工程供水以生活饮用水为主，兼顾生态用水，2014年通水以来，累计调水近630亿 m^3，直接受益人口达到1.06亿人，水质安全至关重要。

中线通水以来，水质优于地表水Ⅱ类标准，为保障中线水质安全，提高供水保证率，南水北调中线开展了水源水质调控研究，以"理论拓展—技术创新—系统研发—应用示范"为主线，完善了水质监测网络体系；揭示了中线总干渠藻贝类时空分布规律及关键驱动因子，研发了藻类智能在线监测、总干渠风险源识别以及贝类异常增殖水力、生态与工程防控技术与装备；构建了明渠水动力水质高精度仿真模型及水质指标预警预报技术、中线总干渠突发水污染事件多阶段应急调控及原异地处置技术；开发并集成水质预警与业务化管理平台，实现了中线水质信息共享，形成了中线监测巡查-预警预报-风险防控-应急处置-信息共享-智慧水质安全保障体系。

3.6.1 南水北调中线工程与生态环境特性

南水北调中线总干渠从丹江口水库河南南阳陶岔闸引水，经长江流域与淮河流域的分水岭方城垭口，沿唐白河流域和黄淮海地区平原西部边缘开挖渠道，在河南省郑州市附近通过隧道穿过黄河，沿京广铁路西侧北上，自流到北京、天津。输水干渠全长1432km，其中向天津输水暗涵长155km。为保护工程和水质安全，国家和地方实施了丹江口流域水污染防治和环境治理工程，总干渠采用立交封闭方式穿越长江、淮河、黄河、海河四大流域，通过渡槽、倒虹吸立体交叉穿过黄河干流及其他河流，沿线地表水不汇入渠道。沿线设置节制闸、分水闸、退水建筑物和隧洞、暗渠等类建筑物共2387座，建设跨越总干渠铁路公路桥千余座。渠道实行围网封闭管理，渠道两侧设立防护网，设立视频监控和人工巡防系统。

中线干渠水生态系统为人工生态系统，尚未达到稳定平衡，仍在动态演变过程中，生态系统的平衡能力相对较差。同时，在取水口陶岔闸前设置拦鱼网阻碍丹江口水库大中型鱼类的进入，中线干渠中的藻类和淡水壳菜受到的被捕食压力较小。藻贝类异常增殖现象时有发生，藻贝类生长代谢释放的内源有机物也成为影响水质的重要因素。

目前，总干渠水生态系统种群由细菌群落、水生植物、水生动物组成。细菌群落在门水平上相对丰度较高的有放线菌门、变形菌门、拟杆菌门、疣微菌门、蓝菌门。在属水平上，不同细菌属在各样品中的相对丰度存在差异，蓝菌门相对丰度从渠首向北明显降低，而其他菌属在渠道中段—北段增多。渠道内浮游植物鉴定出7门94属164种，硅藻为主，绿藻、蓝藻次之。浮游动物有4门118种（属），常见种类为原生动物中的球形砂壳虫等、轮虫类的小巨头轮虫等，以及桡足类的无节幼体。着生藻类1门50属，筛选相对丰度大于0.6%的有20属，优势属有眉藻、细鞘丝藻、链带藻、肘杆藻；大型底栖动物系统调查记录有3门5纲10科19属25种，动物密度介于$20\sim5173\text{ind}/\text{m}^2$，其中最低值出现在秋季漳河北断面，最高值出现在春季河南程沟断面，春季底栖动物的动物密度明显高于秋季。总干渠发现鱼类23种，鲤科15种，鰕虎鱼科2种，鳅科、塘鳢科、鳢科、鳡科、鲶科和鮎科各1种，中线干渠所调查到的鱼类也均在丹江口水库鱼类名录里。

基于ECOPATH模型的水生态系统评估，中线干渠生态系统的总流量高达19186.330$\text{m}^3/(\text{km}^2 \cdot \text{年})$，所有生物的总生产量为8948$\text{m}^3/(\text{km}^2 \cdot \text{年})$，总消耗量为1106$\text{m}^3/(\text{km}^2 \cdot \text{年})$。由于中线干渠全线禁止捕捞，因此其平均捕捞营养级仅为1.463，

具体见表3-2。

南水北调中线干渠生态系统的总体特征　　　　表3-2

参数	值	单位
总消耗量	1106.002	m³/(km²·年)
总输出量	8719.612	m³/(km²·年)
总呼吸量	100.387	m³/(km²·年)
总流向碎屑量	9260.331	m³/(km²·年)
系统总流量	19186.330	m³/(km²·年)
总生产量	8947.857	m³/(km²·年)
平均捕捞营养级	1.463	
总初级生产量/总呼吸量（P/R）	87.860	
净系统生产量	8719.612	m³/(km²·年)
总初级生产量/总生物量（P/B）	91.597	
总生物量/总流通量	0.005	
连接指数（CI）	0.292	
系统杂食性指数（SOI）	0.183	
Finn's循环指数	2.871	%
Finn's平均路径长度	2.175	

3.6.2　南水北调中线总干渠输水水质与水生态环境演变规律

监测研究结果表明，全线水质优于地表水Ⅱ类标准，藻类由于繁殖周期短、生长速度快，在总干渠中生物量较大；其他水生生物如浮游动物、底栖动物以及鱼类等也与天然湖泊或河流差异明显。

1. 全线水质常规指标检测情况

《地表水环境质量标准》GB 3838—2002中24项常规指标，砷、汞、镉、铬（六价）、铅、氰化物、挥发酚、石油类、阴离子表面活性剂、粪大肠杆菌等11项指标在全部断面均未检出。化学需氧量、锌、硫化物3项指标在部分断面未检出。有检出数据的有13项，高锰酸盐指数、溶解氧在部分断面达到Ⅱ类标准；空间尺度上，水温、总磷、生化需氧量呈沿程下降趋势，溶解氧、高锰酸盐指数、氨氮、铜、锌等指标呈沿程微上升趋势，时间尺度上，水温、溶解氧、pH等指标都有比较明显的季节性波动。

2. 影响高锰酸盐指数的主要因素及来源

近年干线检测的13044个水质样品中，94%的水样检测结果为Ⅰ类，6%的水样检测结果为Ⅱ类，主要限制指标是高锰酸盐指数。干渠溶解性有机物（DOM）耗氧是引起高锰酸盐指数增高的主要因素，水体DOM耗氧量平均值为1.856mg/L，对高锰酸盐指数的贡献率在70%以上。DOM均表现出较强的自生源特征，内源输入占比达到80%。总干渠藻密度突变点与高锰酸盐指数的突变点高度吻合，表明干渠水体DOM主要是由藻类及微生物活动等自生源活动产生的。

3. 综合营养状态指数

南水北调水体综合营养状态指数（TLI）全年在 23.519~50.51，均值为 35.52，99%的水样本处于中-贫营养状态，春季的 TLI 指数显著较高，在时间尺度上，TLI 指数有缓慢增加的趋势；在空间尺度上，TLI 指数呈现沿程波动性上升的趋势；水质整体良好。

4. 浮游植物群落时空格局及其驱动机制

中线总干渠浮游植物细胞密度为 $2.0×10^6$~$3.5×10^7$ cells/L，叶绿素 a 质量浓度为 1.1~40.5μg/L。在时间尺度上，夏季藻细胞密度与叶绿素 a 显著高于其他季节（图 3-7），夏季优势种群为绿藻-蓝藻-硅藻型，秋冬春季优势种群为硅藻-绿藻-蓝藻型；空间上，藻密度与叶绿素 a 呈现 "M" 型波动性增加的趋势，中线干渠穿黄以北高于穿黄以南。

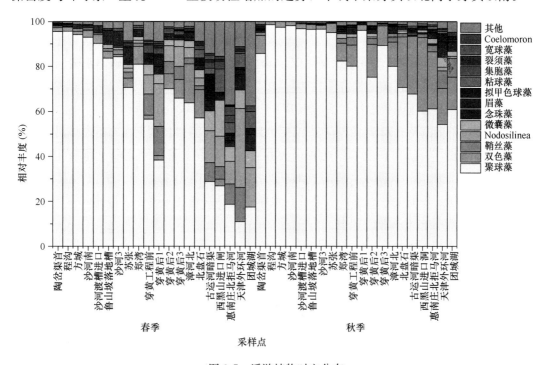

图 3-7 浮游植物时空分布

浮游植物与环境因子的相关分析表明，水温、总磷、总碳、流量、硝态氮及铵态氮为影响浮游植物群落结构的关键因素，其次为流量和流速。藻密度与铵态氮、总有机碳显著负相关，与水温显著正相关；蓝绿藻优势种密度与水温正相关，与流速负相关，极小曲丝藻等硅藻与流速、水温正相关。

5. 着生藻类群落时空格局及其驱动机制

着生藻类以片藻建群，60d 左右能够在空白基质上完成建群，建群完成后群落结构随季节变化显著，春季夏季蓝藻、绿藻占比较高，秋季冬季硅藻占比较高；优势种群为桥弯藻、舟形藻-针杆藻、脆杆藻、曲壳藻-桥弯藻、舟形藻-水绵、鞘丝藻，夏季各位点着生藻类的总藻细胞密度较为接近，冬季各位点间的着生藻类的总藻细胞密度差异较大。着生藻类丰度和细胞密度的季节变化如图3-8所示。

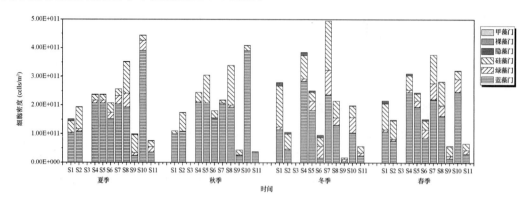

图3-8 着生藻类丰度和细胞密度的季节变化

RDA冗余分析显示出溶解氧、水温、总磷、正磷、高锰酸盐指数与群落物种分布有较高的相关性。pH、溶解氧与浮丝藻、等片藻呈负相关性，水温、总磷、正磷与假鱼腥藻、盘星藻、脆杆藻呈正相关性。陶岔-穿黄段生藻类多样性沿程下降，说明藻种间竞争决出优势种，以北着生藻类多样性沿程上升。

刚毛藻生长后脱落是影响供水安全水体漂浮物的主要因素，刚毛藻在春季3月份开始快速生长和繁殖，4～5月份生物量达到最大并脱落，秋季9月份刚毛藻又重新生长。刚毛藻最适光照强度为5000lux，高的光照强度会抑制刚毛藻的生长。适宜生长温度为13～17℃，磷是生长的关键因子，刚毛藻在水体中的异常增殖与磷的大量输入密切相关。

6. 淡水壳菜分布及其驱动机制

总干渠淡水壳菜幼虫密度均值在388～5023ind/m³，超过1000ind/m³污损线的情况占6%，通过干渠渡槽、倒虹吸排空检查和水下检测发现，淡水壳菜成贝呈线状和斑状分布在箱式渡槽底部拐角线处、倒虹吸管径接缝和麻面处、水下电缆和设备（逆止阀、计量器）表面等，最大密度10190个/m²。

在淡水壳菜的生命周期初期，水温和溶解氧是影响幼体的主要因素，对于浮游幼体和稚贝，水流速度起关键作用，流速较缓利于幼体的附着，而低溶解氧和低pH能够有效控制淡水壳菜的密度。淡水壳菜一般繁殖季节为2～9月，促使其繁殖的临界水温为16～17℃。

3.6.3 藻、贝类水生态风险防控关键技术

藻、贝类的多途径防控技术由工程（机械、沉藻池）措施、生态调控措施构成，包括：清（边坡）、拦（干渠）、抽（淤积物）、导（分水口）、沉（水库沉藻池）、调（生态调度调流速、水位）、控（生态操控，以鱼净水，植物浮床）。

1. 工程机械措施

（1）移动式边坡收藻（淡水壳菜）机

边坡除藻专用清洗机利用水下射流清洗系统对附着在渠道衬砌板上的藻类进行清洗，可确保不损坏面层的情况下，实现表面清洗的要求。清水回流到渠道中，附着物输送到收集装置内进行集中处理，达到清除的目的。清理效率为水下清理面积 238m^2/h。通过对清洗装置的改造实现"一机多用"，对闸前淤泥也可以进行处理。边坡除藻专用清洗机的实景图如图 3-9 所示。

图 3-9　边坡除藻专用清洗机的实景图

（2）渠道全断面固定式藻类收集设备

全断面自动拦藻设备由固定门槽、滤网升降支架、提升装置、机头驱动装置组成。当水体流经旋网机构时，水体的藻类和漂浮物被拦截在网面上，随着滤网传动装置提升至机头部分的高压冲洗区，经由高压冲洗后将藻类输送至集水池进行集中处理，通过带式压滤机对高浓度的藻水进行脱水处理。每天每套设备可捞取 260~350kg 藻类（经带式压滤机脱水后的重量）。全断面固定式藻类收集技术流程图和设备实景图如图 3-10 所示。

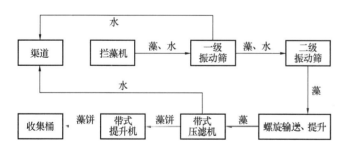

图 3-10　全断面固定式藻类收集技术流程图及设备实景图

（3）分水口丝状藻导流拦截设施

通过梯形框架覆盖在分水口上方来实现对漂浮物的拦截，圆孔板结构覆盖整个分水口门，其下半部分主要拦截水中悬浮物，其上半部分可以阻挡水体表层漂浮物。分水口丝状藻导流拦截设施的实景图如图 3-11 所示。

（4）移动式藻泥清除一体化设备

通过清淤机器人将淤泥混合水输送至振动筛，然后通过泵送系统输送至卧螺离心机，清液进入水处理系统进行后续处理，排出的固渣用于绿化种植土，达到资源化合理化利

图 3-11　分水口丝状藻导流拦截设施的实景图

用。系统处理淤泥能力为 400～500kg/h（干基）。一体化清淤设备示意图如图 3-12 所示。

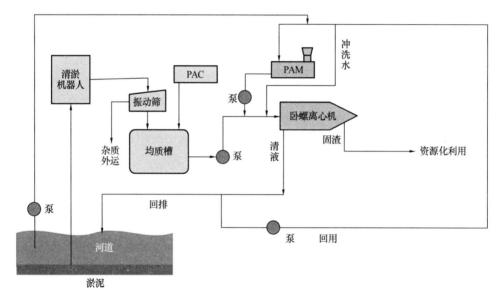

图 3-12　一体化清淤设备示意图

2. 生态调度和生物调控

（1）生态调度

影响供水安全的主要问题是刚毛藻、水绵等脱落。目前大型丝状藻主要分布在河南许昌南 350 余千米的水下 2m 以上渠坡，通过调控水位、流速抑制着生藻类生长。

生态调控策略主要是指将调控渠道划分为生态调控区、调蓄区和正常运行区（图 3-13）。生态调控区为出现藻类异常增殖，需要调节流速的渠池，调蓄区为其下游邻近渠池，作用是配合生态调控需要，为其提供调蓄空间，避免对下游正常运行区造成影响。

（2）植物浮床技术

浮床植物利用根系吸收水体中营养盐，与藻类形成营养竞争关系，同时浮床通过遮光

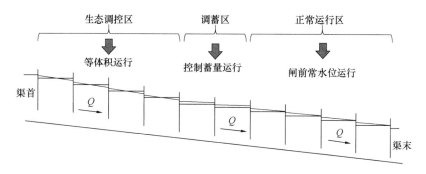

图 3-13 分区调控示意图

作用抑制下层渠壁附着藻类的生长，植物浮床实景图如图 3-14 所示。

（3）鱼类控藻技术

在河南段渠道开展规模放养试验，投放 1.9 万尾（2.8 万斤）青鱼、三角鲂鱼、翘嘴鲌、白鲢等，以水中藻类、淡水壳菜为食。

（4）淡水壳菜清除

淡水壳菜目前采取人工及机械清除。通过水温、水体溶解氧、pH、氨氮（NH_3-N）浓度以及光照强度的调整，可抑制淡水壳贝附着，如较高的水温、低溶解氧、持续强光照射等都能有效进行抑制。

图 3-14 植物浮床实景图

3.6.4 南水北调中线总干渠突发性水污染事故防控技术

中线干线工程运行期面临的突发水污染风险主要有危化品运输车辆跨越渠道时发生交通事故风险、恶意投毒等风险。水污染事件按照其严重程度和影响范围，可分为 4 个级别：Ⅰ级（特别重大水污染事件）、Ⅱ级（重大水污染事件）、Ⅲ级（较大水污染事件）、Ⅳ级（一般水污染事件）。较大以上级水污染事故由属地地方政府启动应急响应，企业配合。为有效应对突发水污染事件，先后编制完成中线突发水污染事故应急预案及技术手册，并分级制定完善的应急预案及应急调度方案。

1. 中线突发水污染事故应急预案及技术手册

为了实现应急处置，制定了《南水北调中线干线工程突发水污染事故防治应急预案》，筛选出 388 种典型污染物制定处置预案。同时，在预案基础上，从安全和反恐出发，依据风险物获得的难易程度、实施投毒的可能性以及在水中产生的危害性进行了重新甄别和筛选，编制了《南水北调中线干线工程水污染应急处置技术手册》。

2. 突发水污染应急调度技术

在突发水污染事件发生后，启动污染处置预案，基于二维水力学水质仿真模型，确定水污染扩散范围，确定事故渠池上游和下游节制闸调度、稀释或中和污染团等处置措施，被污染的水体经处置后通过退水闸退水。

3.6.5 南水北调中线总干渠输水水质与水生态管理关键技术

结合中线总干渠水质现状、生物组成现状、外源污染现状及地下水等潜在风险源分布特点，优化并构建涵盖总干渠的关键物理化学因子、生态要素、生物组分、地下水、多源生物综合毒性、污染源在内的全方位、多指标、多手段的水质监控网络体系；集成并开展基于人工智能技术、藻类光谱分类技术的适应性研究与应用，研发浮游藻类智能在线监测技术、着生藻类高清视频监测技术与设备、跨渠桥梁危化品车辆的自动识别、跟踪与分析技术，构建了机理与数据双重驱动的水质预测方法，实现了中线水质的预测预报。

1. 完善中线水质监控网络

对中线现有站网进行提升能力建设，完善中线水质监控网络，主要包括：

（1）构建突发水污染事故识别系统，以 Scimax 高分质谱仪为主，在北京设立污染物鉴别试验室；沿线增设两台具备 56 种参数检测能力的移动监测车。

（2）扩建中线水质监测项目：新建陶岔、郑州等 8 个藻类监控断面，监测藻密度、生物量、环境要素；组织开展中线总干渠淡水壳菜生态风险监测与防控研究；新设地下水监控站点 49 处，监测水位、高锰酸盐指数、电导率、COD 等。

（3）研发藻类在线和智能监测装备：建立南水北调中线总干渠藻类图形库，识别精度高于 70%。开发着生藻类在线监控系统，利用图像识别技术观察着生藻类生长。

（4）建立基于机器视觉的监控识别与统计分析系统，辨识危化品运输车辆，实现对危化品车辆冲入渠道、桥上人员抛物等异常事件的跟踪识别和预警。

2. 开展水质预报与风险评估预警

（1）构建水动力水质藻类耦合预测模型：选用 DO、TP、TN、高锰酸盐指数、叶绿素、藻密度等指标，构建闸门联合调度的全线一维水动力水质模型，模拟出水质水量和藻类在干渠及建筑物（渡槽、倒虹吸等）影响下的变化。

（2）构建基于大数据的预测预报模型：设定氨氮、总磷、叶绿素 a 为指示性指标，DO、高锰酸盐指数、TN 为非限制性指标，建立了基于大数据分析的神经网络水质预测模型，布谷鸟算法优化的 CS-BP 神经网络模型。

基于上述模型，开展全线水质预测预报，提供 20d 范围内水质参数预报。依据行业标准和中线应急预案，制定干渠输供水系统水质和藻类的红、黄、蓝三级水质预警系统。

搭建中线水质监测预警调控决策支持综合管理平台应用支撑架构，在平台中嵌入中线监测数据统计分析、水质藻类预测预报、风险和应急管理、数据共享、科研等功能；实现与省、地市级用户的数据共享。

3. 加强管理，充实监管队伍，开展科学研究

建立水质与水环境监管队伍日常规范化和标准化管理体系，在水专项科研基础上，编制科研需求和计划，推进管理能力和水平提高。

第4章 供水厂净化处理

4.1 概　述

由混凝、沉淀、过滤、氯消毒等处理单元组成的饮用水传统处理工艺（又称常规处理工艺）在全球已沿用100多年，其主要去除目标是浊度、细菌类微生物，从而实现水质净化。但是，传统处理工艺难以有效去除氨氮、微量有机物、病原性原虫，并且对于构成COD_{Mn}的各种有机成分去除效率也不高，难以有效解决水源污染与水质标准提高之间的矛盾，更是难以有效应对突发性污染事件。因此，臭氧-生物活性炭、膜处理等现代处理技术应运而生，并在水专项中不断发展完善和示范应用。

针对水源的藻类、嗅味、氨氮等污染物，在常规处理工艺中增加预氧化、吸附剂投加、生物预处理等技术单元，形成原水预处理和常规强化处理技术工艺，实现污染物去除和水质净化。随着水源水质微量有机污染增加和饮用水水质相关标准提升，臭氧-生物活性炭、膜处理技术在国际上得到发展和应用。我国最早使用臭氧-生物活性炭技术的供水厂是北京市田村山水厂，至今已有30多年的历史。但是，臭氧氧化对一些稳定性农药类物质、有机卤代物的分解效率很低，特别是当原水中存在一定浓度溴离子时，臭氧处理会产生具有强致癌性的溴酸盐副产物。此外，在温度相对较高地区例如南方湿热地区，生物活性炭池容易滋生原生动物、线虫、枝角类等微型动物，会产生微型生物泄漏，污染出厂水水质。因此，控制溴酸盐生成和微型动物泄漏已成为臭氧-生物活性炭工艺应用瓶颈，也是饮用水领域研究前沿。

消毒是保障饮用水微生物安全的最关键和最后的屏障。长期以来，氯气或次氯酸钠作为一种经济有效的消毒剂在世界范围内得到广泛应用，用户末端水中是否存在余氯成为判断饮用水是否卫生的重要依据。基于控制消毒副产物生成、保证管网末梢余氯浓度的考虑，美国和我国内地的部分城市采用氯胺进行消毒。但是，使用氯胺消毒不仅存在消毒能力弱化风险，近年来还有人发现氯胺消毒副产物中有些物质具有更强的致突变性，应该引起足够的重视。新型消毒副产物生产控制和分解技术是饮用水安全健康保障的新内涵。

微量污染物复合污染是我国水源水质污染的普遍特征，也是我国供水厂净化工艺面临的挑战。例如，水源的氨氮、有机污染物普遍超标，腐败性臭味问题比较突出，湖库型水源还叠加了藻类暴发以及由此带来的臭味、藻毒素等问题，此外农药、抗生素等微量有毒污染物频繁检出，因此，单一选择常规强化处理或臭氧-生物活性炭处理工艺，出厂水水质难以稳定达标，甚至某些污染物处理效能很低。因此，需要根据水质特征，将预处理、常规强化、臭氧-生物活性炭、膜处理等技术工艺进行优化组合。为此，水专项开展了技术创新探索和示范应用，形成多级屏障水厂净化处理技术，为我国创建"从源头到龙头"全流程饮用水安全保障技术体系提供了基础和核心工程技术。

4.2 原水预处理和常规强化技术

纵观饮用水净水技术第一代、第二代和第三代工艺的发展历程，无论是新增臭氧-生物活性炭的深度处理，还是加入膜处理单元的长流程，预处理-常规处理仍然是净水工艺的核心环节，深入开展相关研究对提升饮用水水质、优化供水厂运行和加强应急管理具有重要意义。

在预处理方面，立足于化学和生物方法净化水质的基本原理，新型预氧化药剂和生物载体的研发成为预处理单元工艺定向研发的热点。同时，为了最大化发挥预处理单元改善污染物特性和减轻后续处理负荷的效能，实现化学预氧化和生物预处理的优势互补，开展了耦合工艺的创新研发。随着饮用水多级屏障理论的发展，净水工艺的研究不再仅针对独立的工艺单元而展开，而是将预处理和常规工艺相协同，进行上、下游工艺的适配性研究，形成工艺流程的系统优化。

水专项相关课题对预处理-强化常规处理技术进行深入研究和应用，其研究成果形式多样，技术范畴相对广泛。综合来说，以特征原水水质为导向，在预处理-强化常规处理方面取得三个方面技术进展：(1) 化学预氧化协同处理技术；(2) 复合污染水源预氧化与深度处理耦合技术；(3) 基于载体改善的生物预处理强化技术。上述技术依托于新供水厂的建设和老旧水厂的提标改造，进行示范和推广应用。

4.2.1 藻类及其衍生污染物化学预氧化协同处理技术

化学预氧化通常是向原水中直接投加 $NaClO$、$KMnO_4$、O_3、H_2O_2 和 ClO_2 等氧化剂，以期对水中污染物进行有效去除，或提高后续处理工艺的处理效果。氧化剂能够穿过藻类的细胞壁，通过其本身的氧化性灭活藻细胞，同时氧化反应能够去除部分诸如藻毒素、嗅味等藻类衍生污染物（AOM），以达到协同处理的效果。预氧化对藻类及 AOM 的协同处理效果与藻细胞类型、消毒剂剂量和接触时间有关。另外，氧化剂在灭活藻细胞的同时会导致胞内 AOM 一定程度的释放，应根据藻密度、细胞种类和丰度，选择合适的氧化剂和剂量，以达到满意的处理效果。

该工艺置于常规工艺的前端，作为预处理工艺使用。应先对水源中藻细胞进行分类识别，根据藻细胞种类和丰度选择合适的化学氧化剂；根据接触时间（氧化剂投加点到供水厂距离）和藻密度，选择氧化剂的剂量。一般情况，藻密度高于 1000 万个/L 时开始投加氧化剂，随着藻密度浓度增加，调整氧化剂剂量。有条件的地区可通过试验进一步优化具体参数。另外，投加的预氧化药剂不得影响出厂水水质，并应符合《室外给水设计标准》GB 50013—2018 的规定（图 4-1）。

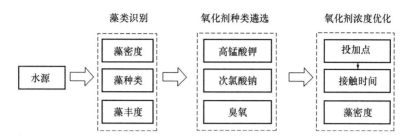

图 4-1 藻类及其衍生污染物预氧化协同处理氧化剂遴选示意图

该预氧化技术综合考虑了对不同类型藻细胞和嗅味、藻毒素等藻类衍生污染物（AOM）的协同处理效果。在藻细胞和 AOM 含量均较高时，高锰酸钾和臭氧的去除效果优于次氯酸钠，而次氯酸钠成本较低，操作方便，适合非致嗅致毒藻类的预氧化，但需考虑消毒副产物的问题。相比其他藻类及 AOM 预处理技术，预氧化技术操作简便，成本较低，适合常规处理工艺的供水厂（表 4-1）。

预氧化与其他预处理技术优缺点分析　　表 4-1

技术	优点	缺点
预氧化	操作简便，便于调控，能够实现藻类和藻类衍生污染物的协同处理，可选择性强	用量不当可能会导致胞内有机物的释放，降低处理效果
生物预处理	对有机物、氨氮等指标均有良好的去除效果，对蓝藻门去除效果好	对嗅味、藻毒素等藻类衍生污染物去除效果差，稳定性较低，不适合低温地区，维护成本较高
粉末活性炭	对嗅味去除率高，操作简便，常用作应急处理	成本高，对其他藻类衍生污染物去除效果差，且无法实现对藻类其衍生污染物的协同处理

为了保证协同去除效果，预氧化剂的投加量和反应时间应根据原水藻的类型、浓度及其他水质特征、水处理工艺及供水安全要求等综合确定，有条件的情况下，宜通过试验确定。对太湖地区常见的铜绿微囊藻的研究表明，当分别采用 1.0mg/L、2.0mg/L 和 5.0mg/L 的 $KMnO_4$，0.5mg/L、1.0mg/L 和 1.5mg/L 的 NaClO（以氯计），0.2mg/L、0.5mg/L 和 1.0mg/L 的 O_3 时，藻细胞活性均出现了明显下降，灭活速率常数排序为 $O_3>NaClO>KMnO_4$。一般来说，低剂量的高锰酸钾（0.5~2.0mg/L）已经对藻细胞具有良好的灭活效果；对某些醛类嗅味物质如庚醛、2,6-壬二烯醛、苯甲醛等的去除效果显著；对一些硫化物如对二甲基二硫化物的去除率达到 80% 以上。但是，过量的高锰酸钾会造成出水的色度增加和锰离子超标，因此需要精准控制投加量。一般情况下，高锰酸钾预氧化时，投加量为 0.2~1.0mg/L，投加在取水泵房吸水井，反应时间为 2.0~6.0h。使用较低浓度的 $KMnO_4$（<10mg/L）预氧化 2h 后（例如，采用浮选技术每隔 2h 排除浮渣将细胞与水分离），可以实现藻细胞和藻毒素良好的协同去除效果。在臭氧氧化下，如果初始浓度大于 1.0mg/L，残留的 O_3 可以进一步降解释放的嗅味物质。次氯酸钠对藻细

胞的破坏性强于高锰酸钾,当原水藻类以产嗅或产毒藻为主时,应谨慎考虑次氯酸钠的剂量,以防止胞内 AOM 的释放。在取水泵站预氯化时,氯的投加量为 0.5~1.5mg/L,反应时间为 0.5~1.0h(表4-2)。

三种常用氧化剂的优缺点对比　　　　表 4-2

氧化剂	优点	缺点
次氯酸钠	对鱼腥味和沼泽味的物质去除效果好	水中残留氯味; 对于其他嗅味有遮蔽效应; 对土霉味的物质去除效果不好; 产生三卤甲烷等消毒副产物
高锰酸钾	对于具有鱼腥味和青草味的醛类物质去除效果好,对常见的微囊藻毒素氧化效果好,对藻细胞的破坏较弱	对嗅味物质的去除效果整体不如臭氧; 对土霉味的物质去除效果不好; 投加过量有色度增加的风险
臭氧	不产生三卤甲烷等消毒副产物,对大部分嗅味都有较好的氧化去除的效果,对常见的微囊藻毒素氧化效果好	氧化过程中有时候会产生果及柳橙味等香味,会将鱼腥味转化为塑料味; 水中本底溴离子浓度较高时,有生成溴酸盐的风险; 需要复杂的氧气发生和投加设备,成本较高

该技术在太湖流域多地进行了推广使用,成果已经在上海市、江苏省无锡、苏州等以湖库型水体为水源的城市乃至全国类似城市推广应用。例如,无锡市南泉水源厂以太湖为水源,原水水温为 0~31℃;浊度为 4.0~66NTU,嗅和味为 1~2 级;氨氮为 0.09~0.41mg/L;高锰酸盐指数(COD$_{Mn}$)为 3.19~4.86mg/L;藻密度为 695~1816 万个/L。太湖水源水具有高有机物、高藻和高嗅味物质等复合污染特征。南泉水源厂处理规模为 15 万 m³/d,服务人口达 80 万人,采用化学预氧化中的臭氧氧化工艺,有效控制藻类,去除藻毒素和嗅味化合物,藻类和藻毒素综合去除率达 97%~99%,嗅味物质 2-MIB 和 GSM 浓度降低至 10ng/L 以下。此外,预臭氧对锰、色度、嗅味、COD$_{Mn}$、UV$_{254}$ 的去除效果均明显优于预氯化。

技术经济指标方面,次氯酸钠和高锰酸钾预氧化投加装置和药剂成本都较低,适用于常规处理工艺供水厂。臭氧预氧化不建议单独使用,若和臭氧活性炭结合使用,其成本也相对较低。经济较发达地区或者污染相对较严重地区,可采用单独臭氧预氧化,主要投资成本包括液氧站、臭氧制备系统、臭氧接触池等建设。

4.2.2　复杂嗅味预处理与深度处理耦合去除技术

水源嗅味问题在我国广泛存在。致嗅物种种类繁多,饮用水水源经常面对的是腥臭味、土霉味和复杂嗅味三大类致嗅问题。因此,针对不同嗅味物质,应选择不同的去除技术。对硫醚类物质导致的腥臭味问题,以氧化技术为核心进行去除;对 2-甲基异莰醇、土臭素等土霉味问题,以活性炭吸附技术为核心进行去除。但是对于多种致嗅物质产生的复杂嗅味问题,在氧化与吸附耦合进行去除基础上,与臭氧-生物活性炭深度处理耦合去除，保障水质稳定达标。

如图4-2所示，在常规工艺条件下，通过投加粉末活性炭或预氧化剂，实现致嗅物质强化处理。通常在混合池之前或取水口处投加，充分保证接触时间。深度处理工艺优先采用臭氧活性炭为核心的工艺，具体运行参数根据水质和嗅味特征加以确定。

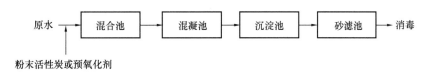

图4-2 饮用水致嗅物质强化常规去除（投加粉末活性炭或氧化剂）

针对2-甲基异莰醇和土臭素导致的季节性土霉味问题。常规工艺条件下，2-甲基异莰醇和土臭素质量浓度低于200ng/L时，通过投加粉末活性炭可以有效控制嗅味问题。应选择微孔孔容高于0.2cm³/g、粒径大于200目的活性炭，投量控制在30mg/L以下，活性炭吸附时间最好在1h以上；当原水土霉味物质质量浓度高于200ng/L时，可采取强化藻细胞的去除、提高PAC投量等措施予以解决；对于有臭氧-生物活性炭工艺的供水厂，还可通过适当提高臭氧投加量以及投加过氧化氢形成高级氧化工艺的方式予以解决。

针对主要以硫醚类物质为主的腥臭味，可以采用投加次氯酸钠等方式予以去除，投加量为0.5～1.5mg/L；针对同时含有腥臭味、土霉味甚至化学味的复杂嗅味，选择以臭氧生物活性炭为核心，并增设预臭氧的深度处理工艺进行控制，预臭氧投加量为0.5～1.5mg/L，主臭氧投加量为1.0～2.5mg/L。

饮用水致嗅物质强化处理技术得到广泛应用。例如，深圳长流陂水厂采用石岩水库水源，存在藻类增殖代谢产生的2-甲基异莰醇季节性土霉味问题（图4-3）。该供水厂设计规模35万m³/d，供水面积64km²，服务人口100万人。由于原水季节性藻类增殖，2-MIB引起的土霉味问题显著，发生居民投诉。通过应用土霉味处理适配活性炭筛选技术，确定了适用的高效活性炭，于2018年7月完成了对相关预处理工艺的升级改造。供水厂运行数据表明，嗅味暴发期间活性炭平均投量由实施前的40mg/L以上降低至15～20mg/L，每年节约水处理药剂成本1000万

图4-3 深圳长流陂水厂粉末活性炭投加预处理工程

元左右，且出水嗅味稳定达标，居民对饮用水嗅味问题投诉显著下降，取得了良好的经济效益和社会效益。

复杂嗅味的预处理与臭氧-生物活性炭耦合处理技术也开展示范应用。上海闵行及新车墩水厂采用黄浦江（金泽水库）水源，存在藻类增殖导致的季节性土霉味以及长期存在

的化学味/腥臭味问题。依托上海闵行水厂深度处理改造工程（2014年，一期和二期共20万 m^3/d）以及松江新车墩水厂深度处理工程（2018年，20万 m^3/d），进行了嗅味控制技术的示范应用，采用预臭氧-臭氧活性炭为核心的深度处理工艺，在预臭氧（0.5～1.0mg/L）与主臭氧（0.5～1.5mg/L）下可对此复杂嗅味进行有效控制，经处理后出厂水嗅味稳定达标。2018年5月～11月对新车墩水厂原水及出厂水的异味类型及异味强度进行监测，原水有明显的腐败味、土霉味和化学味检出，进厂原水FPA强度为6～8级，通过处理工艺后，出厂水嗅味强度降低到2级以下，主要是轻微的氯味，经脱氯后无异味；具体嗅味物质原水固定检出8种，主要包括二甲基二硫醚，双（2-氯甲基乙基）醚（BCIE）、典型土霉味物质（2-甲基异莰醇和土臭素）、一些醛类物质以及苯类和酚类物质，经处理后，土霉味物质未检出，一些醛类物质检出低于阈值（己醛、苯甲醛），双（2-氯甲基乙基）醚检出低于阈值，二甲基二硫醚、二甲基三硫醚等硫醚类物质未检出，化学味物质苯类（1,4-二氯苯）、酚类等物质的检出低于阈值。

4.2.3 多载体组合强化生物去除氨氮技术

饮用水水源氨氮去除最有效、最经济的方法是生物预处理技术，特别针对氨氮污染严重的水源，生物预处理技术应用较为普遍，形式包括悬浮填料或软性填料生物接触氧化法、生物膜反应器等。生物预处理原理是：原水与填料（载体）上的生物膜接触时，通过微生物的新陈代谢和生物吸附、絮凝、氧化、硝化、合成和摄食等综合作用，使原水中氨氮、铁、锰和有机物等逐渐被氧化和转化，达到净化水质的目的。

但是，生物预处理工艺受温度的影响较大，在冬季低温期，生物活性下降，对氨氮去除率明显降低。与此同时，研究发现，除了生物接触氧化池和生物滤池对氨氮去除外，砂滤池在去除氨氮的效能上起到较为关键的作用，即组合工艺的多级屏障作用可提高对氨氮的去除效果，且生物滤池、砂滤池联用去除氨氮时受温度影响程度小于生物接触氧化池。另外，研究发现不同填料（载体）表面生长的微生物量和微生物种类（优势菌种）不同，且同一填料（载体）在不同温度下微生物种类（优势菌种）也存在着差异性。因此通过筛选适宜低温期硝化菌种生长的填料以及多种载体的组合，可一定程度上实现微生物的叠加；通过水源的主动切换，强化培养氨氧化细菌，可实现冬季低温下对氨氮的去除效果。

水专项相关课题开发了将生物处理单元置于混凝、沉淀后，再与臭氧-生物活性炭、过滤单元构成的新型组合工艺（图4-4）。混凝、沉淀前置，解决了原先生物预处理工艺积泥导致的效率下降等问题，同时减轻了生物滤池的处理负荷。与后续臭氧-生物活性炭、过滤结合，可实现生物滤池、活性炭池、砂滤池的多载体、多级过滤的生物除氨氮技术，提高低温期对氨氮的去除效能。

图4-4 多载体组合强化生物除氨氮关键技术工艺流程图

不同滤料表面、不同水温下的同一滤料表面生长的优势菌种存在差异性,活性炭和陶粒表面生长的去除氨氮的优势菌种丰度要优于石英砂表面,且对低温适应期短,有利于微生物挂膜和低温期去除氨氮的优势菌种的生长,并通过优化生物滤池池型、曝气方式和强度、冲洗、排泥等,发挥去除氨氮、有机物、铁锰的协同作用,提升低温期去除效果。

国外的水源水质相对较好,在饮用水处理工艺中多采用常规工艺或增加臭氧-生物活性炭工艺,而生物处理除氨氮单元很少用于净水厂处理工艺。针对国内水源水质的具体问题,该项技术首次将生物预处理单元置于混凝、沉淀后,提出了两级过滤和臭氧-生物活性炭结合的全新的集成工艺,研发了多载体生物除氨氮技术、适宜低温期硝化菌种生长的滤料筛选技术及滤池的优化运行,并首次提出了水温水质协同预警水源主动切换技术,通过水源的主动切换,强化培养硝化细菌,提高生物滤池抗低温氨氮冲击负荷能力,提高低温期对氨氮的去除效能。实现冬季低温期氨氮出水质量浓度小于 0.5mg/L,保障了出水氨氮达标。在常规工艺的基础上增设生物滤池、臭氧-生物活性炭滤池,其投资成本增加 300~400 元/m³,运行费用增加小于 0.30 元/m³。

技术在嘉兴贯泾港水厂二期进行了应用示范,正在开展推广应用。嘉兴贯泾港水厂二期工程设计处理水量 15 万 m³/d,工艺流程如图 4-5 所示。将生物处理工艺置于混凝沉淀工艺之后,将强化混凝、沉淀作为生物处理的预处理,有效去除悬浮物和微型动物;以平流沉淀池除浊,末端布置曝气填料区;利用生物滤池运行受温度影响相对较小的特点和本身所具有的除浊功能,与后续生物活性炭池、砂滤池等,形成多种载体的生物处理单元组合,可实现低温期微生物量的叠加,提高对氨氮的去除率。

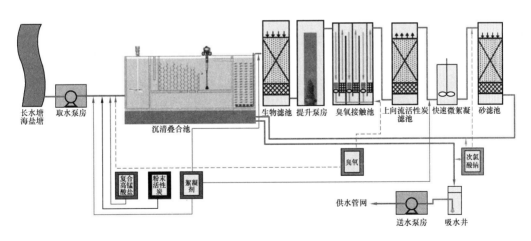

图 4-5 嘉兴贯泾港水厂二期工艺流程图

4.3 臭氧-生物活性炭深度处理技术

臭氧-生物活性炭技术将臭氧氧化、活性炭吸附和生物降解等进行组合,既发挥了臭氧的强氧化作用,又强化了活性炭的吸附功能。臭氧不仅具有很好的除色除嗅和消毒作用，还可以氧化有机物，使难生物降解有机物转化成易生物降解有机物，提高有机物的可生化性。另外，臭氧还能提高水中溶解氧含量，增强活性炭表面的微生物作用。活性炭可吸附去除水中的污染物，还可利用表面生长的微生物对有机物进行消化和分解，既有效去除了水中污染物，也使活性炭性能得以再生，保持持续吸附有机物的能力，大大延长了活性炭的再生周期。从21世纪60年代以来，国内外对臭氧-生物活性炭技术进行了广泛的研究和实践。

臭氧-生物活性炭技术将臭氧化学氧化、活性炭物理化学吸附、活性炭降解及臭氧灭菌消毒四种技术合为一体，使臭氧、生物活性炭两种工艺相互协同，在饮用水处理领域具有明显的优势，通过水专项进一步研究和发展，已成为我国饮用水深度处理使用最为广泛的技术。

4.3.1 臭氧-生物活性炭深度处理工艺优化与运行调控技术

"十一五"时期到"十三五"时期，水专项针对我国各地不同的水质特征和气候特点，逐步形成了各具特色的臭氧-生物活性炭处理工艺。针对典型水质污染物的高效去除，解决了高氨氮和高有机物污染、中低程度有机物和氨氮污染、低温低浊水中有机物等特定的水质问题。臭氧-生物活性炭深度处理工艺的技术研究日趋成熟，工程实践不断推进，对保障水质安全提供了技术支撑，对深度处理技术体系的完善发挥了重要作用。然而，在臭氧-生物活性炭技术应用中仍存在臭氧利用效率亟待提高、针对不同水源水质的工艺和运行等需要优化等问题。

水专项相关课题围绕臭氧-生物活性炭深度处理中的工程运行优化开展深入研究，对现有工艺运行和设计提出优化的参数和指标，构建具有普适意义的水质保障解决方案和相关措施，形成共性关键技术。将适合我国城镇给水领域需求、可操作性强、技术经济合理的技术方案进行集成凝练和总结，形成工艺数据包，主要包括：臭氧投加优化控制技术、臭氧接触池设计和运行优化技术、升流式生物活性炭吸附工艺技术、生物活性炭生物膜固定技术、生物活性炭失效鉴别技术、炭砂滤池工艺设计与运行参数优化技术、臭氧-上向流微膨胀生物活性炭-砂滤工艺集成技术、以炭砂滤池为核心的短流程深度处理技术、与供水厂工艺运行协调的臭氧活性炭工艺优化技术，以及针对寒冷地区、长江、太湖、南方湿热地区的复合微污染协同处理的臭氧活性炭工艺技术等。

水专项实施期间，在我国的太湖流域、黄河下游地区、珠江流域等地区建立了多个饮用水臭氧-生物活性炭深度处理示范工程，如微污染江河原水高效净化关键技术与示范（上海）、高氨氮和高有机物河网原水的组合处理技术集成与示范（嘉兴）、高嗅味、高溴离子引黄水库水臭氧-生物活性炭处理技术优化与示范（济南）和南方湿热地区深度处理工艺关键技术与系统化集成（深圳）。下面结合具体示范工程，介绍臭氧-生物活性炭工艺设计、运行优化及关键参数。

典型案例1：上海临江水厂深度处理优化设计运行示范工程。临江水厂水源以黄浦江水为主，总净水规模为60万 m^3/d，采用臭氧-生物活性炭深度处理、紫外结合化合氯消毒的工艺，2010年3月通水运行。2008年1月～2009年9月的黄浦江原水浊度平均值为22.4NTU，pH平均值为7.37，铁和锰质量浓度分别为0.18mg/L和0.05mg/L，但铁锰质量浓度随季节性变化，氨氮和COD_{Mn}平均值分别达到了0.32mg/L和5.06mg/L，有机物和氨氮含量较高，冬季锰含量较高，氨氮和有机物较高是黄浦江原水主要污染特征。臭氧-生物活性炭深度处理的进水来自两套常规处理系统的砂滤池出水。

（1）在预处理阶段以臭氧预氧化代替加氯预氧化。预臭氧可氧化部分有机物，去除部分三卤甲烷前驱物质、色度和形成嗅味的物质，并能去除原水中溶解性的锰以及改善混凝条件；后臭氧可进一步氧化水中有机物和嗅味物质，提高生物活性炭滤池对有机物的去除效率；当原水氨氮浓度高时，生物活性炭滤池还可去除大部分氨氮，保证出水氨氮达到水质标准。

（2）设计紫外结合化合氯消毒工艺。一方面紫外线对杀灭原生动物具有非常明显的作用，可以在低剂量的情况下高效灭活隐孢子虫和贾第鞭毛虫，另一方面防治黄浦江原水有机物相对较高导致氯消毒副产物超标。临江水厂臭氧-生物活性炭深度处理工艺设计特点，是针对黄浦江水源存在的有机物、氨氮、嗅味等特征水质问题优化确定相关工艺参数，设计紫外结合化合氯消毒工艺单元，可有效控制黄浦江原水中嗅味，大幅削减消毒副产物生成势，出厂水稳定且达到《生活饮用水卫生标准》GB 5749—2006的要求。

典型案例2：广州南洲水厂臭氧-生物活性炭净水工艺运行优化示范工程。广州南洲水厂建设规模为100万m^3/d，于2004年10月建成投产。针对臭氧-生物活性炭工艺运行中存在的臭氧投加量难以优化控制、炭池出水pH下降、炭池存在微型生物滋生及泄漏风险等问题，研究采用臭氧投加量优化控制、炭池反冲洗方式及参数优化、炭池原位酸碱改性及石灰调节出厂水pH等运行优化技术。

（1）臭氧投加优化控制技术。在原水经常规处理能满足水质要求的季节，臭氧投加以维持可靠运行为度，降低运行成本。预臭氧优化一般以助凝和控制藻类效果确定，南州水厂水源条件下，按照控制待滤水浊度≤1NTU确定；主臭氧随原水水质季节性变化调整，维持余臭氧量0.1～0.15mg/L，结合加氯联合消毒，对微型生物的灭杀进行全程控制。优化后南州水厂臭氧投加量下降了0.20mg/L，节约臭氧量为16.7%。中置炭滤池臭氧-生物活性炭工艺在UV_{254}正常范围以曝气取代主臭氧，既提高了生化去除力，又降低运行费用。但对于UV_{254}超常的水源仍有必要投加主臭氧。中置炭滤池工艺在炭滤池与砂滤池之间加氯消毒可有效防止微型生物泄漏。

（2）优化了炭滤池反冲洗方式。以COD_{Mn}和微型生物滋生等的影响为水质控制目标，采用气水联合冲洗，先气冲后水冲的方式，将水冲调整为三段进行。先气冲，强度为8～9L/(m^2·s)，洗脱滤料上截留的悬浮颗粒物；后水冲（低强度），强度为8L/(m^2·s)，排出炭池上部截留的悬浮颗粒物；再水冲（高强度），强度为12L/(m^2·s)，排出炭池下部脱落的悬浮颗粒物；最后进行低强度[8L/(m^2·s)]的水冲，使炭层处于微膨胀状态，排出残余的悬浮颗粒物，同时避免新的生物膜脱落影响初滤水水质。优化后的冲洗方式对COD_{Mn}保持了较高的去除效果，微型生物种类和数量相对较少，保证了炭池的正常运行。

南洲水厂臭氧-活性炭净水工艺运行优化后，出厂水达到《生活饮用水卫生标准》GB 5749—2006 和《饮用净水水质标准》CJ 94—2005 的要求，出水浊度≤0.2NTU，COD_{Mn}≤2mg/L，出厂水 pH 稳定在 7.2～7.5。

4.3.2 臭氧-生物活性炭工艺溴酸盐副产物控制技术

在我国沿海城市、太湖流域、黄河流域等地区，采用高溴水源（含溴离子 100μg/L 以上）为原水的臭氧-生物活性炭深度处理水厂，易生产致癌性溴酸盐副产物风险。在臭氧-生物活性炭深度处理中，溴酸盐可以通过臭氧直接氧化和羟基自由基氧化两种途径生成，直接氧化是主要途径。由于直接去除 Br^- 主要通过离子交换或者反渗透等膜技术才能达到目的，成本较高，不适宜在大规模市政供水系统中采用，而末端控制主要有活性炭吸附、膜技术、铁还原技术等，这类技术存在工艺流程长、成本较高、出水色度增高等问题，较难在实际工程中应用，因此溴酸盐控制多集中于生成控制。对于溴酸盐的生成控制主要可通过减少臭氧投加量、降低 pH、加氨控制中间产物被氧化为溴酸盐、催化氧化等技术。水专项开发了基于加氨氮的溴酸盐抑制技术和过氧化氢高级氧化控制溴酸盐技术，提高了工艺的化学安全性。建设了吴江第二水厂（30 万 m^3/d）、济南鹊华水厂（20 万 m^3/d）等示范工程，有效规避了溴酸盐副产物的生成，示范工程出水的安全性得到显著提高。目前已在我国太湖流域、黄河流域进行了推广应用，规模超过 1000 万 m^3/d。

1. 基于加氨氮的溴酸盐生成抑制技术

该技术是一种简便、行之有效的溴酸盐控制方式。投加氨氮后，氨氮可通过与溴酸根的中间产物反应，形成溴氨，而溴氨不与羟基自由基反应，因此抑制了溴酸盐的生成。研究发现，在一定范围内，氨氮的浓度越大，抑制效果越好，但当浓度过大时，溴酸盐的生成量基本恒定不变。例如，通过对东太湖原水的研究发现，当氨氮质量浓度为 0.2mg/L 时，对溴酸盐的抑制率最优，可达到 39.1%。

基于加氨氮的溴酸盐抑制技术的工艺流程（图 4-6）为：在砂滤池和后臭氧接触池之间，在温度较高时投加硫酸铵，以氨氮计（0.2～0.3mg/L）。

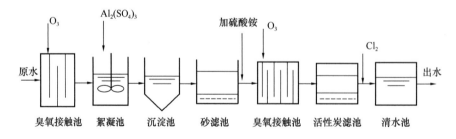

图 4-6 基于加氨氮的溴酸盐抑制技术工艺流程图（第一装置为预臭氧接触池）

苏州吴江第二水厂为基于加氨氮的溴酸盐抑制技术的示范工程（图 4-7），总规模 30 万 m^3/d，以东太湖为水源，水质呈现富营养化趋势，达到Ⅳ类水体的标准。原水溴化物浓度为 0.1～0.2mg/L，存在溴酸盐控制等技术需求。供水厂主体工艺采用预臭氧-折板絮凝及平流沉淀-砂滤-主臭氧-生物活性炭。

图 4-7 吴江第二水厂

吴江第二水厂（图 4-8）应用了基于加氨氮的溴酸盐抑制技术，在主臭氧接触池进水管前设置了硫酸铵投加系统，硫酸铵投加系统最大加注量 3mg/L（含有效氨 10%），设备投入 140 万元。当原水溴离子浓度较高，采用臭氧活性炭进行深度处理时，通过投加硫酸铵（0.2～0.3mg/L）可以有效控制出厂水中的溴酸盐质量浓度。

供水厂在加铵运行期间，对出厂水进行跟踪监测，结果显示水质全部合格。出水溴酸盐质量浓度小于 5μg/L，去除率为 40%～60%，解决了东太湖水源微污染和溴酸盐超标问题，全面提升饮用水水质。

图 4-8 吴江第二水厂加铵装置

2. 过氧化氢高级氧化控制溴酸盐技术

在投加臭氧初期投加过氧化氢,可以促进臭氧分解为羟基自由基,控制溴酸盐产生的直接途径,从而降低溴酸盐的生成。投加过氧化氢后,臭氧被大量转化为羟基自由基,从而极大抑制了溴离子经臭氧氧化的途径生成溴酸盐。研究显示,过氧化氢高级氧化可有效抑制溴酸盐产生,且在第一段投加与臭氧摩尔比为1∶1的过氧化氢时达到最佳的抑制效果。

过氧化氢高级氧化控制溴酸盐技术的工艺流程(图4-9)为:当溴离子浓度高,臭氧投加量高时,可在臭氧接触池前投加与臭氧摩尔比为1∶1的过氧化氢,在控制溴酸盐的同时提高有机物的氧化效果。

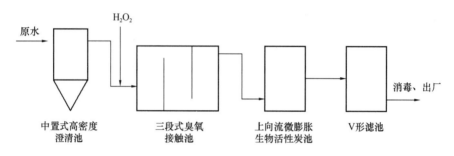

图4-9 过氧化氢高级氧化溴酸盐控制技术工艺流程图

济南鹊华水厂过氧化氢高级氧化控制溴酸盐示范工程,处理规模20万m^3/d,原水为引黄水库水,存在季节性藻类、嗅味、有机物污染、水生微型动物问题。调蓄水库水中溴化物含量长期较高,一般原水中溴离子(Br^-)的质量浓度为0.08~0.15mg/L,平均约为0.1mg/L,臭氧氧化时有生成溴酸盐等消毒副产物的风险。水厂采用高密度沉淀池-臭氧/过氧化氢接触池-上向流生物活性炭池-石英砂滤池-氯消毒工艺。

在臭氧接触池进水口处设置过氧化氢加注点,解决有机物、藻类及嗅味等水质问题,规避溴酸盐生成。设计采用的过氧化氢与臭氧投加比为1∶1(摩尔比),经测算,投加药剂成本为0.011元/m^3。

根据对示范工程的跟踪研究,发现示范工程运行状况良好,过氧化氢高级氧化对黄河水中溴酸盐的生成具有良好的抑制效果,在臭氧投量为2~4mg/L时,溴酸盐的平均抑制率可达30%~60%。其对溴酸盐生成的抑制效果在过氧化氢和臭氧的摩尔比为1.0时达到最佳。采用臭氧氧化的新工艺后,通过投加过氧化氢有效地控制了出水中的溴酸盐,未出现溴酸盐超标问题,出水水质得到了明显的改善。

4.3.3 臭氧-生物活性炭工艺微型动物风险防控关键技术

水源污染及水体富营养化导致以桡足类剑水蚤为代表的微型动物带来供水系统的生物泄漏风险。微型动物进入炭池后二次繁殖和穿透是臭氧-生物活性炭深度处理工艺应用中存在的生物安全共性问题,而且滤池中的微生物可通过沿活性炭层迁移或随水流带出等方式发生穿透,对饮用水生物安全性构成潜在威胁,也是臭氧-生物活性炭工艺推广应用的技术瓶颈。

针对臭氧-生物活性炭处理工艺微型动物和微生物泄漏风险这一问题，水专项饮用水主题相关课题通过研究水中生物在炭池中的生长繁殖情况、活性炭滤池自身生物的群落演替情况，建立供水系统细菌微生物的PCR-DGGE定性与半定量分析检测技术，进行生物活性炭滤池中活性炭及其出水中微生物泄漏评估与预警；在对臭氧活性炭微型动物风险进行系统分析的基础上，通过技术集成，形成了适用于不同水质与环境条件下的生物风险识别预防与控制技术。

臭氧-生物活性炭工艺微型动物风险防控技术流程包括：

（1）生物风险监测：对原水的水温、浊度、微生物和微型动物密度进行常年跟踪监测，并根据预警监测结果调整监测频率和监测点。

（2）生物风险预警：根据风险预警指标和预警值，确定风险类型和级别。

（3）生物风险控制：根据风险评估结果，启动多级屏障措施的相应控制点，应用全流程综合防控技术，达到保障供水厂出厂水生物安全性的目标。

微型动物生物风险全流程综合防控技术主要包括：生物风险监测预警技术、原水端交替预氧化灭活技术、高效絮凝沉淀去除技术、活性炭池和砂滤池冲击式活体灭活技术和末端生物拦截技术等，可实现供水厂全流程的防控保障，确保出厂水水质的生物安全性。

微型动物交替预氧化灭活技术。由于绝大部分微型动物活体无法通过混凝沉淀工艺去除，通过供水厂前加氯或臭氧等氧化剂杀灭原水中微型动物活体，能够有效提高水处理工艺的去除率，同时防止幼体和卵生长繁殖。在供水厂进水口增加加氯设施，一旦发现进厂原水或沉后水中活体微型动物密度过高，立即停止预臭氧并及时启动进厂水前加氯和砂滤前加氯。

微型动物高效絮凝沉淀去除技术。微型动物在灭活后，一般可通过混凝沉淀过程去除。去除效果与反应和沉淀效果有关，沉后水浊度控制越低，越有利于生物的成体、幼体和卵的去除。活性炭炭层下设置砂垫层，对于拦截微型动物有明显的效果。

微型动物冲击式杀灭技术。强化反冲洗设施，增设滤池和活性炭炭池反冲洗加氯设施，微型动物繁殖的高峰期，对石英砂滤池或活性炭池进行反冲洗时，在反冲洗水中加入含有效氯物质可有效杀灭炭池中过量孳生的微型动物。

此外，新建供水厂可采用活性炭前置工艺，选择上向流生物活性炭吸附池降低生物泄漏的风险。采用前置上向流活性炭池时，活性炭池保持了一定的膨胀率，滤料处于流态化。与固定床炭池相比，微型动物难以在活性炭层中附着生长，且后续的砂滤池又能防止其穿透泄漏，保证了出水的稳定（图4-10）。

经过多年的研究和应用，臭氧-生物活性炭工艺微型动物风险防控技术趋于成熟，具有效果稳定、操作性强、经济可行的特点，并已形成一系列标准化文件，有效指导了供水厂建设改造和运行管理。微型动物风险防控技术使用的药剂均为水厂生产中常规药剂，无需新建构筑物，通过小规模的技术改造即可实现对生物泄漏风险的控制。水专项期间，通过对深圳市梅林水厂微型动物风险防控技术应用等示范工程的连续监测显示，出厂水中目

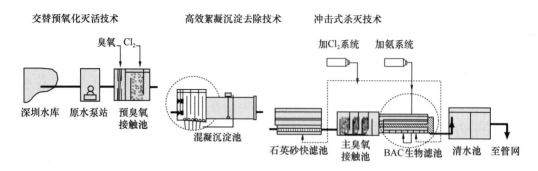

图 4-10 微型动物风险防控技术工艺流程图

标微型动物密度基本处于未检出水平，出厂水水质达到《生活饮用水卫生标准》GB 5749—2006 的要求。

典型案例：深圳市梅林水厂微型动物风险防控技术示范工程，处理规模 60 万 m³/d，以深圳水库水作为主要水源，臭氧-生物活性炭深度处理工艺。原水主要存在季节性藻类、嗅味、有机物污染等问题。原水中的微型动物种类丰富，在不加以控制的情况下，原水中活体无脊椎动物丰度可以达到 103ind/L，以剑水蚤、象鼻溞、轮虫等为优势种群，其种群丰度随季节变化明显，夏天和秋天为生长繁殖高峰期。每年 4～10 月，原水中红虫、剑水蚤等水生微型动物易在活性炭滤池中过渡繁殖甚至泄漏，严重影响饮用水水质安全。

梅林水厂应用了交替氧化原水微型动物灭活技术、高效混凝沉淀去除微型动物技术、砂滤和炭滤池微型动物冲击式灭活与去除技术、砂垫层微型动物截留技术以及臭氧活性炭工艺生物安全控制集成技术，建立了保障示范水厂出厂水生物安全的全流程多级屏障，使出水微型动物二次繁殖和穿透问题得到了解决。示范工程完成后，水厂出厂水中优势微型动物种群——甲壳类浮游动物密度显著下降，峰值密度由改造前的 0.1 个/L 下降到 0.008 个/L，相当于由 2 个/20L 下降到 0.16 个/20L，根据供水厂每天的监测结果，全年绝大部分时间炭滤后和出厂水中甲壳类浮游动物的密度低于检出限 0.04 个/20L。示范工程出水达到了《生活饮用水卫生标准》GB 5749—2006 的要求，浊度小于 0.3NTU，显著提高出厂水生物安全性。

梅林水厂臭氧-生物活性炭工艺微型动物生物风险防控技术措施及工艺改造特点包括：

(1) 密切关注水温的变化，以水温为主要预警参数，非微型动物暴发期（一般为 11 月～次年 3 月）采取 0.4mg/L 的加氯量，以控制管道中贝类和微型动物的繁殖；微型动物暴发期（一般为 4 月底～11 月初）增加加氯量至 0.8mg/L，以杀灭原水中的大部分的微型动物。

(2) 在水厂进水口增设加氯设施，能够与预臭氧实现交替预氧化。一旦发现进厂原水或沉后水中活体微型动物密度和比例超过预定值，立即停止预臭氧并及时启动进厂水前加氯和砂滤前加氯，前者投加量控制在 1.5～2.5mg/L，砂滤前加氯控制砂滤后水余氯质量浓度为 0.5mg/L 左右，间歇性停止主臭氧，以控制微型动物进入炭池繁殖。

(3) 对反应池过流孔或过流通道进行优化设计，更换反应池折板。及时调整混凝剂和助凝剂的投加剂量,保障沉后水水质。在微型动物的繁殖期,尽量控制沉后水浊度在1.5NTU以下,没有明显跑矾现象。

(4) 加强过渡区和沉淀池排泥,生物高发期建议排泥频率在8h左右。每年至少清洗一次混合、反应和沉淀池。

(5) 根据供水厂情况,通过评估滤砂含泥量评价反冲洗的程序和频率是否合适。在生物暴发高峰期,每周用含氯水反冲洗砂滤池一次,驱除砂滤池中的活体微型动物。根据炭后水中水蚤情况,及时调整炭池反冲洗频率,必要时采用含氯水进行反冲洗。间歇性用3.0mg/L的含氯水通过炭池。

(6) 在活性炭滤料下方添加300mm高的砂垫层,石英砂粒径0.9~1.0mm,有效控制无脊椎动物的穿透。在活性炭池每格滤池的出水口处设置孔径200目以上不锈钢生物拦截滤网,并加强滤网观测与冲洗(图4-11)。

图4-11 深圳市梅林水厂生物活性炭池微型动物拦截装置

4.4 膜法净水技术

从20世纪末以来,以膜技术为核心的新一代饮用水处理工艺迅速发展,因其具有投入化学药剂少、占地面积省和便于实现自动化等优点,被称为"21世纪的水处理技术"。然而,由于膜技术在水厂应用过程中存在国产化程度低、成本高、膜易污染等问题,而且单独膜技术对水中小分子有机物去除能力有限,在一定程度上限制了膜技术的应用。针对我国不同地区水源水质污染问题,"十一五"时期到"十三五"时期,水专项饮用水主题相关课题研发形成了一系列膜法净水组合处理技术。通过对不同支撑技术内涵的分析比选,发现膜技术在研究和工程应用过程中,主要解决的关键问题包括膜污染控制及膜优化运行两个方面,即通过膜技术与混凝、吸附、预氧化、沉淀过滤、臭氧-生物活性炭等工艺的优化组合,有效应对了不同水污染问题;并基于膜工艺运行过程中膜污染、高成本等关键技术难题,在膜工艺技术参数优化、膜污染控制形成突破。与此同时,在水专项饮用水产业化相关课题推动下,我国膜产业得到了快速发展,膜材料和膜制备技术不断完善,膜组件系统已基本实现国产化。在此基础上,实现了膜技术在规模化供水厂的示范应用和长期稳定的运行效果,为在饮用水处理领域的大规模应用奠定了良好的基础。

4.4.1 超滤膜净水技术及其组合工艺

超滤（Ultrafiltration，UF）技术是介于微滤和纳滤之间的一种膜分离技术，平均孔径为3~100nm，具有净化、分离、浓缩溶液等功能。其截留机理主要包括膜的筛分作用和静电作用，过滤介质为超滤膜，在两侧压力差的驱动下，只有低分子量溶质和水能够通过超滤膜，从而达到净化、分离、浓缩的目的。超滤技术能满足新一代饮用水净化工艺要求，去除饮用水中的"两虫"、病毒、细菌、藻类、水生生物，保障饮用水的安全性，已广泛应用于美国、日本等发达国家的城市供水厂。

超滤膜可截留水中绝大部分悬浮物、胶体，但无法去除溶解性小分子物质、嗅味等，阻碍超滤技术在饮用水处理中的应用。水专项相关课题根据我国不同地区水源水质特点，通过将膜技术与氧化、吸附、混凝、沉淀、过滤、臭氧活性炭、气浮等进行优化组合，利用其他水处理工艺和超滤膜的协同耦合作用，通过对组合形式、技术参数等的优化，提出适用于不同水质条件的以超滤膜为核心的组合工艺，既充分发挥超滤膜对颗粒物和微生物高效截留的优势，也提高了对溶解性有机物的协同去除效果，实现对有机物、嗅味物质以及藻类等特征污染物的高效去除，以应对复杂的水质污染问题。

根据原水水质特征、供水规模和水质处理目标，结合不同膜前预处理工艺和超滤工艺技术特点，提出针对性的膜处理组合工艺（图4-12）：

（1）当原水水质较好，主要目标为除浊时，低浊水可采用混凝-超滤或微絮凝-超滤工艺，高浊水可采用混凝-沉淀-超滤组合工艺。

（2）当原水存在季节性藻和嗅味等问题时，可采用PAC吸附-超滤、预氧化-超滤、气浮-超滤工艺。

（3）原水存在藻类、有机物及嗅味污染时，可采用预处理-常规处理-超滤组合工艺。

（4）当原水存在高有机物、高氨氮问题时，可采用臭氧活性炭-超滤工艺。

（5）当原水无机盐类、溶解性总固体或总硬度超标时，可采用超滤-纳滤/反渗透的组合处理工艺。

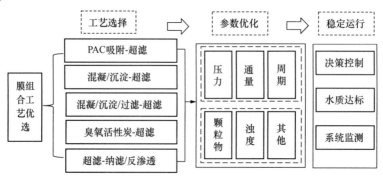

图4-12 超滤膜净水工艺组合路线比选示意图

水专项相关课题开展了超滤膜技术系统研究和示范应用。针对各地原水水质现状特点，通过大型水厂膜组合工艺的优化比选，在保障供水水质达标的前提下，通过关键运行

参数的优化,有效提升了水厂自动化水平,延长了膜寿命,同时节约占地面积,成本增加可控。主要技术成果与进展在以下方面:

(1) 针对我国不同流域水源水质特点,明确了超滤膜与其他工艺的协同耦合作用机理,提出了针对性的膜工艺组合模式,可应对藻类、嗅味、溶解性有机物等复杂水质问题。

(2) 通过对超滤膜运行压力、通量、周期等参数的优化调控,结合出水颗粒物、浊度等指标变化,提出了大规模超滤膜水厂工艺稳定运行控制方案,显著降低了供水厂能耗,保障出水稳定达标。

(3) 各地膜工程实例运行效果表明,工艺出水浊度<0.1NTU,$2\mu m$ 以上颗粒数<50CNT/mL,对 COD_{Mn} 去除率为30%~60%,完全截留细菌、藻类等污染物,提高了膜出水的生物安全性和化学安全性。压力式膜系统通量宜为 $30\sim 80 L/(m^2 \cdot h)$,浸没式膜系统通量宜为 $20\sim 45 L/(m^2 \cdot h)$。膜单元增加建设成本不超过 300 元$/(m^3 \cdot d)$,吨水成本增加不超过 0.3 元。

在水专项的带动下,我国饮用水厂超滤膜工艺逐步实现了工程化应用,从2006年我国大型膜水厂空白,到2009年我国第一座大型膜水厂东营南郊水厂建成投产,各地膜水厂工程迅速普及,在太湖流域、黄河流域、珠江流域等地区进行了技术示范和规模化应用,包括上海青浦水厂、无锡中桥水厂、深圳沙头角水厂、北京郭公庄水厂等一系列水专项示范工程,我国膜水厂总数已达到100座以上,总处理规模已经达到600万 m^3/d 以上。膜技术在当地供水水质提升中发挥了重要作用,显著提升了对浊度、微生物、藻类等污染物的去除效果。下面介绍两个典型工程案例。

典型案例1:深圳市沙头角水厂(图4-13、图4-14),处理规模4万 m^3/d,供水服务范围东至盐田港,南至中英街,供水面积约 $4km^2$,受益人口约16万人。原水主要取自深圳水库,存在季节性浊度高等微污染问题。在雨季浊度最高超过100NTU,COD_{Mn} 平均值为 1.73mg/L。另有正坑水库水和横坑山水作为补充水源。

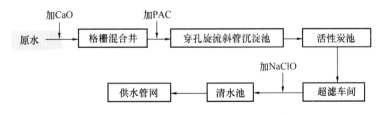

图4-13 深圳沙头角水厂工艺流程图

供水厂原采用机械混合—穿孔旋流絮凝—斜管沉淀—石英砂滤—次氯酸钠消毒常规处理工艺。2014年进行了全面的工艺升级改造,将原有石英砂滤池改造成活性炭滤池,并在活性炭滤池后增加超滤膜系统,形成活性炭滤池-超滤膜联用深度处理工艺。

超滤膜采用PVDF外压式超滤膜,共6套膜组,每套膜组56支膜,通量 $69.9L/(m^2 \cdot h)$,跨膜压差小于0.21MPa,单套产水量 $280m^3/h$,主要用于去除水中微生物。超滤采用气、

图 4-14 深圳沙头角水厂超滤膜车间

水联合反冲洗方式,每 30min 反冲洗 1 次,每次反冲洗时间约为 2min。其中气洗时间约 30s,强度为 $0.12m^3/(m^2 \cdot h)$;水洗时间为 60～90s,冲洗强度为 $0.105m^3/(m^2 \cdot h)$。

工艺对浊度、有机物、微生物等具有良好的去除效果,出水浊度均<0.1NTU,$2\mu m$ 以上颗粒数均<10CNT/mL,COD_{Mn} 平均质量浓度为 0.85mg/L,氨氮<0.02mg/L,亚硝酸盐氮<0.001mg/L,对病毒、微生物、"两虫"、水生生物去除率在 99.9% 以上,水质指标均达到《生活饮用水卫生标准》GB 5749—2006 的要求,出水水质安全可靠。

典型案例 2:东营南郊水厂(二期),规模 10 万 m^3/d。原水取自于东营南郊水库,该水库位于黄河下游,黄河水经过沉砂池处理后进入南郊水库,常年存在有机微污染问题,冬季低温低浊、夏季高藻、嗅味,高藻期嗅味物质超标,口感较差。原水浊度平均值为 5.49NTU,COD_{Mn} 质量浓度平均值为 2.70mg/L,氨氮为 0.21mg/L。

东营南郊水厂二期采用浸没式,其中 PVC 膜 11 组,PVDF 膜 5 组。膜通量:PVC 膜冬季 $15L/(m^2 \cdot h)$,夏季 $25L/(m^2 \cdot h)$;PVDF 膜冬季 $20L/(m^2 \cdot h)$,夏季 $30L/(m^2 \cdot h)$。运行跨膜压差不超 45kPa。物理冲洗参数:反冲周期:120～200min,随着产水量的高低变化;反冲强度:$60L/(m^2 \cdot h)$,气冲 90s,气水冲 90s;冲洗次序:先曝气擦洗 90s,然后气水同时反洗 90s。维护性化学清洗:PVC 膜为 15～20d;PVDF 膜为 30～45d。恢复性化学清洗:6 个月一次,离线清洗。

东营南郊水厂(图 4-15)二期工程实现了新建大型超滤膜水厂从规划、设计、建设及工艺选择的创新,混凝、沉淀、超滤等工艺构筑物采用集团式布置形式,减少了土地使

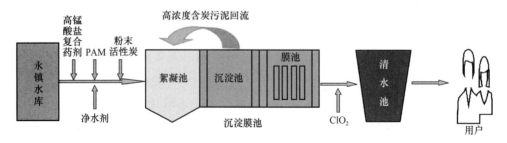

图 4-15 东营南郊水厂(二期)工程工艺流程图

用面积，提升了产水效能，有效应对了低浊、高藻、微污染水质变化，改善了口感，出水浊度平均为 0.16NTU，COD_{Mn} 为 1.86mg/L，细菌总数也远远低于国标限值。水厂整体工艺运行稳定可靠，出水水质符合《生活饮用水卫生标准》GB 5749—2006 的要求。

4.4.2 饮用水净化超滤膜污染控制技术

膜污染是膜分离技术应用研究最重要的课题之一，膜污染程度直接关系到膜的使用寿命、出水水质、运行成本等。膜污染是指在膜过滤过程中，污水中的微粒、胶体粒子或溶质分子与膜发生物理化学作用，或因为浓差极化使某些溶质在膜表面超过其溶解度及机械作用而引起的在膜表面或膜孔内吸附、沉积，造成膜孔径变小或堵塞，使膜通量与分离特性发生变化的现象。近年来，随着膜分离技术应用的越加广泛，膜污染问题已成为制约膜技术快速发展的最关键问题之一，据粗略估计，在全球范围内，由膜污染导致的经济损失每年达 5 亿美元以上，因此，针对膜污染及其控制方法的研究备受关注。结合我国以建膜水厂工程实例，通过对不同膜污染的成因分析，提出针对性解决方案和控制措施，为膜工艺稳定运行提供了重要技术支撑。

水专项相关课题结合我国不同地区原水特性，通过基于颗粒污染物粒径特性的膜污染特征判别方法识别出影响膜污染的关键因子，明确了水中天然有机物（NOM）是造成膜污染的主要成因，在传统基于膜通量下降和跨膜压差增长曲线的分析的基础上，建立了新型的膜污染孔堵模型，明晰了不同膜前预处理及膜组合的除污染机制和膜污染控制作用。针对超滤膜的可逆和不可逆污染影响因子特性，选择相应的预处理措施，包括混凝、预氧化、吸附等膜前预处理单元，减少进入膜系统的藻类和有机物，降低膜表面的污染负荷，控制膜孔堵塞和膜孔窄化，同时优化水厂运行周期、膜清洗运行管理技术参数。从膜污染识别、膜前预处理和运行管理等多维度有效控制膜污染，延长膜的运行周期。

膜污染控制的工艺流程主要包括三个方面：

（1）膜污染识别：膜污染行为识别是调控超滤膜污染的前提。首先通过分析不同类型水源水的膜污染物（无机颗粒物、天然有机物等物质）特性，明确造成超滤膜可逆和不可逆污染的主要影响因子。

（2）膜前预处理工艺：根据污染物特性选择预氧化、混凝、粉末活性炭吸附等工艺作为膜前预处理，达到控制膜污染的目的。针对水中腐殖酸、悬浮物、胶体等污染物，可选择混凝、预氧化等预处理措施；针对水中的溶解性有机物，可选粉末活性炭吸附等工艺措施。

（3）膜运行维护管理：膜污染与运行条件有密切关系，运行过程中优化曝气方式、运行周期、反冲洗频率和时间、化学清洗等膜运行管理技术参数，降低膜污染速率。

上述膜污染控制技术（图 4-16）内涵和特色表现在以下方面：

（1）发展和完善了膜污染层的定性表征、定量表征和形貌表征方法，建立了膜污染特征判别方法，理清了超滤膜全寿命周期内的综合性能演变过程，为膜污染控制提供理论基础。揭示了颗粒粒径分布及含量、藻细胞及 EOM 的膜污染机理，明确了 100kDa～

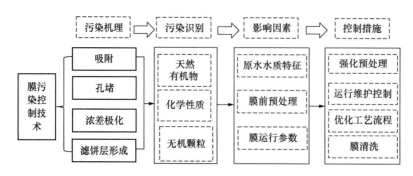

图 4-16 饮用水净化超滤膜污染控制关键技术路线图

0.45μm 的蛋白质类污染物和 EOM 中疏水和大分子有机物是膜污染的主要来源，不可逆膜污染主要是以有机物的膜孔堵塞和膜孔窄化作用机理为主。

(2) 阐明了不同预处理工艺膜污染控制机理，完善了膜污染控制技术体系。膜污染缓解机理在于降低污染物负荷和强化腐殖质类有机物的去除。混凝/沉淀预处理可显著降低滤饼层的厚度和密实度。高锰酸盐预氧化强化混凝技术，原位生成 MnO_2 吸附 EOM、大分子有机物，减少了污染物在膜表面的沉积，改善了膜污染的可逆性。PAC 和 BAC 吸附 EPS 中蛋白质类物质，跨膜压差增加速率明显降低，显著缓解膜污染，PAC 投加量适宜范围为 5～10mg/L。高浓度含炭生物污泥回流工艺对 DOC 和 UV_{254} 去除率分别可达 32% 和 34%，运行周期内的跨膜压差降低了 10kPa，降低超滤运行的动力能耗。

(3) 通过技术应用和工程跟踪调查，膜污染控制工程应用后，浸没式膜通量稳定在 20～40L/(m²·h)，压力式膜通量稳定在 40～80L/(m²·h)，长期运行跨膜压差小于 0.1MPa。维护性清洗周期一般为 7～30d，化学性清洗一般为 3～12 个月。

典型案例 1：东营市南郊水厂（一期）改造工程，处理规模 10 万 m³/d，2009 年 12 月建成投产。原水取自南郊水库，水库水源为引黄水。水厂采用混凝、沉淀、砂滤、超滤工艺。水厂通过加强膜前预处理、优化气水清洗、增加膜面积等技术措施，达到控制膜污染的目的。自 2009 年 12 月 5 日至 2010 年 3 月中旬，进水水温在 2～6℃，膜通量控制在 28.8～30L/(m²·h)。常温状态下（水温 22℃左右）的运行情况表明，在供水高峰期，超滤膜可超出设计通量的 20%～30% 运行，且原水的有效利用率可达 99.3% 以上。膜组运行状况十分稳定，在一个运行周期内（5h），跨膜压差上升了约 10%，通过日常气水清洗，压差基本上能恢复到正常水平，实际运行中膜组件能够在设计通量下长期、稳定运行，延长了化学清洗的周期，减少了化学清洗所需用的费用。膜组运行满一年时，对 4 格膜池分别采用不同浓度的次氯酸钠和不同的浸泡时间进行了在线维护性化学清洗。膜组清洗后的运行频率为 26.5Hz，温度为 5℃，跨膜压差降低了 0.3～0.5m，同比降低了约 15%。运行效果表明，粉末活性炭吸附与混凝、沉淀、砂滤单元协同，能够有效地保证超滤膜在可持续通量下稳定运行（图 4-17）。

典型案例 2：无锡中桥水厂，处理规模 15³/d，原水取自太湖，经南泉水厂预处理后进入中桥水厂。采用混凝-沉淀-过滤-臭氧-生物活性炭-超滤膜深度处理工艺。工程运行中

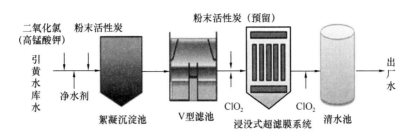

图 4-17 东营南郊水厂（一期）工艺流程图

发现，温度对超滤膜出水产量有较大影响。当水温较低时，水的黏度较大，如维持通量不变，会造成跨膜压差（TMP）以及膜阻力系数 R 值较大幅度上升，以致频繁触发反洗，膜通量迅速下降。在膜系统实际运行时，根据进水温度优化确定系统产水量：当水温大于15℃时，为 15 万 m^3/d；当水温为 5～15℃时，为 13 万 m^3/d；当水温小于 5℃时，视 TMP 情况，确定安全的运行通量；当气温很低时，维持低通量运行，保持膜的正常产水，防止膜壳内存水因低温结冰而对膜丝造成伤害。

运行初期，TMP 的增长较快，清洗效果较不理想，后经分析发现膜内污染物主要组成为 Al 和 Si，用盐酸清洗的效果不好，改用磷酸＋柠檬酸清洗进行优化。在多次对比试验的基础上，对系统运行参数进行优化，在保证产水总量不变的情况下，改善了系统运行效果（表 4-3）。

优化前后膜系统运行状况比较　　　　　　表 4-3

分类	优化前	优化后
反洗	周期 30min	周期 45min
维护性清洗	次氯酸钠＋盐酸，清洗周期 2d	次氯酸钠＋磷酸＋柠檬酸，清洗周期 6d
化学清洗	次氯酸钠＋柠檬酸，清洗周期 1.5 个月	次氯酸钠＋磷酸柠檬酸，清洗周期 3 个月
通量	89L/($m^2 \cdot h$)	86L/($m^2 \cdot h$)
TMP	60～120kPa	50～80kPa
进水母管压力	150kPa	120kPa

通过工程运行实践可知，臭氧活性炭与超滤膜系统联用后，膜阻力系数 R 有较明显下降，在随后的运行中，超滤膜各项污染指标都维持较低水平，说明臭氧-生物活性炭系统能够有效去除对膜丝产生污染的有机物和无机物，对膜系统运行和污染控制有利。

4.4.3 微污染原水超滤-纳滤净化技术

超低压选择性纳滤（DF30）膜是一种截留分子量为 150～500Da，并对溶解性无机盐具有选择透过性能的低压分离膜，其分离机理复杂，主要为孔径筛分、溶解扩散及电荷效应的综合作用，具有工作压力低及水回收率高的特性，可高效去除药物及个人护理品（PPCPs）、内分泌干扰物（EDCs）等微量有机污染物（TrOCs）及细菌、病毒等微生物，保留矿物质。DF30 膜过滤机理如图 4-18 所示。

水专项相关课题采用 DF30 膜研发了微污染原水超滤-纳滤深度净化技术，可有效去除原水中 TrOCs、细菌、病毒及重金属等，保留有益于人体健康的 Ca^{2+}、Mg^{2+}、HCO_3^- 等离子，无次生副产物，是一种绿色健康的饮用水深度处理技术。

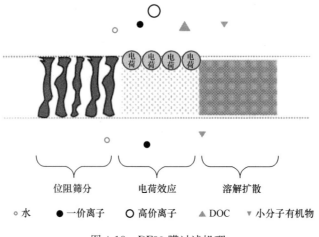

图 4-18　DF30 膜过滤机理

微污染原水超滤-纳滤（DF30）净化技术工艺流程图如图 4-19 所示。水源水首先经"混凝/沉淀-超滤"工艺进行预处理，可有效去除水中的藻类、细菌、病毒等，保证预处理出水水质持续稳定和纳滤系统高回收率可靠运行。经"混凝/沉淀-超滤"预处理后，进入纳滤（DF30）系统进一步去除水中的有毒、有害物质，以达到优质饮用水的标准；同时，通过对膜面流速、运行通量、回收率等运行参数的优化研究，以及对 DF30 膜污染分析和清洗技术控制，实现纳滤（DF30）系统在水回收率 85% 以上的工况下稳定运行。纳滤（DF30）系统运行过程中产生的浓水，满足《地表水环境质量标准》GB 3838—2002 Ⅳ类标准和《城市污水再生利用　景观环境用水水质》GB/T 18921—2002 的要求，可以作为景观用水或者直接排放；也可采用臭氧催化氧化技术作为浓水处理核心单元，经处理后，出水可达到《地表水环境质量标准》GB 3838—2002 Ⅲ类标准。

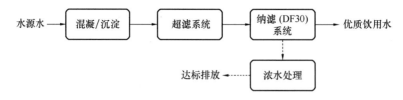

图 4-19　微污染原水超滤-纳滤（DF30）净化技术工艺流程图

该技术针对微污染水源水，采用选择性低脱盐纳滤膜，构建了包括预处理系统、纳滤膜系统和浓水处理系统的全流程工艺系统，形成超滤-纳滤双膜法饮用净水技术。研究表明：①DF30 纳滤膜出水水质满足《生活饮用水卫生标准》GB 5749—2006 的要求，其中浊度<0.1NTU，COD_{Mn}≤0.6mg/L，TOC≤0.5mg/L，抗生素磺胺甲噁唑≤5ng/L，稻瘟灵≤5ng/L；②实现了适度脱盐目标，TDS 去除率<40%；③TrOCs 综合去除率≥

85%，全氟化合物去除率＞90%；③实现了对消毒副产物及其前驱物、抗生素、内分泌干扰物、持久性有机物、药品及个人护理品和重金属等有害物质的高效去除；④纳滤（DF30）系统水回收率≥85%，系统运行压力低至0.2~0.4MPa，直接制水成本（电费＋药剂费）＜0.35元/m³（图4-20）。

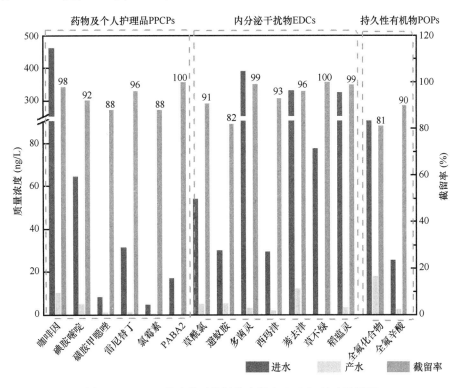

图4-20　DF30纳滤膜对微污染水源中TrOCs的去除情况

微污染原水超滤-纳滤净化技术在江苏太仓市第二水厂示范应用，率先建成我国饮用水超滤-纳滤深度处理水厂。原主体工艺为"平流沉淀池-V形滤池"，规模30万m³/d，水源主要为长江水，存在夏季藻类暴发，水中有轻微嗅味等问题，且原水中有多种抗生素、农药及杀虫剂等物质的存在。因此对太仓市第二水厂进行改造，其中，5万m³/d的深度处理工程采用以纳滤（DF30）为核心的优质饮用水技术（图4-21，图4-22）。该工程于2019年12月建成通水，纳滤（DF30）系统回收率＞85%，产水水质稳定优于《江苏省城市自来水厂关键水质指标控制标准》DB 32/T 3701—2019。

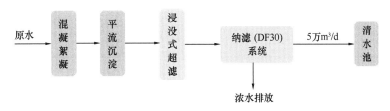

图4-21　太仓市第二水厂纳滤深度处理工程工艺流程图

图 4-22　太仓市第二水厂 DF30 纳滤膜车间

随着人们对安全、健康饮用水水质的追求进一步升高，具有选择性截留、高污染物去除率、低能耗和药耗的纳滤膜技术将不断完善和成熟，具有广泛的应用前景。

4.5　消毒及其副产物控制关键技术

消毒是给水处理工艺的重要组成部分，也是去除水中病原微生物，阻断如霍乱、伤寒等介水传染病传播的有效途径。消毒工艺可选择化学消毒、物理消毒以及化学与物理组合消毒。常用的化学消毒工艺包括氯消毒、氯胺消毒、二氧化氯消毒、臭氧消毒等，物理消毒工艺为紫外线消毒。目前我国供水厂总体上以氯消毒为主。在饮用水消毒过程中，消毒剂除了能灭菌消毒外，还会与水中存在的有机物或者其他物质，生成一定量的消毒副产物 (DisinfectionBy-products，DBPs)。消毒副产物控制技术主要有前体物去除技术、消毒方式优化及替代技术和副产物控制技术三方面，其中前两种技术应用最多。消毒方式优化及替换技术是在保证消毒效果的前提下，减少氯消毒剂用量、改变其投加方式或使用其他消毒剂以及不同消毒剂的联合工艺。

饮用水消毒技术多年来一直在不断发展和进步，消毒技术的研究除关注消毒剂选择、消毒工艺运行优化外，还涉及消毒设备更新改造和不同形式的组合消毒方式等。特别是组合消毒工艺，具有一定的协同作用以及多级屏障作用，能有效避免单一消毒工艺的缺陷，提高消毒工艺的可靠性和安全性，是目前研究较为成熟，应用前景最为明朗的消毒方式。从发展趋势来看，21 世纪美国及欧盟国家主要关注紫外线、电化学和氧化消毒；日本则关注电化学、紫外线、氧化（包括臭氧）消毒；而国内关注重点为联合消毒、紫外线、臭氧消毒等较传统的消毒工艺，对新型电化学等消毒工艺研究较少。

水专项相关课题对消毒及消毒副产物控制开展了系统研究，涉及氯消毒技术、二氧化氯消毒技术、紫外线消毒技术和消毒副产物控制技术四个方面。在安全消毒技术方面取得重要技术进步，形成了包括中小型供水厂二氧化氯消毒技术、紫外线/氯（氯胺）组合优化消毒技术、消毒副产物综合控制技术在内的三个主要关键技术，并开展示范应用与推广。

4.5.1 中小型供水厂二氧化氯消毒技术

我国中小型供水厂消毒工艺主要是二氧化氯消毒和氯消毒，其中混合二氧化氯消毒占比为49.32%，高纯二氧化氯占比为28.83%，氯消毒占比为21.85%。调查资料表明，中小型供水厂二氧化氯消毒存在超标风险，其中微生物指标（菌落总数）超标风险占比为1.85%，余氯不达标率：混合二氧化氯2.43%，高纯二氧化氯8.33%，氯酸盐超标风险占比为1.64%、亚氯酸盐超标风险占比为1.60%。

二氧化氯应用中存在的主要问题有：（1）设备问题：61.29%的二氧化氯发生器使用年限大于5年，时间最长12年；96.88%无发生器残液处理，80.64%未进行残液分离；（2）运行管理问题：二氧化氯原料进样、反应温度控制不当占比74.19%；91.93%的供水厂无发生器稳定取样口；（3）技术运用问题：中小型供水厂采用二氧化氯消毒占比78.5%，但具备二氧化氯副产物检测能力的供水厂仅占比14.52%。35.48%的投加点、投加方式不当；100%反馈投加，93.54%的供水厂无副产物控制有效应对措施。

截至2019年底，全国范围内二氧化氯发生器制造厂家约300家，累计投入饮用水领域的二氧化氯发生器高达20000余台。设备生产厂家众多，产品质量参差不齐，发生器性能直接影响后续水处理的卫生安全。对高纯和混合发生器均进行技术性能指标检测发现，高纯发生器技术性能相对稳定，不同原料的高纯发生器性能指标见表4-4。然而，二氧化氯与氯混合消毒剂发生器性能则受到反应釜材质、结构、反应温度、气液分离器因素等多方面影响。对于使用二氧化氯与氯混合消毒剂发生器的供水厂，建议配备相应的采样设备，对发生器评价过程中，技术参数可每月进行一次精确评价，简易参数评价应做日常评定，实现每日对发生器进行监测，保障水处理安全卫生。

不同原料的高纯发生器性能指标　　　　表4-4

原料	进料亚氯酸/氯酸根质量浓度均值 (g/L)	原料流速均值 (L/h)	出口溶液流量均值 (m³/h)	二氧化氯产量 (g/h)	二氧化氯转化率 (%)
亚氯酸钠、盐酸	65.9	2.70	1.63	128(115~145)	86.4(76.3~94.0)
	71.9	2.30	0.4	109(99.3~123)	84.5(76.8~95.5)
	78.8	1.56	0.9	81.4(72.3~95.7)	82.8(73.6~97.3)
	78.7	2.50	0.4	132(97.7~154)	67.5(52.5~78.5)
氯酸钠、硫酸、蔗糖	317.9	2.40	4.0	537(504~585)	88.6(83.1~96.5)
氯酸钠、硫酸、过氧化氢	287.4	2.40	4.0	495(407~532)	90.2(74.3~97.1)
	439.0	3.10	9.0	849(579~1035)	82.5(75.5~93.8)
氯酸钠、硫酸、尿素	320.0	1.62	0.6	236(197~278)	56.3(47.0~66.0)

二氧化氯消毒副产物主要是无机副产物，包括氯酸盐和亚氯酸盐。无机副产物来源主要有3个方面：（1）发生器原料的带入；（2）自身歧化分解产生；（3）与水体中有机物反应生成。对于二氧化氯与氯混合消毒剂发生器应关注发生器氯酸盐的带入量，而对高纯二氧化氯发生器，副产物带入量可以忽略不计；二氧化氯自身衰减，光照强度越强、pH越高衰减越明显，初始浓度影响不大；无机副产物亚氯酸盐的生成主要与水质密切相关。

为控制二氧化氯消毒副产物，研究了二氧化氯在线控制系统控制二氧化氯投加量。该系统采用前馈控制，根据原水水质中的叶绿素a和水中有机物的实时测定值以及亚铁离子和二价锰离子的常规输入值，推算二氧化氯投加量和亚氯酸盐产生量，在保障水质安全的情况下有效控制消毒副产物风险。二氧化氯在线控制系统主要由在线水质信息采集、信息处理系统和信息输出系统组成。在线控制系统机械结构由6部分组成，系统图如图4-23所示。采用前馈控制，可有效控制二氧化氯投加量，保障水质安全情况下降低副产物产生风险。

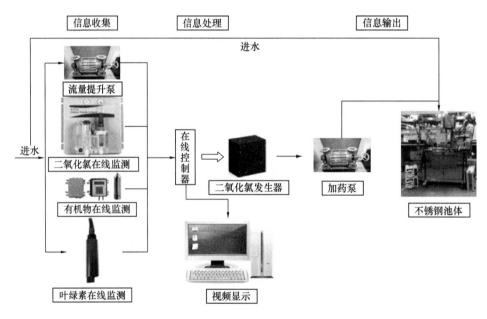

图4-23 二氧化氯在线控制系统图

除二氧化氯投加量外，二氧化氯消毒副产物也与投加方式、投加点位密切相关。二氧化氯投加方式推荐采用气体投加，无原料带入，特别是混合发生器在设备转化率不高、气液分离状态不佳时，混合液带入氯酸盐问题不容忽视。投加点位应选择避光、水流混合适宜的位置，避免过碱性环境投加，减少自身衰减产生的副产物。

二氧化氯-次氯酸钠联合消毒时生成的无机副产物受投加量及消毒顺序影响较大，二氧化氯＋次氯酸钠消毒时平均1mg质量浓度为1mg/L的二氧化氯生成的亚氯酸盐和氯酸盐分别为0.551mg、0.117mg，而次氯酸钠＋二氧化氯时平均1mg质量浓度为1mg/L的二氧化氯生成的亚氯酸盐和氯酸盐为0.149mg、0.0699mg。前置次氯酸钠更能降低无机副产物，特别是亚氯酸盐。二氧化氯联合次氯酸钠投加时，亚氯酸盐的生成量与次氯酸钠的投加量成反比,而氯酸盐的生成量与次氯酸钠的投加量成正比;联合消毒中,成品次氯酸钠带入的氯酸盐也需要作为重点关注。联合消毒中二氧化氯多点投加,保持两种消毒剂投加量不变,分散投加后会影响亚氯酸盐的生成量,而氯酸盐的生成量基本保持不变。二氧化氯投加量越集中在工艺后端,生成的亚氯酸盐越少,因原水在常规工艺中经混凝沉淀过滤,水质中能与二氧化氯发生反应的物质将减少,氧化生成的亚氯酸盐也将随之降低。因此,二氧化氯分点投加对控制二氧化氯消毒副产物的作用不大,重点是投加点后移。

二氧化氯发生器经过气液分离后残液中主要含有高浓度的氯酸根和氯离子,其中氯酸根存在较大的安全隐患,故需要进一步进行处理,处理技术主要包括离子交换膜法、离子交换树脂法、还原铁粉法等。三种方法均具有较高的去除率,具体比较结果见表4-5。

二氧化氯发生器残液不同处理方法效果比较　　　　表4-5

方法名称	氯酸根最大去除率(%)	处理后氯酸根质量浓度(mg/L)	处理时间(min)	最佳连续处理量(L)
离子交换膜法	95.55	80	60~240	7.20
离子交换树脂法	98.88	20	5~10	2.85
还原铁粉法	99.45	2	150	1.50

4.5.2 紫外线-氯/氯胺组合优化技术

紫外线(Ultraviolet,UV)具有消毒的广谱性、在常规消毒剂量范围内不产生副产物,占地面积小,特别是针对抗氯性的隐孢子虫卵囊和贾第鞭毛虫包囊具有较高的去除效率,因而受到广泛关注,近些年在欧美国家饮用水处理工程的应用实例迅速增加。

紫外线是电磁辐射中波长为100~400nm的部分,又可细分为A、B、C波段和真空紫外波段,分别对应波长320~400nm、275~320nm、200~275nm、100~200nm。C波段紫外线简称为UVC,是饮用水消毒所用的波段。微生物的DNA在254nm波长附近有吸收峰。紫外线对微生物的灭活是通过破坏DNA来实现的。

基于紫外线的消毒原理,与传统氯消毒相比,物理消毒方法是紫外线消毒技术的突出优势,消毒过程不会生成消毒副产物(DBPs),不产生二次污染。另外,紫外线消毒技术可快速灭活抗氯性微生物,弥补氯消毒方式的缺陷。同时,紫外线消毒技术还存在接触时间短、消毒效果受水温和pH的影响较小等优点。

在实际工程应用中,待消毒水体通过紫外线反应器时,经紫外灯的照射实现紫外线消毒。

常见的紫外线反应器分为密闭管道式和敞开式两种。饮用水处理中的反应器多采用密闭管道式。

紫外灯根据发光原理的不同,可分为不同类型。水处理工程应用较多的是中压(MP)汞灯、低压(LP)汞灯、低压高强汞灯等。低压汞灯和低压高强汞灯发射单波长均为253.7nm。中压汞灯单根灯管具有较高的输出功率,因此同样的照射剂量需求条件下,与低压灯相比使用灯管数较少,但其光电转化效率较低,且灯管寿命较短,成本较高。

紫外线消毒对微生物的灭活效果取决于辐照剂量的高低。辐照剂量的常用单位是 mJ/cm²,是强度和辐照时间的乘积。紫外线对绝大多数的细菌、原生动物和大部分的病毒都具有良好的灭活效果,对水体中的多数微生物以及具有抗氯性的隐孢子虫和贾第鞭毛虫(简称"两虫")的 4log 灭活所需剂量均低于 10mJ/cm²。紫外线消毒的效果见图 4-24。但是多种病毒对紫外线有较强的抗性,如腺病毒。另外普遍认为藻类对紫外线的抗性较强。

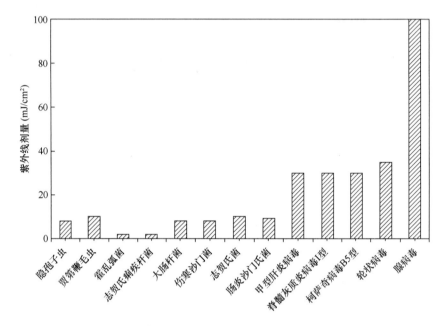

图 4-24 紫外线消毒对常见微生物的 4log 灭活剂量

然而,紫外线消毒也存在一定不足,主要集中在以下几方面:

1)紫外线消毒是一种瞬间的物理消毒方法,不能像化学消毒剂一样在水体中存在较长时间,因此不具有持续消毒能力。

2)浊度高的水体会降低水体中紫外线的透过率,削弱紫外线辐射剂量,从而降低消毒效果。

3)经紫外线消毒后,水体中某些细菌具有在光照条件下通过特定种类的酶修复自身 DNA 损伤的能力,恢复细菌活性,对消毒后的水体安全造成威胁。对于供水系统而言,供水厂的紫外线反应器出水即进入管道和清水池并最终进入市政管网,均为黑暗环境,因此光修复作用有限。

4)可能造成细菌进入活的非可培养状态(Viable But Non-Culture,VBNC),处于 VBNC 状态的细菌细胞虽然不能被传统的培养技术检测出来,但能够吸收营养生成新的生物质,保持新陈代谢、呼吸功能和膜完整性,并进行基因转录,产生 mRNA。UV 是否会使得细菌进入 VBNC 状态仍然存在一定争议,但这一概念的提出使得紫外线消毒后水体的生物风险受到更多关注。

针对紫外线消毒存在的上述缺点，实际应用中需采取的控制措施包括：

1）采用紫外线消毒作为主消毒工艺时，后续应设置化学消毒设施，通过紫外线与氯/氯胺组合消毒，保持管网的持续消毒作用。

2）采用紫外线消毒工艺时，应设置在过滤后，出水浊度小于0.3NTU的滤后水可确保水的透光率大于90%，从而保证紫外线的辐射剂量和消毒效果。

值得注意的是，氯化消毒对病毒和"两虫"的灭活特性正好与紫外线消毒相反。氯化消毒对大部分病毒的灭活效果良好，但是对"两虫"的灭活效果较差。因此紫外线-氯/氯胺组合消毒工艺可形成优势互补的消毒策略，保障消毒系统安全可靠。

氯化消毒应用最早也最广泛，是传统消毒方法的典型代表。其中，自由氯消毒具有消毒效果好、成本低、工艺技术成熟和操作管理简易等优点，是我国目前大部分供水厂采用的消毒工艺。但是自由氯消毒的最大不足是会产生较多的消毒副产物，如卤乙酸、三卤甲烷等，危害人体健康。因此，自由氯消毒时微生物风险低而化学性风险高。氯胺消毒的作用比自由氯消毒缓和，因此可以显著减少消毒副产物的产生量，同时由于氯胺释放出自由氯是一个缓慢的过程，采用氯胺消毒还可以使氯化消毒的有效作用时间延长，有利于维持管网中的消毒剂余量。

如图4-25所示，紫外线-氯/氯胺组合消毒技术，既可利用UV消毒的高效性保证微生物灭活效果，又可通过后续氯/氯胺消毒保障管网具有持续消毒作用，并控制DBPs生成量在较低水平。该组合消毒技术扩大了微生物控制的覆盖面；减少了化学药剂用量及副产物生成，保证了供水水质的化学安全和微生物安全。

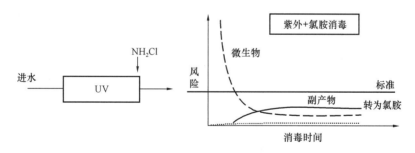

图 4-25　紫外线联合氯胺消毒的概念图

紫外线-氯/氯胺组合消毒技术是由紫外线和氯两种处理方式组合而成，在工程实践中紫外光源常用低压和中压两种，氯消毒剂通常有氯和氯胺两种。尽管二者有多种组合方式且技术可行，但考虑到氯（胺）易发生光解且需保证出水余氯水平，实践中多采用先紫外线照射后补加氯（胺）的组合处理方式；若先进行氯（胺）处理，剩余的氯（胺）在后续紫外线照射时可生成羟基自由基和含氯自由基，因此该组合工艺还可视为高级氧化处理（Advanced Oxidation Process，AOP）降解水中的微量污染物。

紫外线联合氯消毒工艺对病原微生物的灭活效果见图4-26，其中横坐标为氯消毒所需CT值，纵坐标为紫外线消毒所需紫外线剂量，图中的点为不同病原体被去除99.99%时所需的紫外线剂量和氯CT值。因此，当紫外线和氯单元各自取其常规剂量时，紫外线联合氯消毒可以对所有人类已发现的病原体做到99.99%以上的去除率,与传统单一氯消毒工艺单元相比,微生物种类的覆盖面更广,大大提高了供水安全保障。同时,通过降低氯的投加CT值,可以大大减小消毒副产物的浓度。

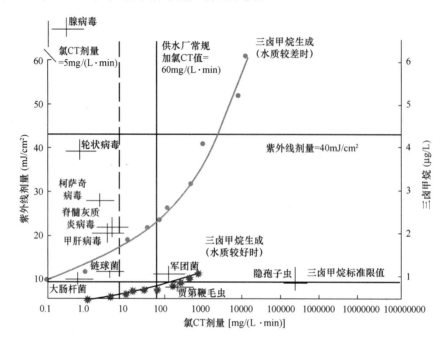

图4-26 紫外线联合氯消毒工艺对病原微生物的灭活效果

紫外线-氯/氯胺组合消毒工艺影响因素主要有:

1)紫外线剂量及光照强度。在紫外线-氯/氯胺组合消毒工艺中,随着紫外线剂量的提高和光照强度的增强,氯衰减速度加快,致使出水的余氯需求增加。

2)氯投加种类。含氯消毒剂投加种类不同,水体的消毒效果和DBPs生成量也会发生很大变化。虽然紫外线联合自由氯的消毒效果比紫外线联合氯胺略好,但是考虑到氯胺消毒后DBPs生成量与自由氯消毒相比大量减少,推荐采用紫外线-氯胺组合消毒技术。

3)氯投加方式。紫外线-氯消毒可采用先紫外线照射后投加氯和先投加氯后紫外线照射这两种方式。尽管这两种方式在消毒效果方面尚存在争议,但普遍认为采用先紫外线照射后投加氯的消毒方式可有效灭活致病细菌,控制反应后DBPs的生成,具有协同作用。此外,紫外线光源类型、水体pH等也影响组合消毒技术的效能,例如,改变水体pH可显著影响紫外线-氯组合消毒工艺对致病细菌的灭活效率;在紫外线-氯组合消毒工艺中水体pH越大,三卤甲烷的生成量减少,同时卤代硝基甲烷的生成量先增加后减少。

2000年以后,国外采用紫外线-氯/氯胺组合消毒工艺并持续稳定运行的供水厂如美国芝加哥CentralLake水厂(18万m^3/d)、西雅图Cedar水厂(68万m^3/d),纽约Catskill & Delaware水厂(832万m^3/d)、旧金山SEPUC Tesla水厂(120万m^3/d)、洛杉矶水库水厂(227万m^3/d)、加拿大维多利亚Japan Gulph水厂(51万m^3/d)、温哥华水厂(120万m^3/d)、俄罗斯圣彼得堡主水厂(86.4万m^3/d)、荷兰鹿特丹水厂(47万m^3/d)、

PWN Andijk 水厂（9.6万 m^3/d）、挪威奥斯陆 Oset 水厂（40万 m^3/d）等。加拿大安大略省 Walkerton 供水厂在2000年暴发了引起世界关注的致病微生物感染事件后也采用了紫外线消毒技术。我国采用该组合消毒工艺的包括天津开发区供水厂（39.5万 m^3/d）、上海市临江水厂（60万 m^3/d）、北京市南水北调配套工程郭公庄水厂（50万 m^3/d）、第十供水厂（50万 m^3/d）、黄村水厂（18万 m^3/d）、兰州彭家坪水厂（75万 m^3/d）、银川南部水厂（50万 m^3/d）等。

北京市南水北调配套工程郭公庄水厂以南水北调水为水源，是水专项的示范工程。建设规模50万 m^3/d。2014年12月建成通水。设计之初，考虑到南水北调中线工程经过1200多 km 的明渠输水，原水水质具有不确定性。结合国家"十一五"时期水专项课题"南水北调工程水厂工艺适应性研究"的原水水质监测和丹江口试验基地工艺中试结果，为应对"调水"进京后的水质变化特别是在迁移过程中藻类、藻毒素、微生物的变化、突发水污染的风险以及未来水源切换运行的需要，确保北京市供水水质的微生物安全和化学安全，采用了预臭氧、预氯化、粉末活性炭吸附预处理—混凝—澄清—臭氧—炭砂吸附过滤—超滤—紫外线/次氯酸钠消毒的工艺路线，见图4-27。

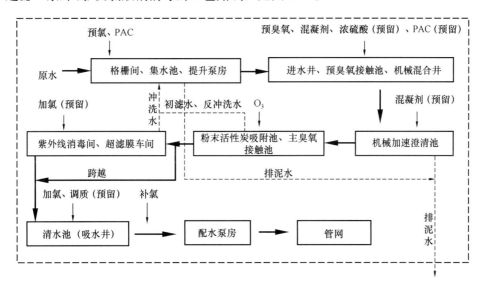

图4-27 郭公庄水厂工艺流程图

郭公庄水厂设计采用紫外线与次氯酸钠组合消毒方式。设计紫外线投加剂量40mJ/cm^2，采用8台 DN800 封闭管道式反应器，每台反应器设置6根中压灯管。选用加拿大 Trojan 紫外线消毒设备，型号 UVSwiftTM30，功率为21kW，由紫外线反应器、温度开关、液位开关、AccUVSensorMT 紫外传感器、ActiCleanTM 清洗系统及电控柜组成。系统功率输出可调，以适应水质或流量的变动，从而实现对紫外线消毒剂量的自动控制。

郭公庄水厂设计主加氯量最大20mg/L（其中10%为商用次氯酸钠），同时设计预加氯和补氯点。控制出厂余氯在0.6~0.8mg/L。设计预留了远期改为氯胺消毒的条件，设计最大加胺量为0.4mg/L。

郭公庄水厂建成通水后，整体工艺运行稳定，有效应对了季节性高藻、嗅味等不同水质问题，出厂水水质满足《生活饮用水卫生标准》GB 5749—2006 的要求，浊度小于 0.2NTU、95%保证率、藻类数量降至几百～几千个/L，为改善供水管网内部水环境起到重要作用。

供水厂紫外线-氯/次氯酸钠组合消毒工艺对管网水中微生物的控制效果表明，紫外线联合氯消毒工艺对管网中的细菌总量有控制作用，即使是在 7 月份，水温较高的季节，管网中的细菌总量仍能得到较好的控制；单独的氯消毒虽然能够很好的控制出厂水的细菌总量，但是随着管网距离的增加，管网中的细菌总量明显增加，以及在水温并不高的 9、11 月份细菌总量在管网中仍然出现明显增加的趋势。说明紫外线-氯组合消毒工艺相对于单独氯消毒有利于控制管网水中抗氯致病菌的风险。

4.5.3 基于多点加氯的消毒副产物控制技术

针对高藻、高有机物原水特征，为了有效去除藻类和控制消毒副产物生成，在臭氧-生物活性炭深度处理工艺基础上，水专项相关课题研发了基于多点加氯的消毒副产物控制技术。多点加氯是指在保证供水厂总加氯量足够的情况下，设置多个氯投加点，实现藻类和消毒副产物协同削减。基于多点加氯的消毒副产物控制基本原理是：（1）强化常规/深度工艺去除有机物（包括消毒副产物前体物及耗氯物质），通过削减前体物和降低消毒剂量控制消毒副产物的生成；（2）充分发挥常规及深度处理各工艺单元效能，去除消毒前已生成的卤代消毒副产物，进而实现全程消毒副产物的削减。

多点加氯技术工艺流程如图 4-28 所示。

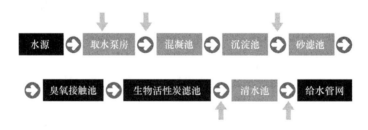

图 4-28　基于多点加氯的消毒副产物控制关键技术工艺流程图

（1）预加氯（预氯化）：通常设在取水口或取水泵房，控制输水管道藻类和微生物生长以及对处理工艺的影响，氧化还原态铁、锰等。预氯化过程中生成的卤代副产物可在后续工艺单元得到一定的去除。

（2）混合前加氯：设在混合池前。用于助凝和季节性高藻期杀藻。

（3）沉后加氯：设在沉淀池出口，用于间歇性灭活滤池微生物。

（4）主加氯：设在砂滤池或炭滤池出口，后续设置消毒接触池或利用清水池满足消毒剂接触时间的要求，是去除微生物的关键环节。主加氯量应满足出厂水余氯控制要求。

（5）补氯：设在清水池出口，维持管网持续消毒的作用。补氯量应满足管网末端用户的余氯控制要求。

多点加氯工艺通过各工艺段出水的余氯量来确定加氯量,预氯化后余氯控制在0.05mg/L左右,沉淀池、砂滤池出水余氯控制在0.05mg/L以下,出厂水余氯控制在0.7~1.0mg/L,补氯量应满足管网末端用户的余氯控制要求。

多点加氯技术中各工艺段的加氯量需严格控制,避免过量加氯引起消毒副产物浓度或出厂水氯味升高。上述加氯参数为经验参考值,供水厂具体可根据各自工艺特点、原水和出水水质监测实现加氯量的精准调控。

无锡锡东水厂位于无锡市新区新安街道李东村,供水厂原水取自太湖流域,是典型的高藻、高有机物湖泊型水源。2013年9月完成基于臭氧-生物活性炭深度处理工艺的二期改造,处理规模30万 m³/d,采用预臭氧-(生物接触氧化)-混凝-沉淀-过滤-臭氧-生物活性炭处理工艺及多点加氯消毒工艺(图4-29)。

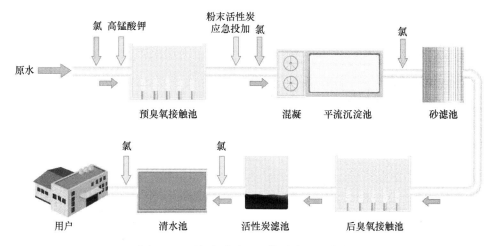

图 4-29 无锡锡东水厂二期改造后工艺流程

多点加氯技术水厂各工艺段取样点位的加氯量和余氯量的情况见表4-6。在臭氧-生物活性炭深度处理改造完成后,锡东水厂不断优化多点加氯量,使供水厂耗氯量大幅下降,2015年供水厂的总耗氯量较2011年下降约20%。

多点加氯应用前后各工艺段氯耗对比表(单位:mg/L)　　表 4-6

年份	2011年		2015年	
	(预氯化+后加氯)		(多点加氯)	
加氯点	加氯量	余氯量	加氯量	余氯量
取水泵房	2.85		1.52	0.06
混凝池前			0.45	0.03
砂滤池前			0.21	0.03
炭滤池后	1.90		1.22	0.36
出水补加		0.87	0.49	0.84
全流程	4.75	0.87	3.89	0.84

2009 年至 2018 年,除常规三卤甲烷的检测外,水专项相关课题对示范工程其他含碳消毒副产物的浓度水平进行了持续监测和跟踪,如图 4-30 所示。可以看出,在臭氧-生物活性炭深度处理工艺升级改造基础上,2014 年年末,该供水厂采用多点加氯技术,将氯分别在水处理各工艺段进行投加,规避了常规消毒工艺在一次加氯时,过量的氯与水体中的前体物充分反应导致一次性产生大量的消毒副产物。四种三卤甲烷的总浓度水平下降 38%,基本控制在 20μg/L 左右,远低于《生活饮用水卫生标准》GB 5749—2006 中三卤甲烷类限值;两种卤乙酸的总浓度水平下降 26%,浓度水平基本控制在 8μg/L 以下;此外,三氯乙醛的浓度水平稳定在 2μg/L 以下。

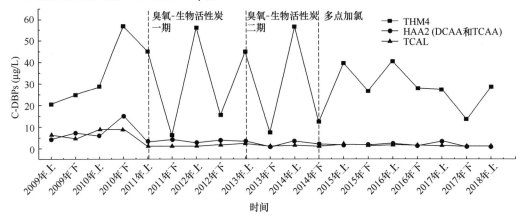

图 4-30 2009~2018 年锡东水厂含碳消毒副产物浓度变化图

近年来,亚硝胺、酰胺类等新型含氮消毒副产物由于其毒性大,受到国内外高度关注。由于太湖湖泊型水源含有大量的含氮消毒副产物前体物,在实际的生产运营中,除了对一些常规的含碳消毒副产物进行了检测外,近十年来,还对锡东水厂出水中的含氮消毒副产物的浓度水平进行了监测,其含量变化如图 4-31 所示。

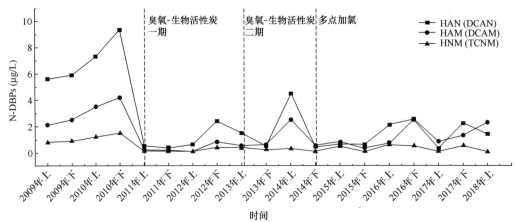

图 4-31 2009~2018 年锡东水厂含氮消毒副产物浓度变化图

从图 4-31 可以看出,2014 年末,锡东水厂采用多点加氯技术并进一步优化协同各处理工艺单元,保障了出厂水中含氮消毒副产物质量浓度水平稳定低于 3μg/L,满足 WHO

饮用水水质准则（第四版）和最新的团体标准《饮用水中 N-二甲基亚硝胺、二氯乙腈、二溴乙腈水质标准》T/SAWP 0001—2020 的限值要求，证实了基于多点加氯的消毒副产物控制技术对含氮消毒副产物控制的长期有效性，明显改善了供水厂出水水质。

4.6 地下水特殊污染物水处理技术

地下水源在我国水源类型中占有重要地位，我国城镇供水 37% 的供水厂、17% 的水量以地下水为水源，地下水源尤其在我国北方城镇供水中具有重要意义。我国地下水源中铁、锰、砷、氟、硬度等污染物超标较为常见，如黄河侧渗水中砷含量有超标现象等，部分地区还存在氯代烃以及放射性物质超标现象，影响以地下水为水源的饮用水水质，硬度超标产生的"水垢"引发人民群众的高度关注。

自水专项实施以来，针对地下水水源水中特殊污染物的处理技术开展系统研究和示范应用，包括针对铁、锰去除的微电解氧化-沉淀-过滤组合净化技术、针对砷去除的强化吸附-氧化技术、针对氟去除的强化吸附技术、针对氯代烃去除的曝气吹脱集成技术、针对饮用水嗅味物质的多级屏障控制技术、针对地下水硬度去除技术、针对氨氮的复合介质强化吸附-硝化多级耦合去除技术和针对放射性污染物去除技术，本部分中对各项关键技术的主要技术指标和参数、典型应用案例进行了详细的介绍，并提出了技术存在的不足以及未来的展望和相关建议。

4.6.1 地下水铁、锰和氨氮复合污染同步去除的曝气-过滤净水技术

铁、锰元素的化学性质相近，常共存于地下水中，都是典型的氧化还原元素，易于发生化学、生物化学的氧化还原反应，变换于溶解态与固态之间，基于此供水厂可将地下水中的铁、锰杂质去除。

铁、锰的去除都是在滤料表面发生接触催化氧化过滤过程，但从原理上包括了化学接触氧化和生物氧化（生物固锰）双重作用。在自然水中性条件下，Fe^{2+} 可被溶解氧直接氧化，所以曝气过滤是除铁的最佳途径；但是 Mn^{2+} 不易被溶解氧直接氧化，在滤料表面发生接触催化氧化作用，包括锰氧化菌和四价锰自催化的双重作用；同时在接触滤池中氨氮在滤层中的生物硝化作用下转化为硝酸盐氮，最终实现接触滤池中铁、锰和氨氮的同步去除。

针对铁、锰和氨氮复合污染地下水，结合化学和生物作用，采用一级或多级过滤工艺进行铁、锰、氨氮的同滤池净化。在曝气条件下，原水中二价铁、锰离子在接触氧化和生物固锰双重作用下，被截留在同滤池中，同时氨氮在生物硝化作用下转化为硝酸盐氮，从而实现了同步降低出水中铁、锰、氨氮含量，再将滤料吸附截流的铁、锰通过反冲洗排出处理系统。过滤池出水进入净水蓄水池，经过消毒后进入供水管网。曝气-过滤净水技术工艺流程如图 4-32 所示。

曝气水中溶解氧为 8~10mg/L，滤速为 4~7m/h，过滤周期为 24~48h，反洗强度为

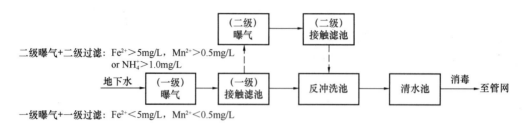

图 4-32 曝气-过滤净水技术工艺流程图

$8\sim12L/(s\cdot m^2)$，反洗时间为 $3\sim7min$，单层滤层厚度为 $1350mm$。

优化工艺和滤池结构实现在同滤池中化学接触氧化和生物固锰发生耦合作用；构筑了高铁、锰、氨氮复合污染高效生物净化滤层技术；实现地下水铁、锰和氨氮复合污染同步去除。

该技术成功应用于哈尔滨松北区前进水厂改扩建示范工程，该地区的原水中铁含量为 $15.0\sim20.0mg/L$、锰含量为 $1.1\sim1.7mg/L$，氨氮含量为 $0.9\sim1.2mg/L$。前进水厂原一期工程建设跌水曝气池和表面叶轮曝气池各一座，一级滤池 5 座，二级滤池 5 座，清水池 1 座，送水泵房 1 座。经长年稳定运行后，一级滤池出水总铁基本合格，时有波动。Mn^{2+} 和 NH_3-N 严重超标，去除率仅为 $10\%\sim20\%$。供水厂示范工程分两部分，一是以前进水厂原有的一期工程为依托，将原有两级串联工艺改造成一级并联工艺，达到高浓度铁、锰和氨氮同池生物去除的目的，二是在新建二期工程上，根据研究成果进行设计和运行，达到预期目的。工程规模：一期改造工程为 2 万 m^3/d，二期新建工程为 2 万 m^3/d，改造后实现了高浓度铁、锰离子和高氨氮复合污染水质的同层深度净化，前进水厂示范工程工艺流程图如图 4-33 所示。

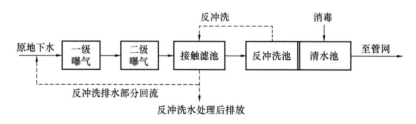

图 4-33 前进水厂示范工程工艺流程图

改造工艺保证了滤池出水铁、锰及氨氮质量浓度分别控制在 $0.1mg/L$，$0.05mg/L$ 和 $0.2mg/L$ 以下，低于《生活饮用水卫生标准》GB 5749—2006 的限值。松北水厂的成功改造使得只需要变换少量管道阀门，而不增加任何其他基建的情况下生产能力翻倍，一期工程产水量由原来的 1 万 m^3/d 变为 2 万 m^3/d，不仅解决了征地难题，而且直接节省了基建费用 3000 万元（包括新建的二期工程），节省年运行费用 200 万元，相比于传统两级过滤技术，节约基建投资 30%，节约运行费用 20%（图 4-34）。

供水厂的出水水质全面达到《生活饮用水卫生标准》GB 5749—2006 的要求，总铁 $\leqslant0.2mg/L$，$Mn^{2+}\leqslant0.05mg/L$，$NH_3-N\leqslant0.2mg/L$，优于国家标准，长年稳定达标。相比于改造前传统两级过滤技术，节约基建投资 30%，节约运行费用 20%。

图 4-34 一期工程曝气设施改造
(a) 原跌水曝气；(b) 滤池进水渠；(c) 改造后喷淋曝气；(d) 增设跌水曝气

该技术工艺针对地下水中铁、锰和氨氮复合污染物超标问题，建立了地下水铁、锰、氨氮复合污染同步去除的曝气-过滤净水技术，通过曝气提供溶解氧，接触氧化过滤，实现了总铁、锰和氨氮的同步去除（图 4-35）。与传统铁、锰去除工艺相比，成本增加不高，对于 $Fe^{2+} \leqslant 15 mg/L$、$Mn^{2+} \leqslant 2 mg/L$、$NH_3\text{-}N \leqslant 1.67 mg/L$ 的原水，具有较好的适应

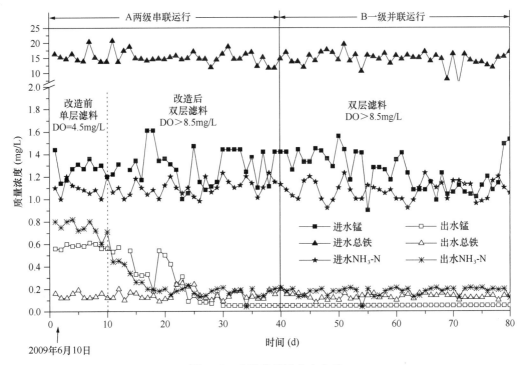

图 4-35 改造前后进出水水质

性。建议进水溶解氧在 10.0mg/L 左右，结合原水铁、锰、氨氮浓度可以适当增加曝气和滤池组合的级数。

4.6.2 基于铁锰复合氧化物吸附材料的氧化-吸附地下水除砷技术

地下水源砷污染主要分布山西、宁夏、新疆西北部地区和我国东北部分地区，近几年来，内蒙古、贵州等地也有出现。长期饮用砷超标的水，会导致砷中毒，造成皮肤癌和多种内脏器官癌变，严重影响人民群众身体健康。

针对我国饮用水砷污染问题，水专项研发了饮用水中砷去除的氧化-吸附技术，包括原位负载-包覆再生除砷技术和基于曝气-接触过滤除铁工艺的强化除砷技术。

该技术中铁锰复合氧化物吸附材料以铁锰氧化物为活性组分，将具有氧化能力的锰氧化物与具有吸附能力的铁氧化物进行复合，得到兼具氧化与吸附功能、能同时高效去除 As（Ⅲ）和 As（Ⅴ）的复合金属氧化物，使得三价砷与五价砷同时去除成为可能。吸附除砷过程中，Mn（Ⅳ）催化氧化促进 As（Ⅲ）价态转化，Mn（Ⅳ）则还原为 Mn（Ⅱ）从固相溶出并增加材料表面羟基活性吸附位，从而大大提高材料除砷性能；吸附饱和或穿透之后，采用原位包覆再生方法，在已经吸附砷的材料表面重新原位包覆活性组分，将砷固化在材料内部，简化再生过程并避免再生废液的产生。

利用原水进入曝气混合池，再通过原位添加铁、锰药剂或者铁锰复合氧化物吸附材料，形成原位负载的铁锰复合金属氧化物，该新型吸附剂兼具对砷的氧化与吸附功能，再进一步通过吸附过滤作用实现水中砷、铁、锰等污染物的去除，最后出水进入清水池，经加氯消毒后进入城市管网（图 4-36）。

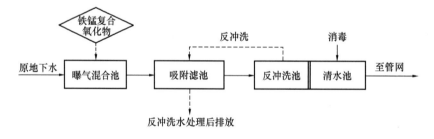

图 4-36　氧化-吸附地下水除砷技术工艺路线图

该技术是以铁、锰双金属氧化物为活性组分，以吸附剂原位包覆为再生手段的新型除砷技术。根据供水厂条件可以有两套工艺：当铁、锰、砷同时超标时，且已有除铁除锰工艺条件下，以现行处理工艺为基础，在滤池前投加铁、锰药剂，实现铁锰砷同步去除；当不具备除铁除锰工艺时，将兼具氧化/吸附性能的铁锰复合氧化物负载在多孔载体表面形成原位负载型除砷吸附剂用于除砷。待砷吸附饱和或出水砷浓度超标时，通过补充投加铁、锰药剂的方法重新包覆一层新的复合金属氧化物，吸附剂得以再生。该技术易于应用，无需大规模工程改造，通过新型吸附剂的添加即可有效强化砷的去除。

该技术适用于铁、锰、砷复合微污染地下水以及出水砷浓度高于 0.01mg/L 的供水厂进行现有吸附-过滤组合工艺的优化。以处理规模为20万 m^3/d 为例，出水总砷浓度稳定在0.01mg/L以下时，增加净水成本低于0.05元/m^3，直接运行成本增加在0.15元/m^3以下。

基于曝气-接触过滤除铁除锰工艺的强化除砷技术在郑州东周水厂进行工程示范应用。东周水厂于1998年9月18日开始建设，2000年5月25日并网投产。该供水厂设计规模为20万 m^3/d，水源为黄河地下侧渗水。东周水厂原有工艺流程如图4-37所示。

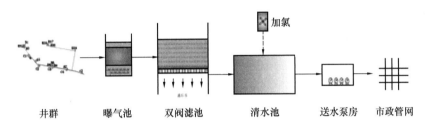

图4-37 东周水厂原有工艺流程

改造前，东周出厂水中砷含量为7～8μg/L，为了进一步降低出厂水砷含量，在东周水厂增加加药车间（按10万 m^3/d 处理量设计），提高出厂水水质。加药系统分为三氯化铁（$FeCl_3$）投加系统与高锰酸钾（$KMnO_4$）投加系统，两系统同在一个加药车间。车间占地面积为185m^2，单层建筑。混合方式采用跌水（水跃）混合。加药间内设高锰酸钾溶液池2座，尺寸为1.5(m)×1.5(m)×2.5(m)，设铁锰复合金属氧化剂溶液池2座，尺寸为3.5(m)×3.5(m)×2.5(m)（图4-38）。

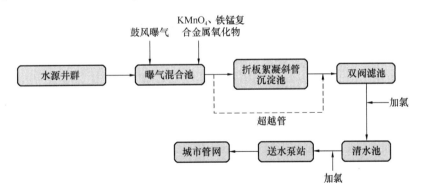

图4-38 东周水厂除砷示范工程工艺流程图

该示范工程运行表明，在线投加 $FeCl_3$ 絮凝剂和 $KMnO_4$ 氧化剂为去除地下水中砷的最优药剂组合方式，且地下供水厂长期运行后形成的天然熟化石英砂和新石英砂的组合方式有利于提高滤层的截污能力；在线投加药剂的东区滤池与未投加药剂的西区滤池比较，砷、铁、锰的去除效果明显提高，出厂水水质良好，砷、铁、锰、浊度均无超标情况发生，出水砷质量浓度可降至7μg/L以下，浊度低于0.2NTU；各滤池中微生物群落构成十分相似，硝化螺旋菌成为绝对优势菌；因此各滤池实际已经成为硝化生物滤池；生丝微菌属在各滤池中均存在，说明各滤池中锰氧化细菌都可能对锰的去除起了重要作用；各滤池中没有发现与铁和砷生物氧化有关的细菌。

东周水厂的应用效果表明，该技术可以大大提高砷的去除效果，并相应提高了铁、锰去除和浊度降低效果，保证了出厂水中砷质量浓度低于 0.01mg/L，铁、锰等指标达到《生活饮用水卫生标准》GB 5749—2006 的要求，处理成本增加小于 0.05 元/m^3。

除东周水厂外，目前原位负载－包覆再生除砷技术已经成功应用于北京市朝阳区、通辽等地多个供水厂的强化除砷改造工程，总供水规模达到 5 万 m^3/d。设计进水砷质量浓度为 0.02～0.025mg/L，出水总砷质量浓度稳定在 0.01mg/L 以下，处理成本约 0.1 元/m^3，反冲洗砷质量浓度低于 0.5mg/L。

该技术针对我国地下水砷污染物超标问题建立了铁锰复合氧化物吸附材料的氧化-吸附地下水除砷技术，通过原位制备兼具氧化与吸附性能的吸附材料，去除水中三价砷和五价砷。该技术适用于硅酸盐质量浓度不大于 20mg/L（以硅计）的含砷地下水的处理，管理方便、出水水质稳定，示范工程运行效果良好。该技术目前可以基于部分供水厂原有设备工艺进行改造后使用，具有成本较低、再生方便、无二次污染等优点。但未来需要进一步增强成套设备的普适性，以及对投加药剂进行减量、对铁锰金属复合物形成效率进行优化和提高，研发更加经济、有效的去除工艺。

4.6.3　络合吸附-接触过滤地下水除氟技术

我国华北、西北、东北和黄淮海地区（平原部分地区）的居民由于长期饮用高氟水，轻者形成氟斑牙，重者造成骨质疏松、骨变形，甚至瘫痪，丧失劳动能力。由于饮用高氟水引起的各种病症难以治愈，给病者家庭带来了沉重负担。水专项针对饮水中氟超标开展关键处理技术研究，研发了以多元复合金属氧化物为核心的络合吸附-过滤强化除氟工艺，改进了传统的吸附剂吸附方式，开发了新型的铝基复合金属氧化物吸附剂，原材料价格低廉，处理效果良好，运行稳定，在降低含氟地下水处理费用方面效果明显，出水氟含量达到《生活饮用水卫生标准》GB 5749—2006 的要求，可为县镇饮用水安全保障提供技术支持，具有推广应用前景。

该技术将多元复合金属氧化物吸附剂沉积负载在多孔载体表面形成吸附填料单元，待处理原水流经该吸附单元过程中，氟、铝产生络合吸附作用，完成水中氟化物的吸附去除。该技术将原位负载或原位制备与接触过滤组合，实现了吸附与固液分离，具有较高的除氟容量，并得到初步应用。

工艺流程：地下水通过适当调节 pH 之后（pH 为 6～7），原水经深井泵提升，先进入储水装置（原水箱），后进入原位络合吸附除氟单元，经反应后，出水进入接触过滤器，将杂物与水分离，使之达到除氟的质量要求（图 4-39）。

该技术特点是新型复合金属氧化物络合吸附剂可充分保留吸附剂表面活性及其巨大的比表面积，从而确保吸附剂具有优异的吸附性能，大幅降低运行成本；此外，原位沉积的再生方法操作简单，可在很短的时间内完成吸附剂再生（优于传统的操作过于复杂的碱液脱附再生方法）。

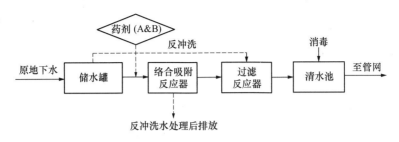

图 4-39 地下水除氟技术工艺流程图

该技术适用于集中式供水设施的含氟地下水的净化,尤其适用于地下水氟质量浓度为 2~7mg/L 的原水处理。水专项相关课题研制出的适合于县镇的高效低成本饮用水处理新工艺及成套技术,处理后的饮用水达到《生活饮用水卫生标准》GB 5749—2006 水质指标要求,满足不同地域县镇居民饮水的要求。研究成果推广应用后,可以有效改善现有县镇饮用水水质、强化县镇饮用水政策管理,有力推进新农村和城镇化建设,并可直接应用于国家县镇和农村改水工程,获得直接的经济效益。复合金属氧化物络合吸附技术,以 240m³/d 的供水量进行计算,设备投资成本为 0.15 万元/m³,运行成本<0.4 元/m³。无须频繁更换耗材,操作简单,人工成本低,各项成本低于常规吸附/膜方法等技术。

该技术在河南省兰考县堌阳水厂进行示范应用。根据当地检测报告显示,该供水厂原出水中的氟化物含量超标。该示范工程采用以铁铝基等金属元素组成的复合氧化物络合吸附除氟技术,设计规模为 240m³/d,设计进水水质氟化物质量浓度为 1.3~2.0mg/L,出厂水氟化物质量浓度≤1.0mg/L。

示范工程采用"原位络合吸附+接触过滤"组合处理工艺,新建除氟净化单元、吸附/再生药剂投加单元、过滤单元、紫外线消毒等配套系统(图 4-40,图 4-41)。

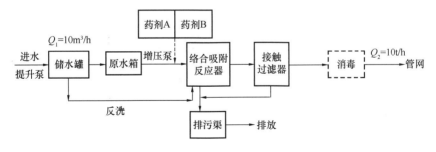

图 4-40 堌阳水厂络合吸附工艺流程图

储水罐:原水经泵提升后,进入池内调节水量,平衡水质,保证后续工艺。
药剂罐(A、B):用来配制不同种药剂,进行储存、投加药剂。
络合吸附反应器:吸附剂生成、除氟反应阶段。
接触过滤器:泥水分离净化阶段。
排污渠:产生的废液为中性,且流量较低,满足排放标准,可根据实际进行排放。
工程运行结果表明,经过吸附系统的初期处理,水中的氟去除率可以达到 50%~

图 4-41 堌阳水厂除氟络合吸附反应装置

60%，后期运行可达 70% 以上，满足饮用水标准。

吸附系统中新型复合氧化物可充分发挥铁铝氧化物、钙氧化物的不同功能特性，兼具氧化与吸附性能、可同时去除水中氟、砷等污染物。经过滤单元的处理，在连续运行72h内，出水浊度均低于 1NTU。

吸附反应设备运行周期在 3～4d，经过 3～5min 反洗操作即可有效去除吸附床截留的悬浮物等杂质，可实现材料吸附活性的恢复。处理过程中产出的废水均可满足当时国家和环境保护部等相关标准要求。经连续几个月的运行，证明络合吸附-过滤工艺可有效去除水中氟污染物，稳定可靠，保证出水达到排放标准。

络合吸附工艺可同时有效去除水中氟和放射性核素等污染物质，稳定可靠。该方法简化再生操作，大幅降低运行管理难度和系统运行维护成本，且无大量强碱性再生废液及废料产生，若设置自动反洗条件下，除定期补充药剂外，人工操作简单易行，极大降低了人工成本。在多元复合金属氧化物吸附除氟中试动态试验中，通过络合吸附-过滤工艺流程，出水达到《生活饮用水卫生标准》GB 5749—2006 的要求。

4.6.4 曝气吹脱地下水氯代烃去除集成技术

氯代烃是具有"三致"风险的一类有机污染物，被美国、欧洲各国和我国列入"优先控制污染物名单"。全国城市地下水有机污染检测表明，氯代烃是有机污染物中检出率较高的组分，检出频率较高的为四氯化碳、氯仿等。四氯化碳等挥发性氯代烃在地下水中相当稳定，很难分解。当前氯代烃污染治理主要集中在源头控制和空气吹脱、气体抽提、生物修复等原位修复方面，供水厂氯代烃处理实用性技术缺乏，尚无规模化工程应用案例。

"十二五"期间水专项相关课题开展了地下水源饮用水氯代烃及硬度控制技术研究与工程示范研究，将曝气吹脱技术用于氯代烃去除。该技术利用空气与水相接触的过程，使水中溶解的有机污染物不断扩散到气相中，可快速有效的去除地下水中氯代烃污染。研发了曝气池曝气、填料床曝气、筛板曝气和喷淋曝气等适用于大型市政供水厂的吹脱工艺，明确了各工艺的适用范围和关键技术参数，可根据污染物种类及其亨利系数、污染物浓度选择相应的曝气吹脱工艺，为地下水厂氯代烃污染提供了技术可行、经济合理的处理工艺。

曝气吹脱技术基本原理是利用水中溶解化合物的实际浓度与平衡浓度之间的差异，使挥发性组分不断由液相扩散到气相中，达到去除挥发性有机物的目的。根据亨利定律和双膜理论，可通过增加气液接触面积，提高传质系数等方式，强化吹脱效率，降低运行能耗。

针对地下水中氯代烃，采用原水-曝气吹脱-活性炭吸附尾气-消毒处理工艺，其中吹脱工艺可根据实际情况选择曝气池曝气、填料床曝气、筛板曝气或喷淋曝气。含有氯代烃污染的地下水进入曝气吹脱池,曝气系统产生的微气泡与受污染水逆向接触,吹脱池内的填料或者筛板切割微气泡,使受污染水分布均匀,将氯代烃吹脱出来;溢出的氯代烃通过吹脱池顶的机械排风系统和尾气收集处理装置进行处理;处理过的水进入清水池消毒后进入市政管网(图4-42)。

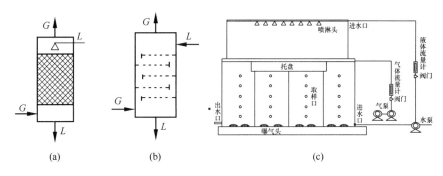

图 4-42 地下水卤代烃去除曝气吹脱工艺示意图
(a)填料床曝气;(b)筛板曝气;(c)喷淋曝气

针对填料孔隙率小,随机堆积,容易结垢堵塞等工程技术问题,研制了新型组合式风叶结构填料(图4-43),构建了固定填料床曝气系统(ZL201510662436.1)。填料床可采用固定床或流化床,吹脱效率均高于空塔。筛板塔是在吹脱反应器内设置塔板,原水经过多级分离,气液充分接触,提高传质效率。喷淋曝气通过在曝气池基础上增加喷淋系统,形成自下而上和自上而下的双向曝气,强化曝气效果,提升氯代烃的去除。

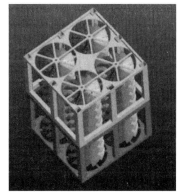

图 4-43 组合风叶式结构填料

曝气吹脱工艺的运行费用与气水比大小有关,如气水比为2~10时,对应的运行费用为0.02~0.1元/m³。对于四氯化碳浓度≤20μg/L的水源,可采用曝气池曝气,气水比不宜超过50;对于四氯化碳浓度>20μg/L的水源,可采用喷淋曝气、填料床曝气或筛板曝气。不同曝气吹脱技术的技术参数见表4-7。

不同曝气吹脱技术的关键技术参数　　　　表 4-7

关键技术	关键技术参数
曝气池曝气	气水比不宜超过50:1
筛板曝气	筛板的孔径范围为3~7mm;开孔率通常为0.05~0.15
填料床曝气	曝气池水力停留时间不少于15min,曝气水深不小于2m,填充比不小于30%
喷淋曝气	喷淋密度宜为12~36m³/(h·m²),喷淋头高度不宜小于2.0m。气水比宜为3:1~6:1

曝气吹脱技术与工艺在济南东源水厂进行示范应用。济南东源水厂建于1996年,

1997年年底正式开机运行，水源为地下水，处理规模为 5 万 m^3/d，总投资约 500 万元。原有工艺为深井泵房取水，采用二氧化氯消毒，经清水池、吸水井、二级泵房提升至管网。

济南东源水厂原水取自牛旺庄地下水源地，存在四氯化碳超标问题，污染物质量浓度为 $2\sim8\mu g/L$。原工艺采用简单的加氯消毒处理工艺，无法有效去除水中的四氯化碳。供水厂技术改造工程采用水专项研发的固定填料床曝气吹脱技术和活性炭吸附尾气处理技术，将原有清水池改造为固定填料床曝气吹脱池，新建鼓风机房、新增除湿机和活性炭罐，形成曝气吹脱地下水氯代烃去除工艺，工艺流程如图 4-44 所示。

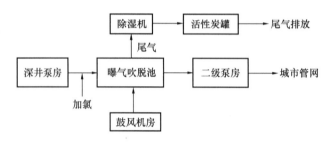

图 4-44　东源水厂工艺流程图

（1）固定填料床曝气吹脱池

现有清水池两座，单座清水池容积为 $4000m^3$，平面尺寸为 $36m\times36m$，有效水深为 3.2m，共设 5 个廊道。清水池前两个廊道池底铺设有穿孔曝气管，安装有微孔曝气盘 720 个，曝气盘直径 260mm。在曝气盘上方安装有组合式风叶结构填料，单组尺寸 $6.9m\times2.5m\times2m$，填料单体外形尺寸 $200mm\times200mm\times200mm$，填充比约为 50%。通过罗茨鼓风机将气体通入原水，利用浓度差异使水中的易挥发有机污染物从水相转移至气相，达到去除污染物的目的。固定填料床可增加气液接触面积，提高曝气吹脱效果（图 4-45）。

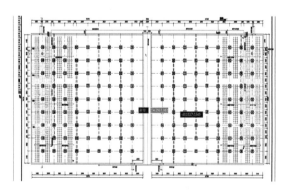

图 4-45　固定填料床曝气吹脱系统

（2）氯代烃尾气吸附系统

曝气吹脱后的尾气通过轴流风机收集后，进入除湿系统，除湿后利用活性炭吸附处理排放（图 4-46）。收集管路采用碳钢管，尾气收集风机流量为 $6300m^3/h$，除湿机除湿量为

20kg/h。活性炭罐直径为2.5m，高度为4.4m，2台。采用Φ4mm柱状气体吸附活性炭，四氯化碳吸附值为60%，强度为95%，填充厚度为2m，通气速度为0.2～0.4m/s。

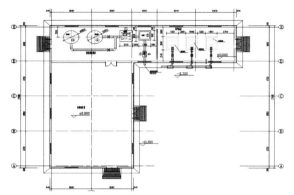

图 4-46 尾气吸附系统

东源水厂工艺运行效果稳定，可有效去除水中挥发性氯代烃污染物，出水水质符合《生活饮用水卫生标准》GB 5749—2006 的要求。其中出厂水四氯化碳质量浓度为0.4～1.7μg/L，平均质量浓度约0.60μg/L，新增制水成本约0.04元/m³。

针对地下水中氯代烃污染，水专项开发了包括曝气池曝气、填料床曝气、筛板吹脱和喷淋吹脱等曝气吹脱技术，实现了水中挥发性氯代烃的快速高效去除，尾气活性炭吸附解决了尾气二次污染问题。该技术适用于受氯代烃污染地下水源水厂的净化处理，具有出水水质稳定，处理效果好，运行费用低等优点。

4.6.5 地下水诱导结晶硬度去除关键技术

高硬度地下水作为饮用水水源，容易引发结垢，水专项研发了地下水诱导结晶硬度去除技术。技术基于溶度积作用原理，通过投加氢氧化钠等除硬度药剂与水中的碳酸盐硬度组分反应生成碳酸钙、碳酸镁（氢氧化镁）沉淀，引入诱晶过程作为强化手段，产生的沉淀物附着在石英砂等诱晶材料表面，加快沉淀物析出，显著提升了硬度去除效果。

该技术基于药剂软化及结晶过程的基本作用机理，通过软化药剂优化、诱晶核优选等措施，强化析出沉淀物及其截留、附着及后续分离效果，促进除硬度过程中所形成的颗粒物、诱晶体以及它们之间的混合物的高效去除，控制该单元出水中颗粒物的浓度，降低过滤工艺的负荷。该技术主要包括诱导结晶软化单元和石英砂过滤单元。

诱导结晶软化单元主要完成药剂投加、沉淀物析出、附着沉积及初步分离等过程。可采用高效固液分离、流化床等反应形式。

诱导结晶软化单元出水进入石英砂等过滤单元，进一步降低水中颗粒物的含量和浑浊度，确保最终出水水质。

该技术的处理工艺流程：加药—诱导结晶软化单元—过滤单元—清水池（兼pH调节），如图 4-47 所示。

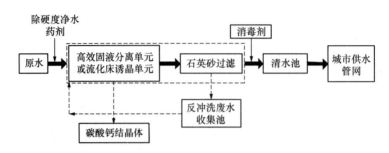

图 4-47 基于诱晶软化的饮用水硬度去除关键技术工艺流程图

原水进入诱晶软化单元（高效固液分离/流化床诱晶），软化药剂与原水中的重碳酸盐硬度组分反应生成碳酸钙、碳酸镁沉淀并从水中分离，出水经石英砂过滤进入清水池，当pH不符合要求时适当调节pH，消毒后进入市政管网。粘附细微颗粒物的诱晶核长大后可定期适量排出。

该技术在消化吸收荷兰的造粒软化技术的基础上，结合我国水质特征、用水需求、水处理成本等现状，针对结晶沉淀过程、有效固液分离、诱晶材料的增长与排放等技术难点开展技术攻关。

（1）优化软化药剂，优选诱晶材料。针对诱导结晶沉淀过程、诱晶材料增长难以控制问题，优化了软化药剂的配比和投加量，结合实际反应器和运行参数优选诱晶核，实现了对诱晶颗粒粒径增长、诱晶材料的排放量以及排放周期的有效控制。

（2）优化反应器形式和水力条件等运行参数。针对结晶过程难以控制和固液分离效果不稳定问题，通过优化反应器形式和水力条件，改善了装置内部水流流态，实现了布水均匀与推流流场稳定；且诱晶核在装置内形成流化，提高了析出沉淀物与诱晶核的充分碰撞与附着，实现了沉淀物与出水的高效固液分离。

该技术建设成本与处理规模直接相关，基本在 280~500 元/(m³·d)；单位处理水量占地指标小于 200m²/(万 m³·d)；该技术应用与除硬工程的运行成本与原水水质和出水水质目标相关，总硬度（以 $CaCO_3$ 计）降低 100mg/L 的成本在 0.15~0.18 元/m³。与现有处理技术相比，该技术出水水质稳定，产水率高，处理费用低，且操作简单，可与其他技术组合使用。

应用案例1：平阴县田山水厂——高效固液分离诱晶软化技术应用示范。平阴县田山水厂地下水硬度去除示范工程，处理规模 3.0 万 m³/d，工程总投资 1400 万元。水源为前寨-凌庄地下水源，原水存在总硬度超标问题，总硬度在 480~510mg/L。该水厂采用原水—跌水曝气池—高效固液分离池（诱导结晶软化单元）—砂滤池—清水池—消毒组合工艺（图 4-48）。

软化药剂采用氢氧化钠，混凝剂采用三氯化铁，两者投加比例为 40：1~20：1，高效固液分离单元上升流速为 8~9m/h，水力停留时间为 40min，其中诱晶接触时间为 18min，滤池滤速为 8m/h；诱晶材料采用石英砂滤料，粒径为 80~160 目，装填高度为 1.5m，排渣周期为 45~60d，出水水质符合《生活饮用水卫生标准》GB 5749—2006 的要

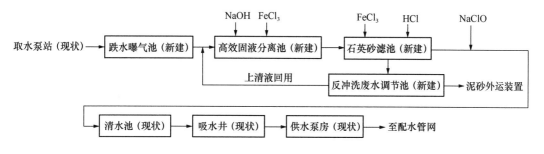

图 4-48 田山水厂工艺流程图

求,其中出水总硬度(以 $CaCO_3$ 计)稳定在 300mg/L 左右,浊度在 0.15~0.26NTU,pH 在 6.6~8.1,新增运行成本 0.40 元/m^3。

应用案例 2:济南牛旺庄水厂——流化床诱导结晶软化技术应用示范。济南牛旺庄水厂位于工业南路牛旺庄北首,供水水源为地下水,现共有水源井 7 眼、二级加压机组 5 台(3 用 2 备),2 座 4000m^3 的清水池,设计供水能力为 5 万 m^3/d,实际供水能力为 5 万 m^3/d,牛旺庄水厂除硬示范工程位于供水厂内部,处理规模为 1000m^3/d,约占供水厂供水量的 2%~3%(图 4-49)。

该工程采用基于固液两相流化床反应器的饮用水诱导结晶软化技术,软化药剂采用 NaOH,上升流速为 50~70m/h,诱晶材料初始填料高度为 1.0m,在出水 pH 不超过 8.5 的情况下,通过调节加药量可以控制出水总硬度由 350~390mg/L 降至 200~150mg/L,硬度去除率可调节在 20%~65%,硬度降至 180mg/L 时运行成本不高于 0.3 元/m^3,产水率大于 90%,出水水质符合《生活饮用水卫生标准》GB 5749—2006 的要求。

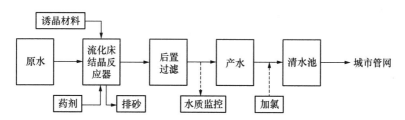

图 4-49 牛旺庄水厂工艺流程图

第5章 城市供水管网安全输配

5.1 概 述

我国水资源时空分布严重不均,水安全问题关乎我国经济社会发展稳定和人民健康福祉。根据国家统计局公布的数据,2018年全年水资源总量为2.7万亿 m^3,人均水资源量为1971.8m^3,为世界人均水资源量的1/4。水资源的浪费、污染等一系列问题成为制约经济发展与环境保护的重要因素。特别是随着我国经济的快速发展,水的供需矛盾日益明显,水资源匮乏、水环境持续恶化以及基础设施建设不完善等引发的饮用水安全问题是当前面临的一大挑战。

为了全面推动我国饮用水安全保障,国家发展改革委、水利部、建设部、卫生部、国家环保总局联合编制了《全国城市饮用水安全保障规划(2006—2020)》。该规划明确指出,国家将全面改善设市城市和县级城镇的饮用水安全状况,建立起比较完善的饮用水安全保障体系,提升我国饮用水安全保障水平。2015年4月发布的《水污染防治行动计划》,提出从水源到水龙头,全过程监管饮用水安全。"水十条"指出,应定期监测、检测和评估饮用水水源、出厂水和用户水龙头水质等饮水安全状况,到2020年,全国水环境质量得到阶段性改善,污染严重水体较大幅度减少,全国公共供水管网漏损率控制在10%以内,饮用水安全保障水平持续提升。

供水管网作为城市的"水动脉",将供水厂生产的饮用水送到千家万户,确保供水管网安全、高效、经济的运行,对保障饮用水安全尤为重要。然而供水管网深埋地下,结构复杂,铺设年代久远,管理相对困难。目前我国供水管网普遍存在管网布局不合理,管网设施老化等问题,进而造成管网运行耗能高,漏损严重,爆管频发以及管网水质恶化等问题,严重影响了我国饮用水安全保障。供水管网安全输配存在的主要问题如下。

5.1.1 管网运行能耗较高

随着城市人口的增长,城市供水系统的能耗巨大。从全球范围内看,供水系统的能耗占据城市运行能耗的7%左右。供水系统的能耗主要包括取水及送水泵站的电耗,净化处理的能耗以及管网内其他相关设备运行或照明的能耗等。一般情况下,管网运行能耗费用约占供水厂日常费用的70%,是供水厂能耗的主要来源之一。引发高能耗的原因包括水泵与系统不匹配、管道阻力大、调节方法落后、运行维护不当等多个方面。其中水泵运行电耗是供水能耗的重要组成部分。调度不科学、效率低下等原因造成了巨大的能源浪费。

对于一个流量为 1 万 m^3/d 的二级泵站，假定泵机组总效率为 80%，若泵站出口无效水压提高 1m，则每年约浪费 30 万千瓦时的电能。通过合理的方式降低水泵运行能耗，可为城市和国家带来巨大的能源效益。

对管网输配系统的水泵和其他相关调控构件（流量控制阀、压力控制阀、止回阀、开关闸门等）进行调度是降低能耗的有效方法。变速泵和减压阀作为具有灵活调节能力的控件，越来越受到决策人员的重视。但就传统的调度方式而言，对水泵能耗的优化多是根据人工经验进行，能量耗费巨大，已不适用现代社会的发展需求。依托物联网及优化调度技术，在保证满足用户用水需求的前提下，根据管网运行状态或预测数据，从所有可能的调度方案中选定合理、可靠、经济的运行调度方案，不仅能节省大量能源，而且能使管网在合理的状态下运行，既满足供水的要求，也使管网的压力更为合理。因此，面对日益复杂的供水系统，如何在满足供水水量、水压及水质要求的前提下，对城市供水系统实行优化调度，最大限度地提高系统的经济效益和社会效益，是所有供水部门面临的重要挑战。

5.1.2 管网漏损率居高不下

我国城市供水管网漏损控制发展不平衡，一些城市漏损率居高不下，与世界先进水平有很大差距，亟待加大力度推进。根据城市建设统计年鉴可知，2005 年水专项启动之前我国城市管网平均漏损率为 26.1%，2016 年我国城市管网平均漏损率为 15.3%，部分城市超过 25%，到 2020 年全国城市公共供水管网漏损率降低到 13.4%。尽管自水专项实施以来，我国供水管网漏损控制取得显著成效，管网漏损率持续降低，然而距离"水十条"中关于 2020 年全国公共供水管网漏损率控制在 10% 以内的要求仍有一定差距。在空间分布上，我国城市供水管网漏损表现出不平衡的特征，地区差异大。从地区分布上来看，东部地区管网漏损情况较好，中、西部地区其次，东北地区管网漏损率最高，一些城市漏损率高达 40% 以上。管网漏损与爆管引起的城市供水危机、淹没、路面塌陷、交通中断和管网二次污染等次生灾害在威胁饮用水安全的同时，严重影响城市的安全运行。

管网的漏失水量具有一定的规律性。通常小口径管道较易发生水量漏失，运行压力大的管网漏损率大于运行压力小的管网。而管网漏损的原因是多方面的，主要有材料、施工、使用、运行、外部环境和管理因素等。供水管网漏损不仅导致水资源浪费，也会影响供水安全。据不完全统计，我国约 1/3 以上的供水管网存在老旧失修、超期服役、材质落后等问题。现有漏损控制方法以传统的人工检漏控制为主，信息化和智能化手段支撑不足。对比全球 102 个主要城市管网漏损情况，我国城市公共供水管网漏损水平处于中等水平，但是与东京、芝加哥、新加坡、柏林、洛杉矶等漏损控制较好的城市（漏损率低于 5%）相比，仍有较大差距，我国供水管网漏损控制有很大的提升空间。

5.1.3 管网水质恶化问题突出

管网输配过程中色度、浊度升高和微生物再生长是导致管网水质下降的主要原因。比如，随着南水北调工程的全线通水，很多城市形成多水源供水格局。在水源切换时，水源水质特征的差异导致铁离子大量释放,浊度明显增加,造成管网"黄水"现象。研究表明,多水源切换过程中,铸铁管道的管垢中铁离子的释放是引起管网"黄水"的重要原因。我国"十一五"和"十二五"期间在管网水质研究上取得了很大的进步,尤其对多水源切换过程中铁离子释放导致的"黄水"问题取得了很大的突破。但是目前对于锰离子导致的水质变色问题的成因及控制措施还缺乏了解。另外,随着金属颗粒物释放,一方面影响感官性状,另一方面生物膜也会脱落进入管网水体,意味着水中某些有害物质、细菌和病毒潜伏的可能性增加,使得微生物风险明显提高。而目前我国对管网微生物风险认识不足,缺乏相应的控制手段,通过提高余氯的方法又会导致产生很大的氯味,与我国传统的饮水习惯有较大冲突。

因此需要准确识别管网输配过程的关键指示性水质指标,建立从供水厂到龙头全过程的在线监测方案,及时感知管网水质安全风险,实现供水管网水质风险预警和智能管控,并构建供水厂-管网协同的水质保障综合集成技术系统,实现龙头水的稳定达标和水质不断提升。

5.1.4 供水"最后一公里"存在隐患

进入小区的供水设施至居民家庭水龙头之间的管道、水池、设备等供水设施,通常被称为供水安全保障的"最后一公里",是保障用户龙头水达标的关键环节。据不完全统计,居民用户投诉的"黄水""浑水""红虫"、臭味等饮用水水质问题,70%以上都与供水"最后一公里"有关。绍兴市供水水质监测统计结果发现,在市政配水管道水质合格的情况下,多层建筑水质不合格的环节69%产生于入户表后,31%产生于入户表前;高层用户水质不合格的环节68%产生于入户表前,24%产生于入户表后,8%源于小区配水管。可见,"最后一公里"的供水水质安全已成为群众反映强烈的突出问题,是制约"让百姓喝上放心水"的瓶颈和短板。

影响"最后一公里"水质安全的主要因素包括二次供水设施老旧失修、材质落后,以及清洗消毒等运行维护不及时、不到位。居民小区入住率、用水量、用户管道材质等也会影响龙头水质。"十一五"和"十二五"期间对上海、北京、深圳、郑州等城市供水系统水质进行调查,发现经"最后一公里"供水后水质下降明显,是造成龙头水质不合格的主要原因,其中余氯是水质不合格的主要指标,其次是色度、浊度、pH、菌落总数、总大肠菌群等指标。

"最后一公里"的水质安全保障,应从规划设计、运行管理等方面综合考虑。通过优化设计尽可能减少分散式水箱,集约化设施布置,采用优质材料,加强智能运行和安全监管,理顺二次供水设施的管理体制等,确保末端用户龙头水质安全。

5.2 管网水力水质模型

传统的供水管网管理维护模式往往依靠人力资源的大量投入,在爆管、水质污染等突发事件发生时难以做出迅速且有效的反应，不仅费时费力，还影响抢修速度造成更多的供水流失，不便于日常供水管网管理维护。管网模型将管网各种各样的动态、静态信息有机组合在一起，通过管网系统连续性方程和能量守恒方程将管网的状态模拟出来。通过合适的模拟分析能够反映管网水力与水质的变化状况，从而评估各管网系统的水力水质状况，实现对不达标区域的监控与管理，为管网的运行决策提供依据。近年来，计算机技术、信息通信、控制与自动化技术的发展及其在供水行业的应用，把管网系统的计算、理论与分析推向一个新的层次。

随着管网模型、物联网技术与管网在线控制技术的融合，供水管网智能化运行成为一种趋势。供水管网在线模型作为管网系统智能化运行的核心支撑技术，被广泛应用于供水系统分析、设计和运行等各个方面，是实现供水管网智能化运行的基础。在线水力模型的根本点在于节点需水量可以随在线监测数据的变化而做出即时的调整，因而在线水力模型能够实时反映管网的运行状态，模拟管网中的水力水质参数，包括节点压力、管道流量、余氯、浊度等。建立精确、高效的供水管网在线水力模型可有效提高供水系统优化决策方案的可靠性与实用性，为实现管网在线水力、水质模拟和优化调度奠定良好的基础。建立完善的供水管网在线水力模型对于保障城市供水管网安全具有重要意义。

5.2.1 管网水力模型基本原理

供水系统是由管道、泵站、水源、阀门和其他附属物组成的复杂网络系统，承担着向用户输送充足且水质达标的饮用水的任务。为了便于供水管网的规划设计和运行管理，利用数学模型将实际管网简化和抽象为易解析的图形和数据分析形式，称为供水管网模型。随着计算机技术的快速发展以及大数据时代的到来，供水管网建模已从手工计算的简单系统模拟转变为集成地理信息系统和计算机软件的复杂模拟系统。建立精确可靠的供水管网水力模型可提高供水系统优化决策方案的可靠性与实用性。

供水管网水力模型指的是对供水管网中的流量、压力等水力状态进行模拟和分析的计算机仿真系统。供水管网水力模型的建模过程主要包括：供水管网静态、动态信息的输入，管网水力计算，求解管网基本方程组，得到管网各个运行工况下的参数变化，如管段流量、流速、水头损失、节点压力、各水源供水量等。管网水力计算需满足流量连续性和水头损失方程组。

1. 基础方程组

供水管网模型是基于节点质量守恒和能量守恒方程建立的复杂非线性模型。管网水力计算的基础方程有节点方程、压降方程以及能量方程。

（1）节点方程

节点方程也叫做连续性方程，即对任一节点而言，流向该节点的流量一定等于离开该节点的流量，从而满足节点流量的平衡。

$$q_i + \Sigma Q_{ij} = 0 \tag{5-1}$$

式中　i、j——该管段两端的节点编号；

q_i——节点 i 处的需水量；

Q_{ij}——以节点 i 和节点 j 为端点的管道的流量。

一般假定管段流量的流向：离开节点的为正，流向节点的为负。

(2) 压降方程

压降方程即水头损失方程，表示管段水头损失与其两端节点水压的关系式。

$$h_{ij} = H_i - H_j \tag{5-2}$$

其中：h_{ij} 为管段的水头损失；H_i、H_j 为该管段两端节点 i、j 的节点水头。

(3) 能量方程

能量方程是闭合环的能量平衡方程，表示每一环中各管段的水头损失总和等于 0 的关系。

$$h_{ij} = f(Q_{ij}) \tag{5-3}$$

若管网有 L 个基环，则有 L 个能量方程。在每一个环中，管段水头损失的符号规定如下：流向为顺时针方向的管段，管段的水头损失为正；反之，流向为逆时针方向的管段，管段水头损失为负。

2. 水头损失计算

针对管道的特性使用不同，常用的水头损失方程有：

(1) 海澄-威廉公式

$$h = 10.654 C^{-1.852} D^{-4.87} L Q^{1.852} \tag{5-4}$$

其中：Q 为管道流量；L 为管道长度；C 为 HW 的摩阻系数；D 为管径。

(2) 达西-威斯巴哈公式

$$h = 0.0826 f(k_s, D, Q) d^{-5} L Q^2 \tag{5-5}$$

其中：k_s 为达西-威斯巴哈粗糙系数（m）；Q 为管道流量；D 为管径；L 为管道长度；f 为摩擦因子，取决于 k_s，D 和 Q。

(3) 谢才-曼宁公式

$$h = 10.29 n^2 D^{5.33} L Q^2 \tag{5-6}$$

其中：n 为曼宁粗糙系数；Q 为管道流量；D 为管径；L 为管道长度。

5.2.2 管网水质模型基本原理

管网水质模型是一种利用计算机模拟物质在管网中发生的物理、化学、生物化学和生态学等方面的变化、内在规律和相互关系的计算机模型。其目的主要是为了描述物质在水中的运动和迁移转化规律，用于实现水质模拟和评价，进行水质预报和预测等。

给水管网动态水质模型是考虑物质反应动力学的机理性模型，描述了在时间变化条件下管网中物质的传播和移动。动态因素表现在用户用水量的变化，水池水位的变化，阀门开度的设置，泵的开停及转速变化，管段水流方向的改变，突发的水量变化等。它通常需要已知管网拓扑关系、管径、管长、管段摩阻系数以及节点流量等参数。物质在管网中的迁移主要由物质迁移过程、反应过程以及管网节点混合过程组成,其传统的控制方程如下。

1. 物质平流迁移与动态反应过程

管道中的物质随着水流运动的同时进行着自身的反应过程,其控制方程如下,在 EPANET 等应用软件中忽略了物质纵向扩散的过程,采用一维平流迁移模型。

$$\frac{\partial C_i(x,t)}{\partial t} + u_i \frac{\partial C_i(x,t)}{\partial x} + R[C_i(x,t)] = 0 \tag{5-7}$$

其中:$C_i(x,t)$ 为 t 时刻 x 位置处管段 i 的浓度;u_i 为该管段的流速;$R[C_i(x,t)]$ 为物质的反应速率。

2. 物质在管网节点处的混合过程

不同水质的水体在管道节点中的混合,通常认为是瞬间混合的。因为可将离开节点的物质浓度简化为节点进流管段浓度的流量权重之和。而实际上,在一些十字节点和双 T 型节点,在多个管道流入节点混合并具有多个管道流出情况下,并不满足节点完全混合假定,实际节点的混合程度跟流速和管径等影响因素存在复杂的关系。但大多数情况下,完全混合假定简化了管网水质计算,且对管网水质计算的精度影响不是很大。

$$C_i(t) = \frac{\sum_{j \in J} q_j(t) C_j(t) + q_s(t) C_s(t)}{\sum_{j \in J} q_j(t) + q_s(t)} \tag{5-8}$$

其中:$C_i(t)$ 为 t 时刻下游管段 i 起始(计算节点)处的物质浓度,J 为流入管段 i 起点处的管段集合,$q_j(t)$ 为 t 时刻管段 j 的管段流量,$C_j(t)$ 为 t 时刻管段 j 末端节点处的物质浓度,$q_s(t)$ 为 t 时刻外部水源 s 流入该节点的流量,$C_s(t)$ 为 t 时刻外部水源 s 流入该节点的物质浓度。

3. 反应动力学机理

当物质在管道中随着水体向下游流动时,物质会与水体及管壁物质发生反应,反应动力学机理反映了物质在管网中的反应规律,是模型控制方程不可缺少的一项。

(1) 物质在水体中的反应

反应速率通常描述为浓度的幂函数。管网内物质反应速率的 n 阶反应表达式为:

$$R[C(x,t)] = kC^n \tag{5-9}$$

其中:k 为物质的 n 阶反应系数;n 为反应阶数。

(2) 物质与管壁的反应

物质在管道流动时,会与管壁材料(如管壁的腐蚀产物、生物膜等)发生反应。管壁面积、水体和管壁之间物质传输速率是影响管壁反应的重要因素。通常采用一级动力学模型来描述管壁反应的速率。

$$R[C(x,t)] = \frac{4k_w k_f C}{D(k_w + k_f)} \tag{5-10}$$

其中:k_w 为管壁反应常数;k_f 为物质传输系数;D 为管道直径。

5.2.3 管网离线模型构建技术

1. 数据源

确定数据源是管网建模的第一步，随着计算机技术的发展而不断变化，数据源从最初的数据文件输入，到施工图纸处理、卡片输入，再到现在的 CAD 图转化、GIS 数据、航空照片、Google Map、Google Earth 等数据源。建模过程的数据处理就是把各种数据源的信息，通过专业的分析与综合，在管网模型中表达出来。

（1）地理信息系统

地理信息系统（Geographic Information System，GIS），是一种综合图形表达、空间数据分析和专业技术管理的计算机软件系统。GIS 的功能主要表现在以下四个方面：数据采集、图形表达、数据库管理与空间分析。数据采集是将地面实物的测量信息，以一定的格式输入到计算机中去；图形表达通过"层"组织把想要展示的层显现出来（如道路为一个层，给水管线为一个层、阀门为一层）；数据库管理是把所采集的信息，以一定的规则管理起来，便于不同目的的应用。图形中的一个点，不只是几何图形的一个点，它还包括大量的属性信息。如一个给水管网节点，它不但包括节点的坐标、高程，还包括节点流量、用水量变化曲线、服务人口、接入水表等。

（2）监视控制与数据采集系统

监视控制与数据采集系统，即 SCADA（Supervisory Control And Data Acquisition）系统，通过对现场的运行设备进行监视和数据采集，在专业分析的基础上，进行参数调节、信号报警、设备控制等决策操作。

SCADA 系统采集的数据是基于时间序列的，不同的终端可能采集不同的数据，如节点处的水压、阀门处的阀门开启度、泵站处的水泵开关和转速、管段处的流量等。由于信号格式和时间的不一致，接收的信息往往以 ASCⅡ 文本的格式存放于不同的文件之中，应用时还须进行必要的数据管理与处理。

（3）计算机辅助设计软件

AutoCAD 是一款计算机辅助设计软件，用于精确的二维和三维绘图、设计和建模，包括实体、曲面、网格对象、文档编制功能等。它包括自动执行任务和提高工作效率的功能，例如比较图形、计数、添加对象和创建表。它还附带了七个行业专业化工具组合，适用于电气设计、工厂设计、建筑布局图、机械设计、三维贴图、添加扫描图像以及转换光栅图像。AutoCAD 支持用户通过桌面、Web 和移动设备创建、编辑和标注图形。

（4）物联网

物联网是通过各种信息传感设备，如传感器、射频识别技术、全球定位系统等装置与技术，实时采集任何需要监控、连接、互动的物体或过程中需要的各种信息，与互联网结合，形成的一个物物相连的网络，其目的是通过物与物、人与物、物与网络的互动，实现对物体的识别、管理和控制。SCADA 系统是物联网的一种。由于给水管网模型系统中存在大量不确定信息，如节点用水量、管段摩阻系数、用水量变化系统、阀门开启度等。物联网技术的应用，可以提供准确的实测信息，从而为给水管网系统的精细化和准确化管理提供科学依据，如智能水网系统、自动抄表系统、优化调度系统等。

2. 离线管网建模步骤

（1）管网资料的收集

这些资料通常包括：管网管道、阀门的设计施工图纸，管网的市政规划图纸，管网中水泵的水力特性曲线，泵房布置，水池的面积，池底标高，供水厂日常运行数据，包括出水量、出厂压力、开关水泵记录等，管网中测压点的压力记录，管网的用户抄表记录，管网的管道、阀门的事故以及维修记录等。

（2）建立管网模型拓扑结构

通常可以通过数字化仪表输入、建模软件与工程绘图软件（如 AutoCAD）、地理系统软件（如 GIS）的图形接口来完成。同时，由于管网内部结构复杂，特定规模的管网模型只能对管网中既定管径的管网进行模拟计算，这就需要进行管网的结构简化工作，通常这些简化包括去除枝状管、合并节点、合并邻近的平行管道等方法，同时在简化过程中还必须保留对管网水力状态有重要影响的管段、阀门或者大用户节点等。简化后需要对形成的管网图形进行元素的编号，一般来讲给水管网对模型中元素的编号并无特殊要求，但考虑到统计水量、校核管道系数等后续工作的开展，合理并科学的编号可能会更加快速有效地进行建模和模型的校核工作。

（3）现场测试与模型校核

在进行完管网资料的收集和模型输入后，接下来的工作是针对管网数据的完整性和准确性进行大规模的现场测试，这也是整个管网建模过程中最为复杂和耗费人力物力的一个环节。现场测试主要包括以下内容。

1）用水量统计

由于城市管网中自来水用户的性质复杂，其用水规律也存在相当程度的差异，因此需要对不同性质的用户进行分门别类的用水量曲线的调查工作，结合在资料收集阶段所获得的抄表数据，进行管网用水量的统计、节点用水量的分配、调查各类节点的用水变化模式、管网总用水变化模式等工作。

2）管网测压与测流数据

管网测压与测流数据是进行管网模型校核、衡量管网模型计算准确性的重要依据，管网的测压、测流可以在规定时间集中进行，也可以根据日常 SCADA 数据整理得到。完善的 SCADA 系统是取得这些数据的重要渠道，在管网 SCADA 系统数据库中一般存储有管网日常运行中供水厂的出水量、供水厂水压、出厂水水质、管网中测压点的压力、供水厂内水泵的开关调度状态、水池或水库水位等数据，这些数据描述了管网当时的水力状态，只有在相同条件下，管网微观模型的水力计算结果与之相符合时，才可以说管网模型本身是准确的。当管网 SCADA 系统不完备时，也可以组织人力、物力对管网中的控制节点、典型管段进行集中测试，在测试时应注意测试过程的并发性，以确保所取得的数据来自管网同一个运行工况条件下。

3）水泵特性曲线的测试

城市管网经过长时间的运行，管网中水泵的水力特性大多已经发生改变，依靠水泵样本特性曲线不能描述当前水泵的水力特性，因此需要组织实测。准确的水力特性曲线是正确建模的关键因素之一，也是优化调度计算的重要前提。

4）管段摩阻系数的校准

管段摩阻系数在建立管网模型过程中是一个不易准确测量的参数，需要在随后的管网模型校核过程中进行进一步校核，但在初步建模阶段，通过对管道切片管垢的厚度测量，结合管材以及相关的经验公式可以对管段摩阻系数做出初步估计，这也是下一步对摩阻系数进行校核的基础。Ormsbee（1997年）给出了对管段摩阻系数进行初步估计的一般方法。此外，现场测试还包括对管段长度、管径、阀门开启度、管道间的拓扑结构等的检查、校核，现场测试的工作做得越细致、准确，越有利于管网微观模型的建立，基于正确的管网微观模型，进行管网用水量预测和管网优化调度才有其真正的实际意义。

5.2.4 管网在线模型构建技术

随着信息技术发展，应用计算机进行供水管网建模已经越来越普及，越来越多的城市将供水管网模型应用于城市发展规划、城市智能化调度中。应用供水管网模型使城市供水管网的规划、设计、管理和调度运行实现科学化、信息化、智能化，提高供水企业整体水平和服务质量，这是供水企业发展的必然趋势，是科学管理的必然选择。传统的水力模型以离线模拟为主，通过调研统计用户用水信息获取节点需水量。这种方法工作量大，且无法做到实时动态地更新模型，因此在线水力模型应运而生。在线模型使用在线监测数据实时反演节点需水量，进而动态地模拟管网真实的运行状态。在此基础上，可实现供水管网的在线调度、预警、应急管理、漏损控制等一系列功能，对提高供水效率，减少能耗，保障供水安全，具有重要意义。

在实时水力模型中，SCADA系统按照一定时间步长上传监测数据，在完成数据清洗后，使用该数据反演节点需水量，使得水力模型的模拟值（压力和流量）与供水管网的实时监测数据保持一致，最后将反演的需水量代入模型，用于管网运行管理。在下一时间段，当新的监测数据被采集后，重复上述过程。实时水力模型涉及在线监测数据清洗、需水量实时反演等一系列技术。

1. 监测数据降噪与缺失值处理

供水管网实时监测系统通常按照固定的频率采集并上传监测数据。监测数据不可避免地受到环境噪声的污染，导致信号质量的下降。此外由于受到通信质量或者设备性能的影响，数据缺失也是一种广泛存在的现象。这些现象会降低反演需水量的精度，进而影响水力模型的可靠性，对供水管网的运行和管理产生一系列不良影响。采用降噪算法与监测数据缺失异常填补算法来处理在线监测数据可有效提升在线水力模型的可靠性。

（1）监测数据降噪

广泛使用的低通滤波降噪算法可应用于供水管网监测数据从而降低其背景噪声。低通滤波是一种广泛使用的滤波方法，它在电子电路，声音强化，图像处理等领域经常使用。低通滤波假定真实的信号分布在较低频段，而噪声信号分布在较高的频段。为了去除噪声，该方法设置一个截止频率。当频率高于截止频率时，将其幅值设为 0。数学上，采用傅里叶变换实现对监测数据低通滤波。通过傅里叶变换和反傅里叶变换实现时间序列信号和对应的频域信号的转换，依照设定的截止频率去除噪声，从而实现监测数据的清洗。

（2）监测数据缺失与异常数据处理

压力和流量传感器分布在供水管网中，形成一个记录实时测量数据的数据通信网络。由于受到如间歇性的传感器故障、带宽限制、数据包大小限制等，监测数据丢失现象成为传感器网络的一个重要特征。此外，传感器安装在噪声环境中，随机干扰也不可避免，导致测量结果出现异常值，影响供水管网水力模型的可靠性。实时模型对数据丢失或测量中的异常值非常敏感，这些不确定性将大大降低供水管网水力模型的稳健性和可用性。

1）缺失数据处理方法

在进行实时水力模拟时，系统平台是否收到传感器上传的监测数据是已知的。当系统收到传感器上传的监测数据，利用当前时刻监测数据的数据来反演节点需水量；当传感器未能成功接收数据时，使用传感器上一时刻的监测数据填充到当前时刻，进而反演当前时刻的节点需水量。

2）异常数据处理方法

针对监测数据异常情况，可使用节点需水量预测模型得到预测节点需水量，将预测需水量作为管网模型输入，得到监测数据的预测均值和方差，进而获取预测概率分布。分析实测值在预测概率分布中的概率密度值，当概率密度值小于设定阈值时，认为该监测数据为异常值。如果监测数据被判定为异常数据，使用监测数据的预测均值作为实测数据进行需水量反演。

2. 节点需水量在线反演

可采用基于数据同化理论的需水量在线反演算法。该算法包含两个过程，第一个过程是获取节点的先验需水量信息。先验需水量信息可以通过用户账单，远传水表，节点服务用户数等信息获取，也可使用节点需水量预测函数进行预测。先验需水量仅仅是一个不太精确的数值，直接将其代入管网模型，得到的模拟结果（如压力或流量数值）会与监测点的实测值不一致。在这种情况下，就需要使用算法的第二个过程，即需水量校正过程。该过程以先验需水量为初始解，对其进行一定的调整，使得模型模拟值与实测值的偏差达到最小。

（1）先验需水量获取

对于安装了远传水表的用户，可将需水量信息同步到水力模型的用水节点上。对于未计量部分或者不能确定所在节点的部分用水量可按照管线长度或者服务人口数分配到节点。具体过程如下：

1）安装了在线远传大表的用户，直接将挂接的水力模型节点需水量作为先验需水量。需考虑远程达标数据上传步长与在线水力模型模拟时间步长的关系。当远传大表与水力模型步长不一致时,可考虑通过插值或者平滑的手段调整数据步长。

2）GIS中附加用水户账号的营收水量,通过自动节点挂靠的方法,根据GIS用户的定位信息,将用户账号和统计的水量同时挂接到模型最近的节点上。考虑到用水户可能是单月抄或双月抄的营收模式,数据采集频率远低于在线模型模拟频率。可通过统计获取用户典型用水模式。使用抄表历史数据,预测用户单日平均用水量,将平均用水量按模式分配到各个时刻,作为先验需水量。

3）未挂入GIS上的剩余部分营收水量数据,将根据不同的片区按照管线比流量的模式进行水量分配;对于未计量水量部分,可以通过管线密度或人口密度的方法将这部分水量分配到模型中。

（2）节点需水量反演

基于数据同化的需水量反演优化函数如下：

$$\min J(X_t) = \sum_{i=1}^{m} r_i \left[g_{t,i}(X_t) - y_{t,i} \right]^2 + \sum_{i=1}^{n} \mu_i \left[x_{t,i} - x_{t,i}^p \right]^2 \tag{5-11}$$

$$X_t = [x_{t,1}, x_{t,2}, \cdots, x_{t,n}] \tag{5-12}$$

其中：X_t为t时刻的节点需水量,假如节点需水量数量为n,则X_t是一个具有n个元素的向量；$x_{t,i}$为一个节点的用水量；$x_{t,i}^p$为上一节得到的先验需水量；$y_{t,i}$为第i个监测点在t时刻的监测值；$g_{t,i}(X_t)$为将需水量X_t代入管网模型后,模型在第i个监测点的模拟值为$g_{t,i}(X_t)$；m为监测点数量；r_i,μ_i为权重。

式（5-11）表明,校准算法一方面要减小模型模拟值$g_{t,i}(X_t)$与监测值$y_{t,i}$的偏差,另一方面也要使节点需水量$x_{t,i}$接近它的先验值$x_{t,i}^p$。求解式（5-11）是在线水力模型需水量反演的核心所在。

（3）在线水力模型应用

1）水力参数在线分析

水力模型可以对供水管网的用水量时变化模式,管道流量、流速、水损、水力坡降、压力分布等各种状态进行分析,评估管网现状,发现管网运行中存在的问题,从而辅助制定解决方案。如通过水力数学模型对管网压力现状的分析,明确管网存在的问题和缺陷,以找出低压区。并通过系统模拟,找出合理有效的增压方案。

2）水质参数在线模拟与分析

使用水质模型,可以模拟余氯分布情况,一旦某个区域的余氯超标便可及时发现,及时应对,极大地提高了工作效率。水力模型可对管网中的水龄进行模拟,水龄过长,水的新鲜度将大幅降低,可能会导致一系列水质问题发生,严重影响用水安全；在线模型可实现对管网中水龄的全面模拟分析。

3）管网规划设计

利用水力数学模型可以对不同规划方案进行评估与比较,包括压力控制点及关键点的压力比较,各管道流量、流速比较,能耗电费比较等；能够进行新供水系统的规划设计,如新供水厂、水库、增压泵站、重要管线；能够对现有系统进行改建、扩建设计；能够根据对用户水量的近期、中长期的预测与规划确定的各种用水模式,评估系统在各个时期的运行状况以及输水能力,包括对现有供水设施的改、扩建设计,及新供水厂、水库、增压泵站、重要管线的规划安排。

4) 爆管分析

爆管问题是供水企业普遍关注的问题之一。一般来讲,爆管可由多种原因引起,如管道老旧、承受荷载、纵向间距过近造成管线碰撞等。正是由于爆管事件的偶然性和难预测性,使其成为亟待解决的一大难题。但是,通过模型的爆管分析,可对爆管前后工况进行模拟分析,并做出前后对比,使操作人员了解爆管发生时各个水力参数的变化趋势、影响范围及影响程度,从而快速制定应急预案,以期将损失降到最低。

5) 消防分析

消防时既要满足日常供水需求,又要达到消灭火灾的目的,因此我们需要对消防时水力参数的变动情况具备全局把握能力,通过模型模拟,将能够直观的看到消防前后的参数变化,从而掌握消防时间对整个供水管网的影响范围及影响程度,最大程度地降低了安全风险。

5.2.5 典型应用案例

在线水力模型技术实现了在天津、广州和湖州的示范与应用。在该技术应用之前,供水企业基本完成了对管网拓扑结构的调查,且已经有较为完善的水力数据采集系统,建立水力模型平台的条件已经成熟。湖州市水务集团有限公司引进先进设备和软件系统,投入大量的人力、物力和财力勘察地下给水管网的分布,建立好给水管网地理信息系统(GIS),管网在线监测系统(SCADA系统)。湖州供水管网包括3个水厂,分别为太湖水厂,城西水厂和城北水厂,$DN100$以上的管道1577km。在管网模型中,共有4242个节点,4840个管道,其中压力监测点73个。管网模型和压力监测点分布如图5-1所示。在

图5-1 湖州供水管网模型图

太湖水厂出厂处配置了一个动态调压阀,阀后压力动态变化。

在线水力模型以 3 个供水厂的瞬时流量、70 个压力监测点的瞬时压力,7 个流量监测带的瞬时流量为模型参数输入,对管道粗糙度进行离线校核,对节点需水量进行在线校核。管道粗糙度进行离线校核时间段为 2020 年 2 月 1 日～2020 年 2 月 29 日,在线需水量校核时间段为 2020 年 6 月 1 日～2020 年 11 月 18 日。管道粗糙度校核结果如图 5-2 所示,校核后的管道粗糙度分布在 70～120,处于合理范围内,符合经验结果。

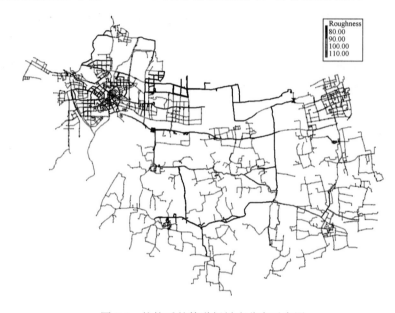

图 5-2　校核后的管道粗糙度分布示意图

图 5-3 给出了某个节点校核的节点需水量变化情况。如图 5-3 所示,在刚开始校核

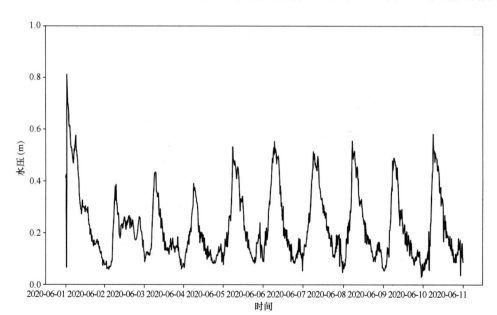

图 5-3　某节点需水量校核结果

时，初始节点需水量波动较大，表现出不稳定性。随着时间的推移，节点需水量呈现明显的周期性，每24h为一个周期，一个周期内包括了用水高峰和低谷时段，这与湖州供水管网的实际情况是相符合的。表5-1给出了节点需水量的统计信息。可以看出，大部分节点需水量小于1L/s，部分节点需水量较大，达到5L/s。由于大部分用户为居民用户，需水量相对较小，这与实际情况相符合。

节点需水量统计信息　　　　　　　　　　表5-1

需水量（L/s）	节点个数	需水量（L/s）	节点个数
$0 \leqslant D<0.5$	1438	$2 \leqslant D<3$	227
$0.5 \leqslant D<1$	1372	$3 \leqslant D<5$	374
$1 \leqslant D<2$	674	$5 \leqslant D<8$	157

从监测数据角度来看，3个供水厂出流绝对误差小于50L/s，相对误差小于1%。7个流量监测数据绝对误差小于50L/s，相对误差小于7%。90个压力监测点的校核误差均小于2m，所有监测点压力相对误差均小于10%。在监测点方面表现出较高的模拟精度。同时需要指出，水力模型仍可能存在模型结构误差，如监测点标高、管道错接、动态阀参数未及时更新等，为保证在线模型的持续稳定运行，需要持续对模型结构进行排查，及时准确地更新管网动态数据。

5.3　管网优化设计与调度

5.3.1　供水管网规划与设计优化

1. 区域协同供水规划设计

现有城市供水区域内存在供水水源单一、供水厂缺乏应对突发水质污染的应急处理措施、区域供水干管环网度不够和供水区域间联络程度有限的情况，因此需要建立"原水互补，清水联通"的区域应急联合供水系统，以GIS、SCADA系统和水力水质模型为工具，进行城市间协同供水系统优化布局，实施相邻供水区域之间的联网供水工程，保障相邻供水区域间不同水源的供水管网互联互备，提高城乡供水安全性，保障社会经济持续稳定发展。

(1) 区域协同供水系统规划设计原则

区域协同供水系统的规划原则为：

1) 打破行政区划界限，实现相邻供水区域之间不同水源的区域供水管网互联互备、应急供水，确保一个供水区域多水源供水。

2) 合理确定应急状态（如水源地发生突发性水污染事件、供水厂因故障停止运行或供水主干管爆管等情况）下城乡居民生活生产基本需水量。以保障居民基本生活用水为前提，兼顾医院、学校等重要公用设施及部分重要工矿企业用水，应急供水量按照正常供水量的30%～40%测算。

3）发生事故时，确保供水区域供水管网末梢水压不低于0.16MPa。

4）合理布局相邻供水片区间的联络干管和增压泵站，提高联络程度，能以最快速度、最大效能有效地实施应急处理及调度方案，最大限度地缩小影响范围，满足城乡居民基本用水需求。

5）区域供水联络管的敷设必须确保实施可行性、供水有效性和经济性，同时兼顾供水区域内的供水安全，形成片区内环网供水，发生事故时片区间应急供水，提高联络管使用效率。

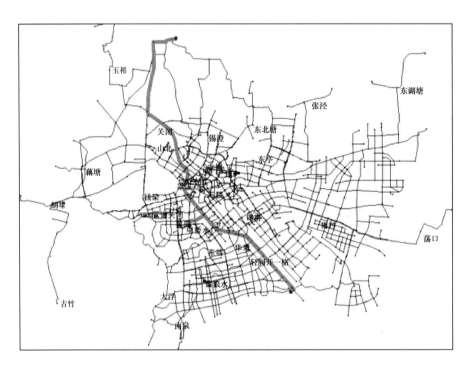

图5-4　W市互联互备清水高速通道示意图

（2）区域协同供水应用案例

2011年，W市实施了清水高速通道工程，以加强供水厂间的互联互备，提高一网互通的安全供水能力，并且利用网络概化模型，研究了区域供水互联互备的结构拓扑性能。清水高速通道的建成和投运，使W市的4大主要供水厂，实现了南北供水互补和水源的快速切换，取得了给水管网水质整体稳定、供水安全可靠性提高、局部管网压力改善的效果。结合供水管网总水头、测压管水头、管段重要性等指标，认为清水高速通道通水后管网状况得到显著改善。经优化调度，与清水高速通道开通前一年相比，开通后一年千吨水耗电量下降1.63%，开通后两年千吨水耗电量下降4.41%。W市互联互备清水高速通道示意图见图5-4，清水高速通道开通前后部分月份千吨水耗电量情况见表5-2。

清水高速通道开通前后千吨水耗电量　　　　　　　　　　　　表 5-2

月份（月）	开通前一年耗电量 （kWh/千吨）	开通后一年耗电量 （kWh/千吨）	开通后一年 节能比（%）	开通后两年耗电量 （kWh/千吨）	开通后两年节能比 （%）
1	216.16429	211.80590	2.01624	202.43196	6.35273
2	211.14592	212.80633	−0.78638	203.99898	3.38484
3	204.29185	201.07412	1.57507	199.01680	2.58211
4	204.11621	199.71441	2.15652	194.87653	4.52667
5	199.91081	198.24034	0.83561	193.07933	3.41726
6	203.36134	202.27599	0.53370	197.35611	2.95299
9	211.63315	211.11887	0.24300	203.50973	3.83844
10	210.06128	205.90495	1.97862	198.45240	5.52642
11	208.76549	201.52758	3.46701	198.70050	4.82119
12	216.59674	207.66816	4.12221	202.69014	6.42050
平均	208.60471	205.21367	1.62558	19941125	4.40712

2. 管网更新改造优化设计

加强区域管网的优化和更新改造，有助于提高供水效率和供水质量，有利于全面提高供水水质，优化供水服务。然而，由于缺少对管线维修优化数据的科学管理和管线健康状态评估方法，目前管线维修与改造计划的制定仍多以经验为主。针对此问题，首先应调研城市供水管网的构成及管网运行情况，收集管道管材、管龄、管径、管道压力、流速、供水区域水力水质情况、环境条件及管网安全运行情况、管道历史事故分析报告等数据。在管网现状调研的基础上，构建多维指标评价体系，运用统计学原理建立管网健康诊断评价数学模型。以管网健康诊断评价体系为基础，针对正在使用的管网，建立基于水压安全约束的管道改造和管网区域改造优化比选预案；以管道改造比选预案为基础，考虑特定的改造管道组合方案，最终实现改造区域优化选择。

（1）管网静态健康诊断与评价技术

当供水管网的静态属性资料和流动参数齐全时，使用层次分析法对管网进行健康诊断与评价，从管段健康状况、节点服务性能和整体技术指标三方面对供水管网的基础健康状况进行判定。城市供水管网健康诊断技术结构图如图 5-5 所示。

在对供水管网进行健康诊断时，采用五级法进行评价分析，健康等级分别为健康、亚健康、一般病态、中度病态、病危。各诊断指标对应各健康等级的隶属度可分为定量指标隶属度和定性指标隶属度。

1）定量指标隶属度计算

定量指标隶属度的求解通常采用分段函数法，并需要对隶属度函数的过渡段进行处理。递增型指标（随着指标值的增大，其对应的健康等级越高）：水质综合达标率、覆土厚度；递减型指标（随着指标值增大，其对应的健康等级越低）：管道压力、管龄、节点水龄等；适中型指标（有一定的优质取值区间，当指标值增大或减小，对应的健康等级都

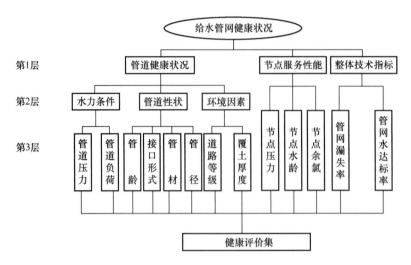

图 5-5　城市供水管网健康诊断技术结构图

将降低):节点压力、节点余氯、管道负荷等,分别设定相应的隶属度函数计算公式。

2) 定性指标隶属度计算

定性诊断指标一般难以用具体的数值或数理方程式表述,因此对定性指标进行评价之前,需要先将其量化。可利用集值统计融合专家区间评分,得到专家评分的综合量化值。在此基础上利用灰色理论构造白化权函数,最终确定各指标对应各个健康等级的隶属度值。

通过加权平均法,可以求得各个管道、节点的健康值。将健康值作为管道、节点优劣的评价依据,按健康值大小对其进行排序,可以为供水企业的管道更新改造、优化调度及水压、水质监测点的布置提供决策信息。分别对管道健康状况、节点服务性能和整体技术指标三方面进行健康评价并考虑各指标的综合权重,可得到供水管网健康状况的整体评估结果。

M 市管网应用案例。对 M 市管网进行静态健康状态诊断与评价,供水管网管道健康值示意图、供水管网节点服务性能值示意图、第 1 级综合评价信息表见图 5-6、图 5-7、表 5-3。

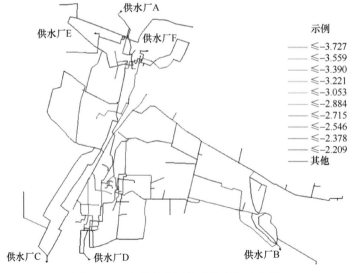

图 5-6　M 市供水管网管道健康值示意图

第 5 章 城市供水管网安全输配

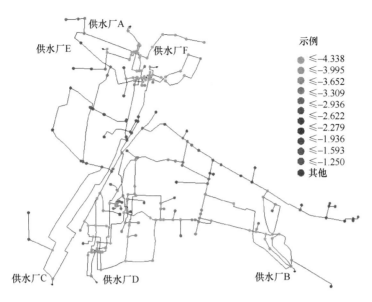

图 5-7 M 市供水管网节点服务性能值示意图

第 1 级综合评价信息表　　　　　　　　　　　表 5-3

目标层	第 1 级因素集	权重	第 1 级模糊评判矩阵				
			1	2	3	4	5
供水管网健康状态	管道健康	0.3196	0.1660	0.2475	0.2689	0.2160	0.1016
	节点服务性能	0.5584	0.0607	0.0843	0.1286	0.3882	0.3382
	综合技术指标	0.1220	0	0.3925	0.2742	0.0469	0.2865

M 市供水管网 2013 年 3 月 18 日 10 时的健康状况整体评估结果见表 5-4。

M 市供水管网 3 月 18 日 10 时健康状况整体评价结果　　表 5-4

目标层	第 1 级模糊评判矩阵					健康等级	等级健康值
	1	2	3	4	5		
供水管网健康状态	0.0869	0.1740	0.1912	0.2916	0.2563	3	3.46

通过分析诊断结果及各层级健康值，可基本判定 M 市供水管网在该时段的健康状况为亚健康。

(2) 管网更新改造优选技术

当静态属性资料不完备时，也可以通过基于水力模型的方法进行管网区域健康评价。该方法以马尔可夫随机场-模糊 C 均值聚类（MRF-FCM）算法为基础，以供水管网节点的改进 PageRank（PR）值为考核指标，供水管网更新改造优选技术可以对供水管网中的同性质节点进行聚类，从而判别出管网中不健康的区域，给出管网改造方案排序。该方法不依赖于管网静态属性资料，可通过水力模型计算结果直接进行管网区域的健康判定。

定义 $PR(X_i)$ 为管网节点的重要性值，而管段的重要性值为两个节点重要性值的加权值。依据不同的水力属性（如单位水头损失、管道流量、管道流速）求解式（5-13），可得出相应的 PR 值。以单位水头损失为例，记 $I(X_i, X_j)$ 为管网节点 X_i 到节点 X_j 的单位水头损失，$I(:,X_i)$ 为所有流入节点 X_i，并与节点 X_i 链接的节点构成的单位水头损失总和，$I(X_i,:)$ 为流出节点 X_i，并与节点 X_i 链接的节点构成的单位水头损失总和。

$$PR(X_i) = 1-d+d\left[c_1\sum_{X_j\in \text{In}(X_i)}PR(X_j)\frac{I(X_j,X_i)}{I(X_j,:)} + c_2\sum_{X_k\in \text{Out}(X_i)}PR(X_k)\frac{I(X_i,X_k)}{I(:,X_k)}\right]$$
$$i=1,2,\cdots,N_j \tag{5-13}$$

其中：$\text{In}(X_i)$ 为流入管网节点 X_i 的节点集合；$\text{Out}(X_i)$ 为从管网节点 X_i 流出的节点集合；c_1 为流入权重系数（介于 0 和 1 之间的常数）；c_2 为流出权重系数（介于 0 和 1 之间的常数）；d 为阻尼因子。

根据管网 PR 值及管段之间的拓扑关系，结合 FCM 算法及 MRF 理论，建立供水管网的区域改造 MRF-FCM 算法以实现管网区域聚类，确定供水管网中优先需要改造的区域。选择管网中的管段作为研究基点，构造有向图 $G'=(V', E')$，有向图的顶点 V' 表示为供水管网中的管段，边 E' 表示供水管网中管段与管段之间的邻接关系。供水管网的区域聚类问题可以看作如下标号问题：有管网有向图 $G'=(V', E')$，标号集 $\Lambda=\{1,2,\cdots,K\}$，由水力计算可得管段水力属性观测值 $d=\{d_1,d_2,\cdots,d_n\}$，管网的区域聚类即是为管段寻求最优标号集 $f^*=\{f_1^*,f_2^*,\cdots,f_n^*\}$，使得后验概率 $p(f^*|d)$ 最大，此状态 f^* 对应的管网区域聚类方案为最优。基于联合概率分布，首先构造目标能量函数 $E(f)$，随后采用图割法求解 $f^*=\min\limits_{f\in\Lambda}[E(f)]$，得到最优标号集合，即供水管网管段所在分类的索引号。

在城市供水管网水力模型的构建过程中，管段的单位水头损失较容易求出，可作为衡量管段水力特性的重要指标，在管网改造过程中具有直接的实际意义。图 5-8 给出了 M 市供水管网基于单位水头损失计算的 PR 值分布示意图。图中标识的 6 条管段在 24 个时段中，超过 18 个时段属于单位水头损失最大的管段，能够较真实地反映上述管网中的"薄弱"管段。随后应用 MRF-FCM 算法进行聚类，从图 5-9 中可以看出，PR 值较大的管段更加突出，并且呈现一定的联通特性。经过聚类处理后，分类得到的管段给出了拟改造管段的一种预排序结果。同时，聚类后的管段具有一定的区域联通特性，因此经过聚类后的管段也可用来标识拟改造管网区域的预排序结果。基于 MRF-FCM 算法的管网改造优选技术已于 2014 年 3 月应用于北方某市部分供水管网的排序选择，取得了良好的应用效果。

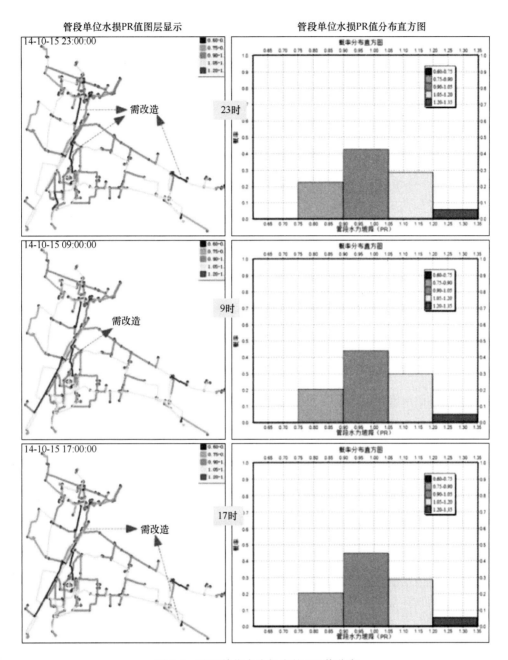

图5-8 基于单位水头损失的PR值分布

5.3.2 供水管网水质提升优化调度

在城乡统筹供水模式下,供水管网的服务范围相对较大,管网的结构也较为复杂,管网中水质分布不均匀,尤其是在供水管网末端,水在管道中停留的时间较长,在管道中发生的复杂物理、化学、生物作用容易引起水质恶化,使管网末梢水质得不到有效保障,影响供水管网系统的服务水平。相反,管网中余氯浓度过高也会导致水中异味较重,不宜饮

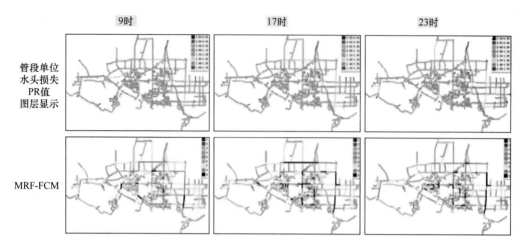

图 5-9　不同时段 M 市 PR 值分布及聚类结果

用。针对上述问题，可采取优化改造、水力调度、多点加氯、定向冲洗等多种方式来改善供水管网水质。基于水力水质分析的供水管网水质提升技术实现步骤如下：

（1）水力水质模型的建立与校核：在管网水力模型建立及校核的基础上，分别以余氯及水龄作为水质参数建立供水管网水质模型，并结合同步采样的水质检测结果进行水质模型校核。

（2）通过对供水管网进行动态模拟，分析管网中余氯的时空分布和变化规律，考察长停留时间下消毒剂在城乡供水管网中的衰减规律，把握管网水质整体情况，为管网安全运行、更新改造及定向冲洗策略的制定提供决策支持。

（3）基于水质模拟，以减小管网综合水龄、实现消毒剂时空均匀分布为目标，结合优化算法，提出相应的水力调度、二次加氯建议，改善管网综合水质。

1. 水质模型建立与校核

在建立水力模型并校核的基础上，可分别构建以余氯和水龄作为水质参数的供水管网水质模型。

（1）供水管网余氯衰减水质模型

氯在管网中的消耗反应主要有两方面：一方面是与水体中有机物和无机物的反应，即主体水中的反应，该反应的衰减速率用主体水衰减系数 K_b 表示；另一方面是与管壁附着的细菌生物膜、腐蚀垢和管材的反应，该部分反应的衰减速率用管壁余氯衰减系数 K_w 表示。取得准确的管网余氯衰减系数是建立管网余氯衰减模型的关键所在，一般通过简单试验来确定余氯衰减系数。先通过试验得出某段管网的总余氯变化系数，再利用烧杯试验获取主体水衰减系数，由上述两部分试验数据，计算得出管壁余氯衰减系数，最后按照上述步骤讨论各组管段的具体情况，利用试验数据建立管网模型。根据国内外研究结果可知，水中有机物、温度、pH、初始氯浓度 C_0 和还原性无机离子情况对管网主体水余氯衰减影响较大，而对管壁余氯衰减起主要影响的因素有初始氯浓度、水力条件、管材、管径、pH、管道敷设年代（管壁"生长环"情况）。

可通过经验（主体水反应系数）及物理公式（海澄-威廉公式）确定初始 K_b、K_w，随后通过与实测水质数据的对比，逐步修正参数，完成水质模型的构建与校核。以 M 镇管网为例，绝大多数的余氯衰减属于一级反应，因此确定模型中余氯按一级反应衰减。主体水衰减系数 K_b 在 $-0.01 \sim -1.0$，因此模型中所有管段的 K_b 可先定为 -1.0。根据海澄-威廉公式，管壁反应速率系数 $K_w = F/C$（F 为管道粗糙系数，C 为海澄-威廉系数）。管道为老铸铁管时，则 F 取 0.014，C 取 100，求得 $K_w = 0.00014$。氯消耗为衰减反应，因此所有管段的初始 K_w 确定为 -0.00014。根据初步选取的管道衰减系数，建立 M 镇供水管网一级余氯衰减水质模型。初步模拟结果与实测数据对比并调整后，最终的余氯模拟结果见图 5-10。

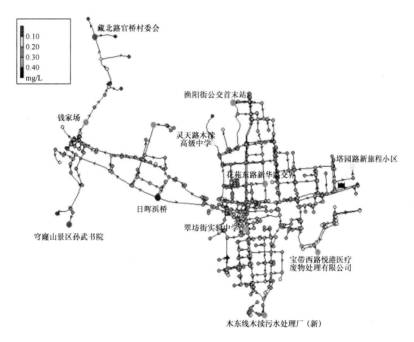

图 5-10 M 镇余氯模拟结果

（2）供水管网水龄分析水质模型

EPANET2.0 软件具有水龄分析功能，可以进行供水管网水龄计算，一般在计算时设水源水龄值为零。节点"水龄"是指水源出水流到该节点需要的时间。任意节点的水龄就等于水在该节点的不同供水路径所经历的不同时间的加权平均值，其表达式如下：

$$T_i = \frac{\sum_{n=1}^{N} q_{0i}^{(n)} T_{0i}^{(n)}}{\sum_{n=1}^{N} q_{0i}^{(n)}} ; N \in LU^i \tag{5-14}$$

其中：T_i 为节点水龄；$T_{0i}^{(n)}$ 为到达节点 i 的第 n 条路径的水从水源到节点 i 的流经时间；$q_{0i}^{(n)}$ 为第 n 条供水路径的水量；LU^i 为流到节点 i 的供水路径集合。

以经过校核的 M 镇供水管网水力模型为基础，建立 M 镇供水管网水龄模型。图 5-11（b）为 M 镇某实际工况下的水龄分布。

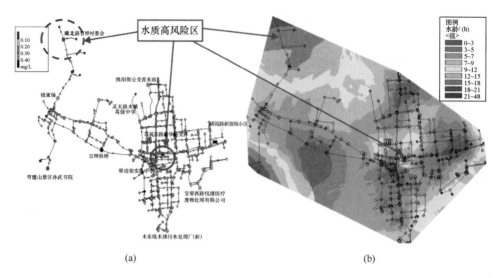

图 5-11 M 镇实际工况下的余氯及水龄分布识别水质风险区域

2. 水质高风险区域识别与改善

如图 5-11 所示，联合余氯及水龄水质模型的模拟结果，可对管网中的水质高风险区域进行识别，从而指导管道管材改造更新、管道冲洗及水力调度。

供水管网水质模型建立以来，M 镇供水管网已根据水质模型对管网水质风险区进行识别，依托城乡统筹基础设施规划建设工程进行了整体更新改造，乡镇二级管网共计更新 30km，受益人口约 40 万人。

针对管网末梢水质优化效果不佳的区域，可制定管网整体的定向冲洗以及消火栓放水策略，有针对性地改善局部区域水质情况。对 M 镇管网末梢管段进行单向冲洗，强化管网末梢水质保障力度。如图 5-12 所示，经过 90min 的冲洗，管网水中的浊度从最初的 100NTU 降至 6.3NTU，管网水质得到明显改善。在冲洗过程中，浊度有一段上升的趋势，这是因为在冲洗过程中，管网中上游的水被冲到监测点，因此，根据流速大小以及冲洗时间，可以估算一定距离范围内管网的水质情况。随着冲洗的持续进行，浊度下降，水

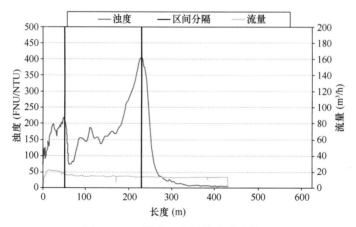

图 5-12 M 镇管网末梢管道冲洗结果

质得到进一步提升。

3. 水力调度及二次加氯优化设计

(1) 管网水力调度优化

在城乡统筹供水模式下，乡镇管网往往存在多个与市区供水管网相连的接水点，通过这些接水点实现对乡镇管网供水。各接水点的不同供水量将直接影响管网中的水力均匀性，进而影响管网中的水质分布均匀性。

在对供水管网进行水力水质模型分析的基础上，应以减小管网综合水龄为目标，制定供水管网水力调度方案，合理分配各个馈水节点的供水量，从而改善管网综合水质情况。综合水龄指数可作为评判各个工况下管网水质情况的评价指标。将供水管网中的节点按水龄值的大小划分为近水源节点、管网中段节点和管网末梢节点三类，分别考虑每一类监测节点的水龄相对于流量的加权平均值，最后，通过设定合理的权重系数，得到该工况下的综合水龄指数。因此该优化问题的目标函数为：

$$\min \sum_{m=1}^{3} \lambda_m \left(\frac{\sum_{i \in S_{mj}} T_i q_i}{\sum_{i \in S_{mj}} q_i} \right) \tag{5-15}$$

其中：q_i 为监测节点 i 的流量；T_i 为监测节点 i 的水龄；λ_m 为系数，λ_1、λ_2、λ_3 分别表示近水源、管网中段、管网末梢的系数；S_{mj} 为对应管段区间监测节点的集合，S_{1j}、S_{2j}、S_{3j} 分别表示近水源区域、管网中段区域、管网末梢区域。

在每个区域内，用节点流量对于节点水龄的加权平均值反映每个区域内的水龄情况，在不同区域之间，用权重系数加以限制，以保证不同区域，尤其是管网末梢区域内的水质。该目标函数中，权重系数通过以下方式获得：利用 EPANET2.0 计算工具箱对管网进行水龄模拟，找到该管网水龄最大的节点，以该节点的水龄 $T_{\max}$ 为基础对该管网的节点进行分类。

$$节点 i = \begin{cases} 近水源节点, \dfrac{T_{\max}}{3} \geqslant T_i > 0 \\ 管网中段节点, \dfrac{2T_{\max}}{3} \geqslant T_i > \dfrac{T_{\max}}{3} \\ 管网末梢节点, T_{\max} \geqslant T_i > \dfrac{2T_{\max}}{3} \end{cases} \tag{5-16}$$

其中：$T_{\max}$ 为某工况下该管网的最大水龄值。

权重系数的确定与每个部分的节点水量有关，每个区域的权重系数取每个区域节点流量和的倒数所占的比例，表达式为：

$$\lambda_m = \frac{1/\sum_{i \in S_{mj}} q_i}{1/\sum_{i \in S_{1j}} q_i + 1/\sum_{i \in S_{2j}} q_i + 1/\sum_{i \in S_{3j}} q_i}, m = 1,2,3 \tag{5-17}$$

在水力调度优化的同时，必须满足该系统运行需满足的水压、水量等技术要求，其约束条件如下：1) 各水源供水厂的日供水能力约束，实际的多水源供水系统中，各水源的供水能力是有限的，它是由水源工程的设计供水能力决定的，因此如果调度模型中没有这种限制,优化调度决策中得出的运行方案将可能由于水源的供水能力达不到方案要求而无法实施;2)供需水量平衡,即各接水点供水量之和等于各节点用水量之和。

优化方法求解之后得到的最佳工况即为所需要的水力调度方案。对某供水管网的4个接水点的供水水量、水压等进行水力调度优化,并采取如M镇水力调度优化方案(表5-5)进行调度后,管网的综合水龄指数可以从原始的31.65h降为26.30h,降低了16.75%。管网内水质整体得到了改善,监测节点浑浊度普遍降低,余氯浓度分布均匀性提高,没有余氯浓度极高和极低的节点,可见水力调度优化达到了改善管网综合水质,提高管网水质均匀度的目的。

M镇水力调度优化方案 表5-5

工况		初始工况	优化工况
综合水龄指数(h)		31.65	26.30
各水源节点供水量(L/s)	日晖浜桥	−131.15	−184.32
	谢村路	−150.56	−273.35
	张思桥	−229.02	−33.13
	金山路	−152.47	−172.40
监测节点水龄(h)	藏北路官桥村委会	14.74	14.68
	钱家场	6.98	6.64
	穹隆山景区孙武书院	35.76	35.64
	日晖浜桥	0.00	0.00
	渔阳街公交首末站	1.06	0.91
	灵天路木渎高级中学	5.38	6.43
	花苑东路新华路交界	14.46	6.87
	翠坊街实验中学	3.29	1.69
	木东线木渎污水处理厂	5.82	3.69
	宝带西路悦港医疗废物处理有限公司	18.37	22.35
	塔园路新旅程小区	29.78	36.45

(2)二次加氯点优选

多点加氯可使管网中消毒剂的时空分布更均匀,消毒剂的平均浓度降低,减缓氯的衰减,使氯的总投加量降低。但二次加氯在拥有诸多优点的同时,也带来了新问题,即怎样设计二次加氯才能使效果最优。二次加氯主要有以下几方面的考虑:1)减少氯消毒剂的总量;2)降低消毒副产物的产生量;3)减少二次加氯点的数量和运行费用;4)增大氯浓度的时空分布均匀度。因此,二次加氯点优选的目标函数可设置为:二氧化氯的总投加量尽可能小和二氧化氯浓度分布尽可能均匀,即氯浓度分布的均匀度方差尽可能小。约束条件主要是对节点的消毒剂浓度进行限制,即按照《生活饮用水卫生标准》GB 5749—2006的规定,消毒剂浓度不低于0.5mg/L,不高于4mg/L。

若需增加的加氯点数量已知,且管网中的任意节点都可被设为二次加氯点,加氯点为定浓度投加,投加规律保持不变,则可以利用基于加权平均的多目标处理方法求解多目标优化问题。首先分别赋予分布均匀度（0.4）和加氯量权重系数（0.6），随后利用静态罚函数法对不满足节点浓度约束条件的方案予以惩罚。经过上述处理，该多目标问题转化为单目标问题，可用遗传算法求解，得到最优加氯点位置。对北方某县镇的管网进行二次加氯优化，优化前后的消毒剂浓度分布对比见图 5-13。二次加氯方案优化后，除了水源井附近的极少数节点，其余管网节点的消毒剂浓度均满足《生活饮用水卫生标准》GB 5749—2006 的要求。

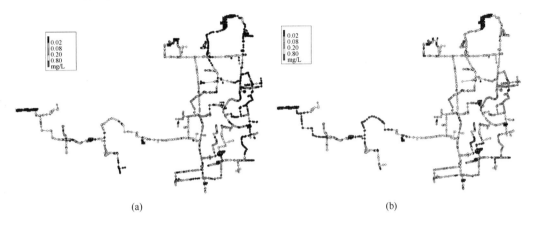

图 5-13 二次加氯优化前后消毒剂浓度分布
(a) 优化前；(b) 优化后

5.3.3 供水管网节能降耗优化调度

供水管网节能降耗优化调度的主要目标是在满足供水服务区域内的用水量、服务压力和水质要求下，通过水力调度，尽可能降低输水成本，节约输水电能，稳定供水压力，降低管网漏损，降低维护保养费用，保障供水系统运行安全。

1. 优化调度成本模型设计

优化调度的成本模型应在满足水量、水压、水质要求的前提下，尽量使系统的总运行费用最低。这里的总运行费用主要包括四个部分，一是从水库和河流取水需支付一定的水资源费，不同的水源单元（水库、河流等）的原水价格是不同的；二是从水库和泵站把水按不同的路径分配到各个需水单元的运输成本，运输成本的不同也带来了费用优化问题；三是各个供水厂处理原水的费用；四是水从供水厂经过二级泵站加压进入供水管网时产生的二级泵站电费。在考虑了上述因素之后，成本模型以上述四个费用之和作为目标函数，通过调整各供水厂在各供水源的取水量，使经济成本降到最低，得到系统优化配水运行方式。目标函数的数学表达式如下：

$$C_{\min} = C_1 + C_2 + C_3 + C_4 \tag{5-18}$$

其中：C_1 为水资源费；C_2 为输水费用；C_3 为水处理费用；C_4 为二级泵站电费。

如式（5-19）、式（5-20）所示，优化问题的约束条件为：水源取水量限制及原水需求约束。由于供水厂的原水需求量是变化的，模型采用单位时段内原水平均供应量与供水厂原水平均需求量相等的原则来约束原水需求。

$$Q_{it} \leqslant Q_{it\max} \tag{5-19}$$

$$\sum_{i=1}^{m+n} Q_{it} = G_t \tag{5-20}$$

其中：$Q_{it\max}$ 为第 i 个水源第 t 个时段的最大取水量，m^3/h；G_t 为 M 个需水单元（如供水厂）在 t 时刻总的需水量，$G_t = \sum_{s=1}^{M} G_{st}$。

(1) 水资源费

水资源费为供水厂向各水源地取水时所支付的费用，各个水源水资源费不尽相同，因此需要分别计算，计算公式如下：

$$C_1 = \sum_{i=1}^{m+n} \sum_{t=1}^{T} S_i Q_{it} \tag{5-21}$$

其中：S_i 为第 i 个水库或第 i 个泵站抽水的单位水资源费用，元/m^3；Q_{it} 为第 i 个水库第 t 个时段的放水量或第 i 个泵站第 t 个时段的抽水量，m^3；m,n 分别为水库和泵站的数量；T 为优化周期，此处取 24h。

(2) 输水费用

输水费用主要指原水从水源地经过泵站加压或者其他手段到达供水厂这段过程中所消耗的电费，输水费用计算公式如下：

$$C_2 = \sum_{s=1}^{M} \sum_{i=1}^{m+n} W_{si}(q_{sit}) \tag{5-22}$$

其中：q_{sit} 为第 s 个供水厂（$s=1,\cdots\cdots,M$）在第 t 时段（$t=1,\cdots\cdots,T$）从第 i（$i=1,\cdots\cdots,m+n$）个水库或泵站的来水量，m^3/h；$W_{si}(q_{sit})$ 为第 s 个供水厂从第 i 个水库或泵站取水时的费用函数，元，具体计算公式如下：

$$W_{si}(q_{sit}) = \begin{cases} A_{si} + B_{si} q_{sit} + C_{si} q_{sit}^2 + D_{si} q_{sit}^3 & q_{sit} \neq 0 \\ 0 & q_{sit} = 0 \end{cases} \tag{5-23}$$

其中：A,B,C,D 为利用各供水厂从各水源地取水的历史输水成本和取水量拟合出的系数。

(3) 水处理费用

水处理费用主要指各个供水厂用各工艺处理原水时所需要支付的药剂费、电费等费用，其计算公式如下：

$$C_3 = \sum_{i=1}^{M} \sum_{t=1}^{T} c_i Q_{it} \tag{5-24}$$

其中：c_i 为第 i 个供水厂处理单位水量水时所支付的费用，元/m^3。

(4) 二级泵站电费

二级泵站电费主要指原水经过处理后，经过二级泵站加压输送至供水管网，在二级泵站加压过程中产生的电费，具体计算公式如下：

$$C_4 = \sum_{i=1}^{M} \sum_{t=1}^{T} p_i NH_{it} Q_{it} \tag{5-25}$$

其中：p_i 为第 i 个二级泵站第 t 个时段的泵站电价，元/kWh；N 为单位转换系数；H_{it} 为第 i 个二级泵站第 t 个时段的泵站提升扬程，m。

计算公式中的二级泵站提升扬程是通过调用水力模型进行水力计算得出的。水力计算的任务是在管网节点需水量、管道管径已知且满足管网各节点压力大于 20m 的条件下，求出各供水厂的出水扬程，从而能进一步求出二级泵站电费。

2. 优化调度方案生成

以安全供水为前提，采用遗传算法求解最低成本问题，可得到最优成本下各个供水厂从各水源地的取水量，生成优化调度策略。遗传算法是模拟达尔文生物进化论自然选择和遗传学机理的生物进化过程的计算模型，是一种通过模拟自然进化过程搜索最优解的方法，在科研领域有较广泛的应用。其基本计算步骤见图 5-14。

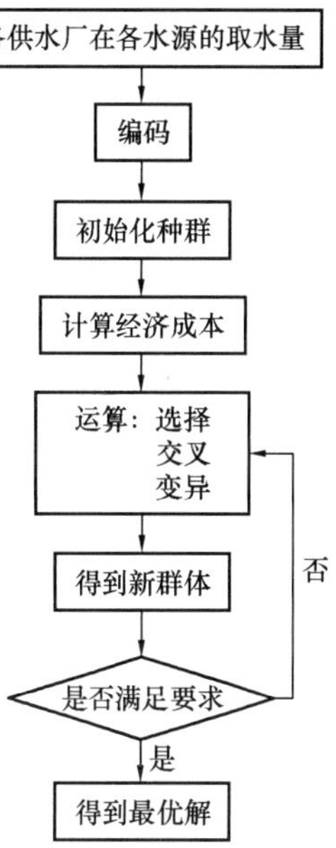

遗传算法的基本操作主要包括选择、交叉和变异。

1）选择

选择过程的第一步是计算适应度，依据适应度选择再生个体。适应度高的个体被选中的概率高，适应度低的个体被选中的概率低，有可能被淘汰。选择操作的目的是将适应度高的个体保留至下一代，以实现种群整体一代代趋向更优的目的。

2）交叉

交叉运算，又称为基因重组，是指对两个相互配对的染色体替换重组生成新个体的过程。随机产生一个 0~1 的小数，与交叉概率进行比较，根据不同的结果按照一定的交叉方法进行交叉操作，形成新的个体。交叉操作的目的是为了在下一代中形成新的个体。通过交叉操作，遗传算法的搜索能力得以提高，交叉操作是遗传算法获取新优良个体的最重要手段。

图 5-14 遗传算法流程图

3）变异

变异运算是指将个体的染色体编码串中某些基因座上的基因值用其他等位基因来替换，从而形成一个新个体。随机产生一个 0~1 的小数，与变异概率比较，如果小于变异概率则按照一定的方法进行变异操作，形成新的个体；否则直接进入下一步。变异操作是一种局部随机搜索能力，它使得遗传算法保持了种群的多样性。

以南水北调中线受水区城市 Z 市的优化调度为应用案例介绍如下。Z 市南水北调水通水后，供水水源变化为南水北调水、黄河水以及地下水，面临多水源及多供水厂优化调度问题。通过求解优化调度成本模型，可以针对南水北调水量丰、平、缺、断几个工况分别形成水源切换优化调配策略。优化调度策略生成界面见图 5-15。

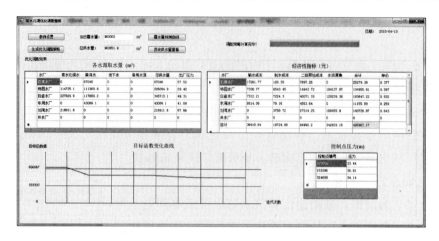

图 5-15 优化调度策略生成界面

（1）南水北调供水量大于或等于需水量时

南水北调设计分配水量明显较郑州市城市需水量大，因此，此情形是一般情形。调配原则是以南水北调水为主体水源，充分利用南水北调水源进行调配。刘湾水厂、柿园水厂以及白庙水厂为郑州市主力供水厂，其中刘湾水厂全部使用南水北调水，柿园水厂、白庙水厂以南水北调水为主体，但同时为防止黄河水原水管道淤积，两个供水厂均调用一定量的黄河水作为热备水量。

（2）南水北调供水量小于需水量但大于或等于刘湾水厂供水能力时

当南水北调水供给量不足时，由于刘湾水厂仅以南水北调水作为水源，因此优先保证刘湾水厂正常供水，南水北调水其余水量根据优化调配模型模拟结果分配给柿园水厂和白庙水厂。

（3）南水北调供水量小于刘湾水厂供水能力时

当南水北调水供给量小到不足以使刘湾水厂正常供水，或遇到断流情况时，由于刘湾水厂是南水北调水单水源水厂，因此此时南水北调水全部用于刘湾水厂，柿园水厂以及白庙水厂全部调用黄河水进行供水。同时刘湾水厂启用备用水源——尖岗水库，进行优化调配。

通过建立成本模型及优化算法求解，模型以安全供水为前提，生成了优化调度策略，得到了各个供水厂在各水源的优化取水量，尽可能降低了供水成本，节约了供水电能。该策略中，南水北调缺水期且水量小于刘湾水厂供水量时的调度方案及算法目标函数（运行成本）变化情况见图 5-16、图 5-17。

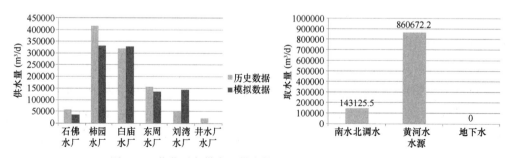

图 5-16 优化后各供水厂供水情况及三种水源的分配比例

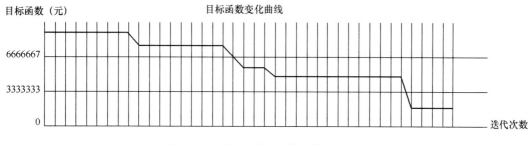

图 5-17 目标函数随迭代次数变化曲线

5.4 管网水质保持与"黄水"控制

5.4.1 管网余氯精准控制技术

供水管网主要通过加氯等消毒方式来保障饮用水安全，应综合考虑灭菌效果、消毒副产物风险及过多消毒剂产生的嗅味等问题。特别是城乡一体化供水背景下乡镇管网接入供水管网后，供水管网变得庞大复杂，使管网中的余氯浓度保持一个最优的浓度，既保证有足够的余氯避免细菌二次生长，又要降低消毒副产物生成风险，以及解决部分区域氯味过重问题。基于管网水质模型分析和监测数据，分析确定小区入口最低消毒剂控制浓度，研发基于厂网联动的优化消毒技术和管网水龄调控技术。该项关键技术通过结合化学方法和水力学方法保障管网末梢水质。化学方法为通过构建实时反馈末端余氯水平的厂网联动二次加氯系统，优化二次加氯的位置和加氯量以保证管网各节点余氯更加均匀。水力学方法为通过模型分析，优化调整泵阀和水箱等储水设施，改善管道流速和供水路径，减少管网综合水龄，进而提升管网末梢水质。

1. 技术简介

基于 ArcGIS 直观显示管网余氯调控效果，余氯调控模型直接与微生物指标联系。利用 ArcGIS 软件作图并分析上海饮用水输配管网冬季夏季余氯衰减规律。发现管网水中消毒剂含量春季冬季由于水温较低，管网水中消毒剂残留量较为平均；而夏季秋季消毒剂残量在不同区域差异很大，需要优化管网二次加氯措施。该方法为上海市管网水质信息化平台建设，为直接快速分析判断管网系统余氯衰减变化提供了良好的技术支持。

对水温、出厂水消毒剂含量与管网余氯最低值的相互关系分析，发现当水温低于 20℃时，所得模型能较好的反映管网余氯最低值受温度和出厂水余氯值的影响作用。方程为：$TCl_{min}(fit) = 0.2168 + 0.4344 \times TCl_{max} - 0.0142 \times T \times TCl_{max}$，该方程可用于预测在一定温度下为达到管网余氯维持要求而需投加的消毒剂量。

通过对夏季（水温>25℃）和冬季（水温均值 10℃）管网末梢和末端水中消毒剂对微生物抑制作用的计算，在水温较高时（>25℃）应当提高管网末梢一氯胺含量至 0.45~0.50mg/L，末端二次供水水质的余氯指标应保持在 0.25~0.30mg/L，以增强对微生物的控制效果；水温较低时末梢和末端水中余氯残留量较高，微生物水平较低。该结论为上海市管网余氯调控，保障微生物指标安全提供了明确的控制目标。

上海市供水调度监测中心建成的管网 GIS 系统收集了中心城区市南、市北、浦东、闵行四家供水企业 DN500 以上的管网 GIS 信息。共分 6 种表：阀门、流量点、消火栓、重要用户、管线、节点，3 个层：节点、管线和设备层。每种对象具有丰富的属性，并实现了与水力模型系统的数据对接。平台开发了基于 GIS 空间分析的水质等值线评价技术和水质指标聚类分析技术。

管网水质在线评估技术，采用数字化信息技术与最新的管网水质监测技术相结合，利用管网 GIS 和 SCADA 系统集成技术，探索建立实时在线的管网水质显示系统；按照水质标准和水质安全的要求，由计算机自动生成且真实反映输配管网水质化学稳定性和生物稳定性的评估结果并显示在信息化平台，形成在线动态的数字化评估体系。同时在获得输配管网动态评估的基础上，根据管网水质变化的规律和工艺特性、消毒方式等形成相关的工艺和技术的调控方案，重点选择供水厂和输配管网中的重要节点，如加压泵站作为管网水质生物稳定性和化学稳定性的控制点，并通过信息化系统及时反馈调控效果，实现管网水质的联调联控，以确保管网水质的安全。

2. 基本原理

基于 ArcGIS 的管网水质生物安全保障联调联控技术。基于 ArcGIS 直观显示管网余氯调控效果，余氯调控模型直接与微生物指标联系，可实现管网微生物指标达标和管余氯时空分布更加均匀，减少消毒剂投加量和消毒副产物生成。

基于水质末端反馈的乡镇供水管网二次消毒优化控制技术。在乡镇管网末端代表性水质控制点识别（多个点形成一个组合）确定的基础上（识别确定的目标条件：如果确定的控制点满足要求的情况下，95%的用户基本实现消毒剂水平达标），通过加氯点次氯酸钠投加量的主观设置和调整，监测各代表性水质采样点水质参数变化。基于末端水质监测（控制）点反馈，综合各外部信息，实现二次消毒剂投加优化的自动控制；消除乡镇二次消毒剂投加点的安全顾虑，实现无人值守。

3. 典型应用案例

总投资为 33678.69 万元的嘉兴市城乡一体化供水管网近期工程是浙江省《"811"环境保护新三年行动实施方案》的一部分，也是浙江省太湖流域水环境综合治理工程的组成部分。水专项相关的城乡一体化供水工程凤桥镇、新丰镇管网建设改扩建基本完成，管网水质监测点已经安装，二次加氯装置已经到位，嘉兴市城乡一体运行控制系统硬件工程建设完成，管网水力水质软件平台已经投入使用，相关的优化控制软件正在完善中。

采用研究成果的嘉兴管网实时水力模型已实现无人值守运行 100d，98%以上水压监测点误差小于 1.5m，中等城市（嘉兴市）DN200 以上管网实时校验时间小于 30S；模型精度及效率高于现有的商用软件。

通过提高乡镇管网连通性、大用户转输流量的分配优化及管网二次消毒优化等综合手段，实现示范乡镇管网余氯达标率达到 85%以上（原夏季高温季节余氯达标率为 0，2000

人一个水质采样点)。

5.4.2 管网"黄水"控制技术

长距离调水已成为众多城市解决水资源短缺问题的重要方式。然而，水源切换后，在出厂水完全达标的情况下，管网输送过程水质严重下降甚至出现"黄水"的情况却经常发生。2008年10月，北京市调入河北省黄壁庄水库应急水源后，部分区域龙头水出现持续较长时间的"黄水"现象。南水北调工程使得我国很多城市形成多水源供水格局。很多城市存在水处理工艺适配性差的问题，在水源切换过程中难免造成金属管网发生"黄水"问题。因此，结合我国各城市实际情况，明确水源切换过程中管网容易发生"黄水"的敏感区域并提出控制措施是需要解决的重要技术难点。

水源切换过程管网"黄水"发生最初被认为与管网进水的化学稳定性有关。城镇供水行业应用最多的水质化学稳定性判别指数是基于碳酸钙沉淀溶解平衡而建立的判别指数，包括：Langelier饱和指数、Rynar稳定指数和碳酸钙沉淀势等。这些指数主要与pH和碱度等水质指标有关。另一类评价指数是基于其他水质参数的指数，如Larson指数和腐蚀指数等。

后来大家认识到对于铸铁管网来说，管网发生"黄水"主要涉及管网铁稳定性问题。铁稳定性问题主要包括管网腐蚀、管垢形成、铁释放现象等多个复杂问题。铁的腐蚀和释放是一个既相互联系又相互区别的过程。如果腐蚀产物经过慢速的氧化过程可以形成对金属基体有良好保护作用的氧化层，就能够限制金属基体的进一步腐蚀。如果水质条件不利于形成该保护层，铁基体的腐蚀就会引起大量铁组分释放，从而导致"黄水"现象。

我国正在使用的管网中无防腐内衬的灰口铸铁管和钢管（包括镀锌钢管）仍占有相当大的比例，其管龄大多在20年以上，这种管网在面临南水北调大规模水源切换时发生"黄水"的风险较大。短期内完全更换这类管材难以实现。因此，明确水源切换条件下管网"黄水"发生的机制，形成水源切换过程"黄水"敏感区识别技术并对相关区域提出防控措施，保障管网水质安全是面临的迫切技术需求。

1. 技术简介

通过总结国家"十一五"时期和"十二五"时期水专项实施以来取得的重大技术成果，凝练水源切换管网黄水敏感区识别与控制技术，主要有以下几点：

（1）基于管垢化学及生物膜组成的管网稳定性评价方法：管网稳定性包括管垢稳定性和生物膜稳定性。管垢以铁腐蚀产物磁铁矿和针铁矿为主，且二者含量的比值大于1。对水源切换耐受性强的管壁生物膜的特征为：生物膜中铁还原菌和硝酸盐还原菌含量大于铁氧化菌，铁还原菌和硝酸盐还原菌为优势菌。满足以上条件可以判定该区域管垢比较致密稳定，水源切换时发生"黄水"的概率较小。

（2）基于管网进水水质的管网稳定性评价方法：提出了水源切换期间铁离子释放模型，并提出通过拉森指数和硝酸盐氮的浓度判别管网在水源切换期间的敏感区域。通常管网进水拉森指数小于0.5，硝酸盐氮浓度小于3mg/L，长期运行条件下可以形成稳定的管垢，水源切换期间铁离子释放少，发生"黄水"的概率较低。

（3）水源切换管网"黄水"控制技术：针对敏感区域采用调节碱度、多水源调配、供水厂臭氧生物活性炭深度处理及紫外线消毒方式的优化，并结合管网中氧化还原电位的变化，优化氯的投加方式，一是保障管网水的碱度和氧化还原电位，二是保障管垢中四氧化三铁为主要组成，生物膜以铁还原菌和硝酸盐还原菌为主，从而确保水源切换期间不发生"黄水"，保障水质安全。

以上技术在吸收国外先进经验的基础上，结合我国供水实际情况进行优化提升，并具有原始创新的成分，得以在我国供水行业进行应用推广，为我国多水源切换条件下管网"黄水"发生区域的识别和控制提供了重要的技术支撑。

2. 基本原理

多水源切换条件下管网"黄水"发生受化学及微生物腐蚀的影响，主要是铁离子大量释放导致。供水管网水质化学稳定性评估与控制，以pH、碱度、硫酸根、氯离子、钙离子、硝酸根和溶解氧等影响铁释放的关键水质指标为自变量，单位面积单位时间铁释放量为因变量，通过优化回归分析，建立基于铁释放速率的水质化学稳定性判定指数，然后进行预警和控制。另外，突破以拉森指数作为水源切换时水质不稳定的标准，建立了通过管垢组成特别是四氧化三铁的含量和铁还原菌和硝酸盐还原菌的含量，以及管网进水中硝酸盐氮浓度作为管垢稳定性的重要指标，因为在低硝酸盐氮浓度特别是小于3mg/L时，管垢生物膜中容易生长以铁还原菌和硝酸盐还原菌为主的微生物群落，其导致的铁的氧化还原过程诱发管垢中四氧化三铁（Fe_3O_4）含量增加，管垢致密稳定，水源切换时铁离子释放少，不易发生"黄水"。针对容易发生"黄水"的区域，采用臭氧生物活性炭深度处理及紫外线消毒进行优化，可以调节管垢组成，从而保障管网水质。

3. 典型应用案例

2008年北京奥运会前期，北京通过调用河北黄壁庄水库水增加北京供水，但是由于水质发生变化导致北京以前地下水供水区域发生了大面积"黄水"。针对北京及其他地方发生的水源切换时发生"黄水"的问题，水专项设立了南水北调受水区水质安全保障相关课题，以解决水源切换水质安全问题。

研究成果表明管垢中Fe_3O_4与α-FeOOH的含量比值大于1是管垢稳定的重要判定依据，另外很难通过大面积挖管对管垢稳定性进行评价，通过大量调研及研究发现管网进水NO_3^--N浓度小于3mg/L长期运行条件下管垢是稳定的，如果NO_3^--N浓度大于7mg/L长期运行条件下管垢很难稳定。该技术突破用管垢作为"黄水"的判定依据，从合理性、敏感性、准确性等方面都有了明显的提升，对保障北京、天津受水区管网水质安全监控和减少"黄水"管网现象具有很重要价值，该成果是国内首次对管垢影响"黄水"形成的机理进行深入研究。

研究过程中在北京第三水厂、第八水厂、第九水厂和郭公庄水厂进行了北京市多水源供水条件下的大型复杂管网体系水质安全保障控制技术示范（涉及800万人的工程示范），有效保障了南水北调水源切换期间北京的供水安全。

5.4.3 管线修复和清洗技术

当通过管线巡检、管网检测等技术发现管道漏水或发生内部锈蚀时，一般可以通过开挖维修或更新改造解决。但是在中心城区，往往缺乏开挖条件，因此管道非开挖修复和清洗技术得到快速发展和大力推广。如果供水管道只存在功能性缺陷，那么可以通过免开挖条件下管道清洗技术去除管道内壁"生长环"及其表面的"生物膜"，恢复供水能力，保障管网水质；当供水管道存在结构性缺陷时，可酌情采用非开挖的结构性修复技术或半结构性修复技术，同时解决管道结构性缺陷和功能性缺陷，延长管道使用寿命。

由于化学清洗会影响管网水质，因此一般采用物理方法。如何利用无害的气体、清洁的水或冰等混合物开展多相流清洗管道，采用经济适用的非开挖修复和清洗技术协同解决管道结构性缺陷和功能性缺陷，是水专项需要解决的核心技术问题。

1. 技术简介

（1）管线非开挖修复技术

对需要修复的管道使用管道内窥镜检查，然后接入清洗器械进行管道清洗，通气干燥，接入烘干机进行管道内壁烘干。对烘干的管道用离心喷涂机进行内涂敷，然后通入热空气固化涂料。研制出新型的双管送料的环氧树脂离心喷涂机，对双泵改进了结构，上下动作均连续输出涂料，成膜均匀，无明显的环圈。高压泵加配了行程传感器，用于检测输出流量，提供给电脑自动调整拖动速度。料筒的加热系统改为由远红外电热板和硅橡胶加热膜两部分组成，预热时一起加热，加快了预热时间，接近预定值时仅由加热膜加热。料管由原先的高压橡胶改为质量更好的、助力更小的高压树脂管，为以后将送料管加得更长创造条件。整个系统由电脑控制，只要在触摸屏输入管道口径和预期喷涂厚度，喷涂速度就自动由电脑计算控制，也可以手动控制。

（2）管线清洗技术

常用的管线清洗技术包括气水冲洗工艺及冰浆清洗工艺。气水冲洗工艺以压缩空气为动力源，以水为清洗介质。通过间歇供给大量压缩空气和少量其他磨料，混合流体在管网内形成很强烈的喷射力和振荡波，同时使混合流体高速流动冲刷管壁，将结垢和沉积物搅动剥离冲走，从而达到清洗目的。并且混合流体清洗中，气水混合流体的体积中绝大部分是气体，在同等流量情况下，耗费非常少的水量。在以前管道清洗实践中，最低仅使用被清洗管道口径的四分之一供应水量，就可以得到比较好的清洗效果，因此冲洗消耗水量可以降到原先的几分之一，管道越长，节省的水量越多。冰浆清洗工艺以特制的流态冰浆作为介质来清洗管道。该技术将冰浆注入管道形成一段柔软"冰柱"，利用上游水压推动冰浆前移；在移动过程中，冰浆与管壁发生碰撞、摩擦，管壁上的沉积/附着物在剪切力的作用下脱离管壁并随着冰浆一同前移、排出管道，最终达到清洗管道的效果。

2. 基本原理

（1）管线非开挖修复技术

供水管网非开挖原位修复技术是在地表极小部分开挖的情况下（一般指入口和出口小

面积开挖），修复供水管道的施工技术，例如将 PE 内衬、薄壁不锈钢内衬等通过折 U 或缩径的形式，在一定的牵引力和牵引速度下拉入主管道，或者将水泥砂浆、环氧树脂等作为喷涂材料，通过卷扬机拉力作用下的旋转喷头或者人工方法将材料依次在旧管道内喷涂，形成加固层，经过自然养护，形成主管道-衬里复合管，实现对旧管道的修复。

（2）管线清洗技术

1）气水冲洗工艺

管道中通入气体后，形成气液两相流，以间歇流流型运行的管道中，有较为明显的震动和水击现象，段塞流时现象最为明显，管路压力有很大波动，使管内壁的生长环脱落。管道中形成分散气泡流，其清洗管壁作用与滤池气、水反冲洗类似，管道内流动的分散气泡产生振动可有效增强与管壁的剪切力，管内壁表面污物破碎、脱落达到冲洗效果。气体脉冲加入管道，造成管内流速、压力波动，管内气体的可压缩性加剧了波动，形成管内瞬变流，造成水锤现象。管内压力交替产生压缩和扩张，作用于管内流速，流速的变化又进一步影响管内的压力，压力-速度相互耦合，加剧了波动。波动的增强，增加了流体对管壁的惯性切应力，从而使管道清洗更为彻底。

2）冰浆清洗工艺

冰浆清洗技术首先需要解决如何制备冰浆的问题。冰浆须具备一定的流动性，可通过泵实现移动；不易融化，可在管道中长距离输送；且制备方法简单、原材料易得、无污染、经济性好。为保证流动性，所制备的冰浆应为一定比例的冰水混合物，且这里的"冰"指大小均匀的碎冰，以防冰浆在泵送过程中堵塞加注泵或管道。此外，颗粒状碎冰也能更好地擦洗管壁，提升管道清洗的效果。冰浆中碎冰所占的体积分数，即冰浆浓度，对管道清洗效果的影响较大。理论上，冰浆浓度越高，清洗效果越好，但流动性下降。且高浓度冰浆制备难度较大，制备效率偏低。经多次实验，浓度在 40%～50% 的冰浆清洗管道效果和流动性俱佳，且经济效益高。实施冰浆清洗作业时，需要在清洗废液排出端检测废水水质，主要检测参数有：电导率、温度、浊度、悬浮固体浓度（SS）。其中，电导率和温度能够反映管道中清洗冰柱的出流状况；浊度和 SS 用于监测冰浆清洗的效果。

3. 典型应用案例

（1）管线非开挖修复技术

技术用于上海奉贤区奉金路给水管道修复（非开挖修复技术示范工程）。修复给水管道位于奉贤区南桥镇区环城东路北，奉金路北端至南端沿路绿化带和慢车道下。属于沿路供水总管道，主要供应道路两边的工厂企业用水。待修复管道为球墨铸铁管，其中 $DN150$ 管道 1580m，$DN200$ 管道 1700m，$DN300$ 管道 180m，总计 3460m。通过"分段—分管段清洗—涂敷防腐材料—消毒—通水"方式，对管道进行内清洗并喷涂防腐涂料的非开挖管道修复。修复效果良好，已完全去除管内结垢，恢复原管道通水内径，保证了该管段的水质安全。应用证明该技术实现了在不开挖或少开挖地表条件下，跨过重要交通干线、重要建筑物，对地下管道进行修复，具有施工场地小、施工简单、造价较低等优点，具有广阔的发展和应用前景。

(2) 管线清洗技术

技术用于上海市奉贤区浦星公路DN800清水管冲洗。浦星公路DN800管道气水冲洗示范工程位于浦星公路西侧（大叶公路北面至南奉公路南面），管道管径均为DN800，全程长6715m，其中球墨管4991m、钢管484m、PE管1240m。工程设计高差18m，其中桥管4座，最高标高2m；倒虹拖拉管7座，最低标高为负16m。冲洗结果显示，冲洗效果良好，水质检测结果达到标准要求，保证了后续管网的水质安全运行；与单向冲洗相比，气水两相流管道冲洗节水70%以上，具有耗水量小，冲洗时间短，冲洗效果好的优点。

本技术实现了利用较小流量进行大口径、大高程落差复杂管网的冲洗，特别对供水厂出水管等大口径源头管线、大口径连续大高程落差管线的冲洗提供了有效的解决方案。对整个供水行业水质保障意义重大。

5.5 管网漏损监测识别与控制

供水管网漏损是全球供水行业长期面临的普遍问题。水专项前，我国供水管网平均综合漏损率为18%左右，距离国际先进水平（如新加坡的5%）及"水十条"的要求（2020年公共供水管网漏损率不超过10%）具有较大差距。供水管网漏损的主要技术难点包括：一是管网漏损解析难，管网漏损构成复杂，水量计量体系不够完善，难以对管网漏损进行准确定量解析。二是管网漏损识别定位难，管网漏损识别定位仍以传统的听音检漏法为主，有大量的漏损不能及时监测出来。三是管网漏损控制措施优化难，缺乏对漏损控制措施效果的预测，漏损控制方案不够优化，漏损控制效率较低。

尽管水专项前国外已经建立了管网漏损控制指导性框架，但实际控制效果更多依赖于能否针对特定管网制定出适用性的漏损识别与控制方法。而在管网运行管理中，存在管材构成复杂、部分管道老化严重、管网拓扑结构复杂、运行监控能力不足等因素，导致难以高效控制管网漏损。同时，管网漏损是一个系统性问题，单一技术难有效解决，因此，我国迫切需要建立一套适合我国供水管网特征与管埋特点的管网漏损识别与控制成套技术，提升管网漏损管控能力。

为此，水专项设置了城市供水管网水质安全保障与运行调控技术（2012ZX07408002）、多水源格局下水源-水厂-管网联动机制及优化调控技术（2017ZX07108002）、苏州市饮用水安全保障技术集成与综合应用示范（2017ZX07201001）、城镇供水系统运行管理关键技术评估及标准化（2017ZX07501002）等课题，围绕管网漏损控制总体方案、管网压力控制、管网分区计量管理、管网漏失探测及爆管监测技术等方面开展研究，形成了适用于我国供水管网特征的漏损识别与控制技术体系，在国内多个城市进行了应用，并形成了相关的标准化文件，推动了行业进步。

5.5.1 漏损控制方案设计

1. 管网漏损的构成及分析方法

供水管网漏损构成复杂，既包含管道漏水导致的水量损失，又包含表具计量误差导致的水量损失，还包含由于管理因素导致的水量损失。对供水管网漏损开展水量平衡分析，将供水系统损失的水量进行有效的分解，量化漏损的组成部分，全面正确地反映管网漏损状况，可有针对性的进行漏损控制。

20 世纪 80 年代，国际水协会提出了水量平衡方法，将管网漏损分解为管网漏失与表观漏损两大部分，又进一步分别将这两个部分分解为更细化的组成部分。然而，由于我国供水系统的管理模式与数据统计方式与国外差异较大，我国很多供水单位在应用该水量平衡分析方法时，难以准确获得相关数据，造成分析误差较大，制约了其应用效果。因此，考虑我国供水单位的管理体制和现状，从便于供水单位更好使用的角度出发，通过水专项的相关研究和示范应用，对国际水协会推荐的水量平衡表进行了适当的简化修正，使其具有更强的实用性和可操作性。简化修正后的水量平衡表见表 5-6。

我国漏损控制评定标准中的水量平衡表　　　　　表 5-6

自产供水量 外购供水量	供水总量	注册用户用水量	计费用水量	计费计量用水量
				计费未计量用水量
			免费用水量	免费计量用水量
				免费未计量用水量
		漏损水量	漏失水量	明漏水量
				暗漏水量
				背景漏失水量
				水箱、水池的渗漏和溢流水量
			计量损失水量	居民用户总分表差损失水量
				非居民用户表具误差损失水量
			其他损失水量	未注册用户用水和用户拒查等管理因素导致的损失水量

与国际水协会的水量平衡分析方法相比，我国水量平衡分析方法主要修正的内容有以下 3 个方面：

（1）重新定义了漏失水量的构成要素，将"漏失水量"取代"真实漏失"，漏失水量包括不同形式的漏点造成的水量损失。根据国内供水单位统计漏失水量的实际情况，漏失水量包括明漏水量、暗漏水量、背景漏失水量，以及水箱、水池的渗漏和溢流水量。

（2）摒弃了容易引人误解的"表观漏损"概念。国际水协会提出表观漏损包括水表计量不准确、数据处理错误、账面错误和管理因素造成的水量损失。根据我国供水单位管理实际情况，用计量损失水量和其他损失水量代替表观漏损水量，计量损失水量即计量水表性能限制或计量方式改变导致计量误差而引起的损失水量；其他损失水量即未注册用户用水和窃水、用户拒查等管理因素导致的损失水量。

（3）简化并明确了计量损失水量的组成，包括居民用户总分表差损失水量和非居民用户表具误差损失水量。

水量平衡表中各项水量的具体计算方法如下：

供水总量：进入供水管网的全部水量，即通过计量仪表计量进入配水管网的水量，可据计量数据计算。

注册用水量：登记注册用户消费水量。

计费用水量：通过营销水表数据可统计分析计费水量。

免费用水量：一般是当地政府规定减免收费的注册用户的用水量和供水单位用于管网维护等自用水量，一般未计量部分可通过用水情况估算得出。

漏损水量：供水总量与注册用水量之差，即管网漏失水量、计量损失水量及其他损失水量之和。

漏失水量：漏失水量包括明漏水量、暗漏水量、背景漏失水量以及水箱、水池的渗漏和溢流水量。

计量损失水量：通过大口径水表的串联实验，求得非居民用户表误差率估算大口径水表的水量损失；利用居民用户总分表差率，结合居民用水量求得居民用户总分表差损失水量。

其他损失水量：很难准确估算，漏损水量减去漏失水量和计量损失水量之后的剩余水量，即为其他损失水量。

水量平衡分析适用于原水输水系统、配水系统或者独立的供水区域。通常情况下，水量平衡分析一般指整个配水系统层面计算和分析，以供水厂出厂计量为系统的起点，以用户用水的计量为终点。

2. 管网漏损控制方案制定

管网漏损控制方案的制定建立在对管网现状分析的基础上，在方案制定过程中，应考虑以下几方面。

（1）应定期开展水量平衡分析，确定管网漏损中各构成要素所占比例，从而明确漏损控制的重点。

（2）实施了分区管理的供水单位，应针对不同的管网分区，开展水量平衡分析，确定不同区域漏损水量大小，从而确定不同区域间的漏损控制优先级。

（3）应综合采用多指标反映管网漏损严重程度。采用现行行业标准《城镇供水管网漏损控制及评定标准》CJJ 92 规定的修正后的漏损率指标，以及国内外供水行业普遍采用的单位管长漏损水量、单位户数漏损水量、管网漏失指数（ILI）等其他指标，对管网漏损程度进行评价。根据评价结果，制定科学、高效的漏损控制方案。

（4）除水量平衡分析之外，供水单位应重视管网破损数据的收集与分析，掌握管网破损规律，识别管网破损风险较高的管线，制定针对性的管网漏损监测与维护措施。

5.5.2 压力控制技术

1. 管网漏失与压力的关系

管网漏失水量与管网压力呈正相关关系,压力越高,漏失水量越高。其原因包含两方面:一是压力越高,每个漏水点的泄漏速率就越高;二是压力越高,管网发生新漏水点的可能性也越大。因此,压力控制是控制管网漏失的有效手段,尤其是对于探漏仪器难以检测出的背景漏失,压力控制可以说是除管网更新改造之外唯一有效的手段。在满足用户用水需求的前提下,通过合理降低管网压力,可以有效降低漏失水量、破损频率和漏失自然生长率,实现节水和延长管网资产寿命的目的。

管网漏失与管网压力呈正相关关系,一般用下式描述。

$$\frac{L_2}{L_1} = \left(\frac{P_2}{P_1}\right)^n \tag{5-26}$$

其中:L_1 和 L_2 分别为管网平均压力等于 P_1 和 P_2 时的漏失水量,n 为压力对漏失的作用指数。

根据国内外相关研究结果,n 的取值一般在 0.5~2.5,与管网漏失点的数量、位置、大小、形态等特征有关。对刚性管道上发生的破损,n 的取值一般为 0.5。而在柔性管道上发生的破损,由于漏口的面积也会随着管网压力的增大而增大,n 的取值就会大于 0.5。这一理论被称为固定和可变面积漏失模型(FAVAD)。对一个具体管网,在没有足够信息进行 n 值估计时,一般假定压力和漏失之间为线性关系,即 $n=1$。

2. 管网压力控制的目标

管网压力控制的目标是尽量减少管网冗余压力,尤其是漏失严重区域的冗余压力,使得管网压力在时间和空间上更趋于均衡。

管网压力的合理性可采用管网平均冗余压力[由式(5-27)计算得到]与管网压力波动[由式(5-28)计算得到]两个指标来反映,两个指标均是越低越好。压力调控的效果可由两个指标的降低幅度来反映。

$$P_r = \frac{\sum_{i=1}^{m}\sum_{j=1}^{n}(P_{ij}-P_0)}{m \times n} \tag{5-27}$$

其中:P_r 为平均冗余压力,P_{ij} 为第 i 个节点第 j 时刻的压力,P_0 为最低服务压力要求,m 和 n 分别为节点数量与监测时刻数。

$$P_d = \frac{\sqrt{\sum_{i=1}^{m}\sum_{j=1}^{n}(P_{ij}-\overline{P_{ij}})^2}}{m \times n} \tag{5-28}$$

其中:P_d 为压力波动,P_{ij} 为第 i 个节点第 j 时刻的压力,$\overline{P_{ij}}$ 为所有节点所有时刻的平均压力,m 和 n 分别为节点数量与监测时刻数。

需要注意的是,式(5-27)和(5-28)中的节点数理论上是指管网中所有节点数,但实际应用中,节点处的压力很难得到,通常需要建立管网水力模型计算得到。而建立管网水力模型本身是一项非常复杂的工作,因此,可以用压力监测点来代替管网节点。但是要求压力监测点要尽量均匀覆盖整个管网,能真实反映出管网压力的空间分布。

3. 管网压力调控的模式

管网压力调控主要包括分区调度、区域控压、小区控压等模式。

分区调度是在综合考虑供水厂分布及供水能力、地面高程、管网拓扑结构等因素的基础上,通过调节和关闭边界阀门的方式使供水厂供水区域相对独立,并对每个区域分别实施供水运行调度,实现降低供水厂出厂压力及管网压力的目的。这种模式通过供水厂泵站的优化调度实现管网压力的调控,具有调控范围大、节能等优点。因此,在进行管网压力调控时,应首先考虑采取分区调度模式。

区域控压是指对日供水量在 5 万～20 万 m^3(根据各地供水量会有所不同)的相对独立供水区域(区域内部无供水厂),通过在进水口加装压力控制设备的方式,降低区域内部管网压力。这种模式通过使用电动阀或减压阀来实现区域的压力调控,可调控范围介于分区调度与小区控压二者之间。

小区控压是针对终端居民小区或独立计量区,以保障末端服务压力为控制目标,对小区供水压力进行精准调控。这是调控范围最小的一种模式,但同时也是调控最精准的模式,通常采用水力减压阀来实现。减压阀的控制方式包括四种:固定出口压力、定时调节压力、基于流量调节压力、基于关键点调节压力。四种方式的选择,可通过评估其对小区平均冗余压力降低的幅度来确定。

4. 管网压力调控的实施步骤

(1) 现状调研。调研内容包括供水格局、管网特征、运行现状、漏损现状等方面,通过调研,分析管网压力控制的必要性与可行性。

(2) 管网压力控制方案制定。依据管网调研结果,采用分区调度、区域控压、小区控压等模式,制定管网压力控制方案。

(3) 管网压力控制方案优化比选。将提出的各种管网压力控制方案进行成本效益综合分析,确定优化的控制方案。

(4) 管网压力控制工程实施。改造相关管网,安装相关设备,进行压力控制措施的实施。

(5) 管网压力控制效果评价。对压力控制取得的效果进行评价,重新评估目前管网压力有无可优化的空间,对压力控制方案进行进一步完善。

(6) 运行维护。对管网压力控制实施后的管网运行状态进行连续监测,根据供水格局、用户用水等情况的变化,适时调整管网压力调控方案。

5. 压力调控方案制定与优化

(1) 总体调控。应根据供水厂的分布、地势特征、管网拓扑结构等,分析总体上采用逐级增压、逐级减压、增减压结合的投入产出关系,确定适合的总体压力控制方案。总体调控方案的确定一般适合在系统规划时进行。对已建成投入运行的管网,则可通过分析管网压力时空分布现状,识别管网压力偏高区域、泵站减压的制约因素等,进行综合评价,确定分区调度的可行性。

（2）局部调控。应针对管网不同分区，评价当前漏失水平，预测压力控制可达到的漏失水平，分析压力控制设备的投入产出关系，确定适合的局部压力控制方案。局部调控包含了区域控压和小区控压两种模式。由于这两种模式相对于总体调控来说，调控范围较小，故有可能最终实现的节水效果不显著。因此，在实施前，应分析拟调控区域可降压力空间，预测降压之后的节水效果，将预期效益与成本对比，确定压力局部调控的可行性。

（3）联动调控。结合管网水力模型，分析供水厂总体调控与局部调控的关系，建立科学的管网压力联动调节方案。总体调控与局部控制之间存在着相互关联，应首先尽可能地采取总体调控，然后再对压力仍然较高的区域进行局部调控。而实施了局部控压之后，可能会由于漏失量的减少使得管网总体上又产生了压力可降空间，此时应进一步考虑总体调控的可能性。总之，总体调控与局部调控之间互相影响，应通过反复调试，直至管网压力达到最优。

6. 压力调控的适用条件与注意事项

（1）保证供水安全。进行压力控制时通常会关闭若干边界阀门，导致供水安全冗余度有所降低，为保证发生事故时区域内用户的正常用水，分区调度和区域控压时宜采取设置可远程控制的电动阀门等应急保障措施。

（2）保证管网水质达标。进行压力控制时，边界阀门的关闭通常会导致管线中水流方向或流速发生较大变化，有可能造成管网水的浊度等指标升高。因此，在实施压力调控时，应对管网水质进行监测分析，发现问题及时采取相应处置措施，保障管网水质安全。

（3）保证分区边界密闭性良好。管网压力控制多是区域性的，而大部分情况下，要求除了控压入口外，其余边界要密闭良好，否则即使在控压入口处降低了压力，仍会有水从区域边界未密闭的入口处进入，导致控压效果减弱。

（4）控压前考虑现状漏失情况。控压的节水效果不仅与压力降低的幅度有关，还与区域内的现状漏失水平有关。一般情况下，管线越老旧、管材越差，控压所起到的效果越显著。因此，在控压之前要做好漏损的评估，特别是要确定漏失水量的大小，以防控压的节水效果不显著，导致成本回收期过长。

（5）考虑对漏点检测的影响。由于压力降低后漏点的流速的减小，漏水噪声随之降低，而绝大多数检漏设备都是基于声音进行漏点定位，压力的降低会导致很多漏点更加难以发现。因此，在采取压力控制前（特别是基于独立计量区的压力控制），应首先进行彻底的管网漏点检测。

（6）充分考虑对终端用户用水体验的影响。尽管压力控制后用户端的服务压力仍然满足相关标准和需求，但用户可能对压力的降低存在适应过程，在此过程中容易引起用户对供水服务的抱怨，因此，压力控制应采取逐步减压的方式并且要留有余量。

5.5.3 分区计量技术

1. 分区计量的定义与内涵

分区计量的定义：分区计量是指将整个城镇公共供水管网划分成若干个供水区域，进行流量、压力、水质和漏点监测，实现供水管网漏损分区量化及有效控制的精细化管理模式。

分区计量的内涵：分区计量管理将供水管网划分为逐级嵌套的多级分区，形成涵盖出厂计量-各级分区计量-用户计量的管网流量计量传递体系。通过监测和分析各分区的流量变化规律，评价管网漏损并及时作出反馈，将管网漏损监测、控制工作及其管理责任分解到各分区，实现供水的网格化、精细化管理。

2. 分区计量的划分原则与模式

划分原则：分区划分应综合考虑行政区划、自然条件、管网运行特征、供水管理需求等多方面因素，并尽量降低对管网正常运行的干扰。其中，自然条件包括：河道、铁路、湖泊等物理边界、地形地势等；管网运行特征包括：供水厂分布及其供水范围、压力分布、用户用水特征等；供水管理需求包括：营销管理、二次供水管理、老旧管网改造等。

分区模式：分区管理模式包括独立计量区（DMA）和区域管理两种。其中，DMA内用户一般不超过5000户，可通过监测最小夜间流量实现DMA内存量漏损评估与新增漏损预警；区域管理一般规模较大，主要用于分析管网漏损在空间上的分布以及供水单位漏损率考核指标的分解。可根据供水单位的管理层级及范围确定不同的划分级别。分区级别越多，管网管理越精细，但成本也越高。一般情况下，最高一级分区宜为各供水营业或管网分公司管理区域，中间级分区宜为营业管理区内分区，一级和中间级分区为区域计量区，最低一级分区宜为独立计量区（即DMA分区）。

3. 分区计量的实施路线与流程

分区计量管理有两种基本实施路线：1）由最高一级分区到最低一级分区逐级细化的实施路线，即自上而下的分区路线；2）由最低一级分区到最高一级分区逐级外扩的实施路线，即自下而上的分区路线。自上而下和自下而上的分区路线各有优势，互为补充。供水单位可根据供水格局、供水管网特征、运行状态、漏损控制现状、管理机制等实际情况合理选择，也可以根据具体情况采用两者相结合的路线。

4. 分区计量实施要点

（1）尽量减少管网改造情况，以保证各区域供水管网的完整性和自然边界，边界划分上尽量采用基于流量计的虚拟边界的方法，流量计应达到双向相同的精度。

（2）最大化降低计量设备数量，一方面可以减少成本需求，另一方面也可以减少多设备导致的误差累积与设备故障造成的水量分析错误风险。

（3）DMA分区遵循以下原则：DMA入水口数量以不超过2个为宜；边界阀门应关闭且密闭性良好；规模没有明确固定的规则，分区过小则投资大，分区过大则感知度低，推荐500~5000户；DMA内地形应尽量相近，以便实施压力管理；DMA内工商用水等大用户应单独计量。

5. 基于分区计量的漏损评估与预警方法

对于实行区域管理的管网，可在这些区域开展水量平衡分析，确定区域内的漏损水量、漏失水量，并采用适当的漏损评价指标来评估区域的漏损和漏失水平。对于DMA，除了可利用DMA总表与用户分表总和之差来分析漏损水量之外，还可通过分析最小夜间流量，利用最小夜间流量与日均流量的比值、单位管长最小夜间流量、单位户数最小夜间流量等指标来综合评估DMA的漏损水平。

DMA新增漏损预警。DMA规模通常较小，当DMA内部发生新的漏水点时，一般能够引起DMA入口流量的明显变化。因此，通过连续观测DMA入口流量的变化，识别流量（特别是最小夜间流量）的变化可以起到新增漏损预警的作用。需要注意，应采用科学的分析方法，提高流量异常判断的准确性；同时，设置流量异常预警值时，应充分考虑供水单位的漏水检测能力，避免因预警值设置过高导致的"漏报"或过低导致的"误报"。

DMA漏损优化控制策略。供水单位建立了较多的DMA时，应制定科学的DMA漏损控制策略，明确任意一个DMA的最优漏损控制措施。DMA的最小夜间流量是反映漏损的一个重要指标，而这一指标与DMA自身特征（管材、管长、管龄、用户数、运行压力）密切相关。应通过现场试验，确定DMA合理的最小夜间流量与自身特征之间的关系，并建立相关的数学模型。在此基础上，可以模拟在各种不同控制措施下最小夜间流量的变化，进而获得这些控制措施可取得的节水效益，最后通过成本效益分析，优化DMA漏损控制策略。

5.5.4 漏失探测技术

管网漏失探测可参考现行行业标准《城镇供水管网漏水探测技术规程》CJJ 159 的相关规定，常用的探测方法如下。

1. 听音法

听音法指借助听音仪器设备，通过识别供水管道漏水声音，推断漏水点的方法。听音法包括阀栓听音法、地面听音法和钻孔听音法。阀栓听音法可用于供水管网漏水普查，探测漏水异常的区域和范围，并对漏水点进行预定位；地面听音法可用于供水管网漏水普查和漏水点的精确定位；钻孔听音法可用于供水管道漏水点的精确定位。

听音法适用于管道漏水声音频率范围在20~20000Hz的漏水点。应用前，应了解供水管道图纸，根据探测条件选择阀栓听音法、地面听音法或钻孔听音法。

2. 噪声法

噪声法指借助相应的仪器设备，通过检测、记录供水管道漏水声音，并统计分析其强度和频率，推断漏水管段的方法，可用于供水管网漏水监测和漏水点预定位。

按设备安装位置，可分为管壁噪声监测（噪声记录仪）和水中噪声监测方法（水听器）。水听器多用于大管径噪声（>DN300）的漏点监测，噪声记录仪用于（<DN300）的管径漏点监测。

噪声法可采用固定和移动两种设置方式。当用于长期性的漏水监测与预警时，噪声记录仪采用固定设置方式；当用于对供水管网进行漏水点预定位时，宜采用移动设置方式。噪声检测点的布设应满足能够记录到探测区域内管道漏水产生的噪声等要求，检测点不应有持续的干扰噪声。

3. 流量法

流量法指借助流量测量设备，通过检测供水管道流量变化推断漏损异常区域的方法，分为区计量监测法和区域装表法。流量法用于判断探测区域是否发生漏水，确定漏水异常发生的范围，还可用于评价其他方法的漏水探测效果。

应用流量法时应结合供水管道实际条件，设定流量测量区域，探测区域内及其边界处的管道阀门均应能有效关闭。流量计量设备应具有连续计量功能和数据远传功能，计量仪表数据记录间隔应不大于15min/次。

4. 相关分析法

相关分析法指借助相关仪，通过对同一管段上不同测点接收到的漏水声音的相关分析，推断漏水点的方法。可用于漏水点的预定位和精确定位。

采用相关分析法探测时，管道水压不应小于0.15MPa，相关仪应具备滤波、频率分析、声速测量等功能，相关仪传感器频率响应范围宜为0~5000Hz。

5. 管道内窥法

管道内窥法指通过闭路电视摄像系统（CCTV）查视供水管道内部缺陷推断漏水异常点的方法，适用于查视直径较大的供水管道内部缺损与漏水点。闭路电视摄像系统（CCTV）可采用推杆式和爬行器式探测仪器，主要技术指标满足现行行业标准《城镇供水管网漏水探测技术规程》CJJ 159的相关规定。

6. 探地雷达法

探地雷达法指通过探地雷达（GPR）对漏水点周围形成的浸湿区域或脱空区域进行探测推断漏水异常点的方法。可用于已形成浸湿区域或脱空区域的管道漏水点的探测。

7. 地表温度测量法

地表温度测量法指借助测温设备，通过检测地面或浅孔中供水管道漏水引起的温度变化，推断漏水异常点的方法。可用于因管道漏水引起漏水点与周围介质之间有明显的温度差异时的漏水探测。

8. 气体示踪法

气体示踪法指在供水管道内释放气体示踪介质，借助相应仪器设备通过地面检测泄漏的示踪介质浓度，推断漏水点的方法。可用于漏水量较小或采用其他探测方法难以解决时的漏水探测。

5.5.5 爆管监测技术

供水管网爆管是漏损的极端表现，发生爆管时会引发停水、二次污染等多种问题，造成直接和间接的经济损失和社会问题。提前识别和预警供水管网中可能存在的爆管风险，并提前采取技术措施进行控制和消除,是供水管网安全运行管理面临的重要技术需求。

本技术重点解决爆管风险评价和爆管事故定位两方面的难题。针对爆管风险评价,突破在不完整数据条件下的管道爆管风险评价建模与参数不确定性分析等关键瓶颈,以及实现静态风险模型与管网动态水力模型的耦合,建立具有理论可靠性与工程实用性兼备的爆管风险评价技术。针对爆管事故定位,摆脱对管道流量在线监测数据的依赖,充分挖掘压力在线监测在爆管定位中的作用,开发适用性广、实用性强、准确快捷的爆管定位技术。

1. 技术内容

(1) 管网爆管动态风险评价

选取管径、管材和管龄为影响爆管风险的主要参数变量,根据供水管网爆管历史数据进行参数估计,建立爆管静态风险概率模型。在静态风险评价的基础上,通过构建BP神经网络实现对管道流速、节点压力、压差波动等管网实时水力状态的分析计算,并将其作为权重与爆管静态风险评价模型进行耦合,构建供水管网爆管动态风险评估体系(图5-18)。

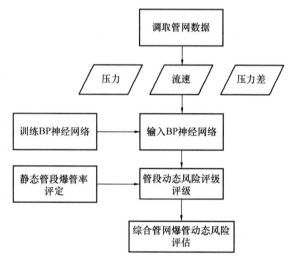

图5-18 供水管网爆管动态风险评价流程图

基于研究案例建立的爆管动态风险评价模型如下:

$$f(R_{\text{dyn}}) \cdot h_0(t) \begin{cases} h_0(t) = (0.07648 - 0.002861t + 0.000029t^2) e^{0.0003369X_1 + 0.2241X_2} \\ R_{\text{dyn}} = a_1 \cdot \phi_{\max} + a_2 \cdot \phi_{\min} + a_3 \cdot \varphi \end{cases}$$

(5-29)

其中,t为管龄,年;X_1为管径,mm;X_2为管材;$h_0(t)$为基准危险函数,次/(km·a);R_{dyn}为管道爆管动态风险变量;a_1、a_2、a_3为管道动态风险耦合权重系数;$\phi_{\max}$为最高压力;$\phi_{\min}$为最低压力;φ为节点压力波动最大值。

(2) 供水管网健康诊断评价

综合考虑管线的物理因素、环境因素、运行情况等,采用BP神经网络建立管线健康状态评估模型,评估管线的风险系数,进行健康状态分级。并以此模型为核心,基于GIS平台,搭建城市供水管网管线维修计划决策支持系统。本技术较好地解决了影响管线健康的各因素间复杂的非线性关系问题,能够简洁直观的对管网破损风险进行评价,为供水管网维修计划的制定提供决策支持。

(3) 管网爆管识别定位方法

供水管网破损风险评价技术原理见图5-19,供水管网爆管识别定位技术流程见图5-20。首先基于水力模拟通过仿真模拟获取足量的爆管情景数据,并由此建立人工数据库。为了使爆管时的水力模拟结果更接近实际情况,采用基于压力驱动的水力分析方法来对爆

第 5 章 城市供水管网安全输配

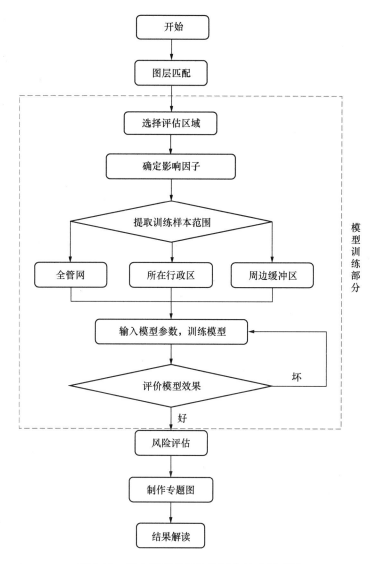

图 5-19 供水管网破损风险评价技术原理图

管事件进行模拟。

对每一个爆管事件构造一个能够准确表征爆管事件的特殊矩阵，该矩阵的每一行代表一个爆管事件的所有特征属性，例如压力，流量，发生时间等，而对于每一行的每一列则表示对应爆管事件的一个特征。矩阵每一行表示形式如下：

$$|p1 \quad p2 \quad \cdots \quad pn \quad f1 \quad f2 \quad \cdots \quad fm \quad bf \quad t| \tag{5-30}$$

其中：pn 表示第 n 个压力监测点的数据，fm 表示第 m 个流量监测点的数据，bf 表示爆管流量，t 表示爆管发生时间。

将一个爆管事件描述成一个抗原 Ag，对每一个抗原依次运用用于模式识别的克隆选择算法产生对应的抗体集合，直到所有的爆管事件都已产生相对应的抗体集合。所有的抗体组合在一起就组成了一个人工免疫系统。人工免疫系统构造完成后，可以根据 K-最近

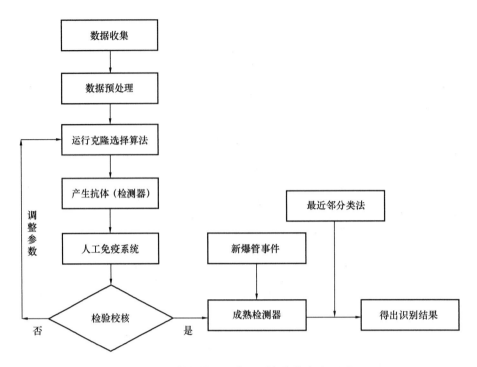

图 5-20 供水管网爆管识别定位技术流程图

邻分类法（KNN）对新的爆管事件进行分类，从而根据新样本所属的类别确定爆管发生的位置。

2. 技术适用条件

该技术可在具备压力在线监测、建设有 GIS，以及经过校准的管网水力模型的供水管网中开展应用。关键技术参数包括：

（1）可根据管道材质、管龄、运行条件等因子计算管网管径在 $DN200$ 以上管道的爆管风险概率值，并可计算绘制管网爆管风险等级时空分布图，通过评估管网爆管动态风险，及时发现供水单位需要注意加强维修保护的高风险管道，提高管网资产管理工作效率。

（2）基于 BP 神经网络算法建立管线健康状态评估模型，建立管网健康状态诊断体系，MRF-FCM 聚类管网区域健康评价算法实时分析计算时间小于 1s，为管网更新改造和优化运行提供有力技术支撑，保障我国供水管网安全可靠运行。

（3）对于管径在 $DN500$ 以上的管网，爆管事件造成的压力变化在 0.5m 以上条件下，识别定位成功率达 82.6%。

5.5.6 典型应用案例

北京地区应用案例：北京市区供水管网 $DN75$ 以上的管道总长约 9000km，管网呈复杂环状结构，管材多样，管网漏损监测、控制难度较大。针对这一问题，通过应用研发的管网水量平衡分析方法，明确了市区管网漏损水量的要素构成，提高了漏损控制的针对性和有效性。基于管网历史破损数据，建立了管网破损预测模型，识别了高破损风险管线，确定了漏水噪声记录仪的重点监测区和轮换监测区，提高了漏点检出率。制定了市区管网分区计量整体规划方案，自 2012 年起，开始实施独立计量区（DMA）试点建设，截至 2020 年底，累计建成 DMA 900 余个，通过管网漏损快速预警，提高了漏点发现效率，单位管长最小夜间流量由 $13.08 m^3/(h·km)$ 下降至 $3.46 m^3/(h·km)$，区域漏损水平显著下降。自 2012 年起，开始应用分级分区压力优化调控技术，制定了"分区调度-区域控压-小区控压"三级压力控制的技术方案，在满足用水需求的前提下，供水厂平均出厂压力下降约 4.5m，实现了控漏与节能的双重目标。通过上述项目成果的综合示范应用，极大地促进了北京市供水管网的漏损管控水平，实现市区漏损率从 2011 年到 2020 年由 14.18% 下降至 9.93%，实现了年节水约 2500 万 m^3 的效果。伴随着上述技术成果的工程应用，水量平衡分析、DMA 漏损评估预警等内容均已实现业务化运行。

上海地区应用案例：上海市奉贤区属于上海郊区，供水管网在分区管理前管网漏损水量的时空分布不清，只能采用取全面普查、定期检漏等被动管理模式；管线所负责管线维修养护、检漏修漏和管网更新改造，营业所负责抄表收费等，在漏损控制工作上存在责任不清的现象。为了解决这一问题，在上海市郊区集约化供水改造过程中，废除原有乡镇小供水厂改为加压站，保持原有乡镇管网的独立性，延伸城市管网到各乡镇加压站，天然形成了 20 个区块的区域管理布局。在乡镇枝状管网推广安装计量表，实现了逐级计量的纵向水平衡的分区计量格局。并建立分级分区计量相对应的管理机制，实施分级分区计量的区域化管理，在区域内管网管理、管网养护维修、营业收费工作三位一体，由对应的分区负责人负总责。通过分区计量构建区域化、区块化管理的数据基础，各层级各负其责，解决责权利不清的问题。同时区域供水管理所、供水管理站、管理分站（DMA 小区考核表）逐级考核、分级激励。最终形成了区域化、区块化、社区网格化分区计量管理体系，实现了计量区域与管理区域的统一，成立了 11 个供水管理所对口管理 11 个一级分区，36 个供水管理站对口管理 36 个二级分区，DMA 小区考核表的考核责任落实到人。技术运行后，从 2006 年到 2016 年奉贤区供水产销差逐年累计下降了 23%；技术在中心城区的推广应用，使得中心城区供水产销差率从 2015 年到 2017 年下降了 7%。

苏州地区应用案例：苏州吴江华衍水务有限公司松陵片区供水管网节水体系示范区，位于江苏省苏州市吴江经济开发区，运河以东、方尖港以北、苏嘉杭高速以西、吴淞河以南区域，供水服务面积约 $17.6 km^2$，DN75 以上供水管线长度约 150km，区域内用户约 2.4 万户。在该示范区内，示范了管网分区计量技术，以最小化管网平均压力、最小化节点平均水龄、最小化分区改造费用和最大化分区数量为目标，实现了多目标优化分区方法。同时示范了基于供水管网水力模型与监测数据耦合驱动的漏损识别技术，基于模型校核原理，综合考虑节点漏损风险、节点流量等因素，结合测压点实际监测数据，以最小化测压点的压力模拟值与实测值的差异为目标，利用遗传算法优化节点漏失水量的空间分布，实现了管网漏损区域识别。通过上述示范内容，示范区管网漏损率由 2017 年的 21.6% 降低到 2020 年的 3.92%。

5.6 用户末端龙头水水质保障

改革开放以来，为了保障人民身体健康，国家围绕城镇居民生活饮用水水质卫生，先后发布了多个关于水质卫生安全的技术标准，其中《生活饮用水卫生标准》GB 5749—2006 涉及的水质检测项目由 35 项增加到 106 项，现行国家标准《生活饮用水卫生标准》GB 5749—2022 调整为 97 项；《二次供水设施卫生规范》GB 17051—1997 也规定了二次供水（调蓄增压供水）设施的水质卫生标准，居民生活饮用水水质应符合现行国家标准的要求。

为保证用户持续用水需求和供水韧性，城市二次供水一般都有不锈钢水箱、混凝土水池等储水调蓄设施存在，如果自来水在储水设施中经过较长时间的停留，水中的余氯衰减挥发后，易使细菌等微生物快速滋生，造成自来水各项指标下降，容易引起二次供水水质污染；城乡统筹区域供水距离较长，自来水经过长时间输配后，余氯挥发衰减较多，如果没有中间加氯消毒设施进行补氯，管网末梢自来水余氯指标就有可能低于国家标准，使用户末端龙头水水质不能得到保证。一些配水管网材质老化，在管壁容易结垢生锈和杂质沉积并在表面形成生物膜，在水源切换、水压或水质波动时管道内锈蚀物可能会脱落，市政管网因抢维修等原因会产生一些"黄水"，这些都会集聚到城市供水管网末梢及二次供水设施，影响饮用水的卫生安全，需要采取相应措施来保障用户末端龙头水的水质安全。

5.6.1 二次供水现状与问题分析

为了保证市政管网安全和降低管网漏损率，目前城镇供水普遍采用的是低压供水系统，市政管网压力只能满足低楼层用户需求（上海直供到三楼，四楼以上多层建筑也采用二次供水），对较高楼层的用水就需要进行二次增压。也有一些城市对多层建筑实行管网直供（也称"直供水"），但是对于高层建筑，二次增压供水是不可或缺的供水模式，其供水模式和技术随着供水行业快速发展得到长足进步，目前居民住宅二次供水模式主要有低位水池＋高位水箱、低位水池＋变频调速供水、管网叠压供水等。

低位水池＋高位水箱模式即水泵从低位水池（箱）将水加压，供至楼顶高位水箱，再由高位水箱依靠重力回供给用户。这种方式适用于市政管网水量不能满足高峰时段用水要求的小区建筑。这种方式水泵间歇运行节约能耗，供水可靠性高，停电停水时仍可供水一段时间，供水水压稳定。但水箱露天放置在楼顶，增加建筑结构荷载，日晒雨淋容易产生二次污染，管理费用较高；顶部楼层用户因离水箱高差小，水压会很低，需另设水泵局部增压。

低位水池＋变频调速供水模式即水泵电机在一定范围内能够调速，依据用水量的变化自动调节系统的运行参数，在用水量发生变化时保持水压恒定，满足用水要求。这种方式适用范围广，供水压力稳定，相对节能，解决了高位水箱水质易二次污染的问题，广泛应用于高层建筑供水系统中。缺点是没有利用管网余压，增压设备发生故障后楼宇会立即停水，可通过备用水泵保障供水安全。

管网叠压供水模式是将增压设备直接串接到市政给水管网，在市政管网压力基础上再增压直供给用户的模式。管网叠压全封闭无污染、占地少安装快捷，适用于市政管网有充足余量、用户数量规模不大的小区。使用管网叠压供水不能影响城镇供水管网的正常供水，需具备防回流污染措施，采用此种方式应符合当地供水的有关技术规定，取得当地供水主管部门的同意。缺点是大面积使用叠压供水会降低供水系统调蓄水量，增大高峰供水量及供水设施扩容的投资。通过叠压与屋顶水箱联合供水，可以增加调蓄水量，又充分利用管网余压，是一种安全节能的供水模式，已在常州等地推广应用。

与直供水相比，低位水池+变频调速供水水力停留时间更长且接触的水池内壁面积更大。从供水管道到地下水池，增长的细菌主要是伯克氏菌科和鞘脂单胞菌属。鞘脂单胞菌属产胞外聚合物能力较强，有利于生物膜的形成，因此水池内壁可能存在生物膜的积累。

与低位水池+变频调速供水模式相比，低位水池+高位水箱模式的水力停留时间更长，且水箱在屋顶放置，夏季温度很高，有利于水中细菌生长。从低位水池到屋顶水箱，增长的细菌主要是伯克氏菌科和鞘脂单胞菌属，水箱内壁可能存在更进一步的生物膜累积。

总之，生物膜可能随水水力停留时间的增加逐渐累积，其中伯克氏菌科和鞘脂单胞菌属在二次供水中增长最为显著，基于上述研究，这两种菌属中含对人体致病性的细菌基本未检出，因此，对居民用水安全可能影响较小。

二次供水不同供水模式之间细菌群落多样性呈：直供≈水池变频＞水池+水箱的规律，且水池+水箱与其余两种供水模式之间的细菌群落多样性存在显著差异。水池+水箱供水模式细菌群落多样性最低，反映了该供水模式下生态系统稳定性较低，相对其他供水模式易受外界干扰。

二次供水的主要问题包括设施老化、管理不善、水质污染、能耗较高等。其中水质污染是居民投诉最多的问题，包括水体有颜色、有嗅味、有杂质等。尤其是夏季投诉最多，一些二次供水立管、水箱水池在阳光下暴晒导致水温上升，余氯急剧下降，细菌快速滋生导致微生物指标超标成为主要的水质问题。

二次供水中丰度较高的门水平物种包括变形菌门（Proteobacteria），蓝藻门（Cyanobacteria），拟杆菌门（Bacteroidetes），相对丰度依次为66%、9%、6%。变形菌门是细菌中最大的一门，在二次供水细菌中占绝对优势。二次供水中丰度较高的属水平物种包括：伯克氏菌、慢生根瘤菌、蛭弧菌、吞菌弧菌、生丝微菌、土微菌属、鞘氨醇单胞菌。伯克氏菌目是一种广泛存在于水、土壤、植物和人体中的革兰氏阴性细菌，仅少数几个伯克氏菌种与人类感染相关。慢生根瘤菌能与豆科植物共生固氮，对豆科植物生长有良好作用，但不会感染人类。蛭弧菌和吞菌弧菌对多种哺乳动物都不能有效侵染，且不能诱导哺乳动物的细胞毒性。生丝微菌为食品补充剂生产菌，该菌的代谢产物吡咯并喹啉醌二钠盐可作为成年人食品补充剂缓解钴缺乏症。土微菌属可以去除锰以减少水的混浊，还可被用作清除放射性废物铀和镭的生物修复工具。鞘氨醇单胞菌，可用于芳香化合物的生物降解，但由于该菌产胞外聚合物能力较强，与生物膜的形成相关，对管网的腐蚀、管网内细菌的富集有促进作用。最新研究表明，丝状真菌已成为城镇供水系统生物风险和安全保障的新挑战。

二次供水增长率高的伯克氏菌相对丰度与异养菌数（HPC）、可同化有机碳（AOC）、化学稳定性 RSI 指数、菌落总数（SPB）显著正相关，与 pH、总氯（TCl）负相关。另一个二次供水增长率高的细菌鞘脂单胞菌属相对丰度与 AOC、HPC，活细胞数（ICC），总铁，浊度正相关，与总氯负相关。其他二次供水高丰度细菌与水质参数的相关性如下：慢生根瘤菌相对丰度与氯离子、电导率、硬度、TDS、TOC 正相关，与 pH 负相关。吞菌弧菌相对丰度与总碱度、氯离子、电导率、亚硝酸盐、总细胞数、TDS 正相关，与溶解氧、化学稳定性 RSI 指数负相关。蛭弧菌相对丰度与氯离子、电导率、硬度、TDS 正相关，与 pH、总铁负相关。生丝微菌相对丰度与 AOC、硬度、HPC、化学稳定性 RSI 指数正相关，与总碱度、pH 负相关。土微菌属相对丰度与总铁负相关。

5.6.2 二次供水节能技术

随着城市化进程的不断推进，高层建筑鳞次栉比，二次供水作为高层建筑必不可少的供水环节被广泛应用，已成为城市供水系统的重要组成部分。为了满足用户对水压水量更高的需求，使得二次供水系统分区越来越细、工作压力越来越高，也导致了运行电费、维护费用不断增加，与节能减排、绿色发展的趋势相矛盾，加快二次供水节能技术研究应用已刻不容缓。目前按照设计规范完成的设备选型，往往与实际工况不符，出现"大马拉小车"的情况，同时二次供水节能研究停滞不前，部分技术缺少实际验证环境，难以落地应用。因此如何使设计选型更加切合实际工况，如何实现可行性、适用性高的二次供水节能技术是水专项需要解决的重要技术难点。

二次供水节能技术主要通过供水模式、水泵搭配、控制系统等方面优化升级来实现。日本东京都政府于 2002 年更改东京都供水条例，制定相应对策，普及和发展直连（管网叠压）供水系统，在降低能耗的同时，解决小规模储水箱的卫生污染问题，直连供水系统已在日本大规模及中等规模的城市中广泛使用。目前水箱变频技术已在国内普遍使用，依靠变频器对水泵电机转速调控，达到一定的节能效果；管网叠压技术也逐渐成为常用的供水方式，充分利用市政管理压力，进一步减少能耗，但这种技术应用条件比较严格，对市政管网有较高的依赖度，使用后会对市政管网的水量水压造成一定的影响；近年来，涌现出了跨分区互补、三罐式管网叠压等新兴技术，基本都是从合理利用市政管网压力、提高小流量状态下机组效率等方面入手，也取得了良好的节能效果，但也存在结构复杂、适用性差的问题。

目前二次供水节能技术主要由科研院校、设备厂家等主导研究，供水企业参与较少，因此缺少对二次供水小区实际用水量、用水规律等数据样本的积累和分析，设计人员只能依靠规范，按照最大设计流量进行设备选型，常导致选型不合理，水泵长期低效运行，造成能耗浪费；同时节能技术发展也到了瓶颈期，单一技术已难以实现进一步的节能挖潜。

因此构建基于实际用水规律的二次供水水量模型,并在此基础之上形成一套高适用性的二次供水节能技术,是目前最迫切的技术需求。

1. 技术内容与创新

(1) 技术构成

针对二次供水节能探索中遇到的问题,通过对二次供水水电耗实时监测、水量模型训练、供水模式整合优化、控制系统创新等方面进行研究、应用、总结和推广,形成一套有实效、可复制、易推广的二次供水节能技术。

该技术包含二次供水水量监测及模型构建、双模式供水、全变频大小泵供水系统、智能变压供水等技术内容。首先监测大量小区二次供水实际用水量数据,分析用水规律,抽取特征数据,完成基于实际工况的水量模型搭建,指导二次供水工艺设计和设备选型的节能优化。基于水量模型,对供水模式进行优化,将水箱变频技术与管网叠压技术相结合,实现双模式供水,达到降低能耗、保障水质的效果。通过对控制系统及水泵搭配的优化,实现了基于流量控制的全变频大小泵供水系统,使供水机组在不同用水工况都能保持高效运行。通过智能变压供水的探索和应用,实现更加精准的节能控制,解决恒压供水方式在低流量工况下扬程浪费的问题,为二次供水节能创新提供新的思路。

除了上述关键技术外,二次供水节能技术(图5-21)包含数据采集、无线传输、SCADA系统、神经网络等多个支撑技术。

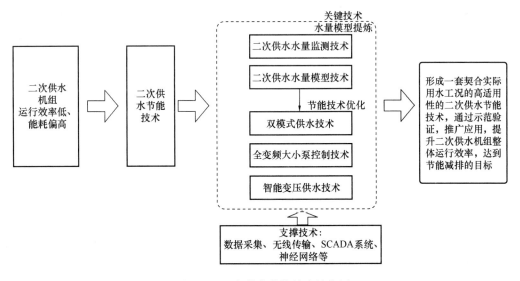

图 5-21 二次供水节能技术结构图

(2) 技术创新

本技术的创新体现为集成创新与单项技术应用提升。

集成创新:以往二次供水在供水模式选择、节能技术应用上比较单一、不成体系,在"十三五"时期国家水专项的研究引领下,明确了技术路径,实现了宏观水量模型、创新供水模式、新型控制技术的综合应用,形成了整套二次供水节能集成技术和解决方案。

单项技术应用提升：基于二次供水实际用水工况，对多个单项技术进行了研究应用，达到了良好的节能效果，具体包括以下几个方面。

1）二次供水水量监测和模型构建。通过对常州市区 150 个小区二次供水用水量的连续监测，提炼积累不同供水规模的最高用水量、最低用水量、时变化系数等特征数据，依靠 BP（Back Propagation，BP）神经网络技术，不断训练优化，形成水量模型。该技术首次对二次供水实际用水量进行大规模监测分析，形成的数据样本、用水规律和用水模型，可以为设计选型、水量预测提供更加精准的参考依据，同时也为各类节能技术的研究优化提供详细的数据支撑。

2）设计应用双模式供水技术。将负压抑制器、水箱集成在同一套供水系统中，整合两类供水模式的技术优势，在小区入住率较低时可使用管网叠压模式，入住率较高时可切换至水箱变频模式运行，兼具节能降耗和保护管网的优点。该技术实现了供水模式优化升级，解决了泵房投运初期因入住率低导致的水泵轻载低效、故障频发的问题，同时消除了水箱存水停留时间过长导致的水质隐患，目前已在常州市区新建泵房中大量应用，节能效果显著。

3）研发应用全变频大小泵控制技术。根据实际水量样本分析结果，很多小区二次供水用水量时变化系数大于 3，与设计规范中推荐系数差异较大，常规选型水泵在小流量状态下运行效率极低。该技术通过水量模型匹配，选择符合小流量工况的小泵与大泵协同运行，同时集成全变频、流量控制技术，实现了根据用水量自动进行大小泵切换组合的新型控制方式，大幅提升了供水稳定性和机组整体效率。该技术还可与双模式供水技术联合应用，进一步提升节能效果。

4）探索实现智能变压供水技术。目前普遍采用的恒压供水技术，由于在不同用水工况下采用恒定供水压力的工作模式，难以避免出现扬程过剩、能耗浪费的缺陷。智能变压技术集成 PLC、变频器、流量传感器、压力传感器等核心硬件，通过算法开发应用，在确保用户用水体验的前提下，实现根据流量自动调整供水压力的新型供水方式，这种供水方式较恒压供水方式更加科学、节能，也将成为未来二次供水节能技术新的研究方向。

（3）适用条件

全套技术中二次供水数据样本和水量模型适用于与常州地区气候环境、用水习惯相似的城市住宅二次供水项目，其他城市也可采用类似技术路线搭建适合本地区的水量模型。双模式供水技术、全变频大小泵控制技术、智能变压供水技术可广泛适用于各类住宅二次供水泵房建设、节能技术改造项目中，使用单位也可结合本地区的供水条例、用水规律、硬件设施等因素，应用本技术的全套或部分内容。

2. 技术应用与成效

（1）示范验证

二次供水节能技术在水专项应用示范区多个泵房开展了示范验证，下面给出部分示范应用情况。

二次供水水量模型、双模式供水技术应用于宝龙国际广场、河枫御景等泵房，实现了水泵精准选型组合,通过水箱变频、管网叠压模式的合理切换,达到了降低能耗、优化水质的目标。对比用水规模、用水标高相似的水箱式泵房,在小区入住率较低时,两项技术综合应用后节能效果可达50%以上。

在英郡花园应用了基于流量控制的全变频大小泵控制技术。改造后的机组包含一台小流量泵和两台主泵,每台水泵由独立的变频器调速、单独PID控制,各水泵间运行频率联动调节。在机组出水管道加装电磁流量计,PLC综合压力、流量、频率等参数对大小泵的切换模糊控制,自动适配用水量,切换运行合适水泵。系统结构简单,切换过程无压力波动,已稳定运行近两年。根据运行数据分析,在下午及夜间小流量工况下,系统会自动切换至小泵运行,全天小泵运行时间达到10h左右,期间用电量降幅最高可达60%左右。在实现全变频大小泵控制基础上,进一步应用智能变压供水技术,在降压时段约有5%的电量降幅。

(2)推广应用

二次供水节能技术在完成示范应用后,优化了供水企业工艺设计、设备选型、泵房建设标准,并在新建泵房项目中广泛推广,在能耗控制方面上取得了明显效果。目前已累计在64个新建泵房中实施该项技术,涉及用户5.6万户,根据能耗追踪分析,估算3年可节约电量约98万kWh。

(3)实施成效

二次供水节能技术通过水量模型来解决前期设计选型问题;通过双模式供水技术解决了节能运行与管网保护之间的矛盾;通过集成创新,实现了全变频大小泵控制技术、智能变压供水技术,并得到了效果验证和实际应用。成套技术提供了丰富的节能解决方案,推广应用取得了良好的经济效益,为二次供水节能研究提供了新思路,可以促进国内二次供水节能技术的发展进步。

5.6.3 二次供水水质监测与智能消毒控制技术

随着城市高层住宅二次供水泵房的日益增多,二次供水水箱的水质安全,引起人们广泛关注。目前水箱水质二次污染是普遍存在的一个问题,水箱自来水消毒问题也一直没有得到较好的解决。传统二次供水设施采用开放式水箱进行蓄水,水箱内自来水因余氯低又缺少流动,水质问题日益严重,为有效保障城市二次供水用户水质,根据卫生部门和实际二次供水的情况,二次供水泵房需要设置在线水质检测和水箱自动消毒系统。如何高效可靠的对二次供水水箱进行补加氯将成为迫切需要解决的重点技术难点。

饮用水的消毒处理是人类公共卫生领域的成功举措之一,在消毒管理过程中,余氯浓度是评价自来水水质的一项重要指标。

而城市管网整体余氯的检测和控制是消毒的难点问题,如果余氯过量,则会与水中的有机物发生反应,生成致癌的三卤甲烷(THMs)等物质,危害人类健康,并影响饮用水嗅味感官性状;而余氯浓度过低时,又无法对致病微生物起到有效的杀灭作用,因此精确控制二次供水水箱余氯具有重大意义。

传统的消毒控制是通过在供水开始端投加高浓度的氯，使得管网末端余氯浓度仍能满足最低浓度要求。加氯控制点一般落在管网末端，这种控制方法迫使管网前端余氯浓度过高，对人民健康影响较大，整个管网余氯分布也很不均匀，同时不经济。在小区二次供水泵房内增设二次供水加氯点是解决管网传统消毒控制方法存在的问题的有效措施。

目前国内外主要自来水公司大多采用余氯检测控制系统，由于水质高精度监测设备采购成本高，因此仅停留在数据的采集和传输处理，考虑到传感器稳定性和水质安全性问题，没有用来控制加药消毒，因为如果用它来进行加药控制就会产生各种问题，需要全面考虑实时消毒剂投加的水质安全问题。

如何使用性能优异的余氯电极用来做水质监测，同步自动安全投加消毒剂就成为目前需要探索的课题。同时如何克服现有二次供水补加氯消毒系统存在加药后的水体混合均匀性差、水体余氯采样环境稳定性差而导致二次供水余氯检测数据不稳定及补加氯投加量不准确等问题。并且在核心技术上，需要摆脱对国外设备和技术的依赖，解决技术上"卡脖子"的问题，降低了国外设备的采购成本；在经济上，需要节约水资源，节能环保，减少消毒剂和余氯检测试剂的用量。

基于现有二次供水补加氯消毒系统存在的问题，如何获得二次供水储水设备内余氯的真实情况并精确控制余氯浓度成为补加氯系统首先需要解决的技术问题。同时需要在保证水质安全的情况下，减少消毒剂的用量，降低消毒剂的使用成本，改善饮用水的口感。

1. 技术内容与创新

（1）技术构成

随着近年来国产高技术水质传感器的不断研发，在二次供水泵房进行水质检测及自动补氯消毒成为可能；新型不锈钢水箱制造工艺不断提升，使水箱内自来水有效流动成为现实，解决了目前二次供水水箱水难以流动这一大难题。新型水箱及水循环系统、智能水质实时监测、在线精准补氯消毒控制系统以及人工智能深度学习和数据挖掘技术为基础的二次供水水质检测和加药控制系统有机结合，有效的保障了二次供水水质。

二次供水智能补加氯消毒控制系统，包括二次供水水箱、余氯实时采样检测系统、分布式循环投药系统、补加氯系统和智能控制器，利用分布式循环投药系统使消毒剂均匀喷淋至水箱各处，使消毒剂在水箱内快速混合均匀消毒，保证余氯实时采样检测系统检测数据准确可靠，同时，通过微型采样泵和流通槽提供稳定的水流环境，配合高精度余氯传感器准确检测水箱内的余氯值，实现了无废水免维护的实时余氯检测，为后续补加氯提供了准确的数据支持，使补加氯系统的投药量更加安全准确，提高了二次供水水箱内余氯的控制精度，有效保障了二次供水水质安全。

（2）工艺流程

构建出基于原位消毒与系统持续消毒相结合的复合消毒技术（图5-22），使用低量程余氯传感器用来做水质监测，优化数据的采集处理环节，并把水质数据传递给智能加药控制系统。通过传感信号驱动加药泵精准投加消毒剂，可补偿水箱内自来水因挥发损失掉的余氯，实现基于后反馈的水箱余氯精准控制，控制水箱出水余氯范围在 0.25～0.30mg/L

(可根据需要设置)。

(3) 技术创新

新型水箱(图5-23)及水循环:无死角圆弧型水箱,易于加药均匀扩散,高低水位控制有效缩短水龄,超静音外置式直流无刷水下推流器,消毒剂均匀混合后分布式投加和多点水样采集,推流和搅拌混合小型超低功率,集成一体安装。

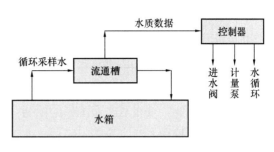

图 5-22 二次供水水质监测与消毒
关键技术工艺流程图

实现了无废水免维护的实时余氯检测,相对于传统余氯检测方法,不浪费水资源,不污染环境,为后续补加氯提供了准确的数据支持,使补加氯系统的投药量更加安全准确,提高了二次供水水箱内余氯的控制精度,保障了二次供水的水质安全。

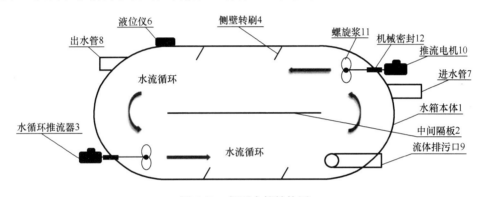

图 5-23 新型水箱结构图

利用分布式循环投药系统使消毒剂均匀喷淋至水箱各处,使消毒剂在水箱内快速混合均匀,达到自来水有效充分消毒的目的,并能保证余氯实时采样检测系统检测数据准确可靠,同时余氯实时采样检测系统通过微型采样泵和流通槽设计实现循环采样,通过微型采样泵和流通槽提供稳定的水流环境,配合高精度余氯传感器准确检测水箱内的余氯值。

采用人工智能技术对二次供水水箱内余氯历史数据进行实时数据采集、存储和深度学习,对历史数据进行挖掘,分析余氯自然挥发规律,对余氯传感器的准确性、可靠性和加药后余氯进行预测,进一步确保了消毒药剂的精准投加。

(4) 适用条件

技术适用于所有二次供水水箱,针对不同的地区,管网条件和用户需水量等数据采集分析,优化控制参数后得到精准的控制系统。该技术也同样试用于管网直供水的余氯数据分析和控制。

2. 技术应用与成效

(1) 示范验证

二次供水水箱水质保障技术已经在常州等地二次供水泵房示范与应用,在实际的应用中实现了高效的实时余氯数据的采集和次氯酸钠消毒剂的精准智能投加,控制系统根据检测到的余氯值与设定余氯值对比,自动调节加药泵的频率,自来水在水下推流器的作用下在水箱内循环流动,使通常相对静置的自来水变成活水,有效避免形成死水区。而且由于水的循环流动,提高了二次供水水箱内的卫生环境,易于配合水箱检测消毒系统工作,控制系统能控制水箱水余氯在 0.25~0.30mg/L 有规律的波动,控制精度达到 90%,实现了有效的余氯控制,通过对水箱水位的控制,每天定量及时更新存量水,缩短了水箱储存水的水龄,高效使用了进水余氯,降低了消毒剂的投加,实现了保障二次供水水箱水质的安全、稳定、可靠,保证了城镇居民二次供水用水的安全,有效的提升了二次供水水质的管控水平,对于城市管网整体余氯的控制和供水厂增压站余氯减少投加后节约药剂,以及随着消毒药剂的减少对城市供水管道等方面具有重大意义。

(2) 推广应用

二次供水新型水箱,通过对水箱环型结构的优化设计,更符合小区二次供水对存储水箱的需求,符合现代流体力学概念,在水箱里增加了这一独特而非常有效的中间隔板,使水箱存储水能定向流动,在水箱合适的位置安装推流器来控制水流速度,并在水箱外部利用循环水泵使水箱内的水快速循环流动,同时利用管道混合器混合消毒剂,保证了消毒剂混合均匀,利用水箱上部的喷淋管将加入消毒剂的水快速均匀喷淋到水箱各处,使水箱各处均匀消毒,增强了水箱内水体的消毒效果,也有利于水质数据检测和加药控制。

新型二次供水在线水质检测和水箱自动消毒系统,可以解决城市管网余氯最不利点的水箱水质问题,有利于管网整体氯耗的合理降低。通过对管网末端自来水余氯的检测和合理补氯,提升了城市水质管控水平,有效的保障了城镇居民用水安全。

成套智慧型二次供水在线水质检测和水箱自动消毒系统的研发成功,人工智能大数据分析技术在二次供水水箱水质在线监测和消毒系统中的实际可靠运行,具备重大的社会价值和巨大的经济价值,将有非常广阔的市场应用前景。

(3) 实施成效

本技术系统包括二次供水水质监测系统、二次供水水箱水循环控制系统、二次供水水箱水位控制系统、二次供水智能加药控制系统和现场制备次氯酸钠系统。经过优化结构设计的水箱及水循环系统,实现水箱内药剂充分混合、均匀消毒、增强水箱消毒效果,有利于二次供水的水质数据监测和加药控制。对于存在多转输水箱的高层和超高层建筑,需要根据补氯量大小及衰减速率计算出二次供水末端最不利点的余氯量,在上级转输水箱优化设置补氯点和补氯量。

针对建筑供水系统的水质污染特性,提出基于终端用户关注度的水质污染控制模式,建立了以膜滤、活性炭吸附为核心的建筑给水系统的物理屏障系统。建立了以二次消毒和冲击消毒技术为核心的化学屏障。

分布式循环投药系统使投药循环泵能够方便地从水箱底部吸水,并增压后从喷水嘴喷出,在水箱内形成多个微循环,保证水箱内的水体充分流动,减少水箱消毒死角,使得加药消毒更加均匀。

二次供水水箱内设置推流机构,使水箱内存储水定向流动,使通常相对静置的水箱自来水变成流动的活水，有效避免形成死水区，利于加药后均匀扩散，提高水体消毒效果，缩短水龄，同时也进一步保障了余氯检测的准确性。

在保证水质安全的情况下，减少了消毒剂的用量，降低了消毒剂的使用成本，减少了消毒副产物的影响，改善了饮用水的口感；在技术上，摆脱了对国外设备和技术的依赖，解决了技术"卡脖子"的问题，大幅降低了国外设备的采购成本；在经济上，节约了水资源，减少了消毒剂的用量，更加节能环保。

智能控制器根据历史补加氯数据动态跟踪分析，控制计量泵适量地投加消毒剂，确保消毒剂安全投加。现场数据分析监控系统使用人工智能技术对二次供水水箱内余氯历史数据进行实时数据采集、存储和深度学习，对历史数据进行挖掘，分析余氯自然挥发规律，对余氯传感器的准确性、可靠性和加药后余氯进行预测，再与实际检测到的余氯数据对比，以实时评估余氯传感器是否存在异常，验证加药后余氯上升率的正确性，确保消毒药剂的精准投加，并且在预测余氯值与实际余氯值存在较大数据偏差时，可判断为传感器数据异常，需要清理维护，实现了传感器数据的有效性、准确性实时评估，有效保障二次供水水箱水质安全。

3. 实际应用案例

新城和昱文萃苑住宅小区位于江苏省常州市戚墅堰区，戚墅堰区是常州市供水管网的供水最末端，管网余氯普遍偏低。而该小区又是 2020 年 6 月新移交运行的住宅区域，增压户数 230 户，水箱体积 $32m^3$，有两个增压区，6～12 层为增压一区，13～18 层为增压二区，入住率很低，水箱内水龄时间长，再加上进水余氯偏低，导致出水余氯很难保障龙头水的稳定达标。

2020 年年底，改造完成的新型二次供水水箱和余氯控制投加系统在该小区推广应用，有效提升了二次供水水箱水质管控水平。在实际应用中，实现了高效实时余氯数据采集和次氯酸钠消毒剂的精准智能投加，控制系统根据监测到的余氯值与设定余氯值对比，自动调节加药泵的频率，自来水在水箱内循环流动，有效避免形成死水区，提高了水箱内的卫生环境，根据"十三五"时期国家水专项的研究成果，如果小区入口余氯能控制在 $0.3mg/L$，二次供水水箱出水余氯控制在 $0.25mg/L$，即使小区内场外管和单元立管有衰减，也能充分保障居民龙头水余氯不低于《生活饮用水卫生标准》GB 5749—2006 的要求（$0.05mg/L$）。

加氯系统通过精确控制，新城和昱文萃苑住宅小区水箱的出水余氯一直在 0.25～$0.30mg/L$ 范围运行，控制精度达到 90%，再通过对水箱水位的控制，每天多次定量补水，缩短了水箱储存水的水龄，更有效的保障了二次供水水质（图 5-24～图 5-26）。

5.6.4 建筑内供水水质保障技术

建筑供水系统是城镇供水系统中最接近百姓生活的部分，建筑供水系统的运转情况，对百姓生活产生最直接的影响。当前，我国建筑供水系统的各环节，还存在诸多人民群众不满意的地方，亟需对建筑供水系统进行全方位梳理，针对现状问题形成具有针对性的技

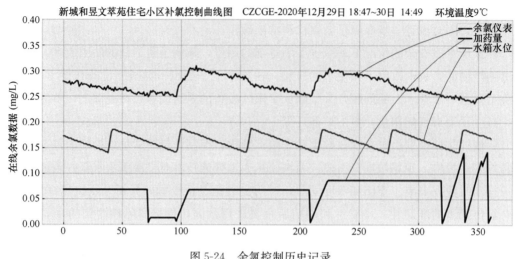

图 5-24　余氯控制历史记录

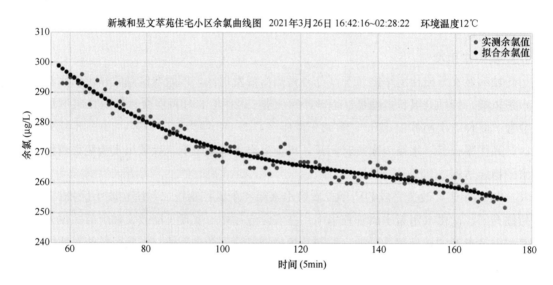

图 5-25　余氯衰减数据和机器学习回归分析

术解决方案。开展建筑供水系统的水质安全（冷水、热水）、用水舒适度、管材及设备、管理模式等方面的技术研究，具有重大意义。

1. 技术内容与创新

从技术保障上，构建了物理屏障、化学屏障、水龄保障、涉水材料保障等方面的多级屏障体系。在物理屏障上，针对建筑供水系统的水质污染特性，提出基于终端用户关注度（感官指标、生物指标及化学指标）的水质污染控制模式，建立了以膜滤、活性炭吸附为核心的建筑供水系统的物理屏障系统。在化学屏障上，形成了二次消毒和冲击消毒技术。一方面，评价了氯、二氧化氯、银离子、紫外线、高级氧化（光催化氧化）等，以及不同复合形式的常用二次消毒技术在建筑给水系统的微生物灭活效能和副产物生成量及变化规律，构建出基于原位消毒与系统持续消毒相结合的复合消毒技术，实现采用生活水池

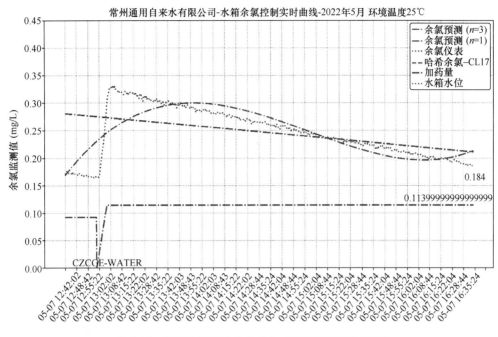

图 5-26 消毒控制系统监控软件（实时数据运行界面）

（箱）供水的水质安全保障。验证了物化消毒方式在建筑供水和生活热水的二次消毒过程中消毒效能和适用性，构建出基于水力条件与消毒效果的建筑给水安全消毒技术；另一方面，明确了氯、二氧化氯、银离子、紫外线、热力等，以及不同复合形式的冲击消毒方式的微生物灭活效能和副产物生成量及变化规律，构建出基于原位消毒方式与系统持续消毒方式相结合的复合冲击消毒技术。评价了常规消毒与物化消毒方式相结合的微生物灭活效果与影响因素，建立了建筑供水和生活热水安全消毒技术及控制方法。在水龄保障上，提出了建筑给水管路系统改进措施，建立了建筑给水管道的水力循环系统。建筑室内给水管道通过双承口弯头，环状布置，连接用水点处无支状管道，消灭死水区，防止细菌超标。明确了建筑内给水管路系统内部回流的水质和水力优化特性，优化了水力条件和水力停留时间，改善了建筑供水系统的水力运行特性。在材料保障上，优化了管道材质，控制生物污染。通过对管材类型进行筛选，降低溶出污染物，提高管道使用寿命。

在建筑物内采取措施进行水质管理，也是保障用户末端龙头水水质的重要举措。考虑到维修的便利及材质的坚固性，目前建筑物内部供水管道主要采用衬塑复合管、塑料管及不锈钢管，这几种管材工作压力范围大，能承受较大的温差变化，管内壁不易结垢，比较安全可靠。在建筑物内自来水立管顶端应安装自动排气阀，在停水后管道内积聚有空气时，能自动打开阀门排气，保证用户水压的稳定。在建筑物内管网末梢和较低位置安装排污阀，定期冲洗排放，也能够保障用户龙头水的水质稳定。居民户内供水管道应高标准建设或改造，宜采用薄壁不锈钢管、PPR 管等管材，应优化室内管网布局以保障龙头水质安全，居民室内长时间未用水应短时放水后才可正常饮用。

2. 技术应用与成效

通过水专项研究提出了"建筑水系统微循环重构"的系统化解决方案，形成了多项创新性成果，"建筑水系统微循环重构技术研究与示范""集中生活热水水质保障与节能节水关键技术研究与应用"等科技成果，经多位专家团队鉴定，认为均拥有多项原创性技术成果，经济社会效益显著，总体达到国际领先水平，相关科技成果均荣获了建设行业科技进步奖一等奖。

在物理屏障方面，建立了以膜滤技术为核心的建筑给水系统的物理屏障系统，有效隔离了微生物、颗粒物、浊度等污染物，显著改善了供水生物安全性和感官指标；在化学屏障方面，形成了二次供水和生活热水系统的二次消毒和冲击消毒技术，采用短时投加单一或复合高浓度消毒剂的方式进行冲击消毒，有效控制了管壁生物膜和水中微生物；在水力停留时间方面，建立了建筑立管和户内供水管道的水力循环系统，有效缩短了水力停留时间；在管材保障方面，优化了管道材质选择和评价方法，有效控制了管材的化学和生物污染；在管理保障方面，构建了二次供水管理技术与模式以及二次供水信息管理系统，提出了"统建统管"的二次供水管理模式，由供水企业组织人员进行市场化运作，负责用户总水表至用户分表二次供水设施的维护和管理。部分研究成果被纳入《建筑给水排水设计规范》GB 50015（现已作废）在内的多项国家、行业标准规范，使研究成果得到了推广。

通过水专项课题研究，构建了建筑给水水质安全保障技术，解决了建筑终端用户给水及热水水质问题。项目组开展了我国首次大规模建筑给水水质调研，解析了建筑给水水质污染特性，确定影响水质的关键环节和关键问题。研发了建筑给水管路系统设计方法、管控平台与智能产品，建筑给水水质合格率达到100%，成果应用于全国300多个自来水企业。开发了热水军团菌杀灭技术，灭活率达到99.99%。主编发布《生活热水水质标准》CJ/T 521—2018，填补了此方面国内标准的空白。

通过建筑给水和生活热水水质安全保障技术的技术研究，结合不合格比例、用户关注度、安全风险程度等多种因素，确立了基于终端用户关注度的水质污染控制技术，明确了"感官指标—生物安全性指标—化学安全性指标"的水质安全保障顺序。在二次消毒保障方面，形成了化学消毒和物化消毒的化学屏障系统。

建筑二次供水水质保障技术分别在3处示范地进行了工程示范：某大学校区、某生态城、某拆迁安置房住宅小区。其中大学校区示范无负压二次供水技术、热水消毒技术；生态城、拆迁安置房住宅小区示范建筑内供水水质保障技术。

大学校区示范项目的洗浴热水中未有军团菌检出，平均节水率30%，工作日节能率94.4%；生态城示范项目无负压供水机组运行稳定高效，单位流量可节能39.9%，相对于传统二次供水节水14.84%；拆迁安置房住宅小区示范项目二次供水的第三方检测国家标准中106项指标全部达标，用水高峰期水压稳定，水源充足。

大学校区作为课题的综合技术示范工程项目，进行了二次供水水质保障的技术示范。示范内容主要包括水质安全保障技术示范和热水消毒技术示范。水质安全保障技术示范的具体示范工程地点在学校的学生活动中心，规模为5万 m^3；热水消毒技术示范的示范工程地点在学苑 4 号和 8 号学生公寓楼，其中 4 号学生公寓楼负二层浴室安装银离子热水消毒装置，8 号学生公寓楼负一层浴室安装 AOT 热水消毒装置。选取设备为智能无负压管网自动增压给水设备中的稳压补偿式无负压供水设备，可实现流量控制、双向补偿和密封保压，另设立一套水质自动监测系统，通过连续日常监测及第三方监测，9 项监测指标（pH、浊度、色度、COD_{Mn}、臭和味、肉眼可见物、游离余氯、菌落总数、总大肠杆菌数）监测结果达标率超过 99%，第三方监测机构提供的由《生活饮用水卫生标准》GB 5749—2006 规定的 106 项监测指标的监测结果全部达标。

5.6.5 二次供水管理模式

2015 年住房城乡建设部、国家发展改革委等四部委联合发布《关于加强和改进城镇居民二次供水设施建设与管理确保水质安全的通知》鼓励供水企业通过统建统管、改造后接管、接受物业企业或业主委托等方式，对二次供水设施实施专业运行维护；推进抄表到户、计量到户、服务到户，将市政供水设施至居民家庭水表之间的二次供水设施交给专业单位进行运行维护，并要求运行维护单位落实档案管理、清洗消毒、水质检测、安全防范等各项管理制度，确保水质安全。要落实运行维护费用，收费标准要覆盖二次供水设施正常运行、水质安全保障及设施折旧、维修等费用，并根据二次供水不同运营主体，确定运行维护费征收方式。同时明确，二次供水设施运行电价执行居民用电价格。

2022 年住房城乡建设部办公厅、国家发展改革委办公厅、国家疾病预防控制局综合司联合发布《关于加强城市供水安全保障工作的通知》要求进一步理顺居民供水加压调蓄设施管理机制，鼓励依法依规移交给供水企业实行专业运行维护。由供水企业负责运行管理的加压调蓄设施，其运行维护、修理更新等费用计入供水价格，并继续执行居民生活用电价格。暂不具备移交条件的，城市供水、疾病预防控制主管部门应依法指导和监督产权单位或物业管理单位等按规定规范开展设施的运行维护。

通过对国内部分城市二次供水管理模式的调研，目前国内二次供水管理主要有以下四种模式：一门式管理模式；专业化管理和服务外包相结合模式；供水企业与物业企业并存管理模式；市场化管理模式。

1. 一门式管理模式

这一模式主要特征是新建二次供水设施或二次供水设施经改造，并通过供水企业验收合格后，由供水企业统一接管二次供水管理。供水企业接管后，自行承担二次供水设施的日常管理、运行养护、更新改造等工作，并将二次供水设施管理的职能分解到内部管理部门和分支机构。

采用这种管理模式优势：1）保障施工质量。二次供水设施从立项设计、建设施工、验收移交、运行管理的整个过程都在供水企业掌控中，不仅能够确保二次供水设施的安全正常运行，还能确保城市供水的正常秩序。2）管理责任清晰，管理环节少。所有关于二次供水的水质、水压等问题全部在供水企业内部解决，减少了管理层级和协作环节，责任十分明确。3）管理规范统一。管理体制调整比较简便，管理质量通过内部考核解决，所有日常管理工作将依照统一的标准执行，居民住宅二次供水获得真正的统一管理和服务。

采用一门式管理，无疑是一个较为理想的模式。但这种模式比较适合二次供水规模小、二次供水设施数量少的地区。

如：深圳市，由于该市的市政供水压力能供至居民住宅6楼，所以一般多层建筑没有增压泵组，水箱和地下水池数量十分有限，实际需要二次供水加压的水量不到4%。目前，深圳仅接管多层小区1000多个，加压泵房经过整合最终只剩50余处，大量难度较高的高层建筑的接管工作尚未实施。因此，深圳供水企业接管二次供水工作量并不是很大，接管二次供水对供水企业原有工作影响有限。

2. 专业化管理和服务外包相结合模式

这一模式主要特征是新建二次供水设施或二次供水设施经改造，并通过供水企业验收合格后，由供水企业统一接管和管理。供水企业接管过程中，制定了系统的管理制度，建立了完善的运行养护作业标准和作业规范。在此基础上，供水企业将二次供水设施运行养护作业外包给具有相应资质和信誉好的企业，双方签订相应的运行养护作业合同，明确管理层和作业层职责，严格工作流程。

采用这种管理模式优势：1) 管养分离，充分发挥管理和作业两个方面的专业优势。供水企业通过其自来水专业管理的优势，着重在制度建立、标准制定、作业监管、水质检测、确保供应上发挥专业管理的作用；着重做好参与新建二次供水设施源头管理、二次供水设施改造和计划推进、二次供水设施标准验收、二次供水接管；着重做好二次供水管理中，供水企业与政府部门的协调、与居民住宅小区物业的协调、与服务外包企业的沟通（包括计划下达、养护作业监督）等。外包企业依据政府部门规定和供水企业标准要求，充分发挥专业技术和人员资源的优势，规范操作，通过合约取得合理收入。2) 便于供水企业集中精力搞好生产服务，聚精会神提高水质和确保供应，有利于二次供水接管工作有序开展，使供水企业正常经营和内部体制不产生大的折腾，降低供水企业二次供水设施维护人员紧缺的压力。3) 有利于促进养护作业企业规范服务，有利于降低运行成本。二次供水服务外包由于采取了市场化的外包企业择优比选制度，优胜劣汰，外包企业服务质量和成本控制直接关系到自身的经济利益，这将促使外包企业提高服务质量，着力降低养护成本。

采用专业化管理和服务外包相结合模式，实施管养分离，是供水企业接管二次供水的一种探索，对供水企业接管二次供水具有现实意义。通过市场化运作，将二次供水服务外包，使得专业化管理和专业养护优势都能得到充分发挥。

如：天津市供水企业接管二次供水后，将二次供水设施运行养护委托给天津市华澄供水工程技术有限公司，取得了较好效果。

3. 供水企业与物业企业并存管理模式

这一模式主要特征是：在推进二次供水专业化管理过程中，政府未就二次供水统一由供水企业接管作出规定，在物业实施居民住宅二次供水管理的同时，供水企业参与了二次供水管理工作。

采用供水企业与物业企业并存的管理模式,是该城市政府针对实际情况而采取的措施,政府要求供水企业承担起居民住宅二次供水管理薄弱区域的社会责任,同时政府在资金等方面予以支持。对居民住宅二次供水管理正常的区域,政府通过出台相关规定和标准,继续推行由物业企业管理。

采用这类管理模式,实际上是计划和市场两种模式并存的方式。能集中和较快解决二次供水历史遗留问题,使居民住宅二次供水管理的落后区域,在政府主导下,通过供水企业统一管理得到较快改善。同时,对居民住宅二次供水管理较好的区域,仍继续发挥物业管理优势,鼓励物业企业规范管理。但是,这类管理模式涉及供水企业承担二次供水管理和养护后,管理运行费用如何解决问题,如果全面调整水价,那么物业企业管理的住宅业主就会感到不公平,如果实行供水企业接管和物业管理的两种价格,那势必会使一个地区水价复杂化。

如:沈阳市在二次供水改造和接管时规定:1) 凡独立向居民供水的二次供水设施,改造后交供水企业管理。2) 公共建筑与居民合用的二次供水设施以公共建筑用水为主的,原则上由公共单位管理;以居民用水为主的,原则上交供水企业管理。3) 高档住宅小区二次供水设施已由物业管理的,可继续由物业管理。

4. 市场化管理模式

这一模式主要特征是在推进二次供水专业化管理过程中,供水企业在政府部门领导下,参与研究和起草制定实施二次供水规范化、标准化的文件,参与二次供水设施验收、监督等工作,但自身不参与二次供水管理工作,二次供水管理通过市场方式予以解决。

采用这类管理模式,通过市场规律解决二次供水管理问题,是一个较为合理的方法,能够解决二次供水设施产权问题、委托和受托双方的责任问题、二次供水管理和养护费用问题等。但是,这类管理模式需要创造一定的条件,一是需要提高居民住宅业主自主管理意识,业主和业主机构必须依照政府颁布的《物业管理条例》规定,真正履行其职责,择优选用信誉好、专业能力强的作业队伍;二是需要创造条件,较好解决历史遗留问题,实现居民住宅二次供水设施运行处于良好状态。

如:重庆市组建了独立核算法人实体的重庆二次供水管理有限公司,专门从事二次供水管理经营服务,为小区业主提供二次供水设施改造和维护管理。业主和二次供水公司双方通过合约明确责任,并由业主支付相应改造和运行养护费用。

又如:深圳市供水企业目前正在按照政府的要求,着手研究高层居民住宅二次供水管理方案,据了解深圳供水企业初步方案倾向于学习港澳地区的市场化运作模式,即:高层居民住宅二次供水管理和养护,由业主委托具有相应资质的专业企业管理和养护,委托和受托双方签订合约,业主依照合同约定向受托方支付相应的管理和养护费用。

通过上述四种管理模式汇集和分析,我们可以得出:相应的管理模式都有着各自的优势,或存在的不足,或需要具备的条件。相关城市之所以采纳其中一种模式,主要是该城市结合了自身的实际情况。所以说:二次供水管理模式没有最好的,只有最合适的。

5.7 管网智能化管理系统构建

5.7.1 管网智能化管理系统功能模块设计

在供水管网运行中,传统方式是以纸质文件资料为载体进行数据存储、备份。近年来,随着人口的不断增长,城市规模不断扩大,城市供水管网也因此在快速的更新与扩建,城市供水管网数据量日益庞大,传统的数据存储和管理模式已经难以满足管网事故处理、优化管网建设的需求,大量的供水管网的运行数据需要信息化的技术来记录和处理。信息技术的发展使"数字城市"快速发展为"智慧城市",促进并推动了"管网智能化管理"理念的提出。

管网智能化管理系统是在地理信息系统、SCADA 系统的基础上,建立管网水力模型,实现供水管网基础信息管理、管网运行状态监测、管网预警以及管网优化调度功能,以信息化技术支撑并指导管网管理工作。基于管网智能化管理系统的迫切需求,针对我国供水企业在供水管网运行和信息化管理方面存在的管网运行效率较低、漏损严重、爆管频发、供水能耗偏高、信息化管理缺乏相应行业数据标准和接口规范、不同管理系统间数据共享困难、信息孤岛和重复建设现象严重、发展极不均衡等行业共性问题,水专项展开了多项供水管网信息化与智能化管理系统的研究,开展了城市供水管网系统智能化管理支撑框架与数据标准化、智能化管理关键技术、智能化管理平台集成、智能化管理的产业化等一系列关键技术的研究,构建了符合我国不同规模供水企业应用需求的供水管网智能化管理平台。分别在天津、北京、广州、苏州等区域开展了示范应用,提高了供水企业的信息化管理水平,并为智能化管理系统的完善提供了技术支撑。

1. 管网智能化管理系统框架

管网智能化管理系统从整体上包括了基础设施、数据中台、专业系统、智能管理应用和用户层,如图 5-27 所示。

2. 管网智能化管理系统功能

(1) 基础信息管理

管网智能化管理系统中的基础信息管理功能的实现依赖于 GIS 技术。GIS 技术主要是收集三维立体信息,对其进行储存、分析,并将信息进行可视化表达的一种信息管理系统,现今的 GIS 技术主要有数据处理、制图、数据管理、空间信息查询、空间信息分析和辅助决策这六大功能。将 GIS 技术运用到供水管网管理中能够实现管网地图管理、管线数据更新以及数据查询分析等基础信息管理功能。

1) 地图管理模块

地图管理模块是智能化管理系统的基本功能模块,除了实现对地图基本操作、鹰眼图显示、图层控制外,该模块还实现了地图背景色设置、管网标注、地图符号配置等功能。系统支持管线数据和现状数据底图矢量数据与影像数据的空间叠加显示,并可根据需求定

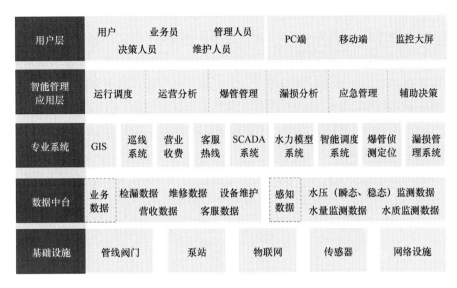

图 5-27 管网智能化管理系统示意图

义地图加载显示比例尺、标注和符号化等信息。可以方便地从服务器提取部分数据并进行数据转换，具有供水管网空间数据库的自动备份和恢复功能。

2）管线数据更新模块

管线数据更新模块是对城市管网中相关的管线信息、阀门信息、流量信息等系统相关的基础信息数据进行导入导出、编辑维护、转换等，以实现城市供水管网基础信息管理的需求。管线数据更新不仅能够对系统中的数据表文件录入新增记录、修改、删除记录，而且能够按照一定的逻辑规则检查新增记录或修改记录的合法性。系统提供丰富的数据入库工具，支持多种数据格式的空间数据和非空间数据的入库，并提供管网局部和全部数据更新支持。

3）数据查询分析模块

数据查询分析模块包括地图查询、设备查询等，分析模块包括连通性分析、管阀分析、流向分析等功能操作。可根据输入的查询分析条件，统计、汇总从数据表中整理出的相关记录，然后以报表和图形的形式显示或打印。系统提供行政区、特征点、单位、图幅、自定义范围等多种查询统计方式，可进行单向和双向的属性查询、属性组合查询、空间属性组合查询、复杂自定义查询、公式查询等，也可由属性或 SQL 语句查询满足条件的图形对象，并高亮显示，以及导出查询和统计的相关报告和图表。

(2) 管网运行状态监测

管网智能化管理系统通过供水管网 SCADA 系统，实时获取管网中供水设备的压力、流量等信息，实现对供水设备运行情况的实时监管，例如监测供水厂和给水泵站的运行状态，监测管网压力和流量数据，监控阀门、消火栓等基础设施，监测供水管网水质以及二次供水水质等。

从整体考虑，城市供水 SCADA 系统通常分为监控中心与远端采集设备的两级控制结构。一级是SCADA系统控制中心，监测分布在管网上的测量点，对数据进行采集分析，负责监视、管理和控制、统计输出等工作。二级是远端采集设备，即为放置在管道上的管网测量点RTU（远程终端单元）。RTU负责控制管道上的各种仪器设备，可将传感器测得的数据按照通信协议所要求的数据格式，也能接收SCADA系统发送的数据，并按照通信协议转换成相对应的命令，进而实现对传感器等设备的控制。管网压力的调节、泵阀的开合等均可通过RTU实现自动控制，即使断电也能将信息短期储存以便补发。

（3）管网运行诊断预警

管网智能化管理系统中预警系统的建立，需首先引入供水管网的固有属性数据，GIS数据，SCADA系统数据，供水营销系统数据等，搭建动态水力模型，然后在动态水力模型的基础上进行供水管网预警系统的研究和构建工作，实现对供水管网的不安全的状态进行提前预警，辅助供水管网能够安全的将自来水输送到各个用户。

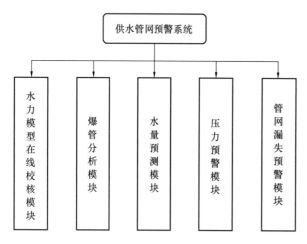

图5-28 供水管网预警系统功能示意图

根据供水管网实际运行中的情况，预警系统的主要功能包括水力模型在线校核模块、爆管分析模块、水量预测模块、压力预警模块、管网漏失预警模块和系统维护模块。供水管网预警系统的功能图如图5-28所示。

1）水力模型在线校核模块

水力模型是预警系统构建的基础，它的准确性将会直接影响系统各个功能的实用性。在构建水力模型时，由于有些参数无法直接测量或者随着时间不断变化，一般通过经验或历史数据进行估计，使模型满足当前的管网情况。但随着时间的推进，这些参数可能发生变化，水力模型可能无法再满足使用要求。因此需要不断更新水力模型的这些参数，确保模型的精准性。通过水专项课题的研究，完善了水力模型的在线校核方法，并在此基础上，开发了在线校核模块，成功应用于广州大型供水管网系统中。

水力模型在线校核模块是通过对SCADA系统实时传来的节点水压和管段流量数据进行校核，让用户能够在线上调整水力模型中节点流量，为供水管网预警工作提供更精确的模型，保证系统的实用性。

在满足物理规律中的能量守恒定的前提下，通过连续性方程对供水管网当前运行状态的实时数据及历史运行数据进行处理，建立供水管网中动态水力模型。动态水力模型建立的技术路线如图5-29所示。动态水力模型的建立分为以下几个步骤。

① 收集现状资料：收集供水管网的静态信息和动态信息，包括管网GIS数据和基础数据，例如：管段的相关信息，如管段对应的管径大小、管段所使用的管材等；节点信息息，如节点流量、节点压力；水源信息；水泵的相关信息及管网中控制阀门的状态等信

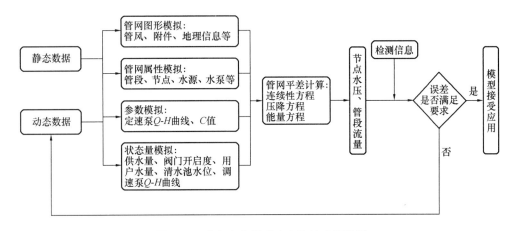

图 5-29 动态水力模型建立的技术路线图

息。通过这些资料和数据建立管网拓扑结构。

② 建立初步的水力模型：主要对管网的一些参数进行初步估值，包括对管网的用水量和漏失量进行初步分配，估计用户节点的 pattern 曲线，对管网中的管道摩擦阻力系数进行计算等。运用这些参数和连续性方程、能量方程建立管网差计算的基本方程组。

③ 基本方程组求解：求解连续性方程、压力方程和能量方程构成的方程组。通过方程的求解，可以计算得到管网中各节点所对应的压力、各管段的流量、水头损失等。

④ 供水管网运行状况实测：对监测点的压力和流量、典型管段的摩阻系数和大用户的用水量进行实地测量，而且保证数据的数量和准确性满足要求。

⑤ 模型校核：将水力模型计算值与监测数据进行比较，若误差超出允许的范围，则需要修正模型，反复调整各类参数，直到满足精度要求为止。

2）爆管分析模块

爆管分析是模拟某一管道发生爆管时，分析此次爆管事故造成的影响，并给出事故修复时应关闭的阀门方案。水专项针对爆管开展了多项课题的研究，包括供水管网爆管静态风险评估、爆管侦测与定位等研究，并开发了相应的功能模块。

当某一处管道发生爆管，可以根据水流方向搜索该管道的所有下游管道和节点，这便是此次爆管所影响的范围。然后，搜索发生爆管的管道的上游相邻的阀门，关掉这些阀门就会截断流向这段管道的水流。因此，爆管分析可以用图论搜索的方法来完成。

确定爆管事故的影响范围的过程可以视作以该管段下游节点为出发点进行遍历，直到访问完所有的管段和节点。因此可以用图的广度优先搜索遍历方法，搜索结果便是此次爆管事故的影响范围。进行爆管事故修复工作时，需要截断流到此爆管管道的水流，故需要关闭的相应的阀门。这些阀门的寻求过程可以视作以该管段上游节点为出发点，逆方向进行图的搜索，同样可以使图的广度优先搜索遍历方法。

爆管分析流程图如图 5-30 所示。

首先选择管网中一个管道进行爆管模拟，然后逆水流方向搜索连接此管段的所有线路上的距离爆管点最近的阀门，关掉这些阀门就截断了流向爆管管道的水流。再顺水流方向搜索关闭阀门后影响的范围。最终得到此次爆管的处理方案，为管网修复人员提供参考建议和作为处理的决策依据。

3）水量预测模块

城市用水量与天气、节假日、生活习惯以生产活动有关，可以通过分析历史数据找到其中变化规律，构建水量预测模型。水量预测模型通过输入预测参数便可输出未来的预测用水量。系统通过调用天气预报 Web Service 服务获取未来 24h 的温度、天气，然后将温度、天气以及星期几和节假日信息作为预测参数输入到水量预测模型，模型计算出未来 24h 的用水量的预测值。再将预测结果进行分析，

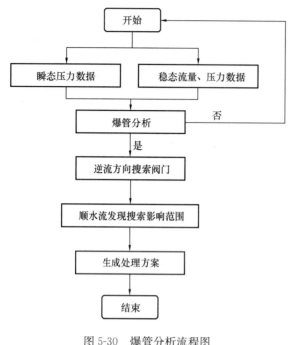

图 5-30 爆管分析流程图

如果预测值大于高峰用水阀值，便进行预警处理，通知供水调度人员预先采取措施，保证供水工作的正常进行。最后将水量预测结果和预警处理经验保存下，为以后的供水调度提供辅助决策方案。

4）压力预警模块

供水管网中重要的节点上都安装有压力监测器，后台实时接收 SCADA 系统传来的各个压力监测站点数据，然后将这些数据输入到压力预警模型进行判定，若压力不正常则系统会产生预警，并对预警的严重度进行分级评估，对压力过高可能导致的爆管现象进行提前通知，提示相关人员进行应急调度处理，保证供水管网安全运行。

压力预警模型根据水力模型的要求分别对压力突变异常、压力过高和压力过低这三种模型进行预警。当监测点的实时压力连续发生较大的跳动则进行压力突变预警；当监测压力值高于管网正常状态的阀值时则进行压力超标预警；当监测压力值低于管网正常状态的阀值时则进行压力不足预警。

5）管网漏失预警模块

管网漏失会导致节点流量的异常增加，同时会引起压力和流量监测值的异常变化。由于实际用水量具有周期变化的规律，动态水力模型通过历史监测数据进行校核，能够较为准确的反映供水管网真实的运行状态。当新收集到的监测值与水力模型的模拟值差异过大，即超过允许波动的范围，则作出漏失预警。这样就可以通知管网检修人员到相应的区域去做实地检查，及时修复以减少自来水的漏失浪费。

当漏失预警发生时，进一步比较分析监测值和模型计算值之间关系则可以找出漏失点的位置。由于漏失会导致节点流量的异常增加，因此可以通过增加漏失节点的节点流量使

水力模型的计算值和监测值相匹配。逐个调整用户节点流量，使水力模型模拟值与监测值尽量匹配，使水力模型模拟值与监测值误差最小的那个用户节点是管网漏失点。因此将漏失定位转化为目标优化问题。以漏失节点的位置及漏失量为变量，以压力监测点的监测值与模型值的差值最小为目标，构建反问题模型，求解模型得到漏水点位置。

(4) 管网优化调度

供水管网的优化调度，包括了计算机技术（Computer）、通信技术（Communication）、控制技术（Control）和传感技术（Sensor），简称3C+S技术。配备智能化、优化的调度软件，对系统运行中数据和信息进行综合分析，制定实时、高效的调度决策方案。在管网运行状态集中，且全面、实时监控的基础上，充分运用现代信息技术手段，通过数据采集与监视控制系统（SCADA系统）对数据和实时状态的采集、处理以及突发事件的预测，对供水进行优化调度，实现管网的智能化控制。管网优化调度是智能化管控的关键环节，水专项针对该项内容开发了优化调度模型。

建立管网优化调度系统，包括：

1) 建立抢修应急处置子系统：结合预警系统，将管网建模成果、GIS和海量数据计算方法相结合，形成异常事故判定模型，在发生爆管事件时，可实现快速定位，在确认爆管位置之后，自动寻找相关的调控阀门，系统控制管网压力流态，有效避免爆管引起大范围的水质异常和压力下降。

2) 建立水质应急处置子系统：在水力模型基础上开展管网水龄和余氯浓度计算等水质分析功能，将计算结果在管网图中分级展示。当发生水质突发事件时，寻找水质污染源，模型计算结果与监测数据比对，推断可能的污染源所在位置，并确定污染影响范围，用模型计算不同时刻污染范围。

3) 建立调度方案评估子系统：通过对大量历史的阀门调节记录和SCADA系统数据的统计和分析，生成各种阀门调节方案下的管网压力、流量、水质等管网工况分析报表，生成各阀门调节方案，合理指导供水调度。

4) 建立管网资产分析评估子系统：以GIS数据为基础，整合管网运行、水质、管道漏损点和隐患点数据，建立供水企业自身特点的管网评估模型，定期进行管网评估并针对性采取改造措施，使管网安全风险控制由被动转为主动。

5) 建立业务流程管理系统：对公司调度管理、水质管理、巡检、检漏、抢修、作业审批、GIS数据更新、模型维护等管网业务流程进行规范、梳理，实现公司业务在系统内全电子化闭环控制，提升精细化管理水平。

5.7.2 管网智能化管理系统程序架构

在"高内聚，低耦合"思想的指引下，管网智能化管理系统架构从功能上可设计为三层：数据层、业务逻辑层和表现层，各层之间采用接口相互访问，如图5-31所示。应用分层之后，不同类型的软件开发人员可以根据分工的不同，并行处理各自的任务，从而提升开发效率；并且由于各层之间的互不干扰性，各层可以根据具体的需要对业务进行扩展，降低了应用后期维护的代价；各层之间通过接口进行隔离，上层只需要通过下层提供的规范化接口调用下层提供的服务，提高应用的可移植性和安全性。

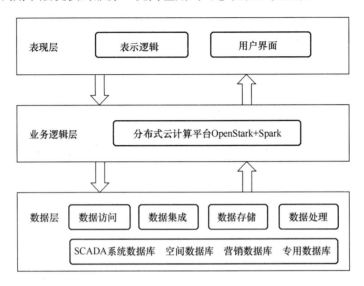

图 5-31 管网智能化管理系统架构示意图

1. 数据层

数据层要求建设数据中心作为数据信息的共享和管理平台，实现管网智能化管理系统全流程所产生的数据和各项基础数据的访问、存储、备份、分析和挖掘，为业务应用提供数据支撑。

（1）数据访问

数据访问层的职责是与数据源的交互，负责数据的创建、删除、更新及查询工作。一般情况下，一个数据访问层对应一种数据库或一个数据访问框架。例如，可以为 SQLServer，Oracle，MySQL 等数据库编写一个数据访问层，也可以编写基于 NBear 或 NHibernate 的数据访问层，只要它们实现了数据访问层接口所定义的功能，则可以相互替换，来支持不同的数据库或框架。

因为分层架构要求各层次职责单一且明确，所以，设计的数据访问层应该是干净的、只关注于数据的访问。它包含的操作基本流程应该是"获取参数、根据参数确定操作命令、执行命令、返回结果"。这里的根据参数确定操作命令，可能是动态创建的 SQL 语句，也可能是存储过程，或者 ORM 框架中指定的命令形式；而返回结果可能是查询到的结果，也可能是操作影响的行数等标志性信息。它所接受到的参数应该是能直接用来确定操作命令的，而不需要进行任何计算，计算应该放在业务逻辑层里。而返回的结果也应该以基本数据类型、实体类或实体类集合的形式返回，对数据不应该做任何处理和修饰。

（2）数据集成

采用企业服务总线 ESB 来负责各类业务模块的数据汇总收集、调用及参考。ESB 设计构架着重探究数据模型、通信协议的接入和转换，数据的处理进程和注册管理服务等内容。其中数据信息的输入及转换指的是应用服务系统对一些特殊数据类型的识别以及协调能力，如 SWIFT、SOAP，自定义格式及一些行业的标准格式（HL7、EDI）等；通信协议的输入及转换指的是服务系统对开放系统互联协议类型的识别及调用能力，如：HTTP、JMS、FTP、Web Service 等；数据的处理进程指的是数据经格式转换、数据库及路由等处理；注册管理服务指的是服务的数据查询、注册、发布等方面的管控，并且对服务的整体运行效果进行数据统计分析。

企业服务总线 ESB 基于 SOA 架构标准规范，SOA 是一种面向服务的体系架构，从技术层面来看，作为一种组件模型，SOA 可以在多种编程语言、实现方法和运行环境下将不同类型、不同业务间的数据有组织的进行交换。采用 SOA 架构以服务为导向和体系结构开发的管网智能化管理系统，能够通过服务化封装，对已建成的系统和资源进行合理的利用和处理，最大程度地贴近实际业务需求，同时对业务的变化需求具有良好的扩展性。

（3）数据存储

SCADA 系统数据、供水企业营收数据、GIS 数据、远传大用户表数据等数据源获得的数据需要高效的存储。实现高性能面向海量数据存储技术可以采取的策略有：分区技术、并行处理技术以及云存储技术。分区技术是指采取合适的表分切技术，如"分区关键字"分区，根据监测点名称、类型分割成单一分区表或组合分区表，降低数据量，从而提高查询效率和后续计算分析的读取效率。并行处理技术是指利用多个 CPU 或 I/O 资源来执行单个数据库操作，将任务并行化，使得多个进程同时在更小的单元上运行，按需随时分配，从而能够高效地管理海量水务存储数据，提高了数据存储的机动性。采用云存储服务也是一个具有吸引力的选择，它可以随时按需要的规模支付费用，从而处理存储负载峰值，在数据存储过程中起到相辅相成的作用。

（4）数据处理

数据处理是构建数据仓库的重要一环，从数据源获得的数据，经过数据清洗和加工，最终按照预先定义好的模型，将数据加载到目的数据仓库中去，从而得以用于智能分析或用于主数据管理体系。数据处理分为抽取、转换和清洗、加载三步。抽取式数据的输入过程，解决数据源异构问题；转换和清洗主要解决数据质量问题，通过将数据中存在的冗余、错误、缺失检测出来并加以改正，最终确保数据具有良好的正确性、一致性、完整性和可用性；加载是数据的输出过程，将清洗后的数据按照物理模型定义的结构持久化写入到数据存储层之中。在供水数据之中，使用 Extract-Transform-Load（ETL）工具从而可以有效简化对原始数据的抽取、清洗和转换、加载过程，从而极大地提高了开发效率。

2. 业务逻辑层

业务逻辑层负责领域相关业务的实现，起到承上启下的作用。业务逻辑层中凡是需要进行数据库操作的地方都应该调用数据访问层完成，因此其中不应该包含任何对数据库操作的代码，另外，业务逻辑层也不应该对数据的呈现形式有任何影响，因为那是表现层的责任。业务逻辑层不需要对用户输入信息的有效性负责，因为数据访问层应该对用户输入的信息进行验证，并保证传递给业务逻辑层有效的数据，但是，业务逻辑层应当负责业务数据，不是用户输入的，而是根据一定业务规则确定的数据。

管网智能化管理系统的业务逻辑层针对不同的需求对数据层进行相应的操作，同时连接数据层和表现层。结合贯穿于各个层次的标准规范、安全保障及运行维护管理体系，构建流程化的业务应用，最大限度地发挥管网信息数据的价值，提供科学合理的分析评估和决策建议，实现高效规范的水务管理。以其计算分析功能为例，即通过计算服务集群，实现业务分析算法，完成数据分析和数据挖掘。

3. 表现层

表现层是一个系统的门面，它负责与用户交互。表现层的好坏直接影响用户对系统的使用。表现层负责接收用户的输入以及将输入数据呈现给用户，并且决定呈现样式。它对用户输入数据的有效性负责，同时管理会话及页面跳转等逻辑。进一步来说，表现层可以分为两部分：UI 和表示逻辑。UI 即用户界面，它是真正的可视化部件，旨在将计算分析结果以跨端的界面适配方法在多种设备上进行"响应式"适配，解决不同分辨率和设备下的用户体验一致性问题。UI 中不应该包含任何逻辑性，它仅仅决定呈现给用户的界面是什么样子，至于里面显示何种信息，则由表示逻辑决定。表示逻辑负责与表示有关的逻辑，如页面如何条件性跳转、根据用户的输入进行数据验证，然后显示不同的信息、根据系统运行情况显示不同的信息等。对于管网智能化管理系统来说，还包括负责提取、汇总业务分析核心内容，自由定制报表模块，并根据模块自动创建和发布报表内容。概括来说，UI 决定"怎么显示"，表示逻辑决定"显示什么"。

5.7.3 管网智能化管理系统安全保障

管网智能化管理系统的业务运行、运营及管理等与信息安全紧密相关，如果运行信息不能得到及时流通，或者被增删、篡改、破坏或窃用等造成关键信息的丢失、通信中断、业务瘫痪等，将带来无法弥补的危害和经济损失。因此，在进行管网智能化管理系统的建设时，必须高度重视系统安全问题，确保信息设施系统安全、稳定和可靠。

管网智能化管理系统应该满足一定的安全要求：应保证网络设备的业务处理能力满足业务高峰期需要，保证系统的可用性；应采用密码技术保证数据在传输和存储过程中的完整性和保密性；应采用可信验证机制对接入到网络中的设备进行可信验证，保证接入网络的设备真实可信；应在关键网络节点处检测、防止或限制网络攻击行为；应对登录的用户和系统管理员进行身份标识和鉴别；应提供重要数据的本地数据备份与恢复功能等。针对管网智能化管理系统面临的安全威胁，应该构建纵深的防御体系，采取互补的安全措施，保证一致的安全强度，并建立统一的支撑平台。具体的信息安全措施举例如下：

1. 数据库安全设计

为保证数据的安全性，令管网的 GIS 空间数据库、属性数据库、营销数据库对系统只提供读取权限，SCADA 系统数据则可使用 Web Service 提供访问接口，确保数据不会受到破坏；选择安全级别比较高的数据库，比如微软的 SQL Server，来存储下位机上传的水管网监测数据信息，确保后台存储管网数据的安全；注意数据写入数据库过程中的安全隐患。系统在数据库中写入数据时应进行加密,来确保数据的安全。无论是管网数据,还是数据库的操作日志文件,全部进行加密,以提升整个系统的安全级别。

2. 系统使用者的账户安全设计

以基于B/S架构的系统为例,全部下位机上传到上位机服务器的水管网监测数据都是在通信网络中完成的,整个业务流程较为复杂。在上位机服务器的操作系统中,系统的使用者在操作系统中打开浏览器,进行登录,登录成功后,便可在服务器的浏览器中进行操作,下位机的监测数据上传到服务器中,管网智能化管理系统中便可以查询。整个过程,一旦发生数据的泄露,将对水务公司造成巨大损失,因此,对于上述的数据传输过程,必须采取一些技术手段,来防止传输过程中发生数据泄露问题,方法一是将数据分散开,数据存储时避免集中。针对不同的用户设置不同的权限,使用户对数据的访问权限不同。方法二是对数据的传输过程加密,因为数据在传输过程中很容易被黑客半路截获,所以传输时必须将数据加密,截获的人无法获取密钥,便无法访问数据,因此杜绝了数据被截获造成数据泄露的隐患,提高了安全性。

3. 通信机制的安全设计

为保证部署在目标区域进行管网数据收集的前端设备所传递的信息不被未授权的第三方获取,应采用密码机制提供点到点的安全通信服务保障。对操作进行加密处理的同时,需要配套密钥管理方案作为支撑。为了安全性,二者应该分离。密钥管理是传递数据信息加密技术的重要一环,处理密钥包括生成、存储、装入、验证、传递、备份恢复、保管、使用、分配、更新、控制、丢失、吊销和销毁等多方面的内容,涵盖了密钥的整个生命周期。由于前端智能设备的多样性,很难统一要求有哪些安全服务,但是保密性、完整性、可用性、鉴别认证性、容错性和不可否认性都是必要的。针对不同的应用场合,有些可能对信息的窃听和篡改比较敏感,有些对设备的入侵抵抗性要求较高,此时也需要入侵检测机制。

4. 有效的容错容侵机制

建立有效的容错容侵机制十分必要。应该考虑允许错误和入侵的比例,要使误检率和漏检率处于平衡状态,同时要想到会出现的攻击手段,针对种种情况设置解决办法。通过容错容侵机制,可以有效保障管网智能化管理系统的正常运行。例如:在一个规模较大的系统管理中,肯定会出现在相同的时间段内发生复杂系统操作的情况,所以如果系统处理高并发的能力比较弱,那么将会发生系统的崩溃,这时需要使用数据库中的事务,事务能够帮助系统在发生崩溃时实现自我恢复,实现回滚,恢复到崩溃之前的状态,数据库的事务提升系统在应对高并发时的能力,让系统具有一定的容错能力,尽管出现系统崩溃的情况,依然可以保存崩溃之前的状态,并能实现状态的恢复。这样,系统变得更加可靠、稳定,数据能够安全、完整的保存在数据库中。

5.7.4 典型应用案例

1. 平台构建

天津市自来水集团有限公司联合深圳市水务(集团)有限公司、清华大学等十家单位依托水专项研究，建成了供水管网在线监测数据质量控制系统；建成了供水管网数据中心，将原来分散在各业务系统的管网在线监测数据、管网巡检数据、供水厂生产数据、管网设施数据、营业收费数据等与供水生产、运营相关的数据通过数据抽取技术进入数据中心，为数据统一管理、综合分析提供了根本保障；开发了水力模型与 GIS、SCADA 系统、营业收费系统的数据转换接口模块，改进节点流量分配和模型计算引擎，建立了管网动态水力模型，管网优化分区管理系统，以及基于 SOA 架构的供水管网节能调度系统；在国内供水领域率先开发了基于 SOA 架构的管网资产管理子系统及供水管网安全事故应急子系统，实现了对管网资产爆管风险的有效分析，为管网更新改造提供了科学依据。

通过上述技术研究，最终形成了供水管网智能化管理平台这一标志性成果，平台在天津市自来水集团有限公司、深圳市水务（集团）有限公司和鞍山市自来水有限责任公司完成部署并稳定运行至今。实现了源水工艺、原水管网、水厂工艺、供水管网、调度、二次供水、水压、水量、水质、营业、客服、街景、信息点、水力模型、三维模型、现实增强等"从源水到龙头"生产运行全过程数据的可视化展示和综合分析，可为不同单位、不同部门、不同专业、不同人员提供个性化、专业化、可视化的综合性管控界面，可以在移动端、桌面端、电视端和大屏端进行部署，提升了生产运营管理的精细化水平和智慧决策水平。

2. 应用成效

供水管网智能化管理平台的应用，实现了管网由被动抢修向主动预防的转变，提高了生产一线人员现场的施工抢修处置水平，摆脱了依靠个人经验和传统纸质图档的工作习惯，利用系统的导航、爆管等功能，管网事故处置效率得到了显著提升，缩短了抢修时间，减少水量漏失，降低了管网施工对周边居民、道路通行等带来的影响；通过综合数据分析，准确判断高风险状态管线，合理安排管网例换计划，减少了供水管网事故的发生，降低了维修成本；通过与营业系统的数据对接，丰富数据分析手段，帮助抄表人员了解情况，并及时发现抄收质量问题和供水稽查问题，提升营业抄收率、及时率；客服人员通过平台实现了对营业、水量、管网、水压、水质等业务数据的快速查看，为更好地解答用户提问提供了有力的技术和数据支撑，提高了客户服务的质量，提升了客户服务满意率；在依靠生产管理人员经验的基础上，借助系统内大数据丰富分析手段，提升工作效率和精准度，在生产过程中精准加药，降低了药剂成本；在保障数据安全的前提下，方便各级管理人员随时随地查看生产数据，对生产管理进行监督，提升了供水安全保障水平，水质、水量、水压全面达标，让老百姓喝上放心水。供水管网智能化管理平台的应用，全方面提高了企业的经济效益和社会效益。

同时，项目研究带动了参与单位技术创新能力的提升，使得参与单位在智慧水务的建设上处于国内先进水平，获得了包括发明专利、软件著作权在内的知识产权，拥有了多项包括智能化管理平台、GIS、水力模型等在内的具有自主产权的核心关键技术，提升了相关单位的市场竞争力。

第三篇 饮用水多维协同管理技术

第6章 饮用水安全保障系统规划

6.1 概 述

饮用水安全保障系统规划是指导城市供水行业及各项设施建设发展的重要依据，通常也称为城市供水系统规划或城市给水工程规划。现阶段我国城镇化发展进入城市存量规划和质量提升阶段，基于水资源环境的强约束，为既有的城市病提供解决方案，成为规划的重点；为应对全球气候变化和各种突发情况，对饮用水安全保障系统规划的韧性和安全保障的冗余度提出更高的要求；国家区域发展和乡村振兴的发展战略，需要统筹协调与优化配置区域资源，实现供水设施的共建共享和系统化布局。基于上述科技需求，国家水体污染控制与治理科技重大专项开展了饮用水安全保障系统规划的研究，主要成果包括：建立了复杂供水系统空间布局优化成套技术并在典型城市进行应用，构建了适合我国现阶段发展需求和目标的供水规划评价体系和城市供水规划决策支持系统（UWPDS），形成系列标准化成果产出。上述成果成为协同管理技术体系的组成部分。

6.1.1 我国饮用水安全保障系统规划现状与技术需求

我国的城乡规划事业始于中华人民共和国建立之后，随着国家第一个五年计划的启动，采用苏联城市规划的体系开展了国内重点城市的规划建设，成为指导城市建设发展的蓝图。20世纪80年代，城乡建设环境保护部将工程性的基础设施分为六个方面：水源及给排水系统、城市能源系统、交通运输系统、邮电通信系统、城市生态环境保护系统和城市防灾系统，其中的供水系统即是城市饮用水安全保障系统的主要内容，专项规划的起源初衷也是从上述各专业系统开始出现的。在20世纪90年代到2000年左右，城市规划以城市总体规划为主，其中包含有供水、排水、供电、燃气等专业规划，因为处于城市化快速发展阶段，更强调设施布局和落地实施。20世纪末以来，供水、排水等城市涉水行业从各自发展需求出发，以城市总体规划为依据，陆续开始了供水、污水、雨水等专项规划的编制，专项规划的技术方法与技术体系逐渐完善，建立了专项规划中需求量预测和设施布置等技术内容，同时专项规划的每个子系统都进一步细分，类别更加多样化。

城市供水系统规划可以分为两类：一类属于专业规划，是城市规划和国土空间规划的组成部分。传统的城市规划体系由全国城镇体系规划、省域城镇体系规划、城市总体规划、城市分区规划和城市详细规划等组成，对应于上述各层次的城市规划，城市供水专业规划具有不同层次的规划范围、内容和深度。另一类是专项规划，独立于城市规划单独编制并有独立成果，专项规划通常以城市总体规划或国土空间规划为依据，其规划范围与期限与上位规划一致。专项规划弥补了总体规划深度不足，详细规划系统性不强的问题，兼具系统性和可实施性，可作为城市详细规划和工程项目可研编制的依据。

现阶段我国城镇化建设对规划提出新的要求，与起步阶段不同，空间管控的规划会适当弱化，解决实际问题、提高设施效率的重要性日益凸显，规划的问题导向需求更加明确。规划的重点是基于资源环境的强约束，为既有的城市病提供解决方案。其次，全球气候变化明显，极端天气灾害频发，体现在城市供水系统规划中，一方面要节能降耗，强化低碳减排技术，突出绿色处理技术的发展，实现智能高效的监管；另一方面，要强调规划的韧性和冗余度，设施的规模、布局以及安全保障能力需要留有一定的余量，以应对各种突发情况，并能保证城市供水作为重要生命线工程的运行安全。此外，国家区域发展和乡村振兴成为现阶段的重要发展战略，区域协同和城乡尺度统筹要求供水设施的共建共享和系统化布局，需要对区域资源进行统筹协调与优化配置，为整体解决区域供水问题、提高供水工程建设的科学性提供技术支撑。

6.1.2 国内外供水系统规划理念与方法

回顾以英国为代表的欧洲国家城市规划发展历程，可以发现其法定规划经历了从关注微观开发控制走向宏观政策引导的过程演变，即从"技术"型向"政策"型规划的转变。第二次世界大战以后，发达国家随着人口的急剧增加，用水量也不断增大，水资源需求与短缺的矛盾日益突出。为了应对这一增长趋势，许多国家的规划部门都在供水规则中增加了用水量预测环节，并对用水量预测方法进行长期深入的科学研究，以作为科学手段来应对用水量日益增长和水资源短缺的矛盾。1956年美国加利福尼亚州在编制的供水规划中开始了用水量预测这项基本工作，并在以后的供水规划中根据实际用水情况及经济发展状况进行修正完善；在20世纪80年代，美国就有大约2/3的州制定了相关政策来推进供水规划的具体实施，并对各地的用水量进行科学的预测。从20世纪60年代起，日本也开展了用水量预测工作，并把它作为每十年进行一次的国土规划的基本依据。英国在1973年、1984年和1994年进行了三次水资源供需规划，在期间还进行过多次用水量的预测工作，并把预测值与实际值进行比较，并对预测结果颇为满意。德国、法国、加拿大、意大利等国家也进行过多次用水量预测工作，并把它作为国家宏观调控、政府管理、规划编制和有关政策制定与实施的基本依据。

此外，发达国家在城市建设和发展过程中，以可持续性、环境友好型和全生命周期管理为特征，对城市基础设施系统进行综合评价，针对性的提出优化和完善的建议与措施。对南美、南亚等地区的发展中国家来说，面临供水系统的优化运行和城市扩张带来设施建设的双重需求，也在采用一些模拟方法进行供水系统分析，为系统扩建提供决策支持。

近些年以来，城市供水规划面临的问题更加复杂，快速城镇化背景下，水与其他基础设施问题在一个空间叠加出现,基础设施建设滞后、质量堪忧等问题日益凸显。在新发展理念和以人民为中心的思想指导下,以水安全保障和可持续健康供给为目标的全系统的优化与协调,成为目前供水规划的主要目标。国内在快速城镇化、乡村振兴和新型基础设施建设背景下,规划理念由原来的设施布局和能力保障向绿色化、韧性化、体系化、生态化等方面转变。

6.1.3 规划技术进展与成果

近些年来,国际上关于城市水系统的关注热点不断发生变化,如图6-1所示。20世纪80年代,出于对水的自然循环的关注,集成水资源管理(Integrated water resource management)、城市水系统成为研究热点。至20世纪90年代,随着全球变暖、资源枯竭等议题的逐渐升温,可持续(Sustainability)已经成为衡量城市规划方案与城市水系统的核心尺度之一,主要强调生态系统的保护以及代际公平。

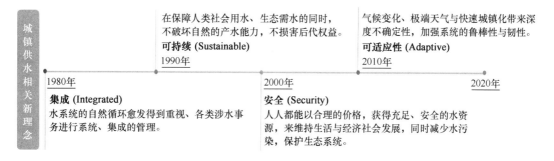

图 6-1 国际上城市供水相关概念

在2000年左右,在国际水协会与the Global Water Partnership的倡导下,供水安全(Water security)相关的议题得到了最大程度的重视,各个层级的水安全,从社区到城市,从国家到全球,都在被广泛的讨论。近些年来,随着全球变暖和极端气候带来的供水安全风险进一步增大,城市供水系统的自适应性(Adaptive)、鲁棒性(Robustness)、韧性(Resilience)成为新的焦点,它所强调的不再为供需方面的"安全",而指系统应具备更强的应对外界威胁的能力,增加系统的鲁棒性,缩短系统恢复的时间。但从一定意义上来说,它是安全性(Security)的延伸与深化。一项针对美国与非洲地区108个城市的比较研究显示,目前仍有7%的城市由于当地的水文条件与基础设施落后使供水达不到"安全"的水平。《自然》杂志一项针对全球482个大城市的分析显示,在2050年,其中27%的城市会由于地表水不足而面临供水安全问题,而另外有17%主要靠外调水的城市则将会面临与农业抢水的问题。

与国际上对城市水系统的关注热点同步,韧性供水、系统理念和绿色低碳成为城市供水行业和供水系统面临的新问题和新挑战。我国城市水系统规划在可持续、安全性、适应性、韧性评价等方面的研究尚处于起步阶段。结合我国城市建设发展阶段的特点,围绕建立科学的供水系统评价体系,建立适合我国国情的规划设计框架和关键指标等水系统规划技术需求,开展了一系列专题研究。包括:以城市供水系统规划的科学编制为目标,按照问题导向、因地制宜、生态优先、创新开放的原则,优先建立供水系统评价与风险分析方法,识别城市供水存在的特征问题,作为规划编制的基础和前提;通过水资源承载力分析约束城市发展规模,并进行供需平衡分析和资源的优化配置,充分发挥资源利用效益;针对水源多样和管网系统的日趋复杂,从支撑城市发展和完善供水设施布局的角度,建立不同的供水系统布局模式,并对设施布局进行优化;基于区域和城乡尺度,从用水指标、设施共建、管理统筹等角度构建区域统筹城乡联合供水规划的技术方法,为大尺度供水系统规划的编制提供依据等。

为此,从"十一五"时期以来,通过水专项相关课题的研究,形成了适应现阶段发展需求的城市供水规划设计框架,规划包含的主要内容和关键指标等,体现了行业进步和技术创新。综合水量预测、区域统筹、规划调控、系统优化等多角度、多层次的研究成果,建立了包含供水系统风险识别技术、水源供需平衡与优化配置技术、供水系统布局模式与优化技术、区域统筹联合供水规划技术等的复杂供水系统空间布局优化成套技术,并在典型城市进行应用。通过对关键技术的评估和应用验证,形成系列标准化成果产出。有效促进了规划技术进步并指导行业发展。

6.2 供水系统风险识别与应急能力评估

建立供水系统评价与风险分析方法,识别城市供水存在的特征问题,是规划编制的基础和前提。供水系统风险识别与应急能力评估技术是指针对城市现状供水系统,参考美国国家环境保护局(EPA)标准识别规划层面影响供水系统安全的高危要素,建立城市供水系统关联高危要素的识别技术方法;针对已识别出的高危要素,研究相对应的规划控制方法,通过建立评价指标体系,评估城市供水系统对潜在风险的应急能力。

6.2.1 技术目标

供水系统风险识别技术参考 EPA 标准,建立供水系统风险识别及分类方法,对应供水系统各规划层次、全流程识别影响供水系统安全的高危要素。利用 MLE 计算其威胁水平,通过参考美国 sadia 国家实验室向 EPA 提供的报告、现场调研、咨询专家的方法对所有直接影响因子赋值。基于高危要素的识别,研究建立相关指标体系,综合评估城市供水系统的应急能力。研究制定应急供水规划,提高城市供水系统的应急保障能力。

6.2.2 主要技术内容

供水系统风险识别与应急能力评估技术,指通过分析不同地区影响城市供水安全的危险要素及其差异,参考 EPA 标准识别各要素的风险水平、影响的空间、时间范围、影响程度等特征,建立城市供水系统高危要素的识别和分类方法;针对识别出的高危要素,通过对供水系统全流程的解析,评估城市供水系统在空间协调、设施建设以及应急管理层面的应急能力；研究提出针对上述高危要素城市供水系统可能的规避与防范、预测与监控、控制与管理的规划调控措施体系。技术路线如图 6-2 所示。

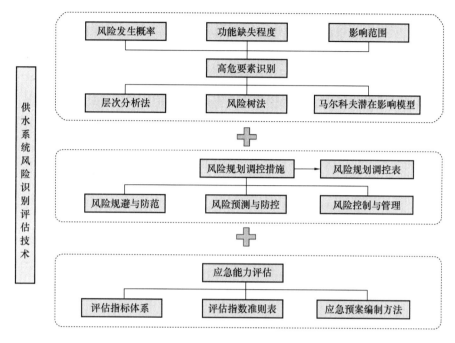

图 6-2　供水系统风险识别评估技术结构图

本技术适用于全国范围的供水系统风险评价和应急能力评估。

风险识别方法适用于城市级以及各种类型和规模的供水企业，可指导"从源头到龙头"的运行、设备、化学品的风险评估，包括取水、制水、输配水和二次供水四个子系统，企业以外的其他主体可参考执行。

应急能力评估方法针对识别出的风险，评估城市供水系统在应对风险中的能力和水平，并建立城市供水应急预案编制大纲。城市供水系统风险规划调控措施主要应用于城市供水规划（总体规划、专项规划）等顶层设计文件对城市供水风险的宏观管控和应对，通过对城市应急能力的评估，优化供水设施布局，制定应急供水规划，提高城市供水安全保障水平。

6.2.3　技术方法与参数

系统风险评估是城市供水规划的重要内容，是确定规划调控重点的基础工作，常用的方法有：

层次分析法：是对任意不同要素的潜在重要性进行比较分析并给予量化的方法，通常步骤包括建立递阶层次结构模型、构造出各层次中的所有构造矩阵、层次单排序及一致性检验、层次总排序及一致性检验，最终得出各因素相对于总目标的重要排序。

风险树法：也叫事故树分析法，是一种从结果到原因逻辑分析事故发生的有向过程，该方法遵循逻辑学的演绎分析，将多种风险画成树状，进行多种可能性分析。若能在此基础上对每种可能性给出概率，则为概率树法，它可以更为准确地判断每种风险发生的概率大小，进而计算出风险的总概率。

风险矩阵法：综合考虑风险概率 K1 和风险影响 K2 两方面的因素，可对风险要素对项目的影响进行最直接的评估。风险矩阵法既能做到风险的定性评价，也能做到风险的定量评价；既能简单直观得出城市供水系统子系统的风险等级和排序，又能得出整个供水系统风险的等级。风险矩阵法通常按照风险值（K1×K2）的大小将风险分为极高、高、中、低四级。

本研究结合供水系统的特点，在系统风险评估的方法学上尝试采用马尔可夫潜在影响模型（MLE），将供水系统分解成若干子系统，对于每一个风险从攻击可能性和系统有效性两个方面进行定量计算。攻击的可能性是指某一风险发生的可能性大小，风险水平利用下式计算：

$$R = A(1-E) \tag{6-1}$$

其中：R 代表风险水平；A 代表攻击可能性；E 代表系统有效性。

系统风险识别是风险评估的基础，应对供水系统的风险要素进行分析，对应急能力状态水平进行等级评价。通过对供水系统的解析，识别水源、取水、净水、输配水各子系统包含规划、设计、运营管理全过程的风险类型、高危要素和调控重点，研究建立了规划因子调控矩阵模型，见表 6-1。

规划因子调控矩阵模型　　　　表 6-1

要素类型	系统解析	高危要素	规划层次		设计	运营管理
			空间规划	专项规划		
技术	水源	水文	○	●	●	
		水质	●	●	●	●
		水量	●	●	●	
		突发污染	○	●	●	●
	取水	选址	○	○	●	
		防洪		○	●	●
		水锤			○	
		设备故障			○	●
	净水	选址	○	●	○	
		工艺		●	●	●
		漏氯			●	●
		设备故障			○	●
	输配水	布局	●	●	○	
		管材		○	●	●
		二次污染		●	●	●
		爆管			○	●
		应急	○	●	●	●
		设备故障			○	●

续表

要素类型	系统解析	高危要素	规划层次 空间规划	规划层次 专项规划	设计	运营管理
非技术	自然	干旱	○	●	●	●
非技术	自然	洪涝	○	●	●	●
非技术	自然	地灾	○	●	●	●
非技术	自然	咸潮	○	●	●	●
非技术	自然	富营养化	○	●	●	●
非技术	自然	冰凌	○	●	●	●
非技术	自然	台风	○	○	○	○
非技术	社会政治	局部战争	●	○		
非技术	社会政治	恐怖活动	●	○		
非技术	社会政治	群体事件	●	○		
非技术	管理	渎职				●
非技术	管理	漏洞				●

注：●表示关联度高，应在本层面实施；○表示关联度较高，可在本层面实施；空白表示基本无关联，不宜在本层面实施。

城市供水应急能力评估一直以来没有通用的技术方法，本研究通过构建城市供水系统应急能力评估指标体系，提出城市供水系统应急能力状态水平分级方法，为城市供水应急能力评估提供技术依据。针对识别出的规划层面的系统高危要素，从抵抗风险发生的能力、应对风险的适应能力及降低风险破坏的能力等方面，构建城市供水系统应急能力评估指标体系，科学评估城市供水系统的风险应对能力。典型的城市供水系统应急能力评估指标体系见表 6-2。

城市供水系统应急能力评估指标体系 表 6-2

评价因素	高危要素	应急能力评估指标
水源	干旱、咸潮、洪涝、水致传染病、突发性水质污染、地质灾害	水源组成和类型
水源		水源备用率
水源		应急备用水源备用天数
水源		水源地地质条件
水源		水源地植被覆盖率
取水	洪涝、地质条件、电力供应系统及控制系统中断	取水保证率
取水		取水日常调度和应急保障方案
取水		防洪设防标准
取水		电力供应系统设施及备用情况
供水厂	原水水质水量变化、电力供应系统及控制系统中断	供水厂选址地质条件
供水厂		供水厂选址防洪标准
供水厂		水处理应急处理工艺方案
供水厂		电力供应系统设施及备用情况

续表

评价因素	高危要素	应急能力评估指标
输配水	极端天气、电力供应系统及控制系统中断	输水管事故时输水能力
		输水走廊地质灾害易发性
		配水管网环网连通度
		电力供应系统设施及备用情况
		输配水管管材
全流程影响	干旱、洪涝、地质灾害、台风、爆炸袭击等	风险监测预警能力
		应急指挥中心
		应急响应时间（min）

以风险可控制及系统可适应为目标，确定城市供水系统应急能力状态水平分级标准，按得分高低分为高、较高、一般、差等四级，构建城市供水系统应急能力状态水平表，见表 6-3，并以此作为供水系统规划的基础和依据。

城市供水系统应急能力状态水平表（满分 10 分） 表 6-3

评价标准	应急能力指数	状态水平
高	(8, 10)	水源结构合理，应急水量充足，水源水质优良稳定，水源地生态环境优良，供水厂工艺稳定，供水管网环网结构合理，具备风险监测预警能力及应急处理管理体系
较高	(6, 8)	水源结构合理较合理，应急水量满足需求，水源水质较好，水源地生态环境良好，供水厂工艺良好运行稳定，供水管网环网结构合理，基本具备风险监测预警能力及应急处理管理体系
一般	(4, 6)	水源结构相对单一，应急水量供给维持在临界点，存在水源水质污染现象，水源地生态环境一般，供水厂工艺陈旧但运行较为稳定，供水管网环网结构不完整，风险应急处理管理体系一般
差	(0, 4)	应急水量短缺，水质污染严重，水环境功能退化严重，供水厂设施陈旧，供水管网框架不合理，风险应急处理管理体系基本未建立

6.3 水资源优化配置技术

在水资源可持续利用的前提下，使有限的城市水资源最大限度地满足规划期内各类城市用户对水源水量及水质的需求，是水资源优化配置的技术目标。研究提出水资源利用的一般原则、水资源配置的优先序以及相关技术参数；基于供水系统应急能力的保障，提出应急备用水源的建设规模等具体要求。

6.3.1 技术目标

城市水资源优化配置，应落实"节水优先、空间均衡、系统治理、两手发力"的新时期治水理念，坚持以水定城、量水而行、因地制宜、高效安全的原则，协调好城市经济社会发展与水资源承载能力的关系，以水资源的公平、高效、可持续利用支撑城市可持续发展。

其具体的技术目标为，在城市水资源可持续利用的前提下，使有限的城市水资源最大限度地满足规划期内各类城市用户对水源水量及水质的需求。

分项目标涉及供给与需求两个方面，分别设定两类指标：(1)供给层面，设定水资源开发利用可持续性的目标；(2)从需求层面，设定优化配置的规划目标。通过供给和需求两个层面的协调平衡，实现城市水资源的优化配置。

6.3.2 主要技术内容

城市水资源优化配置的主要技术内容及其技术要点包括：

(1) 梳理国土空间规划中的城市发展规划方案，明确规划范围和期限

了解规划期城市发展战略、功能定位、城市性质和发展目标等，重点梳理不同规划期城市人口和用地发展规模以及空间布局；明确规划范围和期限，应与国土空间规划相一致。

(2) 分析各种可利用水资源（可供水量）的水质水量特征

以政府相关主管部门已批复或发布的流域/区域水资源综合规划、水资源公报、水资源调查评价报告以及有关的研究成果为依据。对于缺乏现状调查评价成果的可能水源，应进行补充调查评价。

重点分析城市所在流域/区域水资源开发利用状况，以及各种城市水资源的数量、质量、安全风险、时空变化情况及开发利用潜力等。

(3) 分析各类用水户用水量的历史变化及节水潜力

在供、用水现状调查的基础上，研究城市生活、生产、生态以及园林绿化、道路浇洒等各类供、用水的现状以及近10年以上的历史变化；对主要用水指标以及变化趋势进行分析，并与国内外同类城市的用水指标、有关部门制定的用水和节水指标等进行比较；分析未来的节水潜力，预测各类用水指标。

(4) 分类分区的需水量预测

根据城市未来发展的人口和用地规模，预测不同用户的需水量及需水总量，一般包括居民家庭生活用水、公共服务用水、工业企业用水、市政用水（道路浇洒、园林绿化）、生态（环境）用水、消防用水等。规模较大的城市，还需要结合城市用地布局，预测不同组团/分区的各类用户的需水量及需水总量。同时，分析各类用户对水质的需求、用水的季节性差异等用水特征。

一般地，市政用水对水质的要求较低，生态用水有季节性变化，工业企业用水的水质要求不尽相同。

(5) 常规工况下的供需平衡分析

结合规划方案，设置不同的调控目标和情景方案；根据不同用户对水质水量等的需

求，遵循保证安全、优水优用的原则合理配置各种水资源；对年需水量与年供给量进行平衡分析；通过优化调控目标和情景方案、多次反复计算以达到供需平衡，或者通过建立多目标优化模型求解得到。

（6）系统安全风险分析，以及应急备用水源的规模需求分析

从防范安全风险的角度，识别并评估供水系统各环节存在的高危要素；基于供水系统应急能力的保障，提出应急备用水源地规模需求。

（7）提出常规及应急工况下各类水源的优化配置（调度）方案

统筹考虑常规与应急供水的水源需求，提出各类水源的优化配置及调度方案，满足总体及分区分组团的水质水量供需平衡。

6.3.3 技术方法与参数

1. 需水量预测方法和参数

需水量预测方法一般包括人均用水量指标法、单位用地指标法、单位GDP/产值耗水量指标法、趋势外推法、弹性系数法及机理模型预测法等。

不同类型用水遵循不同的用水变化规律，宜采用不同的预测方法进行预测。城市需水量可采用多种方法进行预测，对各种方法的预测成果进行相互比较和复核。

生态（环境）需水是为维持城市生态空间（蓝绿空间）的生态与环境功能所需的水量，如河湖水系、湿地的耗水量，用于补充渗透、蒸发以及维持一定水质与生态功能的水量。

主要的参数包括各类用水量指标（相关的标准规范）和本地自然水文参数。

2. 水资源配置的方法和参数

遵循保证安全、优水优用、就近利用、因地制宜的原则。

水源利用的一般原则：优先利用本地水，合理利用地表水，科学利用地下水，推进非常规水资源的利用，严格控制新增外调水。

水资源配置的优先序：水量保证率高的优质水源应优先用于生活饮用水；再生水应优先用于生态环境用水、市政杂用及工业低质用水；雨水宜优先用作景观环境用水。

主要参数有：雨水资源利用率、再生水回用率、外调水资源比例等。

3. 供需平衡分析的方法和参数

供需平衡分析可采用情景分析结合试算得到，供水系统规模较大较复杂的、有条件的城市，其水量供需平衡也可以采用构建多目标规划模型求解。

供需平衡分析需要分析常规与应急工况的年用水量平衡，城市及分区、分组团的水量平衡；对于一些类型的水源或用水有较大的季节变化，还需要进行逐月的水量平衡分析。

主要的参数有：供需比、应急供水天数等。

6.4 空间布局优化及管控技术

区域资源的统筹协调与优化配置，是现阶段国家发展战略的重要需求，迫切需要建立

供水设施共建共享、供水系统城乡统筹的规划方法，形成城市间协同供水优化技术、城乡统筹供水系统空间布局优化及管控技术和城市供水系统空间布局及管控技术。

以GIS和供水管网水力模型为工具，通过网络概化模型，研究区域供水水源互联互备、各城市以及各城镇之间供水管网互通的结构拓扑性能，实现城市间协同供水优化；借助MATLAB软件建立多目标、多维、多约束的复杂非线性组合的函数模拟，并采用LINGO（Linear Interactive and General Optimizer）科学计算软件，以确定城乡统筹供水系统中设施布局、运维调度的最优方式；基于WaterGEMS软件进行二次开发，建立供水系统规划方案的评价体系，提供不同规划方案比选的依据和参考，并实现供水系统的动态模拟，为决策者提供技术支持。

6.4.1 技术目标

基于协同供水和多级调度，在城市、城乡地区以及城镇群地区等不同空间范围，建立供水系统与空间布局协调的规划及运营调控技术，协调供水系统与城镇体系、产业布局、交通等重大基础设施的空间规划布局，建立供水系统区域共享和城乡统筹的规划方法，全面保障城镇供水安全。

6.4.2 主要技术内容

1. 城市间协同供水优化技术

针对城市间（区域层面）供水系统多水源、城乡管网互联的特点，建立城市间供水系统空间布局模型，如图6-3所示。从经济性出发，进行区域联动供水系统的优化布置，为区域供水系统的建设、改造提供技术支持。具体包括：

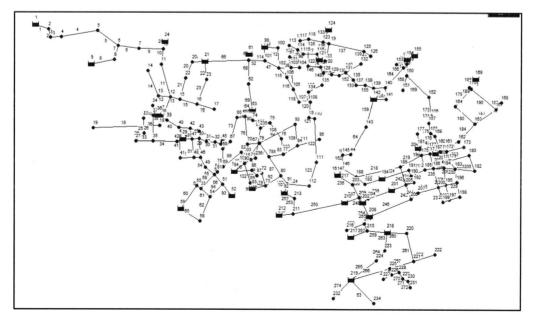

图6-3 区域供水系统EPANET模型

区域供水水源互联互备结构拓扑属性优化。针对供水干管环网度不够和供水片间联络程度有限等问题，以 GIS 和供水管网水力模型为工具，通过网络概化模型，研究区域供水水源互联互备、各城市以及各城镇之间供水管网互通的结构拓扑性能。

管网合理分区供水技术。针对分质供水、分压供水情况的需求，建立合理划分供水片区和优化设置互通阀门的方法。

输配水管道和加压泵站的能力优化技术。针对大范围区域性供水，从经济性出发，建立联络干管和加压泵站的能力优化的方法和技术。

2. 城乡统筹供水系统空间布局优化及管控技术

针对城乡统筹供水系统城乡差别大、管网环状枝状结合、多级加压提升、水力停留时间长等特点，重点解决供水厂泵站等重要设施布局、主干供水管网架构、水质保持、供水经济运行等核心问题。借助 MATLAB 软件建立多目标、多维、多约束的复杂非线性组合的函数模拟，并采用 LINGO 等作为专门求解最优化问题的科学计算软件，可以根据实际需要选择合适的求解器进行优化求解，以确定城乡统筹供水系统中设施布局、运维调度的最优方式。城乡统筹供水系统空间布局优化及管控技术的路线图如图 6-4 所示。

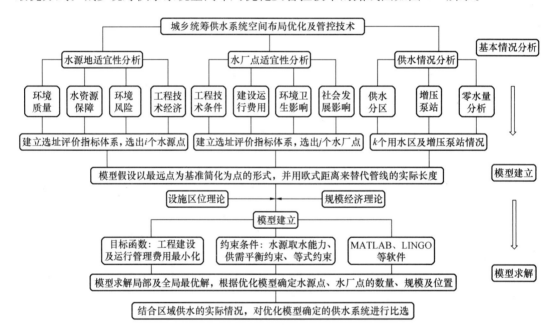

图 6-4 技术路线图

3. 城市供水系统空间布局优化及管控技术

针对城市供水系统规划层面的需求，以供水安全保障和系统稳定经济运行为主目标，构建供水厂布局合理、管网可靠稳定、水质健康安全、运行节能高效的供水系统布局方案。基于 WaterGEMS 软件进行二次开发（图 6-5），建立供水系统规划方案的评价体系，提供不同规划方案比选的依据和参考，并实现供水系统的动态模拟，实时模拟不同状态的供水系统运行状况，为决策者提供技术支持，具备供水系统基础数据管理、模型建立、运行模拟、优化管理及优化设计等功能。

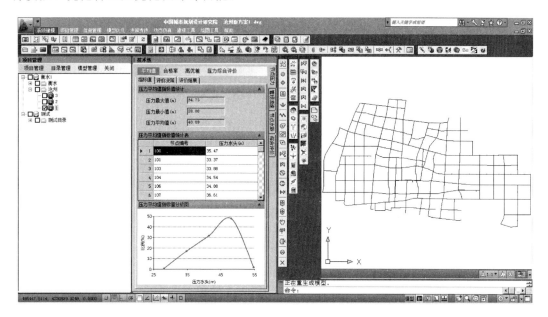

图 6-5　城市供水系统空间布局优化及管控技术（基于 WaterGEMS 二次开发）软件界面

6.4.3　技术方法与参数

1. 城市间协同供水系统可靠性评价方法

城市间协同供水可靠性评价方法是基于马尔可夫模型，针对供水系统各个环节，建立数学模型，并用以评估可靠性指标。

（1）水力模拟约束条件

给水管网水力模拟时必须满足以下约束条件：

$$H_{Fi} - H_{Ti} = h_i = h_{fi} - h_{pi} \quad i = 1,2,3,\cdots,M \tag{6-2}$$

$$\sum_{i \in s_j}(\pm q_i) + Q_j = 0 \quad j = 1,2,3,\cdots,N \tag{6-3}$$

以上为给水管网恒定流方程组，其中

$$h_{fi} = \frac{kq_i^n}{D_i^m} l_i \quad i = 1,2,3,\cdots,M \tag{6-4}$$

式中　H_{Fi}——管段 i 的起始节点水头，m；

　　　H_{Ti}——管段 i 的终点节点水头，m；

　　　h_i——管段 i 的沿程水头损失，m；

　　　h_{pi}——管段 i 上泵站最大时扬程，m；

　　　q_i——管段 i 的流量，m³/s；

　　　Q_j——管段 j 的流量，m³/s；

　　　s_j——节点 j 的关联集，m；

　　　N——管网模型中的节点总数；

$\sum\limits_{i \in s_j} \pm$ ——表示对于节点 j 关联集中管段进行有向求和,当管段方向指向该节点时取负号,否则取正号,即关断流量流出节点时取正值,流入节点时取负值;

M——管网模型中的管段总数;

k, n, m——指数公式的参数;

l_i——管段 i 的长度,m;

D_i——第 i 根管段的管径,m。

节点水头约束条件

$$H_{\min j} \leqslant H_j \leqslant H_{\max j} \quad j = 1, 2, 3, \cdots, N \tag{6-5}$$

式中 $H_{\min j}$——节点 j 的最小允许水头,m,按用水压力要求不出现负压条件确定。

$$H_{\min j} = \begin{cases} Z_j + H_{bj} - h_{bj} & (j \text{ 为有贮水设施节点}) \\ Z_j + P_{\max j} & (j \text{ 为无贮水设施节点}) \end{cases} \tag{6-6}$$

式中 H_{bj}——水塔或水池高度,m,水池埋地则取负值;

h_{bj}——水塔或水池最低深度,m;

$P_{\max j}$——节点 j 处管道最大承压能力,m。

(2) 供水厂约束条件

$$Q_{\min p} \leqslant Q_p \leqslant Q_{\max p} \quad p = 1, 2, 3, \cdots, P \tag{6-7}$$

式中 P——节点 j 处管道最大承压能力,m;

$Q_{\max p}$——第 p 个供水厂最大出水流量,L/s;

$Q_{\min p}$——第 p 个供水厂最小出水流量,L/s。

2. 与城镇布局协调的供水设施布局方法

城市供水设施是城市发展的重要市政基础,城市供水设施布局需要与城市空间布局相协调,以保障城市供水安全、节省给水系统建设投资、降低给水系统运营成本。根据城市空间布局的不同,可以分为块状、带状、环状等 6 种主要形式,并分别提出对应的城市供水设施布局模式(表 6-4)。

不同城市布局形式下的城市供水设施布局表　　　表 6-4

城市布局形式的主要类型		推荐的城市供水设施布局
块状布局形式	a 块状	分散布局
带状布局形式	b 带状	线状布局

续表

城市布局形式的主要类型		推荐的城市供水设施布局
环状布局形式	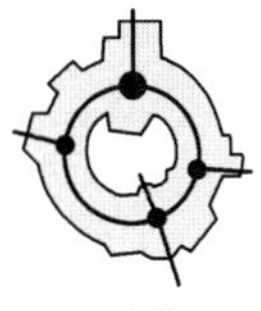 c 环状	对置布局
串联状布局形式	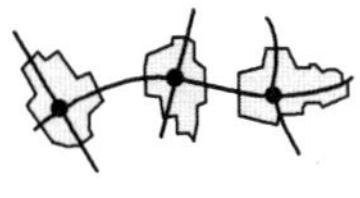 d 串联状	分区联通
组团状布局形式	 e 组团状	分区联网
星座状布局形式	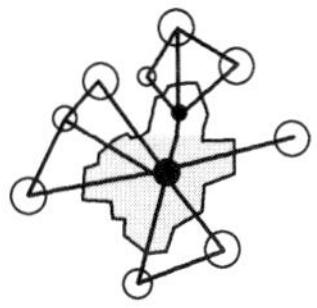 f 星座状	城镇统筹

3. 基于城市空间形态的供水厂选址方法

对于采用单水源统一供水系统形式的团块型城市来说，当供水厂位于建设用地几何中心时（即供水厂与建设用地几何中心重合），该供水厂的最大供水服务半径实现最小，如图 6-6 所示。因此，供水厂的出厂供水压力可以最小，此时供水厂的运行能耗最低；同时，供水系统的压力均衡性也最好。对于采用多水源统一供水系统形式的团块型城市来说，当某个供水厂位于其服务范围的几何中心时，该供水厂的最大供水服务半径实现最小；当供水系统内的所有供水厂都位于其服务范围的几何中心时（此时供水厂规模矢量中心与城市几何中心重合），该供水系统的最大供水服务半径实现最小，实现供水系统最优。

质量中心简称质心，指物质系统上被认为质量集中于此的一个假想点，质心的位置矢量是质点组中各个质点的位置矢量根据其对应质量加权平均之后的平均矢量。

将质心概念引申至规划空间布局中，在不考虑建设用地范围内建设密度差异时，建设中心即为用地范围的几何中心，可以基于用地坐标，通过简单计算获得（以 R_j 表示）。

市政基础设施的规模矢量中心，则是将设施规模与设施空间布局相结合，通过规模矢量加权平均计算获得：

为了方便计算，可以设定建设用地中心坐标为（0，0）。

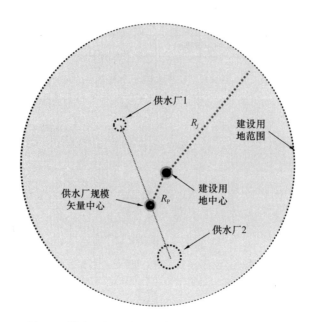

图 6-6　供水厂矢量中心与建设用地中心关系示意图

$$R_P = \frac{\sum m_i r_i}{\sum m_i} \tag{6-8}$$

式中　R_P——供水厂规模矢量中心与建设中心的距离；

　　　m_i——某设施 i 的规模；

　　　r_i——某设施 i 的矢量距离；

$$b = \frac{R_P}{R_j} \tag{6-9}$$

　　　b——供水厂规模矢量中心与建设用地中心的偏离程度；

　　　R_j——建设用地中心至用地边界的距离。

4. 工程建设费用最优目标函数

选用工程最优目标函数即费用函数作为目标函数之一。优化的目的即确定规划区域内水源与供水厂、供水厂与用水区（城镇）间的供需关系及组合方式，使取水、净水、输水工程的基建投资费用之和最小。省略目标函数中常数及系数，不对函数求解造成影响，因此模型简化为：

$$\min f_1(x) = \min C = C_{11} + C_{21} + C_{31} + C_{41} + W_{bz} \tag{6-10}$$

式中　C——总工程投资费用，万元；

　　　C_{11}——取水工程总建设费用，万元；

　　　C_{21}——输水工程原水输水管线总建设费用，万元；

　　　C_{31}——供水厂总建设费用，万元；

　　　C_{41}——配水工程清水输水管线总建设费用，万元；

　　　W_{bz}——加压泵站建设费用，万元。

1976 年 Robert M Clark 等人的研究得出供水工程规模经济规律，并阐述了其费用

模型:
$$C = \alpha Q^\beta \tag{6-11}$$

式中 C——总投资成本;

Q——供水厂设计规模;

α、β——常数。

由此得:

$$C_{11} = \sum_{i=1}^{n} \alpha \times Q_i^\beta \tag{6-12}$$

$$C_{21} = \sum_{i=1}^{n}\sum_{j=1}^{m} \alpha \times (Q_j^i)^\beta \times D_j^i \tag{6-13}$$

$$C_{31} = \sum_{j=1}^{m} \alpha \times (1.05 q_j)^\beta \quad (其中 0.5 为供水厂自用水系数) \tag{6-14}$$

$$C_{41} = \sum_{j=1}^{m}\sum_{k=1}^{k} \alpha \times (q_k^i)^\beta \times d_k^j \tag{6-15}$$

$$W_{bz} = \sum_{l=1}^{l} \alpha Q_{bz}^\beta \tag{6-16}$$

式中 Q_i——第 i 个水源的设计取水量,万 m³/d;

Q_j^i——第 i 个水源向第 j 个供水厂的供水量,万 m³/d;

q_j——第 j 个供水厂的设计供水量或扩建水量,万 m³/d;

q_k^i——第 j 个供水厂到第 k 个用水片区的供水量,万 m³/d;

D_j^i、d_k^j——第 i 个水源点到第 j 个供水厂的输水距离,km;第 j 个供水厂到第 k 个用水片区的输水距离,km;D_j^i 或 $d_k^j = L \cdot \mu$,其中 L 为两点间欧式距离,μ 为弯曲系数,视供水地区地形特点及距离远近而定,可取 1.0~1.3;

Q_{bz}——泵站输水量,m³/d;

α、β——相应费用函数的系数。

6.5 规划决策评价与标准化

随着社会经济的发展,城市水系统的可持续发展与安全性评价成为热点问题。结合我国现阶段发展特点,参考国际上关于城市供水系统评价的前沿研究,研究重构了包括技术性、经济性、安全性、可持续性四类指标的城市供水规划评价指标体系,研发了城市供水规划决策支持系统(UWPDS),为规划决策提供了技术支撑。饮用水安全保障系统规划技术的主要研究成果,经实际应用验证,形成系列标准化成果产出,为规范相关技术的应用提供了依据和指导。

6.5.1 规划评价指标体系

传统的城市供水规划主要依靠规划设计人员的经验判断,缺乏对规划方案的量化支撑。本研究通过分析梳理现阶段城市供水系统规划评价的新维度,并结合国际上针对城市供水系统的发展目标和评价体系,构建基于适应于新需求的供水规划评价体系。

表 6-5 总结了近两年在国际期刊发表的供水系统评价相关的研究成果,城市水系统的可持续发展与安全性评价仍然是热点议题,且其内涵也在不断地深化。

城市供水系统相关指标体系国际研究前沿　　　　表 6-5

案例主要完成人	研究范围	评价方法	评价体系	应用城市
Wei Xiong	城市供水系统的可持续实施	集合水系统建与生命周期分析的多目标优化	可持续性主要从水系统生态保护,气候变化遏制与经济表现三大目标来衡量	北京
Djavan De Clercq	城市供水系统可持续发展	主成分分析法	城市供水系统主要为供水可靠性、水质、水网效率、资源强度四个一级指标,共包含 17 个二级指标	中国 627 个城市
Elisabeth Krueger	城市供水系统安全	压力-状态-影响-反应法 (Pressure-State-Impact-Response)	评价指标由水资源、基础设施、金融资本、管理效率、社区自适应五个维度组成,每个维度有三个衡量指标,资本 (capital),即该维度的基本水平、鲁棒性 (robustness) 与风险 (risk)	新加坡、墨尔本、柏林、金奈、乌兰巴托、墨西哥城
Yonas T. Assefa	城市水系统安全	文献综述	城市水安全由供水、排水与卫生三个维度来衡量,其中供水由可得性、可及性、数量、质量、供水成本及居民支付能力与管理效率六个方面来衡量	亚的斯亚贝巴
Hassan Tolba Aboelnga	城市水系统安全	基于联合国可持续发展目标 (UNSDG)	饮用水与人类、生态系统、气候变化和与水有关的危害以及社会经济因素	无
Olivia Jensen	城市水系统安全	过程分析法 (Process Analysis Method)	城市水系统安全性主要由资源可得性、资源可及性、风险程度与管理能力四个维度组成,共包含 11 个一级指标与 15 个二级指标	中国香港、新加坡
Xin Dong	城市水基础设施可持续性评价	数据包络分析	可持续性主要从设施建设与维护的全生命周期成本、资源能源消耗、与环境影响三个维度来衡量	中国 157 个城市
Arturo Casal-Campos	城市排水系统的鲁棒性	基于深度不确定性的未来情景建模	可靠性、韧性与可持续性是未来城市排水系统的最为关键的三大目标	无

1. 供水规划新维度

随着人们生活水平的提升、行业管理能力的提高与突发事件应急供水的需求,对城市供水系统安全保障水平提出了更高的要求,对城市供水系统规划的评价重点有了新的侧重,主要体现在以下方面:

(1) 系统性

近十年来，供水规划从单一的水资源配置，变成了集需水预测、水源配置、布局优化、安全调控与决策支持的多过程工作。国内主要城市基本上改变了单一水源供水的局面，多水源供水成了基本要求。随着区域大规模调水工程的实施，外调水成了部分城市的重要甚至主力水源。通过建设水源连通工程，加强不同水源和供水系统之间互联互通，从而形成联合调配的供水系统。如今面临的不仅仅是水资源供给的问题，从水源角度则需要考虑多水源调度，厂网联合，运营一体化。

同时，随着城市规模的扩大，供水服务面积的扩大，供水管网的拓扑也由原来简单的枝状或环状结构更多地转变为组团内环状布置、组团间互联互通的新格局。但由于新旧管网并存、建设破碎化等问题，部分城市出现了新区管网供水压力不足、新建水厂配套管网建设落后，"大厂"配"小管"的局面。这要求我们在进行城市供水的顶层设计时系统考虑、优化布局，并对未来预留充分的发展空间。

(2) 安全性

我国的基础设计建设已从高速增长阶段转变为高质量发展阶段，新时代的发展已经对供水安全提出了新的要求。从过去基本保证居民生产生活用水，保障原水水质和龙头水压力变为了在各种不利条件下都保证安全、可靠、高质量的供水。即提升供水系统的鲁棒性与稳定性，增强供水系统的韧性。在硬件措施上，配置高效的水源调度系统，除构建多水源格局外，仍需配置调蓄用水、应急用水，同时建立原水环管、水源连通、清水互通、清水环管等互联互通方式，如北京沿五环路构建了原水环路系统，宁波则建设了沿城市外围串联主力供水厂的"清水高速公路"；构建坚强的管网结构，加强漏损管网的更新，建造备用输水管线，联通主要输配水管线。在软件措施上，加强资金与监管力量的投入、完善自动监测系统，制定供水应急预案。

(3) 可持续性

过去的水资源配置原则，城市生活用水占优先地位，水资源紧缺地区的城市发展往往以牺牲流域生态为代价，历史欠账严重。北京城市下游河道如永定河、潮白河由于上游水库调节曾一度断流，水环境质量也以Ⅴ类或劣Ⅴ类为主。新疆吐鲁番、哈密地区地下水开采率高达139.45%，属于区域性严重超采，严重挤占生态用水。新阶段在生态优先的大背景下与最严格的水资源管理制度的约束下，在进行供水规划设计，甚至整个国土空间规划时，水资源承载力的重要性被进一步强调，"以水定人""以水定城""以水定产"成了水资源开发利用的重要原则和先置条件。各类涉水规划都强调加强水源地保护，加强水环境保护，优先满足生态需水。同时，水资源集约节约利用也是新常态，需要进一步加强中水回用、雨水利用等非常规水资源利用，《水利改革发展"十三五"规划》要求缺水城市再生水利用率达到20%以上，京津冀地区达到30%以上，然而国内大部分城市再生水利用仍处于起步阶段，但在未来的规划中必须为再生水利用预留空间，以实现城市中长期的可持续发展。

2. 评价指标体系构建

结合国际上关于城市供水系统评价的前沿研究,对供水规划指标体系进行了梳理和重构,形成三级四类的城市供水系统评价指标体系,共计二十八项具体指标(表 6-6)。

城市供水系统评价指标体系　　　　表 6-6

目标层	一级指标	二级指标
技术性	水力性能	节点压力水头(m)
		节点压力合格率(%)
		节点压力水头标准平方差(m)
		管段流速(m/s)
	水质性能	管网水质合格率(%)
		安全加氯量(mg/L)
		节点水龄(d)
	供水效率	管网漏损率(%)
		供水覆盖率(%)
经济性	基建费用	单水基建费用(元/m³)
	运行费用	单水电耗(kWh/m³)
安全性	供给安全	枯水年水量保证率(%)
		水源水质类别
		取水能力(%)
		备用水源
		调蓄水量比率(%)
	管网保障	输配水管网爆管概率(%)
		节点流量事故率(%)
		输水管线备用(%)
	综合管理	应急调度预案
可持续性	能耗利用	全生命周期能耗(kWh/m³)
		单水温室气体排放(kgCO₂/m³)
	资源利用	再生水利用率(%)
		雨水回收覆盖率(%)
		原水供给效率(%)
		万元工业增加值用水量(m³/万元)
	系统生态	地表水开发利用率(%)
		地下水开采系数

(1) 技术性指标构成

技术性强调给水系统向用户提供基础服务的水平,指能连续可靠地向城市绝大部分居民提供充足、合格的用水。技术性衡量管网系统的水力性能、水质性能以及供水服务的效率,即供水管网的覆盖率与管网的输送效率。

(2) 经济性指标构成

经济性计算供水系统的基建费用与运行费用，衡量供水服务的经济效益。

(3) 安全性指标构成

安全性则向国际通用的安全性指标看齐，强调给水管网维持系统稳定运行的能力以及在事故状态下系统快速响应的能力，主要是从供给安全，即水源端，管网保障，即管网端，以及综合管理三方面进行评价。其中，二级指标中的"备用水源"与"调蓄水量"指标则呼应了现阶段城市供水中多水源供水格局与调蓄水量比例不断增加的情形。二级指标中的"输配水管网爆管概率"是通过对各管段的管材、管龄以及管网承压情况推算出爆管的可能性；节点流量事故率则是通过事故工况下各节点流量的损耗率计算得来；输配水管线备用则是通过输水干管的备用情况与配水管网成环的比例加权得来。

(4) 可持续性指标构成

为响应国际上对市政基础设施可持续性定义的不断拓展，可持续性主要衡量的是城市供水系统对生态环境的影响程度，包括能耗利用，资源利用与系统生态三方面。一级指标能耗利用由全生命周期能耗与单水温室气体排放两个二级指标构成，是从全生命周期的视角去定量分析系统对资源和环境造成的总体影响。在全生命周期分析中，除运行过程中的能耗与温室气体排放外，即供水管网、加压泵站能耗与供水厂的运行过程外，还需要考虑系统建造与回收过程，以及物材本身的能耗与温室气体排放。资源利用主要是衡量水资源的使用效率，包括雨水利用与再生水回用的比例，以及原水供给的效率，并增加万元工业增加值这一评价城镇用水效率的关键指标来衡量资源利用的效率。系统生态主要是指人工取水对自然生态的影响，包括地表水开发利用效率与地下水超采率。

6.5.2 规划决策支持系统

近年来，系统模拟被越来越广泛地应用在城市供水规划中。通过建立包括水源、供水厂、泵站和输配水管网在内的供水系统模型进行实时动态模拟计算，可以深入了解和掌握管网实时运行状态，克服由管网设施的隐蔽性而带来的管理盲目性。建立供水系统模型也可辅助进行城市供水系统的规划决策，从而进一步优化资源配置、设施布局和运行安全。

城市供水规划决策支持系统（UWPDS）是本研究成果的集成与应用，它基于 C 语言对供水系统模拟软件和 AutoCAD 图形软件进行二次开发，系统设置模型切换构建、工况切换、管网信息管理、水量压力分析、水质分析与规划决策支持共六大功能模块，搭建使用便捷、功能完善、层次清晰的界面系统。

其中，规划决策支持功能模块内嵌入构建的三级四类城市供水规划评价指标体系。系统模拟的量化输出结果为供水方案的比选提供数据支撑。目前，国际上的给水排水系统评价指标多为统计数据（如人均水资源量），这些指标往往只能衡量单一的维度，并不能全面地反映系统的表现。而规划决策支持系统模拟计算得到的各项指标，如管网压力、水龄分布、系统能耗等，则可以作为综合评价系统效能的依据。模型的总体评价通过从二级指标、一级指标、目标层梯级向上评价加权计算而得。针对各二级指标，将根据实际情况与行业标准设定该指标的服务性能曲线，对应得到从0到4的五级服务性能分级，分别对应没有服务、不可接受、可接受、充分、优化五个等级。通过在系统平台内对模拟结果进行分析计算并在平台内置的评价指标体系中直接展示，可以获得可视化、多层次、可量化的评价结论，为规划方案的研究提供更为科学直观的评价视角。

6.5.3 标准化应用

水专项对城市供水系统的研究完成了从基础研究、理论创新、应用实践到标准化的过程，通过关键技术创新与突破，将成熟技术方法和指标参数纳入到标准化文件，可以规范复杂供水系统空间布局优化成套技术及包含的若干项关键技术在城市供水专项规划中的应用。依托水专项研究成果，将本成套技术和关键技术纳入到系列标准规范，包括《城市给水工程项目规范》GB 55026—2022、《城市给水工程规划规范》GB 50282—2016、《饮用水安全保障技术导则》《城市水系统综合规划技术规程》T/CECA 20007—2021等，为该技术在规划设计领域更广泛的应用提供有力依据和指导。

1. 城市水工程项目规范

《城市给水工程项目规范》GB 55026—2022为住房城乡建设部第一批全文强制性工程建设规范，现已正式发布实施。本规范制定的目的是为保障城市给水安全，规范城市给水工程规划、建设质量和给水系统正常运行，维护水生态环境安全，节约资源，为政府监管提供技术依据。本课题的以下内容在该规范中得到了应用：

（1）规划协调

将研究提出的供水规划主要内容和大纲纳入到全文强制规范，明确供水规划应在科学预测城乡用水量的基础上，合理开发利用水资源，协调给水设施的布局，正确指导给水工程建设，并应与水资源规划、水污染防治规划、生态环境保护规划和防灾规划等相协调，与城乡排水、再生水、海绵城市等专项规划进行衔接；该规范还明确给水管网布置应以城乡总体规划、给水工程专项规划、控制性详细规划等为依据。

（2）供水风险

为更好的保护供水系统安全，识别重要风险，本规范中明确水源、供水厂站和管网应采取技术防范措施，保障给水设施的安全；城乡给水水源地划定的保护区，应有相应的水质安全保障措施；城乡供水厂周边应设置安全隔离措施。

（3）应急供水

该规范明确城乡给水工程应具备应对自然灾害、事故灾难、公共卫生事件和社会安全事件等突发事件的应急供水能力；供水单位必须建立水质预警系统，应制定水源和供水突发事件应急预案，完善应急净水技术与设施，并定期进行应急演练；城乡给水系统的应急供水规模应满足供水范围居民基本生活用水水量的要求；单一水源供水的城市应建设应急水源或备用水源，备用水源应能与常用水源互为备用、切换运行。

（4）系统优化

该规范明确给水管网布置以管线短、占地少、不破坏环境、施工维护方便、运行安全、降低能耗为原则；城乡供水厂的位置应根据给水系统的布局确定；给水管网应进行优化设计、优化调度管理，降低能耗；规模较大的给水管网系统，应按采用分区计量的模式进行布置及管理。

（5）指标选取

结合课题研究成果，该规范确定供水厂的设计规模应满足供水范围规定年限内最高日的综合生活用水量、工业企业用水量、浇洒道路和绿地用水量、管网漏损水量及未预见用水量的要求，并应考虑非常规水资源利用引起的规模降低；提出按照城乡供水规模分为超大城市、特大城市、大城市、中等城市、小城镇及乡共六大类规模，将全国分为两大分区，进行供水指标的细化。

2. 城市给水工程规划规范

《城市给水工程规划规范》GB 50282—2016 是为更好的提高城市给水工程规划的科学性和合理性，保障供水安全，提高城市给水工程规划编制质量。该规范是结合城乡供水规划的新技术和新要求，在原规范的基础上进行的修订。修订的部分条款与本关键技术相吻合，修订的主要技术内容有：

（1）城市用水量、供水厂用地控制指标

对城市用水量控制指标符合实际的进行指标的压缩。对供水厂用地指标进行了细化，尤其是针对较差的水源水质情况下，供水系统工艺越来越复杂，需要根据原水水质和工艺情况进行用地指标的调整。

（2）非常规水资源利用

该规范明确城市应以水资源配置、节约和保护为重点，严格控制用水总量，全面提高用水效率，推动城市发展与水资源承载能力相协调；城市宜将非常规水资源作为城市补充水源；确定城市水资源应包括常规水资源（地表水和地下水）和非常规水资源（海水、再生水、雨水等）。

（3）应急供水规划

该规范补充了应急供水的章节，提出给水系统应针对城市可能出现的供水风险设置应急备用水源或安全水池；应急备用水源应具备不少于 7d 城市正常供水的能力；给水系统应具备应急供水时水质保障措施。

（4）城乡统筹与多水源供水

该规范确定城市给水系统应按城市地形、规划布局、城乡统筹、技术经济等因素经综合评价后确定。城市有多个水源可供利用时，应采用多水源给水系统。

3. 饮用水安全保障技术导则

《饮用水安全保障技术导则》适用于指导全国各地供水系统规划设计、运行管理和安全监管等工作，涵盖城镇供水系统从"源头到龙头"的各主要环节。本导则是根据水专项的系列研究成果新编而成，已经正式印发。其中，城市供水系统规划部分采纳了规划关键技术的评估验证成果，主要包括以下关键技术的应用：

(1) 风险识别与应急能力评估技术

供水系统的风险评估为导则的 2.2 节，2.2.1 条列出了常用的供水系统风险评估方法，2.2.2 条明确将课题研究的供水系统高危要素的规划调控矩阵模型，作为不同层级规划中高危要素识别的技术方法，识别不同等级规划层面的风险类型和调控重点，并以专栏的形式为技术人员提供参考。2.2.3 条提出通过识别源头控制、过程控制以及突发事件处理三个阶段的主要影响因素，将课题研究构建的城市供水应急能力指标体系和评价标准纳入本导则中，并规定按照得分高低分四级（高、较高、一般、差）评价供水系统的应急能力水平，同时以专栏的形式标明城市供水系统应急能力评估指标体系和状态水平评价标准。

(2) 多水源优化配置技术

本导则中 2.4 节为水源优化配置，2.4.1 条为水源优化配置的原则，2.4.2 条提出了水源优化配置的相关要求，明确不同类型水源的配置优先度，2.4.3 条细化水源配置尺度，城市不同片区应明确水源方案。并以课题验证城市哈尔滨为例，进行了典型城市供水需求预测、供需平衡分析、水源优化配置和实施效果评价等内容的专栏举例。

(3) 城乡统筹联合供水技术

导则中 2.6.3 条明确了城乡统筹供水适用条件，是本课题研究的成果结论。2.6.4 条列举了城乡统筹供水的四种模式，也是结合本课题研究提出的，2.6.5 条特意明确城乡统筹供水中要重点开展供水指标的分析，本课题的研究发现，城市、县城、乡镇和村庄的用水指标存在较大差异，同时不同地域也存在较大差异，在城乡统筹供水中要深入分析和充分论证，保证规划的科学合理性。

(4) 规划决策支持技术

规划决策支持技术主要针对设施的布局和优化，本导则中 2.6.1 条提出了设施布局包括的主要方面，2.6.2 条明确提出供水规划中宜通过供水系统模型进行模拟计算和辅助决策，基于技术、经济、安全、可持续等多目标，通过多方案情景的综合评估与分析，确定推荐方案，明确设施位置、规模及用地需求，落实设施空间布局。本研究中，规划决策支持技术在若干典型城市进行了应用验证，取得了明显的效果。

4. 城市水系统综合规划技术规程

《城市水系统综合规划技术规程》T/CECA 20007—2021 是为规范城市水系统综合规划编制工作，充分发挥城市涉水规划在落实城市发展目标、促进城市水系统健康循环的战略引领作用，推动城市涉水规划科学健康发展而编制。该规程充分结合了本课题最新研究成果，首次提出城市水系统的概念，将城市供水纳入到城市水系统的整体，其中 4.2 节、4.5 节和 6.1 节是针对城市供水的技术内容。

(1) 水资源优化配置

4.2.4 条明确了水资源配置应包含的主要内容，该条款的提出与本课题多水源供水优化的研究密切相关，包括需水量的预测方法和指标优化，非常规水资源利用的方式及优化配置等。6.1.1 条和 6.1.2 条分别说明了区域尺度水资源优化配置和再生水利用时的资源配置和需求平衡方法。

(2) 应急供水规划

本课题研究提出的应急水源、备用水源以及应急设施的规模、位置等，有效支撑了本条款的技术内容，课题也研究了应急预案编制的技术要求。

(3) 供水设施的布局方法

本课题进行了多规划方案的对比方法研究，提出利用规划决策支持系统可有效的对供水规划方案优劣进行量化分析，为设施布局优化提供技术方法。

6.6 应 用 案 例

6.6.1 哈尔滨供水工程专项规划（2010～2020年）

1. 背景概况

2005年松花江发生硝基苯污染事件后，哈尔滨建设了磨盘山引水工程及配套供水厂，形成了以磨盘山水厂为主的城市供水系统，松花江水源一度被弃用。为进一步优化配置和高效利用区域水资源，优化供水设施系统布局，提高供水安全保障水平，哈尔滨市开始了该轮供水专项规划的编制工作。

2. 风险识别

以供水系统的质量安全（水质、水量、水压）作为目标，结合哈尔滨市松花江南部城区（以下简称江南城区）供水系统特点，建立针对取水、制水、输配水和二次供水四个环节的供水系统风险评估体系，经过风险识别、风险分析和风险评价三个步骤实现对供水系统的风险评估。

为评判城市供水系统各风险要素的风险程度，将风险值按照一定的范围进行风险等级的划分，在哈尔滨江南城区供水系统风险评价中，按低、中、高排序，形成 $K1$（0～5）的分值；依次再估计这些风险要素发生后的影响，在哈尔滨江南城区供水系统风险评价中，按低、中、高排序，形成 $K2$（0～5）的分值；将以上两部分的分值相互乘积，即：风险值 $K=K1\times K2$。

根据哈尔滨市江南城区供水系统的风险识别与分析，邀请多名熟悉哈尔滨市供水系统的专家判定 $K1$ 和 $K2$ 值（取算术平均值），计算江南城区供水系统各风险要素的风险值，见表6-7。

江南城区供水系统各风险要素的风险值一览表　　　　表6-7

序号	子系统	风险要素	$K1$	$K2$	K	风险等级
1	原水系统	磨盘山水源地突发污染事故	1.3	5.0	8.9	中
2		磨盘山水源地水质恶化	2.7	3.3	11.1	中
3		磨盘山水源地水量短缺	3.0	3.7	20.0	高
4		磨盘山长输管线爆管事故	4.0	5.0	13.7	极高
5		松花江水源地突发污染	3.7	3.7	8.5	高
6		松花江水源地水质下降	2.3	3.7	2.6	中
7		松花江水源地水量短缺	1.3	2.0	7.6	低

续表

序号	子系统	风险要素	K1	K2	K	风险等级
8	制水系统	平房净水厂单期工艺系统故障	2.3	3.3	8.5	中
9		平房净水厂整体工艺系统故障	1.7	5.0	6.6	中
10		平房净水厂供电电源故障	2.0	3.3	7.6	中
11		哈西净水厂工艺故障	2.3	3.3	5.4	中
12		哈西净水厂供电电源故障	2.0	2.7	6.6	中
13	配水系统	平房净水厂出厂管线爆管事故	2.0	3.3	4.6	中
14		加压泵站停水事故	2.3	2.0	6.0	低
15		配水管网爆管事故	3.0	2.0	7.4	中
16		配水管网压力不足	3.7	2.0	5.6	中
17	二次供水系统	二次供水设备老化漏损	4.3	1.3	7.6	中
18		二次供水水质污染事故	3.3	2.3	8.9	中

通过风险评估，哈尔滨市江南城区供水系统有1个风险要素为极高风险，2个风险要素为高风险，13个风险要素为中风险，2个风险要素为低风险。极高风险要素为磨盘山长输管线爆管事故，高风险要素为磨盘山水源地水量短缺和松花江水源地突发污染，如图6-7所示。

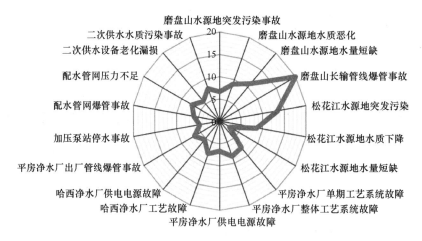

图6-7 江南城区供水系统各风险要素的风险雷达图

3. 水资源优化配置

采用人均综合用水指标法、分类用水指标法和年均增长率法三种不同方法的预测，确定不同规划期城市（含主城区、呼兰区、阿城区）用水需求量，详见表6-8。

规划区城市最高日需水量　　　　表6-8

预测方法	需水量（万 m³/d）	
	近期（2015年）	远期（2020年）
人均综合用水指标法	165.0	198.0
分类用水预测法	—	210.0

续表

预测方法	需水量（万 m³/d）	
	近期（2015年）	远期（2020年）
年平均增长率法	167.0	194.0
规划选取	165.0	200.0

经综合比较，规划预测2015年哈尔滨市城市最高日用水需求总量约为165.0万 m³/d，而2020年约为200.0万 m³/d。

磨盘山水库扣除供给五常市和双城市约0.36亿 m³ 的水量后，可供给哈尔滨市主城区的水资源量为：2015年约2.92亿 m³，2020年约3.00亿 m³。从供需平衡表（表6-9）可以看出，单靠磨盘山水库水、本地地下水以及再生水等不足以支撑哈尔滨市发展的用水需求。

2020年规划区城市可供水资源量 表6-9

规划区	总需水量	可供水资源量（亿 m³）			供需平衡②
		水库水源①	地下水源	再生水源	
主城区	4.96	3.00	0.36	0.38	−1.22
呼兰区	0.62	—	0.44	0.07	−0.11
阿城区	0.39	—	0.25	0.05	−0.09
合计	5.97	3.00	1.05	0.50	−1.42

注：①"水库水源"指磨盘山水库水源，不含西泉眼水库水源；
②"供需平衡"中"—"表示水资源不足。

基于上述供需平衡分析，规划提出哈尔滨市中远期发展要以磨盘山水库和松花江为双主水源地。针对不同区域的水资源禀赋条件，提出各区域的城市供水水源利用优先顺序（表6-10），其中：

江南主城区：磨盘山水库、松花江、再生水；
松北区：地下水、磨盘山水库、松花江、再生水；
呼兰区：地下水、松花江、再生水；
阿城区：西泉眼水库、地下水、再生水。

2020年规划区城市供水水源优化配置方案 表6-10

规划区	总需水量	水源优化配置方案（亿 m³）		
		地表水源	地下水源	再生水源
主城区	4.96	磨盘山水库：3.00 松花江水源：1.18	0.40	0.38
呼兰区	0.62	松花江水源：0.27	0.28	0.07
阿城区	0.39	西泉眼水库：0.19	0.15	0.05

4. 空间布局与管控

规划江南城区形成以平房净水厂为主、哈西净水厂为辅的双供水厂供水格局，工业用水由新一工业水厂供给。构建江南城区多供水厂供水格局的关键，是重启哈西净水厂、恢复城市供水；因此，合理确定哈西净水厂的供水范围是关键所在。基于哈尔滨市现状供水系统布局，结合城市发展用水需求，考虑哈西净水厂在城市中的区位，在确定哈西净水厂供水服务范围时遵循以下原则：（1）充分利用哈西净水厂原有配水管线；（2）尽量减少对现状供水系统的不利影响；（3）能够提高城市供水安全的保障能力；（4）兼顾供水系统的经济高效运行。

哈西净水厂的原有配水管线，主要有向平房区输水的2根DN1000管线、向香坊区输水的DN1400管线、向南岗区输水的DN1200管线、向道里道外区输水的2根DN800管线。考虑到原平房加压站已拆除，恢复供水可能性较小，暂不考虑哈西净水厂向平房区供水；学府路道里区、道外区为平房净水厂的重力流供水区，供水较为经济，暂不考虑哈西净水厂向道里区、道外区供水；南岗区紧邻哈西净水厂，原DN1200管线和DN1000状态较好，恢复供水难度较小；因此，建议哈西净水厂的供水服务范围为南岗区。哈西净水厂至嵩山加压泵站建有专用管线，嵩山加压泵站至哈东地区建有供水专线，建议将哈东地区纳入哈西净水厂供水服务范围。

临空经济区等新区正在规划建设中，供水设施建设处于起步阶段，且邻近哈西净水厂；建议将临空经济区等纳入哈西净水厂的供水服务范围。哈尔滨市城区供水格局呈现出磨盘山水为主、松花江水为辅的格局。

综合考虑江南城区的近期用水需求、各供水厂的供水规模、供水系统的安全性和经济性，确定江南城区各供水厂的供水服务范围和供水规模（表6-11、表6-12）。

江南城区公共供水厂服务范围一览表　　　　　　　　　　表6-11

序号	供水厂名称	服务范围
1	平房净水厂	道里区、道外区、平房区、香坊区、南岗区
2	哈西净水厂	临空经济区、南岗区、哈东地区
3	新一工业水厂	中国石油天然气股份有限公司哈尔滨石化分公司、哈尔滨哈投投资股份有限公司热电厂、哈尔滨热电有限责任公司和信义沟景观供水
	小计	—

江南城区规划供水厂方案一览表　　　　　　　　　　表6-12

序号	供水厂名称	设计规模	规划供水规模	水源	备注
1	平房净水厂	90万 m³/d	80万～90万 m³/d	磨盘山水库	—
2	哈西净水厂	45万 m³/d	20万～25万 m³/d	松花江	改造93系统
3	新一工业水厂	13万 m³/d	5万 m³/d	松花江	
	小计	148万 m³/d	120万 m³/d		

5. 实施效果与建议

截至 2018 年，哈尔滨城市供水除磨盘山水厂 90 万 m^3/d 的能力外，保留了哈西净水厂（96 系统）和新一工业水厂分别为 20 万 m^3/d 和 13.3m^3/d 的净水能力（均以松花江水为水源），并提出对哈西净水厂的系统进行升级改造，哈西净水厂的总供水能力为 45 万 m^3/d。

江南城区将形成以平房净水厂为主、哈西净水厂为辅的双水厂供水格局，工业用水仍旧由新一工业水厂供给，从而大大提高了主城区的供水安全保障水平。

松花江北部城区（以下简称江北城区）将形成以哈尔滨新区净水厂、利民净水厂为主，前进水厂、利民一水厂和利民二水厂为辅的多供水厂供水格局。规划新建利民净水厂，水源为松花江水，自水源一厂经新区净水厂接入利民净水厂。规划连通松北和利民的管网，实现联网供水，增强供水调度能力，提高城市供水安全。

建议科学分析城市供水水源可供水量，合理预测城市用水需求，按照不同水源类型和不同片区需求进行供需平衡分析；水源优化配置既要按照水源类型和空间位置进行配置，也要兼顾城市各片区的水源类型和需求，通过原水互通、清水互联或多水源供给等保障供水安全。

6.6.2 济南市城市供水工程专项规划（2010～2020 年）

1. 背景概况

济南市是一个典型的多水源供水城市。目前水源有引黄水、地下水和本地山区水库水，未来随着南水北调东线工程的建设，引江水也将成为济南的水源之一。对于地下水资源，济南是闻名世界的"泉城"，地下水资源的利用需要兼顾泉水的正常喷流。随着城市的发展，对供水水源，尤其是优质的、可持续的水源需求不断增长，因此如何协调"保泉"与"供水"、实现不同水资源的优化配置是一个亟待解决的重要问题。随着新一轮城市总体规划的实施，旧城功能和环境将不断提升，新区建设将向东西两翼展开，城市供水设施也将面临着统筹区域、优化系统布局和完善配套设施建设的新挑战和新任务。

鉴于此，济南市委市政府对编制供水专项规划高度重视，为加强对编制工作的组织领导，2009 年 11 月成立了由市委常委、主管常务副市长担任组长，由市政公用事业局、市发改委、市建委、市财政局、市国土资源局、市规划局、市水利局、市环保局等组成的济南市城市供水专项规划编制工作领导小组。2010 年 1 月启动了济南市城市供水专项规划编制工作，主要任务是：为落实济南市城市总体规划确定的未来发展目标，合理配置城市水资源，确保水资源的充分利用；科学规划和优化城市供水设施布局，使城市供水能实现科学管理与高效运行；通过系统优化，保证应急供水及时可靠，提高城市安全供水的保障能力；合理利用地下水资源，保证泉水涌出以彰显泉城特色；充分发挥城市供水作为城市生命线和基础保障设施的作用，促进济南市社会经济的可持续发展。

2. 风险识别

依据 6.2 节确定的指标体系、指标权重和评价标准，采用指标体系法对济南市供水系统应急能力进行评估。评估中涉及的现状数据来源于相关政府部门 2009 年的统计资料，其中水源地的植被覆盖率为通过采用 RS 和 GIS 技术得到的基础数据。济南市为山东省的省会城市，属于第二区，故评价因素与评价指标的权重采用第二区的标准。计算结果见表 6-13。

济南市城市供水系统应急能力评估得分表　　　　表 6-13

评价因素	评价因素权重	应急能力评估指标	评价指标权重	评价标准	现状值	得分
水源	0.35	应急水源备用率（%）	0.35	大于 70(≥9 分)，50～70(7 分)，小于 50(≤5 分)	47.5	4.7
		人均应急可供水量[L/(人·d)]	0.05	大于 200(≥9 分)，100～200(7 分)，小于 100(≤5 分)	183	7
		水源地植被覆盖率(%)	0.20	大于 90(≥9 分)，70～90(7 分)，小于 70(≤5 分)	40	3
		水源地防洪能力	0.10	强防洪能力(≥9 分)，一般防洪能力(7 分)，防洪能力差(≤5 分)	一般	7
		水源突发事件应急预案	0.30	完善(≥9 分)，一般(7 分)，差(≤5 分)	差	4
取水	0.15	水源地地质条件	0.05	稳定区(≥9 分)，一般区(7 分)，不稳定区(≤5 分)	一般	7
		取水保证率(%)	0.45	大于 90(≥9 分)，70%～90(7 分)，小于 70(≤5 分)	97	9.5
		取水设施备用情况	0.25	备用设施完善(≥9 分)，一般(7 分)，无备用设施(≤5 分)	一般	7
		取水设施突发事件应预案	0.25	完善(≥9 分)，一般(7 分)，差(≤5 分)	一般	7
水厂	0.05	突发水污染事件应急预案	0.45	完善(≥9 分)，一般(7 分)，差(≤5 分)	一般	7
		水厂所在地地质条件	0.10	稳定区(≥9 分)，一般区(7 分)，不稳定区(≤5 分)	稳定区	9
		水处理系统突发事件应急预案	0.45	完善(≥9 分)，一般(7 分)，差(≤5 分)	一般	7
输配水	0.20	配水管网连通度(%)	0.30	大于 90(≥9 分)，80～90(7 分)，小于 80(≤5 分)	65	4
		输水走廊地灾易发性	0.05	不易发(≥9 分)，一般(7 分)，易发(≤5 分)	不易发	9
		管网抢修应急预案	0.30	完善(≥9 分)，一般(7 分)，差(≤5 分)	差	5
		管网水质污染应急预案	0.30	完善(≥9 分)，一般(7 分)，差(≤5 分)	差	4
		管网漏损率(%)	0.05	小于 5(≥9 分)，5～10(7 分)，大于 10(≤5 分)	12	4.5

续表

评价因素	评价因素权重	应急能力评估指标	评价指标权重	评价标准	现状值	得分
住区供水	0.05	住区水量保证率(%)	0.25	大于95(≥9分),80~95(7分),小于80(≤5分)	97%	9.5
		住区水压保证率(%)	0.25	大于95(≥9分),80~95(7分),小于80(≤5分)	97%	9.5
		住区水质保证率(%)	0.25	大于95(≥9分),80~95(7分),小于80(≤5分)	99%	9.8
		住区应急供水预案	0.25	完善(≥9分),一般(7分),差(≤5分)	一般	7
储水	0.15	储水设施水质保障设施	0.60	完善(≥9分),一般(7分),差(≤5分)	差	4
		储水设施突发事件应急预案	0.40	完善(≥9分),一般(7分),差(≤5分)	一般	7
其他	0.05	应急指挥中心	0.35	有(100分),没有(0分)	无	0
		应急响应时间(min)	0.40	小于5(≥9分),5~10(7分),大于10(≤5分)	15	4
		人员应急疏散与安置	0.25	完善(≥9分),一般(7分),差(≤5分)	差	3

根据上表的得分情况,分别计算城市供水系统应急能力综合评价指数、不同指标类型的应急能力评价指数以及不同因素的应急能力评价指数。综合评价指数从总体上表现出了济南市城市供水系统应急能力的状态;不同指标类型的应急能力评价指数反映出了不同类型的指标对综合应急能力的贡献程度,揭示了造成城市供水系统应急能力不足的根本原因。

针对济南市的供水现状及供水全过程中各环节中存在的问题,基于从水源-供水厂-管网的供水全过程优化,为提高城市供水系统的应急能力和安全保障水平,从规划的角度构建供水安全保障体系。供水安全保障体系包括:构建多水源互备的供水系统,强化水质预警监控、加速水源生态修复、推进供水厂净化处理和应急处理能力,完善管网安全输配、积极应对突发污染应急处理等规划对策。

3. 水资源优化配置

采用分类用水预测法进行预测,中心城区总需水量预测结果见表6-14,2015年中心城区需水量为159万 m^3/d,2020年为180万 m^3/d。两种预测方法预测结果相差不大,规划采用分类用水预测法的需水量预测结果。按济南市供水日变化系数1.15计算,2015年中心城区年需水量约为50470万 m^3,2020年需水量约为571300万 m^3。

中心城区分类需水量预测表(万 m^3/d)　　表6-14

分类	综合生活用水	工业用水	浇洒道路及绿地用水	管网漏失用水	未预见用水及消防用水	合计
2015年	74.1	38.88	18.73	19.76	7.57	159.04
2020年	90	31.05	26.15	17.66	14.84	179.71

济南城市水源有多种,包括黄河水、南水北调长江水、本地山区水库水、地下水(泉水)和再生水。基于前文对各水源的供水保证率、水质及其安全风险的分析,以及在水资源可持续利用和保泉的前提下,各水源可供水量及其保证率的分析,本节提出水资源优化配置的总体思路和基于供需平衡分析的水资源配置方案。

将黄河水作为城市主要水源,地下水作为主要水源和应急备用水源,本地山区水库水和南水北调长江水作为城市的辅助水源,再生水作为城市的补充水源,见表6-15所示。结合可供水量和分类用水需求分析,进行水源优化配置和供需平衡分析。城市层面应采用大区域分质供水模式,按照优水优用、就近供给的原则供水,是实现优水优用和水资源的优化配置的主要途径。

结合水资源的需求预测和前文所述对各种可利用水资源的分析,确定中心城区的水资源配置方案,总可供水量为169.8万 m^3/d(平均日),满足规划年的城市用水需求。

2020年济南各水源供水量一览表 表6-15

序号	水源	供水量(万 m^3/d)(平均日)	备注
1	黄河水	80.0	黄河干流的配额为156万 m^3/d,两个引黄水库的设计供水能力80万 m^3
2	长江水	11.1	2013年为11.1万 m^3/d,2030年为20.0万 m^3/d
3	南部山区水库水	9.7	95%保证率下
4	地下水	39	保泉前提下地下水可供中心城区水量为46万 m^3/d
5	再生水	30	
	小计	169.8	

4. 设施布局

根据水资源优化配置的方案,规划济南中心城区供水厂14座,总(常规日)供水能力171万 m^3/d,见表6-16。其中鹊华水厂、玉清水厂、东区水厂以黄河水为水源,供水能力为100万 m^3/d;南郊水厂、分水岭水厂和雪山水厂以山区水库水作为水源,供水能力为12万 m^3/d;东湖水厂以南水北调水作为水源,供水能力为20万 m^3/d;其余供水厂均以地下水作为水源,总设计供水能力为98万 m^3/d,规划(常规)日供水能力为39万 m^3/d。规划西郊水厂、市区水厂和东郊水厂部分供水能力作为城区供水的储备,用作应急备用,储备地下水供水能力为59万 m^3/d。

济南市规划供水厂一览表 表6-16

序号	供水厂名称	水源地(水源类型)	设计日供水能力(万 m^3/d)	常规日供水能力(万 m^3/d)	储备地下水供水能力(万 m^3/d)	占地面积(hm^2)	备注
1	鹊华水厂	鹊山水库/黄河	40	40	—	10.7	改建
2	玉清水厂	玉清湖水库/黄河	40	40	0	14.0	改建
		济西一期(地下水)	20①	0	20		

续表

序号	供水厂名称	水源地（水源类型）	设计日供水能力（万 m³/d）	常规日供水能力（万 m³/d）	储备地下水供水能力（万 m³/d）	占地面积（hm²）	备注
3	西郊水厂	大杨（地下水）	10	4	31（水厂最大输出能力23万 m³/d，其中八里桥分厂18万 m³/d，腊山分厂5万 m³/d）	—	限采
		峨眉山（地下水）	8				
		腊山（地下水）	5				
		济西一期（地下水）	12*				
4	东郊水厂	白泉（地下水）	10	10	10	—	限采
		中里庄（地下水）	5				
		宿家（地下水）	5				
5	南郊水厂	卧虎山水库	5	5	0	3.0	改建
6	分水岭水厂	锦绣川水库	5	5	0	2.0	改建
7	市区水厂	解放桥（地下水）	4	0	10	—	停采备用
		历南（地下水）	2				
		普利门（地下水）	4				
8	雪山水厂	狼猫山水库	2	2	0	1.0	现状
9	东源水厂	牛旺庄（地下水）	5	5	0	2.3	现状
10	东泉水厂	武将山（地下水）	5	5	0	2.0	现状
11	长清水厂	长清（地下水）	5	5	0	2.0	现状
12	济西二期配套水厂	曹楼（地下水）	10	10	0	2.0	新建
13	东区水厂	东联供水/黄河	20	20	0	8.7	新建
14	东湖水厂	东湖水库/南水北调	20	20	0	8.0	新建
总计	—	—	230	171	59		

注：济西一期地下水总可供水量为20万 m³/d，其中可供给玉清水厂20万 m³/d，可供给西郊水厂12万 m³/d。合计按济西一期最大可供水量计20万 m³/d。

按照济南市分区平衡、就近供给、优水优用的原则，进行济南市各供水厂位置的布置。增加东部城区的供给，东部新建东区水厂和东湖水厂，西部建设济西二期供水工程。保留山区高地势区的供水厂，包括南郊水厂、分水岭水厂和雪山水厂，主供高地势片区的用水。

5. 规划评价

将济南2009年、2018年的管网、水厂、流量信息输入UWPDS系统中，搭建济南市2009年与2018供水系统模型。为了把握重点问题，突出主要矛盾，对模型进行了简化。同时，分别选取2009年某日、2018年某日的实际监测数据对模型数据进行校核，并对节点流量分配进行反复测算，最终得到基本满足精度要求的校核结果。节点压力计算结果与监测结果差值均小于5m，模拟计算的流量校核结果基本都在10%以内。校核结果如

图 6-8 所示。

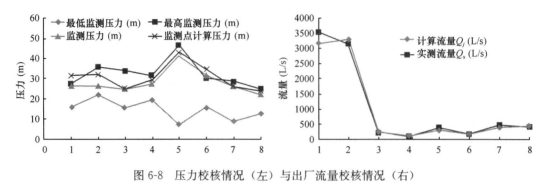

图 6-8 压力校核情况（左）与出厂流量校核情况（右）

2009 年与 2018 年模型结果如图 6-9 所示。在此评价框架下，2009 年模型的总体得分为 2.59，总体服务性能属于"可接受"。其中，经济性分析的性能为"充分"，安全性、技术性与可持续性的性能分析均为"可接受"。2018 年模型总体得分为 3.04 分，总体服务性能为"充分"，其中技术性的服务性能为"优化"；安全性和可持续性的服务性能为"充分"，经济性的服务性能为"可接受"。

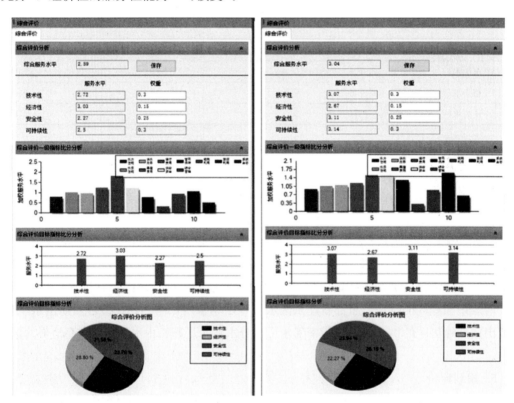

图 6-9 2009 年与 2018 年运行结果对比

2018 年模型的技术性、安全性与可持续性的表现均好于 2009 年模型。其中，安全性目标得到了最大程度的改善，从水源的供给到管网的保障的各项指标均得到了明显的提升。2018 年模型中技术性指标的提升主要来源于管段压力平均值与合格率、管网漏损率的提高。而经济性方面，2009年模型的两项指标均优于2018年。可持续目标层中，2018年模型的能耗利用指标表现也略低于2009年模型，而资源利用、系统生态两类指标则明显优于2009年模型。

根据《济南市城市供水专项规划（2010—2020年）》，2009年济南的供水系统存在着加压泵站布局不合理，管网连接错综复杂等问题，这直接导致了供水水力条件比较差，管网水头损失比较高。因而在系统模拟的结果中，管网模型中技术性的水力性能、水质性能与安全性中的管网保障表现结果均不理想。随着基础设施补短板行动计划的推进，济南市供水管网总长度增长至3500km，老旧管网比例大幅降低，管网结构不断优化调整，分区（区块化）的环网供水模式的构想也在逐步实现。供水管网系统的提升有效降低了事故工况下节点流量的损耗率，更为均匀的承压情况也降低了管段爆管的概率。反映在模型评价上，2018年的管网保障指标得到了明显的提升。

同时，济南市水源端的保障也得到了明显加强，目前，济南市的可供水量达到了18亿m^3，但实际供水需求自2011年起逐年下降。随着南水北调水的引入，济南水源结构也得到明显改善，水质保证率也大大增加。反映在模型上，水源结构的改善与更为充足的供水量也带来水力性能指标与供给安全指标的显著提升。

技术性与安全性指标的提升并没有带来经济性指标与能耗利用指标的提升。这与济南市政投资逐年增高相符合，也与济南供水南北向需要多级加压供水、东区仍需要从西区调水的现状相关。模型在可持续性指标上的增长主要来源于《济南市节约用水工作方案》和《济南市城市中水设施建设管理暂行办法》等一系列节水管理办法的落地，较好地体现了济南市在再生水利用、用水效率提升、管网漏损率控制等方面取得的成绩。

然而，在目前的评价框架下，济南市的供水系统仍仅为"充分"状态，离目标的"优化"状态差距较大。为进一步提升供水系统运行效率，保障用水安全，应结合多水源供水格局的建设，对管网的结构进行优化，提升供水系统的硬实力。同时应加强应急预案机制建设，减少能源资源的利用，降低对生态环境的影响，提升供水系统的软实力。

第7章 饮用水水质监测预警

水质监测预警,是指利用实验室检测数据、在线监测数据,结合城镇供水系统具体情况,通过对数据单项指标分析、历史数据统计、水质模型分析等方法对城镇给水水源、水厂、管网等环节的水质变化进行警示或趋势预判。对供水系统全流程实施水质精准监控、对突发性水质风险进行快速预警,是城市供水实行精细化管理和提高供水应急能力的基础性工作,是建立健全饮用水安全管控体系的关键环节。水专项实施以来,经过关键技术集成研发和标准化应用,在供水全过程监测标准体系建设、水质信息平台功能化结构设计、检测数据质量控制、多源异构数据融合存储、平台数据安全及运行维护管理等多个方面开展了创新性工作,建立了涵盖实验室检测、在线监测和移动检测的"从源头到龙头"全流程供水水质监测标准化技术体系,形成了供水水质监管业务化平台系统系列示范工程,有力地支撑了水质监测预警技术的快速发展,提升了城镇供水多级协同水质管理能力水平。

7.1 概 述

7.1.1 水质监测预警现状及技术需求

在工业化、城镇化和市场化的快速推进大背景下,我国水环境污染尚未得到根本性遏制,水体污染物种类繁多,供水水源类型日益多元化,新兴痕量毒害污染物不断检出,水质污染呈现复合性特征,水源突发性污染事件时有发生,对饮用水安全保障带来了极大的挑战,准确识别水质污染特性,提升应对突发污染快速响应能力,是当前饮用水水质安全保障的迫切需求。

水质检测方面,采用方法主要包括传统的物理分析、化学分析、电化学分析、色谱分析、生物传感等技术,以及基于现代光谱分析的水质检测技术。国外越来越多高灵敏度的测试方法用于水质问题的识别诊断,涌现了一大批专用于水质分析的专用技术。我国对水中特征污染物的检测识别技术仍不成熟,尤其针对一些复合污染条件下痕量毒害污染物监测能力比较薄弱,还不能满足我国越来越严苛的水质监测需要。同时,发达国家在水质监测分析方法上已经形成了系列化,如 EPA 8000 系列(有机物分析方法)、EPA 500 系列(饮用水中有机物的分析方法)、EPA 500 系列(城市和工业废水中有机化合物的分析方法)等 EPA 系列标准方法。我国从 21 世纪初开始着力发展高效便捷的高通量水质检测技术,形成了健全的检测方法体系。2006 年,我国发布实施了《生活饮用水标准检验方法》GB/T 5750—2006,但涉及的检测指标和检测方法有限,标准部分指标的方法不适用。近年来，我国启动了对《生活饮用水标准检验方法》GB/T 5750—2006 的修订工作，在征求意见稿中新增了基于气相色谱-质谱、液相色谱-质谱、色谱-ICP-MS 等技术的高通量检验方法。然而，对比欧洲国家、美国和日本等西方国家水质检测技术发展情况，结合我国水污染特征及监控技术需求，我国在水质检测技术和方法标准化方面仍有很大的发展空间，如新污染物筛查检测技术能力建设、水质检测关键材料设备国产化研制，检测技术与标准化等方面尚需要深入研究与探索。

水质预警方面，美国2002年开始专门研究应急检测技术，建成三级应急和预警系统，并在自来水公司、大型公共场所、大型宾馆等开展应用；此外还对供水系统的风险因素进行了全面评估，并建立了包括6个模块在内的《饮用水源污染威胁和事故的应急反应编制导则》，为各地水务部门制定水源地突发污染事件的应急预案提供指导。我国在城市供水水质预警体系方面的研究，多侧重于水源水，针对水源安全相关问题开展研究，并在一些城市建立了水源水在线监测预警系统。如深圳水源水质在线监测预警系统建设方面，选择了浑浊度等8项指标作为水源水质预警关键指标。武汉市建立了汉江初级预警预报系统，由武汉、老河口、襄樊、潜江、仙桃等沿江城市实施水源水质同步监测。水专项启动实施之前，尚未开展全流程供水水质监测预警方面的系统研究，在目标污染物高通量检测、非靶标污染物筛查鉴定、在线和移动监测装备研制、水质监测预警业务化平台构建等方面尚缺乏技术支撑和工程化应用案例。

针对上述技术发展现状和行业重大挑战，如何实现水质风险的预警响应、污染类型的定性识别和污染物浓度的精准检测，对城镇水系统水质监测预警能力建设提出了更高要求。然而我国目前水质监测预警技术研究和应用整体滞后。一是仪器装备配备方面，实验室检测、在线监测和移动监测设备国产化程度低，高分辨精密仪器及在线、便携式设备核心部件基本依赖进口；二是检测技术方法方面，样品前处理技术低效繁琐，高通量仪器分析技术方法缺乏，部分在线和移动监测方法检测精准度不高，稳定性差；三是标准化建设方面，水质指标选择和限值设定不合理、衔接性差，水质检测方法标准更新不及时，在线监测和移动监测相关标准、规范不完善。因此，急需开展水系统水质监测预警关键技术研究、标准化体系建设和示范推广应用，提升水质监测预警技术能力，完善水质检测方法标准体系，构建全流程、多维度水质监测保障体系，为实现饮用水"从水源地到水龙头"全过程精准监管提供有力支撑。

7.1.2 水质监测预警技术分类

随着监测技术的不断发展与革新，水质监测预警技术已不再是传统的理化生物分析、简易色谱光谱仪器分析等实验室检测技术。化学、生物学、信息技术等交叉学科的快速发展为水质监测预警技术的进步提供了必要的科技支撑，极大地丰富了水质监测预警的方法和手段。现代水质监测预警技术充分吸收高分辨质谱技术、生物毒理技术等现代分析理论技术成果，结合小型化、移动式及智能化等技术手段，逐渐形成面向新时期饮用水安全保障需求的全流程、多层次水质监测预警技术体系。主要包括以下几类技术：

1. 高通量质谱检测技术

质谱技术是将被测化合物分子电离成不同质量电荷比的带电离子，按其质荷比的不同进行分离，从而对化合物的成分和结构进行鉴定分析。目前，高通量质谱检测技术已经发展为水质检测的主导技术之一，能够实现对水系统中大部分无机阴离子、金属污染物及痕量有机污染物的准确、高效检测。

在样品分析过程中，样品前处理技术的可靠性和先进性，直接关系到分析结果的准确性。微量化、无溶剂（或少溶剂）化、自动化前处理技术是样品前处理发展的趋势。目前，全自动固相萃取技术逐渐代替了经典的液-液萃取技术，已经成为水样前处理的主要技术之一；随着材料科学和信息化技术的快速发展，前沿性的微萃取、分子印迹、热脱附等技术，具有操作简单、环境友好、选择性强、自动化水平高等特点，在水质检测领域的研究和应用也越来越广泛。

在有机物检测方面，串联质谱是一种更为精准的物质定性、定量分析技术，更加适合于水中超低浓度有机物的筛查与检测。对于易挥发及半挥发的有机物，可利用气相色谱-串联质谱法实现高通量检测，如挥发性卤代烃、嗅味物质、有机氯、消毒副产物等；对于不挥发或难挥发的有机物，可利用（超）高效液相色谱-串联质谱法实现高通量检测，如抗生素、农药、全氟化合物、有机酸等。

在金属检测方面，电感耦合等离子体质谱法（ICP-MS）具有精密度高、线性范围宽、简便快速的特点，且可实现多元素同时测定，也可与气相色谱、液相色谱分离系统联用，在水系统中金属及半金属元素定量、半定量及形态分析方面的应用越来越广泛。ICP-MS技术的迅速发展，现已被成功应用于水质监测领域，但因其仪器造价较高，限制了其大面积推广与应用。

在无机阴离子检测方面，随着溴代、碘代等新型消毒副产物以及氯酸盐、高溴酸盐等污染物的不断检出，传统离子色谱法的灵敏度无法满足对其检测需求。近年来，离子色谱法与质谱联用技术及配套仪器设备已得到商品化应用，显著提高了检测的灵敏度。此外，在有机酸等消毒副产物前体物的高通量检测方面，离子色谱-质谱法也展现出了明显的优势。

2. 痕量有机污染物筛查技术

水质风险与存在污染物的种类、浓度水平密切相关，虽然通过质谱技术对污染物进行目标分析，可排除复杂基质影响，提供高选择性、高精准度的检测结果，但有可能会忽略其他污染物，有效性难以保障。为了解决目标分析的局限性，可应用高分辨率质谱技术（HRMS）对环境中污染物在目标筛查的基础上，进一步开展疑似物筛查、非目标筛查。

HRMS 分辨率大于 10000 半峰宽（FWHM）、质量准确度小于 5mg/L，对质量数的测定可精确到小数点后 4 位，通过精确质量数不仅能够获得元素组成、物质结构的信息，还能够区分质量数非常接近的基质干扰物和待测物，且对色谱分离的要求显著降低，为复杂样品中广泛的、已知化合物的高通量筛查以及未知化合物的识别开辟了新的分析窗口。

对目标污染物进行筛查，多使用三重四极杆质谱的测定方法。四极杆质谱筛查方法灵敏度高，检出限和定量限低，线性范围宽，定量准确，但需要借助标准品来优化仪器参数，并且筛查目标物的数量受限，不能完全满足高通量快速筛查分析的要求。HRMS 全扫描对目标物进行精确测定，通过检索、匹配数据库中标准物质的保留时间以及母离子和碎片离子的精确质量数等信息完成目标物分析。相对于三重四级杆质谱，HRMS 质量范围宽、分辨率高、分析速度快，更利于快速而灵敏地筛查复杂基质样品中的多目标物。

对疑似污染物进行筛查，可根据质荷比（m/z）从总离子流中提取化合物的色谱及质谱峰，或经合适算法及参数设定后进行谱峰的识别与提取，再通过谱库检索或者文献资料分析预测，在无标准品参考确证时，完成筛查并锁定疑似化合物。疑似化合物筛查在有机污染物的降解中间产物（TPs）鉴定及机理分析中应用广泛，可通过相关文献和软件工具预测获得水环境中可能存在的极性污染物 TPs 及其结构信息和保留时间，是快速筛选和确定环境水体中降解产物的有效方法。

相对于目标物和疑似物筛查，非目标化合物筛查的关键在于能够在没有参考、推测信息的情况下对物质进行筛查鉴定。一般将样品与空白、其他样品的采集数据进行二元或者多元比对、通过统计分析方法锁定目标峰，再将目标峰与数据库里已有的化合物进行保留时间、精确质量数、同位素、二级质谱图等信息检索、匹配，确证目标物结构；对于无法匹配的化合物，则通过分析二级质谱图推断碎片归属，推测目标物结构，可为水处理工艺的评估与优选提供有力支持。同时 HRMS 通过质谱全扫描数据记录水质信息，具有构建水质信息档案的技术优势，在发生水体突发污染或者由于其他原因导致水质发生变化时，有利于对水质污染因子进行溯源。

3. 毒害污染物特性解析技术

污染物分级分类技术：反映有机污染物综合水平的水质指标有 TOC、COD、BOD_5 等，除此之外，可通过不同富集分离技术对水中有机物进行分类检测。如，可利用不同孔径超滤膜对水体中不同分子量的有机物进行分类并定量（以碳计）；可利用 XAD-4 和 XAD-8 等树脂将水中有机物分为疏水性有机物、亲水性有机物和弱亲疏水性等不同组分有机物，结合 DOC 分析仪定量不同组分；可利用液相色谱-有机碳检测仪-有机氮检测仪（LC-OCD-OND）对水中不同分子量的生物大分子、腐殖质、腐殖质分解产物、小分子有机酸和小分子中性物质进行定量检测；可利用强阳离子交换柱（SCX）和 C18 柱等固相萃取柱，对水中有机物按照带电荷特性和极性进行富集分类。以上方法能够从有机物结构、性质及分子量等角度反映有机物整体污染情况，反映出水中有机物的组成及特性。

基于生物效应导向的毒害污染物筛查技术：效应导向分析是将生物学效应测试、样品分离和效应污染物鉴定相结合，进行样品的生物效应评价及效应污染物鉴定的方法。生物学效应测试方法是筛查技术的先导和重要环节，其主要包括基于水生生物毒性效应的体内生物效应测试以及遗传毒性效应、内分泌干扰效应、芳香烃受体效应、细胞应激效应等的体外生物效应测试手段。体外生物效应测试多采用鱼类、发光细菌、藻类、水蚤等模式生物，将其暴露于环境样品中或其提取物中，通过评价模式生物的行为变化、发光量变化、死亡率、孵化率、胚胎发育和个体生长等效应实现生物效应的测试。内分泌干扰效应、芳香烃受体效应测试最常用的手段是荧光素酶报告基因检测法和绿色荧光蛋白酶报告基因检测法，该技术已成功应用于水中芳香烃受体（AhR）、雌雄激素受体（ER/AR）等多种受体效应检测。体内、体外以及两者相结合的成组生物效应测试方法在效应导向的毒害污染物筛查系统中得到应用，成功用于水源水、生活饮用水、污水等不同类型的毒害污染物的筛查。研究者发现污水处理厂出水中含有急性毒性、内分泌干扰和芳香烃受体效应的毒性物质；污染较重的地表水存在急性毒性及遗传毒性，区域内浅层地下水存在一定程度的急性毒性和遗传毒性；供水厂原水和出水中的直接和间接遗传毒性物质、类雌激素效应物质和芳烃受体效应物质浓度水平总体较低，风险在可接受水平。

毒害微生物鉴定分析技术：传统的微生物鉴定主要参考《伯杰式细菌鉴定手册》和《真菌鉴定手册》，鉴定过程繁琐。近 20 年来，细胞脂肪酸分析的 MIDI 系统、碳源利用分析的 Biolog 系统与 DNA 序列分析的 16srRNA 基因进化发育系统已经成为目前国际上细菌多相分类鉴定常用的技术手段。流式细胞术作为一种细胞分析和分选的技术，在水环境微生物的快速测定方面还处于发展阶段。目前，流式细胞仪主要用于水中细菌、病毒、特殊病原菌、藻细胞的快速测定以及微生物群落和生理状态的快速分析及其衍生的新方法，包括可同化有机碳、病原菌生长潜能、消毒效能的快速评价以及水处理过程中毒性变化的检测。另外，微生物质谱也可实现对已知微生物的鉴定，其鉴定核心之一为微生物数据库容量，通过微生物蛋白指纹图谱数据库还可实现数千种微生物鉴定。

4. 特征污染物快速监测技术

随着在线监测技术的不断进步，不同测试原理、集成装配类型和智能化管控模式的水质在线及便携式分析仪相继涌现，水系统工程化应用案例也越来越多，测试原理从理化法、电化学法发展到光谱法、生物法、色谱法和质谱法等，监测指标也从常规五参数（高锰酸盐指数、总磷、总氮、氨氮等）扩展到重金属、挥发性有机物（VOCs）、生物综合毒性、藻类及嗅味物质和毒害有机物等典型的水体特征污染物，同时伴随着在线和便携式监测仪器方法灵敏度和精度的不断提高，其相比实验室检测的优势将越来越明显。

重金属在线监测方法主要有比色法和电化学法，在电化学法中应用较广泛的为阳极溶出伏安法和催化极谱法，与比色法相比，电化学法的测量精度较好，还能够对多种重金属进行同时测量，但是容易受有机物干扰，必要时需要进行前处理，消除干扰项。生物综合毒性监测主要包括活性污泥、藻类、蚤类、生物鱼、发光菌和微生物燃料电池等几种常见的方法，每种方法的适用范围、监测成本等均存在较大差异，目前后面 3 种方法的应用最为广泛。

7.1.3 水质监测预警技术发展趋势

随着水专项研究计划的启动实施，我国目前水质监测预警技术研究和应用情况有了较大改善，但在技术发展与应用仍需不断发展与进步：一是检测技术方法方面，水环境中污染物多以微量、痕量、超痕量形态存在，受到复杂环境影响，以不同形态存在且各形态的毒性水平不同，一定程度上增加了分析检测的复杂性。现有检测技术存在水质精准性低，特别对低浓度（ng 甚至 pg 级）、毒性大的痕量污染物鉴定能力仍有待提升等问题，仍无法实现快速、准确识别供水系统的水质风险及潜在威胁；二是标准化建设方面，水质检测方法标准更新不及时，根据我国水行业监测预警能力建设的需要，紧跟我国标准化工作改革步伐，围绕实验室定量检测、不明污染物分类解析、快速监测识别等方面技术标准化建设需求，在补齐短板基础上提升新技术新装备标准化能力，构建涵盖国家标准、行业标准、地方标准和团体标准等多层次的检测技术标准和工程技术规程，逐步完善水系统水质监测方法标准体系，不断提高我国水质监测能力和水平；三是仪器装备配备方面，检测设备国产化程度低，高分辨精密仪器核心部件基本依赖进口，应优先研制具有自主知识产权的快速监测设备传感器或核心部件，提高样品预处理装置及标准物质国产化配套能力，研发中高级别精度的光谱、色谱大型检测仪器。

随着信息技术在供水行业的深入应用，各种各样传感器的广泛应用使得供水相关数据由原来普遍的以纸质方式保存变为以电子化的方式存储，并且数据的数量以极快的速度快速增加。同时随着经济社会发展水平的不断提高，城市供水管理水平和管理方式也面临更高的要求。城市供水数据具有多源异构、数据量大、结构多样、利用率低、交互能力差等特点，系统间存在信息壁垒和数据孤岛现象。为充分挖掘历史数据的信息价值，发挥其作用，需要利用大数据技术加强预警技术研发，提高数据利用水平和预警能力。首先需在技术层面突破数据屏障，深度挖掘数据特征，用于全流程供水系统精准监管与预警。与传统数据管理相比，大数据具有规模海量、分析预测和辅助决策等特点，能够更好地帮助政府部门实现城市供水全过程智慧化监管。在技术层面充分利用智能技术、云计算技术，构建全流程大数据系统。大数据技术可以分析城市供水全过程中的海量数据，并对其潜在信息进行深度挖掘，协同分析多种数据关系，有效监管城市供水情况并及时做出预警。强化大数据分析和挖掘工作，推进"数据驱动"治理方式，使供水全过程监管从粗放型向精细化、精准化转变，从被动响应向主动预见转变，从经验判断向科学决策转变，有效提高政府对城市供水全过程监管能力和供水安全应急保障能力。

7.2 水质实验室检测技术

7.2.1 基本情况

1. 水质检测技术现状

（1）样品前处理方式多元化

基于水质基质复杂、部分指标在水中含量较低或仪器方法要求等因素，检测过程中往往需要水样的富集与纯化。样品前处理过程的先进与否，直接关系到分析方法的优劣。样品前处理是样品分析过程中最费时、费力、最容易产生分析误差的一个环节，因此样品前处理技术决定着样品分析的结果。液-液萃取法是传统的前处理方法。该方法具有处理能力强、分离效果好等诸多优点，但液-液萃取技术具有萃取时间长、操作步骤繁琐、有机溶剂用量大、容易造成二次污染等问题，限制了其应用。近年来，固相萃取、顶空、吹扫捕集等样品前处理方法得到发展与进步，不断替代传统的液-液萃取方式，越来越多的应用在水质检测中。

（2）高通量、高灵敏仪器检测方法日趋成熟

传统的仪器方法一般以单组分检测为主，如气相色谱法、液相色谱法、原子吸收法、原子荧光法等，多存在灵敏度低、准确度低、效率低的问题。现代仪器检测技术的引入，大大提高了检测的准确度和便捷性。如色谱-质谱联用法有灵敏性强、准确性高、自动化等特点，解决了许多复杂基体的分离、鉴定和含量测定问题，已广泛应用于水质检测中。在《生活饮用水标准检验方法》GB/T 5750—2023 中，新增了基于气相色谱-质谱、液相色谱-质谱、色谱-ICPMS 等技术的高通量检验方法，质谱技术的标准化得到了提升。但在技术发展与应用方面仍需不断发展与进步。水环境中污染物多以微量、痕量、超痕量形态存在，受到复杂环境影响，以不同形态存在且各形态的毒性水平不同，一定程度上增加了分析检测的复杂性，仍无法实现快速、准确识别供水系统的水质风险及潜在威胁。

（3）新污染物检测能力有待进一步提升

新污染物是指那些具有生物毒性、环境持久性、生物积累性等特征的有毒有害化学物质，这些有毒有害化学物质对生态环境或者人体健康存在较大的危害性风险。近年的研究表明，水环境中新污染物频繁出现，目前国际上广泛关注的新污染物有四大类：持久性有机污染物、内分泌干扰物、抗生素、微塑料。水中新污染物问题已成为管理部门和专家关注的热点问题。随着对化学物质环境和健康危害认识的不断深入及检测技术的不断发展，新污染物还会持续增加。因此，对水中新污染物筛查鉴定和评估技术的开发具有重要意义，可进一步确定我国水中主要的新污染物种类及毒性，从而加快立法与治理的脚步，实现水质的综合提升。

2. 水质检测标准的发展

饮水安全是影响人体健康和国计民生的重大问题，保障饮水安全、维护人的健康生命是当前经济社会发展对水利工作的第一需要。而饮用水水质相关标准是评价饮用水质量优劣程度和供水企业供水水质好坏程度的尺度，也是卫生、水利、城市建设等相关部门和相关行业、单位进行水质与卫生管理、监督执法的基础依据。

由于水与人类健康密切相关，因此，饮用水的每个环节的安全质量要素都必须严格控制。为有效地监测和控制饮用水的安全质量要素，世界卫生组织（WHO），欧盟，美国、日本等组织和发达国家，以及我国政府都先后发布或制定了适合区域特色或各国国情的饮用水水质（卫生）标准（准则/指令/规范）。目前，世界上最具代表性的饮用水水质标准有三部：WHO 的《饮用水水质准则》、欧盟（EU）的《饮用水水质指令》及美国的《国家饮用水水质标准》。虽然三者在指定目的、原则和应用范围上有所不同，但它们具有共同的控制指标（21项），多属毒理性较强物质，并都将有机物作为重点控制指标。

我国从 1955 年起也开始了水质标准制定的探讨，现已进行了七次修改。2006 年，卫生部和国家标准化管理委员会对《生活饮用水卫生标准》GB 5749—85 进行了第一次修

订，联合发布新的强制性的《生活饮用水卫生标准》GB 5749—2006，于 2007 年 7 月 1 日起实施。水质指标从最初的 16 项已经扩充至 106 项，指标范围涉及感官及化学指标、毒理学指标、细菌学指标、放射性指标及消毒剂指标等；2022 年 3 月 15 日，国家市场监督管理总局和国家标准化管理委员会联合发布《生活饮用水卫生标准》GB 5749—2022，标准实施日期为 2023 年 4 月 1 日。

《生活饮用水卫生标准》GB 5749—2022 与《生活饮用水卫生标准》GB 5749—2006 相比，对标准的范围进行更加明确的表述，对规范性引用文件进行更新，对集中式供水、小型集中式供水、二次供水、出厂水、末梢水、常规指标和扩展指标等术语和定义进行修订完善或增减，对全文一些条款中的文字进行编辑性修改，对生活饮用水水源水质要求加以完善，提出：当水源水质不能满足相应要求，但限于条件限制需加以利用，应采用相应的净化工艺进行处理，处理后的水质应满足本文件要求。删除涉及饮用水管理方面及"水质监测"的相关内容。根据水质指标的特点，新标准将指标分类方法由 GB 5749—2006 的"常规指标和非常规指标"调整为"常规指标和扩展指标"。水质指标由 GB 5749—2006 的 106 项调整为 97 项，包括常规指标 43 项和扩展指标 54 项。其中增加了 4 项指标，包括高氯酸盐、乙草胺、2-甲基异莰醇、土臭素，删除了耐热大肠菌群、三氯乙醛等 13 项指标，修改了 2 项指标的名称，调整了 8 项指标的限值，增加了总 β 放射性指标进行核素分析评价的具体要求及微囊藻毒素-LR 指标的适用情况；水质参考指标由 GB 5749—2006 的 28 项调整为 55 项，增加了 29 项指标，包括钒、六六六（总量）、对硫磷、甲基对硫磷、林丹、滴滴涕、敌百虫、甲基硫菌灵、稻瘟灵、氟乐灵、甲霜灵、西草净、乙酰甲胺磷、甲醛、三氯乙醛、氯化氰（以 CN 计）、亚硝基二甲胺、碘乙酸、1,1,1-三氯乙烷、乙苯、1,2-二氯苯、全氟辛酸、全氟辛烷磺酸、二甲基二硫醚、二甲基三硫醚、碘化物、硫化物、铀、镭-226，删除了 2 项指标，修改了 2 项指标的名称，调整了 1 项指标的限值。

目前，我国饮用水水源水质评价标准分别是《地表水环境质量标准》GB 3838—2002、《地下水质量标准》GB/T 14848—2017 和《生活饮用水水源水质标准》CJ 3020—93，其中《生活饮用水水源水质标准》CJ 3020—93 对生活饮用水水源水质作了专门规定，是迄今为止我国唯一一部专门针对水源水的专业水质标准。此外，《城市供水水质标准》CJ/T 206—2005 和《生活饮用水卫生标准》GB 5749—2022 也规定了生活饮用水水源水质应符合《地表水环境质量标准》GB 3838—2002 和《地下水质量标准》GB/T 14848—2017 的要求。

我国生活饮用水检验方法主要为《生活饮用水标准检验方法》GB/T 5750，之前执行的标准《生活饮用水标准检验方法》GB/T 5750—2006 包括感官形状和物理指标、无机非金属指标、金属指标、有机综合指标、有机物指标、农药指标、消毒副产物指标、消毒剂指标、微生物指标及放射性指标，共 141 种指标的检测方法，检测方法基本涵盖了《生活饮用水卫生标准》GB 5749—2006 中所有项目。2019 年，根据国家卫生健康委员办公厅《关于下达 2019 年卫生标准制修订项目计划的通知》要求，中国疾病预防控制中心环境与健康相关产品安全所组织开展对《生活饮用水标准检验方法》GB/T 5750—2006 的修订工作，并于 2022 年形成报批稿并公开征求意见。

结合城镇供水行业的各级检测机构水质检验仪器设备配置情况，2018 年住房城乡建设部发布了《城镇供水水质标准检验方法》CJ/T 141—2018，代替 CJ/T 141—2001～CJ/T 150—2001，增加了 62 个指标的 32 个检验方法，修订了 22 个指标的 9 个检验方法。解决了部分与城镇供水水质监管要求相适应的问题。本标准规定了城镇供水水质检验方法的术语和定义、总则、无机和感官性状指标、有机物指标、农药指标、致嗅物质指标、消毒剂与消毒副产物指标、微生物指标和综合指标的检验方法。本标准适用于城镇供水及其水源水的水质检测。

由水质标准的国内外发展现状可以看出，随着新兴前处理技术、分析技术、设备材料的出现，供水水质检测技术正在迅猛发展。但相关的标准修订往往滞后于检测技术发展，表现在污染物类型需要丰富，检测前处理技术需要拓展，检测方法需要优化等方面。我国当时执行的《生活饮用水标准检验方法》GB/T 5750—2006 也同样具有此类问题。《生活饮用水标准检验方法》GB/T 5750 征求意见稿除了满足《生活饮用水卫生标准》GB 5749—2022 中水质指标的检验需求，更主要的是解决了《生活饮用水标准检验方法》GB/T 5750—2006 中存在的方法灵敏度不足、缺少部分指标的检验方法、方法便利性不足、方法自动化不足、质谱技术应用不足等问题。

7.2.2 国家标准检测方法优化提升

《生活饮用水标准检验方法》GB/T 5750 是《生活饮用水卫生标准》GB 5749 的重要技术支撑。为贯彻实施《生活饮用水卫生标准》GB 5749—2022、科学开展生活饮用水卫生安全性评价，2019 年，中国疾病预防控制中心环境与健康相关产品安全所组织开展对《生活饮用水标准检验方法》GB/T 5750—2006 的修订工作，并于 2022 年公开《生活饮用水标准检验方法》GB/T 5750 征求意见稿。在征求意见稿中，新增了 77 个检验方法，修改 5 个检验方法，删除 39 个检验方法（表 7-1、表 7-2），其中：感官性状和物理指标，增加 6 个检验方法；无机非金属指标，增加 8 个检验方法，修改 2 个检验方法，删除 3 个检验方法；金属和类金属指标，增加 9 个检验方法，修改 1 个检验方法，删除 12 个检验方法；有机物综合指标，增加 3 个检验方法；有机物指标，增加 24 个检验方法，修改 1 个检验方法，删除 13 个检验方法；农药指标，增加 9 个检验方法，删除 5 个检验方法；消毒副产物指标，增加 6 个检验方法，删除 1 个检验方法；消毒剂指标，增加 2 个检验方法，修改 1 个检验方法；微生物指标，增加 6 个检验方法；放射性指标，增加了 4 个检验方法，修改了 2 个检验方法。

为满足《生活饮用水卫生标准》GB 5749—2022 水质指标的检测需求，开发多指标同时检测、低检测限、低成本及低污染排放的标准化的高通量检验方法。

（1）高氯酸盐、石棉、多环芳烃、多氯联苯、土臭素、2-甲基异莰醇、药物及个人护理品等 200 余项指标的 77 个检验方法的开发，实现了标准方法体系对《生活饮用水卫生标准》GB 5749—2022 的全覆盖，有效完善了城镇供水行业水质检测方法体系。

《生活饮用水标准检验方法》GB/T 5750 新增方法　　　　表 7-1

序号	方法名称	检测指标
1	嗅阈值法	臭和味
2	嗅觉层次分析法	
3	流动注射法	挥发酚类
4	连续流动法	
5	流动注射法	阴离子合成洗涤剂
6	连续流动法	
7	流动注射法	氰化物
8	连续流动法	
9	流动注射法	氨（以 N 计）
10	连续流动法	
11	电感耦合等离子体质谱法	碘化物
12	离子色谱法-氢氧根系统淋洗液	高氯酸盐
13	离子色谱法-碳酸盐系统淋洗液	
14	超高效液相色谱串联质谱法	
15	液相色谱-电感耦合等离子体质谱法	三价砷、五价砷
16	液相色谱-原子荧光法	亚砷酸盐、砷酸盐、一甲基砷、二甲基砷
17	液相色谱-电感耦合等离子体质谱法	亚硒酸根、硒酸根、硒代胱氨酸、甲基硒代半胱氨酸
18	液相色谱-电感耦合等离子体质谱法	六价铬
19	液相色谱-原子荧光法	氯化甲基汞、氯化乙基汞
20	液相色谱-电感耦合等离子体质谱法	氯化甲基汞、氯化乙基汞
21	吹扫捕集气相色谱-冷原子荧光法	甲基汞、乙基汞
22	扫描电镜-能谱法	石棉
23	相差显微镜-红外光谱法	
24	分光光度法	高锰酸盐指数（以 O_2 计）
25	电位滴定法	
26	膜电导率测定法	总有机碳
27	吹扫捕集气相色谱质谱法	氯乙烯,1,1-二氯乙烯,二氯甲烷,1,2-二氯乙烯(顺或反),1,1-二氯乙烷,三氯甲烷,2,2-二氯丙烷,1,1,1-三氯乙烷,氯溴甲烷,1,1-二氯丙烯,四氯化碳,1,2-二氯乙烷,苯,三氯乙烯,1,2-二氯丙烷,二溴甲烷,二氯一溴甲烷,顺-1,3-二氯丙烯,甲苯,反-1,3-二氯丙烯,1,1,2-三氯乙烷,四氯乙烯,1,3-二氯丙烷,一氯二溴甲烷,1,2-二溴乙烷,氯苯,1,1,1,2-四氯乙烷,乙苯,间、对-二甲苯,苯乙烯,邻-二甲苯,异丙苯,三溴甲烷,1,1,2,2-四氯乙烷,1,2,3-三氯丙烷,溴苯,丙苯,2-氯甲苯,4-氯甲苯,1,2,4-三甲苯,叔丁基苯,1,3,5-三甲苯,仲丁基苯,4-甲基异丙苯,1,3-二氯苯,1,4-二氯苯,1,2-二氯苯,丁苯,1,2-二溴-3-氯丙烷,1,2,4-三氯苯,六氯丁二烯,萘,1,2,3-三氯苯

续表

序号	方法名称	检测指标
28	顶空毛细管柱气相色谱法	1,1-二氯乙烯,二氯甲烷,反-1,2-二氯乙烯,顺-1,2-二氯乙烯,三氯甲烷,1,1,1-三氯乙烷,四氯化碳,1,2-二氯乙烷,三氯乙烯,二氯一溴甲烷,反-1,2-二溴乙烯,顺-1,2-二溴乙烯,四氯乙烯,1,1,2-三氯乙烷,一氯二溴甲烷,三溴甲烷,1,3-二氯苯,1,4-二氯苯,1,2-二氯苯,1,3,5-三氯苯,1,2,4-三氯苯,六氯丁二烯,1,2,3-三氯苯,1,2,4,5-四氯苯,1,2,3,4-四氯苯,五氯苯,六氯苯
29	高效液相色谱串联质谱法	丙烯酰胺
30	固相萃取气相色谱质谱法	邻苯二甲酸二(2-乙基己基)酯
31	液相色谱串联质谱法	MC-LR、MC-RR、MC-YR、MC-LW、MC-LF
32	气相色谱质谱法	环氧氯丙烷
33	高效液相色谱法	二苯胺
34	吹扫捕集气相色谱质谱法	1,2-二溴乙烯、1,1-二溴乙烷、1,2-二溴乙烷
35	超高效液相色谱串联质谱法	双酚 A、双酚 B、双酚 F、4-辛基酚、4-壬基酚
36	液相色谱法	双酚 A
37	顶空固相微萃取气相色谱质谱法	土臭素、2-甲基异莰醇
38	顶空气相色谱法	1,1,1,3,3-五氯丙烷、1,1,1,2,3-五氯丙烷、1,1,2,3,3-五氯丙烷
39	吹扫捕集气相色谱质谱法	
40	高效液相色谱法	丙烯酸
41	离子色谱法	
42	液相色谱串联质谱法	戊二醛
43	超高效液相色谱质谱法	环戊基甲酸、环戊基乙酸、环己基乙酸、环己基丙酸、环己基丁酸、环己基戊酸
44	吹扫捕集气相色谱质谱法	苯甲醚
45	高效液相色谱法	α-萘酚、β-萘酚
46	超高效液相色谱串联质谱法	全氟丁酸、全氟戊酸、全氟己酸、全氟庚酸、全氟辛酸、全氟癸酸、全氟壬酸、全氟丁烷磺酸、全氟己烷磺酸、全氟庚烷磺酸、全氟辛烷磺酸
47	吹扫捕集气相色谱质谱法	二甲基二硫醚、二甲基三硫醚
48	高效液相色谱法	萘、苊烯、苊、芴、菲、蒽、荧蒽、芘、苯并(a)蒽、䓛、苯并(b)荧蒽、苯并(k)荧蒽、苯并(a)芘、二苯并(a,h)蒽、苯并(g,h,i)苝、茚并(1,2,3-cd)芘
49	气相色谱质谱法	2,4,4′-三氯联苯,2,2′,5,5′-四氯联苯,2,2′,4,5,5′-五氯联苯,3,4,4′,5-四氯联苯,3,3′,4,4′-四氯联苯,2′,3,4,4′,5-五氯联苯,2,3′,4,4′,5-五氯联苯,2,3,4,4′,5-五氯联苯,2,2′,4,4′,5,5′-六氯联苯,2,3,3′,4,4′-五氯联苯,2,2′,3,4,4′,5′-六氯联苯,3,3′,4,4′,5-五氯联苯,2,3′,4,4′,5,5′-六氯联苯,2,3,3′,4,4′,5-六氯联苯,2,3,3′,4,4′,6-六氯联苯,2,2′,3,4,4′,5,5′-七氯联苯,3,3′,4,4′,5,5′-六氯联苯,2,3,3′,4,4′,5,5′-七氯联苯

续表

序号	方法名称	检测指标
50	超高效液相色谱串联质谱法	青霉素G,氨苄西林,苯唑西林,氯唑西林,头孢拉定,头孢氨苄,头孢噻呋,红霉素,克拉红霉素,泰乐菌素,磺胺醋酰,磺胺吡啶,磺胺嘧啶,磺胺甲噁唑,磺胺甲基嘧啶,磺胺甲二唑,磺胺二甲嘧啶,磺胺对甲氧嘧啶,磺胺氯哒嗪,磺胺喹噁啉,磺胺间二甲氧嘧啶,磺胺邻二甲氧嘧啶,磺胺苯吡唑,氟甲喹,噁喹酸,西诺沙星,环丙沙星,恩诺沙星,沙拉沙星,噻菌灵,对乙酰氨基酚,卡马西平,氟西汀,地尔硫卓,脱氢硝苯地平,苯海拉明,奥美普林,甲氧苄啶,1,7-二甲基黄嘌呤
51	液相色谱串联质谱法	莠去津,呋喃丹,甲基对硫磷
52	毛细管柱气相色谱法	百菌清
53	液相色谱串联质谱法	灭草松、2,4-滴、呋喃丹、甲萘威、莠去津、五氯酚
54	高效液相色谱法	甲氰菊酯,氯氟氰菊酯,溴氰菊酯,氰戊菊酯,氯菊酯
55	离子色谱法	草甘膦、氨甲基膦酸
56	液相色谱串联质谱法	甲氧隆,敌草隆,氯虫苯甲酰胺,利谷隆,除虫脲,杀铃脲,氟铃脲,氟丙氧脲,氟苯脲,氟虫脲,氟啶脲
57	萃取-反萃取分光光度法	氯硝柳胺
58	高效液相色谱法	
59	气相色谱质谱法	乙草胺
60	液-液萃取气相色谱法	三氯乙醛
61	离子色谱-电导检测法	一氯乙酸、二氯乙酸、三氯乙酸、一溴乙酸、二溴乙酸
62	高效液相色谱串联质谱法	二氯乙酸、三氯乙酸、溴酸盐、氯酸盐和亚氯酸盐
63	离子色谱法-氢氧根系统淋洗液	溴酸盐
64	离子色谱法-碳酸盐系统淋洗液	
65	高效液相色谱串联质谱法	
66	现场N,N-二乙基对苯二胺(DPD)法	游离氯
67	现场N,N-二乙基对苯二胺(DPD)法	总氯
68	酶底物法	菌落总数
69	滤膜浓缩/密度梯度分离荧光抗体法	贾第鞭毛虫
70	滤膜浓缩/密度梯度分离荧光抗体法	隐孢子虫
71	多管发酵法	肠球菌
72	滤膜法	
73	滤膜法	产气荚膜梭状芽孢杆菌
74	紫外荧光法	铀
75	ICP-MS法	
76	射气法	镭-226
77	液体闪烁计数法	

（2）删除34个低效繁琐的检验方法，对硫化物、碘化物、31种金属等47项指标的7个检验方法就行优化改进，提高了方法的精确度和准确度。

《生活饮用水标准检验方法》GB/T 5750 修改方法　　　表 7-2

序号	方法名称	检测指标
1	N,N-二乙基对苯二胺分光光度法	硫化物
2	硫酸铈催化分光光度法	碘化物
3	电感耦合等离子体质谱法	银,铝,砷,硼,钡,铍,钙,镉,钴,铬,铜,铁,钾,锂,镁,锰,钼,钠,镍,铅,锑,硒,锶,锡,铊,铊,钛,铀,钒,锌,汞
4	顶空毛细管柱气相色谱法	二氯甲烷,苯,甲苯,1,2-二氯乙烷,乙苯,对二甲苯,间二甲苯,异丙苯,邻二甲苯,氯苯,苯乙烯
5	N,N-二乙基对苯二胺(DPD)分光光度法	游离氯
6	低本底总α检测法	总α放射性
7	低本底总β检测法	总β放射性

7.2.3　新污染物高通量检测

近年的研究表明,水中新环境污染物频繁出现,现行水质检测标准方法已无法涵盖此类项目。目前,已发现的新污染物包括环境雌激素、塑化剂、消毒副产物、全氟有机化合物等,多数新环境污染物会对人体造成不同程度的致癌、致畸、致突变,严重影响人类的健康。同时,现行检测标准虽然涉及金属类部分指标,但仅有总量检测方法,因不同价态的金属毒性大小不同,分价态金属含量的检测方法仍需建立;生物类检测指标较少,缺少涉及水质生物稳定性和安全性的指标。因此,急需全面开展水中新环境污染物指标的建立及现有检测指标的深入研究,建立相应的检测方法并形成标准规范,从而实现水质的综合评价。

质谱检测技术是将被测化合物分子电离成不同质量电荷比的带电离子,按其质荷比的不同进行分离,从而对化合物的成分和结构进行鉴定分析。目前,高通量质谱检测技术已经发展为水质检测的主导技术之一,能够实现对水系统中大部分无机阴离子、金属污染物及痕量有机污染物的准确、高效检测。

1. 有机物检测

在有机物检测方面,串联质谱是一种更为精准的物质定性、定量分析技术,更加适合于水中超低浓度有机物的筛查与检测。对于易挥发及半挥发的有机物,可利用气相色谱-串联质谱法实现高通量检测,如挥发性卤代烃、嗅味物质、有机氯、消毒副产物等;对于不挥发或难挥发的有机物,可利用(超)高效液相色谱-串联质谱法实现高通量检测,如抗生素、农药、全氟化合物、有机酸等。

(1) 气相色谱-质谱联用技术

气相色谱法(Gas chromatography, GC)是以流动相为气体的色谱,产生于 20 世纪 50 年代。如今,气相色谱仪已发展成为最实用的分析检测仪器之一,在很多情况下用

GC-MS进行定量分析。气相色谱技术主要用于易挥发和半挥发有机物的检测，具有分析速度快、分离效率高、灵敏度高、准确性高、选择性好的特点，是目前分离检测能力最强的手段之一，解决了许多复杂基体的分离、鉴定和含量测定问题，被广泛应用于环境样品中的污染物分析、药品质量检验、天然产物成分分析、食品中农药残留量测定、工业产品质量监控等领域。

气相色谱-质谱联用技术是继传统气相色谱法之后又一项常用水质检测方法，该技术原理是利用性质不同的物质在气相和固定相中的分配系数不同，当气化后的混合样品被载气带入色谱柱中运行时，不同性质的物质在两相间反复多次分配，经过足够柱长移动后便彼此分离，按顺序进入质谱仪。进入质谱仪的物质再经离子化、按质荷比质量分析器分离后由检测器检测、记录。

(2) 液相色谱-质谱联用技术

高效液相色谱法（High performance liquid chromatography，HPLC）又叫高压液相色谱或高速液相色谱，是以流动相为液体的色谱方法。

液相色谱-质谱联用技术弥补了气相色谱-质谱联用技术应用的局限性，适用于不挥发性、极性或热不稳定的化合物、大分子化合物（包括蛋白、多肽、多聚物等）的分析测定。大约80%有机化合物中不能直接气化，因此需用液相色谱分离分析，特别是随着生命科学的迅速发展，用于样品分析、纯化的液相色谱技术的使用就更加广泛。该技术具有灵敏度高、分析结果稳定的特点，几乎遍及定量定性分析的各个领域。

液相色谱-质谱联用技术的基本工作原理是：样品通过液相色谱系统进样、分离后进入接口；在接口中，溶液中组分的分子或离子转变成气相分子或离子并被聚焦后送入质量分析器，各种离子在质量分析器中按质荷比分离并依次进入检测器检测。

(3) 技术应用

针对农药的检测方法，开发了可同时检测47种农药的高通量方法，为供水行业提供了"从源头到龙头"的高效水质监管手段（表7-3）。

针对25种药物及31种激素的2个标准检验方法，填补了国内饮用水中药物和个人护理用品标准检验方法的空白。与EPA发布的方法1694相比，其覆盖的抗生素类药物多10种；与EPA发布的方法1698相比，其覆盖的固醇类和激素类内分泌干扰物多4种。同时，两种方法所检测的目标物的选取是基于国内药物与个人护理用品使用现状的调查结果，更加具有针对性。

针对17种全氟化合物的标准检验方法，可对包括PFOA和PFOS等在内的17种全氟羧酸和全氟磺酸进行检测，与EPA发布的方法537相比，该方法覆盖的全氟化合物的种类多3种，检出限也更低，对于痕量的全氟化合物的检测具有更高的准确性。

消毒是饮用水安全的重要保障手段，但消毒副产物也是影响饮用水安全的不可忽视的问题。自1974年识别出消毒副产物氯仿以来，不断有新的消毒副产物被识别和检出。这些消毒副产物的产生与水源特点密切相关，针对不同水源条件下的氯化消毒副产物如亚硝胺、卤乙酰胺等32种物质，开发了3个高通量检验方法，可高效检测不同水源条件下的大部分消毒副产物，有效解决了长期困扰行业水质监测的难点问题。

新污染物的标准检验方法汇总 表 7-3

方法名称	检测指标	指标数量	定量限范围（ng/L）
水中 31 种激素类物质的固相萃取-液相色谱-串联质谱检测法	激素类	31	0.05～10.2
水中 25 药物类物质的固相萃取-液相色谱-串联质谱检测法	药物类	25	0.45～20.84
水中 10 种致嗅物质的固相微萃取/气相色谱-串联质谱检测法	致嗅物质	10	3.7～474
水中 9 种亚硝胺的液质检测方法	亚硝胺	9	0.23～2.31
水中 11 种卤乙酰胺的液质检测方法	卤乙酰胺	11	9.40～81.20
水中 12 种挥发性消毒副产物的气相检测方法	卤代乙腈	4	13.2～181.20
	卤代丙酮	2	
	三卤甲烷	4	
	三氯乙醛	1	
	三氯硝基甲烷	1	
水中 17 种全氟化合物的固相萃取-液相色谱-串联质谱法	全氟化合物	17	0.024～0.14

2. 元素有机化合物与金属形态分析

电感耦合等离子体质谱法（ICP-MS）是 20 世纪 80 年代发展起来的新的分析测试方法。它以独特的接口技术将 ICP-MS 的高温电离特性与四极杆质谱计的灵敏快速扫描的优点相结合而形成一种新型的元素和同位素分析技术，具有精密度高、线性范围宽、简便快速等特点，可实现多元素同时测定。ICP-MS 的分析能力可以取代传统的无机分析技术（如电感耦合等离子体光谱技术），现已被广泛地应用于环境、半导体、医学、生物、冶金、石油、核材料分析等领域。

ICP-MS 还可以与其他技术如 HPLC、HPCE、GC 联用进行元素的形态、分布特性等的分析。联用技术是现代分析科学的重要研究手段，即先用有效的在线分离技术将某种元素的各种化学形式进行选择性分离（如气相色谱、液相色谱等），再用高灵敏度的元素检测技术（如原子吸收、原子荧光、等离子体质谱等）进行测定。电感耦合等离子体质谱技术的发展为形态分析提供了强有力的检测工具。

（1）高效液相色谱-电感耦合等离子体质谱联用技术（HPLC-ICP-MS）

液相色谱是用于形态分析的最有效的分离技术之一。ICP-MS 为 LC 提供了最灵敏的检测技术。ICP-MS 溶液分析的两个主要限制因素是由基体引起的质谱干扰和物理干扰。但液相色谱提供了将被测物与集体元素分离的可能。高效液相色谱通常是在室温下进行的，对高沸点和热不稳定化合物的分离不需要经过衍生化，因而使得 HPLC 更适合于环境分析以及生物活性物质分析。同时，HPLC 拥有较多的可改变的因素（流动相、固定相等），使得 HPLC 的适用性更为广泛。

目前，HPLC-ICP-MS 联用技术已被用于分离测定水中不同价态 Se、As、Cd 等元素。

(2) 气相色谱-电感耦合等离子体质谱联用技术（GC-ICP-MS）

气相色谱也是用于形态分析的有效的分离技术之一。气相色谱的本质决定了它比较适合于挥发性金属及金属有机物的分析，对于难挥发金属及金属有机物，需要转变成挥发性的化合物方能适合于GC分析，通常是利用各种衍生化方法使其转变成金属共价氢化物或螯合物，保留时间被用作鉴定的依据。由于GC的高分辨率和ICP-MS的高灵敏度和选择性，使GC-ICP-MS成为形态分析最理想的联用技术。GC-ICP-MS联用技术可以完全把待分析物的不同形态与基体分开，只引入待分析物进入ICP-MS，比液相色谱分离速度快很多。现已用于水、沉积物等环境样品中的Sn、Hg、Pb金属有机形态的测定。

(3) 技术应用

金属元素在水环境和生态中的效应并不取决于它的总水平，而是取决于其存在形态。近年来，金属形态的分析检测愈来愈受到重视。建立饮用水及其水源水中不同形态金属的可靠分析方法，是正确认识水中金属赋存形态和毒性的基础。研究建立了基于固相萃取富集-色谱分离-电感耦合等离子体质谱测定的分析方法体系，实现了对生活饮用水及其水源水中硒形态、砷形态、汞形态、铅形态的分析，在水质分析领域具有重要意义与应用价值。

针对城市供水现行检测标准中甲基汞、四乙基铅等有机金属指标检测方法低效繁琐，四乙基铅的测定方法为双硫腙比色法，存在试剂毒性大、灵敏度低的缺陷；《地表水环境质量标准》GB 3838—2002规定了甲基汞的检测方法为气相色谱法，存在操作繁琐、检测稳定度低、准确性差的缺陷。研发了基于固相萃取-色谱-电感耦合等离子体质谱联用技术的汞形态（甲基汞、乙基汞、无机汞）、铅形态（四乙基铅、无机铅离子）的检测方法。优化适用于供水样品检测的固相萃取（SPE）富集流程，突破气相（GC）/液相（HPLC）色谱基线分离与电感耦合等离子体质谱（ICP-MS）鉴定耦合联用的分析技术应用瓶颈，研发了基于SPE/GC/ICP-MS的四乙基铅测定方法、基于SPE/HPLC/ICP-MS的烷基汞（甲基汞、乙基汞）测定方法，提高了检测精准度。通过开展标准化提升、验证评估和应用研究，提高了方法的适用性，有效弥补了现行标准方法的不足。

金属元素在水环境和生态中的效应取决于其存在形态，如亚硒酸盐的毒性略大于硒酸盐、无机硒的毒性大于以氨基酸和蛋白质结合的有机硒，亚砷酸盐毒性大于砷酸盐、有机砷毒性较小。因此，对水中不同价态硒、砷的检测对于饮用水中砷、硒毒性评价具有重要意义。研究开发了水中砷形态（砷酸根、亚砷酸根）、硒形态（硒酸根、亚硒酸根）的高效液相色谱-电感耦合等离子体质谱联用分析方法。该方法具有选择性好、检测范围宽、检测速度快等特点，在水质分析领域具有重要应用价值。

3. 无机阴离子检测

在无机阴离子检测方面，随着溴代、碘代等新型消毒副产物以及氯酸盐、高溴酸盐等污染物的不断检出，传统离子色谱法的灵敏度无法满足对其检测需求。近年来，离子色谱法与质谱联用技术及配套仪器设备已得到商品化应用，显著提高了检测的灵敏度。此外，在有机酸等消毒副产物前体物的高通量检测方面，离子色谱-质谱法也逐渐展现出了明显的优势。离子色谱与质谱联机应用,通过离子色谱实现对样品的分离纯化,保证了复杂体系的化合物的鉴定检测;利用离子色谱抑制器实现背景抑制,更有效提高检测灵敏度;通过质谱的超高特异性检测,最终实现复杂基体的特异性灵敏检测。

以高柱容量、强亲水性的 IonPac AS20 为色谱柱,在线电解淋洗液发生器产生 KOH 溶液为流动相,建立了离子色谱串联质谱法测定生活饮用水中氯酸盐、高氯酸盐和溴酸盐的分析方法。该方法灵敏度高、定量限低、回收率好、准确度高,可满足生活饮用水检测要求,对保障人民食品安全具有一定的意义。

建立离子色谱-质谱同时测定生活饮用水及其水源水中草甘膦、草铵膦和氨甲基膦酸的方法,水样经 Ionpac AS11 离子色谱柱分离,采用电喷雾质谱仪负离子监测模式检测。结果表明,该方法操作简单、准确、灵敏度高、抗干扰性强,检出限低。

随着检测技术的发展,将离子色谱与质谱联用,既可同时测定多种组分,灵敏度高、准确性好,同时能有效地消除基体干扰和进行形态分析,也将会有很好的发展趋势。

7.3 水质在线监测技术

7.3.1 基本情况

水质在线监测技术是以电化学、信息技术、自动化技术等技术为基础,是一个集监测、计算、模拟、管理为一体的技术体系。水质监测技术的应用,可使决策部门对目标水体的水环境安全进行有效的综合管理和宏观决策,防患于未然,或采取及时有效的应急响应措施。近年来,随着水质突发性污染事故的频发,为保障城市饮用水安全,预防突发性污染事故的发生,人们开发了多种技术对水质质量进行监测,以有效的实现对水质安全预警。在线监测技术研究目前日益成为国内外环境科学领域的一个研究热点。

当前,国内外水质在线监测技术主要分为三类:以化学、电化学为基础的单一常规水质参数监测技术;以光学为基础的多参数常规水质参数监测技术;以生物监测为基础的水质综合毒性监测技术。

7.3.2 常规指标在线监测技术

1. 以化学、电化学为基础的单一常规水质参数监测技术

以化学、电化学为基础的单一常规水质参数监测技术是指采用各种仪器仪表,通过定量或定性的方法,能够直接分析测定水环境内的有毒有害物质或它们的浓度,这一类监测方法有针对性,对单一的水质参数精确度高,反应敏感,可监测到水环境内确定的危险化合物的种类及含量,实现原位或在线的量化监测。

常规五项水质检测参数为水温、pH、浊度、电导率、溶解氧。

(1)水温

水的物化性质与水温有密切关系,水中溶解性气体(如氧气、二氧化碳等)的溶解度，水中生物和微生物的活动，非离子氨、盐度、pH以及碳酸钙饱和度等都受水温变化的影响。温度为现场监测项目之一，常用的检测仪器有水温计和颠倒温度计，前者用于地表水、污水等浅层水温的测量，后者用于湖库深层水温的测量。此外，还有热敏电阻温度计等。

（2）pH

pH是水中氢离子活度的负对数。天然水的pH多在6～9范围内，pH受水温影响发生变化，测定时应在规定的温度下进行，通常采用玻璃电极法和比色法测定pH。

（3）浊度

水的浊度表征水样的光学性质，表示水中悬浮物和胶体物质对光线透过时所产生的阻碍程度。由于水中悬浮物和胶体物质是光散射和吸收，而不是直接透过水样。浊度的大小不仅与水中悬浮物和胶体物质的含量有关，而且与这些物质的颗粒大小、形状和表面对光反射性能有关。测定水样的浊度可用分光光度法、目视比浊法和浊度计法。

（4）电导率

电导率是以数字表示溶液传导电流的能力。纯水电导率很小，当水中含无机酸、碱或盐时，电导率增加。电导率常用间接推测水中离子成分的总浓度。水溶液中电导率取决于离子的性质和浓度、溶液的温度和粘度等。电导率的测定方法是电导率仪法，电导率仪有实验室内使用的仪器和现场测试仪器两种。现场测试仪器通常可以同时测量pH、溶解氧、浊度、总盐度和电导率五个参数。

（5）溶解氧

氧气溶解在水中的分子态氧称为溶解氧。天然水的溶解氧含量取决于水体与大气中氧的平衡。清洁地表水溶解氧一般接近饱和。由于藻类生长，溶解氧可能过饱和，水体受有机、无机还原性物质污染时溶解氧降低。测定水中溶解氧常采用碘量法及其修正法、膜电极法和现场快速溶解氧仪器法。清洁水可直接采用碘量法测定。另外，虽然有一些在线的监测仪器可以快速地分析出预定化合物的含量，但结果并不能直接反映水环境内化学物质对水生生物的影响，尤其是多种化合物的联合作用以及外界环境（温度、pH、溶解氧、酸碱度、硬度等）对化学物质的毒性影响等，不能完全满足水质预警监控的要求。

2. 基于光谱原理的多参数常规水质参数监测技术

以光谱技术为基础的多参数常规水质参数监测技术指利用紫外光谱、红外光谱、荧光光谱等方法，同时对水环境中的多种污染物进行测定的监测技术。该技术可以在一定范围内同时对多个水质参数进行同时监测，监测数据在一定程度上可以反映水质变化趋势，基于此技术的在线监测设备结构简单，维护成本低，但是监测参数数量有限，不能完全满足水质在线监测实时预警的需要。

（1）紫外吸收光谱法

紫外吸收光谱法又称紫外分光光度法，是根据物质对不同波长的紫外线吸收程度不同而对物质组成进行分析的方法。此法所用仪器为紫外吸收分光光度计或紫外-可见吸收分光光度计。光源发出的紫外光经光栅或棱镜分光后，分别通过样品溶液及参比溶液，再投射到光电倍增管上，经光电转换并放大后，由绘制的紫外吸收光谱可对物质进行定性分析。由于紫外线能量较高，故紫外吸收光谱法灵敏度较高；同时，本法对不饱和烯烃、芳烃、多环及杂环化合物具有较好的选择性，故一般用于这些类别化合物的分析及相关污染物的监测。如，水和废水统一检测分析法中，紫外分光光度法测定矿物油、硝酸盐氮；以可变波长紫外检测器作为检测器的高压液相色谱法测多环芳烃等。

（2）红外光谱法

红外光谱法又称"红外分光光度分析法"，为分子吸收光谱的一种。利用物质对红外光区的电磁辐射的选择性吸收来进行结构分析及对各种吸收红外光的化合物的定性和定量分析的方法。被测物质的分子在红外线照射下，只吸收与其分子振动、转动频率相一致的红外光谱。对红外光谱进行剖析，可对物质进行定性分析。化合物分子中存在着许多原子团，各原子团被激发后，都会产生特征振动，其振动频率也必然反映在红外吸收光谱上。据此可鉴定化合物中各种原子团，也可进行定量分析。

（3）荧光光谱法

原子荧光光谱法（AFS）是介于原子发射光谱（AES）和原子吸收光谱（AAS）之间的光谱分析技术。它的基本原理是基态原子（一般蒸汽状态）吸收合适的特定频率的辐射而被激发至高能态，而后激发过程中以光辐射的形式发射出特征波长的荧光，测量待测元素的原子蒸气在一定波长的辐射，能激发下发射的荧光强度进行定量分析的方法。原子荧光的波长在紫外、可见光区。气态自由原子吸收特征波长的辐射后，原子的外层电子从基态或低能态跃迁到高能态，经 $8\sim10s$，又跃迁至基态或低能态，同时发射出荧光。若原子荧光的波长与吸收线波长相同，称为共振荧光；若不同，则称为非共振荧光。共振荧光强度大，分析中应用最多。在一定条件下，共振荧光强度与样品中某元素浓度成正比。该法的优点是灵敏度高，目前已有 20 多种元素的检出限优于原子吸收光谱法和原子发射光谱法；谱线简单；在低浓度时校准曲线的线性范围宽达 $3\sim5$ 个数量级，特别是用激光做激发光源时更佳。主要用于金属元素的测定，在环境科学、高纯物质、矿物、水质监控、生物制品和医学分析等方面有广泛的应用。

7.3.3 综合性指标在线监测技术

生物学方法是把生物监测技术与环境科学相结合的一种方法，包括生态学方法、毒理学方法等，其不仅可以用来测定和评价单一化学物质对生物的影响，还能直接用来测定工业废水的毒性及多种化学物质的联合毒性。利用水生生物在一定的水环境条件下，由于水体污染物的影响而产生的各种反应来测试水体的污染状况。

该技术能够综合反映水质的毒性情况，是一项可以对水质进行一定程度综合预警的技术。但该技术还存在不足：生物毒性监测技术存在分析基线无法稳定的问题，由于检测器为生物检测器，如细菌、鱼类和无脊椎动物，其生物活性存在自然的无规律变化，其分析基线从理论上讲无法做到稳定，而分析基线的稳定是所有分析方法的最重要的前提条件；生物毒性监测技术无法对污染物进行快速定性。

1. 生物鱼类在线监测

鱼类最早用于水环境污染的生物监测和预警。Bdding（1929）根据鱼的呼吸变化指示环境污染毒性状况。以后人们对鱼类的逆流运动、呼吸频率、心跳速度等进行检测，并不断改进信息生成系统。目前美国陆军环境卫生研究中心利用蓝鳃鱼开发出了这种预警系统，该系统已进入商业化开发，在纽约市水库的多处地点进行了测试。在我国，很多地方采用日本青鳉和斑马鱼作为水质在线预警鱼类，其水中活动可以通过三维数据传到计算机中，通过数据分析，就能判断鱼的行为是否有变化，从而监测到水质是否发生变化。

2. 贻贝、淡水蚌在线监测

贻贝监测计划（Mussel Watch Project）、淡水蚌观察工程（Mussel Watch Program）是 20 世纪 80 年代开始在国际上普遍采用的常规监测方式。早期曾用机械方法记录壳瓣的运动。1972 年，Schuring 和 Geense 首次用电磁感应技术测壳瓣的运动。Jenner 等人在 1989 年改用高频电磁感应系统，将传感器的 2 个线圈粘贴到软体动物的两个壳瓣上，同步工作并记录线性反应，进一步提高了监测的自动化水平和检测效率。

利用贝类作为水质生物预警具有独特的优势，主要表现为：（1）贝类种类丰富，地理分布广泛，便于样品的采集和监测资料间的对比，另外贝类活动范围小，生长周期长，很适合监测水体污染的动态变化情况；（2）贝类增养殖技术相对较成熟，可以在技术上保证可能的大规模放养。

3. 水蚤环境监测技术

水蚤是水质监测中常用的无脊椎动物。水蚤的运动速率、心跳速率、游泳能力等是环境监测的信息指标。对于水蚤的运动速率的检测有多种方式，如用光电检测器设计出水蚤位移能力的早期警报系统。1991 年，比利时 Persoone 等人采用高速摄像系统，测定水蚤的运动速度，形成了"微型无需培养基即时生物测试"的概念，其研究结果投入使用并转化为微型生物即时毒性测试仪，1991 年投入商业化使用，现已广泛应用于世界各国。

4. 生物发光菌水质在线监测技术

发光细菌是一类在正常的生理条件下能够发射荧光的细菌。在一定条件下发光细菌的发光强度是恒定的，当发光细菌细胞受到毒性物质作用后，其活性将受到抑制，从而导致发光降低，其作用机理为：（1）直接抑制参与发光反应的酶类活性；（2）抑制细胞内与发光反应有关的代谢过程。在一定的毒性浓度范围内，有毒物质浓度与发光细菌发光强度成比例关系，样品的毒性越强，发光细菌的发光强度就越弱。凡能够干扰或破坏发光细菌呼吸、生长、新陈代谢等生理过程的任何有毒物质都可以根据发光强度的变化来测定。利用发光细菌来检测有毒物质，由于有毒物质仅干扰发光细菌的发光系统，发光强度的变化可以用发光光度计测出，费时较少且灵敏度高，操作简便，结果准确，所以利用发光细菌的发光强度作为指标来监测有毒物质，在国内外越来越受到重视，其广泛应用于工业废水、城市污水、重金属污染、农药污染、有机物污染等水样的监测和评价。

7.4 现场及应急监测集成应用技术

7.4.1 水质监测移动实验室

为适应突发水污染事件、重大自然灾害、重大工程事故等应急供水的现场检测及水质监督监测的需求，建设具有现场检测、水样保存与前处理等功能的移动检测实验室，由仪器设备、载具（用于承载和运送移动实验舱及相关装置的工具）、实验舱（用于承载移动实验室实验人员、设备及相关专业设施的舱体）、保障系统、救护与逃生系统等组成。移动检测实验室（图7-1）的空间布局、设施环境等应满足《洁净室及相关受控环境 性能及合理性评价》GB/T 29469的要求。

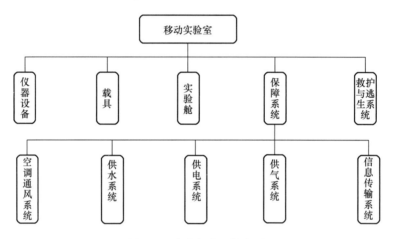

图7-1 移动实验室构成图

（1）实验室功能配置

基于城镇供水系统"从源头到龙头"的水质检测目的、应用场景、侧重点的差别，结合水质督察与日常检测的需求，对移动实验室进行功能配置，从仪器设备配置、供给保障系统等方面，根据现行国家标准《地表水环境质量标准》GB 3838、《地下水质量标准》GB/T 14848 和《生活饮用水卫生标准》GB 5749 等水质质量标准的全部指标、常规指标检测需求，将移动实验室分为Ⅰ～Ⅲ级，基本配置参照表7-4。

Ⅰ～Ⅲ级移动实验室等级功能配置表　　　　表7-4

实验室等级及配置		检测能力
Ⅰ级	恒温培养箱、定量盘封口机、便携式浊度仪/水浴锅、便携式余氯仪、便携式臭氧仪、便携式多参数仪、便携pH计、电感耦合等离子体质谱仪、离子色谱仪、吹扫捕集仪＋气相色谱-质谱联用仪、固相萃取仪＋气相色谱-质谱联用仪、固相微萃取＋气相色谱-质谱联用仪、固相萃取仪＋液相色谱、万分之一电子天平	《地表水环境质量标准》GB 3838 全部指标 《地下水质量标准》GB/T 14848 全部指标 《生活饮用水卫生标准》GB 5749 全部指标 《二次供水设施卫生规范》GB 17051 对城镇供水水质突发污染事故，具有特征污染物的定性分析和未知污染物的筛查能力；具备水源水质综合性指标、部分特征在线监测能力

续表

实验室等级及配置		检测能力
Ⅱ级	恒温培养箱、定量盘封口机、便携式浊度仪/水浴锅、便携式余氯仪、便携式臭氧仪、便携式多参数仪、便携pH计、电感耦合等离子体质谱仪、离子色谱仪、吹扫捕集仪＋气相色谱-质谱联用仪、万分之一电子天平	《地表水环境质量标准》GB 3838 《地下水质量标准》GB/T 14848 《生活饮用水卫生标准》GB 5749 《二次供水设施卫生规范》GB 17051
Ⅲ级	恒温培养箱、定量盘封口机、便携式浊度仪/水浴锅、便携式余氯仪、便携式臭氧仪、便携式多参数仪、便携pH计、万分之一电子天平	浑浊度、色度、臭和味、肉眼可见物、COD_{Mn}、氨氮、细菌总数、总大肠菌群、粪大肠菌群、耐热大肠菌群、pH、消毒剂余量及《二次供水设施卫生规范》GB 17051中选测和增测项目

(2) 检测方法体系构建

梳理《生活饮用水卫生标准》GB 5749、《地表水环境质量标准》GB 3838、《地下水质量标准》GB/T 14848等标准及相关检测方法、规范，以城镇供水水质检测技术体系为主线，针对我国现行国家标准和行业标准《生活饮用水标准检测方法》GB/T 5750和《城镇供水水质标准检验方法》CJ/T 141部分方法不适用于移动检测的问题，以"时效性"和"稳定性"为目标，聚焦车载样品检测技术筛选、优化、改进国家标准和行业标准中仪器检测方法，构建移动实验室水质检测规范化技术体系（表7-5）。

移动检测项目及关键技术　　　　　　　　　　　　　表7-5

项目类别		方法依据	关键技术
感官性状和物理指标	pH、浊度、色度	GB 5750.4	—
无机非金属指标	氨氮	GB 5750.5	分光光度法
金属和类金属指标	砷、镉、铜、锰、铁、锑、铊、锌、汞	GB/T 5750.6	ICP/MS
有机物综合指标	高锰酸盐指数	GB 5750.7	分光光度法
有机物指标	苯、甲苯、乙苯、三氯乙烯、四氯乙烯	GB/T 5750.8	吹扫捕集＋GC/MS
农药指标	马拉硫磷、林丹、阿特拉津	GB/T 5750.9	固相萃取＋GC/MS
消毒副产物指标	三氯甲烷、一氯二溴甲烷、二氯一溴甲烷、三溴甲烷	GB/T 5750.10	吹扫捕集＋GC/MS
消毒剂指标	臭氧、二氧化氯、余氯	GB/T 5750.11	分光光度法
微生物指标	总大肠菌群	GB/T 5750.12	酶底物法
附录指标	土臭素、2-甲基异莰醇	非标方法	固相萃取＋GC/MS

(3) 检测方法标准化

充分考虑移动实验室的特性，基于现行国家标准《生活饮用水卫生标准》GB 5749，开展移动监测现场测定技术标准化。涵盖感官性状和物理指标、无机非金属指标、金属指标、有机综合指标、有机物指标、农药指标、消毒剂指标、消毒副产物指标等32个水质指标，优化土臭素等7个检测方法优化研究，实现与现行国家标准《生活饮用水标准检验方法》GB/T 5750、行业标准《城镇供水水质标准检验方法》CJ/T 141 的衔接和互补，填补水质移动实验室检测方法的空白（表7-6）。

移动实验室标准化方法汇总表　　　表7-6

方法名称	检测指标		方法检出限	方法测定下限	方法准确性（以回收率计）
固相萃取-GC/MS	农药	马拉硫磷	2.2μg/L	8.8μg/L	62.5%～99.9%
		林丹	0.11μg/L	0.44μg/L	42.2%～71.8%
		阿特拉津	0.9μg/L	3.6μg/L	67.2%～116%
	嗅味	土臭素	0.05μg/L	0.2μg/L	58.2%～122%
		2-甲基异莰醇	0.05μg/L	0.2μg/L	61.0%～124%
吹扫捕集-GC/MS	消毒副产物	三氯甲烷	0.001mg/L	0.004mg/L	88.2%～112%
		二氯一溴甲烷	0.0005mg/L	0.002mg/L	95.0%～101%
		一氯二溴甲烷	0.0005mg/L	0.002mg/L	93.4%～105%
		三溴甲烷	0.0005mg/L	0.002mg/L	91.5%～114%
	有机物指标	苯	0.0005mg/L	0.002mg/L	92.0%～110%
		甲苯	0.0005mg/L	0.002mg/L	89.1%～110%
		乙苯	0.0005mg/L	0.002mg/L	92.0%～115%
		苯乙烯	0.0005mg/L	0.002mg/L	92.0%～98.0%
		四氯乙烯	0.001mg/L	0.004mg/L	81.2%～115%
ICP/MS	砷		0.03μg/L	0.12μg/L	87.0%～105%
	镉		0.01μg/L	0.04μg/L	91.0%～131%
	铜		0.25μg/L	1.00μg/L	90.0%～108%
	锰		0.07μg/L	0.28μg/L	87.0%～105%
	铁		1.50μg/L	6.00μg/L	90.0%～108%
	锑		0.02μg/L	0.08μg/L	90.0%～108%
	铊		0.01μg/L	0.04μg/L	91.0%～131%
	锌		2.70μg/L	10.8μg/L	87.0%～105%
	汞		0.01μg/L	0.04μg/L	91.0%～131%
分光光度法	高锰酸盐指数		—	0.05mg/L	105%～108%
	氨氮		—	0.03mg/L	115%～140%
	余氯		—	0.02mg/L	—
	二氧化氯		—	0.02mg/L	—
	臭氧		—	0.01mg/L	—
酶底物	总大肠菌群		—	1MPN/100mL	
电极法	pH		—	—	—
散射法	浊度		—	0.1NTU	105%～140%
铂钴比色法	色度		—	5度	—

(4) 移动实验室在应急保障中的应用

水质监测移动实验室发展至今,突破了移动实验室功能系统设计、一体化监测设备装配及环境条件优化控制等关键技术,研制了以便携式质谱仪为核心装备的移动式监测实验室,在国内首次解决了 ICP-MS、GC-MS、IC 等大型科学仪器的车载化应用技术问题,提升了水质移动监测实验室的检测能力,支撑了国家供水应急救援八大基地建设,显著增强了我国水质应急救援的整体实力(图 7-2)。

图 7-2 移动实验室保障水质安全

水质监测移动实验室作为传统实验室检测、在线监测重要的补充,在 2005 年松花江水污染事件、2008 年 "5·12" 汶川地震、2010 年 "8·7" 甘肃舟曲特大泥石流、2012 年广西龙江镉污染事件、2013 年 "4·20" 雅安地震、2015 年广元水源污染、2015 年兰州水源污染、2015 年 "11·23" 甘肃锑污染事件、2020 年湖北恩施泥石流等事件的重大应急处理中发挥了重要作用。

7.4.2 快速溯源监测

1. 综合毒性筛检

(1) 流式细胞术

待测颗粒在液流状态下单个通过激发光源,由于自发荧光特性或与染料的结合,在激光作用下显示出不同的荧光特性和散射光特性。根据颗粒的荧光特性和散射光特性对其进行识别。500mL 水样经灭菌的滤膜(直径 50mm,孔径 0.45μm 的醋酸纤维素滤膜)过滤,取 5mLPBS 缓冲液,冲洗滤膜至无菌管,经 300 目筛网过滤得到待测样品浓缩液。向 500μL 样品中加入 5.0μL 浓度为 42μmol/L 的噻唑橙和 5.0μL 浓度为 4.3mmol/L 的碘化丙啶进行染色,同时加入计数微球。染色后的样品进入流式细胞仪分析,调整合适电压并圈定细胞门,总大肠菌群以大肠埃希氏菌标准菌株为参照进行圈门,计算细胞密度。

基于流式细胞术的水中菌落总数和总大肠菌群快速分析技术与标准方法比对结果显示,流式细胞术检测结果与国家标准方法基本维持在一个数量级,方法检出限约为 10^4 CFU(表 7-7,表 7-8)。

流式细胞术菌落总数检测结果与国家标准方法的比对　　　　表 7-7

样品	流式细胞术	传统培养法
纯菌种	2.1×10^9	1.2×10^9
管网水加标	2.3×10^9	5.0×10^8

流式细胞术总大肠菌群检测结果与国家标准方法的比对　　表7-8

梯度	酶底物法（MPN/mL）	流式细胞术（个/mL)			
		总大肠菌群浓度	活体菌浓度	死亡菌浓度	受损菌浓度
梯度1	$2.0×10^5$	$9.7×10^4$	$8.1×10^4$	$1.1×10^4$	$4.7×10^3$
梯度2	$3.2×10^4$	$2.9×10^4$	$2.3×10^4$	$4.7×10^3$	$1.1×10^3$
梯度3	$1.5×10^4$	$2.5×10^4$	$2.1×10^4$	$3.2×10^3$	$5.3×10^2$
梯度4	$1.1×10^2$	$1.6×10^4$	$1.2×10^4$	$3.6×10^3$	$2.4×10^2$

(2) PCR法——枯草芽孢杆菌、金黄色葡萄球菌、嗜肺军团菌、产微囊藻毒素蓝藻

针对有毒有害微生物的特征基因片段，采用SybGreen嵌合荧光法，进行荧光定量PCR检测样品中扩增模板数量，采用外标法，通过模板标准品与$C(t)$值建立标准曲线，计算样品中所含模板数量，获得有毒有害微生物数量（浓度）信息（图7-3）。

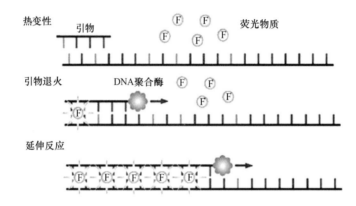

图7-3　荧光定量PCR检测原理示意图

枯草芽孢杆菌：16s rRNA基因，引物如下：

16s rRNA-F：5′-GGA CGG CTG AGT AAC ACG-3′

16s rRNA-R：5′-GAC AAC GCT TGC CAC CTA-3′

金黄色葡萄球菌：16s rRNA基因，引物如下：

5′-3′GAA AGG GCA ATA CGC AAA GA

5′-3′TAG CCA AGC CTT GAC GAA CT

嗜肺军团菌：mip基因，引物如下：

5′-TGC AAG ACG CTA TGA GTG GCG C-3′

5′-TGG CAA TAC AAC AAC GCC TGG CT-3′

产微囊藻毒素蓝藻：微囊藻毒素合成酶(mcyA)，引物如下：

5′-TTA TTC CAA GTT GCT CCC CA-3′

5′-GGA AAT ACT GCA CAA CCG AG-3′

PCR反应体系：以嗜肺军团菌为例，量取10μL SybGreen荧光定量PCR试剂，0.5μL引物（10μmol/L），9μL制备模板，用双蒸水定容到20μL，制备成PCR反应体

系,在涡轮混匀器上混匀。用灭菌双蒸水稀释嗜肺军团菌的 DNA 标准品,作为标准曲线系列。

PCR 反应程序:93℃预变性 30s,40 个循环中,93℃变性 5s,55℃退火 5s,72℃延伸 10s。每个循环结束时在 72℃检测荧光。对所有扩增从 65℃升高到 95℃,按 0.5℃/s 的升温速率检测荧光绘制熔解曲线。

某地地表水进行枯草芽孢杆菌和金黄色葡萄球菌检测结果显示有检出;而对于嗜肺军团菌的检测,水源水及出厂水中均未检出,二次供水中存在一定的嗜肺军团菌风险。

(3)细胞毒性评估技术

利用离体细胞测试技术,以我国仓鼠卵巢细胞为受试细胞,基于 3-(4,5-二甲基噻唑-2)-2,5-二苯基四氮唑溴盐(MTT)试验,研究建立了水质细胞毒性评估技术,应用于污染物和水体细胞毒性评估,为水质和环境污染物安全性评价方法提供支撑(图 7-4)。

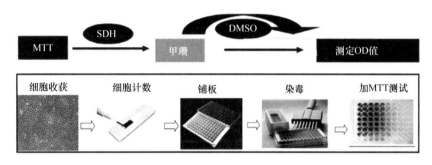

图 7-4 细胞毒性评估技术原理及测试流程

取 100L 水样,通过湿式反渗透膜进行水样富集 3~4L,经 0.45μm 玻璃纤维素膜过滤后再用 HLB 柱富集,富集前 HLB 柱使用二氯甲烷、甲醇、纯水进行活化,然后分别以正己烷/二氯甲烷(1∶1,体积比)和甲醇/二氯甲烷(1∶9,体积比)为淋洗剂洗脱。洗脱液吹干置换溶剂为 DMSO,定容至 5mL。采样 MTT 法进行细胞毒性测定,调整细胞浓度为 $0.5\sim1\times10^4$ 个/mL,接种 100mL 细胞悬液于 96 孔培养板上培养 24h 后,加入处理好的水样或待测试污染物,进行染毒。处理好的水样或待测试污染物需进行梯度稀释(5 个梯度以上),每组设 6 个平行,同时设置空白对照孔(加入相同体积的培养基)和溶剂对照孔(加入相同体积的二甲基亚砜)。染毒 24h 后弃掉原培养液,每孔加入新鲜培养 100mL 及 50mL3-(4,5-二甲基噻唑-2)-2,5-二苯基四氮唑溴盐(MTT)溶液,继续培养 4h,弃掉培养液,加入 150mL 二甲基亚砜(DMSO)溶液振荡 15min 后,在酶标仪上测定 570nm 下的吸光值(OD 值)。细胞存活率计算方式为:细胞存活率=(实验组 OD 值-对照组 OD 值)×100%,用细胞存活率和染毒浓度作图法求出半数抑制浓度(IC_{50})。

研究以卤代烃类污染物三氯乙烯(TCE)和四氯乙烯(PCE)为对象,进行了污染物胁迫下细胞毒性效用的评估。试验结果显示三氯乙烯、四氯乙烯对 CHO 细胞的半数生长抑制浓度(IC50)分别为 590mg/L、281mg/L(图 7-5、图 7-6)。

2. 有机物分子量凝胶色谱分析技术

凝胶色谱法又称分子排阻色谱法,根据分离的对象是水溶性的化合物还是有机溶剂可

图 7-5 TCE 和 PCE 对 CHO 细胞形态的影响（100 倍）

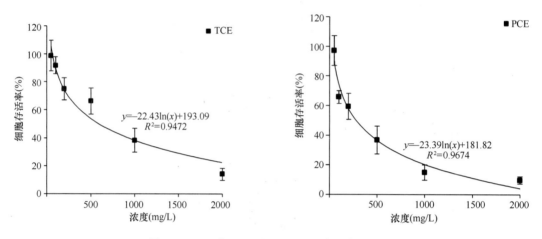

图 7-6 TCE 和 PCE 对 CHO 细胞存活率的影响

溶物，又可分为凝胶过滤色谱（GFC）和凝胶渗透色谱（GPC）。GFC 一般用于分离水溶性的大分子，GPC 主要用于有机溶剂中可溶的高聚物相对分子质量分布分析及分离。凝胶色谱法是利用聚合物溶液通过填充有特种多孔性填料的柱子，在柱子上按照尺寸大小进行分离并自动检测其浓度的方法，不但可以用于分离测定高聚物的相对分子质量和相对分子质量分布，同时根据所用凝胶填料不同，可分离脂溶性和水溶性物质，分离相对分子质量的范围从几百万到 100 以下。

液相排阻色谱-有机碳检测（Liquid Chromatography-Organic Carbon Detection，LC-OCD）是其中一种凝胶色谱分析技术，可用于表征 DOM 分子量特征，针对不同水体中溶解性有机质表征，采用体积排阻色谱（SEC）、有机碳（OCD）、254nm 紫外吸收光谱（UVD）和有机结合态氮（OND）进行有机物的分离，实现对水体中 DOM 和有机杂质分子进行定性和定量分析。

不同来源 DOM 分子量分布特征存在明显差别，生物聚合物物质主要集中在大于 20000Da 的大分子有机组分中，腐殖质类物质主要分布在较小分子量的有机组分中，根据 DOM 分子量分布特征可以追溯水的来源。国外应用 LC-OCD 分析反渗透进水口阻垢剂中的污染物、鉴定膜生物反应器处理废水可能产生的污染，应用 LC-OCD-UVD 获得腐殖质（HS）数据图，通过不同自然水中特定的腐殖质组成特征对水进行溯源。

国内有学者应用 LC-OCD-OND 研究了地表水体中溶解性有机质（DOM）不同分子

量组分特征，并分析了其与水质的相关性，结果表明DOM不同分子量组分与水质的相关性明显，说明基于LC-OCD-OND分级表征的DOM各分子量组分和丰度不仅可以作为水质监测的一个综合性指标，也可以用来表征河流水质的空间异质性，并能对污染物各组分进行定量化判别和来源解析。

3. 高分辨质谱筛查溯源技术

高分辨质谱（High resolution mass spectrometry，HRMS）是指分辨率大于10000半峰宽（Full width at half maxima，FWHM）、质量准确度小于5mg/L的质谱。HRMS对质量数的测定可精确到小数点后4位，通过精确质量数不仅能够获得元素组成、物质结构的信息，还能够区分质量数非常接近的基质干扰物和待测物，且对色谱分离的要求显著降低。因此，HRMS为复杂样品中广泛的、已知化合物的高通量筛查以及未知化合物的识别开辟了新的分析窗口（图7-7）。

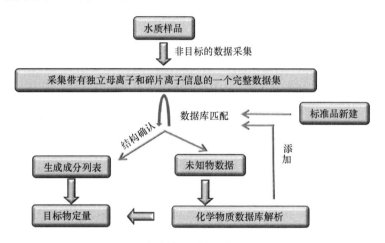

图7-7 高分辨质谱快速筛查流程图

结合固相萃取样品制备-高分辨质谱筛查技术，分别在正、负离子模式下，对样品中可能存在的痕量有机物进行全质量数扫描与MS^2或者MS^E碎片离子扫描，通过选择精确质量数据库（NIST或者其他数据库）、设置保留时间、设定精确质量数据和质量偏差以及同位素模型等参数，降低假阳性和假阴性结果的干扰，获得可能的分子式清单和分子结构，实现目标物的高通量快速筛查。

对筛查到的目标化合物采用标准品进行确证定量；对响应强度高的非目标物质，利用软件或者通过数据库/文献资料对未知物进行预测，无法预测时则通过样品差异性比对，完成未知物的结构鉴别和定性分析。

目前高分辨质谱筛查技术在供水排水系统微污染有机物的检测中已进行了应用，推进了水中痕量有机物及其代谢产物的快速筛查与确证分析，解析了水中痕量有机物污染现状，为供水排水水质风险识别提供了技术支撑。国内有学者对长江、黄河、松花江和珠江4个流域不同季节农药分布特征进行了调研，筛查结果差异性较大，调研区域最多筛查到85种农药，包括38种除草剂、22种杀虫剂、20种杀菌剂及5种降解产物（图7-8）。

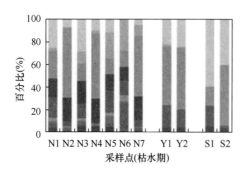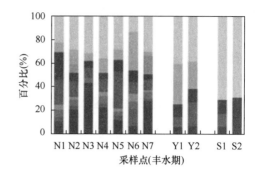

图 7-8　调研区域地表水中农药的种类与占比

在应用高分辨质谱筛查技术对供水厂现有工艺对微污染物去除效果的评价中发现,原水和出水中分别识别到 4486 个和 4163 个特征离子,其中原水中有 449 个特征离子在经过供水厂工艺得到了有效去除的同时,出水中也新生成了 126 个特征离子,提示供水厂工艺在去除目标物的同时,也生成了新的化学物质;同时应用高分辨质谱筛查技术可以鉴定不同化学工艺消除污染物过程中的产物,为合理推断污染物的控制反应路径提供科学依据(图 7-9)。

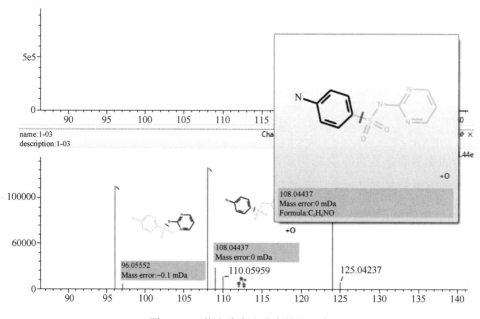

图 7-9　工艺去除中生成产物的鉴定

7.4.3　应急识别监测

1. SOS/umu 毒性分析方法

SOS/umu 试验法是一种被广泛应用于化合物和复杂样品检测的遗传毒性检测手段,1985 年,Oda 等人在鼠伤寒沙门菌中导入携带 umu 操纵子、umu D 基因和 umu C′LacZ

融合基因的启动子及四环素和氯霉素耐药基因的质粒，构建成重组菌 S. typhimuriumTA1535/pSK1002，建立了 SOS/umu 试验。测试原理：当细菌 DNA 受到损伤引起 SOS 反应时，激活 umuC′LacZ 融合基因，表达出有 β-半乳糖苷酶活力的融合蛋白，通过检测此酶的活力来确定受试物引起 DNA 损伤的程度。测试原理见图 7-10。

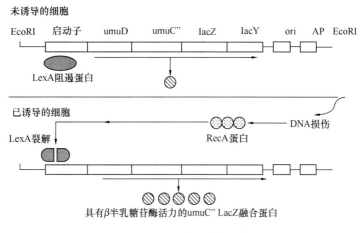

图 7-10 SOS/umu 毒性分析测试原理

由于 umu 基因与 DNA 损伤密切相关，SOS/umu 试验法能更准确地反映化学物质的遗传毒性，其测试结果与 Ames 试验的测试结果相比也有较好的一致性，可以同时检测多种不同类型的遗传毒性素质，对于大规模环境样品遗传毒性的初筛，具有使用单一菌种、试验周期短、能够定量比较、对实验环境要求不严格等优点。SOS/umu 试验已在全世界 300 多家实验室推广应用，日本、德国、马来西亚、国际标准化组织等国家和机构制定了相关检测标准。

（1）测试菌株及典型遗传毒性物质检测限研究

SOS/umu 试验经过三十多年的发展，建立了对不同种类污染物敏感的多种类型的测试菌株。鼠伤寒沙门菌 TA1535/pSK1002 对 486 种化合物的测试数据与 Ames 试验结果的一致性达到 90%，故该菌株仍是目前应用最为普遍的测试菌株。有研究者使用该菌株测定了 4-硝基喹啉-1-氧化物（4-NQO）、甲基甲烷磺酸酯（MMS）、2-氨基蒽（2-AA）、苯并芘（BaP）等典型遗传毒性物质的检测限（诱导比率为 2 时的化合物浓度），结果见表 7-9。

SOS/umu 试验测试典型遗传毒性物质的检测限（$\mu mol/L$） 表 7-9

化合物	Oda 团队	Reifferscheid 团队
4-硝基喹啉-1-氧化物	0.15	0.10
甲基甲烷磺酸酯	230	150
2-氨基蒽	0.57	1.00
苯并芘	1.25	—

注：—代表未测试。

(2) 方法改进优化及延展方法的研究

SOS/umu 试验的改进及优化：Oda 团队研发了用于检测硝基芳烃和芳胺的 umu 测试菌株以及用于测定致癌物及前驱体的遗传毒性或致癌机制的 umu 测试系统。该研究团队又研发出用于检测环境中微量存在的化学诱变剂和致癌物质的高通量 umu-微孔板测试系统，具有快速、灵敏、高通量以及特异性识别污染物种类等优点。Zhang 等人结合流式细胞术实现了鼠伤寒沙门菌 NM2009 菌株的 β-半乳糖苷酶活性的定量检测。SOS/umu 试验的试剂盒商品化、高通量测定及与大型仪器的结合使用，是试验优化研究的热点和趋势。

绿色荧光蛋白检测法的研究：21 世纪初，国外学者开始了基于 SOS 反应的绿色荧光蛋白检测法的方法和应用研究。Arai 等人将启动子基因、绿色荧光蛋白表达基因与质粒载体连接后导入大肠杆菌，构建成重组大肠杆菌，验证了其用于检测诱变剂和致癌物的灵敏性和适用性；国内基于 SOS 反应的绿色荧光蛋白检测法在水质监测领域的研究起步较晚，已有研究者构建了基于细菌 SOS 反应和绿色荧光蛋白表达基因的重组大肠杆菌，并验证了其对典型遗传毒性物质和有机污染物的响应。

(3) SOS/umu 试验的应用

SOS/umu 试验法在环境监测（水、大气、土壤等）、特征污染物遗毒性评价等领域应用广泛，在水质遗传毒性评价领域的研究涉及废水、水源水、供水厂工艺评价等各个方面。SOS/umu 试验法在我国水源水遗传毒性评价的应用较为普遍，学者的研究范围基本覆盖了我国中东部各主要水文流域。研究结果显示，大部分研究样本具有不同程度的遗传毒性效应，说明以地表水或地下水为水源的我国中东部各水文流域，已经或多或少地受到了致基因损伤物质的污染。

此外，该测试法在供水厂处理工艺改造提升、深度处理工艺的遗传毒性评价等方面，发挥着越来越重要的作用。研究结果表明，常规氯处理工艺会增加出水的遗传毒性效应，而臭氧、活性炭深度处理工艺对遗传毒性有一定的去除作用。已有研究发现，我国某些城市的自来水具有一定的遗传毒性。日本学者针对本国自来水的研究结果显示，日本饮用自来水的遗传毒性效应也有检出。

2. 全光谱扫描识别技术

不同的化学物质对不同波长的光吸收强度不同，每一种物质都对应有确定的紫外可见光吸收光谱，吸收光谱体现了物质的特性，是进行定性、定量分析的基础。不同溶液对不同波长的光吸收程度各不相同，几乎所有的有机化合物在紫外可见光区都有特定的吸收。特定化学物质对特定波长的光吸收性较强，特别是硝酸盐、亚硝酸盐、芳香烃类物质、浑浊度、色度、有机碳含量等对不同波长的吸收不同，其敏感波长在 200～700nm。如果只用 254nm 的波长照射，只能获得比较少的化学物质作用。而用多波长扫描，则可以得到不同波长的吸收谱，该谱能清晰地反映出水体中多种物质的分布，全光谱涵盖了紫外-可见-近红外区域（200～2500nm）的光谱。

(1) 近红外光谱分析

近红外区域按 ASTM 定义是指波长在 780～2526nm 范围内的电磁波，是人们最早发现的非可见光区域。近红外光谱信息的特点类似于振动光谱的中红外光谱区，信息量大，包含了绝大多数类型有机物组成和分子结构的丰富信息，但信息强度比中红外区低而光谱谱峰宽，且同一基团的倍频与合频信息常可在近红外光谱区的多个波段取得。其分子振动光谱的倍频和组合频谱带，主要是含氢基团（C-H，O-H，N-H，S-H）的吸收。不同的基团和同一基团在不同化学环境中的吸收波长有明显差别，可以作为获取组成或性质信息的有效载体。

近红外光谱不仅能够反映绝大多数的有机化合物的组成和结构信息，而且对某些无近红外光谱吸收的物质（如某些无机离子化合物），也能够通过它对共存的本体物质影响引起的光谱变化，间接地反映它存在的信息。加上近红外光谱可测量形式如漫反射、透射和反射，能够测定各种各样的物态样品的光谱。近红外光谱分析兼备了可见区光谱分析信号容易获取与红外区光谱分析信息量丰富两方面的优点，加上该谱区自身具有的谱带重叠、吸收强度较低等特点，使近红外光谱分析成为一类新型的分析技术（图 7-11）。

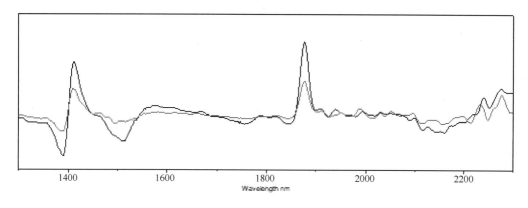

图 7-11 不同来源地表水的近红外光谱图

近年来，利用衰减全反射（ATR）原理和表面增强技术，近红外检测方法的灵敏度和检测精度大大提高，红外光纤传感器是一种十分方便快速的测量工具，经过多年以来学者的改良，可以快速检测各种环境样品。Hermann 等人采用衰减全反射原理实现对有机磷农药的检测灵敏度达到微克级；日本的 H. Ishizawa 研究小组尝试用傅里叶变换衰减全反射的方法对蔬菜表面的残留的农药进行直接检测，通过实验发现，有效检测百菌清、异菌脲、氰马菊酯等杀虫剂。A. Shaviv 等人利用卤化银混合物特种光纤传感器，原位实时检测环境中污染物。李文秀等人采用红外光谱法对蔬菜中的农药残留进行了快速检测研究。刘宏欣等人采用近红外光谱法结合多元线性回归和偏最小二乘法对水样中的总氮含量进行了回归分析，建立了相应的定量分析模型。杜亚尊等人对水质中污染油的红外测油仪进行了研究，设计了适合在野外进行油分测定仪器。

由于不同化合物在近红外段的吸收值有所差异，因此利用近红外法直接测定水中特征污染物的识别下限也有所区别，具体的识别下限见表 7-10。

近红外法直接对水中特征污染物的识别下限　　　　　　　　　　表 7-10

有机物种类	最低检测下限
甲苯	20mg/L
敌敌畏	30mg/L
柴油	50mg/L（悬浮液）
苯酚	20mg/L
苯甲醇	20mg/L
苯甲酸	20mg/L
对苯二酚	20mg/L
三氯甲烷	10mg/L

（2）紫外-可见光谱分析

紫外可见区域按 ASTM 定义是指波长在 200～780nm 范围内的电磁波。紫外-可见光谱鉴定化合物，是以其光谱特征如吸收峰的数量、位置（最大吸收波长）、强度（吸收度）以及峰的形状与化合物的标准图作对比，推测未知物的骨架。由于有机化合物在紫外-可见光区的吸收光谱比较简单，特征性不强，并且大多数简单官能团在近紫外光区只有微弱的吸收，还要靠其他如核磁共振、质谱等手段，才能对有些有机化合物进行精确的结构鉴定（图 7-12）。

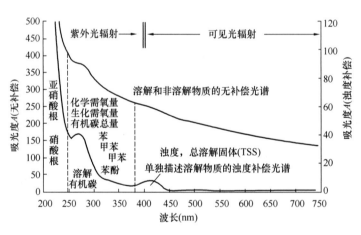

图 7-12　紫外可见区域化学物质扫描谱图

从图 7-13 可以看出，虽然地表水中加标有机物种类和含量不同，但有机污染物的特征吸收峰基本不变，这说明有机污染物的紫外吸收光谱不受水体中其他有机物的影响，适合用于快速识别。

3. 三维荧光光谱识别技术

有机物内含有多种不同的荧光基团，其荧光特性包含了与结构、官能团、构型、非均质性等有关的信息。描述荧光强度及同时随激发波长和发射波长变化的关系图谱即为三维

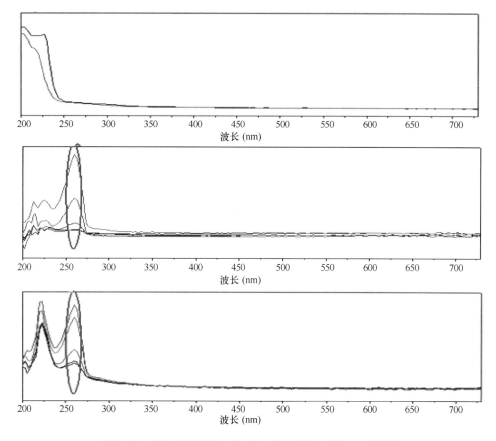

图 7-13 紫外可见区域内地表水背景及其有机物加标谱图

荧光光谱（Three-Dimensional Excitation Emission Matrix Fluores-Spectra，3DEEM）。在受污染原水中，有两种主要的溶解性有机物能够发射荧光，一种是腐殖质（蓝色荧光），另一种是蛋白质（紫外荧光）。基于此原理，可采用 3DEEM 测定水中的可溶解性有机物。三维荧光光谱图的表示方式有两种，即三维投影图和等高线荧光光谱图。

水样过 $0.45\mu m$ 滤膜过滤后，取 100mL，摇匀后用石英比色皿比色。在相同条件下，以超纯水做空白，以此消除拉曼散射及背景噪声。采用 F-7000 型荧光光度计，仪器光源为 150W 氙灯，光电倍增管电压为 700V，激发和发射狭缝宽度分别为 5nm 和 3nm。λexcitation（λ_{ex}）和 λemission（λ_{em}）扫描范围分别为 220~450nm、220~550nm，扫描速度为 1200nm/min，间隔均为 5nm。3DEEM 数据采用 Origin8.5 软件进行处理，以等高线图表征，每条等高线的间距为 5 个单位荧光强度。

传统的检测指标（如 TOC）只能反映溶解性有机物的总量，不能表征水中溶解性有机物分类分布，然而溶解性有机物分类分布情况正是影响水处理工艺参数和出厂水水质安全的重要因素。郝瑞霞等人运用 3DEEM 技术对常规净水工艺中有机物的去除效果进行研究，在整个净水过程中，没有完全消除类富里酸荧光物质，也没有产生新的荧光物质。就类富里酸荧光物质的去除效果而言，混凝沉淀基本没有去除作用，过滤作用的去除率在5%～15%。结果表明，3DEEM技术能有效地揭示净水工艺中有机物的变化过程。

国内其他学者采用三维荧光光谱法研究了生活污水中溶解性有机物的荧光特性。基于对污水中腐殖酸类、蛋白质类、表面活性剂类、植物油类等有机物三维荧光特性研究结果，提出了表征污水中有机物种类、组成和含量的三维特征荧光参数分别是特征荧光强度（Fex/em）、特征荧光强度综合指标（各类有机物的特征荧光强度之和，ΣFex/em）和不同种类有机物所占的比值（Fex/em）/（ΣFex/em）。与传统有机物综合指标相比，三维特征荧光参数信息丰富、测定迅速、灵敏度高，便于实现对水质的实时在线监测，从而更好地指导污水处理工艺运行、管理和控制，保证处理效果。

7.5 水质预警技术

7.5.1 基于实时监测的预警技术

水质实时监测具有连续、动态等特点，可对水质异常进行及时有效的反映。针对水质实时监测，可对常规监测指标设置超限值报警、异常波动预警、临近限值预警三种预警技术模式。对于现行国家标准和现行行业标准《生活饮用水卫生标准》GB 5749、《地表水环境质量标准》GB 3838、《地下水质量标准》GB/T 14848、《城市供水水质标准》CJ/T 206等标准内的水质检测指标，开展实时监测预警时，首先统计指标检出率，检出率较高（如高于10%）的水质指标，可选择超限值报警、异常波动预警、临近限值预警等方法。检出率较低（如低于10%）的水质指标，应提示预警。

超限值报警是对未超标的检测数据进行分析，以临近标准限值的某一检测值为预警阈值进行预警的方法。以现行国家标准和现行行业标准《生活饮用水卫生标准》GB 5749、《地表水环境质量标准》GB 3838、《地下水质量标准》GB/T 14848、《城市供水水质标准》CJ/T 206等水质标准限值为基准，超出标准限值后发出警报信息。

临近限值预警是对未超标的检测数据进行分析，以临近标准限值的某一检测值为预警阈值进行预警的方法。水质检测值未超标，但接近所选用标准限值的一定程度时（如达到标准上限值的80%、90%等），水质可能存在超出标准限值的风险，设定水质数据接近标准值的预警阈值，达到限值后提出预警信息。

异常波动预警是对实验室检测或在线监测数据的波动幅度进行统计分析，按照水质管理需要设置一定的水质波动幅度为预警阈值，进行水质变化预警的方法。水质检测值未超标，计算水质指标数据的波动幅度，超出一定波动幅度的数据发出报警信息。其判断方法是，选取一定时间段内的数据，统计检测数据的变化幅度，设定合适的变化幅度作为水质异常的预警阈值，高于预警阈值时提出预警信息。在线监测数据选取时间段应不小于1年。

对于在国家标准或行业标准中未涉及但存在水质风险的水质指标（如藻类等），应根据各地水源及供水厂工艺应对能力，设置预警阈值，开展监测预警工作，方法参照标准内指标。

7.5.2 基于生物毒性的预警技术

基于生物毒性的预警技术是利用指示生物在污染物的胁迫下生理或行为的变化（如发光强度、光合作用、运动学行为或死亡）等进行预警的一种技术手段。生物毒性检测技术能够在很短的时间内迅速得出水质毒性的综合信息，可作为理化监测的重要补充，能更利于实现不明污染物的报警预警。基于生物毒性的预警技术最大的优势是能够检测的毒性物种类多，理论上任何有毒物质达到一定程度时都会对受试生物产生毒性作用，从而产生可观测到的影响。基于生物毒性的预警技术可评估水体中复杂污染物共同存在下对生物的综合影响。该技术虽无法判断具体毒性物和精确浓度，但在应对不明污染物的预警中有独特的优势。

目前在城市供水系统中以基于发光菌法的预警技术和基于生物鱼法的预警技术应用较为普遍。

1. 基于生物鱼法的综合毒性预警技术

基于生物鱼法的预警技术是应用最早的生物预警方法之一。鱼类在水环境中的行为特征可以反映水体健康状况，当水环境发生变化时，鱼类对环境的适应性最先表现为行为改变。行为变化已作为描述污染物胁迫的一项重要综合生物指标，较为常用的监测鱼有斑马鱼、日本青鳉鱼、孔雀鱼、蓝鳃鱼等，通过图像解析和传感器等技术监测鱼类的行为变化，从而实现对水质变化的监测。目前，鱼类行为变化用于监测和评价水质的指标主要包括运动行为（速度、高度、转弯次数、摆尾频率、加速度浮头行动、急速游动、迂回次数等）、呼吸行为（鳃盖运动频率、呼吸频率、呼吸深度、咳嗽频率等）和群体行为（平均距离、分散度、社交等）三个方面。

基于生物鱼法的综合毒性预警技术广泛应用于水质监测与管理，监测点类型涵盖水源地、供水厂取水点、河流、环境监测站、污水处理厂等水质的监测，如水质在线生物安全预警系统（BEWs）在2008年北京奥运会水源地、石家庄市水源地等多处应用，且在水质监测中发挥了重要的作用。与基于发光菌法的综合毒性预警技术相比，该技术成本较低，污染物预警普适性较强，技术应用中监测用鱼需经严格的驯化程序和合理的更换周期才能保证结果的可靠性。该技术敏感性远低于发光菌法，随着计算机技术、图形识别技术、自动化控制技术的进步，逐步实现了对行为学数据的深度分析，一定程度上提高了测试敏感度，缩短了预警时间，后续行为学数据解析的准确性仍有待于进一步提高。

2. 基于发光菌法的综合毒性预警技术

发光菌是一类在正常生理条件下能发出荧光的微生物，利用其发光强度的抑制率可以测试污染物毒性的大小。毒性物质主要通过直接抑制发光过程中酶的活性或者抑制与发光反应相关联的生理代谢过程两个途径来影响发光菌的发光强度。目前国内常用的发光菌有费氏弧菌、青海弧菌 Q67 和明亮发光杆菌 T3 菌株，而国外使用较多的是费氏弧菌。荷兰microLAN B. V. 公司最早采用费氏弧菌作为指示生物研制了在线毒性测定仪（TOXcontrol），用于水质在线监测，该方法与传统的用鱼类或其他动物进行的毒理学试验具有很好的线性关系，为基于发光菌法的综合毒性预警技术的应用提供了良好的开端。

众多学者开展了不同类型发光菌对污染物的敏感性研究，污染物范围涉及重金属、农药、非农药有机物、新型污染物等多种类型。由于所用发光菌类型、测试条件等不同，研究结果各有差异，但多数研究结果显示，发光菌对大部分金属离子敏感，对其他类型污染物，尤其是有机物敏感性稍差。

基于发光菌法的综合毒性预警技术是水质监测中使用最为广泛的生物预警技术之一。据文献报道，该技术在西江肇庆段水质自动监测站、太湖集中式饮用水水源地、常州某集中式饮用水水源地和武进港两个水质自动监测站、昆山市水源地、天津市潮白河等多地水源水监测中进行了长期应用。结果表明，基于发光菌法的综合毒性预警技术能客观地反映绝大多数有毒有害物质的毒性，实时反映水中毒性的变化，为保证结果的准确性和可靠性，应注意以下几点：（1）菌种活性的控制对监测结果的保证至关重要；（2）要建立和维持切实可用的设备运行维护程序；（3）配合合适的前处理设备，以排除浊度等环境因素的影响；（4）对部分污染物如有机物的敏感性不够，报警阈值较高。

基于生物毒性的预警技术，由于指示生物自身的局限性，利用单一指示生物进行生物综合毒性测试时，所得结果往往具有片面性，难以客观全面地评价污染物的毒性效应。不同的指示生物在预警时间、预警范围及阈值方面差异显著，如发光菌所需测试时间短，但敏感性不够；藻类的测试范围比较窄；溞类的敏感性较高，但容易产生误报；鱼类的耐受力较强，敏感性不够等。因此，需要将多种指示生物进行联合预警，充分发挥各自优势，能显著提高监测预警效率。基于生物毒性的预警技术至今没有统一的地方性或国家级环境标准，限制了在线生物监测作为水质监测的标准方法来应用（表7-11）。

不同类型生物在线监测技术对农药类污染物毒性响应分析　　　　表7-11

类型	农药	测试结果（mg/L）			
		青海弧菌	费氏弧菌	太阳鱼	青鳉鱼
除草剂	阿特拉津	—	39.9	36.8	10.0
	乙磷铝	4.98	8.6	141.4	—
杀菌剂	五氯硝基苯	12.43	11.0	0.10	
	三唑酮	55.83	121.8	10.0	
杀虫剂	灭幼脲	572.67	170.1	—	
	涕灭威	530.72	649.2	0.05	0.13
杀螨剂	单甲脒	266.93	37.6		

注：对发光菌来说为EC50值；多鱼类来说为LC50值。

7.5.3 基于大数据应用的预警技术

近年来,随着水质监测行业以及智慧水务建设的快速发展,积累的水质监测数据越来越多,水务行业大数据生态也在逐步成型。应用大数据技术对水质大数据进行存储、分析和价值挖掘,不仅可解决传统手段难以解决的海量数据问题,还有利于水质风险来源、时空变化规律、危害程度等特点的有效判定和识别,实现对水质风险的有效预警并提出风险的最优处置方案。依据供水全过程、地理空间、季节时序变化等不同数据分析需求,创建数据挖掘模型是对数据进行试探和计算的一种数据分析手段,它是大数据分析的理论核心。根据水质预警模型指标的数量多少,水质监测预警可分为单一指标和多指标监测预警模型两大类。

1. 单一指标监测预警

单一指标的监测预警是以城镇给水各个环节水质数据为基础,通过分析水质单一指标随时间变化的规律进行预警。常用的分析方法为时间序列分析,它是根据时间序列数据,通过曲线拟合和参数估计来建立数学模型的理论和方法,目前主流的时序预测模型包括自回归模型(AR)、差分整合移动平均自回归模型(ARIMA)、指数平滑模型、灰色预测模型、PROPHET模型等。具体应用时,可根据数据的随机性、平稳性、趋势性、周期性等模式特征,选取相吻合的预测模型进行时序分析和预测。具体业务应用如建模剖析水源关键敏感水质指标的周期性、趋势性和规律性等特点,对未来的水质参数进行预测预警,并将预警信息及时反馈到供水厂,以适时调整处理工艺和参数。

(1)时间序列分析

时间序列预测基本程序为首先确定时间序列所包含的成分(趋势、季节),然后找出适合此类时间序列的预测方法。

(2)应用案例

以水库水源水质关键指标如高锰酸盐指数、总磷、总氮、氨氮或WQI指数等的历史时间序列数据为基础,构建时间序列模型,基于其呈现出的趋势性、季节性、随机性和周期性特点,预测水质未来的数值或者变化规律,举例如下。

某市引黄水库高锰酸盐指数超标风险较高,为做好水质风险预警,根据2012年5月~2016年2月的高锰酸盐指数月检数据,预测未来6个月的高锰酸盐指数月度数据。采用的分析步骤为:

1)对水质风险预警应用场景进行分析并选择高锰酸盐指数作为预警分析指标。

2)对高锰酸盐指数数据进行整理和数据预处理。

3)根据应用场景,结合数据分布特征选择适宜的预警模型(回归、聚类、关联等),此处选择指数平滑模型。

4)对模型分析结果进行解读,并给出相应的业务策略或建议。

部分原始数据见表7-12。

某市引黄水库高锰酸盐指数浓度   表7-12

序号	时间	实测值（mg/L）
1	2012年5月	2.80
2	2012年6月	2.40
3	2012年7月	2.57
4	2012年8月	2.50
5	2012年9月	2.87
6	2012年10月	3.24
7	2012年11月	3.39
8	2012年12月	2.53
9	2013年1月	2.63
10	2013年2月	2.46

高锰酸盐指数随时间的变化趋势如图7-14所示，可见高锰酸盐指数的年际变化趋势不明显，在年内存在简单的季节性波动：冬春季节（12月～次年5月）高锰酸盐指数浓度较低，夏秋季节（6月～11月）高锰酸盐指数浓度较高。根据数据波动特征，选择指数平滑法模型进行高锰酸盐指数浓度分析与预测。

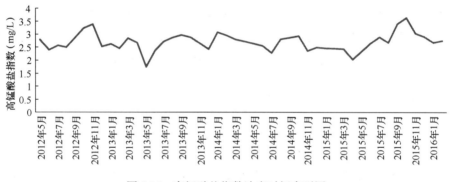

图7-14 高锰酸盐指数浓度时间序列图

应用指数平滑法对2016年3月～2016年8月的高锰酸盐指数进行预测，分析建模的46个月份数据预测误差（图7-15），可见模型精度较好。

采用指数平滑模型预测2016年3月～2016年8月的高锰酸盐指数浓度分别为2.75mg/L、2.53mg/L、2.43mg/L、2.55mg/L、2.67mg/L和2.77mg/L，预测未来6个月高锰酸盐指数暂不存在超标风险。

2. 多指标监测预警

多指标监测预警是以城镇给水各个环节水质数据为基础，通过分析多指标水质变化进行水质预警。主要预警分析方法包括相关性分析、回归分析、分类分析、聚类分析和关联分析等，可采用如贝叶斯、支持向量机、决策树、随机森林、神经网络和APRIORI关联规则等机器学习和深度学习算法。在水质大数据分析模型的构建过程中，应用场景的科学合理设计非常重要，应根据供水全流程不同供水环节常见或可能发生的水质风险类别和特

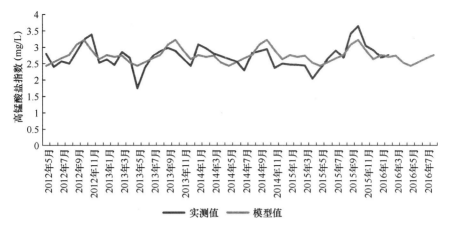

图 7-15 高锰酸盐指数浓度预测曲线

点选取应用场景，同时结合指标数量、数据量大小、结构和特征，选择适宜的算法，常见的业务应用模型有水体富营养化预测预警、管网余氯衰减、水质投诉分类及密度分析等水质风险识别和评估分析模型。

（1）相关性分析

城镇供水主管部门及供水单位在水质日常监测、风险预警和管控过程中，通过对水源、供水厂、管网和二次供水设施的水质指标及其环境类指标进行相关性分析，找出不同水质指标之间、水质指标与其他环境类指标的内在关联性，可实现水质风险预警。

水质相关分析过程可采用的技术路线图如图 7-16 所示。

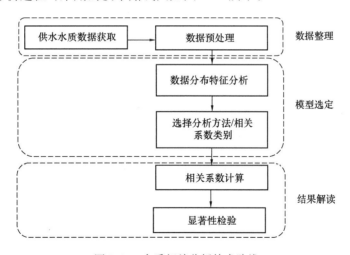

图 7-16 水质相关分析技术路线

以济南市某引黄水库为例，叶绿素 a 能较好地反映水体的富营养化状况，为扩大筛选可预测水源水体富营养化的水质预警指标，整理了近 10 年的原水水质数据，包括溶解氧、总磷、总氮、氨氮、硝酸盐（以 N 计）、N/P、水温、pH、浑浊度、叶绿素 a 10 个水质指标，并对 10 个水质指标之间的相关性进行了分析（表 7-13），分析步骤如下。

某水库原水水质数据 表7-13

序号	水温(℃)	pH	溶解氧(mg/L)	氨氮(mg/L)	总磷(mg/L)	总氮(mg/L)	硝酸盐(以N计)(mg/L)	浑浊度(NTU)	氮磷比	叶绿素a(μg/L)
1	10.0	8.3	10.5	0.29	0.03	3.80	3.21	4.0	126.7	3.8
2	9.0	8.2	11.2	0.68	0.05	4.37	2.82	111.0	87.4	6.7
3	28.7	8.3	9.2	0.16	0.03	1.60	1.19	3.5	51.6	12.3
4	28.5	8.4	11.8	0.19	0.05	1.23	0.71	8.2	22.8	21.3
5	27.0	8.7	2.3	0.18	0.02	1.65	1.27	7.1	82.5	18.0
6	20.0	8.4	9.2	0.16	0.03	1.12	0.75	4.7	37.3	17.0
7	20.0	8.4	8.8	0.19	0.03	1.04	0.77	6.0	34.7	14.7
8	29.0	8.2	8.8	0.10	0.03	1.66	1.26	3.3	59.3	8.8
9	19.0	8.3	8.5	0.23	0.04	3.05	2.81	8.2	76.3	7.3
10	6.0	8.4	11.6	0.18	0.02	3.69	2.92	1.0	217.1	1.1
11	9.0	8.4	8.7	0.2	0.03	2.5	1.6	4.3	121.0	14.7

1）整理相关水质数据并进行数据预处理。针对离群数据，核对数据的收集和录入过程，或者重复实验，校核数据的有效性，剔除无效或错误数据。

2）开展变量类型或正态性检验，并选择合适的相关系数分析公式。

3）计算各水质指标间的相关系数r，评估相关程度。

4）进行显著性检验，如果显著性系数$p<α$（$α$一般取0.05），认为水质指标间存在显著相关性。

5）对水质相关性分析结果进行解读，并给出相应的业务策略或建议。

部分原始数据见表8-28，采用Kolmogorov-Smirnov（KS）检验，查看样本数据是否符合正态分布。KS检验结果显示，样本数据服从正态分布，故采用Pearson相关系数法进行相关性分析。Pearson相关系数及显著性系数分析结果见表7-14。

相关性分析及显著性检验 表7-14

	指标	水温	pH	溶解氧	氨氮	总磷	总氮	硝酸盐	浑浊度	氮磷比	叶绿素a
水温	Pearson相关性	1	−.014	−.622**	−.060	.083	−.268**	−.202*	−.204	.005	.238*
	显著性（双侧）		.907	.000	.543	.415	.007	.038	.155	.959	.014
pH	Pearson相关性	−.014	1	−.094	.323**	.240**	−.268**	−.439**	−.042	−.310**	.518**
	显著性（双侧）	.907		.200	.000	.000	.000	.000	.686	.000	.000
溶解氧	Pearson相关性	−.622**	−.094	1	.002	.119	.073	.094	.186	−.106	−.050
	显著性（双侧）	.000	.200		.978	.078	.285	.184	.100	.118	.457

续表

指标		水温	pH	溶解氧	氨氮	总磷	总氮	硝酸盐	浑浊度	氮磷比	叶绿素a
氨氮	Pearson相关性	-.060	.323**	.002	1	.363**	-.142*	-.187**	.462**	-.219**	.397**
	显著性（双侧）	.543	.000	.978		.000	.021	.003	.000	.000	.000
总磷	Pearson相关性	.083	.240**	.119	.363**	1	-.209**	-.210**	.306**	-.613**	.488**
	显著性（双侧）	.415	.000	.078	.000		.001	.001	.002	.000	.000
总氮	Pearson相关性	-.268**	-.268**	.073	-.142*	-.209**	1	.947**	.250*	.523**	-.550**
	显著性（双侧）	.007	.000	.285	.021	.001		.000	.011	.000	.000
硝酸盐	Pearson相关性	-.202*	-.439**	.094	-.187**	-.210**	.947**	1	.099	.509**	-.616**
	显著性（双侧）	.038	.000	.184	.003	.001	.000		.316	.000	.000
浑浊度	Pearson相关性	-.204	-.042	.186	.462**	.306**	.250*	.099	1	-.070	.028
	显著性（双侧）	.155	.686	.100	.000	.002	.011	.316		.488	.767
氮磷比	Pearson相关性	.005	-.310**	-.106	-.219**	-.613**	.523**	.509**	-.070	1	-.432**
	显著性（双侧）	.959	.000	.118	.000	.000	.000	.000	.488		.000
叶绿素a	Pearson相关性	.238*	.518**	-.050	.397**	.488**	-.550**	-.616**	.028	-.432**	1
	显著性（双侧）	.014	.000	.457	.000	.000	.000	.000	.767	.000	

如表7-14所示，该水库原水中硝酸盐、总氮、pH、总磷、氮磷比、氨氮与叶绿素a的浓度在0.01水平上显著相关，相关系数分别为-0.616、-0.550、0.518、0.488、-0.432和0.397，其中，与pH、总磷、氨氮呈正相关，与硝酸盐、总氮、氮磷比呈负相关。原因可能为，该水库中总氮含量较高，经常超出《地表水环境质量标准》GB 3838—2002中的Ⅴ类限值，且氨氮（氮营养盐的首先消耗）所占总氮比重较小，氮磷比较高，远远大于藻类生长所需的氮磷比，磷成为水中藻类增长最重要的限制因素。通过相关性分析，可筛选硝酸盐、总氮、pH、总磷、氮磷比、氨氮等指标作为水源水体富营养化趋势预测的关键指标。

（2）水体富营养化预警

1）支持向量机

支持向量机（SVM）建立在统计学的VC理论和结构风险最小化原理基础上，能较

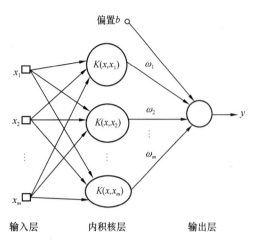

图 7-17 支持向量机的体系结构

好地解决小样本、非线性、高维数和局部极小点等实际问题,可有效避免"过拟合",对未来样本有较好的泛化能力,同时由于它是一个凸二次优化问题,能够保证得到的极值解是全局最优解。支持向量机回归的原理主要是通过升维后,在高维空间中构造线性决策函数来实现线性回归,模型的体系结构如图 7-17 所示。目前,SVM 算法在模式识别、回归估计、概率密度函数估计等方面都有应用。

具体算法:给定 k 个样本数据,其值表示为:$\{x_k,y_k\}$,其中 $x_k \in R_n$ 的 n 维向量,$y_k \in R$ 为相对应的输出变量,回归算法的基本思想是通过一个非线性映射 ϕ,将数据集映射到高维特征空间 H,并在这个空间进行线性回归。具体的函数形式可表示为:

$$f(x) = [\omega,\varphi(x_k)] + b, \varphi: R^n \to H, \omega \in R^n \tag{7-1}$$

b 为偏置量。这样,在高维特征空间的线性回归便对应于低维空间的非线性回归,且免去了在高维空间 ω 和 ϕ 的点积计算。函数回归问题等价于使如下泛函最小,其中 $e_k = f(x_k) - y_k$,$C(e_k)$ 为损失函数。

$$R_{reg}[f] = R_{emp}[f] + 0.5\|\omega\|^2 = \sum_{i=1}^{n} C(e_k) + 0.5\|\omega\|^2 \tag{7-2}$$

支持向量机模型参数:

$$K(x,y) = e^{-g\sum_{i=1}^{n}(x_i-y_i)^2} \tag{7-3}$$

① 径向基核函数:

其中:g 为可调参数,其默认值为 3,且 g 只取正实数。

② C 为惩罚系数,C 越大惩罚力度越大,使训练集中被错分的样本越少,同时模型越复杂。

③ w 为回归带宽,它的大小直接影响建模速度和所建模型的推广能力。一般来说,带宽值越大,支持向量个数越少,回归函数越平坦,但回归累计误差越大。

④ 参数确定:交叉验证或格网搜索优化确定,也可用穷举法在 Matlab 中编程估算。

2) 应用案例

以某水库为研究对象,整理了近 10 年的原水水质数据,通过标准化预处理和相关性分析后,选择与水体富营养化有关指标,如水温、透明度、光照、风速、溶解氧、总磷、总氮、氨氮、高锰酸盐指数、叶绿素 a 等,将其作为模型输入因子,将叶绿素 a 作为模型输出因子,构建支持向量机回归预测模型,用于训练和测试的样本数量比例为 2∶1。

模型具体参数:核函数为径向基函数,损失函数为绝对差函数,模型 C、g、w 参数分别为 0.6,0.5,0.16,叶绿素 a 浓度模型预测结果相对误差为 0%~39%。模型部分预测结果见表 7-15。

模型部分预测结果　　　　　　　　　　　　　　　表 7-15

实测浓度值（mg/m³）	预测值（mg/m³）	偏差值（mg/m³）	相对误差	相对误差绝对值	预测误差
1.07	1.38	0.31	0.29	0.29	29%
1.07	1.39	0.32	0.3	0.3	30%
9.05	6.61	−2.44	−0.27	0.27	27%
9.5	6.94	−2.57	−0.27	0.27	27%
4	5.32	1.32	0.33	0.33	33%
10	13.70	3.70	0.37	0.37	37%
11.5	14.15	2.65	0.23	0.23	23%
1.5	1.85	0.35	0.23	0.23	23%
20.6	20.19	−0.41	−0.02	0.02	2%
22.2	16.87	−5.33	−0.24	0.24	24%

为提高模型预测精度，并进一步提高模型适用性，对应国际公认的叶绿素含量分级，将水库营养物控制标准分为六级，具体分级区间和标准见表 7-16，同时将模型输出因子变成营养等级，随机抽取 10 个预测数据，预测结果见表 7-17，预测效果良好，富营养化等级预测正确率为 90%。

基于叶绿素 a 的富营养化分级标准　　　　　　　　表 7-16

营养分级	标准分级	叶绿素 a（mg/m³）
贫营养	Ⅰ	<1.6
中营养	Ⅱ	1.6~10
轻富营养	Ⅲ	10.0~26
中富营养	Ⅳ	26.0~64
重富营养	Ⅴ	64.0~160
极端富营养	Ⅵ	>160

富营养化模型等级预测结果　　　　　　　　　　　表 7-17

实测浓度值（mg/m³）	实际等级	预测等级
1.07	Ⅰ	Ⅰ
1.07	Ⅰ	Ⅰ
9.05	Ⅱ	Ⅱ
9.5	Ⅱ	Ⅱ
4	Ⅱ	Ⅱ
10	Ⅱ	Ⅱ
11.5	Ⅲ	Ⅲ
1.5	Ⅰ	Ⅱ
20.6	Ⅲ	Ⅲ
22.2	Ⅲ	Ⅲ

7.5.4 监测网络构建与预警系统集成

1. 监测网络构建

预警系统监测网络由在线监测、实验室检测和移动监测组成。根据数据来源的不同、信息采集方式不同，选择不同的网络构建方式。

水质在线监测数据通过数采仪自动采集传输，传输方式根据现场条件选择无线通信或有线通信，优先选择有线通信。

实验室检测数据和移动监测数据通过实验室管理信息系统（LIMS）采集管理或通过人工上报采集。

移动监测系统，可对地处偏远的水系统水源、重点区域的二次水系统、自建设施水系统等开展现场水质调研、常规监测和应急监测工作，能够快速判断和筛查来自水体的污染类型，并可及时将数据实时发送至监测预警平台系统。

预警系统实时采集数据，能够支持并可同时运行多种标准通信协议。通过网络直接与各现场的 PLC 或操作员工作站进行通信，通信协议包括采用各种仪表协议、Modbus、DNP 3.0、IEC60870-5-101 等，更可根据现场情况灵活开发通信数据接口。通过预警系统前置服务，将现场采集设备的实时运行情况转接入关系型数据库；系统业务功能模块实时调用数据库数据，并可与第三方应用进行数据对接；应用展示模块最终将通过用户统一认证登陆方式实现数据隔离，将各自业务数据只展示给相关人员。前置服务实时数据采集频率可达到分钟级；在数据库层面，使用单库多实例的模式进行数据存储，实现不同权限用户的数据访问隔离。历史数据可根据需要按不同间隔进行整体存盘。历史数据可导出备份，备份的历年数据可再回装系统使用；对采集数据进行计算、统计、存储等处理。

综合考虑数据采集业务管理和数据应用业务管理，结合数据来源（系统内部数据、系统外部数据）、类型（数字型数据、图形数据、文字数据）、性质（直接数据、间接数据）和动态特征（静态数据、动态数据、实时数据）及云计算服务系统的架构，以安全、效率、兼容和可扩展原则进行数据库结构优化设计；通过建设基础数据库、动态数据库、实时数据库实现对预警系统的综合数据支持。

2. 预警系统集成

预警系统包括限值报警、突变报警、趋势预警、模型预警 4 个子模块。通过检测值限值和数据突变报警，实现对原水、出厂水、管网水突发性污染事故和异常变化的快速响应。通过趋势预警和模型预警对水质数据的分析和价值挖掘，实现对水质风险的预判和识别。

预警系统划分为服务层、应用层、展示层/发布层、支持与管理体系。

（1）服务层

服务层的作用包含：将业务逻辑层进行封装，对外提供业务服务调用；通过外观模式，屏蔽业务逻辑内部方法；降低应用层与表现层的依赖，应用接口或实现的变化不会影响表现层；降低表现层调用请求及数据往返的次数。

服务层对后端实体及业务逻辑的屏蔽通过数据传输对象实现，将表现层需要的数据进行重新的定义和封装，在实际的业务场景下，后端实现或存储的数据远比用户需要的数据要庞大和复杂，所以前端需要的数据尽可能通过组合或抽取提供，在设计数据存储格式上都需要一些额外的设计和考虑。表现层每次调用服务层的时候，只需要调用一次就可以完成所有的业务逻辑操作，而不需要多次调用应用层，在分布式场景下，减少服务调用的次数尤其重要。内容包含：前置采集服务、数据同步服务、应急响应服务、结构化数据接口、标准规约接口和控制模块等。

（2）应用层

业务应用层主要内容是为各种业务操作人员提供各种应用功能。这些业务功能主要包括以下几类：

数据采集功能主要是实现对各项量测的数据采集，在这个过程中实现数据采集工作的规范化管理。

业务监管功能主要实现对各类业务运行状态的监管，及时反映运行过程中出现的各项问题。

数据展示功能主要提供实时及非实时数据前端展示功能。

分析报表功能主要根据业务需求，将系统能够获取到的各种信息以某种业务形式进行展示，并根据各种统计的数据，进行进一步的数据挖掘和数据分析。

（3）展示层/发布层

系统的展示层/发布层，基于门户（Portal）技术实现各个业务系统信息的内容聚合、集中展现，基于单点登录（SSO）技术实现各个模块和门户平台之间的统一认证授权。

（4）支持与管理体系

在核心层的周围，分别由安全体系、标准规范体系构成系统的支持与管理体系。

安全保障体系：从物理环境安全、网络安全、操作系统安全、数据库安全、中间件安全、应用安全、用户安全、接入安全等多个层次立体地保障整体系统。

系统集成包括：基础平台集成、界面集成、应用集成、数据集成、管理集成和安全集成等。在系统集成的过程中遵循应用集成规范：

1）基础平台集成

SOA 架构基础平台的组件集成要达到界面集成支撑、流程协同支撑、数据交换支撑三个方面的集成目标，使 SOA 架构基础平台变为有机整体，而非简单的产品和功能组件堆积。

2）界面集成

界面集成包括了：应用系统访问界面入口集成、单点登录集成和权限体系集成。

3）应用集成

应用集成提供应用系统交互调用、总线式的应用系统之间消息交换、应用间大数据量交互和业务流程整合等功能，实现应用层面的整合。

4）数据集成

数据集成既要实现客户信息系统的内部子系统之间的数据集成，同时也要实现与外部系统的数据集成，使系统数据实现共享。

5）管理集成

管理集成这里指应用系统管理集成，包括：应用模块管理、访问权限管理、信息资源管理、业务流程监控、业务集成管理。

6）安全集成

安全集成指用户访问安全集成，包括：数据加密签名、SSL 认证集成、统一身份认证、行为审计、访问授权。

为保证预警系统安全性，系统的架构主要包含以下特点：平台设计采用 SOA 标准体系架构；平台应用是基于 J2EE 的企业级多层架构技术开发；开发过程中采用了成熟稳定的中间件产品及中间件技术；平台接口采用 Web Services 等通用的接口技术；平台共享数据利用 XML 作为接口的数据交换标准；平台在设计过程中采用了 BPMN2.0 规范及工作流引擎相关技术；平台采用 B/S 架构，适应 3 种以上主流浏览器版本；平台有着完美的权限认证机制，完全符合 AD 统一身份认证要求；平台参照 ISO27001、OWASP TOP10 等安全标准；平台在设计过程中，充分考虑与现有系统的交互、接口规范及传输性能；平台在建设过程中，所用操作系统、数据库环境、中间件环境、企业服务总线、流程引擎、报表工具等完全符合相关产品要求和技术要求。

第8章 供水系统风险管控与绩效评估

8.1 概 述

随着社会经济的发展和人民生活水平、健康意识的不断提高,社会生产生活等各个方面对于水资源的量和质的需求都在不断提升,用户对饮用水水质、口感等要求逐渐加强。供水企业作为水资源的采集和质量提升的实体,对公共供水服务质量有着十分重要的作用。其运行管理水平往往与供水系统的系统性、安全性有着密切的关系,需要供水企业主动分析并解决供水系统运行过程中发现的问题,积极提高运行管理的质量和效率,从而保证系统供水的质量和安全,提供稳定、优质的饮用水。

对于供水企业的运行管理工作而言,除了做好日常性供水安全保障外,还需要不断提高防范和应对突发性水污染事件的能力,不断完善创新管理模式和管理体系,切实强化提升饮用水安全保障支撑能力。这要求供水企业在日常的运行管理中,必须以水质为核心,加强水质风险管控及供水绩效评估,实现饮用水生产输配过程中的精细化管理。

供水系统是一个长流程、多环节的工艺系统,涉及水源环节的生态保护、水质保障,供水厂环节的预处理、混凝、沉淀、过滤、消毒,管网环节的水质稳定、漏损控制和二次供水环节的水质保障等。不管哪一个环节存在水质风险,都有可能给整个供水系统带来风险,进而给生产生活用水带来健康影响和安全隐患。供水系统传统的运行管理理念是通过关注终端水质的变化追溯生产输配过程中的问题,存在条块割裂管理、结果控制的缺陷;缺乏主动化预防、精细化管理、精准化控制理念。持续提升饮用水水质和安全保障能力,应用先进的风险管控理念,集成一体化、智慧化、全链条的管理理念支撑供水系统运行管理,是当前运行管理创新及变革的新趋势。因此,供水企业需要加强各环节、各重要节点的水质风险管控,持续提升抵抗系统性风险的能力。这就要求供水企业对供水系统中的所有涉及因素进行全面辨识,并有针对性地制定管控标准和措施,进行严格的管理和控制。风险管控可以预先识别系统中的风险源,预先消除和控制风险事件的发生。将风险管理的相关理论系统应用在城市供水系统中,建立水质风险管控体系,对保障供水系统的安全、提高运行管理的质量和效率具有非常重要的意义。在当前关于供水系统运行管理的研究与应用中,HACCP是一种较为先进的管理理念和体系,基于HACCP风险识别与控制的供水系统运行管理风险评估技术,通过量化分析、评估供水全流程潜在水质风险的方法判断出关键控制点,并针对关键控制点系统性地开展确定限值、实施监控、及时纠偏等运行管理措施,以实现对水质风险精准管控的目的。

除了优化工艺技术、提升风险管控以外，供水企业需要以水质管理为重点，加强供水绩效评估，定期回顾分析自身生产、经营成果及持续改进，这要求供水企业本身定期进行工作过程和工作成果回顾，以更好地促进效率提升和服务优化。供水系统的绩效评估可包括多个方面，如供水生产方面的供水厂供水能力利用率、配水单位电耗、自用水率、设备完好率，管网运行方面的管网服务压力合格率、管网修漏及时率、漏损率，营销方面的居民家庭用水量按户抄表率、水费回收率，水质保障方面的国家相关标准中 106 项水质样本合格率、出厂水水质合格率、水质综合合格率，以及综合管控方面的管网水浊度平均值、用户服务综合满意率等，都可以纳入供水系统绩效评估。通过绩效评估可以合理地控制供水单位成本和收益，科学地为用户提供优质的饮用水；可以评判供水企业运行管理的综合能力、进步幅度和服务效果，鼓励企业创新进取，可以有效督促企业提高运行效率，改善服务质量，保证供水安全和公共利益；从而使公众在水质、服务水平和价格上受益。同时，绩效评估也要结合不同地区供水系统面对的水源水质特性、处理工艺特征、地区经济发展水平等因素，来制定供水系统运行管理绩效评估的指标体系、评价方法或评估模型等，以实现服务于供水系统全流程运行管理和水质管控。

8.2 水质风险管控

8.2.1 水质风险管控概述

我们日常所需的生活用水均来自于市政供水，一直以来城市的供水系统为我们提供优质、安全的饮用水。作为城市规划建设和发展中必不可少的一部分，城市的供水系统发挥着不可忽视的作用，不仅保障人民生活的基本需求，也为企业的生产发展提供源源不断的动力。城市供水系统通常分为四个部分，分别是水源、输水管渠、供水厂和配水管网。先从水源处进行取水，通过输水管渠运至供水厂，然后通过供水厂的处理工艺处理后，最后进入配水管网送至小区的市政管网接口处。现阶段我国大多数饮用水水源为地表水，少部分为地下水，部分城市是将原水输送到水库后，在经由水库送到供水厂进行处理。供水厂传统的制水工艺为混凝、沉淀、过滤、消毒等，随着人们生活水平提高，先后改进供水厂工艺，增加了预处理和深度处理部分，主要是对水中的一些微量有毒有害物质以及微生物进行处理。输配水管网主要是根据不同要求和具体情况选择不同运输原水及出厂水的管道。

城市的供水系统关系到千家万户的生活和众多企业生产活动，因此，整个供水系统的任何一个点出现问题都会对水质造成一定影响，从而对城市居民正常生产生活带来影响。对水源的危害无论是各种自然灾害还是人为的，以及原水出厂水在输配过程中管网中受到的污染，都会增加整个供水系统的水质风险，使得供水系统水质安全无法保证。因此要对整个供水系统进行分析，找到对水质有影响的风险所在，提出相应的控制措施保障城市居民饮用水安全。

1. 供水风险研究现状及成果

国内对于供水系统的风险管理控制研究最早开始于20世纪70年代，最初是学习国外成熟风险管理体系用于我国城市的供水系统，但是并未真正探索出适应我国现实状况的针对整个供水系统的风险管控系统。21世纪后开始对供水系统风险控制进行大量研究，但大多是研究供水系统的一个子系统。真正将供水系统作为一个整体进行研究是基于HACCP体系。HACCP体系是指确定、评估并控制对食品安全具有显著危害的体系，是迄今最有效的保障食品安全的管理方法。HACCP体系的核心是强调预防性，对于所有潜在危害早识别、早监控、早控制，突破传统终端检验结果滞后的缺点，改变以往最终产品检验的监管模式。体系建设具有系统性，在全链条危害控制基础上突出关键控制点（Critical control point，CCP），同时不遗漏任何环节。体系实施的有效性被多个国家的应用实践所证明，执行PDCA持续改进可保持有效性。

将HACCP体系应用于供水系统，将水作为一种特殊食品对待，是由深圳市水务（集团）有限公司首创。在历经国家"水体污染控制与治理科技重大专项"饮用水安全保障主题的多项课题对供水单元技术、组合技术、集成应用研究后，深圳市水务（集团）有限公司将HACCP理念与运行管理技术进行了深度融合，对供水全过程的水质风险指标按照化学、物理、生物3个风险类别进行识别与量化评估，并强化整体的管控措施。自2009年在梅林水厂试点HACCP体系，经历了从最初只是依据HACCP原则建立HACCP计划到借鉴食品国家标准建立起更为系统性、科学性的饮用水HACCP水质管控体系；从最初只是在供水厂应用到建立前后联动的供水全过程HACCP体系；从最初只是应用方法到引入体系第三方符合性评价实现体系闭环持续改进等一系列过程。

国家"十三五"时期水专项"城镇供水系统运行管理关键技术评估及标准化"课题，基于提高区域精细化管理水平和抗风险能力的目标，重点开展了"从源头到龙头"饮用水安全保障运行管理关键技术的研究，构建了以HACCP为核心的"从源头到龙头"的饮用水全过程水质分析管控体系，在深圳盐田、济南主城区、德州庆云开展了验证应用，并首次将HACCP水质风险分析写进了团体标准《城镇供水系统全过程水质管控技术规程》T/CUWA 20054—2022中。

2. 供水系统水质风险特征

对整个供水系统进行水质风险管控首先就是要了解整个供水系统的风险，无论是应用何种风险分析管理控制方式，都应该对整个供水系统的水质风险有一个全面且详细的认识。而整个供水系统是一个复杂的整体，供水系统风险也有自身的特征，因此在进行供水系统风险分析之前需要了解供水系统风险的特征，在进行水质风险管理和控制时才能结合其特征全面分析、全面管理、全面控制。

（1）潜在性和不确定性。供水系统是一个庞大的系统，整个供水系统一般可以分为水源、输配水管网、供水厂、二次供水四个子系统，每一个子系统又有其相应的设备、材料等。因此对于整个城市供水系统存在各种各样不容易被及时发现的问题，如城市地下水配水管网的锈蚀和泄漏等。由于供水系统的复杂且庞大，各个子系统甚至各个设备、附件都可能发生故障或者出现问题，因此水质风险也有很大的不确定性。

（2）普遍性。根据历年来相关报道得知，供水系统水质风险问题是频发的，而且是普遍存在的。无论是自然灾害引起的水源污染，人为破坏及随意排放导致的污染，水处理工艺不合格或者设备故障等，都会对水质造成威胁，水质风险问题普遍存在整个供水系统的各个环节。

（3）严重性。水质一旦出现问题，最先危害到的就是城市居民的身体健康，轻微时会导致各种疾病影响居民日常生活工作学习，严重时可能使市民失去生命，所以饮用水水质问题影响严重。其次就是企业、政府、国家的经济损失，尤其是对于受污染水源水环境治理需要投入大量的时间、人力、物力、财力。水质问题带来的最严重的影响就是居民会质疑企业制水水平和政府的公信力。

（4）可控性。虽然供水水质风险问题普遍存在且影响严重，但是如果我们选择合适的研究方法，针对各个城市不同的供水现状进行分析，建立整个供水系统的风险管理和预防体系，就可以将风险降到最低。通过结合以往发生的问题以及相关知识，提出并解决方案，建立成套监控系统等可以有效预防大部分水质灾害发生，规避风险和减少损失。

3. 我国供水系统水质风险存在的问题

我国供水系统经过多年发展已经逐渐趋于完善，然而将供水系统结合风险管理与控制来说相对较为困难，实际应用中还存在着各种各样的问题，无论是从水源到供水厂还是二次供水每个过程都对水质有各种影响，对整体进行全面管理有一定困难。

（1）水资源分布不均。我国虽然地域辽阔，资源丰富，气候多样，单以水资源来说，就呈现着各种问题。各地地表水地下水资源不尽相同，出现的问题也都不尽相同，在进行风险管理时要针对具体城市具体分析，不能套用其他监管系统，分析起来比较困难。

（2）水源污染情况复杂。水源污染问题不仅可由气候等不可控因素导致，还可由其他因素导致。近年来随着工业企业的快速发展，一些企业为了节省水处理部分成本，直接将污水偷排到就近的地表水源中，导致出现各种水污染问题，直接影响城市供水水质。

（3）城市快速发展导致水短缺。随着城市的快速发展，人口不断增多，对水的需求量日益增加，然而每个城市水资源短时间不会发生大的变化，这样就会出现水资源赶不上城市居民日常需要的问题。为解决这样的问题，国家和各个地方政府也积极应对，采取了各种方式解决，其中比较常用的就是切换水源等跨流域调水的方式，如南水北调、引滦河水、珠三角水源配置工程等。

（4）居民对饮用水质量要求不断提高。水作为人类的生命之源，随着人类文明的不断发展，人们对水质的要求也在不断提高，国家先后修订饮用水水质相关标准，为的就是保障人们喝上安全放心的饮用水。当时我国采用《生活饮用水卫生标准》GB 5749—2006，基本涵盖了各项常规指标、毒理性指标、微生物指标等，现在评价水质时一般还会加入贾第鞭毛虫和隐孢子虫这两个流行病学指标进行分析。越来越多的水质指标也使我们在进行水质风险排查时增加难度。

4. 建立水质风险管控系统的目的与意义

(1) 目的

1) 降低供水系统风险,减少水质危害发生。通过建立水质风险管控系统可以有效防止多数风险事件发生,减少各种水质污染事件发生,在源头解决问题,消除会造成后期饮用水污染的潜在危害。

2) 建立成套的供水系统预防监控体系,实施一体化管控。建立成套监控反应体系,可以大幅度减少反馈时间,提高反馈机制作用效率,做到在各种突发事件发生时能够及时止损,保障居民安全,减少经济损失和社会负面影响。

3) 提高供水系统监管智能化、规范化。采用智能化线上实时监控与管理,可以减少过程中人力财力消耗,降低监测过程中人为因素产生的误差,不掺杂操作人员的主观因素,使供水系统管理更加规范。

(2) 意义

通过系统建立水质风险管控体系,从供水系统过程来看,首先使水务工作人员对供水系统全流程把控有一个较大的提升,同时会提高技术人员的水质管理意识,将水质风险管理内化于心外化于行;其次建立风险管控体系过程中会更加关注饮用水生产过程中的一些细节,帮助我们发现一些隐藏的问题,从小事做起更加严谨,可以保障供水系统稳定运行;在进行风险分析时,对关键点的识别比以往没有进行系统分析时更加明确,能够更加快速准确的把握关键点并采用相应的纠偏方案解决问题;最后通过文件记录等相关工作,可以不断提高生产管理活动的可塑性,做到能够发现问题,找到问题根源,快速解决问题,最终能够实现水质管理持续完善,不断优化。

通过系统建立水质风险管控体系,从供水系统整体来看,首先可以使全流程预防性的控制措施全面提升,做到防患于未然,减少水质污染事件发生次数;其次更多问题能够更早更快预防,在很大程度上提高生产效率,为节能降耗提供更多选择,同时也可以解决水质污染时大量消耗人力、物力、财力问题;最后通过建立水质风险管控体系,可以促进建立健全水质管理制度,不仅适用于供水企业生产,还可以推广到整个城市供水中。并且随着人们生活水平的提高,可以相应的在水质管理防控过程中提高水质管理目标,实行目标管理,量化评估,保障水质不断提高。

人民身体健康是民生之本,城市供水系统承担着重要的责任,因此为保障人民身体健康,要把所有风险值降到最低。由于近年来我国水污染事件、供水水质安全事件频发,因此更应该注意供水安全,考虑结合自身城市的生产实际特点建立风险预防控制管理体系,使各种风险因素处在可控范围内。通过建立风险预防控制管理体系来减少各类饮用水污染事件,对于提高居民生活质量、保障民生、提高居民生活幸福指数有一定的积极作用。

8.2.2 水质风险管控体系

水质风险管控是指在供水系统运行过程中,对各环节影响水质的因素进行风险识别与评估，并提出相应控制措施，从而提升饮用水"从源头到龙头"的水质安全管理水平。

水质风险管控对象为全过程供水系统，包括原水、水质净化处理、输配过程及二次供水所包含的各工艺环节。风险管控实施主要包括前期准备、风险评估与风险控制三个步骤（图8-1）。

水质风险管控可在现有质量管理体系基础上开展，或单独构建水质风险管控体系，运行水质风险管控体系时，一定要做好记录和档案管理，以确保体系的有效性和可追溯性。

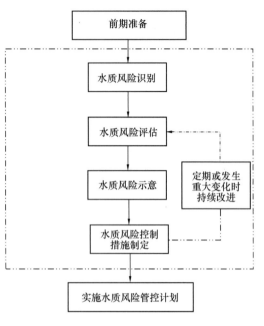

图8-1 风险管控实施步骤

1. 前期准备

（1）组建工作团队

建立一支合格、敬业、专业的工作团队是保证水质风险管控工作开展的先决条件。工作团队应由领导小组和工作小组组成，其中领导小组宜有本市供水主管部门和供水企业高层管理人员参加，工作小组宜由供水企业内部管理层、技术层和操作层组成，必要时可请同行业专家参与。工作团队应具有丰富的经验及专业知识，系统了解取水、水处理、输配水及从水源到用户整个供水系统影响水安全的危害，并对即将要开展水质风险识别与控制的供水系统非常熟悉。

工作团队的成员宜控制在7～10人，具体可根据评估对象情况适当增减。工作团队早期的一个重要任务是，决定水质风险管控如何实施，并运用特定的方法评估风险出现的可能性及得出相应的结论。当风险管控工作具体开展时，任务将延续至供水系统的水质风险评估，及具体的控制措施制定工作上。

（2）描述供水系统

水质风险管控工作团队的第一个任务就是全面地描述供水系统。为了支持后续的水质风险评估及控制措施制定步骤，需要对供水系统进行详细描述。在系统描述中应包括但不限于下列内容：

1) 供水系统相关管理文件的建立及实施情况，包括人力资源相关制度、生产规范、设备设施、材料、应急等相关文件。

2) 绘制一份详细的流程图，能够充分、准确地显示供水系统的所有元素。

3) 水源地的详细描述，包括备用水源、溢流及蓄水工艺，由于天气或其他条件变化产生的源水水质已知的或可疑的变化规律等。

4) 水处理环节的详细描述，包括每个处理工艺、所有涉水材料等。

5) 供水区域的详细描述，包括配水管网、储水池及水箱管理情况、材质分布等；供水区域信息，包括供水范围、用户情况及水的用途等。

6）原水、出厂水、管网水、二次供水执行的相关水质标准。

7）其他相关信息。

供水系统描述应产出一系列完整的、系统性材料，用于支撑后续的水质风险评估及控制措施制定，产出应包括但不限于下列内容：

1）一份详细的供水系统现状描述，包括系统流程图。

2）供水系统水质达标状况描述。

3）用户状况描述。

4）其他。

2. 水质风险评估

实际上水质风险评估这一步骤，与下一步骤水质风险控制通常是一起完成的，最终组成了完整的水质风险管控系统，以确定供水系统中每一部分的潜在风险、每一风险的等级，以及相应的适当控制措施等，最终确保整个供水系统处于受控状态。为了清晰可见，两个步骤都作为一个独立的步骤来进行。

水质风险评估主要包括以下环节：

1）确定与供水系统的每一个步骤相关并影响水质的所有潜在的微生物、物理和化学风险。

2）确定所有水质风险的等级及关注程度。

3）在流程图上标明的显著风险。

（1）水质风险识别

在水质风险管控中，重点关注引起水质超标的相关风险。

工作团队应评估供水系统工艺流程图每一步所涉及的水质风险，并形成水质风险分析表，明确水质风险的种类和产生的原因。水质风险的种类主要分为微生物性（如细菌超标，贝壳繁殖等）、物理性（如高浊度、高色度等）、化学性（如铅，汞、镉、砷或农药残留等）。

水质风险的识别方法包括了材料研究、现场调研、沙盘推演等。通过查阅供水系统历史运行管理过程中的发展历程信息、生产运行记录、应急处置资料等，识别出该供水系统的水质风险。或通过实地考察供水系统，询问相关管理人员、运行人员，发放调查问卷等现场调研方法识别出该供水系统的水质风险。或通过某一个或某一类供水水质事件的沙盘推演方法识别出该供水系统的水质风险。

同时也需要对历史信息和事件进行评估，包括对以供水企业数据为基础的预测信息，以及水处理及供水系统的其他特别方面的知识进行评估。并考虑那些基本没发生过，但却无法估计严重性的风险，例如供水厂位于洪水冲积平原上（但却没有洪水发生的记录），或者配水系统的管龄（旧管可能比新管更易受到压力波动的影响）。对这类"可能影响"风险的确定需要工作团队进行更加广阔的思考，因为在供水系统的任何一个环节，都可能出现水质风险。

(2) 水质风险评价

经水质风险识别环节确认的所有风险，都是该供水系统的潜在风险，即可能发生的风险，应继续根据特定的供水系统，进行水质风险评价，即对风险发生的可能性和风险发生后结果的严重性进行综合评估，以确定该风险的等级情况及关注程度。

水质风险评价重点考量对公众健康的影响，但也应该考虑其他因素，如感官效果、不间断地充足供应、供水企业的声誉等，其目标是为了辨别风险的等级。

风险评价方法主要包括半量化评价、工作团队直接判断方法，半量化评价方法主要是把风险分成可能性和严重性两个维度进行评价，并将可能性和严重性维度等级进行量化赋值，而工作团队直接判断方法则是一种更为简化的风险评估方法，主要是利用团队成员的分析判断，直接梳理出供水系统的所有水质风险，并直接判定水质风险的等级。

常用半量化评价方法进行水质风险评价，该方法主要包括严重性评价、可能性评价、风险等级评价三个步骤。

1）严重性评价

严重性定义：原水水质异常、供水设备设施故障、水处理药剂不合格、操作不当等因素可能引起水质变差，将这些水质变差的严重程度分为若干级，用 K_1 表示。

严重性等级：严重性 K_1 分为 5 个等级，高、较高、中、较低、低，各等级说明见表 8-1。

严重性赋值：根据表 8-1 的风险严重性等级说明，由工作团队进行风险的严重性评价，具体可根据岗位职务、所学专业和技术经验等赋予工作团队不同成员的权重。参考标准规范要求、科学研究或文献、生产操作经验、检测结果、用户以及供应方意见等给予 1～5 分赋值。严重性等级越高，K_1 值越大。

风险严重性等级说明　　　　　表 8-1

严重性等级	严重性等级说明	K_1 值
高	非常严重，如致病微生物严重超标导致大面积人群感染	5
较高	严重，如毒理或微生物指标超标但并未造成严重后果	4
中	较严重，如感官指标超标且影响范围较大	3
较低	轻微影响，如一般性的理化指标超标	2
低	没有影响或检测不到	1

2）可能性评价

可能性定义：根据水质风险事件发生的频繁程度，将风险事件发生的可能性分为若干等级，用 K_2 表示。

可能性等级：K_2 分为 5 个等级，高、较高、中、较低、低，各等级说明见表 8-2。

可能性赋值：根据表 8-2 的风险可能性等级说明，组织团队进行可能性评估，具体可根据岗位职务、所学专业和技术经验等赋予不同团队成员权重。参考标准规范要求、科学研究或文献、生产操作经验、检测结果、用户以及供应方意见等给予 1～5 分赋值。发生越频繁，K_2 值越大。

风险可能性等级说明 表8-2

可能性等级	可能性等级说明	K_2值
高	几乎能肯定,常常会发生,如1周内可能发生	5
较高	很可能,较多情况下发生,如1个月内可能发生	4
中	中等可能,某些情况下发生,如1个季度内可能发生	3
较低	不大可能,极少情况下才发生,如1年内可能发生	2
低	罕见,一般情况下不会发生,如5年内可能发生	1

3) 风险等级评价

风险值定义：综合反映风险事件严重程度和可能性的数值，用 K 表示。

风险值计算：$K=K_1\times K_2$，K 为风险值，K_1 为严重性，K_2 为可能性。

风险等级确定：风险等级分为4个等级，Ⅰ级、Ⅱ级、Ⅲ级、Ⅳ级风险，风险值与风险等级对应关系见表8-3。

若 $K_1\geqslant K_2$，应采取以预防为主的风险控制措施；若 $K_1<K_2$，应采取以消除或降低危害为主的风险控制措施。

水质风险等级 表8-3

风险等级	风险值	关注及控制措施优先程度
Ⅰ级风险	[15,25]	高关注，必须尽快控制的风险，要不惜成本阻止其发生
Ⅱ级风险	[10,15)	较高关注，必须控制的风险，应安排合理的费用阻止其发生
Ⅲ级风险	[5,10)	关注，应采取一些合理的步骤来阻止发生或尽可能降低其发生后造成的影响
Ⅳ级风险	[0,5)	低关注，可以发生后再采取措施

注："）"代表小于；"["代表大于或等于，"]"代表小于或等于。

进行风险评价的支撑材料主要来源于前期描述供水系统所获得的相关材料，同时根据工作团队成员的经验、知识及判断。当现有数据不足以确定风险的高低等级时，就要将该水质风险确定为高风险，直到有进一步信息出现能确保其风险等级降低并得到掌控。

在水质风险管控中，即使风险等级很低的水质风险也应该经常检查，以避免这样的风险被遗忘或不被注意，并为供水系统提供了当事故发生时所应采取的措施记录。

(3) 水质风险示意

将进行分析和评价后的水质风险共同记录在风险分析表上，信息包括该供水系统的水质风险，发生的原因，风险等级等。同时，应根据不同的供水系统，将风险值超过一定范围的风险，定义为显著风险，加强对其的关注及后续控制，并在工艺流程图中将该显著风险所在的环节进行标识示意。

3. 水质风险控制

在进行水质风险评估步骤时，工作团队应该记录现有的和潜在的控制措施，并分析现有控制措施是否有效，同时重点关注显著风险，最终形成水质风险及有效控制措施一一对应的风险控制表，并在日常运行管理工作中实施控制。

水质风险控制主要包括以下环节：

1) 确定每一个水质风险的控制措施。
2) 确定显著风险的关键控制点，关键限值，监控措施及纠偏措施等。
3) 在日常运行管理中实施控制。

(1) 控制措施的制定

已经确定的水质风险均应通过选择和实施合适的控制措施来控制，从而将水质风险进行预防、消除或减少至规定的可接受水平。控制措施通常包括加强监测，加强巡检，调整药剂投加，工艺改造等，每种控制措施应对应写明实施条件。

(2) 显著风险的要求

对于显著风险，应提高关注度，将其所对应的工艺步骤定为关键控制点，并在工艺流程图中进行标识示意。同时，应对显著风险做好以下识别及确认工作：

1) 确认关键限值。关键限值的设立应科学、直观、易于监测和判定，以确保水质安全风险得到有效控制。宜最大程度利用水质在线监测设备。对于一些无法直观监控或短时间快速获取的水质指标可利用替代指标，如总大肠菌群无法短时间获取结果，可由余氯指标代替等。

2) 建立监控措施。监控措施包括监控对象，监控方法，监控频率和监控者。监控措施应能简单、准确、及时地指导日常的运行管理工作，使显著风险处于监控状态。

3) 建立纠偏措施。当监控到偏离预先情况，应立即采取纠偏措施。纠偏措施要求指向明确、操作性强，并且保证关键控制点重新处于受控状态。采取纠偏措施的位置不一定是水质风险发生的地方，也可以在该流程的上游或下游。当监控结果反复偏离，应重复评估相关控制措施的有效性和适宜性，必要时予以改进并更新。

4) 形成显著风险控制措施表。将显著风险的相关信息汇总成显著风险控制措施表。

(3) 实施控制

根据水质风险分析表及显著风险控制措施表的相关内容，对照供水系统的薄弱环节，在日常运行管理中实施控制。

在日常运行管理过程中，通过水质风险评估及水质风险控制，能够建立以关键水质风险为核心的全流程联动局面，"站-厂-网"（原水泵站、供水厂、供水管网）前后联动，信息协调反馈，主次控制显著水质风险，预防管控供水系统的所有水质风险。对运行管理工作的具体提升点如下：一是紧盯"一头一尾"，全局视角管理供水全流程。水质"源头"提升原水预警能力，加强原水水质风险预判，"龙头"加强管网巡检、工地施工及维修抢修的规范化管理，确保末端供水质优质达标。二是水质指标逆向追踪，精准控制。增加对管网末梢的水质关注度，管网水质在余氯、浊度的基础上，增加肉眼可见物、色度、嗅味等用户关注指标，通过分析管网末梢水的水质变化反馈促进前端供水厂工艺优化提升及配水管网稳定运行能力提高。三是运行管理深度延伸。切实加强管网工地和维修抢修作业场景规范化管理，通过管理提升，解决信息传达流程长、短时间不对称的短板；实现泵站、生产、管网、客服等业务模块之间的信息互通、资源共享；集成"站-厂-网"文件，形成一体化体系文件。

在处置突发水质应急事件过程中，能够通过前期的水质风险评估与控制措施的制定，快速定位到关键控制点，缩短分析判断时间，确保水质实践处理效率高效精准，在非常时期有效保障水质安全。

8.2.3 深圳市水务（集团）有限公司供水系统全过程水质风险管控体系构建

1. 案例背景介绍

深圳市水务（集团）有限公司为保障饮用水"从源头至龙头"的水质安全管理技术整体提升，自2009年以梅林水厂为试点，对水质净化过程进行风险识别与评估，并提出相应控制措施。历经10年，进一步拓展至原水、管网输配过程及二次供水各个环节，形成了系统化水质管控体系。目前，已将深圳市水务（集团）有限公司的全过程水质风险管控经验做法，写入了深圳市地方标准《生活饮用水水质风险控制规程》DB 4403/T 204—2021中。

2. 组建工作团队

组建由集团领导，生产技术部、管网运营部负责人；工艺工程师、管网技术工程师以及其他专业工程师；安全主任、化验班长和运行班长等一线工作人员组成的工作团队。

3. 水质风险识别

（1）准备技术文档

1）涉水部分材料描述（表8-4）

涉水材料描述示例表　　　　　　表8-4

序号	名称	成分（有效成分）	生物物理化学特性	使用前	运输及储存要求	接收准则
1	碱铝（聚氯化铝）	聚氯化铝，其中有效成分氧化铝质量分数≥10.0%	1. 物理：无色或黄色、褐色粘稠液体，盐基度40.0%～90.0%，20℃时密度≥1.12g/cm³，水中不溶物质量分数≤20%，10g/L 2. 化学：水溶液pH 3.5～5.0	加水稀释	槽车运输；贮存在通风干燥的库房内	《生活饮用水用聚氯化铝》GB 15892
2	石灰	$Ca(OH)_2$含量不小于90%；游离水0.4%～2%	1. 物理：白色粉末；体积安定性合格；细度0.125mm，筛余≤5%； 2. 化学：重金属（以Pb计）≤10mg/kg	加水稀释	汽车运输；储存于阴凉、通风的库房	《食品安全国家标准 食品添加剂 氢氧化钙》GB 25572
3	次氯酸钠	NaClO有效氯含量≥10%；游离碱（以NaOH计）在0.1%～10%	1. 物理：有刺激性气味，浅黄色液体； 2. 化学：易液化能溶于水，是活泼的非金属单质，是强氧化剂；铁（Fe）≤0.005%；重金属（以Pb计）≤0.001%；砷（As）≤0.0001%	加水稀释	槽车运输；储存放在通风，阴凉的仓库，避免阳光照射等	《次氯酸钠溶液》GB 19106

2) 供水系统描述（表 8-5）

供水系统描述示例表　　　　　　　　　表 8-5

名称	生活饮用水
执行标准	《生活饮用水卫生标准》GB 5749—2006
水处理方式	常规处理＋臭氧-生物活性炭深度处理工艺
储存方式	不间断生产供水
供给区域	梅林线日供水能力为 60 万 m³，供水范围东起彩田路，西至大沙河（北环以北的桃园龙珠片区除外），服务人口约 300 万人
输送要求	密闭管道加压输送
预期用途	水是供给全体居民的。预期用户不包括免疫系统有重大问题或有特殊水质需求的工业用户
与供水水质安全有关的化学、生物和物理特性	水质指标符合《生活饮用水卫生标准》GB 5749—2006 要求。出厂水需符合深圳市水务（集团）有限公司内控工作指引要求：色度＜10，pH 7.2～8.5，浊度≤0.2NTU，游离氯 0.5～1.0mg/L，铝≤0.15mg/L，铁≤0.1mg/L，锰≤0.02mg/L，细菌总数≤10 CFU/mL，总大肠菌群无检出

3) 绘制工艺流程图（图 8-2）

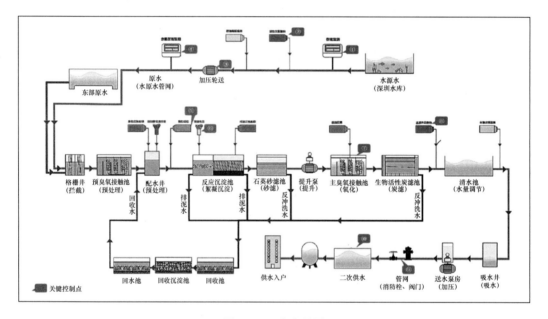

图 8-2　工艺流程图

（2）供水系统风险识别

系统考察供水系统全过程，共识别出 110 个水质风险（原水水质风险 22 个，水质净化处理水质风险 58 个，管网输配及二次供水水质风险 30 个）

4. 水质风险评估

对识别出的 110 水质风险的可能性及严重性分别赋值，计算风险值，其中高/很高风险合计 13 个，赋值结果见表 8-6。

水质风险结果赋值表   表8-6

工艺步骤		高/很高等级风险	可能性*严重性	风险值
原水	水源水接收	pH异常	3*4	12
	加压输送	有毒有害物质	3*4	12
	投加次氯酸钠	贝壳类生物繁殖	3*4	12
水质净化过程	原水接收	有毒有害化学物污染	2*5	10
		嗅味异常	3*3	9
	碱铝投加	铝超标	3*4	12
		浊度异常	3*4	12
	石灰投加	铝超标	3*4	12
		pH异常	3*4	12
	生物活性炭滤池	桡足类生物异常繁殖	4*3	12
	主加次氯酸钠	耐热大肠菌群等繁殖	3*4	12
	管网	管网新建改造及维修抢修时浊度超标	3*3	9
	二次供水	微生物超标	3*3	9

5. 风险控制

根据识别出的供水系统13个高/很高水质风险所在环节确定为关键控制点，合计10个关键控制点，并制定水质风险管控计划，持续在日常工作中实施监测、控制和验证，水质风险管控计划示例表见表8-7。

水质风险管控计划示例表   表8-7

关键控制点	高/很高风险	关键限值	监测措施				控制措施
			对象	方法	频率	监控者	
水源水接收	水源水pH异常	6.5≤pH≤8.5	pH	在线仪表	实时监测	运行员工	1. 及时发送预警短信，通知下游供水厂根据实测值调整工艺； 2. 现场维护人员及时与便携式仪表进行比对； 3. 检查故障仪表，及时采取措施恢复正常
生物活性炭滤池	桡足类生物异常繁殖	根据检测要求不得检出活体	每格炭滤池测压管出水	化验室人工检测	每周2次	化验员	1. 炭池反冲水加次氯酸钠（3mg/L）； 2. 对严重的炭池进行含次氯酸钠水浸泡
主加次氯酸钠	耐热大肠菌群繁殖	炭滤后游离氯为0.7～1.2mg/L	炭滤后水中游离氯	在线仪表	实时监测	运行员工	1. 调整主加氯量，适时启动清水后补加氯； 2. 根据水质事态及时采取相应行动

续表

关键控制点	高/很高风险	关键限值	监测措施				控制措施
			对象	方法	频率	监控者	
二次供水	微生物	水池/水箱余氯值在0.05mg/L以上	余氯值	现场检测	每周一次	现场负责人	1. CL值发生偏离时，对水池、水箱的水进行排放，导入新鲜的饮用水，直至检测合格；2. 如余氯仪发生异常，立即更换，确保测定水质可靠再使用

6. 风险管控效果评价

深圳市水务（集团）有限公司构建了"从源头到龙头"的风险管控体系，有效地控制了原水嗅味异常等13种高风险，并在日常运行管理工作中持续实施与优化，保障供水水质稳定、安全和达标。

7. 供水系统全过程数字赋能

深圳通过将HACCP水质风险管理模式与智能物联感知、大数据、模型分析、知识图谱以及GIS等信息化技术紧密结合，成功构建了数字化的HACCP体系（图8-3），并推出了"好水云管"的数字化应用软件产品。这一举措不仅实现了供水全流程水质风险的精准识别、及时预警和高效处置，还确保了对于水质风险能够"早预判、早发现、早消除"，为供水系统注入了强大的数字化动力。

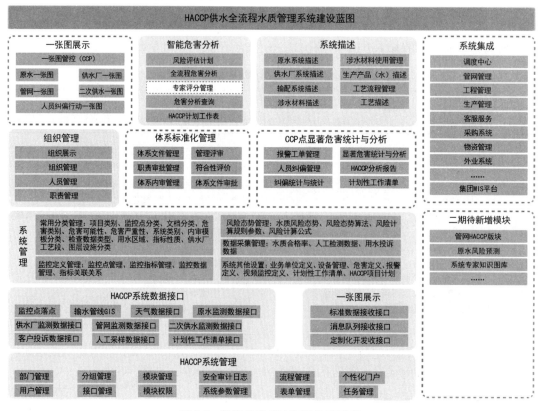

图8-3 数字化的HACCP体系示意

"好水云管"所代表的HACCP数字化管理,明确了五大核心目标。第一,它实现了危害指标的全面监测,能够实时获取在线监测和人工检测的所有关键数据。第二,通过智能评估功能,系统能够自动分析数据、评估水质风险,并实时更新显著危害信息。第三,该系统还能自动发布风险预警,根据水质风险的严重程度分级预警,并迅速启动相应的纠偏流程。在纠偏行为方面,系统确保了操作的规范化、专业化和可视化,形成了有效的闭环反馈机制。第四,体系文件的规范管理也是其一大特色,所有文件均可实现线上定期修订、实时共享和便捷检索。第五,这一数字化管理体系还具备强大的迭代升级能力,包括验证、确认、内部评审以及外部符合性评价的数字化管理流程。

凭借"好水云管"这一创新性软件产品,深圳不仅向行业内外输出了其先进的HACCP管理理念和实践经验,还将全流程水质管控模式以软件产品的形式广泛推广。这一举措不仅为各地供水水质保障提供了有力支持,还实现了从水源到用户终端的全流程水质风险多级屏障和一体化监管。通过数字化的创建和应用,深圳的供水HACCP体系正成为饮用水安全领域的一道坚实屏障,共同守护着每一位市民的水质安全。

8.3 风险管控技术规程

8.3.1 风险管控技术规程概述

风险管控技术规程（以下简称规程）是为规范城市供水水质风险评估与控制流程,提高供水管理水平,保障城市供水水质安全而制定的规程。适用于城市供水的水源、供水厂和输配水系统各环节的水质风险评估与控制。

规程应建立水质风险评估和控制工作团队,明确评估内容、目标、计划、预算、进度节点。城市供水水质风险评估和控制内容应包括风险识别、风险评估、风险控制和效果评审。风险评估工作团队应根据供水全流程实际调研结果,识别出可能的危害,确定风险源,并进行风险评估。应根据风险级数,对高级数的风险源优先制定相应的风险监测和控制方案,并对风险实施动态监控管理。应周期性对城市供水系统进行评估,周期不宜超过三年。当供水系统发生重大变化时,应立即进行重新评估和控制。评估控制流程应符合相关规定（图8-4）。供水系统水质风险评估和控制过程应形成规范性报告文件并存档。

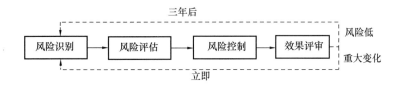

图8-4 供水系统风险评估控制流程图

1. 风险识别方法

风险识别方法要求风险评估团队相关专业人员都参与风险识别工作,采用的风险识别工具和技术应匹配当前目标和能力。可采用专家现场调查、文献或数据，以及企业内部信息等，识别出供水全流程中影响水质的风险源、危害事件，分析原因及后果。无论风险源是否在本单位管控之下，都应被识别，并关注最新发生的风险事件。根据识别结果填写：风险类型、风险描述、可能原因和后果等的风险清单列表。

2. 风险评估方法

风险评估应对识别出来的水质风险进行定性和定量分析，包括产生水质危害的原因、严重性和可能性，以及不同风险源之间的相互作用。评估水质危害严重性程度（S），应按照表 8-8 的要求，根据不同水质指标超标引发危害后果程度进行赋值。

水质危害严重性赋值　　　　表 8-8

严重程度	严重性级别说明	S
灾难性	致病微生物严重超标可导致规模人群感染、急性毒性、致癌指标超标 10 倍以上	5
严重	病原微生物出现、毒理指标超标	4
有影响	感官指标超标	3
轻微	一般性的理化指标、指示性指标超标	2
正常	低于健康安全阈值	1

评估水质危害发生可能性（P），应按照表 8-9 的要求，根据水质指标判断依据，以本地、全国和全球是否实际发生过作为重要依据，以及对预测有限时间内的是否发生进行判断，并赋值。

水质危害发生可能性赋值　　　　表 8-9

发生可能性	发生可能性级别说明	P
几乎确定	过去在本地出现过，且预测 1 周内可能再次发生	5
非常可能	过去在本地出现过，且预测 1 个月内可能再次发生	4
可预见	本地从未发生过，或全国范围内发现在某种情况下会发生，或预测发现 1 个季度内可能再次发生	3
不可能	本地从未发生过，全国范围的发生完全随机，或通过预测发现 1 年内可能发生	2
极不可能	全国从未发生过，全球范围的发生完全随机，未来也不太可能发生，或通过预测 5 年内可能发生	1

注：本表所指事件是本地、全国和全球的管辖范围内发生的记录。

风险源的风险发现指数（D）应按表 8-10 进行评估赋值。

风险发现指数 D 参数分级赋值　　　　表 8-10

发现指数（D）	风险被发现的级别
3	隐蔽：无在线监测、无周期性巡检
2	易发现：无在线监测，但存在周期性巡检
1	明显：存在直接或者间接在线监测

第8章 供水系统风险管控与绩效评估

城市供水水质风险分析应采用半量化方法,评估指标应包括危害发生的可能性、产生后果的规模和严重程度。风险值应按下式计算。

$$R = P \times S \tag{8-1}$$

其中:R 为风险值;P 为危害发生的可能性,或发生频率;S 为产生后果的规模和严重程度。

风险优先级数(C)应根据风险值和发现指数(D)的乘积来计算。

$$C = R \times D \tag{8-2}$$

其中:C 为风险优先级数;R 为风险值;D 为风险优先级数。

应根据表 8-11 的规定完成城市供水系统水质分析中风险清单的风险防控优先级别划分。

风险防控优先级别划分 表 8-11

风险优先级数(C)	响应级别
>20	很高风险,而且隐蔽,需立即整改
16~20	高风险,风险可发现,需整改
10~15	中风险,风险易发现,需要关注
<6	低风险,风险易发现,可以接受

3. 风险控制和效果评审

应按风险优先级数由高到低的顺序筛选优先处理的风险源,填写风险控制和效果评审表(表 8-12)。

风险控制和效果评审表 表 8-12

流程	风险类别	风险描述	可能性	严重性	风险值	发现指数	风险级数	控制措施	监控确认	实施后效果评审
水源										
原水输配										
供水厂										
净水输配										
末端加压调蓄										

注:流程根据实际环节填写。

应针对风险源建立可测的风险监测方案,包含关键限值,并记录措施实施前后风险状态,检查与预期的偏差。当评估措施实施后,应评估实施效果,确认是否进一步采取措施降低风险。当控制措施实施后风险仍较高时,应重新评估风险评估和控制过程,找到原因进行持续完善,直至风险级数被削减至可接受水平。如果始终无法被削减,则需进行备注说明。当措施实施后风险监控成本过高时,满足风险可接受前提下,可合并或减少多个控制监测措施进行风险监控优化。当完成当次供水风险识别、评估、控制和评审后,应进行总结形成风险评估控制报告,并邀请内部和外部专家进行评审。

8.3.2 水源风险管控

1. 水源风险识别

水源风险识别主要涵盖水源周边污染源、内源性污染、水源保护区管理以及监测系统中可能存在的风险源。水源污染源调查应符合现行行业标准《饮用水水源保护区划分技术规范》HJ 338 中附录 A 的要求，并识别水源保护区管理不足导致的风险源情况。备用水源水质保障应符合现行行业标准《城市供水应急和备用水源工程技术标准》CJJ/T 282 的要求。如果无备用水源或者水质不达标，后续评估应考虑风险叠加因素。应在水源保护区和上游来水之间的断面建立水质在线监测，或与水务环保等相关部门进行信息共享和比对分析。应收集本地曾发生的水质事故和监测数据，归类并进行发生频次的统计，作为风险源识别备选参考清单。应按照备选参考清单，对水源保护区及周边的病原微生物污染源进行排查并填写风险源和可能后果，清单外污染源应另行增加。应对水源上游内外的潜在化学污染源进行清单调查，包括从化工厂及园区、矿山和污水处理厂等排出的致癌类、非致癌类和感官影响类污染。应对水源内源性风险进行评估，包括因气候、水力水文水质条件变化导致的藻类暴发、铁锰超标、咸潮等。应定期按照现行国家标准《地表水环境质量标准》GB 3838、《地下水质量标准》GB/T 14848 或现行行业标准《生活饮用水水源水质标准》CJ/T 3020 等的要求进行水源水质调查，根据水质数据分析可能存在的污染源，还可根据非定向筛查方法筛查标准外的风险源。应定期检查在线监测系统运行情况，确保能及时指示水质变化（对病原微生物、化学污染等进行及时响应）。不同水源切换时，应评估不同水源水质的差异，识别出水质变化对供水厂和管网的影响。当水质拉森指数差别过大时（>0.2），应评估水源切换时引发黄水的风险。完成水源风险源识别和可能危害分析，并填写水源风险排查表（表8-13）。

水源风险排查表　　　　　　　　　　表 8-13

水源风险清单			
风险来源	危害种类	风险清单	可能的原因

注：风险识别过程中可按类别逐项排查，具体风险源可参考条文说明中的风险源备选清单。

2. 水源风险评估

当水源地上游存在污染源，应对水源地保护区管理和制度的执行情况存在管理风险进行评估。当备用水源和主水源水质差异大，应根据《城镇供水系统全过程水质管控技术规程》T/CUWA 20054—2022 中 7.4 的要求，评估水源切换时管网发生"黄水"的可能性和规模。应对水源地断面在线监测系统或定期检测进行风险评估,对水源风险源进行发现指数赋值。当水源保护区附近存在生活污水、畜禽养殖等污染源,应评估水源保护区划分、病原微生物类型和检出情况、污水处理工艺、降雨触发条件等因素对发生危害的影响。当水源地及上游存在化工厂、矿山和污水处理厂时,应评估水源地保护、污染物质的规模和毒性、污水处理厂、极端天气或者地质灾害等因素对水源的影响。当评估水源地内源性污染时,应考虑水源地富营养化和天气、水文水力等条件之间的耦合,并根据历史监测数据和经验判断水源地发生感官指标超标的规模和持续范围。当通过数据分析发现不明来源的新污染时,应评估其健康风险。若风险高时应进行溯源。应根据现场调研情况,按照表 8-14 填写危害源的风险评估和优先分级。当多个专家进行评估时,结果应取平均值并四舍五入取整。

水源风险评估　　　　表 8-14

风险来源	危害种类	风险描述	可能性	严重性	风险值	发现指数	风险优先级数

3. 水源风险控制和效果评审

当水源上游污染源较多时,应加强水源地水质监测和管理,包括增加监测、污染源缓冲区、水源保护区划分等保护措施。当备用水源和主水源水质相差较大时,应提前开展切换水质评估,制定切换策略。当风险级数较高时,应建立多部门在线监测信息系统互联共享,或增加和优化在线监测点和定期检测降低风险级数。当耐氯病原微生物的风险级数较高时,应找到污染源并进行控制,且供水厂通过强化颗粒物去除来监测风险状态,达到 3log 去除率以上或出厂水浊度控制在 0.1 以下。当非耐氯病原微生物风险级数较高时,应保证管网余氯维持在较高水平(不低于 0.1mg/L)。当水源中致癌和非致癌化学物质出现超标时,应立即找到水源污染源进行控制,同时供水厂进行强化去除处理。当水源中波动较大,且浓度超过可接受限值一半时,应提升一倍监测频率。当水源出现感官指标超标时,应查找水源污染原因,并建立预警方案,评估水源和供水厂处理成本,选择合适的措施进行处理。当完成风险控制措施后,应根据风险监测关键限值评估水源风险控制效果,填写水源风险控制表(表 8-15)。

水源风险控制表　　　　表 8-15

水源风险影响因素和应对措施				
风险来源	风险类别	风险描述	影响因素	应对措施

8.3.3 供水厂风险管控

1. 供水厂风险识别

供水厂风险源识别内容应包括供水厂净水效率和外来污染引入,涵盖供水厂运行维护日常管理水平、人员培训、设备和药剂管理、净水工艺,以及监测系统可能存在的风险源。应考察供水厂工艺,结合现行行业标准《城镇供水厂运行、维护及安全技术规程》CJJ 58 和《城镇供水企业安全技术管理体系评估指南》中的要求,对可能引起水质变化的设备及药剂进行排查,记录可能的危害源。应根据日常职工操作培训过程中的易错问题,结合日常运行过程中操作失误事故清单,记录可能存在的职工操作失误导致水质变化的风险源,并对可能导致的危害进行解释。应尽可能收集供水厂监测数据评估病原微生物的去除效能,包括进出水浊度/颗粒数、出水余氯水平、加氯设备工况数据,水源中耐氯病原微生物检出水平等,筛查可能存在的不达标的风险源。应收集供水厂痕量有害化学物质检测数据,与水源监测数据进行比对,评估供水厂整体去除工艺,结合水源污染源清单,评估净水工艺整体对原水污染超标时出厂水无法的达标的污染物风险源。当出厂水有嗅味检出时,检测致嗅物质并进行溯因,排查大规模嗅味暴发预警和控制失效的原因。当水源曾出现铁锰超标时,应检查供水厂工艺对铁锰的去除效率是否可以达到出厂水标准要求。当 COD_{Mn} 和 TOC 超标时,检查工艺总体有机物去除率,同时监测末梢水端消毒副产物是否达标。当供水厂进行检修或者工艺改动完成后,应完成全项检测比对改进前后的水质变化,识别潜在风险因素。

填写供水厂风险源清单(表 8-16)。

供水厂风险源清单表　　　　　　　表 8-16

工艺段	危害种类	风险描述	危害可能的原因

2. 供水厂风险评估

应依据企业日常运行记录和实际运行管理情况,参照《城镇供水厂运行、维护及安全技术规程》CJJ 58 中的要求,对水厂的净水效能工艺管理风险进行评估。应考察水厂的事故记录和职工日常培训的记录,当事故发生记录和员工培训记录的错误危害源重合时,提升危害发生可能性。当评估病原微生物发生风险时,应考虑颗粒物去除和余氯两个因素耦合作用。同时不达标时,考虑风险叠加效应,病原微生物危害发生可能性不应低于 3。当出水中有害化学物质的污染浓度水平的波动接近可接受限值时,应评估现有工艺的去除率，保证出厂水是否可以持续表征危害发生可能性；当无法保障时，应评估应急预案的完整性和可靠性。当供水源感官指标（嗅味/色度等）有检出时，应根据供水厂工艺嗅味去除能力和应急预案准备评估发生大规模嗅味事件的可能性，并确认与公众和政府进行风险交流渠道是否畅通，评估公共事件的发生概率。当出厂水消毒副产物出现超标时，应通过水质记录评估最不利点的超标水平，以及余氯量、有机物含量（TOC/COD$_{Mn}$）以及停留时间共同作用导致出厂水消毒副产物持续超标的严重性和规模。当出现浊度增加，pH，COD$_{Mn}$等综合指标发生变化，应评估指标导致超标的原因和发生可能性，包括这些指标超标导致的出水消毒副产物以及药剂铝铁等指标超标风险。当水厂进行检修或者工艺改动完成后，应完成全项检测，比对改进前后的水质变化，评估水质变化导致的健康风险（表8-17）。

水厂风险评估表　　　　表8-17

工艺段	危害种类	风险描述	可能性	严重性	风险值	发现指数	风险优先级数

3. 供水厂风险控制和效果评审

当供水厂设备和药剂风险级别普遍较高时，应加强企业《城镇供水厂运行、维护及安全技术规程》CJJ 58的管理，组织专家编制企业"应知应会"培训，通过反复培训测试降低操作失误率。当培训记录和事故记录缺失或者错误过多时，应培训和规范日常的记录。应对供水厂高风险源涉及的各单元运行管理风险进行巡查；分析巡查结果中的可能危害并提出整改措施。当水源监测到耐氯病原微生物时，供水厂工艺对颗粒物的去除能力应提升到3log以上，或者出厂水浊度降到0.1NTU以下，有条件供水厂可采取臭氧或紫外线消毒措施强化去除。如果风险仍然无法消除，应启动应急预案。应对波动比较大的水质指标进行溯因，并增大检测频率。当供水厂去除率无法保障持续达标时，应启动应急预案。当原水出现嗅味时，应强化供水厂去除效率，应检查从输配到供水厂是否存在或增加可以强化嗅味去除的设备，并考虑输水过程投加活性炭等应急措施。同时分析致嗅物质，并建立政府和公众的良好沟通渠道，降低公共事件概率。可通过工艺参数调整或者协同减少消毒副产物，包括减少余氯投加量、强化去除有机物等。当理化指标出现超标时，应通过工艺调整进行控制，并分析出可能指示或者触发其他指标的超标，可根据《城镇供水厂运行、维护及安全技术规程》CJJ 58—2009或《城镇供水系统全过程水质管控技术规程》T/CUWA 20054—2022进行控制调整。当供水厂进行检修或者工艺改动完成后，应对新产生的水质风险指标类型根据上述方法进行处理。当评估供水厂各单元中风险影响因素的应对措施时，应按表8-18格式填写。

供水厂风险影响因素和应对措施表　　　　　表8-18

工艺段	危害种类	风险描述	影响因素	应对措施

8.3.4 输配过程风险管控

输配风险主要涵盖管网输配过程中外源污染侵入、消毒副产物超标、发生"黄水"、管网材质有害物溶出等。当管网输配的风险评估、日常管理、应参考但不限于现行国家标准或行业标准《城镇供水管网运行、维护及安全技术规程》CJJ 207、《二次供水设施卫生规范》GB 17051、《城镇供水企业安全技术管理体系评估指南》《饮用水水源保护区划分技术规范》HJ 338中所涉及的内容和要求。当管网输配风险很高时，应加强以上规范中的管理培训，针对管网巡检和维修组织培训，降低巡检和操作失误率。

1. 输配过程风险识别

输配过程中的风险识别应考察输配管网巡检记录数据、投诉记录和日常维护操作记录，结合管网风险源备选清单，对可能引起水质变化的风险源进行排查，记录可能的危害源。应对输水线沿途按照现行行业标准《饮用水水源保护区划分技术规范》HJ 338排查污染源清单，对于管道内生生物也应进行风险源识别。应进行输配水系统巡检和根据相关标准抽查水质合格情况，结合收集到的历史数据进行分析研判。应对配水管线与其他管线发生错接导致水质污染进行统计，识别存在管理风险源。通过调查管网末梢日常监测（消毒副产物超标或者余氯不足）和用户投诉（感官指标）空间分布数据，识别配水管网水质风险点发生范围。存在水源切换的区域，可参考《城镇供水系统全过程水质管控技术规程》中的方法对"黄水"风险进行识别。当评估管材溶出风险时，宜调查管材的品牌和检测数据记录，判断是否存在污染溶出危害源。应根据投诉和调查数据，参照现行国家标准《二次供水设施卫生规范》GB 17051对出现水质投诉较多的二次供水设施进行风险识别，并确认和水质最差点是否有风险叠加。输配水系统风险源清单应按表8-19格式填写。

输配水系统风险源清单表　　表 8-19

输配过程	危害种类	风险描述	危害可能的原因

2. 输配过程风险评估

当培训较少且管网事故率较高，应根据发生频率和管网影响规模判断危害发生可能性。当对配水管网水质感官投诉发生规模和频次进行评估时，按照相关要求进行分级，若投诉发生规模达到热线饱和时应提升一级。当评估管网消毒副产物风险时，应比较最远端或水质最不利点的消毒副产物和出厂水消毒副产物的差异，判断消毒副产物超标发生的规模。当发生水源切换时，应通过历史投诉"黄水"的数据分析或切换前后供水范围和水质差异来判断"黄水"发生规模和可能性。当收到投诉龙头水出现红虫时，应根据投诉范围判断发生范围，并进行溯源，评估其危害严重程度和范围。当配水管材出现溶出问题，应进行健康风险评估确定危害程度和规模。应对发生水质问题较多的二次供水点进行现场调查和分析，判断是管网水质还是二次供水设备运维因素导致，评估危害程度。应选择水质最不利点和高投诉点，进行现场调研和历史数据分析，对配水管网的水质风险发生规模和程度进行评估。当按照输配水系统风险源清单进行风险评估时，结果应按表 8-20 格式填写。

输配水系统风险评估表　　表 8-20

输配过程	危害种类	风险描述	可能性	严重性	风险值	发现指数	风险优先级数

3. 输配过程风险控制

对于消毒副产物较高的地区，应通过管网压力调节，降低加氯量或者强化水厂有机物的去除能力，降低消毒副产物浓度。对于"黄水"发生地区，可通过水厂水源切换过程中梯度调节的方法进行，保证逐步管网适应新的水质。对于余氯不足的区域，可以采取补氯或者通过水厂强化去除有机物，或者使用氯胺消毒等方法保证余氯达标。对于存在管材污染溶出的区域，可采用更换管材的方法。对于二次供水存在高投诉和水质存在问题的区域，可考虑其管理权问题进行处理，或更换为无负压供水。输配水系统风险影响因素和应对措施表应按表 8-21 格式填写。

输配水系统风险影响因素和应对措施表 表 8-21

输配过程	危害种类	风险描述	影响因素	应对措施

8.4 供水运行绩效评估

8.4.1 供水运行绩效评估概述

随着城市供水行业改革的深入，消费者对饮用水安全卫生意识的加强，政府更加注重通过对企业运营绩效和实际服务效果的监督和管理，指导并促使供水企业强化责任意识、降低成本、提高管理水平，从而使公众在水质、服务和价格上受益；企业则希望通过切实可行的管理手段提高效率和服务质量，在满足政府要求与公众需求的基础上提高企业效益，并树立良好的企业形象。对此建立一套具有广泛适用性的供水运行绩效评估方法，将为供水企业提升供水水质，保障供水安全，优化运行管理提供科学高效的指导作用。

1. 供水绩效评估研究现状

随着我国工业化、城市化进程加快，城市供水已由原来的公共福利事业逐步向基于市场机制的社会服务产业转变，由传统的国营事业单位转变为产权多元化的企业。面对这些变化，建立健全规范化的监管体系、提高供水行业总体绩效水平已迫在眉睫。绩效评估作为一个行之有效的管理工具被引入水务行业，很多国际组织和国家都致力于开展水务绩效标杆管理的实践，以推动水务行业的效率提升和服务改善。

自 1997 年开始，国际水协会供水绩效专家组就致力于开发普遍适用的绩效评价工具和绩效指标体系，2000 年出版了《供水服务绩效指标手册》，该指标体系包括一系列反映企业实际情况的绩效指标和数据要素，目前该手册已经发布了 3 个版本。世界银行则开发了 IBNET 系统，为了解决供水系统之间缺乏标准化定义，绩效指标横向比较的难题，改进后的"IBNET 工具箱"存储了 2400 多家供水企业的绩效数据，是当前全球供水行业最大的绩效数据库。欧洲标杆合作基金会（The European Benchmarking Co-operation Foundation）自 2007 年开始，每年组织欧洲及其他地区的供水和污水公司进行对标评估，促进水务行业服务水平的提升。美国的水务企业所有制以公有制为主、公私兼有，主要的管理机构为美国给水工程协会（AWWA），采取以 AWWA 经济监管为主体，以第三方绩效平台为补充，供水公司自愿参与绩效评估，公私分别监督，并以完善的水务监管信息化平台为支持的绩效管理体制。荷兰供水协会也建立了供水行业标杆管理系统，并在 1997 年、2000 年、2003 年和 2006 年连续 4 次运用绩效指标体系对供水企业进行绩效评估和比较。

我国自 20 世纪 90 年代以来，经历了多种多样的国家市场经济运营模式改革，随着大量供水公司的民营化管理，如何开展供水运行绩效评估，降低水质风险的问题成为行业热点之一。截至目前，我国尚缺乏成熟且普遍适用的供水运行绩效评估体系，但是无论政府、行业还是企业都对绩效评估进行了一定的探索。中国城镇供水排水协会主办的《城市供水统计年鉴》，包含我国城市供水行业的生产能力、基础设施、投资、财经、运行、服务等大量信息。年鉴中的数据指标分为 6 个部分，分别为供水与售水、供水管道、供水服务、供水生产经营管理、供水财务经济、供水价格。通过年鉴中的数据，进行统计和分析，能够有力推动我国城市供水绩效评估工作的发展。住房城乡建设部作为我国的供水行业主要管理部门，为不断提高城市供水管理，制定了《城镇供水规范化管理考核办法（试行）》，2014 年发布了《城镇供水规范化管理考核手册》。总体来看，由于绩效评估在不同区域、不同供水企业的应用水平差距很大，用于全行业的供水运行绩效评估的方法体系尚不完备。

为保障水质安全、促进企业效率提升，水专项在"十一五"时期至"十三五"时期均设立了城市供水绩效评估管理的研究课题，基于我国国情，引进吸收国际先进经验，开展供水绩效评估的指标体系、评估方法和管理机制等各方面的深入研究。2022 年中国城镇供水排水协会发布了团体标准《城市供水企业绩效评估技术规程》T/CUWA 20058—2022，规范了供水绩效评估的方法、指标和流程。

2. 开展供水运行绩效评估的目的与意义

开展供水运行绩效评估的核心目标是实现"保障供水安全、提高供水水质、优化供水成本、改善供水服务"。在推进市场化机制在城市供水行业改革和发展中，建立一套完整、公平、透明的供水运行绩效评估体系，用以衡量在行业内部开展绩效的比较评估，是督导企业提高效率、改进服务、促进行业健康发展的重要措施。

（1）强化行业监督、保障供水水质安全。通过建立绩效评估的方式，不仅强化对企业提供的产品水水质的监督，同时也让消费者的服务体验得到大幅度提升，让消费者用水能够安心、放心，降低水质风险。

（2）提升供水企业运行管理效率。通过绩效评估，从结果绩效深入到过程绩效，督促企业加强供水生产、管网运行、水质管理等业务的管理效率，推动供水企业运营管理水平。

（3）优化供水全行业的业务水平。通过绩效评估，纵向与设定目标相比，提升供水企业整体企业效能，横向与行业其他企业相比，相互学习进步，取长补短，提升整个供水行业服务水平。

在供水行业建立运行绩效评估管理体系，无论是对于政府、供水企业、消费者，还是其他利益相关方都具有积极作用，是一项一举多得的决策。

（1）对于政府而言，通过对于企业和行业绩效的评估，有助于了解和分析行业的问题和诉求，有的放矢地制定相关行业政策，完善价格机制，进一步保障饮用水安全。

（2）对于企业而言，管理层可以通过绩效评估，分析企业的运行状况和管理水平，特别是通过绩效结果的横向和纵向比较，有助于建立行业内部的比较性竞争，帮助企业发现问题、制定规划、计划和防范措施。

（3）对于消费者而言，可以通过绩效评估的结果公开，更加了解供水水质和供水企业运行状况，维护消费者权益，并理解和参加节水型社会的共建活动。

建立适合我国供水运行绩效评估的指标体系、评估方法，对于提高企业管理水平，促进行业的健康和可持续发展，保障城市供水安全，控制水质风险，具有重要意义。

8.4.2 供水运行绩效评估方法体系

供水绩效指标是指能反映与其相关的供水企业绩效及管理水平的信息。绩效指标的选择应符合定义清晰、获取方法合理、便于量化等条件。供水运行绩效评估的对象为管理供水厂、供水管道及其附属设施向单位或居民提供生活、生产和其他用水的城市集中式供水企事业单位。

为保证绩效评估的效果，参与供水运行绩效评估的供水企业应具备基本的水质和水压检测能力，自愿开展绩效评估工作，提供真实可信的数据资料，并致力于应用绩效评估结果改善水质管理水平，提升管理效率。

1. 工作流程

供水运行绩效评估的工作内容包括准入要求审核，对基础数据进行收集、计算、分析和验证，开展定量评估、定性评估，以及撰写绩效评估报告等（图8-5）。

（1）数据采集和初步评估

建立一个熟悉评估指标体系和供水水质管理及运行管理的专家组是成功开展供水运行绩效评估的核心要素。评估专家组不宜少于5人，应由熟悉水质管理、净水工艺、管网运行等方面的专家组成。评估专家应对企业提供的数据及信息负有保密义务。

供水企业应组建由供水企业管理层、各业务部门和数据统计部门组成的工作团队，配合专家组开展绩效评估工作。供水企业应如期完成运行绩效评估信息填报，包括企业基础信息、水量、水质、水压、电耗、药耗、管网等数据信息，并应准备各类相关的企业内部管理制度、规程和办法等证明材料。

评估专家组将根据上报信息开展初步绩效评分，并针对有疑问的数据信息列出问题清单。

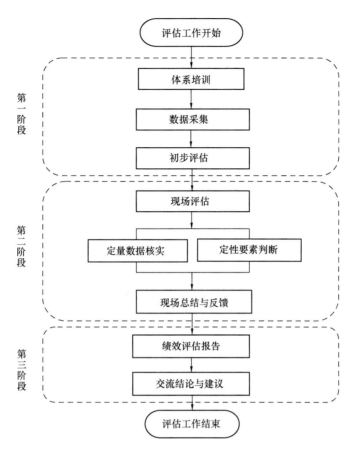

图 8-5 供水运行绩效评估工作流程

（2）现场评估和评估报告

评估专家组开展现场评估。现场评估应包括以下内容：

1）召开启动会，介绍双方人员，确定评审计划。
2）查阅填报数据和资料的原始文件，了解企业基本情况，核实相关证明材料。
3）访谈相关人员。
4）现场考察相关设施。
5）调整指标变量数据，复评定量指标得分。
6）根据评分细则，进行定性要素打分。
7）召开座谈会，总结和反馈现场考察的发现。

评估专家组根据现场评审结果，编制完成绩效评估报告，给出评估结论与建议。评估报告内容包括被评估供水企业简介、绩效评估工作方法概述、评估指标概述、数据置信度确定、定量绩效指标值分析、定性评估要素分析、评估结论与建议等。

2. 方法体系

（1）综合评分

供水运行绩效评估指标体系包含 5 大类，分别为供水生产类、管网运行类、营销管理类、水质管理类和综合管控类。采取定量与定性相结合的方式,对每类指标进行评估。评估总分通过各指标得分与权重相乘后累加获得,各级各类权重参照层次分析法和专家咨询法进行设定(表8-22~表8-24)。

各类指标权重分配表　　　　　　　　　　　　　　　　　表8-22

指标类别 (权重)		供水生产 (25%)	管网运行 (20%)	营销管理 (15%)	水质管理 (20%)	综合管控 (20%)
权重分配	定量	50%	50%	50%	60%	60%
	定性	50%	50%	50%	40%	40%

将类别分数按照一定范围分为ABCDE五个等级,其中A级为优秀,E级为最差。评估总分分为卓越、优秀、良好、一般和较差五个等级,具体分级情况见表8-23和表8-24。

各类别结果分级表　　　　　　　　　　　　　　　　　表8-23

评估得分	90~100	80~89	70~79	60~69	<60
评级	A	B	C	D	E

各类别结果分级表　　　　　　　　　　　　　　　　　表8-24

评估得分	90~100	80~89	70~79	60~69	<60
评级	卓越	优秀	良好	一般	较差

(2)定量评估方法

开展定量评估时,首先根据供水企业填报的指标变量数据(变量值和置信度),通过指标计算公式,计算出指标值;然后通过各指标的标准化曲线,转化为对应的指标分数(图8-6)。

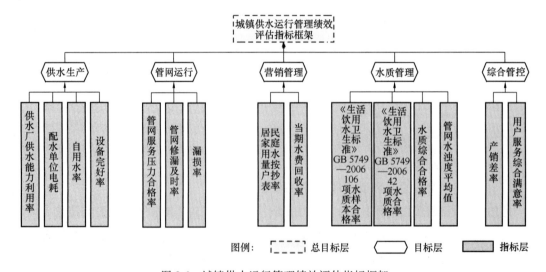

图8-6　城镇供水运行管理绩效评估指标框架

开展评估前,需要明确各指标的定义和计算公式,并针对其数据变量对供水企业进行培训。以"水质管理"类中"管网水浊度平均值"为例,见表8-25。

绩效指标定义及计算公式示例 表 8-25

名称单位	SZ4——管网水浑浊度平均值，NTU
指标定义	报告期内供水企业各管网水全部检测点浑浊度的平均值
计算公式	$SZ4 = \dfrac{D9}{D10}$
指标变量	$D9$——管网水取样点浑浊度之和，NTU； $D10$——管网水浑浊度检测次数，次
解释说明	(1) 按照《城市供水水质标准》CJ/T 206—2005，管网水浑浊度采样检验每月不少于两次，管网末梢水浑浊度采样检验每月不少于一次； (2) 本指标可用于供水企业（单位）之间的横向比较

(3) 定性评估方法

定性评估体系同样分为五大类，每个大类下分多个要素，每个要素设置多个评价问题。城镇供水运行绩效评估定性要素分解如图 8-7 所示。

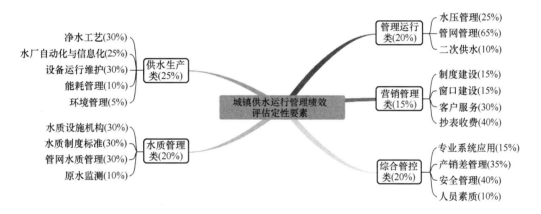

图 8-7　城镇供水运行绩效评估定性要素分解

以"水质管理"类为例，该大类包括 4 项要素 9 项子要素 35 个问题，见表 8-26。

水质管理类定性要素及评价指标示例　表 8-26

要素	子要素		评价问题
水质设施机构	建立水质检测中心	1	是否建立了水质检测中心实验室
		2	水质检测中心实验室能否检测《城市供水水质标准》CJ/T 206—2005 要求的管网水 7 项水质常规指标
		3	水质检测中心实验室能否检测《城市供水水质标准》CJ/T 206—2005 要求的出厂水水质常规指标
		4	水质检测中心是否配备了专业的水质检测人员（水质化验员证）
		5	水质检测中心是否实行三级检验制度
	化验室仪器	1	化验室所用的计量分析仪器是否定期进行计量检定
		2	计量分析仪器在使用过程中是否定期进行检验和维护并作记录

续表

要素	子要素		评价问题
水质制度标准	水质检测制度	1	是否根据国家水质检测办法及地方水质标准,制定并实施了相应的水质检测制度
		2	水质检测制度规定的检测项目和频次是否满足《生活饮用水卫生标准》GB 5749—2006 和《城市供水水质标准》CJ/T 206—2005
		3	制度中是否要求对易发生水质污染环节加强检测频次
		4	水质检测制度中对超标项目的复检和报告机制设置是否合理
		5	水质检测制度是否严格执行
	水质控制标准	1	是否制定了出厂水的关键水质指标内控标准限制,以确保用户受水点水质满足国家标准
		2	是否针对以下关键工艺,制定了水质关键指标内控标准
		2.1	沉淀池出水
		2.2	滤池出水
		3	关键水质指标和内控标准限值的设置是否合理
管网水质	一般规定	1	是否结合本地区情况制定了供水管网水质管理制度
		2	供水管网水质管理制度是否严格实施
		3	阀门操作时间安排是否合理
		4	是否采取了保障管网水质的措施
		5	管网水质出现异常时,是否临时增加水质监测采样,并根据检测数据分析水质异常原因
	水质检测	1	是否在管网末梢设立了具有代表性的管网水质检测采样点
		2	是否在居民用水点设立了具有代表性的管网水质检测采样点
		3	是否建立了管网水质在线检测系统
		4	是否建立了管网水质检测采样点和在线监测点的定期巡视制度
		5	是否建立了水质检测仪器的维护保养制度
	水质管理	1	是否制定了管网水质异常的应对方案
		2	是否制定了重大水质事故的应急预案
		3	是否制定了应对水质事故的临时供水措施
		4	是否制定了管网清洗计划
		5	是否对运行管道进行定期冲洗并记录
原水监测	取水口保护	1	取水口是否设置了符合规定的防护范围(符合《饮用水水源保护区划分技术规范》HJ 338—2018)
		2	取水口是否设立了合格的防护标志(符合《饮用水水源保护区标志技术要求》HJ/T 433—2008)
	原水监测	3	是否设立了原水水质在线监测系统或有代表性的水质监测点
		4	原水水质监测点的水质检验项目是否符合《城镇供水厂运行、维护及安全技术规程》CJJ 58—2009 的相关规定
		5	原水水质监测点的水质检验频率是否符合《城镇供水厂运行、维护及安全技术规程》CJJ 58—2009 的相关规定

专家通过现场考察、资料审核和座谈访问,对定性评价问题进行"是"或"否"的判断,同时确定置信度。每个问题都有相应的分值,若判断为"否",该问题不得分,若判断为"是",该问题得分为相应分值乘以置信度系数。各要素的问题分值累加得到要素总分,各指标类别的要素分数累加得到每类指标的总分(每类指标满分100分),每类指标得分乘以规定的权重进行累加得到定性评价的最终得分。

3. 绩效结果应用

(1) 评估报告编制

根据公司企业填报数据和现场评估结果,编制完成运行绩效评估报告,给出评估结论与建议。评估报告内容应涵盖以下内容:

1) 供水企业概况:介绍供水企业的公司性质、经营范围、供水能力,管理的供水厂和供水管网,水质检验、设备检修维护和营收管理现状等内容。

2) 定量绩效指标分析:以表格的形式展示各定量指标的指标值、标准化得分和置信度系数,并以文字形式分析评估供水企业各定量指标反映的管理水平,并与行业基准水平进行比较。

3) 定性评估要素分析:以表格的形式展示各定性要素的得分,并以文字形式分析评估供水企业各定性要素的表现和优缺点。

4) 评估得分汇总:以表格、柱形图、雷达图等形式,展示比较各类别的定量和定性得分以及总分。

5) 结论与建议:根据评估结果和现场调研发现,总结归纳评估供水企业的行业定位、工作亮点、问题项与改进建议等。

(2) 评估结果应用

参与评估的供水企业可参照运行绩效评估报告的结果,研究制定具体的绩效提升计划并组织逐步实施,形成闭环式绩效管控,提升企业管理水平。

地方行业协会可根据各地实际情况,开展供水企业的水质及运行管理绩效评估工作,树立行业内水质及运行管理优秀标杆企业。行业协会可基于多个供水企业绩效评估结果,编制供水行业运行管理绩效评估报告,总结共性需求和问题,建立行业运行绩效对标管理,有利于供水行业整体水质管理水平的提升,进一步保障供水水质安全。

8.4.3 供水运行绩效评估案例

1. 参与评估的供水企业简介

2020年,依托国家水专项课题,对六家供水企业开展了供水运行绩效评估。参与评估的供水企业简介见表8-27。

参与评估的供水企业简介 表8-27

供水企业名称	供水企业A	供水企业B	供水企业C	供水企业D	供水企业E	供水企业F
公司性质	中外合资企业	股份有限公司	股份有限公司	股份有限公司	国有企业	国有企业
水源	水库水	长江水	湖泊水	河流水	水库水	水库水

续表

供水企业名称	供水企业 A	供水企业 B	供水企业 C	供水企业 D	供水企业 E	供水企业 F
员工人数（人）	108	467	569	701	192	1527
经营水厂（个）	3	4	3	4	2	8
服务面积（km²）	20	239	361	115	502	4650
服务人口（万人）	23	96	370	105	31	90
供水能力（万 m³/d）	12.2	41.6	80	37	6.8	83
年售水量（万 m³）	2698	9280	18384	6443	803	17295
管网总长（km）	263	1580	1902	1583	2070	4094

2. 横向评估分析

根据各参评供水企业的上报数据和现场评估结果，对定量和定性指标进行计算，并开展横向评估分析。以水质管理类为例进行展示。

（1）定量指标评估

水质管理类定量评估涵盖了《生活饮用水卫生标准》GB 5749—2006 中 106 项水质样本合格率（SZ1）、出厂水水质 9 项合格率（SZ2）、水质综合合格率（SZ3）和管网水浑浊度平均值（SZ4）四个指标。6 家供水企业的水质管理类定量指标评估值见表 8-28。

水质管理类定量指标评估值　　　　表 8-28

供水企业名称	SZ1	SZ2	SZ3	SZ4
供水企业 A	100.00	100.00	100.00	0.10
供水企业 B	100.00	100.00	100.00	0.30
供水企业 C	100.00	100.00	100.00	0.32
供水企业 D	100.00	100.00	100.00	0.46
供水企业 E	100.00	100.00	100.00	0.47
供水企业 F	100.00	100.00	100.00	0.46
基准值	95.00	95.00	95.00	1.00

根据《生活饮用水卫生标准》GB 5749—2006 及《城市供水水质标准》CJ/T 206—2005，106 项水质样本合格率（SZ1）、出厂水水质 9 项合格率（SZ2）、水质综合合格率（SZ3）应满足 95％的要求，管网水浑浊度平均值（SZ4）应低于 1NTU。根据填报的数据，六家示范供水企业的水质合格率都达到了 100％，管网水浑浊度皆低于 0.5NTU。

（2）定性指标评估

水质管理类定性评估涵盖了水质设施机构、水质制度标准、管网水质和原水监测四个方面。6 家供水企业的水质管理类定性评估得分表见表 8-29。

水质管理类定性评估得分表 表8-29

供水企业名称	水质设施机构（30分）	水质制度标准（30分）	管网水质管理（30分）	原水监测（10分）
供水企业A	28.80	27.90	27.60	10.00
供水企业B	28.80	24.00	25.00	8.00
供水企业C	30.00	27.60	27.00	10.00
供水企业D	28.80	21.00	22.40	6.80
供水企业E	24.60	21.00	15.80	8.80
供水企业F	30.00	22.60	24.40	8.80

3. 评估总分对比

6家参评供水企业绩效评估总分对比图如图8-8所示，绩效评估分级表见表8-30。

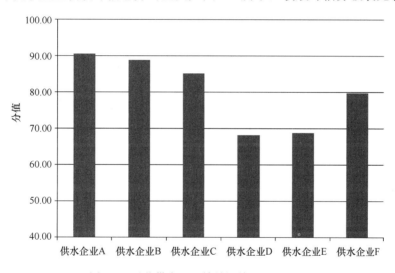

图8-8 示范供水企业绩效评估总分对比图

示范供水企业绩效评估分级表 表8-30

类别	供水企业A	供水企业B	供水企业C	供水企业D	供水企业E	供水企业F
供水生产评级	A	B	B	E	D	C
管网运行评级	B	A	D	D	D	C
营销管理评级	B	B	A	B	B	C
水质管理评级	A	A	A	B	C	A
综合管控评级	A	A	B	D	D	B
总分评级	卓越	优秀	优秀	一般	一般	良好

供水企业A的总分最高，总分评级为卓越。供水企业A实现了该地区的直饮供水，供水生产和水质管理都达到了全国一流的领先水平，依托集团的技术管理实力，在管网运行、营销管理、设备管理、安全管理、环境健康管理等方面都规范有序，并且不断向精益化管理迈进。

供水企业 B 的总分评级也达到了优秀。供水企业 B 是一个经营管理基础较好、运行平稳的水务公司，在生产管理、设备管理、安全管理、管网管理和营销管理等方面的工作都比较扎实。这些年来通过供水厂工艺改造和扩建、管网改造和新建、供水厂自控系统改造和公司信息化系统的升级，供水能力和供水安全及保障性有了很大的提升。

供水企业 C 的总分评级为优秀。供水企业 C 各方面管理规范有序，供水厂的设备配置和运行维护较好。由于历史原因，供水企业 C 的漏损率和产销差率较高，近几年在实施加强计量管理，加强管网检漏和巡检等措施后，产销差控制提升的效果极为显著，但仍然高于行业考核的基准水平，需要保持积极主动的心态，进一步加强精细化管理。

供水企业 D 的总分评级为一般。供水企业 D 是供排一体的水务公司，除了承担全市供水外，还承担着全市污水处理的任务，厂多面广，供水基础相对薄弱。目前供水企业的信息化水平低，专业人员缺乏，业务管理系统配置不足，产销差与漏损率偏高，在供水生产和管网调度方面都需要进一步提升管理水平。

供水企业 E 的总分评级为一般。供水企业 E 是全国率先完成城乡供水一体化的标杆县级供水企业。供水企业 E 供水规模较小，信息化程度不高，但是内部基础管理较为规范，台账资料齐全，服务意识好，水费回收率高。供水企业 E 需要逐步加强供水生产管理，加强员工的业务培训和供水安全意识，完善管网测压点建设，并且进一步提高信息化管理水平。

供水企业 F 的总分评级为良好。供水企业 F 是由某中央企业转地方的水务公司，其供水区域广、水厂多、管线长，在供水厂管理上有较好的基础，重视生产安全管理，制水工艺管理规范有序。但由企业运营模式转变后，在能源管理、计量管理、设备管理、企业信息化等方面需要尽快重新梳理、调整和应用，以提高企业的管理效率，并且应进一步提高标准化服务水平。

4. 评估结论和建议

6 个参评供水企业绩效评估结果为一家卓越，一家优秀，两家良好，两家一般。绩效评估结果具有区分度，且基本和现场调研时的专家反馈一致。

（1）综合评估结果

各供水厂运行情况正常，水质检测中心设备较为齐全，出厂水和管网水水质全部达到或优于国家相关标准；供水生产、设备管理和安全管控等的管理制度比较健全；各供水厂基本配置了 SCADA 系统和在线仪表，有些制水单元实现了自动控制（例如滤池、反冲洗系统等），但尚未形成全厂的自动化、信息化融合。

部分供水企业的供水运行管理安于现状，缺乏未来中长期的发展规划，精细化的生产管理未得到重视；个别供水企业设施和技改投入不足，设备偏老化、管理趋弱化；企业发展动力不足。

各供水企业均建立了管网巡检、检漏、抢修维修等管理制度，定期对管线进行巡视，管网检漏计划、台账完善；管网抢修维修及时，并进行跟踪和记录，管理规范。

各供水企业设立了专门的营销管理部门，制定并能够认真执行各项营销管理制度；建立了营业联网收费管理系统，实现了移动端支付软件缴费；营销记录及档案材料整理、保存完整，设有专人负责，当年水费回收率都达到了98%以上。

各供水企业设置了服务窗口，公开了水质、水压、停水、收费标准、办事流程等各项服务信息，公开了服务标准及承诺；客服平台设立了24h热线服务，可咨询水费单据及停水等的各项信息；对报修、投诉等及时派单，跟踪处理，定期汇总分析。

(2) 共性问题

本次绩效评估中，发现共性问题如下：

1) 水质三级检验：大部分供水企业都建立了水质三级检验制度，但是厂级和班组的水质检验普遍流于形式，执行不到位。

2) 进水流量计量：大部分供水企业没有配置进水流量仪，或从不定期校验进水流量仪，对于供水厂的自用水也缺乏准确计量，反映出对水资源的保护意识不足。

3) 供水厂SCADA系统应用：大部分参评供水厂都建立了SCADA系统，但是SCADA系统的报表、历史曲线和数据分析功能薄弱，无法方便的显示和分析供水设施的运行情况，大部分供水厂中控室操作人员很少有主动分析监测数据、优化供水生产的意识。

4) GIS应用：大部分供水企业建立了GIS，但是GIS数据及时维护和深入应用还需要进一步提升。

5) 信息孤岛：在供水企业信息系统的应用中普遍存在信息孤岛的现象，需要统一的信息化平台规划和建设，整合信息化资源。

6) 管网压力：供水企业都设置了管网测压点，但是现场调研中发现部分供水企业存在管网测压点数量不达要求，合格标准设置不够合理和测压系统维护不足等问题。

7) 水平衡分析：漏损控制是每个供水企业的工作重点之一，但基于水平衡分析对漏损水量进行有效分解的工作，还需要进一步加强。

8) 在线仪表管理：现场调研时在各示范供水企业或多或少都发现了水质在线仪表测量误差大，或停用待修时间过长的现象，应加强在线仪表的定期维护巡检。

9) 用户服务满意度：大部分示范供水企业从未委托过第三方公司开展用户服务满意度评估，从侧面反映出供水企业的服务意识有待加强。

(3) 评估建议

1) 对照国标、行标及企业管理要求，建立"从源头到龙头"的水质管理体系；完善三级检验制度，明确监测监督指导培训等工作要求，建立检测质量和严格工作纪律的考核制度；以确保出水质量稳定达标为前提，科学合理制定各工序出水关键指标的内控标准；严格按供水人口规模设置管网水质监测点和末梢点，从更具代表性出发，细化管网水质监测要求；针对城镇管网运行中可能出现的水质问题，明确二次供水及管网水质的安全保障措施、工作程序与职责，各项工作记录应齐全并能有效溯源。

2) 提高"从源头到龙头"的风险管控意识，定期排查和分析关键环节的水质风险，以增强风险管控能力；针对水源水质特点，筛选原水特征污染指标，明确预警监测要求，合理配置原水在线仪表，强化应对措施；关注过程水的质量控制，减低沉淀水质的波动对后续工序出水的影响和风险；有效开展末梢水和消防"黄水"排放，提升管网水质保障能力。

3）明确工艺材料和净水原材料的验收及检测频次等要求，有效开展净水原材料的质量验收和工艺材料的定期检测工作。

4）加强各工序水质在线仪表的规范运行管理，落实责任，及时掌握分析水质变化情况，调整生产运行；建立水质考核机制，确保水质稳定。

5）完善管网运行压力的指标管理体系，按不同区域、不同地理位置、地面高程合理设置测压点控制标准，管网压力合格标准应满足地区规划建设需求。调整压力合格率的计算方法，进一步加强管网运行压力管理。在考虑保证重点用户供水压力的同时，应保证居民的供水服务压力。

6）提升信息化管理水平，完善智慧水务建设。有效运用供水调度指挥系统，对大量的信息，进行分层分级管理。建立并优化管网管理系统、管网数学模型、营销管理系统等，避免出现信息孤岛，整合信息化资源，提升整体供水管理水平。

第9章 城市供水水质监督管理

9.1 概 述

饮用水安全事关人民群众身体健康与切身福祉。加强饮用水监督管理，是保障饮用水安全的重要手段。随着城镇化的快速发展，城市供水系统的规模更加庞大，结构更为复杂，涉及的各类主体更为多元。在这个背景下，要更新饮用水监管的方式方法，精准发力，不断提高监管效能。一，要根据我国水环境状况、水处理工艺状况、供水设施状况、经济社会条件等，开展饮用水水质风险筛查，及时修订《生活饮用水卫生标准》GB 5749，使饮用水水质相关标准能够更好的满足人民群众对饮用水品质的需求；二，要进一步发展供水水质督察理论，以建立供水水质督察技术、完善督察运行机制为核心任务，开展检查流程规范化、评价方法合理化、现场检测标准化、资源配置最优化、质控考核程序化、实施机制系统化的供水水质督察技术研究，推动供水水质督察业务化运行；三，要充分利用物联网、大数据、云计算等手段，研究建立城市供水全过程监管平台，突破平台标准化构建、基础信息质量保证、供水大数据应用、供水系统效能评估等关键技术，提出平台建设的标准体系。

9.2 水质风险筛查与标准制定

近40年来，我国是全球经济高速发展并伴随化学品高排放的国家之一。人口和经济的增长伴随着水资源需求急剧增加和污染规模变大，特别是涉及供水的水源地和供水厂面临共同的问题（富营养化、水质污染及突发事件），直接威胁饮用水安全。

为了保障水质安全，我国之前发布了两次饮用水水质相关国家标准（《生活饮用水卫生标准》GB 5749—85、《生活饮用水卫生标准》GB 5749—2006），远低于美国等发达国家同期更新频次。我国以往水质标准制定缺乏充分的技术和科学数据的积累，通常只通过采标的方式，即参照美国、日本、欧盟或俄罗斯的水质标准。然而我国与发达国家水质污染进程和特点有明显不同。我国每年新批准农药达1700个品种，农药投放量高达180万t；此外，由于全球高污染产业转移，导致相关的大宗化学品在我国使用量更多，长期采用采标方式最终会导致水质标准和实际污染脱节。

因此，我国的水质标准迫切需要根据实际的水质污染进行修订，从而解决水质标准和实际的水质状况不协调的问题。"水体污染控制与治理科技重大专项"的饮用水安全保障主题于2008年启动了我国最大规模和持续时间最长的水质调查工作，旨在摸清我国饮用水现存的水质风险。调查发现我国现行水质标准和实际水质状况出现严重脱节，一些标准外污染物存在流域污染、健康风险，其中高氯酸盐和农药乙草胺等尤其突出；与此同时，我国大量已经被禁用多年且属于超低风险污染物（DDT和六六六等）仍然列于标准之内，持续消耗有限的检测资源。因此，我国标准的更新已经非常迫切。

9.2.1 水质调查和风险评价

1. 标准外污染筛查技术

为支撑《生活饮用水卫生标准》GB 5749的更新和实施，开展了长期跨流域系统水质筛查。针对如何解决污染物筛查技术问题，开发了核受体蛋白与小分子结合的毒性直筛（EDA）联合色谱-高分辨率质谱技术进行生物毒性靶向筛查方法，突破了传统仪器方法筛查低效和无法直接发现未知的毒性分子难题；在高分辨仪器筛查已有分析方法的基础上，形成了高通量、低成本、稳定可靠的样品前处理及仪器检测方法体系。调查范围涵盖我国长江、黄河等七大主要流域，以及西南、浙闽、西北等13个小流域重要断面，流域覆盖国土面积达80%以上，调查的761项水质指标覆盖了大部分新兴和热点污染物。

标准外污染物中消毒副产物、大宗化学品、农药及混合源新型污染物等，其平均检出率为29%，其中检出率为100%的物质有12种，分别为高氯酸盐、钡等；检出率介于70%~90%的物质有19种，分别为农药（甲霜灵、多效唑、稻瘟灵等），大宗化学品（硝基苯、PFOS、六氯苯等）、抗生素类（烯酰吗啉）等，基于EDA筛查发现水源水中广泛存在的雌激素物质碱性蓝7、4-肉桂酚。其中农药乙草胺在全国范围内，普遍存在；全氟化合物的检出率比较普遍，值得关注；高氯酸盐在长江一带饮用水中的浓度平均达到16.7$\mu g/L$，最高浓度达117$\mu g/L$，超过本次推荐限值（70$\mu g/L$）。将全国的调查城市按所在水系定义为几大流域，不同流域检出污染物种类由多到少依次为长江、松花江、黄河、珠江、淮河、东南沿海、海河、辽河、澜沧江。

2. 水质风险评价方法

水是人类赖以生存的资源。近年来，水体中有害化学物质的残留引起了公众的广泛关注。许多人对水体中残留的有害物质表示担忧，而另一些人则认为这些担忧被夸大或没有必要。因此，如何衡量这些污染物对环境的潜在健康影响成为一个问题。健康风险评价作为一种科学有效的工具，可以用来帮助解决这个问题。健康风险评价不仅有助于提高公众对环境危害的认识，而且可以为政府机构在制定指导方针时提供科学依据。

（1）水体中污染物的危害识别

危害识别是健康风险评价的第一步。在这一步骤中，通过查阅有关人类或动物毒性的文献，确定水体中污染物可能造成的有害健康影响。健康问题包括急性毒性、亚慢性毒性、慢性毒性、生殖毒性、发育毒性、基因毒性等。同时应考虑敏感亚群，例如，婴儿、孕妇、老年人或其他有健康问题的人（包括免疫系统较弱的人）。暴露剂量和暴露时间在确定人类对有毒物质的反应中起重要作用，如短期暴露于低浓度有毒物质可能不会产生明显影响，但长期暴露于低浓度有毒物质最终可能危害健康。因此，在危害识别过程中，应同时考虑污染物短期和长期暴露的健康风险。

确定污染物危害的关键因素是选择特定污染物对人类造成不利影响的有用且准确的资料。这些危害反应的信息可以从人类流行病学研究、动物实验或体外实验中获得。

(2) 暴露评估

暴露评估需要确定暴露途径、暴露程度、暴露频率和暴露时间。研究人员还应该检查目标人群的暴露是连续的还是间歇的，并单独评估婴儿、孕妇、老年人或有健康问题的（包括免疫系统薄弱的人）其他敏感亚群。

对于水体中的污染物，人类暴露途径有多种，如洗澡过程中空气中的污染物可以通过呼吸途径进入人体，存在于饮用水中的污染物可以通过饮食途径进入人体，或者在人类接触水体时污染物可直接通过皮肤进入人体。因此，在风险评价中应考虑多途径暴露。

在估计特定暴露途径下的暴露水平时，通常借助暴露预测模型来完成。常见的暴露模型有 Aggregate Risk Evaluation System、IGEMS 模型、SHEDS 模型、Stoffenmanager 模型等，其中关键暴露信息通过模型参数如体重、饮水量、膳食结构、皮肤面积、呼吸频率等来表达。

暴露评估的关键是获得准确、及时的暴露数据，如饮用水或食物的摄入量数据、暴露频率、暴露时长、目标人群的体重、呼吸频率等。通常通过实际调查估算这些暴露参数。在调查数据不充足的情况下，在暴露评估中通常会作出假设。此外，还应注意评估最坏情景下的暴露情况，以避免低估风险。

环境中的污染物大多是痕量污染物，因此，很容易出现未检出数据，称这种现象为左删失现象。左删失现象在环境样本调查中普遍存在，这会妨碍数据集统计分析的准确性，因此需采用相应合理的方法对暴露数据进行处理。

(3) 剂量效应评估

剂量效应评估为根据危害识别过程中获得的信息，估计接触有毒物质对人类的特定健康影响。环境中污染物的剂量效应关系分为两种，一种是针对无阈值类物质（常见为致癌类物质）的剂量效应关系，另一种是针对有阈值类物质（常见为非致癌类物质）的剂量效应关系。

对于无阈值类物质（通常为致癌物），其剂量效应关系中没有阈值，这意味着即使暴露在非常低的剂量下，也可能导致潜在的健康风险；而对于有阈值类污染物，在其剂量效应关系中存在阈值，即只有在暴露剂量超过特定阈值后才会产生不良影响。

剂量效应关系通常来源于流行病学调查或动物实验等。对于无阈值类物质，若无流行病学调查数据，通常采用剂量效应模型来估计带斜率因子的疾病发病率。对于有阈值类污染物，通常使用健康指导值（如 ADI、TDI、ARfD）或暴露边界比（Margin of Exposure，MOE）来定量其健康风险。为了获得基于健康的引导值（MOE），需要一个起始点（Point of Departure，POD）。起始点通常根据最大无影响作用水平（No Observed Adverse Effect Level，NOAEL）、最小可见损害作用水平（Lowest Observed Adverse Effect

Level，LOAEL）或基准剂量水平（Benchmark Dose Level，BMDL）计算。

（4）风险表征

在此步骤中，根据前三步的结果，可以计算出特定物质对目标人群产生的健康风险。按照致癌和非致癌对化学品进行分类，对于致癌物质，健康风险通常表征为每100万人中出现的新增癌症病例数量。对于非致癌类物质，特别是对于没有明确剂量效应曲线的污染物，风险表征通常是将实际暴露水平与不会产生有害健康影响的可接受每日摄入量（ADI）进行比较，求得其风险商来表征风险大小。可接受每日摄入量（ADI）一般是基于动物实验研究结果得出。一般情况下，考虑到种间和种内的差异和不确定性，ADI通常比动物实验所得的毒性参考水平低 100～10000 倍，以确保不低估真实的健康风险。

（5）不确定性分析

健康风险评价中的不确定性分析贯穿于整个风险评价流程，其不确定性主要来自三个方面，一是客观存在的数据的随机性，二是人类认知的不完全性，三是评价方法自身存在的假设和误差。其中，客观存在的随机性包括污染物浓度的随机性、暴露评价中暴露频率及暴露时长的波动和毒性评价过程中实验结果的波动等，而认知的不完全性和评价方法的误差可以随着研究的深入逐步被减小。因此，在健康风险评价中，常常重点针对暴露评估中参数的不确定性和毒性评估中毒性数据的不确定性进行分析。常用的不确定性分析方法有蒙特卡罗（Monte Carlo）法、Bayesian方法和可靠性分析等。

3. 以社会负担为评价终点的比较风险评价技术

嗅觉作为人类生存必需的感官系统，可以帮助人类感知危险，并通过直觉和潜意识驱动行为响应；同样，人群对饮用水中异味的过度响应可以引发社会应急响应。例如，2007年5月无锡（太湖）和 2014 年 4 月兰州发生了严重的饮用水异味事件，导致居民恐慌、抢购瓶装水。与其他化学污染指标的不同之处在于，如 2-甲基异莰醇（2-MIB）或土臭素这类嗅味物质，对个体并无显著的健康影响，但是会导致居民对饮用水安全性的担忧，进而造成巨大的社会影响。目前，对于异味物质的风险评估并没有成熟的方法，且其潜在的社会影响往往被忽视，进而导致异味风险被低估。因此，量化异味的风险，将有助于环境政策制定、保障饮用水安全。

传统风险评估方法对污染物或病原微生物引起的个体不良健康影响的风险进行评估，而由嗅味物质引起的风险通常只是心理层面的影响进而反映到行为响应，因此，如何评估人群的行为响应是异味的风险评估的关键。事实上，个体行为响应可以通过社会系统层面的经济负担来衡量，该指标可用于评估一些不受控的行为响应产生的风险，如犯罪，酒后驾驶等（图 9-1）。

以 A 市 2-MIB 导致的饮用水嗅味问题为例，以人群产生的行为响应来表征异味的不利影响，并且以行为响应导致的经济负担作为异味风险评价的终点，可对不同 2-MIB 暴露水平下的人群行为响应变化进行评估。当居民暴露于一定浓度的 2-MIB 时，敏感人群将首先感知到并产生行为响应。利用调查问卷对人群的行为响应进行评估，并通过零膨胀模型处理含左删失数据的 2-MIB 暴露分布。通过个体 2-MIB 嗅阈值分布（敏感性分布）

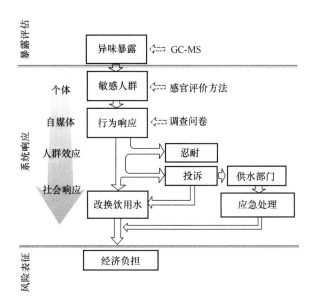

图 9-1 2-MIB 经济负担评估框架

和 2-MIB 暴露分布相结合,获得敏感人群的比例,进而计算由于敏感人群更换饮用水和水厂进行应急处理所产生的经济负担。研究确定 A 市 2-MIB 敏感人群的比例为 $16.6\pm1.8\%$,并估算出由 2-MIB 嗅味问题产生的总经济负担为每百万人每天 290690 ± 27427 元。

与传统的风险评价相比,以社会系统群体响应表征异味问题的不利影响,并以社会经济负担作为衡量系统危害的度量方法,从个体层次上升到了系统层面,为定量风险评价方法开拓了新的评估思路。该方法可广泛应用到一些社会风险被忽略的风险评估,特别是公共事件的定量评估。

9.2.2 优先控制污染物筛查

1. 现阶段优先控制污染物筛查方法

随着工业和社会的发展,新兴污染物的数量和种类在不断增加,同时,部分化学品由于其高毒性或难降解等原因已被禁用。因此,面对不断增加的污染物种类和不断被淘汰的高毒化学品,有必要制定新的饮用水中污染物管理办法,以便及时更新污染物管控方案,并迅速找出需优先管控的污染物。目前已有许多学者针对这一问题展开研究,Tsaboula 等人针对饮用水中农药的管控展开研究,认为农药监管应考虑的关键因素包括超过环境阈值的农药的检出频率和强度、在环境中的空间分布、迁移转化行为以及对人类健康的不利影响等。基于这些因素,Tsaboula 等人筛选出 71 种农药作为优先控制污染物。在另一项研究中,Narita 等人创建了 24 个风险指标来选择需要监管的农药,最终在研究的 134 种农药中,有 44 种被建议纳入日本饮用水水质相关标准中。

尽管已有许多研究者提出了污染物管控方法,且利用这些方法可以有效地制定出饮用水中优先管控污染物清单,但是这些方法需要输入太多参数,如需包括污染物的迁移转化规律、环境毒性和人体毒性等，通常需要将这些信息汇总在一起才能得出污染物的最终排名，且有些方法在估计污染物风险排名时具有高度的不确定性。因此如何建立一个简洁、可靠且通用的模型来对饮用水中污染物进行管控是个亟需解决的问题。

2. 主要以贡献率和风险排序为核心的优控物质筛查技术与我国饮用水中污染物优先控制清单

对于非职业暴露人群来说，饮用水和食物是污染物进入人体的两种主要途径。合理设置污染物在饮用水和食品中的分配系数和最大残留水平，可以实现以最小的经济成本保障人类健康。因此，基于膳食暴露途径总健康风险（HRDE）、饮用水途径贡献率（DWCR）和饮用水健康风险（HRDW）三个参数，提出了饮用水中污染物优先控制清单制定方法，如图 9-2 所示，以膳食暴露途径污染物的总健康风险为横轴，以饮用水途径贡献率为纵轴，可以绘制出不同污染物的风险散点图；以膳食暴露途径总健康风险限值、饮用水途径贡献率限值和饮用水健康风险限值等势线（HRDWEL）为管理边界线，可将污染物分为四大类。第一类是高 HRDE 和高 DWCR 的污染物，位于 HRDWEL 上方；第二类是高 HRDE、低 DWCR 的污染物，在 HRDE 边界线与 HRDWEL 之间；第三类是低 HRDE、高 DWCR 的污染物，位于左上方；第四类是低 HRDE 和低 DWCR 的污染物，位于左下方。该图中污染物的数据可以根据样本数据的不断更新进行更新，管理边界线可以根据管理者的目标要求及健康管理目标进行调整。

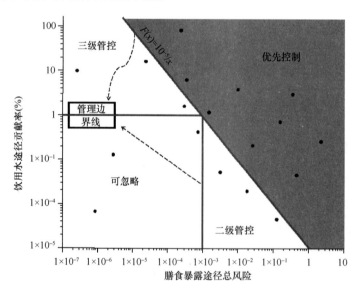

图 9-2 饮用水中污染物分级管控图

由于第一类污染物的健康风险高且饮用水途径贡献率高，是危害最大的一类污染物，因此建议对其进行优先控制。对于第二类污染物，虽然其饮用水途径贡献率不大，但膳食暴露途径总风险高，说明来自食品途径的贡献率很大，这类污染物日常用量可能较大，因此建议对其进行二级管控。对于第三类污染物，其膳食暴露途径的总风险不高，但饮用水途径贡献率高，说明这类污染物可能用量不大但饮用水中残留较多，可能是部分已禁用难降解污染物，因此建议对其进行三级管控。第四类污染物膳食暴露途径总风险较低且饮用水途径贡献率较低，建议将其列入无需管控清单。

饮用水水质基准通常是基于污染物的毒性数据和饮用水途径的分配系数而制定的，而饮用水分配系数通常来源于相应的饮用水途径贡献率。本研究针对低风险低饮用水贡献率时推导出过度严格水质标准的矛盾问题，提出了基于污染物膳食暴露途径总风险和饮用水途径贡献率的分级管控方法。该方法建议将高风险、高 DWCR 的污染物列入优先控制清单，而建议将低 HRDE、低 DWCR 的污染物从控制清单中删除。与传统的污染物无差别对待法不同，该模型提出了根据膳食途径总健康风险和饮用水贡献率两个维度对污染物进行分级管控的方法，实现了在合理控制高风险污染物的同时避免对低风险污染物的过度控制，从而可以达到污染物管理中经济成本和水质安全两个矛盾问题的平衡。

通过上述方法，可以对饮用水中的污染物进行相应的分级管理。该模型为污染物水质基准的及时更新提供了科学基础。此外，通过灵活运用管理目标边界线，可以在充分保证饮用水安全的情况下实现经济成本的最低化。

9.2.3 基于风险管理的水质标准制定技术

1. 基于风险管理的水质基准制定技术方法

风险评价是水质管理的基石，目前，各国普遍采用风险评价作为饮用水及水源水水质安全管理的工具。不同类别污染物水质基准制定技术方法如下：

（1）微生物指标

1）危害识别

危害识别旨在识别饮用水中可对公众健康造成不良后果的所有可能的危害及其进入人体的途径。危害识别从饮用水微生物自身的生物学特征与人群健康损伤两方面进行分析。微生物的生物学特征包括微生物种属（细菌、病毒、原生动物的分类特征）、感染性、侵袭力、毒力、致病性、宿主范围、传染性、对消毒的抵抗能力等；人群健康损害方面，分析潜伏期、症状、易感人群、短期与长期后果（发病率、死亡率、伤残调整寿命年等）。

2）暴露评价

暴露评价旨在确定暴露人群的性质和大小以及明确病原体进入人体的途径、暴露剂量和持续时间。饮用水的暴露评价是估算个体通过饮用水途径而暴露的病原微生物数量，其是由饮用水中病原体的浓度（CD）和摄入饮用水的体积（V）相乘而得。暴露评估过程与测量介质中微生物浓度的方法和暴露时间的长短等均存在密切关系。

3）剂量反应分析

剂量反应分析旨在描述病原微生物剂量和人体发病率之间的剂量反应关系，利用数学模型将病原微生物剂量与发病率的关系数量化，来表明个体暴露于一个或多个致病菌的情况下，发生对健康不利的概率。目前主要的剂量反应模型有两种，即指数模型和 β-泊松分布模型，其区别在于指数模型认为每个个体的患病概率均是相等的，而泊松分布模型则认为每个个体的患病概率并不相同，且其患病概率服从泊松分布。

4）风险评定

风险评定是利用病原微生物的暴露、剂量反应、发病率和严重程度等方面的数据，估算出饮用水中不同污染因子可能产生的健康危害强度或导致疾病发生概率的过程，从而对饮用水中风险较高的污染因子或暴露途径提出控制方案。即通过计算在我国饮用水暴露剂量下人群危害发生的概率或者伤残调整寿命年（DALY），达到对病原微生物感染风险的定量评估。将病原微生物的疾病负担可接受水平限定为每人每年 10^{-5} DALY，由 DALY 值逆向推导该微生物的可接受暴露水平作为该微生物指标的安全基准。

(2) 化学物质指标

1）致癌物质指标

致癌物质的基准通常是根据致癌增量和选定的可按受致癌风险水平（10^{-5}），并根据设定的人体体重、日均饮水量以及致癌物质的饮用水贡献率等推导得出的。因致癌物在饮用水中的实际水平极低，在极低浓度下通常默认剂量与癌症反应呈线性关系，故一般选用致癌物的线性法来推导。通过动物毒性数据推导出低剂量致癌强度，然后计算可按受致癌风险（10^{-5}）所对应的剂量或者浓度作为该致癌物质的基准。可接受致癌风险的选择通常需要考虑降低致癌物质所需要承担的经济和技术承受能力。其推导公式如下：

$$WQC = RSD \times \frac{BW}{DI} \tag{9-1}$$

式中　WQC——饮用水水质安全基准，mg/L；

　　　BW——人体体重，kg；

　　　DI——日均饮水量，L/d；

　　　RSD——特定风险剂量，mg/(kg·d)；计算公式如下：

$$RSD = \frac{目标增额致癌风险}{SF} \tag{9-2}$$

式中　RSD——风险特定剂量，mg/(kg·d)；

　　　目标增额致癌风险为 10^{-5}，无量纲；

　　　SF——致癌强度，$[\text{mg/(kg·d)}]^{-1}$。

2）非致癌物质指标

非致癌物质的毒性效应有阈值，即如果污染物质暴露量不超过阈值则认为不会产生危害；非致癌物质依据参考剂量，并设定人体体重、人体日均饮水量等，再根据污染物的饮用水贡献率进行推导。其公式如下：

$$WQC = RfD \times RSC \times \frac{BW}{DI} \tag{9-3}$$

式中　WQC——饮用水水质安全基准，mg/L；

　　　BW——人体体重，kg；

　　　DI——日均饮水量，L/d；

　　　RSC——饮用水贡献率，无量纲；

　　　RfD——非致癌效应参考剂量，mg/kg/d，计算公式如下：

$$RfD = \frac{POD(BMDL \text{ 或 } NOAEL \text{ 或 } LOAEL)}{UF} \tag{9-4}$$

式中 $BMDL$——基准剂量95%置信区间下限值，mg/(kg·d)；

$NOAEL$——未观察到有害作用剂量，mg/(kg·d)；

$LOAEL$——最小观察到有害作用剂量，mg/(kg·d)；

UF——不确定系数，无量纲。

效应起始点（POD）的选择：当有充分的数据时推荐使用 $BMDL$，其他情况使用 $NOAEL$，无法获得 $NOAEL$ 可用 $LOAEL$ 代替。

不确定系数（UF）选择：不确定系数由多个分量组成，其中种间差异为10，种内差异为10，数据不充分为10。不确定系数为各分量的乘积。其中数据不充分的情况包括：以亚慢性试验结果外推到慢性暴露、无法获得 $NOAEL$ 而用 $LOAEL$ 代替等。不确定系数也可根据专家意见来设定。

(3) 放射性指标

国际辐射防护委员会（ICRP）研究发现暴露量低于0.1mSv/年时不会造成可检测到的放射的有害健康效应，因此将个人剂量标准（IDC）设为0.1mSv/年。根据 IDC 值确定饮用水中各种放射物质放射性指标卫生要求，公式如下：

$$GL = \frac{IDC}{h_{\text{ing}} \times q} \tag{9-5}$$

式中 GL——饮用水中某种放射性核素的指导水平，Bq/L；

IDC——个人剂量标准，mSv/年，取0.1mSv/年；

h_{ing}——成年人摄入某种放射性核素的剂量转换系数，mSv/Bq；

q——年摄入饮用水的体积，L/年。

(4) 感官性状指标

有些类型的污染物感官性质显著，水体中很低的浓度即可引起人们的不快。这类污染物基准推导主要借助其感官效应特征，目的是为了控制由这些污染物产生的令人不快的味道和气味。在污染物的感官性状标准和毒理学终点同时存在时，以所有阈值最低值作为指标基准。这类指标主要基于感官效应终点来推导，由于实际人群存在个体敏感性，考虑到敏感性差异，根据当地敏感人群的阈值概率分布，选择敏感人群累计概率（如5%）对应的阈值作为标准。也可以采用社会支出系统状态改变作为评估终点来估算风险，如嗅味导致自来水处理厂投放更多成本去除嗅味，或者公众采用购买包装水来替代自来水从而导致更多支出，最终转化为经济负担，进而选择社会可承受风险确定阈值。

(5) 消毒剂指标

消毒剂是为了去除或灭活自然水中病原微生物并保持水质在供应过程中不被二次污染而人为添加的化学物质，确保消毒效果有效是制定该指标的原则，因此指标值包括消毒剂浓度和作用时间（与水接触时间），不同消毒剂的作用浓度和作用时间不同，故在制定消毒剂指标时，应根据消毒剂自身性质制定相应指标值。出厂时消毒合格的水在供水过程中可能被二次污染,为确保末梢水的消毒效果,应在管网中残留一定浓度的消毒剂,故消毒剂指标值中还应根据所用消毒剂的性质,确定末梢水中消毒剂余量。

2. 风险负载评估在的高氯酸盐的水质标准制定技术应用

高氯酸盐因其扩散性而广泛分布于饮用水和食品中,也因其稳定性和持久性可在生物体内持续存在。高氯酸盐能抑制人体对碘的吸收而引发甲状腺疾病,同时对免疫系统和生殖系统也有一定影响,其临床症状主要表现为甲状腺机能减退及大脑的发育障碍,所以高氯酸盐在饮食中的来源和安全阈值受到人们的广泛关注。

环境中的高氯酸盐有人工和天然两种来源。国际上饮用水中高氯酸盐多有检出,且呈现出地下水浓度高于地表水的特点。2009年1月,EPA推荐饮用水中高氯酸盐的参考剂量为15μg/L。我国饮用水中高氯酸盐缺乏全国性研究,未将其列入水质标准中。

贡献率是饮用水高氯酸盐基准计算中的重要参数,由于我国产业结构的特殊性,无法直接参考国外数据。故结合"十一五"时期数据进行计算。

$$贡献率 = \frac{各途径慢性每日摄入量}{总慢性每日摄入量} \tag{9-6}$$

$$\eta = \frac{c_1 w_1}{\sum_{1}^{n} c_i w_i} \times 100\% \tag{9-7}$$

式中　c——体积浓度,ug/L,或质量浓度,ug/kg;

　　　w——体积,L/d,或质量,kg/d;

　　　$n=4$,分别代表:饮用水、膳食、呼吸、皮肤接触。

饮用水暴露标准计算公式如下:

$$WQC = \frac{RfD \times RSC \times BW}{DI} \tag{9-8}$$

式中　WQC——饮用水水质安全基准值,mg/L;

　　　RSC——饮水贡献率,%,取32%;

　　　BW——体重,60kg;

　　　DI——日均饮水摄入量,2L/d。

最大可接受日摄入量:

$$RfD = \frac{NOAEL(或 LOAEL)}{UF} \tag{9-9}$$

式中　RfD——参考剂量,mg/(kg·d),指包括特殊敏感人群(如:儿童、孕妇、老年人)在内推荐的最大剂量或每日摄入量;

　　$LOAEL$——最低可见有害作用水平,mg/(kg·d);

　　$NOAEL$——不可见有害作用水平,mg/(kg·d);

　　　UF——不确定因子,用来保护比测试种群更敏感的种群。

计算显示,饮用水高氯酸盐检出范围(0.149~152μg/L),均值(6.05±17.23)μg/L。

我国饮用水高氯酸盐浓度主要集中在 5μg/L 以下，整体来看较为安全。四川、湖南、上海和江西 4 省为代表的长江流域地区饮用水中高氯酸盐浓度较高，其中 28% 的出厂水样品浓度超过了 EPA 推荐的参考剂量（15μg/L），四川 83% 的水样超标，湖南省长沙市某水厂出水浓度高达 152μg/L（图 9-3）。

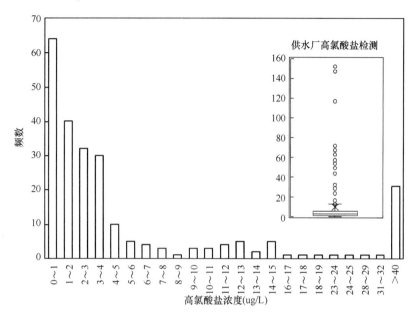

图 9-3　我国饮用水高氯酸盐浓度频数分布图

由于我国产业结构的差异，不同流域高氯酸盐暴露途径也不尽相同。饮用水途径高氯酸盐贡献率由低到高依次为：东南沿海诸河流域、松花江流域、黄河流域、珠江流域、淮河流域、海河流域、辽河流域和长江流域。其中以湖南省和四川省为代表的长江流域地区居民处于高暴露的风险之中。饮用水途径高氯酸盐的贡献率中值为 62%，成都最高达 87%，上海达 83%，可能是长江流域沿岸各地烟花爆竹的生产和使用造成的。成都饮用水中高氯酸盐浓度约是上海的 4.5 倍，但成都和上海地区饮用水贡献率近似相同，原因是成都地区其他膳食如谷物、蔬菜、水果中高氯酸盐含量也比较高，尤其是绿叶蔬菜，如菠菜，生菜等。Gan 等人对成都各食品高氯酸盐浓度进行调查，发现菠菜样品中高氯酸盐含量高达 417ng/g，猜测可能的原因是绿叶蔬菜在灌溉时，与水的接触面积较大。谷物类贡献率最高的是以厦门和福州为代表的福建省，两个城市均接近 70%，明显高于其他城市。蔬菜类贡献率最高的是沈阳市和南宁市，分别为 65% 和 60%。各地区水果贡献率均在 10% 以下，其中哈尔滨和郑州分别为 7% 和 6%。除石家庄为代表的河北省和以西安为代表的陕西省之外，其他地区蛋类的贡献率均低于 1%。哈尔滨薯类的贡献率达 10%，而其他地区均在 1% 左右。整体上，长江流域地区饮用水途径贡献率高，其他流域地区高氯酸盐的贡献来源主要为谷物和蔬菜。

（1）风险评估及基准限值建议

将文献汇总的高氯酸盐无毒性剂量（NOAEL 值）（表 9-1）与我国饮用水样品中高

氯酸盐浓度做联合概率分布,两个曲线之间有明显重叠,最终得到超过高氯酸根无影响值的概率是 0.48%,意味着我国 4000 多家供水厂至少有 20 家供水厂存在高氯酸盐超标风险。

对高氯酸盐无影响的 NOAEL 值   表 9-1

团队	日期（年）	NOAEL [mg/(kg·d)]
Joan Strawson et 团队	1999	0.5
Lawrence 团队	2000	0.14
Lawrence 团队	2001	0.04
Greer 团队	2002	0.007
NAS 团队	2005	0.4

（2）我国标准值推荐

高氯酸盐对碘吸收抑制的毒理试验结果显示最低 NOAEL 值为 0.007mg/(kg·d),这个值显示有 98.2% 的碘吸收,基于对发育中胎儿的保护,该 NOAEL 值对应的试验受试者主要集中于女性等敏感人群,所以,将种内不确定因子取为 1,经计算得到参考剂量(RfD)为 0.007 mg/(kg·d)。为了验证该参考剂量,采用 EPA 基准剂量软件 Hill 模型,以低于 5% 的人群受影响度确定基准剂量下限,由此得到的基准剂量下限(BMDL)为 0.004mg/(kg·d),这个数字与 Greer 等人研究确定的 RfD 的数量级相同且数值相差不大。

鉴于我国饮用水中高氯酸盐检出范围广,不同地区浓度差异较大,人群中存在由饮用水高氯酸盐摄入导致碘相关疾病的可能性。同时为了安全和考虑人口中最敏感的部分(孕妇、婴儿或已有甲状腺功能障碍人群),通过计算得饮用水高氯酸盐浓度为 0.07mg/L。因此推荐我国饮用水高氯酸盐水质基准为 0.07mg/L。

虽然上述推荐的饮用水高氯酸盐安全基准值与 2017 年世界卫生组织(WHO)饮用水指南中高氯酸盐限值浓度相同,均为 70μg/L,但二者参考剂量(RfD)和饮用水贡献率的取值不同。WHO 以抑制 50% 碘摄取的 $BMDL_{50}$ 为基础,不确定因子数为 10,计算暂定最大日摄入量(PMTDI)作为参考剂量(RfD),值为 10μg/kg bw/d,而本研究以无可见有害作用水平(NOAEL)推出参考剂量(RfD)为 7μg/kg bw/d。贡献率方面,WHO 标准中饮用水高氯酸盐贡献率为 20%,而我国的调查数据为 32%。与美国 2009 年推荐的饮用水高氯酸盐标准值(15μg/L)相比较,本研究采用的不确定因子数、人均体重以及饮用水贡献率均不同,美国的不确定因子数取值为 10,人均体重为 70 kg,饮用水贡献率为 62%,而我国和 WHO 的人均体重取值为 60kg。

9.3 水质督察与安全监管

水是生命之源,饮用水安全直接关系到广大人民群众的身体健康,党中央、国务院高度重视饮用水安全保障工作。为坚持城市供水行业社会公益服务的发展方向,实现城镇供水由主要满足水量需求向更加注重水质保障转变,促进供水单位加强供水安全管理,在新形势下创新城市供水管理机制、开展城市供水水质督察是各级政府城市供水主管部门加强水质监管、保障供水安全的重要手段，是城市供水安全保障体系建设的重要内容。2000年以来，我国针对城市供水水质督察开展了大量研究和试点工作，2005年发布的《关于加强城市供水水质督察工作的通知》使水质督察逐步走向制度化，在督察实施方面也积累了一定的实践经验，但是在督察技术和实施层面还存在缺乏规范化技术和标准化程序、缺乏完善的实施机制等问题。

为从根本上保障水质督察的权威性，使督察工作切实发挥有效监督和科学指导的作用，针对我国城市供水安全状况及城市供水主管部门对供水水质监管工作的迫切需要，进一步发展督察理论，以建立供水水质督察技术、完善督察运行机制为核心任务，开展检查流程规范化、评价方法合理化、现场检测标准化、资源配置最优化、质控考核程序化、实施机制系统化的供水水质督察技术研究，集中破解城市供水水质督察缺乏规范化技术和规范化程序的科技难题，通过科技研发与资源整合，集成构建适用于我国水质监管工作特点的城市供水水质督察技术体系和实施保障机制，统一督察技术方法，规范督察工作行为，完善督察技术手段，优化督察技术资源，健全督察实施机制，以增强水质督察工作的客观性、公正性、科学性，引导城市供水行业水质督察发展，并通过成果示范推动全国城市供水水质督察工作开展，为各级政府加强城市供水水质监管提供技术支撑，实现对供水水质的全流程监管。

一是在实施层面建立水质督察标准化规程，二是在基本方法层面研发适用于水质督察的关键检测技术，三是结合现有监测技术资源和现行规范标准，优化水质督察监测机构的布局，提出机构的能力建设技术要求和质量控制考核技术方法，四是研究督察实施模式，形成督察实施的制度保障。内容涉及基于权责统一的水质督察技术要素识别研究、水质督察实施规范化技术研究、水质督察现场检测方法与信息管理技术研究、水质监测技术资源优化与质量控制技术研究、水质督察实施机制研究。通过研究，确定了供水系统18个关键控制点，提出了"从源头到龙头"的水质检查、供水系统水质安全管理检查的要素和评定标准，建立了由水质检查结果评价、水质安全管理检查结果评价为基本单元的多层级督察结果评价方法，从技术上规范了督察实施的全过程；开发了针对22种挥发性有机物的车载GC-MS检测方法，解决了督察现场挥发性有机物准确定量检测的难题；调研了30个省区276个水质监测机构的检测能力和人员设施配置情况，对水质监测机构的承检能力进行评估，提出了全国水质监测机构的布局和规范化能力建设技术要求，确定了针对水质督察监测机构的质控考核技术要求并形成了包含90多个指标的质控考核指标体系；综合分析了国内外饮用水水质管理体制，建立了适用于现行管理体制下的国家和地方督察实施模式与公众参与机制。研究解决的关键技术问题主要包括供水系统全流程检查技术、水质督察现场快速检测技术、水质监测机构资源优化技术。

9.3.1 供水系统全流程检查技术

基于2000多个市县4000余个供水厂约40万调查数据、现场调研和督察经验总结，确定供水系统水质安全关键控制点，对管网采样点布设、样品保存时效性、督察结果评价等技术难点进行重点研究，提出水质检查中督察样品采集、保存运输、现场检测、质量控制等环节的检查技术要求，并提出"从源头到龙头"的供水系统水质安全管理检查要素和水质督察结果评价方法，建立供水系统水质及安全管理检查技术。

1. 全流程水质检查技术

水质检测指标的确定依据《生活饮用水卫生标准》GB 5749 等标准，消毒剂与消毒副产物指标根据供水单位的消毒方式选择测定，其中，国家级、省级督察可以不对放射性指标、微生物指标、连续三年的水质检查中均为未检出的指标进行检测。受条件限制时，优先选择检测出厂水的常规指标，其次为出厂水非常规指标、部分管网水常规指标、原水中经常规水处理工艺不易去除的指标、能够反映地区水质特点的特征指标。

采样点布设时应具有代表性，能真实反映水质状况。当水质检查对原水、出厂、管网系统相关性有相关要求时，采样点应满足要求：①以地表水为水源的水厂，通常在入厂后净水工艺前设置原水采样点，对工艺原料水水质进行分析。对于已在取水口或输水过程中进行预处理的供水厂，其原水采样点应布设在预处理工艺之前。②以地下水为水源的供水厂，通常是单井供水或多个水井混合后供水。在布设原水采样点时应考虑不同情况，布设在进厂原水干管或配水井，在取水井取水时应选择正在使用的生产井采集样品，多个取水井混合供水时，应采集进厂混合原水。③出厂水采样点应布设在供水厂内、进入供水干管以前，可在供水厂的出水泵房采集样品。④管网水采样点应具有代表性，适当考虑特殊的管网点，布设时根据供水管网布局图等资料确定采样点布设位置，也可根据地理位置、管网特征和存在问题等，将管网水监测点划分为若干采样片区，在各片区分别选择一个典型采样点。

针对管网采样点的布设难题，课题选取不同规模、不同地形特点、不同管网建设年代的 6 个市、县进行布点实验，以现场采集样品的检测结果为依据，分析城市供水管网沿线、供水管网汇水区、不同管龄供水区域、同一供水区域不同管材管网水质的动态变化规律。研究发现管网水在输送过程中水质逐渐下降，其中管网末梢和汇水区等水质最不利点变化明显，据此提出水质督察管网点布设的位置、数量，以及布点的优先序和所占比例，弥补了现有相关标准中对管网水采样点的布设无具体规定的问题，增加了管网水质督察结果的可信度。

水质检查样品应按照统一规则进行编号，每个样品对应唯一编号，编号时通常采取字母与数字结合的方式，编号中体现的样品相关信息宜包括：检查时间、被检查地区名称或行政区代码、被检查单位编码、样品类型、采样地点编码、样品顺序号、保密编码。

样品采集后需尽快返回实验室进行检测，在现场采样工作开始前应安排好运输工作，根据运输距离和样品保存时间、条件确定适当的运输方式和运输路线。样品采集后在运输途中常采用的保存措施包括：选择适当材料的容器；控制溶液的 pH；对于性质不稳定的指标，加入化学试剂抑制氧化还原反应和生化作用；冷藏或冷冻以降低细菌的活动和化学反应速度。采样容器应装入样品保存箱保存、运输，样品保存箱中应放置一定数量的冰排、冰袋、冰盒等冷源，冷源应均匀放置在采样箱中。

出厂水、管网水和二次供水的标准检测方法应优先选择《生活饮用水标准检验方法》GB/T 5750中规定的方法。地下水可执行出厂水和管网水的检测方法，地表水应优先执行《地表水环境质量标准》GB 3838中规定的检测方法。对于标准规定需在现场检测的指标或经当次水质督察组织部门批准进行现场检测的指标，可开展现场检测。现场检测应优先选择标准方法，无标准方法时，拟使用方法的精密度、准确度、检出限等应满足需要，经专家评审后报水质督察组织部门备案。应充分考虑现场环境条件对检测的干扰和影响，并尽可能采取措施减少干扰。对于实验室检测，当次检测应重新制作标准曲线，浓度点不得小于6个（含空白浓度），各浓度点应在方法的测量范围内。校准曲线的相关系数应包含4位有效数字，且一般情况下，无机指标的相关系数$\gamma \geq 0.9990$，有机指标的相关系数$\gamma \geq 0.9900$。实验室应配备与检测方法要求相匹配的仪器设备，根据仪器设备的使用条件、采用的检测方法控制环境条件，配备采光、照明、通风、采暖、除湿、制冷、灭菌等设施。应选用具有生产许可证的标准物质。

检测结果应进行适当的数据处理，有效数字应按照标准要求进行修约，原始数据遵循先修约后运算的原则，应采用国家法定计量单位或与标准相同的计量单位，并在检测记录和报告中明确体现。低于检测方法规定的最低检测质量浓度的结果，应以所采用方法的最低检测质量浓度表达检测结果，格式如$<0.001 mg/L$，微生物指标以"未检出"表示，臭和味指标以"无异臭异味"表示，肉眼可见物指标以"无"表示，未加消毒剂时消毒剂余量指标以"未加消毒剂"表示。以某几项指标检测结果之和表达的水质指标，如其中一项或几项指标的检测结果小于所用方法的最低检测质量浓度，求和时这些指标的检测值以所用方法最低检测质量浓度的1/2与其他指标的检测结果一并计算。以文字形式表示的检测结果，文字应清晰准确地表达样品的实际情况。标准中有明确规定的，以标准中规定的格式描述性状和等级。

2. 供水系统水质安全管理检查技术

对于国务院住房城乡建设主管部门以及省级住房城乡建设（城市供水）主管部门组织开展的供水系统水质安全管理检查，重点为城市公共供水；城市供水主管部门组织开展的检查，还应检查二次供水、自建设施供水。水质安全管理现场检查的方式，一是查阅资料、询问，二是现场查验。检查人员应对检查内容逐一进行查验，查阅相关报表、数据、原始记录等资料，并如实、认真填写现场检查记录，必要时应进行影像记录或复制相关资料并做好标识。

水质安全管理检查首先要确定检查重点，在对我国不同规模、不同净水工艺、不同经济发展水平地区供水厂开展调研的基础上，结合城市供水行业现有的运行、维护及安全管理技术规程中的相关内容，对取水、制水、配水等供水生产全流程中的重要设施，包括取水设施、预处理设施、投加药剂设施、混合絮凝设施、沉淀及过滤设施、消毒设施和在线监测设施设备、配水管网、二次供水设施等进行要素解析，确定18个供水水质安全管理关键控制点（图9-4）。

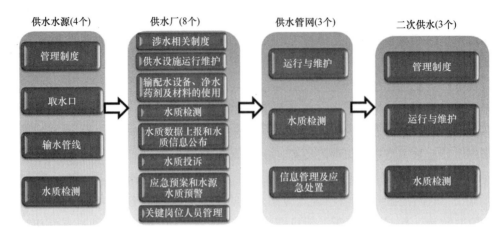

图 9-4 供水系统水质安全管理检查关键控制点

水质安全管理检查要求的确定是依据城市供水行业运行维护及安全管理相关技术规程的规定，以及水质督察的目的、重点，提出基于关键控制点进行全方位全流程水质安全管理检查的程序、方式、检查要素及评定标准。

城市供水行业在供水水源方面主要是对取水口的设施环境进行维护、对水质进行监控，在检查时应了解被检单位水源地基本情况，包括位置、水文、水质特点以及不同季节水质变化情况等，对管理制度建立情况、取水口和输水管线保护情况、水质检测情况等进行检查。对供水厂的现场检查是水质安全管理检查的重点，检查涉及供水厂制度的建立、供水设施运行及维护、输配水设备、净水药剂及材料的使用、水质检测、水质数据上报和信息公布、水质投诉、水质应急预案和水源水质预警、关键岗位人员管理等方面。对管网的检查主要针对供水管网运行与维护、水质检测、管网信息管理与突发事件应急处置等方面。二次供水检查内容包括二次供水设施的运行、维护与管理制度制定、人员设备配置、消毒与检测等情况。

3. 水质督察结果评价方法

以水质检查结果和水质安全管理检查结果为评价单元，对供水水源、供水厂、供水管网、二次供水等的供水水质和水质安全管理检查结果进行分别评价和总体评价，进而对整个城市的水质督察结果进行评价，实现对水质督察结果的定量描述，并能对不同供水单位、不同城市的供水水质、水质安全管理状况进行比较。

形成的水质督察结果评价方法具有以下特点：可分别对供水单位及城市的水质状况和水质安全管理状况进行量化评价，同时可定性反映供水系统存在安全隐患的具体环节，便于查找原因、解决问题；可分别对不同检查内容赋予不同权重，包括水质检查、水质安全管理检查，原水、出厂水、管网水和二次供水。通过采用大量数据进行测算，该方法能够客观反映水质安全及管理的实际状况，结果表达形式直观且便于掌握。

9.3.2 水质督察现场快速检测技术

在水质标准中，有些水质指标必须在 4h 内检测，而水质督察通常采取异地检测的方式，在长距离运输检测样品的情况下，有时效要求的水质指标难以按标准要求及时进行检测。因此着重开展两方面现场检测技术研究，一是对饮用水水质相关标准中的时效性指标进行梳理，通过正交实验优化实验条件，开发挥发性有机物指标的现场快速检测方法，二是对指标测定过程中的样品前处理、仪器参数设定、分析步骤、环境影响及干扰消除等操作进行规范，提出余氯等使用便携设备的现场检测指标的标准化检测程序。

1. 车载 GC-MS 测定水中挥发性有机物方法

以水质督察现场快速、精确测定为目标，选择样品保存时间最短、在水质督察实施中准确定量分析难度大的 22 种挥发性有机物，构建包括供电系统、减振系统、实验平台、温控系统等现场实验环境的供水水质监测移动实验室车载系统集成技术方案，并引入车载 GC-MS 检测设备，开发用于水质督察的车载 GC-MS 现场快速检测方法，解决督察样品异地检测时由于时效性要求影响挥发性有机物准确定量检测的问题，弥补城市供水水质督察现场快速检测方法的不足（图 9-5）。

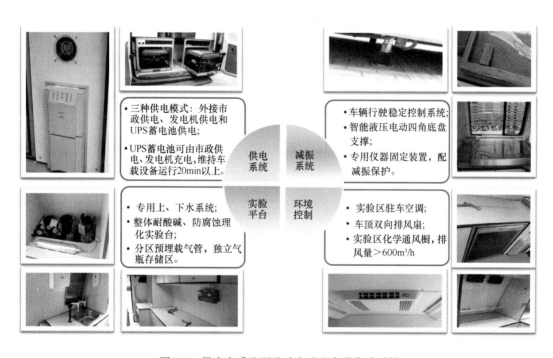

图 9-5 供水水质监测移动实验室车载集成系统

在保证精度的前提下，以缩短检验时间为目的，采用正交实验确定程序升温程序、载气流速、吹扫时间，解析时间等实验条件，对检测方法进行改进和完善，研究提出样品前处理、分析步骤要求，并与传统实验室方法进行比对，验证方法的精密度和准确度，实现在移动实验室系统集成平台上对挥发性有机物的现场定量检测。

该方法适用于水中 22 种挥发性有机物的检测，可在现场进行定性、定量检测，与现有实验室检测方法相比，测试时间缩短了近三分之一。该方法检测 22 种挥发性有机物相对标准偏差为 1.2%～11.3%，回收率为 80.7%～118.3%，最低检测质量浓度在相关水质指标限值的10%以下，精密度、准确度和灵敏度均能满足水质督察的要求（表9-2）。

最低检测质量浓度一览表 表9-2

化合物名称	最低检测质量浓度（μg/L）
氯乙烯	0.36
1,1-二氯乙烯	0.37
二氯甲烷	0.32
反式1,2-二氯乙烯	0.28
顺式1,2-二氯乙烯	0.21
三氯甲烷	0.51
1,1,1-三氯乙烷	0.37
四氯化碳	0.36
1,2-二氯乙烷	0.23
三氯乙烯	0.28
二氯一溴甲烷	0.24
1,1,2-三氯乙烷	0.26
四氯乙烯	0.34
二溴一氯甲烷	0.23
氯苯	0.21
三溴甲烷	0.40
1,4-二氯苯	0.20
1,2-二氯苯	0.18
1,2,4-三氯苯	0.20
1,3,5-三氯苯	0.20
六氯丁二烯	0.38
1,2,3-三氯苯	0.20

2. 督察现场快速检测标准化程序

针对水质督察中现场环境条件复杂、检测操作不规范、检测结果不稳定等问题，选择余氯、总氯等7项现场检测水质指标，建立优化检测流程、排除环境干扰的现场检测标准化操作技术规程，从现场仪器校正、样品前处理、仪器参数设定、分析步骤、环境影响及干扰消除等方面对督察现场检测进行规范。

根据我国城市供水常用消毒方式和易发水质问题，重点选取了余氯、总氯、二氧化氯和臭氧4项消毒剂指标、总大肠菌群和大肠埃希式菌2项微生物指标以及氨氮指标，针对水质督察现场环境复杂的特点，选取温度、pH、金属离子等现场检测常见的干扰因素，开展环境条件、干扰因素对测试结果影响的实验研究，提出干扰的消除方法，并对设备的操作程序进行细化，通过人员比对显示结果满意。在完成实验室检测结果的差异性分析及检测方法的实验室内比对研究的基础上，提出7个指标的水质督察现场快速检测技术规程（图9-6）。

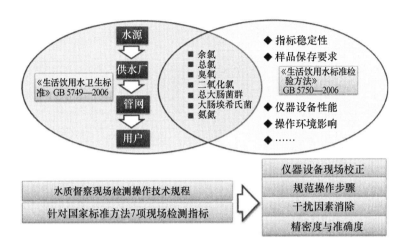

图9-6 现场快速检测技术规程框架

9.3.3 水质监测机构资源优化技术

针对我国城市供水水质监测机构布局不合理、检测能力不足的问题，基于276个监测机构检测能力和人员设施情况调研，评估监测机构承检能力并测算检测能力辐射半径，确定全国水质监测机构的数量，并在综合考虑水样检测能力现状、经济发展水平等的基础上确定监测机构布局，研究提出水质监测机构的能力建设技术要求。

1. 供水水质监测机构优化布局

基于全国城市供水厂的数量、生产能力、水质标准对供水厂水质检测的频率和指标要求，以及水质督察任务量，测算城市供水水质检测的总体任务量；基于水质监测机构的能力状况、样品检测时间、样品保存时限要求等，测算单个监测机构的检测承载能力和能力辐射半径。在此基础上确定全国范围内具备不同能力水平的水质监测机构的数量，具备《生活饮用水卫生标准》GB 5749—2006 106项水质指标和相关原水指标检测能力的监测机构约为100个，具备42项水质指标和相关原水指标检测能力的监测机构约为190个，能够基本满足全国城镇年度及月度水质检测和水质督察任务的检测需求。在综合考虑水样检测能力现状、城市经济发展水平、区域供水厂数量、地表和地下水厂的构成比例、交通状况等因素的基础上确定水质监测机构在我国不同地区的分布（图9-7）。

2. 供水水质监测机构能力建设要求

在对国内不同技术水平进行监测机构调研的基础上，注重考虑投资效率和设施利用率，针对具备《生活饮用水卫生标准》GB 5749——2006 106项、42项水质指标和相关原水指标检测能力的水质监测机构和供水厂化验室，分别从人员技术能力、设施环境保障、仪器设备配置等方面提出规范化能力建设技术要求（图9-8，表9-3）。

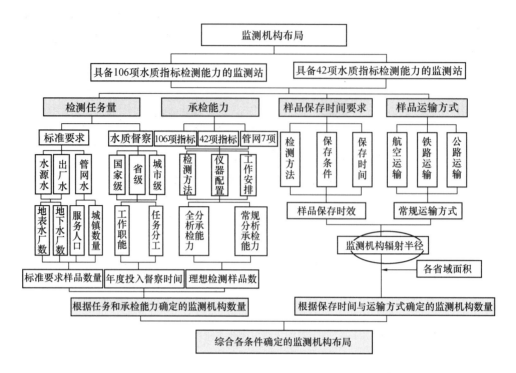

图 9-7 水质监测机构布局实施路径

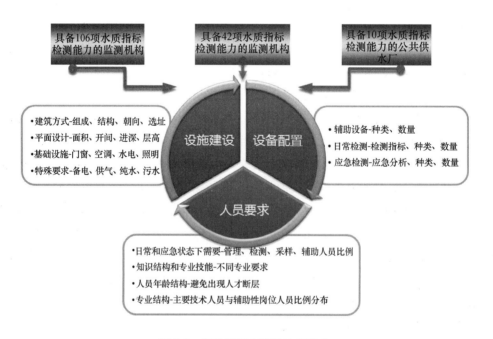

图 9-8 实验室能力建设技术要求

具备全分析检测能力机构的主要仪器设备配置表　　　　　表9-3

序号	仪器设备名称	数量（台/套）
1	显微镜（含荧光及微分干涉）	1
2	浊度仪	1～2
3	酸度计	1～2
4	紫外可见分光光度计	2～3
5	万分之一/十万分之一电子天平	1～2
6	余氯、二氧化氯、臭氧测定仪	1～2
7	流动注射分析仪	1～2
8	电感耦合等离子体质谱仪/原子吸收分光光度计、原子荧光分光光度计	1/2～3
9	离子色谱仪	1～2
10	低本底α、β放射性测定仪	1～2
11	气相色谱仪（含顶空装置/吹扫捕集装置）	2～4
12	气相色谱质谱联用仪（含顶空装置/吹扫捕集装置）	1～3
13	高压液相色谱仪	1～2
14	液相色谱质谱联用仪	1～2
15 实验室辅助设备及配套系统	辅助设备（超声波清洗器、抽滤装置、液固萃取装置、"两虫"检测前处理装置、菌落计数器、离心机、高压灭菌器、恒温干燥箱、培养箱、水浴锅、电炉、干燥器、冰箱、采样箱等）	若干
	纯水系统	—
	实验用供气系统/气体钢瓶	—
	数据处理系统	—

注：1. "/"为可选仪器设备；
2. 气相色谱仪至少配备1套顶空或吹扫捕集装置，配备的检测器主要包括ECD、FID、FPD；
3. 液相色谱仪配备的检测器包括UV、FLD。

3. 供水水质监测机构质量控制技术

（1）内部质量控制

对检测结果产生影响的因素很多，包括检测方法、环境条件、仪器设备、量值溯源、样品处理、人员素质等，实验室为保证检测结果的质量，出具可靠的检测报告，应建立一个全面的质量管理体系，并对这些影响因素进行全面控制。实验室管理涉及多学科、多领域的知识，包括对实验室的硬件（仪器设备、设施、空间等）、软件（规章制度、程序及运行系统等）、各类人员及过程的管理。

1）人员管理：根据工作特点和工作量配备管理和技术人员，人员的数量和能力均应满足要求；根据工作性质和要求制定人员的培训计划，并确保实施和有效，培训方式可分为内部培训和外部培训；从事取样、检测的人员必须持证上岗，仪器设备操作人员应经相关专业知识培训；加强对实验室人员的责任心和素质教育，防止因疏忽而造成实验误差，严禁人为编造或随意修改检测数据或结果。

2）设备管理：仪器设备的管理可分为三方面，一是计划管理，包括仪器的选型和论证等；二是常规管理，包括仪器的分类、登记和保管等；三是技术管理，包括仪器的验收、使用、维护和校准等。应正确配备检测所需仪器设备，设备的数量、性能均应满足要求，量程应与被测参数的技术指标相适应；仪器设备须由专人保管、操作，仪器操作人员必须熟悉本仪器的性能和操作方法；必须严格执行仪器设备运行记录制度，记录仪器运行状况、开关机时间；仪器设备要根据其保养、维护要求，进行及时或定期的清洁、更换耗材、校验等，确保仪器正常运转；应按照国家有关标准进行定期检定/校准，以确保检测结果的准确性和可靠性，并应加以唯一性标识，在两次检定/校准期间有必要进行期间核查，以保持其检定/校准状态的持续可信度。

3）环境管理：实验室应有足够的场所满足各项实验的需要，各类检测操作均有单独的、适宜的区域，各区域间具有物理隔离以保证检测结果不受干扰，室内通风、采光、温度、湿度、清洁度等均应满足要求。涉及化学危险品、电离辐射、高温以及水、气、火、电等危及安全的因素和环境，必须进行有效控制以确保安全，应建立在紧急情况下的应急处理措施。设置单独的通风、给水、排水系统，避免受到污染或者污染周围环境，伴有产生有害气体的操作，必须在通风柜内进行，废弃物处理应有处理记录，按照类别分别置于防渗漏、防锐器穿透等符合国家有关环境保护要求的专用包装物、容器内，并设置明显的危险废物警示标识和说明。

4）质量管理：应采用国家标准、行业标准检测方法；所开展的检测工作有详细的操作规程，以保证不同人员所作检测结果的重现性和一致性；样品采集时应选取有代表性、典型性和适时性的样品，对留存的样品应按照标准及规定严格执行；应开展实验室内部及外部质量控制，以持续保持检测能力；应准确、清晰、明确和客观地报告每一项检测结果，并以检测报告的形式出具。

5）档案管理：实验室应做好对仪器设备、原始数据、检测报告、采购信息等资料的存档信息管理工作，应有清晰的数量、型号登记记录，数据资料保管地点应有防火、防热、防潮、防尘、防磁、防盗等设施。

6）安全管理：实验室的安全管理工作，主要包括实验室防火、防盗、实验安全、化学试剂安全和预防意外伤害事故等方面。为确保实验室安全运行，应成立安全管理工作领导小组并指定各岗位安全责任负责人，做到责任明确。

（2）外部质量控制

针对承担水质督察任务的水质监测机构进行质量控制考核（以下简称质控考核）时，针对考核管理模式、考核指标和评价方法等方面缺乏相关技术要求的问题，基于城市供水行业水质检测实验室特点，通过对各种质控考核方法的组织方式、考核内容与评价方法进行适用性研究，重点对监测机构组织能力验证、方法比对、质量管理体系监督检查等方式的有效性和可靠性进行解析，建立对水质督察监测机构进行质控考核的方法，从考核指标选取、考核样品浓度范围设置、样品定制与编号规则、考核结果评价等方面提出规范质控考核工作的技术要求，建立由90个指标组成的考核指标体系。

1）质控考核工作流程

在各实验室内部质量控制的基础上,由质控考核组织单位给各实验室定期发放"标准参考样品",各参加实验室采用标准分析方法对考核样品进行测定,由组织单位对各实验室测定结果进行统计评价,将考核结果和分析报告反馈给各实验室。各实验室通过总结分析对照,可不断提高检测能力水平,保证分析质量。此外,通过实验室间测定数据的对比还可发现实验室内部不易查找的误差来源,如试剂的纯度、蒸馏水质量、人员操作等方面存在的问题(图9-9)。

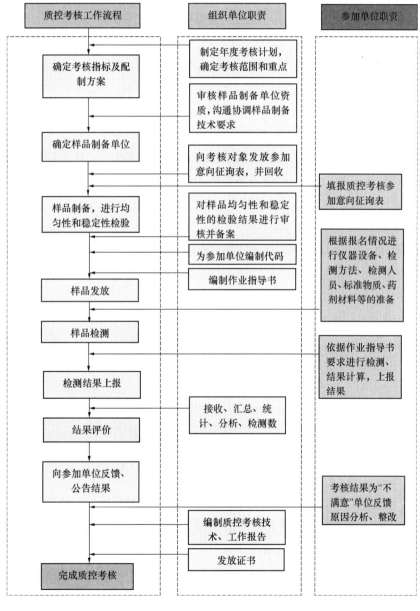

图9-9 质控考核工作流程图

2）质控考核指标

考核指标应以《生活饮用水卫生标准》GB 5749、《地表水环境质量标准》GB 3838、《地下水质量标准》GB/T 14848 中的指标为主。确定考核指标时应考虑到不同水质指标的特性，对于稳定性较差、受检测人员主观因素影响较大的指标应慎重纳入考核范围，此外还应适当考虑检测方法、操作的难易程度，尽可能覆盖可考核的主要大类指标。

组织单位在选取指标时，可优先选择性质"稳定"或"较稳定"的指标，便于样品制备、发放和检测。对于性质"较不稳定"和"不稳定"的指标，如需列入质控考核时，应尽量缩短考核样从配制到发放检测的时间间隔，并采取必要措施，如加大考核样浓度、改进配制方法、优化样品保存条件等，以提高样品的稳定性。

3）质控考核样品配制

在开展质控考核时，各项指标均可以单独配制考核样品。此外根据各项指标的性质及常用的检测方法，不同指标可以混合配制。制备考核样品时，其形态和浓度应满足以下要求：符合水质检测特点，标准物质应溶解在纯水中或有机溶剂中；按要求稀释后的体积满足实验室常用检测方法的样品用量，并能满足 3 次以上平行样检测；按要求稀释后的浓度应在实验室常用检测方法的检测范围内。样品制备浓度主要取决于样品检测所需体积以及常用检测方法的检测浓度范围，并应适当考虑考核样检测时浓缩、稀释过程带来的影响。

4）质控考核结果评价方法

① 稳健统计法

质控考核可采用稳健统计方法进行结果评价。稳健统计技术在近年来数理统计中倍受重视，通常称为 Robust 统计，是 NATA 对能力验证评价使用的一种方法。稳健统计技术以 Robust 统计为基础，用 Z 值替代了传统的平均值、标准差来评价各实验室的检测能力，可以避免极值也就是离群值对统计结果的影响。

② 迭代法

迭代法是对按顺序排列、位于数据排列两端远离中位值的"可疑值"或"离群值"均以较小权重予以保留，与中位值接近的值则以较大权重参与计算，减小了"离群值"对"平均值"和"标准偏差"的影响。迭代法的特点是对数据分布没有任何假设，即使不存在离群值，也可将"可疑值"对统计分析结果的影响降至最低。

9.3.4 成果应用实践

课题研究紧密围绕我国城市供水主管部门监管工作需求开展，已分别在国家和地方层面的水质监管工作中多次应用，在为科学制定行业规划、政策提供科学依据、促进供水行业水质督察机构能力建设、提升督察工作的社会公信力和保障供水安全等方面起到重要的技术支撑作用。

1. 支撑了水质督察和供水规范化管理考核工作的顺利实施

水质督察实施规范化技术以及基于该技术编制的《城市供水水质督察技术指南》，用于住房城乡建设部 2009 年以来每年组织的全国城市供水水质督察工作，提出的样品采样、保存运输、样品检测、质量控制等技术要求纳入督察技术方案中，全面指导了水质督察从采样检测、结果评价到报告编制的全过程，督察范围覆盖全国县城以上城镇约4500个公共供水厂，涉及用水人口约4.36亿人，并通过督察基本掌握了我国县城以上城镇公共供水厂的工艺、设施状况和水质安全存在的普遍性问题。该技术对水质督察的顺利实施起到了技术支撑作用，保障了水质督察工作的客观性、公正性、科学性，对支撑各级政府水质督察工作和推动行业技术进步作用显著。住房城乡建设部于2013年3月发布的《城镇供水规范化管理考核办法（试行）》采纳了本技术指南的部分内容，并自2014年开始依据该办法组织供水规范化管理考核工作，累计对全国300余个市、县的供水管理情况进行了考核，并对各地供水主管部门、供水单位在管理、技术等多方面进行现场指导，有效地促进了行业整体技术管理水平的提升（图9-10，图9-11）。

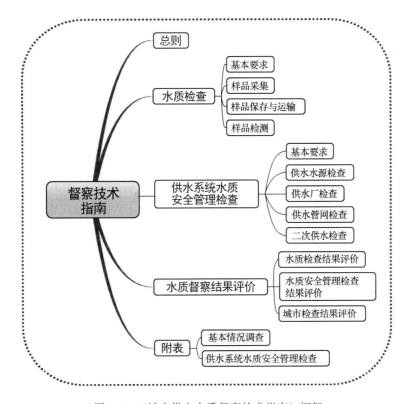

图9-10 《城市供水水质督察技术指南》框架

2. 促进了城市供水行业水质监测机构的能力建设

提出的水质监测机构规划布局，纳入了住房城乡建设部、国家发展改革委发布的《全国城镇供水设施改造与建设"十二五"规划及2020年远景目标》，在"十二五"时期作为纲领性文件指导我国城市供水水质监测体系建设。提出的水质监测机构3级监测能力建设要求纳入了《城镇供水与污水处理化验室技术规范》CJJ/T 182—2014的供水部分。提出的城市供水水质监测机构质控考核技术应用于全国城市供水水质监测机构质控考核工作，参加质控考核的水质实验室覆盖全国30个省、自治区、直辖市。

图 9-11　水质督察现场

3. 指导地方城市供水主管部门水质督察工作

应用课题研究成果在济南、郑州、东莞开展了一系列城市供水水质督察工作。研究制定的《济南市供排水水质督察管理办法》《郑州市城市供水水质督察管理办法》《东莞市水务局城市供水水质管理办法》作为地方规范性文件发布实施，成为当地供水主管部门水质督察工作的政策保障。

济南市在第十一届运动会水质安全保障专项督察行动中，每日对全运村等关键供水点实施连续流动检测，完成了近 300 个关键点位的水质巡查任务，现场检测数据 12000 个，查处各类水质安全隐患 50 余处，有力保障了全运会水质安全。郑州市开展的水质督察内容涉及公共供水、二次供水、自建设施供水，其中，城区自备井专项调查工作发现了自建设施中存在的重大水质安全隐患，受到省政府、市政府的高度重视，并相继封停了一批黑井，取得显著成效。东莞市每年制定水质监测工作方案，对水源水、出厂水、管网水和二次供水进行全面督察，并针对督察中发现的问题，逐步关停了部分连续水质不达标的供水厂。

4. 保障了供水水质现场检测数据的准确性

车载 GC-MS 检测方法在四川雅安震后应急水质监测中应用，在移动监测车中对应急水源和供水水质进行了有机物的现场检测，为水质安全保障与当地供水主管部门科学决策提供有力的技术支持。《城镇供水水质现场快速检测技术规程》DB37/T 5039—2015 发布实施，为水质督察现场检测提供技术依据（图 9-12）。

图 9-12 四川雅安震后应急水质监测

9.4 供水安全监管技术平台

9.4.1 供水监管平台构架总体设计

按照功能完善、结构稳定、信息共享、运行高效、总体安全的要求开展供水监管平台的顶层设计,研究编制《城市供水全过程监管平台总体设计方案》,提出城市供水监管信息发展的总体技术路径和目标,构建城市供水监管信息"一张网",绘制城市供水信息"一张图",形成城市供水安全监管"一朵云",建立供水监管平台长效运行"一机制"。

1. 城市供水监管信息"一张网"

一是横向联通供水全过程各环节,平台通过不同的业务功能模块将取水、净水、输配水、二次供水、龙头水等供水各环节串联起来,从而实现对供水全过程的监管。通过集成信息管理、督察管理、考核管理、标准管理等功能模块,多层级配置供水监管业务,确保供水基础信息能最大程度的匹配供水监管业务。二是纵向贯穿供水各级主管部门。平台部署贯穿国家、省、市、县不同层级,根据不同层级供水监管的差异化需求进行分级部署,使平台能够辅助支撑主要监管业务从发起、部署、实施、反馈的全过程。对于各类监管业务,可通过平台分配每一层级的具体任务。在任务实施过程中,各类监管信息和监测数据则从感知层采集后,根据不同层级对数据颗粒度的要求,逐级汇总、上溯并自动融合,以满足各级管理单位的应用需求。平台网格化的总体架构相对稳定,具备较强的弹性和韧性,使平台能够保持功能更新、系统稳定、信息完整。

2. 城市供水信息"一张图"

在充分考虑供水监管工作中已建系统的功能和需求基础上,全面整合"从源头到龙头"的监管及业务开展需求的信息资源,在保障系统应用效果前提下,改造升级原有系统,建设或接入水质督察、供水规范化检查、质控考核、绩效评价、效能评估、监测预警、决策支持等相关供水监管业务。各业务系统通过清晰的工作流程、灵活的统计分析方法、统一的用户认证、标准化的海量数据,以文字、图表、报表等表现形式展示业务处理结果，实现各自业务功能，形成可以覆盖城市供水全过程业务线的支持能力，从而发挥提高监管精度、提升业务能力、精准掌握公众舆情、提高服务精度等作用。

3. 供水安全监管"一朵云"

城市供水安全监管云是在全面整合"从源头到龙头"的监管及业务开展需求的信息资源基础上，统筹整合业务应用与服务体系，优化供水监管信息化技术架构，完善网络与安全保障体系，充分利用物联网、云计算、大数据、移动互联、卫星通信等先进信息技术，基于供水行业大数据开展业务深度融合应用的现代化信息技术创新体系，将基础硬件设施、网络设施、数据资源、业务系统等进行有机聚合，以资源虚拟化、应用专业化、按需定制、自由搭建的服务模式，为主管部门、供水行业、社会公众提供高效能、高安全、低成本的辅助决策和业务应用支撑，实现业务应用与服务的统一部署与分发，实现国家、省、市间数据的互联互通，实现多部门的数据共享等（图9-13）。

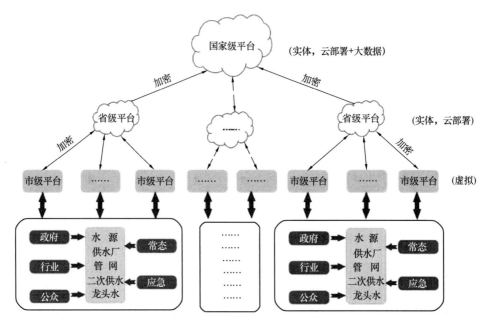

图 9-13　供水全过程监管平台云部署架构

4. 平台长效运行"一机制"

平台的长效运行机制是指，为保障平台的长期安全稳定运行，构建的一套以平台组织管理机制为基础、以综合配套保障机制为支撑、以运行维护机制为主体、以信息传输共享机制为特色的平台运行管理机制体系。

城市供水全过程监管平台运行使用过程中存在相关业务部门多、涉及专业种类杂、信息技术要求高、配套设施维护难度大等问题，需要落实制度、人员、经费等各项配套措施，切实保障平台的建设及运行使用。通过不断完善各项综合配套保障机制，全面保障平台安全、稳定、高效的业务化运行。同时，以信息需求为驱动，以平台整合对接为手段，形成行业内信息平台对接共享模式；并进一步拓展与相关行业信息平台的合作及接入管理，打通城市供水全流程信息链路，保障平台的健康可持续发展。

9.4.2 供水监管平台构建关键技术

课题以安全保障、规范统一和高效集成为重点，针对供水监管平台在数据库建设、功能架构、数据应用、监测预警等方面的技术短板，开展供水全过程监管平台构建标准化技术、城市供水基础信息质量保证技术、基于物联网和大数据应用的水源突发污染预警技术、供水大数据应用技术研究，突破供水监管平台构建的关键技术。

1. 供水全过程监管平台构建标准化技术

（1）基本原理

以安全保障、规范统一和高效集成为重点，采用三级应用平台两级数据中心的云架构设计，结合大数据挖掘技术和共享式存储技术，采用JSON标准规范的数据存储和数据传输、数据交换技术对多源异构数据进行有效整合，集成数据脱密处理、数据挖掘、负载均衡、虚拟化、三维可视化等多种技术，解决了国内现有城镇供水监管平台建设标准不统一、数据采集标准不规范、基础信息质量有待提升等问题；解决了供水行业已建和在建系统平台如何根据行业特点定级的问题；解决了供水全过程监管信息全覆盖的问题；解决了信息分散、信息编码不统一和数据异构等原因导致的系统间数据共享困难的问题；解决了同构系统与异构系统的整合提升问题。编织了一张全国城市供水监管信息网，绘制了一张全国城市供水信息图，建设了全国城市供水安全监管云，建立了平台长效运行机制，构建了供水全过程监管平台建设标准化体系。

（2）技术创新点

1）部署成本经济合理

采用云集中部署与分布部署相结合的云构架、一系统多层级众用户的系统集成技术，在国家和省级平台实体部署、市级平台虚拟部署，这种部署策略比各省市分别采用单系统实体部署的总体建设费用节省60%以上，解决了信息中心专业人员配备不足，建设及运维资金不足等问题。

2）建立平台安全等级评估体系

根据供水范围这一行业特点，首次提出以"社会影响、系统损失、依赖程度"为评估准则，以"影响范围、影响程度、软硬件功能及信息的破坏、恢复系统正常运行付出的代价、消除安全事件负面影响付出的代价、业务效率的影响"为评估指标，结合本课题研发过程中的经验建立系统安全等划分方法，对城镇供水信息系统进行安全保护分级建设评估，以系统安全为基本原则，提出城镇供水信息系统建设安全等级保护基本要求，指导和规范各级信息中心在低成本、经济合理的条件下，保障系统的安全运行。

3）应急管理响应能力

开发用于国家供水应急救援日常值班管理、通信录管理、应急计划管理，国家供水应急救援情况下突发事件上报、应急值守、信息接报、人员和车辆等装置的定位与通信，实现基于北斗通信定位、无线公网通信、移动信息交换平台、个人位置信息等的定位跟踪。"国家供水应急北斗卫星定位、一体化指挥软件系统"实现基地人员、车辆与物资的日常管理、应急调度指令下达、事件实时上报、现场处置跟踪及图像上传、人员及车辆定位等功能,并与"国家供水应急救援能力"8个基地的监控管理和应急调度系统无缝对接,可有效支撑8个基地的资源储备、日常管理和应急调度,应急系统响应,填补了我国供水应急救援能力应急管理系统的空白。

4)标准化建设使具备可推广条件

在总结提炼课题研究成果的基础上,形成了一系列标准、指南,包括《城市供水系统监管平台结构设计及运行维护技术指南》《城镇供水系统基础数据库建设规范》《城市供水信息系统基础信息加工处理技术指南》T/CECS 20002—2020、《城镇供水水质数据采集网络工程设计要求》《城镇供水信息系统安全规范》,解决了供水行业信息系统建设因信息编码不统一和数据异构等原因导致的不同系统各自为政、互不兼容的现象,为实现平台后期进行全国推广部署提供了必要条件,对全方位规范城市供水全过程监管平台建设、管理与运维具有指导意义。

2. 城市供水基础信息质量保证技术

(1)基本原理

针对供水行业信息数据标识不统一、命名冲突以及不一致、采集过程中会收集到非有效数据、信息数据传输过程中数据会失真和误码、信息数据处理过程中数据压缩和转换时执行失败、供水行业信息系统数据质量方面规范体系不健全、缺乏数据质量保证相关的标准规范等方面的问题,为保障城市供水信息系统数据质量,使数据发挥出巨大的经济效益和社会效益,在信息系统建设和运行管理过程中,构建了包含数据信息编码、数据采集与传输、数据清洗转换与转载、数据存储与备份四个方面的技术保障体系,以解决城市供水信息系统建设信息孤岛、数据质量不高等问题,利于数据的有效分析与价值挖掘。在系统研发和建设过程中应按照技术保障体系对数据进行筛选、加工、浓缩、整理、去粗取精和去伪存真等处理,使得零散、无序、彼此独立的信息具有条理性和系统性,对企业的决策产生积极的指导意义。

(2)技术流程

供水信息系统基础信息加工处理常规基本流程可分为分类编码、采集、清洗转换及装载、存储与备份、分析与展示五个阶段,基本流程如图9-14所示。

图9-14 数据加工处理基本流程

信息数据通过传递、筛选、整理等加工处理,转变成易于观察、分析、利用的形式,体现数据反映的规律和价值,为供水生产、管理提供支持。具体应用时,流程可结合数据采集方式、业务管理需求以及系统开发特点等进行相应的调整。

(3)技术创新点

1)研发了基于Web、数据接口的供水水质数据采集与传输技术提出了城镇供水水质数据采集网络的一般要求、架构与组网、数据采集与传输、数据质量保障和安全措施,规范了城市供水系统信息采集网络设计。

2)研发基于数据挖掘的供水业务数据质量控制技术

研究了基于大数据预处理的数据质量控制技术,实现对供水水务元数据进行管理及分类,并按照不同分类的评价维度,对数据完备性、及时性和准确性进行评价,解决了数据质量问题。通过综合集成,形成了适用于城市供水信息系统建设与应用的城市供水数据质量保证技术。

3. 基于物联网和大数据应用的水源突发污染预警技术

(1)基本原理

利用特征污染物物联质控、不明污染物综合毒性在线监测和大数据挖掘分析等技术,建立了涵盖供水系统全流程 83 个水质指标的监测预警方法体系。物联智控技术可实现对部分指标的在线监测进行远程质控和反控;生物综合毒性技术可实现水质综合毒性的监测和指标分类研究。供水大数据的数据特征挖掘是从海量的、关系模糊的供水数据中挖掘出潜在的数据规律,挖掘数据特征是开展供水大数据价值应用的重要基础性工作。机器学习是挖掘、利用大数据价值的关键技术。根据所提供的监督信息,机器学习可分为监督学习、无监督学习和半监督学习三大类。

(2)技术流程

利用特征污染物物联质控技术、不明污染物生物综合毒性在线监测预警技术和大数据分析等技术,构建了基于城市供水系统水质在线监测预警、实验室检测预警和大数据分析预警的多维度、多层级的水质监测预警方法体系(图 9-15、图 9-16)。

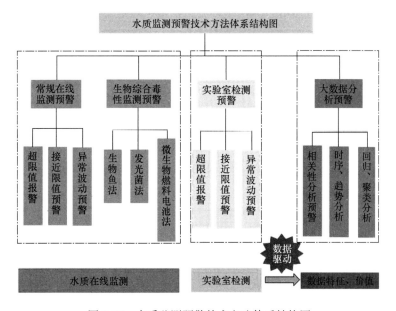

图 9-15 水质监测预警技术方法体系结构图

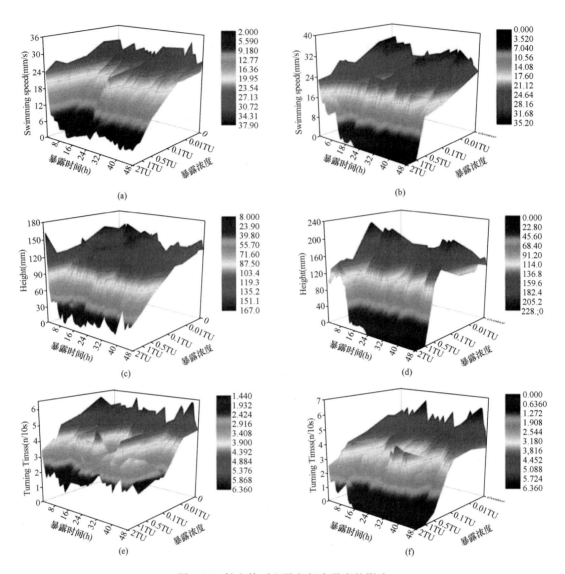

图 9-16 锌和铬对斑马鱼行为强度的影响

(a) 锌-速度；(b) 铬-速度；(c) 锌-高度；(d) 铬-高度；(e) 锌-转弯次数；(f) 铬-转弯次数

(3) 技术创新点

1) 研发了 83 个水质指标的监测评估和预警方法, 构建了多维度、多层级的城市供水水质监测预警方法体系

针对目前水质监测预警指标少、预警方法体系不健全等问题, 基于水质在线监测、实验室检测和便携式移动检测等多种数据获取方式, 利用特征污染物物联质控技术、不明污染物生物综合毒性在线监测预警技术和大数据分析等技术, 研发了 83 个水质指标的监测评估和预警方法, 构建了基于城市供水系统水质在线监测预警、实验室检测预警和大数据分析预警的多维度、多层级的水质监测预警方法体系。监测预警指标代表性强, 覆盖了城市供水系统的全流程, 监测预警方法体系结构科学、合理。

2) 创新性地提出了超限值报警、接近限值预警和异常波动预警 3 种监测预警方法基于水质在线监测和实验室检测，提出了超限值报警、接近限值预警和异常波动预警3种预警方法，对常规在线监测及实验室检出率较高的指标，分别设置报警限值和预警阈值。超限值报警是以国家、行业相关水质标准限值为报警限值，利用实验室、在线监测等数据进行水质变化预警。接近限值预警是对未超标的检测数据进行分析，以接近标准限值的某一检测值为预警阈值。异常波动预警是对实验室或在线监测数据的波动幅度进行统计分析，按照水质管理需要设置一定的水质波动幅度为预警阈值。

3) 构建了高精度的湖库水源水质藻类预测预警模型

针对水质大数据分析不充分、价值提取度低等问题，结合全国水质污染风险调研结果，开展水质风险预警应用场景研究，以济南市某引黄水库为研究对象，利用近10年的水质数据进行相关性分析，筛选出影响水体藻类叶绿素a含量的关键指标，应用具有解决高复杂度、非线性等问题能力的支持向量机算法构建了湖库水源水质藻类预测预警模型。采用在预测错误率、拒绝率和预测正确率等方面表现优秀的径向基函数作为模型核函数，以绝对差函数为损失函数，模型的判别系数$R2$可达0.719，为进一步提高模型预测精度和应用性，采用国际公认的叶绿素a含量分级标准，并将叶绿素a等级作为模型输出因子后，含量等级的预测正确率可达90%以上，预测精度高。

4) 构建了高精度的关键风险指标时间序列预测预警模型

针对渐变性水质污染风险问题，利用济南市某水库高锰酸盐指数、总氮、氨氮等关键风险指标多年的历史时间序列大数据，基于其呈现出的趋势性、季节性、随机性和周期性特点，选用指数平滑法、Prophet、ARIMA等算法构建了时间序列预测模型，并对水质变化的趋势进行预测和分析，模型判别系数$R2$可达0.725，预测效果良好。

4. 基于政府监管的供水系统效能评估技术

(1) 基本原理

在广泛调研和总结借鉴国内外相关经验的基础上，深入分析现状问题及行业监管需求，基于基础信息采集、传输和数据整合标准，依据相关法律法规政策及标准规范，以保障城市供水安全为目标，以激发供水行业的创造力和发展活力为着力点，研究建立表征城市供水整体效率、安全及公平程度的供水系统效能评估指标体系，提出定量化的供水系统效能评估方法。

该技术主要内容包括：

1) 构建评估指标体系。以体现供水安全程度、表征服务质量水平、衡量供水系统运行管理政策符合性、引导行业发展方向等为考虑因素，从运行效率、供给效果、综合效益3个维度构建由16个水质指标构成的评估指标体系。

2) 提出定量评估方法。研究提出定量与定性相结合的指标计算模型和评分标准，并确定供水系统效能评估结果的等级划分标准。

3) 确定评估工作程序。提出供水主管部门、第三方机构、供水单位实施供水系统效能评估的流程，规定评估各阶段的要求。

(2) 技术流程

城市供水系统效能评估技术实施的流程包括评估准备、评估打分、结果分析3个阶段。

1）评估准备阶段，包括制定技术方案、组建评估小组、采集并汇总基础信息。

2）评估打分阶段，包括基础信息确认、现场抽查、定量评估打分。

3）结果分析阶段，包括评估结果分析、问题整改及效能提升。

(3) 技术创新点

针对城市供水系统运行效率、供水服务等方面存在的问题，从政府监管角度，以运行效率、供给效果、综合效益3个维度构建评估指标体系，并通过综合评分对城市供水系统效能进行评估，从而推动城市供水行业合理利用现有资源、提升技术与管理水平、提高服务质量，促进城市供水系统高质量建设和发展。通过城市供水系统效能评估的开展，创新城市供水监管技术手段，实现城市供水监管工作的科学化、规范化。

效能评估关键技术及其成果《城市供水系统效能评估技术指南》保证了城市供水效能评估工作的规范性、科学性，可提高供水系统整体运行效率，引导城市供水行业向高效、安全、集约化方向发展，推动城市供水行业合理利用现有资源、降低供水成本、提高服务质量，具有显著的经济效益。

该指南是在总结我国近20年供水行业管理、运行经验的基础上编制的，提出的评估指标体系、评估方法、评估程序符合政策性、科学性、实用性要求，该指南技术上可行且适用性强，具有客观性、可操作性，能够满足城市供水系统效能评估工作，有良好的推广应用前景（图9-17）。

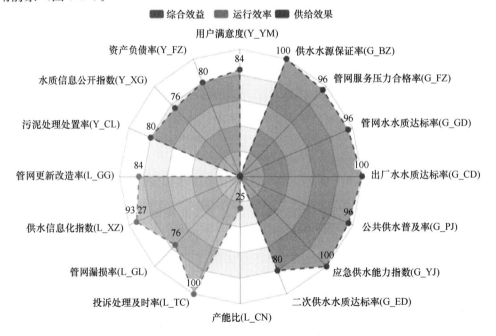

图9-17 城市供水系统效能评估技术应用-各指标得分情况

5. 供水大数据分析技术

(1) 大数据来源

一是来自于城镇供水主管部门和城镇供水单位收集的各类数据化档案。一方面包括根据相关标准和规范要求，由北京城镇供水单位、水质检测机构等单位按期检测的水质统计报表数据；按照《生活饮用水卫生标准》GB 5749—2006、《城市供水水质标准》CJ/T 206—2005、《城镇供水厂运行、维护及安全技术规程》CJJ 58—2009 等相关标准规范中要求的水质检测指标、检测方法和检测频率，对水源水、供水厂各工艺段进出水、出厂水、管网水、龙头水等制水和输配水环节水质的检测数据。另一方面包括城镇供水单位的设备工况、材料库存、售水情况、用水户信息、管网信息、设备维护检修记录、客服等相关生产数据。

二是来自于城镇供水单位在制水和输配水现场，通过物联网络创建或生成的实时在线传输数据。一方面包括在水源地在线自动监测采集的水质、水量、水位等实时数据，在供水厂各工艺环节在线自动监测采集的水质、水位、流量等实时数据，在管网监测点在线自动监测采集的水质、水压、流量、噪声等实时运营数据。另一方面包括企业员工通过移动设备人为实时远传的地理位置、用户水量、事故特征、现场照片、视频等外勤作业信息数据。随着移动智能终端的不断升级以及 4G 高速网络覆盖面的持续扩大，在后台管理平台的基础上，利用手机、平板等智能终端来进行管网管理成为供水行业提升管理效率、逐步实现智慧水务的又一重要途径，因此物联网络数据的数据量占比将逐渐提升。

三是除了本部门内部数据，供水大数据还可通过与系统内其他地区的城镇供水主管部门和城镇供水单位，以及环保、水利、卫生健康等相关部门加强信息共享获得。

(2) 数据挖掘方法

在供水大数据分析过程中，需要在对数据信息特征、数据量大小判断基础上，通过不断地试算来判断和选择最佳算法，并不存在一个能够解决所有问题的分析方法。未来对于供水大数据的分析和应用还面临着诸多问题和挑战，一是数据流动速率加快，如何充分利用大数据的相关技术，将云计算、Map Reduce、Ha doop 和数据挖掘等进行技术融合和优化集成，不断提升大数据时代的数据处理效率，实时跟踪处理数据，把握数据的时效性，有效利用数据价值可能成为今后的研究重点。此外，尽管从整体上讲，在大数据时代有价值的供水数据总量在增加，但数据量的迅猛增长和数据源的复杂多样等原因，将造成数据的价值密度降低、数据的真实性难以分辨，如何甄选有效数据源，对数据的真实性、有效性和可用性进行合理判别，不断优化算法，提高数据挖掘和利用效率也成为未来的研究重点。

(3) 主要应用途径

根据城市水源、供水厂、管网和二次供水等环节的供水安全监管需求，研究了供水大数据在水质风险识别预警、生产调度辅助决策、供水管网运行风险评估、公众反馈供水问题解析等领域的应用途径（图9-18、图9-19）。

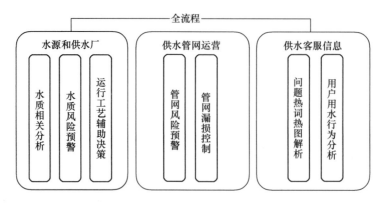

图 9-18　供水大数据在供水全过程监管中的主要应用途径示意图

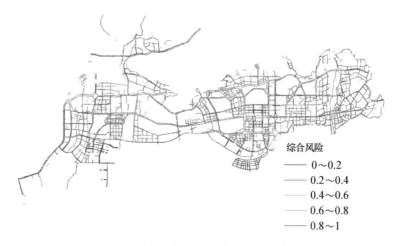

图 9-19　基于大数据分析的供水管网综合风险概率预测图

9.4.3　城市供水全过程监管平台研发与整合

1. 平台建构与实现

以各层级供水监管需求分析为基础，以供水监管平台总体设计方案为指引，以供水监管平台关键技术为支撑，将物联网、云计算、大数据、"互联网+"等信息化技术发展最新成果融入到平台开发过程中，研发了城市供水全过程监管平台。城市供水全过程监管平台采用多层级设置，兼顾国家、省、市三级供水监管需求以及供水企业、供水厂的基本业务信息管理需求，包括基础信息、日常监管、实时监控、监测预警、应急管理、专项业务、决策支持和资源管理 8 大类业务模块（图 9-20）。平台总体框架基于供水全过程监管的体系性、普适性特点并兼顾系统的可扩展性和用户定制的灵活性需求，功能设计基于各级城市供水主管部门的监管职能，以保障供水安全为核心，以实现"从水源到龙头"全过程监管饮用水安全为导向，从技术层面辅助国家、省、市三级主管部门实施供水监管，实现"从源头到龙头"的全覆盖实时动态监控并辅助支撑供水安全状况的科学研判。

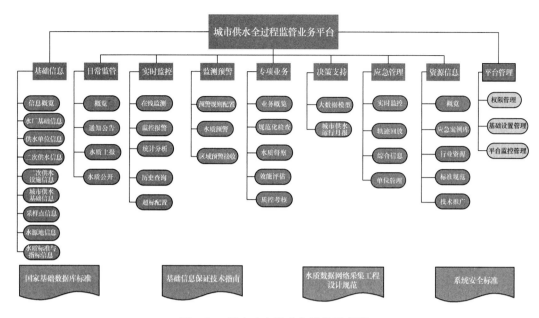

图 9-20 平台 8 大类业务模块示意图

2. 平台对接整合

（1）对接整合对象

结合各级政府的供水监管职能和业务流程，城市供水全过程监管业务化平台构建了国家、省、市三级体系。国家级平台的定位为业务工作的发起者、决策者；省级平台中的定位为国家级业务工作的接收者、上传者，省级业务的发起者、决策者；市级平台的定位为国家级和省级业务工作的接收者、上传者，市级业务的发起者、决策者。国家平台与省级平台、省级平台与市级平台间均存在业务交互。因此，国家平台与省级平台、省级平台与市级平台间均存在监管业务对接需求（表 9-4）。

平台对接对象及对接内容　　　　表 9-4

类型	序号	平台名称	对接内容
省市级平台	1	山东省平台	整合现有平台的功能和历史数据，提升水质监管以外的其他业务功能。实现基础信息、实时监控等业务数据向国家平台的传输
	2	河北省平台	
	3	江苏省平台	实现日常监管、专项业务（水质督察、供水规范化考核）、实时监控业务信息与国家平台的交互
供水企业平台	4	首创	企业平台向监管平台共享基础信息、水质数据，探索监管平台与各类企业平台对接的技术方法
	5	济南水务	
	6	深圳水务	
专项业务平台/系统	7	"十一五"平台资源库	整合历史数据
	8	城市供水水质数据上报系统	整合水质上报功能和历史数据
	9	应急供水通信系统平台	实现供水应急基地运行信息向国家、省级平台的共享
	10	水质信息公开	整合全国各城市水公开信息
	11	质控考核系统	整合供水行业监测机构质控考核信息及汇总考核结果

续表

类型	序号	平台名称	对接内容
其他行业信息平台	12	南水北调中线水质平台	向南水北调供水企业共享南水北调干渠在线监测水质数据及水质风险模型预测结果，为供水企业应对水源水质变化提供充足时间

1）省市级平台

从监管层级上，对接对象可以分为省级平台和市级平台。从技术架构上，可以分为同构平台和异构平台。同构平台是与城市供水全过程监管业务化平台采用相同技术架构和技术标准规范建设的监管平台，而其他监管平台则为异构平台。异构平台为采用其他技术架构及技术标准建成的国家及省市级平台，如"十一五"时期建设的国家城市供水水质监控平台、"十二五"时期河北省和江苏省建立的"供水监管平台"。各级业务交互平台的对接内容主要是由监管业务决定的，目前国家与省市级平台间的监管业务主要包括水质督察、规范化考核、重点城市水质信息报送等，此外还包括仅需要单向信息传输的通知公告、城市供水基础信息、监控预警信息等。通过平台对接，可以实现业务信息的实时传输，显著提高监管业务效率。

2）供水企业平台

供水企业是城市供水行业基础数据的主要生产者，供水企业平台是城市供水全过程监管业务化平台基础数据的主要来源，同时也是对接数量最多，也是最为重要的对接对象。对接内容包括供水企业和供水厂基础信息、在线监测水质信息和人工检测水质信息等。

3）专项业务平台/系统

目前已建设完成的与供水相关的专项业务平台/系统也是对接整合的重要对象。应急管理也是城市供水全过程监管业务化平台的重要业务内容之一，因此基于全国八大供水应急基地建设的"应急供水通信系统平台"也是国家平台对接的对象。通过监管平台与系统间的业务交互，以支撑城市供水应急基地相关任务的开展。与该系统的对接内容包括全国八大基地基础信息、应急事件追踪、应急调度、现场处置等内容。其他需要对接的专项业务平台/系统包括"十一五"时期平台资源库、城市供水水质数据上报系统、水质信息公开系统、质控考核系统等。

4）其他行业信息平台

其他行业信息平台包括水利、环保等部门的水源水质信息等，例如"十三五"时期水专项课题建设的"南水北调中线输水水质预警与业务化管理平台"可以实现南水北调中线沿线城市水源预警，通过与上述平台的成功对接，能够及时获取常态及应急状况下南水北调中线关键水质及预警信息，提高受水城市供水系统的应急响应能力和针对中线水源状况变化的适配能力。

（2）对接整合模式

1）提升整合

针对"十一五"时期和"十二五"时期基于水专项课题研究建立的国家城市供水水质

监控平台以及部分省级平台,由于其功能仅以水质监管为主,无法满足未来监管业务的需求,因此需要对其在功能提升的基础上进行整合。

对于"十一五"时期水专项支持建立的国家城市供水水质监控平台,首先按照"十三五"时期城市供水全过程监管业务化平台研究成果制定统一的用户体系、技术架构、数据架构等,并在此基础上建设国家级平台,实现日常监管、实时监控、安全评估、监测预警、应急管理、专项业务、决策支持和资源信息8大类监管业务系统全部功能。此外,需要将现有平台内的历史数据整合至城市供水全过程监管业务化平台的现有功能模块内。对于现状功能不满足要求的省级平台,需按照与国家平台统一的体系架构和标准建设新平台,除实现上述8大类监管业务功能外,还需要整合现有平台内的历史数据,从而实现功能提升和数据整合。

通过提升整合方式进行平台对接整合后,各个平台均为按照统一体系架构和标准建设的同构平台。同构平台间可通过数据库同步的方式进行数据交互,实现过程较为简单。

2) 对接整合

对于所采用的体系架构与城市供水全过程监管业务化平台不一致,而现状功能满足监管业务需求及对接要求的平台,可以采用对接整合的方式。以"江苏省城乡统筹供水监管平台"为例,通过对接,将其纳入城市供水全过程监管业务化平台的国家、省、市三级体系内,实现国家级平台与省级平台在日常监管、专项业务(包括水质督察、供水规范化考核等)、实时监控业务的信息交互。对接整合的对象与城市供水全过程监管业务化平台为异构平台。经过技术对比,平台的对接整合采用 Web API 方案。

梳理业务交互流程是进行接口开发的前提。针对"江苏省城乡统筹供水监管平台"的对接需求,以相对较为复杂的水质督察接口为例,利用接口进行的业务交互流程包括任务下发、任务执行、审核与退回及修改上报四个步骤,具体交互流程如图9-21所示。

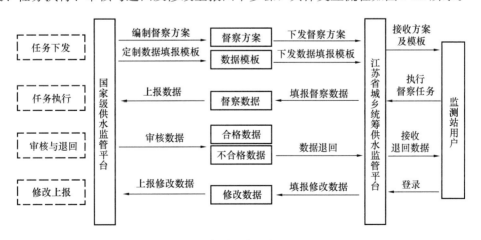

图 9-21 水质督察业务交互流程

3) 共享整合

共享整合的目的是提取、挖掘企业级平台中关于供水监管的关键信息,扩充平台的信息源,提高各类监管信息的综合利用效率。共享整合的对象包括供水企业平台、"南水北调中线输水水质预警与业务化管理平台"、城建大数据平台的水质公开系统等。这一类平台仅作为城市供水全过程监管业务化平台的信息源，不进行业务交互。

共享整合的对接技术方式包括Web API与报表集成两种。其中与企业平台、"南水北调中线输水水质预警与业务化管理平台"的对接采用Web API接口开发的模式。以企业平台为例，与对接内容相对应，需要开发的接口包括基础信息接口、采样点接口、实时水质数据接口和实验室检测水质数据接口。与城建大数据平台的水质公开系统的对接采用报表集成的方式。报表集成是通过单点登录，将其他系统中的各类数据报表统一链接集成到指定的用户门户，使用户不需登录到各个系统，就可以了解各系统中的报表分析情况。通过报表集成的方式，可以在城市供水全过程监管业务化平台中直接浏览城建大数据平台中抓取的水质公开网址链接（图9-22）。

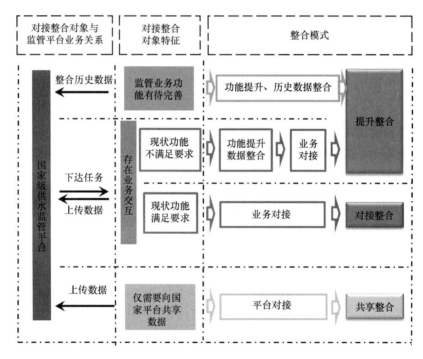

图9-22 平台对接整合模式

（3）接口安全控制

1）IP认证。实时接口通信一般建构在TCP/IP协议以上，当实时数据推送，供水监管云平台只会接受提前认证的IP推送的数据，对未认证的IP推送的数据会主动丢弃。

2）端口认证。供水企业和供水平台之间通过指定的端口做例外处理，对非法的端口，双方都做了屏蔽。

3）指定数据交换格式。对非法的数据格式，系统会主动丢弃。服务器之间的数据交换，必须严格按照指定的数据格式，进行转换。

3. 综合配套保障机制

城市供水全过程监管平台运行使用过程中存在相关业务部门多、涉及专业种类杂、信息技术要求高、配套设施维护难度大等问题，需要落实制度、人员、经费等各项配套措施，切实保障平台的建设及运行使用。

(1) 制度完善

各级城市供水主管部门应结合供水全过程监管平台的实际使用情况，建立完善的平台运行管理制度体系。鉴于城市供水监管云采用"1+N"模式搭建，各省级平台应制定本级供水监管平台建设运行管理规定，并制定日常巡检、运行维护、系统升级、数据安全、数据更新与备份、故障处理与突发事件处置等配套制度及技术文件。坚持管理和服务并重，按照制度的要求对平台进行运行、维护并定期编制运维报告。委托管理模式下，主管部门还应制定相应的授权委托文件。

(2) 人员保障

各级城市供水主管部门应明确本级平台所涉业务的相应用户体系，明确专人负责。各级平台的工作人员应经过培训后进行系统操作，保证平台收录信息的时效性及准确性。采用直接管理模式的省级城市供水主管部门还应配备一定数量的信息化专业技术人员，落实平台的运行维护。委托管理模式下，具体执行平台运行管理的被委托机构应设立负责人岗位，明确职责权限，统筹本级平台的运行使用及相关协调工作。

(3) 经费保障

本地化部署的平台，应有专项资金用于平台的日常运行、系统维护、升级改造等工作。采用间接管理模式的省级平台，主管部门应确保平台的运行维护已纳入本级人民政府政务云平台的统一运行维护范畴。

(4) 运行评估

为进一步强化供水监管平台运行管理效果，提升运行管理水平，提高平台运行管理效率，增强各级平台业务化运行的执行力，应围绕平台的管理使用状况、信息数据完整及时性、基本用户活跃度、服务成效等方面，建立考核评价体系。例如，是否按需制定运行管理相关的规范性制度文件，是否组织平台各用户进行操作培训，平台各用户能否及时按要求上报或审核相关数据、及时更新相关信息等。

9.4.4 平台建设及运行管理标准化

针对供水监管平台建设标准化程度低导致的平台建设及运维成本增加、信息共享与整合难度大等问题，从供水监管平台的总体框架、基础信息资源、应用支撑、网络基础设施、信息安全、运行管理等方面研究城市供水全过程监管业务化平台构建标准化技术，构建了涵盖数据库设计、整体架构、平台开发、大数据应用、运行维护等全环节、全要素的城市供水监管平台标准化支撑技术框架，编制并发布了3个标准和5个技术指南（另有一项标准编制过程，非考核指标），具体如下：

1. 规范基础数据格式

针对国内现有供水监管平台建设标准不统一、数据采集标准不规范、基础信息质量有待提升等问题，通过研究基于统一时空框架下的多源、异构城市供水信息的加载、组织管理和集成分析、同构系统建设技术，以及海量监管大数据挖掘、共享交换、对象存储和检索技术，编制了《城镇供水系统基础信息数据库建设规范》T/YH 7004—2020，解决了基础信息资源不统一等问题。

2. 规范数据采集与传输方式

针对网络架构、设备技术参数和性能要求、软件功能等问题，开展数据采集设备、传输网络及辅助设备等软硬件设备设施运行保障技术研究，编制了《城市供水水质数据采集网络工程设计要求》T/YH 7005—2020，确保数据采集网络安全、稳定、可靠运行。

3. 保障数据质量

针对基础信息数据获取、入库、数据库建设与维护等各环节中重点关注的问题，开展了基础信息类型与分类编码要求、数据采集、数据清洗、转换和装载、数据存储与备份、数据分析与展示、质量保障与安全等方面的研究，编制了《城市供水信息系统基础信息加工处理技术指南》T/CECS 20002—2020，有助于解决信息分散、信息编码不统一和数据异构等原因导致的系统间数据整合、数据孤岛消除等难题。

4. 规范平台与之间的数据对接

开展了平台数据交换内容、数据类型、传输频率、交换技术方式、安全保障等研究，编制《城市供水管理信息系统数据交换标准》（编制中，非考核指标），提出供水行业信息整合机制和平台整合的通用技术要求，制定了5大类的接口规范，设计了接口数据加密要求。

5. 保障平台安全

针对现有城镇供水信息系统安全建设方案不明确、防范不到位等突出问题，开展了基于等级保护的城镇供水信息系统分级方法研究，根据社会影响、系统损失、依赖程度等因素确定系统的保护等级，编制了《城镇供水信息系统安全规范》T/YH 7003—2020，解决了城镇供水信息系统在落实信息安全等级保护工作中的瓶颈问题。

6. 规范平台与运行维护要求

为保障城市供水系统监管平台能够"用得上、用的好、用的久"，针对平台建设和运行的各个环节，开展了平台总体设计、用户体系设计、应用系统功能设计、数据库设计与维护、系统安全设计、平台系统集成、验收及运行维护设计研究，编制了《城市供水系统监管平台结构设计及运行维护技术指南》T/CECS 20003—2020，有助于指导各地建设高效、综合、安全的监管平台。

7. 规范供水大数据应用

针对当前城市供水监管中存在的水质实测指标覆盖度不全面、数据价值挖掘不足等问题，研究了大数据来源、收集要求、平台架构、分析方法和大数据在水源水厂、管网运行、用户服务等方面的应用方法，并提供了应用于不同场景的大数据分析预测模型，编制了《城市供水监管中大数据应用技术指南》T/CECS 20004—2020，有助于提升城市供水监管信息的价值挖掘效率。

8. 规范供水效能评估要求

针对目前各地城市供水主管部门开展的监管业务中缺乏对供水系统整体运行效能的综合评估问题,研究了表征城市供水系统整体效率、安全及公平程度的效能评估技术方法,从运行效率、供给效果、综合效益3个维度构建了由16个指标构成的评估指标体系,提出了定量与定性相结合的指标计算模型和评分方法,明确了评估结果的等级划分标准,制定了评估工作程序,编制了《城市供水系统效能评估技术指南》T/CECS 20001—2020,有助于保证城市供水系统效能评估工作的规范性和科学性。

9. 规范供水全过程预警

针对目前供水系统预警指标少、预警方式单一的问题,结合现有水质监测预警的方式方法、技术及水质数据特点,研究形成了适用于城市供水系统水质特点的83个水质指标的监测评估和预警方法库,编制了《城镇给水水质监测预警技术指南》T/CECS 20010—2021(非考核指标),规范了供水全流程水质预警技术。

供水监管平台构建成套标准体系的建立,将进一步发挥标准的引领作用,促进城市供水监管平台的可复制、可拓展、可推广,对我国各地正在开展的城市供水信息化建设起到重要的指导和规范作用。

9.4.5 成果应用

城市供水全过程监管平台按照采用"1+N"(1朵国家云+N朵省级云)方式部署,各省供水主管部门在组建符合自己特点的供水监管云平台,各市在省级云平台上实现业务功能,无需另外建设实体平台。目前,平台已实现1个国家级、3个省级、21个城市级的业务化运行。国家平台实现8大类业务模块的全部功能,并支撑了水质督察、供水规范化检查、应急供水、水质报告等业务的开展。山东省市级平台的建设,整合了"十一五"时期监测预警技术平台,采用软件统一、技术标准统一、虚拟与实体平台结合方式,制定分步实施策略,分阶段、分级部署实施,完成省、市级"云"平台建设。河北省平台整合了"十二五"时期建立的"河北省城市供水水质监管信息系统",部署8大类监管业务,覆盖城市供水"从源头到龙头"的全流程。江苏省城乡统筹供水监管平台实现了与国家城镇供水全过程监管业务平台的功能对接,并实现省内水质督察、数据上报等业务化运行及实时监控数据对接。

课题构建的三级城市供水系统监管平台在国家层面以及山东、河北、江苏等省市实现了业务化运行,大幅提升了城市供水安全保障的全过程监管能力。平台部署后,课题协助河北省、山东省、江苏省的住房和城乡建设厅,在各市开展20余场次培训,来自城市供水主管部门、供水企业、供水厂的1000余人次接受培训。根据培训过程中用户反馈的情况,建立了"星期三更新机制",每周三定时对平台进行更新优化,显著提高了平台的使用效率,促进从平台从试用到能用,再到好用的转变,实现了社会效益和经济效益的双丰收。

在深入研究平台运管模式、发展需求的基础上,课题研究制定了《平台建设运行管理办法（送审稿)》，对平台建设、运行管理、保障措施等方面的要求进行了规定。结合山东省、江苏省、河北省的平台建设特点并根据各地的供水监管需求，协助各省住房和城乡建设厅研究制定并出台了《关于规范和加强河北省城市供水全过程监管平台建设运行管理的指导意见（暂行）的通知》《山东省住建厅关于调整完善山东省城市供水监测网的通知》《江苏省住建厅关于加强主汛期城镇供水安全工作的紧急通知》等文件，提出了平台建设运行管理的有关要求，提升各省监管平台运行管理的规范化。

课题研究提出的平台通用功能模块以及标准指南，指导了内蒙古自治区数字化城管项目供水全过程监管系统的建设（不属于课题研究内容），建立了覆盖区、市（盟）、县（旗）、供水单位四级的供水全过程监管系统，有效提高了平台建设的规范性、可用性和安全性，降低了平台研发成本，提升了内蒙古自治区城市供水安全监管水平。

第 10 章 城市供水应急救援

城市供水突发事件包括：水源突发污染、自然灾害、工程事故等影响城市正常供水的突发事件，其中近年来对供水安全威胁最大的是水源突发污染。应急供水是指为了应对供水突发事件采取的应急供水的对策与措施，所涉及的主要内容包括：应急水源建设、应急净水处理技术、应急净水设施建设、应急管理、应急处置决策、应急预案、供水应急救援等。

10.1 形势与任务

突发环境事件，是指由于污染物排放或者自然灾害、生产安全事故等因素，导致污染物或者放射性物质等有毒有害物质进入大气、水体、土壤等环境介质，突然造成或者可能造成环境质量下降，危及公众身体健康和财产安全，或者造成生态环境破坏，或者造成重大社会影响，需要采取紧急措施予以应对的事件。

表10-1是近年来全国突发环境事件的统计表。数据显示，我国突发环境事件的高峰期是在2005~2012年，500~600起/年，最高时约700起/年，其中由环境保护部直接处置的为100~150起/年。2013年以后，环境突发事件的发生数量逐年下降，近几年大约300起/年，其中由环境保护部直接处置的为50~80起/年。例如，2018年全国有286起，其中环境保护部直接处置50起；2019年全国有263起，其中生态环境部直接处置84起；2020年有208起；2021年有199起；2022年有113起。情况大为改善的原因是，党的十八大和党的十九大以来，国家对发展模式进行了重大调整，开展污染防控攻坚战，各级政府加强行政问责，更加重视发展的质量，科研部门大力开展污染控制科技攻关，包括从"十一五"时期到"十三五"时期的水专项，取得了一系列重大科技成果，有力支撑了污染治理和供水安全的科技进步；各级环境保护部门和全国供水行业高度重视，加快建设，完善管理，全国突发污染事件防控与供水安全保障的形势得到很大改善。

全国突发环境事件统计表　　　　表 10-1

时间（年）	全国突发环境事件（起）	事件分级					事件起因					污染类型						其他
		特别重大	重大	较大	一般	等级待定	安全生产	交通事故	企业排污	自然灾害	其他因素	水污染	大气污染	固废污染	土壤污染	海洋污染	噪声污染	
2005	76	4	13	18	41		26	26	19	5		41	24	4	13			
2006	161	3	15	35	108		78	36	22	25		95	57		7			2

续表

时间(年)	全国突发环境事件(起)	事件分级					事件起因						污染类型							
		特别重大	重大	较大	一般	等级待定	安全生产	交通事故	企业排污	自然灾害	其他因素	水污染	大气污染	固废污染	土壤污染	海洋污染	噪声污染	其他
2007	110(462)	1	8	35	66		39	28	14	9	20	61	34					15
2008	135(474)	0	12	31	92		57	25	23	17	13	71	45	2	4	3	0	10
2009	171(418)	2	2	41	126		63	52	23	33		80	61	3	16	2	0	9
2010	156(420)	0	5	41	109	1	69	28	17	42		65	66	0	4	10	1	10
2011	106(542)	0	12	11	83		51	15	20	6	14	39	52	0	2	4	0	9
2012	33(542)	0	5	5	23		11	11	3	1	7	26	1	0	0	4	0	2
2013	(712)	(0)	(3)	(12)	(697)		(291)	(188)	(31)	(39)	(163)							
2014	98(471)	(0)	3(3)	12(16)	82(452)	1	53	24	4	17								
2015	82(330)	(0)	3(3)	3(5)	76(322)		48	12	4	9	9							
2016	60(304)	0	3	3	54		33	10	2	9	6							
2017	(302)	(0)	(1)	(6)	(295)													
2018	50(286)																	
2019	84(263)																	
2020	(208)																	
2021	(199)	(0)	(2)	(9)	(188)													
2021	(113)	(0)	(2)	(0)	(111)													

注：1. 数据来源：各年度的"中国环境状况公报"和前期的"全国环境统计公报"；
  2. 统计口径：没有括号的数字是由环境保护（生态环境）部直接处置的突发环境事件，带括号的数字是全国发生的突发环境事件的总数。

突发环境事件，特别是其中涉及饮用水水源的突发污染，直接威胁到人民群众的饮水安全，将造成极大的社会经济损失，甚至引发重大的社会事件。因此，对于饮用水水源的突发污染，做好应急供水工作，保障人民的饮水安全，努力把污染事故的负面影响降到最低程度，确保人民的饮水安全，是供水行业迎难而上、勇于担当的神圣职责，体现了供水人的高度社会责任感和勇于担当的精神。

我国在 2005 年松花江水污染事件之后，发展了应对突发环境事件的指导思想，即"从原有的事件发生后的临时被动应对，转变为提前开展系统研究，进行应急能力建设，全面提升我国应对突发环境污染事件和自然灾害的能力"。这里的关键词是，从原来的"临时、被动"，发展为现在的"提前、系统""全面进行应急能力建设"。

对于应对水源突发污染的城市供水，应急供水的技术体系和应急能力建设工作主要包括以下内容：

（1）饮用水水源环节的水源突发污染防控和应急水源建设，包括：饮用水水源地突发污染风险防控、应急供水的规划、应急水源的建设与运行、应急供水调度等。

（2）自来水净水环节的应急净水技术研究与供水厂应急设施的建设，包括：应急净水处理技术研究、应急处理工程设施的规范化建设等。

（3）应急管理环节的应急处置、应急监测、应急预案等。

（4）灾区的应急供水救援，指在地震、泥石流、水灾等自然灾害发生时，在救灾期对灾区进行应急供水的救援，这也是应急供水的重要任务和内容。

本章中将对应急供水技术体系的主要内容进行论述，其中的"水源突发污染防控""应急供水规划"的内容在本书的其他部分已有论述，在本章中不再重复。

10.2 应 急 水 源

10.2.1 应急水源的建设

面对水源突发污染的风险，单一水源供水的城市在安全性上存在着极大的问题。因此，有条件的城市应加强应急水源建设。

"水十条"要求：单一水源供水的地级及以上城市应于 2020 年底前基本完成备用水源或应急水源建设，有条件的地方可以适当提前。《中华人民共和国水污染防治法》（2017年修正）第七十条要求：单一水源供水城市的人民政府应当建设应急水源或者备用水源。

在早期，"应急水源"与"备用水源"的定义并不明确，部分文件中对这两个术语经常混用。目前，对这两个术语已有明确的区分，见《室外给水设计标准》GB 50013—2018 中的"术语"部分：

备用水源——为应对极端干旱气候或周期性咸潮、季节性排涝等水源水量或水质问题导致的常用水源可取水量不足或无法取用而建设，能与常用水源互为备用、切换运行的水源，通常以满足规划期城市供水保证率为目标。

应急水源——为应对突发性水源污染而建设，水源水质基本符合要求，且具有与常用水源快速切换运行能力的水源，通常以最大限度地满足城市居民生存、生活用水为目标。

应急水源具有以下特点：

目的是应对常用水源突发性污染的临时性水源。供水规模能满足或基本满足城市生活用水需求；实践中，对于湖库型应急水源，供水容量一般应至少满足 7d 以上的用水。对于水源水质的要求,在水源水质条件受限时可适当放宽,基本满足水源水质要求;因此供水厂需要酌情设置强化净水设施。在应急水源的运行上,要求具有与常用水源快速切换运行的能力,即要求应急水源在平时不使用时,也需要保持"热备"的状态,以保证在原有水源发生突发污染时能够迅速进行水源的切换。而对于备用水源,一般是以满足城市供水保证率为目标的,往往是在水源季节性短缺时按计划启动备用水源,因此并不要求能够随时快速启动。

应急水源的形式有以下几种:

(1) 新建专用的应急水源。在不同水系上建设长距离引水的新水源。常见做法:在河流型常用水源的基础上增设水库型应急水源。问题是引水工程费用高、利用率低、实施难度大等。

(2) 新水源建成后,把原有水源改为应急水源。例如,南水北调中线的受水区部分城市:邯郸、石家庄、保定等地,把原有的供水水源的水库和地下水水源地(井群),改为应急水源。

(3) 利用城市景观湖泊作为应急水源。优点是建设费用低,缺点是可能存在一定水质问题(如微污染、藻类数量偏高等)。

(4) 设置原水调蓄水库或前置调蓄池。这种方式是从江河水源直接取水进供水厂的方式,改为在供水厂前设置一个较大的原水调蓄水库或原水调蓄池,原水在进入供水厂之前,先在调蓄水库或原水调蓄池中停留一段时间。其优点是建设费用合理、水质水量保证率高;问题是需重视调蓄水库的水质保持与改善措施(沉砂、清淤、控藻、防嗅味等)。

原水调蓄水库或前置调蓄池已有很多成功的应用。

例如:黄河下游地区的引黄调蓄水库,当年是为了应对黄河下游断流问题而兴建的,调蓄期一般为几个月,这种引黄调蓄水库就有很好的应对水源突发污染的应急供水功能。

再如,上海黄浦江上游的金泽水库,该项工程 2016 年年底建成,库容 910 万 m^3,供水规模 310 万 m^3/d,输水管长 42km,服务人口 670 万人,工程总投资 88 亿元。金泽水库作为其下游五区多个供水厂的新的供水水源,各供水厂沿黄浦江设置的原有水源改为备用水源。金泽水库水源的水质要明显优于下游的水质,再通过与原有取水设施的联合调度,显著提升了对水源突发污染的应对能力,并缓解了沿江的水源保护压力。

10.2.2 原水的调蓄与水质控制

1. 原水调蓄的意义

江河水源的一个基本特性是水源水质的波动性强。首先是季节性波动,如枯水期与丰水期的水质变化,暴雨期或洪水期的水质问题等;污染源的变化,特别是工业污染源,由于产品、工艺、生产、处置的多变性,具有非稳定性排放特性。再有就是个别工业企业的违法偷排和不时发生的泄漏事故,包括固定源和移动源的事故排放,特别是移动源,具有不可预测性。

设在江河边的供水厂,多采用从江河直接取水的方式,即原水取水后直接进入供水厂。江河原水水质的波动对净水工艺有一系列的影响，包括：缺少必要的水质监测时间，人工检测的频率很难及时监测到水质突变，而在线监测仪器又存在较大的局限性，包括能够检测的项目有限、费用高、易出现偏差、维护工作量大等。结果是在水源突发污染时，当污染水团被发现时，往往受污染的原水已进入了净水系统，没有调整净水工艺的研究、准备和运行过渡的时间。

原水调蓄池是指在供水厂之前设置一个小型原水调蓄池，调蓄时间一般为半天到数天。主要的设施与功能是：设置前置水质监测站点，为发现问题和应对决策提供时间；设置预处理净化措施，在一定程度上改善原水水质；利用储存的原水水量，规避短时突发污染，并通过提供应急水源启动期的原水水量，实行与应急水源的联合调度；进行原水应急净化预处理，与供水厂内应急处理相配合，构成多级屏障。总体的应对方略就是：空间换时间，时间保安全。

2. 案例：镇江市水源水质保障工程

镇江市主城区供水情况如下：水源为长江水，长江水经由外引河进入内引河，再由内引河经一级泵站输送到数公里外的金西水厂（30 万 m^3/d，常规处理工艺）和金山水厂（20 万 m^3/d，深度处理工艺）。镇江市已把金山湖（景观水体）改造为应急水源，平时由调节泵站从内引河定期向金山湖补水，应急状态下则由金山湖倒流至供水厂一泵站，可用水量 216 万 m^3，可满足约 1 周的生活用水。

由于长江的原水从长江到供水厂仅几十分钟（几百米河道和几公里管道），缺少水质预警时间，且进厂水质不可控，造成供水厂的运行十分被动。长江原水水质总体为Ⅱ类水体水质，平时水质良好。但是由于上游有大量的沿岸污染源和移动污染源，经常发生水质突发污染，每年都有数次的短期原水水质异常，特别是在 2012 年 2 月 3 日，因运输船泄漏发生了长江苯酚污染事件，造成镇江的自来水有严重异味，供水厂被迫短期停水。

2014 年年初，镇江市政府提出了建设镇江市水源水质保障工程。经向清华大学咨询，形成了设置原水调蓄池的建设方案：充分利用当地地形，设置原水调蓄池（由原内引河疏挖改建，容积 40 多万 m^3），并设置水质监测、预处理和导试水厂（模拟指导供水厂运行的中试系统）等设施。通过大幅度增加长江原水在水源地的停留时间（原水停留时间 12h 以上），为原水水质监测和导试水厂运行提供了足够的时间，以实现对供水厂原水水质的预警与控制。工程建设内容包括：建设原水调蓄池、建设预处理设施（应急药剂投加、曝气吹脱等）、建设长江取水双向泵站、建设原水水质监测站、建设模拟供水厂运行的导试水厂、建立健全相关的管理制度、工作机制和应急预案等。

调蓄池的运行工况如下：

（1）长江水质正常工况

长江水提升到调蓄池（长江低水位时由新建的长江取水双向泵站提升进调蓄池，长江高水位时则自流进水），然后再由原有一泵站提升到供水厂。

（2）长江轻微污染工况

开启调蓄池的预处理设施,进行粉末活性炭吸附、预氧化、化学沉淀、曝气吹脱等针对性的预处理,再结合供水厂内的应急处理,可保证出厂水达标。

(3) 长江严重突发污染工况

当长江原水发生严重污染,现有工艺不能处理达标时,启用金山湖应急水源,供给水厂一泵站,同时把调蓄池内受污染水团从双向泵站排回长江。

该项工程设计取水量规模60万 m^3/d,工程总投资8234万元,由北京国华清化环境工程设计研究院有限公司和镇江水利勘察设计院联合设计,工程被列为2015年镇江市十项为民办实事项目之一,于2014年11月18日开工,2015年12月底竣工并投入使用。

镇江市水源水质保障工程建成后,运行效果显著,实现了对水源突发污染的有效预警与原水水质调控,从原有的要求"不达标的出厂水不能进入管网",提升为"不符合要求的原水不能进入供水厂",显著提升了镇江市的饮用水安全保障水平。对于江河水源供水厂,如何进行水源突发污染应对,该工程具有重要的示范意义。

10.2.3 应急水源的热备维护

1. 拟解决的关键问题

应急水源在紧急情况发生时必须能够快速启动,以满足应急供水的要求。应急水源建成后,在平时的维护中,主要的任务是使应急水源保持在能够快速启动的状态。

应急水源平时不使用,管道中的存水由于生物作用会使水中溶解氧浓度持续下降,如果滞留时间过长,严重时将出现厌氧、黑臭等水质恶化问题,在应急水源启动时必须先行排出管道内的存水并冲洗管道,将消耗宝贵的时间,影响应急水源的快速启动。

应急水源的输水管水质保持的措施是控制输水管中存水的滞留时间,根据输水管道是重力输水型还是压力输水型,采用不同的热备方式。

重力输水型应急水源的水源是处于高位的水库,利用水库水位与供水厂之间的水位差,经取水头和应急输水管,原水在重力作用下流到供水厂。对于重力输水的应急水源,通过平时保持很小的流量即可实现输水管的热备,避免在输水管中水流停留时间过长所产生的水质恶化问题,水源热备方案简便易行。

压力输水型应急水源的水源是河流、湖泊或平原水库,用取水水泵取水,经应急输水管压力输送到供水厂或并入在用原水输水管。压力输水型应急水源大多采用定期短时间开泵对输水管中的存水进行置换的应急水源热备方案,以避免出现因长期滞留而水质恶化的问题。此种热备方案的关键是确定适宜的换水周期,换水间隔过长则管道存水水质已恶化,换水间隔时间过短则费事耗能。换水周期需要根据原水水质和温度条件等预测换水周期,并在滞留期内对管道滞留水的溶解氧情况进行监测。

2. 案例:常州魏村水厂德胜河应急水源快速启动的热备方案

(1) 德胜河应急水源

常州魏村水厂是常州市的主力供水厂,供水量60万 m^3/d,原来是以长江作为水源的单一水源供水厂。为应对长江突发污染,2015年建成了德胜河应急水源,在长江发生突发污染时,关闭德胜河与长江之间的节制闸,将长江与德胜河隔离,启用应急取水泵房在德胜河中取水,通过应急输水管把水源水输送到魏村水厂的原水输水管中。

应急水源取水泵房的规模为 30 万 m^3/d,设有 4 台潜水泵。应急原水输水管为钢管单管,压力输水,直径 1800mm,长度 3km,其中约 700m 设在地面以上,夏季管道温度较高。应急输水管在接入魏村水厂原水输水管处设有连通阀,在连通阀之前的河边设有用于清洗排水的直径 500mm 的排水阀和排水口。

应急水源存在的问题是:①应急输水管存水量约 $7600m^3$,如果长期滞留使水质恶化,在应急使用时需要先行排出管道存水后才能正常使用,排水需 3h 以上时间,延误了应急水源的启动时间;②德胜河应急水源的水量(30 万 m^3/d)偏小,不能满足魏村水厂满负荷运行要求(70 万 m^3/d),应急供水时魏村水厂需要减负荷运行。

(2) 德胜河应急水源的水质特征

德胜河地处长江南岸,在德胜河入长江夹江的河口内建有魏村水利枢纽。在非汛期由长江向德胜河流域调水期间,利用长江高潮位或是泵站提升从长江向德胜河引水,此时德胜河的河流流向是自北向南,此时段应急取水泵站处的水质与长江夹江的水质基本相同,一般情况下属于二类水体,水质良好。在汛期则是通过德胜河排水,该时段德胜河的河流的流向是从南向北,把上游汇集的降水排入长江。由于汇水流域内包含一些面源污染(与多条水质较差的河流沟汊连通)、点源污染(工业排放、生活排放等)和移动源污染(船舶排放),此时段应急取水泵站处的水质基本处于Ⅲ类水体,个别时段存在 NH_3-N 和有机物浓度偏高的问题,NH_3-N 超过Ⅲ类水质标准(最高约 1mg/L),COD_{Mn} 接近Ⅲ类水质标准(最高约 6mg/L)(图10-1)。

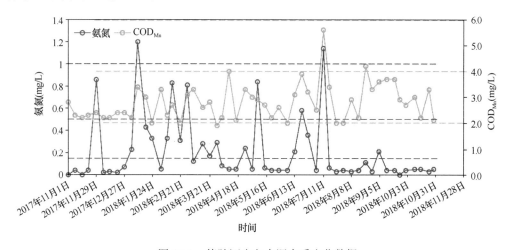

图 10-1 德胜河应急水源水质变化数据

(3) 确定换水周期的应急输水管存水水质衰减模拟试验

在管道的存水中,因水中微生物的活动,发生生物化学反应,将消耗水中的溶解氧。由于是在封闭的管道中,无大气复氧条件,水中的溶解氧浓度将逐渐降低。如果溶解氧降低到接近厌氧的条件,将产生臭味、色度甚至黑臭等问题,影响应急水源的快速启用。

为了避免管内存水因滞留时间过长而导致水质恶化,平时需要定期开启应急取水泵置换管内存水。换水周期以管道内存水的水质基本保持稳定为目标。

为此,开展了管道存水水质衰减模拟试验。试验方法是：在德胜河应急水源取水口处取水,分装到多个水瓶中,并加入底泥作为微生物接种,满瓶密封后恒温静置培养,模拟管道存水条件,定期取样检测水质,测定溶解氧和污染物指标。所检测的水质指标：常规指标（pH）、有机物指标（DO、COD_{Mn}、TOC 和 UV_{254}）、营养盐指标（NH_3-N、NO_2^--N 和 NO_3^--N）、微生物指标（细菌总数）。

(4) 应急输水管存水水质衰减特性

经测试,当管道存水保持在好氧状态的条件下（DO>2mg/L）,水中各项污染物指标的变化情况是：COD_{Mn}、TOC 和 UV_{254} 基本保持不变,嗅味强度没有显著增加,pH 和细菌总数略有降低,氨氮和硝酸盐浓度降低,亚硝酸盐浓度先升后降。总体上,管道存水的水质基本保持稳定,对于供水厂净水处理没有实质性的影响。

管道存水保持在好氧状态的时间（即换水周期）与原水水质和气温有关：

1) 对于水质较好的水源水（DO 饱和度>90%,COD_{Mn}<4mg/L 且 NH_3-N<0.5mg/L）,溶解氧的衰减主要受温度的影响,溶解氧浓度降到 2mg/L 的好氧状态保持时间,在 10℃、20℃和 30℃条件下分别为 4 周以上、2 周和 1 周（图 10-2）。

2) 对于水质极差的水源水（DO 饱和度<40%,COD_{Mn}>4mg/L 且 NH_3-N>0.5mg/L）,存水的好氧状态保持时间小于 3d。当水源水处于此种条件下,不适宜进行应急输水管的换水作业。

3) 对于水质介于较好与极差之间的水源水,20℃条件下好氧状态保持时间与原水 NH_3-N 浓度的关系如图 10-3 所示,其模型回归关系为式（10-1）。其他温度条件下,10℃是计算值的 2 倍,30℃是计算值的 0.5 倍。该预测模型的形式也可用于其他地方类似的管道存水水质衰减特性预测,但需要根据当地试验数据回归获得模型参数。

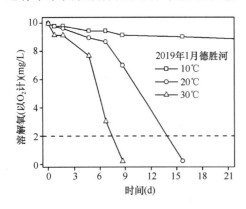

图 10-2 温度对存水 DO 随时间变化的影响

(取水点：德胜河应急取水处；取水时间：2019 年 1 月；原水水质：初始 DO 10.0mg/L；NH_3-N 0.06mg/L；COD_{Mn} 2.1mg/L)

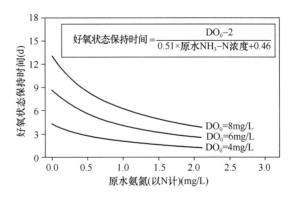

图 10-3 管道存水好氧状态保持时间与原水 NH_3-N 浓度的关系（20℃）

$$好氧状态保持时间 = \frac{DO_0 - 2}{0.51 \times 原水 NH_3\text{-}N 浓度 + 0.46} \quad (10\text{-}1)$$

式中　　　DO$_0$——原水初始溶解氧浓度，mg/L；

原水 NH$_3$-N 浓度——原水初始 NH$_3$-N 浓度，mg/L。

(5) 保证快速启动的应急水源热备方案

应急水源的热备方案是：控制定期换水的周期小于存水好氧状态保持时间，以避免应急输水管存水水质过度恶化，缩短应急水源使用前的输水管线清洗时间或可以直接投入使用，实现应急水源系统的快速启动。

实际运行中，按下列程序进行操作：

1) 应急水源系统热备换水前对应急水源处的德胜河河水进行水质检测，检测项目包含水温、初始 DO、NH$_3$-N 和 COD$_{Mn}$。

2) 根据水质监测数据和气温条件预测应急输水管存水的换水周期（换水周期预测见表 10-2）。

应急输水管存水换水周期预测表　　表 10-2

水质分类	原水水质	气温	预测的应急输水管存水换水周期
较好水质条件	DO 饱和度>90%，COD$_{Mn}$<4mg/L 且 NH$_3$-N<0.5mg/L	<10℃	4 周
		10~20℃	2 周
		20~30℃	1 周
		>30℃	1 周
极差水质条件	DO 饱和度<40%，COD$_{Mn}$>4mg/L 且 NH$_3$-N>0.5mg/L		不能使极差水质原水进入应急输水管，须等待水质好转后再更新应急输水管存水
较差水质条件	介于较好水质条件和极差水质条件之间	<10℃	20℃条件下的 2 倍
		10~20℃	好氧状态保持时间 = $\dfrac{DO_0 - 2}{0.51 \times 原水\ NH_3\text{-}N\ 浓度 + 0.46}$
		20~30℃	20℃条件下的 1/2
		>30℃	20℃条件下的 1/2，并需加强监测

注：为安全起见，应急输水管存水换水周期的气温以最高气温计。

3) 应急泵房开 1 台水泵换水，管道存水从应急输水管末端的排水口排至德胜河，换水开泵时间约 3h。

4) 定期监测管道存水溶解氧的变化。

5) 到期换水，进入下一个换水周期。

3. 小结

该研究通过定期对管道存水进行置换，控制应急输水管中的存水处于好氧状态，实现了管道存水水质的基本稳定，在应急启动后管道存水可以直接进入供水厂，免除了对应急输水管存水的排除和清洗的时间，水源切换后至供水厂稳定供水不超过 6h（包括启动应急水源后供水厂净水工艺所需约 4h 的时间），从而实现了应急水源快速切换的目标要求。

该研究所获得的应急水源快速启动热备技术，提供了如何根据水源水质和温度条件确定管道存水水质衰减特性的试验研究方法和热备方案编制技术，并形成了压力输水型应急水源快速启动热备技术的技术指南和供水厂作业指导书，提高了常州应急供水的应对水平。

研究成果对其他地方的应急水源也有很好的参考价值，对于提高我国应急水源的快速响应能力具有重要的指导意义。

10.2.4 应急水源的调度

1. 常用水源与应急水源的联合调度

对于供水规模充足和水源水质良好的应急水源，在常用水源发生突发污染后，切换为应急水源能够规避常用水源的突发污染，保持正常供水。

对于应急水源的建设，往往存在两个问题，一是建设规模不足，二是水质存在问题。由于应急水源的使用率极低，建设费用很高，许多地方在进行应急水源建设时，往往仅以满足基本生活用水的需要量为目标，所建设的应急水源的供水规模低于正常供水期的城市供水规模。因此在切换为应急水源后，这些地方的城市供水只能减量供水，对城市供水仍有很大的负面影响。还有许多地方的应急水源，受到条件所限，水源水质不能完全满足饮用水水源的水质要求，在使用应急水源时，供水厂需要进行水质的强化处理。因此，对于此类规模不足型或水质欠佳型的应急水源，在投入运行后，当地仍会面临供水量不足或需要进行强化处理的问题。

在 2005 年年底发生的甘肃陇南锑尾矿库泄漏事件中，四川省广元市的饮用水水源嘉陵江被严重污染。为此，广元市紧急建设了一条临时应急原水输水管线，从附近的支流中抽水，对西湾水厂的嘉陵江取水进行稀释。尽管应急原水输水管的水量只占西湾水厂进厂原水水量的三分之一，但是显著降低了西湾水厂进厂水的锑污染物浓度，减轻了供水厂应急净水处理的压力；并且通过不同原水之间的相互稀释，也解决了应急水源的微污染（氨氮、高锰酸盐指数偏高）水质问题。总结该次应急供水的经验，尽管应急水源可能存在水量不足和水质偏差的问题，但是通过与常用水源的联合调度，在应急中仍可以起到非常重要的作用，可以显著提高供水系统的整体应急能力。

以下以常州市魏村水厂的应急供水水源调度为例，论述常用水源与应急水源的联合调度方案。

2. 案例：常州市魏村水厂的应急供水水源调度方案

常州魏村水厂是常州市的主力供水厂，供水量 60 万 m^3/d，以长江作为常用水源。其应急水源为德胜河应急水源，存在水量不足（规模 30 万 m^3/d）和水质可能偏差（经常存在氨氮、高锰酸盐指数偏高问题）的问题。

但是，通过德胜河应急水源与长江水源的联合调度，可以降低魏村水厂进厂水污染物的浓度，提高了供水系统对长江突发污染的应对能力，并能最大程度地提供供水水量，从而显著提升了魏村水厂的应急供水能力。

应急供水水源联合调度的调度方案是：

工况 1——对于长江水源污染浓度不超过 2 倍的轻微污染，只需通过长江水源与德胜河水源的等量取水（各 30 万 m³/d），即可以使进厂水水质污染物浓度不超标，供水厂只需常态处理，即可保持足量供水。

工况 2——对于长江水源可应急处理污染物的浓度不超过供水厂最大应急净化能力 2 倍（$2n_{max}$）的突发污染，通过长江水源与德胜河水源的等量取水（各 30 万 m³/d），即可以使进厂水水质污染物浓度保持在供水厂的最大应急净化能力（n_{max}）之内，供水厂采用应急净化处理，即可保持足量供水。

工况 3——当长江水源污染浓度继续提高，在 $2n_{max} \sim 4n_{max}$ 时，保持德胜河应急水源的最大取水量（30 万 m³/d），逐步降低长江水源的取水量（单泵水量最小为 10 万 m³/d），以提高进厂水的稀释比，仍控制进厂水水质污染物浓度在供水厂的最大应急净化能力（n_{max}）之内，供水厂采用应急净化处理和强化处理，但供水水量降低，40 万 m³/d～50 万 m³/d，属减量供水。

工况 4——当长江水源可应急处理污染物的浓度大于供水厂最大应急净化能力的 4 倍（$4n_{max}$）时，关闭长江取水，全部改用德胜河应急水源，此时供水厂需采用针对德胜河微污染水源的强化处理，可满足出厂水水质要求，但供水水量减半，只有 30 万 m³/d。

工况 5——对于长江水源的突发污染物属于供水厂不能应急处理的污染物时，对于浓度在 $2n \sim 4n$ 的，逐步降低长江水源的水量（最小单泵水量为 10 万 m³/d），以提高进厂水的稀释比，控制进厂水水质污染物浓度不超标，供水厂只需常态处理，但供水水量降低，属减量供水。

工况 6——对于长江水源的突发污染物属于供水厂不能应急处理的污染物，且浓度超过 $4n$ 时，关闭长江取水，全部改用德胜河应急水源，此时供水厂需采用针对德胜河微污染水源的强化处理，可满足出厂水水质要求，但供水水量减半，只有 30 万 m³/d。

常州魏村水厂长江突发污染的应急供水水源调度方案详见表 10-3。

常州魏村水厂长江突发污染的应急供水水源调度方案 表 10-3

工况编号	长江水源突发污染情况		应急供水调度方案			
	污染物种类	污染倍数	水源调度	供水量	进厂水水质	供水厂净水工艺
1	各类污染物	$<2n$	等比例双水源勾兑	足量供水	勾兑后低于水源水标准	常态处理
2	可应急处理污染物	$2n \sim 2n_{max}$	等比例双水源勾兑	足量供水	勾兑后低于可应对最大污染倍数 n_{max}	应急处理
3		$2n_{max} \sim 4n_{max}$	长江小水量双水源勾兑，其中长江水源 10 万～20 万 m³/d	40 万～50 万 m³/d，减量供水	控制勾兑后低于可应对最大污染倍数 n_{max}	应急处理＋强化处理
4		$>4n_{max}$	只用德胜河应急水源	1/2 减量供水	德胜河微污染水	强化处理

续表

工况编号	长江水源突发污染情况		应急供水调度方案			
	污染物种类	污染倍数	水源调度	供水量	进厂水水质	供水厂净水工艺
5	不可应急处理污染物	$2n\sim 4n$	长江小水量双水源勾兑，其中长江水源10万～20万 m^3/d	40万～50万 m^3/d，减量供水	控制勾兑后低于水源水标准	强化处理
6		$>4n$	只用德胜河应急水源	1/2减量供水	德胜河微污染水	强化处理

注：n 为污染倍数；"n_{max}" 为净水工艺最大可应对污染倍数。

常州市魏村水厂的应急供水水源调度方案，充分发挥了应急水源的稀释作用，通过联合调度，显著提升了应急供水能力：在足量供水时，使魏村水厂对各种污染物的可应对最大污染浓度提高了1倍；在小幅度减量供水时，通过改变水源勾兑比例，供水厂对各种污染物的可应对最大污染浓度还可进一步提高；在只使用德胜河应急水源时，可完全规避长江突发污染，但只能减量（1/2）供水。

3. 配水管网的清水联通与管网调度

为了提高应对水源突发污染的供水安全性，一些城市把不同水源供水厂的自来水管网联通了起来。对于一些多供水厂供水的管网，由于原有的管网是按照供水厂分片供水设置的，即使在各供水厂管网服务片区的交汇处进行了管道联通，但是当某个供水厂停水时，其他供水厂的供水通过原有管网系统也很难保障出问题供水厂的服务区域的水压。因此，为了提高供水的安全可靠性，一些城市建设了清水联通的转输干管，主要的方式有两种：一种方式是把一个供水厂的清水输送到另一个供水厂的清水池，当某个供水厂的水源出现问题时，另一个供水厂把清水输送到问题供水厂的清水池，然后仍采用原供水厂的二次泵房加压系统进行管网输配；另一种方式是把清水联通干管连接到另一供水厂的供水干管上。对于清水联通项目的关键问题，一是如何确定清水联通干管的规模，二是在平时如何保持清水干管中存水的水质稳定。

在2007年无锡水危机事件之后，为了提高供水安全的保障水平，无锡市提出了"水源互补，清水联通，应急处理和深度处理"的发展目标，即要求建成以长江为水源的锡澄水厂和以太湖为水源的中桥水厂等的双水源供水格局，在供水厂之间用清水联通干管联通，并在供水厂建设应急处理和深度处理设施。其中无锡市的"安全供水高速通道"工程于2011年开工建设，2013年建成，通过铺设一条横贯无锡南北、总长40km的供水管道，管道直径2.2m和2.4m，把使用长江水源的锡澄水厂和使用太湖水源的中桥水厂、雪浪水厂、锡东水厂的出厂清水管道连接起来，形成了四大供水厂互联互通的清水输送"高速通道"。该供水通道贯通后，长江、太湖两个水源地的供水厂出水可实现快速切换，一旦其中一个水源出现水质问题，另一水源的供水厂出水切换进入居民家中仅需数小时。

常州市原有的供水格局是各区分片独立供水。为了提高供水安全性，并解决区域供水能力不足问题，常州市2005年建设了"常州—金坛供水工程"，从常州市区穿越武进区至

金坛铺设 $DN1200$ 输水主管（PCCP）36km，满足每天 10 万 m^3 的供水量，工程于 2005 年 12 月 30 日竣工并供水。2011 年又建设了"武进—金坛联网工程"，从武进区延政路与省道 S239 线交叉口处顶管过 S239 至金坛市尧夏路铺设 $DN1200$ 供水主管，再至金武路与经十路（汇富路）交接处，与金坛区域供水管道（$DN1200$）接通，工程于 2011 年 12 月 5 日竣工并通水。这两项工程把使用长江水源的常州魏村水厂、使用长江水源和滆湖水源的武进礼河水厂和使用当地湖水水源的金坛第三水厂连接起来，形成了互联互通的清水输送"高速通道"，可在应急情况下由主城区向金坛区输水，或是由金坛区向武进区输水，显著提升了该区域的供水安全可靠性。

对于这种用作自来水转输的联通管道，在平时必须保持一定的基础流量，控制管道中水流的停留时间（水龄）不要过长，以防止出现余氯完全被消耗及所产生的微生物安全问题。应根据管道存水中余氯的衰减特性和联通管的水龄运行情况，确定调度方案。

10.3 应急净水技术

在过去的供水厂建设与运行中，对于水源，要求必须符合水源水质标准的要求，净水工艺与设施也是根据水源水质在一般情况下的特性而设置的，没有应对水源突发污染的净水能力。在工艺技术方面，也缺乏应对水源突发污染的自供水厂应急净水技术。因此，对于水源的突发污染，一般认为是属于不可抗力，在水源发生突发污染时，供水厂的应急措施就是停水。

由于水源突发污染所造成的停水事故的影响极大，往往造成极大的社会损失，甚至引发重大的社会事件，因此，在水源发生污染不能满足水源水质要求时，通过应急净水处理，努力使供水厂的出水水质达到生活饮用水水质相关标准的要求，即全面提升供水厂应对水源突发污染的能力，这既是在发展的进程中对供水行业的新要求，也是供水行业迎难而上、勇于担当的神圣职责。

从 2005 年应对松花江水污染事件和广东北江镉污染事件以来，经过十余年的研究与实践，我国已经发展建立了应对水源突发污染的供水厂应急净化处理的技术体系。该技术体系由以下 6 类技术组成，即：

1）应对可吸附有机污染物的活性炭吸附技术。
2）应对金属非金属污染物的化学沉淀技术。
3）应对还原性或氧化性污染物的氧化还原技术。
4）应对挥发性污染物的曝气吹脱技术。
5）应对微生物污染的强化消毒技术。
6）应对高藻水源水及其特征污染物（藻、藻毒素、嗅味）的综合处理技术。

这些应急净水技术的特点是：处理效果显著，能够与大多数供水厂目前采用的常规处理工艺相结合，能够快速实施，易于操作，并且费用成本适宜，技术经济合理。

在"十一五"和"十二五"时期的水专项研究中，对于饮用水相关标准中的污染物质和发生频率较高的主要突发环境事件污染物质,逐一确定了各自适用的应急净水技术、相应的工艺参数和最大应对倍数。饮用水相关标准包括:《生活饮用水卫生标准》GB 5749—2006、《地表水环境质量标准》GB 3838—2002 和《地下水质量标准》GB/T 14848—93,《地下水质量标准》GB/T 14848—2017。这几个标准中所涉及的单项污染物质共计 140 余项(包括《生活饮用水卫生标准》GB 5749—2006 附录 A 中的项目,不包括微生物指标、消毒剂指标、感观性状和一般化学指标中的综合性和非有害性项目和放射性指标)。目前,已经确定了 170 多种污染物质,包括标准内 115 项污染物和 57 种常见环境风险污染物(化学品、嗅味物质、新型农药、药品与个人护理用品等)的应急处理技术,覆盖了相关标准中约 80% 的指标。有关成果已经出版了专著,指导全国供水企业的应急能力建设和突发事件的应急处置,从而彻底扭转过去面对水源突发污染只能停止供水的被动局面,成功应对了数十起水源突发污染事件,在应急供水安全保障中起到了重要的技术支撑作用。

以下对这六类应急净水技术分别进行总结。

10.3.1 应对可吸附有机物的活性炭吸附技术

1. 技术原理

活性炭是以含碳材料(煤、果壳、木屑等)制造的疏水性吸附剂,可吸附去除水中的芳香烃类有机物、农药、部分嗅味物质(土臭素、2-MIB 等)、色度物质等,但是对于亲水性的醇、醛、糖类有机物吸附效果较差。活性炭的产品有颗粒活性炭和粉末活性炭两大类。水处理所用颗粒活性炭的颗粒尺寸在 1.5～3mm,主要用于供水厂深度处理的颗粒活性炭滤池。水处理所用的粉末活性炭大多采用煤质粉末活性炭,其粒径为 200 目(约 75μm)或 325 目(约 45μm)。粉末活性炭可用作供水厂常规处理的强化预处理,一般在混凝之前投加。在水源突发污染使用活性炭吸附技术时,一般采用粉末活性炭,具有吸附速度快,处理效果显著,投加量可根据污染情况及时调整等优点。

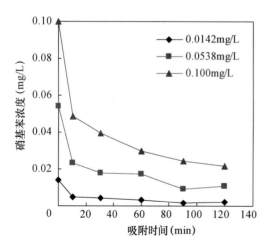

图 10-4 硝基苯的粉末活性炭吸附过程曲线

粉末活性炭投加到水中后,吸附污染物的过程需要一定的时间。如图 10-4 所示为硝基苯的粉末活性炭吸附过程曲线。由图可知,一开始的快速吸附阶段大约为 30min,可以达到约 70% 的吸附容量(比例因污染物种类有所差异);基本达到吸附平衡要 1～2h,可以达到吸附容量的 95% 左右;完全达到吸附平衡需要 5～6h,甚至更长的时间。(注:用松花江原水的硝基苯配水,粉末活性炭投加量 5mg/L。)

传统上供水厂在使用粉末活性炭进行强化处理时,粉末活性炭的投加点一般设置在供水厂内的混凝之前。由于在此条件下粉末活性炭与水的有效接触时间只有30min左右（即反应池的15~20min和沉淀池的起始段，当含有活性炭的矾花沉到池底后就不能与水流主体有效接触了），粉末活性炭的吸附能力尚未得到有效发挥。因此，对于粉末活性炭应急处理，应尽可能增加粉末活性炭与水的接触吸附时间。对于与取水口有一定距离的供水厂，应急处理时粉末活性炭的投加点应设在取水口处。对于只能在供水厂投加的情况，由于吸附接触时间较短，粉末活性炭的投加量应适当增加。

活性炭对污染物质的吸附容量可以通过吸附试验获得，结果通常以吸附等温线公式来表示。根据吸附等温线公式，可以计算出在对应的吸附平衡浓度下的活性炭对污染物质的吸附容量，从而求得对应于不同原水浓度要达到特定处理要求所需的粉末活性炭的投加量。从处理成本考虑，应急处理中粉末活性炭的投加量一般不大于40mg/L，特殊情况下粉末活性炭的最大投加量为80mg/L。因此，也可以求得对应于80mg/L投加量下能够达到处理标准要求所对应的污染物质最大应对超标倍数。在《城市供水系统应急净水技术指导手册》（第二版）（以下简称《应急指导手册》）中，列出了70余种污染物质的粉末活性炭吸附的参数，包括：吸附等温线参数、基准投加量和最大应对超标倍数，可供应急净水处理参考。因篇幅所限，本书中仅列出部分芳香族化合物的吸附参数，见表10-4。需要说明的有：该试验采用的是山西新华化工厂的煤质活性炭，如采用其他厂家的活性炭，吸附性能会有所差异；试验的吸附时间为2h，如果是在厂内投加，因吸附时间较短，活性炭的投加量应予增加；《应急指导手册》中的试验条件分别为纯水配水试验和不同地方原水配水试验，由于水中多种物质对活性炭的吸附位点有竞争作用，因此采用当地原水配水的吸附容量一般要低于纯水配水的吸附容量。在进行应急净水处理时，应采用实际的活性炭和当地的原水进行现场试验，确定实际的吸附特性。

部分芳香族化合物的吸附参数表　　　　表10-4

项目	饮用水标准（mg/L）	吸附等温线参数		基准投加量（mg/L）	最大应对超标倍数
		K	$1/n$		
苯	0.01	0.0525	0.6058	21	26
甲苯	0.7	0.1899	0.6471	20	17
乙苯	0.3	0.1543	0.617	29	20
间二甲苯	0.5	0.1168	0.2486	28	16
苯乙烯	0.02	0.1258	0.5591	10	56
氯苯	0.3	0.1551	0.5301	24	22
1,2-二氯苯	1	0.2707	0.7819	29	22
1,4-二氯苯	0.3	0.2153	0.2623	20	28
苯酚	0.002	0.0086	0.6192	76	7
五氯酚	0.009	0.0423	0.6512	33	17

注：1. 吸附试验条件：纯水配水试验，山西新华化工厂粉末活性炭，吸附时间2h；
　　2. 基准投加量：原水污染物浓度为标准限值的5倍，处理后浓度为标准限值的一半；
　　3. 最大应对超标倍数条件：粉末活性炭投加量80mg/L，吸附时间2h，处理后刚好达标；
　　4. 苯的数据来源于《城市供水系统应急净水技术指导手册》（第一版），其他数据来源与《城市供水系统应急净水技术指导手册》（第二版）。

2. 应急净水工艺和适用对象

采用粉末活性炭,在取水口或供水厂进口处投加(推荐在取水口投加),吸附去除大部分有机物。吸附了污染物质的粉末活性炭在净水工艺的沉淀与过滤处理中与水分离,作为污泥从系统中排出。

粉末活性炭吸附法应急净水工艺见图 10-5。经试验确定了应对 103 种污染物的粉末活性炭吸附的工艺参数,包括 38 种芳香族化合物、23 种农药、3 种卤代烃、17 种人工合成有机物、3 种藻类特征污染物、5 种多环芳烃、10 种嗅味物质、4 种药品与个人护理品,其中饮用水标准所涉及项目有 60 种,详见表 10-5。

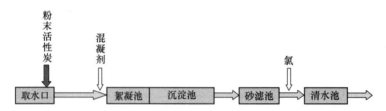

图 10-5 在取水口投加粉末活性炭的应急净水工艺流程图

活性炭吸附法可以去除污染物(饮用水相关标准内的项目) 表 10-5

应急处理技术	芳香族化合物	农药	其他有机物	数量
活性炭吸附法	苯、甲苯、乙苯、二甲苯、苯乙烯、氯苯、1,2-二氯苯、1,4-二氯苯、三氯苯(以偏三氯苯为例)、挥发酚(以苯酚为例)、五氯酚、2,4,6-三氯苯酚、2,4-二氯苯酚、四氯苯、六氯苯、异丙苯、硝基苯、二硝基苯、2,4-二硝基甲苯、2,4,6-三硝基甲苯、硝基氯苯、2,4-二硝基氯苯、苯胺、联苯胺、多环芳烃、苯并(a)芘、多氯联苯	滴滴涕、乐果、甲基对硫磷、对硫磷、马拉硫磷、内吸磷、敌敌畏、敌百虫、百菌清、莠去津(阿特拉津)、2,4-滴、灭草松、林丹、六六六、七氯、环氧七氯、甲草胺、呋喃丹、毒死蜱	五氯丙烷、氯丁二烯、六氯丁二烯、阴离子合成洗涤剂、邻苯二甲酸二(2-乙基己基)酯、邻苯二甲酸二丁酯、邻苯二甲酸二乙酯、石油类、环氧氯丙烷、微囊藻毒素、土臭素、2-甲基异莰醇、双酚A、松节油、苦味酸	60

3. 应急净水的实施

粉末活性炭应急净水技术已经在国内多次环境突发污染应急供水中得到成功应用,其中影响较大的是 2005 年 11 月松花江水污染事件中哈尔滨市的应急净水处理。

2005 年 11 月 13 日中国石油天然气股份有限公司吉林石化公司双苯厂发生爆炸事故,硝基苯泄漏,造成了松花江流域重大水污染事件,给流域沿岸的居民生活、工业和农业生产带来了严重的影响,其中哈尔滨市从 11 月 23 日 23 时起全市市政供水停水 4d,引起了社会极大关注。

在松花江水污染事件的哈尔滨应急供水中,经应急专家组决策,应急供水处理采取了在取水口投加粉末活性炭的应急措施,即在松花江边的取水口处投加粉末活性炭,在原水从取水口流到供水厂的输水管道中,用粉末活性炭去除水中绝大部分硝基苯。

当时,哈尔滨的部分供水厂正在用颗粒活性炭对供水厂滤池进行应急改造,即把原有砂滤池的滤料挖出一部分，再增加颗粒活性炭滤层。后来的应急实践表明，这种方法费时费力，且无法对运行进行调控，效果远差于在取水口投加粉末活性炭。因此，在以后的应急供水中，不再使用颗粒活性炭滤池改造的方法。

哈尔滨市的各供水厂以松花江水为水源，取水口到各供水厂有 5～6km 的原水输送管道，原水的流经时间约 2h。粉末活性炭的投加量情况如下：在水源水中硝基苯浓度严重超标的情况下，粉末活性炭的投加量为 40mg/L（11 月 26 日～27 日）；在水源水少量超标和基本达标的条件下，粉末活性炭的投加量降为 20mg/L（约一周时间）；在污染事件过后，为防止后续江水中可能存在少量污染物，确保供水水质安全，粉末活性炭的投加量保持在 5mg/L。

在 11 月 24 日实验室应急吸附试验和 25 日在取水口紧急加装粉末活性炭投加装置之后，在哈尔滨市制水四厂于 11 月 26 日 12:00 开始了生产性验证运行，硝基苯的测定结果如图 10-6 所示。在运行的初始阶段，水源水硝基苯浓度在 0.11～0.061mg/L，在取水口处投加 40mg/L 粉末活性炭，原水到达哈尔滨市制水四厂入厂口处，硝基苯浓度降至 0.0034mg/L，已经远低于水质标准的 0.017mg/L，再结合供水厂内的混凝沉淀过滤的常规处理（受条件所限，该厂不具备进行炭砂滤池改造的条件，因此未对砂滤池进行改造），最终砂滤池出水硝基苯浓度降至 0.00081mg/L，不到水质标准的 5%。11 月 27 日 4 时以后，滤后水中硝基苯浓度已低于分析仪器的检出限。经当地卫生防疫部门对水质进行全面分析、检验合格后，哈尔滨市制水四厂于 11 月 27 日 11:30 恢复对管网的供水，并从 12:00 开始，在取水口把粉末活性炭投加量减少为 20mg/L。哈尔滨市的其他水厂（制水三厂、绍和水厂）也于 11 月 27 日晚陆续恢复供水。

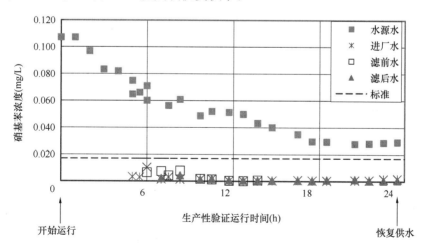

图 10-6　哈尔滨市制水四厂应急处理生产性验证运行

4. 小结

总结哈尔滨市应急供水的经验，在取水口处投加粉末活性炭，利用水源水从取水口到供水厂的输送距离，在输水管道中完成吸附过程，把应对硝基苯污染的安全屏障前移，是应急处理取得成功的关键措施。

此后在各地的供水厂应急能力建设中,有条件的地方都在取水口处建设了粉末活性炭的应急投加设施,例如:北京、上海、广州、济南、无锡、常州等地,显著提升了当地的应急供水保障能力。

10.3.2 应对金属非金属污染物的化学沉淀技术

1. 技术原理与应急处理工艺

用于应急净水处理的化学沉淀技术,根据去除原理的不同,又可细分为:碱性化学沉淀法、硫化物沉淀法、酸性铁盐化学沉淀法、组合或其他化学沉淀法。化学沉淀法应急处理的技术分类与去除对象见表10-6。

化学沉淀法应急处理的技术分类与去除对象(饮用水相关标准内项目) 表10-6

应急处理技术		金属和类金属	数量
化学沉淀法	碱性化学沉淀法	镉、铅、镍、银、铍、汞、铜、锌、钒、钛、钴	18
	硫化物沉淀法	汞、镉、铅、铜、锌、银	
	酸性铁盐化学沉淀法	锑、钼	
	组合或其他化学沉淀法	砷、铊、锰(二价)、铬(六价)、硒、银、磷酸盐	

2. 碱性化学沉淀法

碱性化学沉淀法的原理是:在碱性条件下,许多金属离子可以生成难溶于水的氢氧化物或碳酸盐。在供水厂混凝处理前,加碱把水的pH调到弱碱性,使水中溶解性的金属离子,生成难溶于水的细小颗粒物沉淀析出,并附着在矾花上,在混凝沉淀过滤中被去除,处理后的水再加酸回调pH到中性。

碱性化学沉淀法应急净水处理工艺流程图如图10-7所示,工艺参数见表10-7。

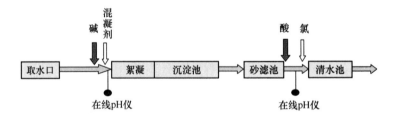

图10-7 碱性化学沉淀法应急净水处理工艺流程图

碱性化学沉淀法应急净水去除重金属的工艺参数表 表10-7

项目	水质标准(mg/L)	试验原水浓度(mg/L)	沉淀形式	理论pH	铁盐混凝沉淀法		铝盐混凝沉淀法	
					pH	剂量(mg/L)(以Fe计)	pH	剂量(mg/L)(以固体聚合铝计)
镉	0.005	0.042	$CdCO_3$、$Cd(OH)_2$	>8.0	8.5~9.0	>5	8.5~9.0	>20
镍	0.02	0.12	$Ni(OH)_2$、$NiCO_3$	>9.8	>9.5	>5	不适用	
铍	0.002	0.0106	$Be(OH)_2$	>6.4	>8.0	>5	7.0~9.5	>10

续表

项目	水质标准（mg/L）	试验原水浓度（mg/L）	沉淀形式	理论pH	铁盐混凝沉淀法		铝盐混凝沉淀法	
					pH	剂量(mg/L)（以Fe计）	pH	剂量(mg/L)（以固体聚合铝计）
铅	0.01	0.252	$PbCO_3$、$Pb(OH)_2$	>10.2	>7.5	>10	9.0~9.5	>20
铜	1.0	5.23	$Cu(OH)_2$、$CuCO_3$	>6.6	>7.5	>5	8.0~9.5	>10
锌	1.0	5.0	$Zn(OH)_2$、$ZnCO_3$	>7.9	>8.5	>5	8.0~9.5	>5
银	0.05	0.26	$AgOH$、Ag_2CO_3、$AgCl$		>7.0	>10	>7.0	>10
汞	0.001	0.0052	HgO	>9	>9.5	>5	不适用	

以下以镉为例，论述碱性化学沉淀法应急除镉净水工艺。

在pH>8.5的条件下，水中的Cd^{2+}离子生成难溶于水的碳酸镉沉淀物（$CdCO_3$），其反应式为：

$$Cd^{2+} + CO_3^{2-} = CdCO_3 \downarrow \tag{10-2}$$

根据溶度积原理，镉离子的溶解平衡浓度的计算式为：

$$[Cd^{2+}] = \frac{K_{sp}}{[CO_3^{2-}]} \tag{10-3}$$

式中 K_{sp}——溶度积常数，$CdCO_3$的$K_{sp}=1.6 \times 10^{-13}$。

由于空气中的二氧化碳会溶解在水中，天然水中总含有一定的碱度。当水的pH增高以后，水中与碳酸盐相关的平衡关系就向着生成更多碳酸根的方向移动，使碳酸根浓度增高。由于碳酸镉的溶度积关系，碳酸根浓度的增高使水中镉离子的溶解浓度降低，多余的镉离子就以碳酸镉固体的形式从水中沉淀析出。

Cd^{2+}的溶解沉淀平衡浓度与pH的关系可用表10-8说明。在pH=7.8的条件下，水中溶解性的镉离子的平衡浓度为0.0051mg/L，与饮用水标准基本相同。如果pH升高到8.5，因为水中碳酸根离子的浓度增加，水中溶解性的镉离子的平衡浓度仅为0.001mg/L，多余的镉以碳酸镉固体的形式从水中析了出来。但是由于这些析出的固体的颗粒非常微小，自身沉淀不下来，还需要投加混凝剂使其从水中沉淀分离。

Cd^{2+}的溶解沉淀平衡浓度与pH的关系示例表　　　　表10-8

pH	7.8	8.0	8.5	9.0
Cd^{+2}，mg/L	0.0051	0.0032	0.00105	0.00036

注：表中水的碱度为1mmol/L。对于其他碱度浓度的水，镉离子的平衡浓度有所差异。

图10-8和图10-9是应急供水中的试验结果，可见当把水的pH调整到混凝反应后为8.5时，处理后镉可以达标；调整到pH=9，除镉效果更好。使用铁盐混凝剂或铝盐混凝剂均可，但使用铝盐混凝剂需注意在pH较高条件下易出现出水铝离子超标问题。

该工艺流程图见图10-7。先对原水投加液体氢氧化钠提高pH，由加装的在线pH仪控制，通过混凝沉淀过滤去除镉，滤后水再加酸回调pH至中性。注意，根据涉水产品的规定，所用的酸碱必须使用食品级产品。应急净水处理的加碱加酸费用小于 0.10 元/m³。该项技术已在供水厂应急处理和河道投药处置中多次得到成功应用。

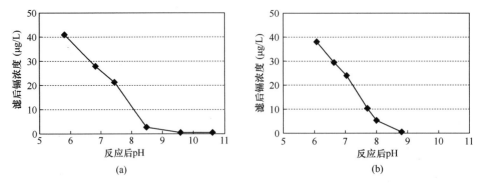

图 10-8　2005 年广东北江镉污染事件应急净水除镉试验数据

（a）混凝剂：FeCl₃，20mg/L（固体商品重）；（b）混凝剂：聚合氯化铝，50mg/L（固体商品重）

注：原水镉浓度 42μg/L，pH=7.7。

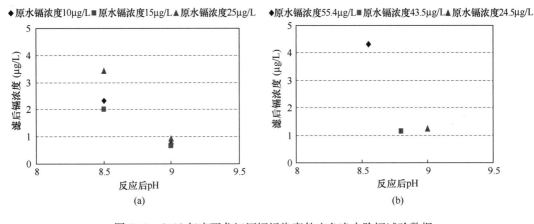

图 10-9　2012 年广西龙江河镉污染事件应急净水除镉试验数据

（a）混凝剂：聚合硫酸铁，10mg/L（固体商品重）；（b）混凝剂：聚合氯化铝，30mg/L（固体商品重）

3. 硫化物化学沉淀法

一些金属的硫化物比氢氧化物更难溶于水，可采用硫化物沉淀法去除，例如去除汞、镉、铅、铜、锌、银等。

硫化物沉淀法的沉淀剂一般采用硫化钠，在混凝之前投加，所生成的金属硫化物的沉淀物将随矾花在混凝沉淀过滤中被去除。硫化钠的投加剂量需根据金属离子沉淀所需量计算，对于一些标准限值浓度较低的重金属，投加量一般在 0.2mg/L 即可满足去除要求。滤后水中少量残留的硫化物在后续的加氯消毒中可以被快速（数分钟内）分解为硫代硫酸盐和硫酸盐，不影响供水厂出水水质。当采用硫化物沉淀法时，必须停止预氯化和预氧化。具体的使用对象和工艺控制条件可参考《城市供水系统应急净水技术指导手册》（第二版）。

使用硫化物沉淀法时必须特别注意安全问题，防止所使用的硫化物药剂遇到酸性条件产生剧毒的硫化氢气体。硫化钠溶液的配制和投加必须使用单独的系统,操作人员必须配备有安全器具。

由于药剂的安全性问题,该方法在饮用水应急处理中还很少使用,目前主要用于工业废水事故泄漏的现场应急处置。

4. 酸性铁盐化学沉淀法

弱酸性铁盐混凝沉淀法能够去除锑和钼。

锑在水中的存在价态有三价锑(亚锑酸根,SbO_2^-)和五价锑[锑酸根,$Sb(OH)_6^-$,或表示为SbO_3^-]。水中的三价锑很容易被溶解氧氧化成五价锑,因此在尾矿库排水和在含溶解氧的地表水中,锑主要以五价锑的锑酸根形式存在。

钼在水中的存在价态为六价钼,在中性的水中以钼酸根(MoO_4^{2-})形式存在,在pH=2.5~5.5的酸性水中以钼酸氢根($HMoO_4^-$)的形式存在。

弱酸性铁盐混凝沉淀法除锑除钼的原理是:铁盐混凝剂产生的氢氧化铁矾花在弱酸性条件下表面带有正电荷,可以吸附水中带负电的锑酸根或钼酸根,然后通过混凝沉淀过滤去除。最佳pH控制条件:除锑,pH=5.0~5.5;除钼,pH=5.8~6.0。

其处理特性是:

(1) 需要弱酸性条件,中性和碱性条件下对锑或钼基本不去除。在弱酸性条件下,pH越低,去除效果越好。其原理是在较低pH条件下,氢氧化铁胶体表面的正电荷密度高,因此去除效果好。但是如果pH再低,降到4以下,因氢氧化铁矾花在酸性条件下溶解,沉淀效果不好,因此除锑除钼效果反而下降。且pH越低,对构筑物的腐蚀性越大。

(2) 需要大剂量的铁盐混凝剂。由于除锑除钼是通过化学吸附作用,原水含锑或含钼的量越高,去除所需要的氢氧化铁矾花就越多,所需要的铁盐混凝剂投加量也就越大。铝盐混凝剂产生的矾花的表面正电性差,因此去除效果远低于铁盐混凝剂。

因此,对于不同浓度的原水,由于去除任务不同,pH的控制范围和所需铁盐混凝剂投加量应由试验确定。

案例:2012年广西龙江河镉污染事件中柳州市河西水厂应急供水除锑

该污染事件属于多种重金属的复合污染,事件中镉污染问题已经通过河道加药处置得到有效解决。在事件的后期,供水厂遇到了原水锑和砷超标的问题。图10-10是当时柳州市河西水厂的除锑试验结果。由图可见,除锑需要调整为弱酸性,铁盐混凝剂投加量高的pH可以少调整一些,铁盐混凝剂投量低的需要多调整。

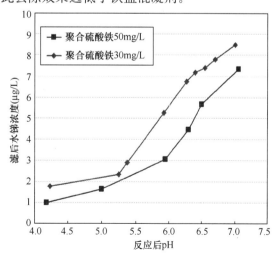

图10-10 柳州市河西水厂的除锑试验图
(2012年2月19日)

注:原水锑浓度0.0112mg/L,pH=7.86。

表10-9是柳州市河西水厂除锑工艺采用两种控制工况进行去除效果比较的结果。经比较后供水厂按照pH＝6.0～6.5和聚合硫酸铁投加量50mg/L（固体商品重）的除锑工况运行，从2月底至3月中旬运行了近一个月，确保了出厂水水质的全面达标。

柳州市河西水厂的除锑工艺条件运行对比（2012年2月21日） 表10-9

	水量（m³/h）	原水锑浓度（mg/L）	原水pH	聚合硫酸铁（mg/L）	加酸反应后pH	回调pH的加碱点	滤后水锑浓度（mg/L）	锑的饮用水标准（mg/L）
一号沉淀池	1700	0.010	7.8	20	5.5	沉后	0.004	0.005
二号沉淀池	1700			50	6.0-6.5	滤后	0.003	

案例：2015年甘肃锑污染四川广元应急供水除锑

2015年11月23日发生了甘肃陇星锑业有限责任公司尾矿库泄漏的锑污染事件，造成下游300多km河段水体锑浓度超过地表水和饮用水的标准（均为0.005mg/L），直接威胁到四川省广元市的供水。广元市城区供水主要由以嘉陵江为水源的西湾水厂供给，在这次事件中，广元市西湾水厂采用弱酸性铁盐混凝沉淀法应急除锑，通过应急供水保障，成功应对了突发事件，确保了人民群众的饮水安全。

西湾水厂规模10万m³/d，两个系列，每个系列规模5万m³/d。在本次应急供水中，通过启用应急地下水水井和周边的小供水厂的联网支援，西湾水厂只需运行一个系列即可满足供水水量要求。

根据应急除锑的技术原理、现场试验结果和对有关技术的发展，形成了广元市西湾水厂应急除锑工艺流程（图10-11），除锑运行数据如图10-12所示。事件期间，12月6日起污染水团到达了广元市，在十多天内共有4个污染峰，嘉陵江水的峰值分别为20μg/L、18μg/L、13μg/L、8μg/L。经南河水稀释后，配水井的锑浓度有所降低，进厂水对应的峰值浓度分别为13μg/L、13μg/L、8μg/L、5μg/L。供水厂在配水井处加盐酸调整pH为5.0～5.3，一级混凝沉淀投加液体聚合硫酸铁100mg/L，二级混凝沉淀投加液体聚合硫酸铁20mg/L，滤前加碳酸钠回调pH，并在滤前投加二氧化氯。在运行的后期，随着进水锑浓度降低，加酸量和混凝剂投加量也相应下调。经供水厂应急处理后，出厂水的锑稳定达标，并留有一定的安全余量，锑浓度一般在0.002～0.004mg/L。出厂水的色度、浊

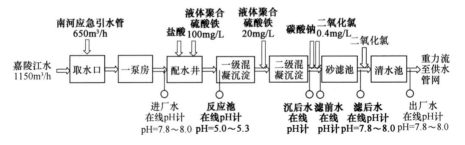

图10-11 广元市西湾水厂应急除锑工艺流程图

注：图中加粗部分为应急除锑工艺改造部分。

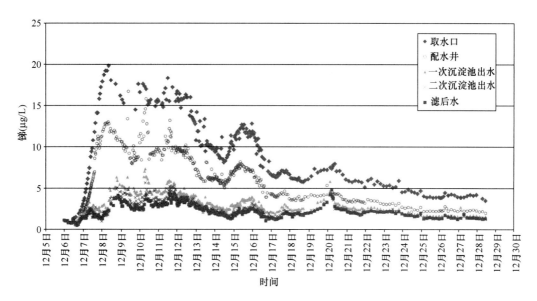

图 10-12 西湾水厂应急除锑运行数据图

度、铁、锰、pH 等均稳定满足饮用水标准要求。广元市疾病预防控制中心对西湾水厂出厂水和供水管网进行了全程监督检测，未见水质问题。重庆市自来水水质监测中心对 12 月 11 日晚出厂水水样进行了第三方监测，《生活饮用水卫生标准》GB 5749—2006 的 106 项指标全面达标。

广元市应急供水在应急净水技术上取得了新的进展，包括：二级混凝沉淀除锑、滤前回调 pH、二氧化氯过滤除锰、用碳酸钠回调 pH 保持管网水质化学稳定等。

5. 组合与其他化学沉淀法

组合与其他化学沉淀法的技术路线是，先通过氧化或还原反应转变金属离子的价态，使其生成难溶于水的沉淀物，或是生成能够被混凝剂生成的矾花进行化学吸附的形态，然后再通过沉淀过滤去除。所去除的金属污染物包括：砷（主要是指三价砷）、铊、二价锰、六价铬等，其中前三种需要采用氧化与化学沉淀法组合的工艺，六价铬需要采用还原与化学沉淀法组合的工艺。

（1）除砷

砷的价态有 -3、0、$+3$ 和 $+5$ 价。在自然界中，砷主要以硫化物矿、金属砷酸盐和砷化物的形式存在，包括砷、三氧化二砷（砒霜）、三硫化二砷、五氧化二砷、砷酸盐、亚砷酸盐等。硫酸生产与冶炼工业排放的工业废水中的砷主要为三价砷，包括三氧化二砷和亚砷酸，在排入地表水体后，这些三价砷逐渐被溶解氧氧化为五价砷。在含氧的地表水中长期存在的砷，主要存在形式是五价砷，在水体中多以砷酸氢根（$HAsO_4^{2-}$ 和 $H_2AsO_4^-$）的形式存在。在缺氧的地下水和深水湖的沉积物中砷的主要存在形式是三价砷，在水体中多以亚砷酸（H_3AsO_3）的形式存在。

对于水中的五价砷，铁盐混凝剂的去除效果很好，且不受 pH 的影响。有关试验结果如图 10-13 所示。其去除机理是：铁盐混凝剂形成的氢氧化铁矾花絮体可以通过络合作用，吸附砷酸氢根。对五价砷浓度 0.05mg/L 的原水，用 5mg/L（以 Fe 计）的铁盐混凝剂可以使其水质达标（饮用水标准限值 0.01mg/L）。铝盐混凝剂的效果远比铁盐差，只在 pH 大于 8.5 的情况下才能刚刚达标。

对于水中的三价砷，混凝沉淀的去除效果远低于五价砷。有关试验结果如图 10-14 所示。对此，可以先把三价砷氧化成五价砷，再用铁盐混凝沉淀去除。

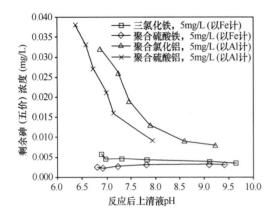 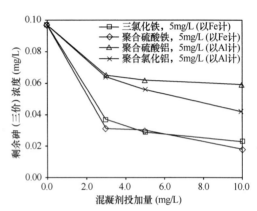

图 10-13　混凝沉淀去除五价砷的试验结果　　　图 10-14　混凝沉淀去除三价砷的试验结果
注：原水五价砷浓度 0.05mg/L。　　　　　　　　注：原水三价砷浓度 0.097mg/L，pH＝7.77。

水质测定一般只是测定总砷，并不区分三价砷和五价砷的比例。对于水源突发砷污染事件，一般都是由于工业废水的偷排与泄漏引发的，工业废水排出的砷主要是三价砷，事故泄漏后砷进入天然水体的时间有限，大部分三价砷可能还未被溶解氧转化为五价砷。因此，对于水源突发砷污染事件，供水厂应采用预氧化铁盐混凝沉淀法除砷工艺，以保证对三价砷和五价砷都有很好的去除效果。预氧化的氧化剂采用氯、二氧化氯、高锰酸钾等均可。供水厂应急除砷的工艺流程图如图 10-15 所示。该工艺已在多次应急供水中得到成功应用。

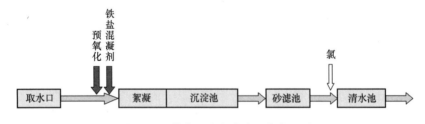

图 10-15　供水厂应急除砷工艺流程图

（2）除铊

铊在天然水体中的本底很低，水环境中铊浓度升高的主要来源是铅、锌等冶炼生产过程中的排污。天然水体中铊以一价铊离子（Tl^+）形式存在，呈溶解态。

铊属于高毒类物质，对人的致死剂量为 8～12mg/kg，绝对致死剂量为 14mg/kg，并有致突变性、生殖毒性、胚胎毒性和致畸性。长期低剂量摄入可导致慢性铊中毒，其症状为中枢和植物神经系统功能紊乱、心脏功能和肝功能改变、脱发等。《生活饮用水卫生标准》GB 5749—2006 对铊的限值浓度为 0.0001mg/L。

经研究，确定了弱碱性高锰酸钾氧化法的供水厂应急除铊工艺。其原理是：先用强氧化剂把一价铊（Tl^+）氧化成三价铊（Tl^{3+}），形成难溶于水的氢氧化铊沉淀物[$Tl(OH)_3$]，其溶度积 $K_{sp}=6.3\times10^{-46}$，再经混凝沉淀过滤去除。氧化剂采用液氯、二氧化氯或高锰酸钾均可，但需要较长的氧化时间，其中以弱碱性条件下的高锰酸钾法除铊效果最好（图 10-16～图 10-18）。供水厂应急除铊工艺流程如图 10-19 所示。

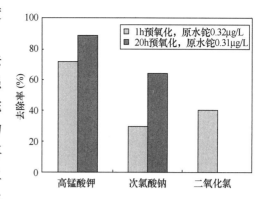

图 10-16 不同氧化剂的除铊效果

注：氧化剂的电子摩尔数相同，以 Cl_2 计均为 2mg/L。

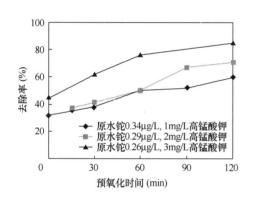

图 10-17 高锰酸钾投加量和预氧化时间对除铊的影响

注：聚合氯化铝 10mg/L（固体重）。

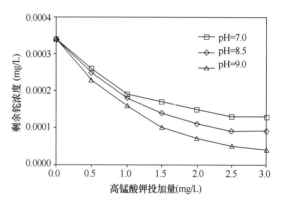

图 10-18 高锰酸钾投加量和 pH 对除铊的影响

注：原水铊浓度 0.00034mg/L，预氧化时间 30min，聚合氯化铝 10mg/L（固体重）。

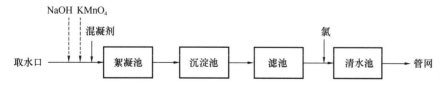

图 10-19 弱碱性高锰酸钾氧化法应急除铊净水工艺流程图

2010 年 10 月发生了广东北江铊污染事件，由于上游的韶关冶炼厂违法排污，造成以北江为水源的英德市、清远市的供水厂及沿江村镇供水厂的水源水中铊浓度严重超标，下游取水于北江三角洲的佛山市和广州市的部分供水厂水源水铊浓度略有超标。

在应急专家的指导下，受影响的供水厂采用了应急除铊净水措施，使出厂水水质达标，恢复（中游供水厂）或保证（下游供水厂）安全供水。如图 10-20 所示是北江中游清远市七星岗水厂的除铊运行数据。该厂规模 16 万 m^3/d，当时实际产水 19 万 m^3/d，属超负荷运行。在事件的初期未采取除铊措施时，该供水厂净水工艺对铊没有去除作用，进出水铊浓度基本相同（见10月21日数据）。该供水厂先是改用二氧化氯预氯化除铊，取得了一定效果，但由于二氧化氯发生器的产能有限，除铊效果尚不能满足要求。后期增加了预高锰酸钾和加碱的应急措施，除铊效果稳定，详见10月30日以后运行效果。

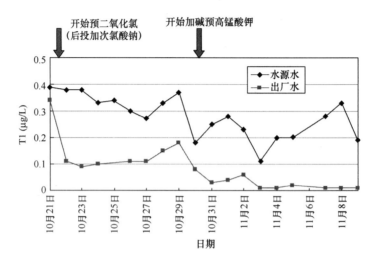

图10-20　北江中游清远市七星岗水厂的除铊运行数据图（2010年10月）

6. 重金属复合污染应急供水

近年来已多次发生重金属复合污染的突发污染事件，因此需要确定应对多种重金属复合污染的供水厂应急净水工艺。

案例：江西新余市仙女湖镉、铊、砷污染事件应急供水

（1）事件过程

2016年4月3日～17日，江西省新余市仙女湖及上、下游的袁江发生突发污染，主要污染物是镉、铊、砷，属重金属复合污染。以仙女湖为水源的新余市第三水厂（规模6万 m^3/d）从4月5日下午起停止取水，供水中断，经过对应急净水工艺的现场试验研究和供水厂增加应急药剂投加设备后，4月10日中午新余市第三水厂恢复供水。

（2）应对镉、铊、砷复合污染的应急净水工艺

对于镉、铊、砷的复合污染，除镉只需调高pH，除砷只需采用足量的铁盐混凝剂，均容易实现；但是对于除铊，由于铊的氧化速度慢，并且需要过量投加氧化剂，反应后仍有氧化剂残留（原水铊含量不到1μg/L，所需氧化剂投加量为mg/L级，所以反应后仍有氧化剂剩余），处理的难度最大。

结合新余市第三水厂实际条件，经应急专家的现场试验，确定了应对镉、铊、砷复合污染的应急净水工艺，工艺流程图如图10-21所示。

工艺控制参数如下：取水口加烧碱，调节原水pH为9.1～9.3（除镉、除铊）；供水厂内加高锰酸钾（2～2.5mg/L）和预氯化（1mg/L）（除铊、除三价砷）；聚合硫酸铁（5mg/L，以Fe计，除砷）；沉后水投加少量焦亚硫酸钠（1～2mg/L），消除过量

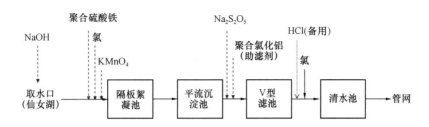

图 10-21 新余市第三水厂除镉铊砷应急净水工艺流程图
注：图中虚线箭头所示为应急改造部分。

$KMnO_4$；沉后水投加助滤剂聚合氯化铝（2mg/L，商品重），改善过滤效果；盐酸（备用），因所用的聚合硫酸铁药剂的酸性很强，且投加量较大，降低了处理后水的pH，滤后水的pH为8.1~8.4，符合要求，整个应急过程中未投加盐酸。

(3) 应急净水效果

1) 除铊效果

应急期间，原水铊浓度逐渐降低，滤后水铊浓度均在标准限值范围内，应急净水工艺有很好的除铊效果 [图10-22(a)]。4月11日滤后水铊浓度波动的原因是当时混凝剂加药设备出现故障，投加量不足。

2) 除锰效果

除锰效果见图10-22(b)。水中锰的来源主要是投加的高锰酸钾所带入的锰，在与铊进行反应后仍有部分高锰酸钾残留，因此需要在沉后水投加少量焦亚硫酸钠，消解过量的高锰酸钾。运行初始滤后水部分样品锰超标，原因是高锰酸钾投药量不稳定和焦亚硫酸钠投药量偏低。但滤后水经清水池混合后，供水厂出水锰稳定达标，未影响出厂水水质。通过总结运行经验，保持加药量稳定，后续运行中滤后水的锰稳定达标。

3) 除镉效果

除镉效果见图10-22(c)。应急供水期间原水镉浓度波动下降。通过在取水口处投加NaOH把pH调到9.1~9.3，进厂水中的镉已经转化为非溶解态的颗粒状镉，供水厂除镉效果很好，滤后水镉浓度稳定达标。

4) 除砷效果

除砷效果见图10-22(d)。应急供水期间原水砷浓度逐渐降低。4月10日上午滤后水砷浓度偏高，原因是铁盐混凝剂投加量只有3mg/L左右（以Fe计），其后投加量提高到5mg/L（以Fe计），砷稳定达标。4月11日滤后水砷浓度波动，原因是当时混凝剂投加设备出现故障。在铁盐混凝剂足量投加情况下，滤后水砷浓度稳定达标，应急净水工艺具有很好的除砷效果。

应急供水期间，新余市水务集团有限公司的监测项目包括出厂水日检9项和常规指标42项，新余市疾控中心的监测项目包括镉、铊、砷和自来水的其他常规检测项目，江西省环境监测中心和新余市环境监测站的监测项目包括标准中涉及的所有重金属项目（采用

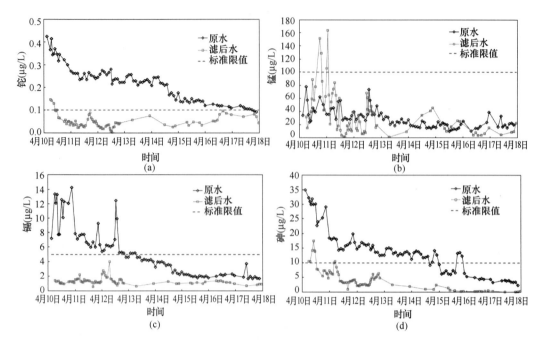

图 10-22 新余市第三水厂应急净水数据图
(a) 铊；(b) 锰；(c) 镉；(d) 砷

ICP-MS 测定）。监测结果均符合《生活饮用水卫生标准》GB 5749—2006。

新余市第三水厂应急净水的药剂费用见表 10-10，其中最大投药量时的药剂费用为 0.18 元/m³。

新余市第三水厂应急净水的药剂费用表　　　　表 10-10

药剂名称	化学式	含量(%)	药剂等级	最大投加量(mg/L)	单价元/t	费用(元/m³)	备注
烧碱	NaOH	≥99	食品级	12	4200	0.0504	原水 pH 调到 9.0～9.3
高锰酸钾	KMnO$_4$	≥99.3	食品添加剂	2.5	28000	0.0700	
聚合硫酸铁		总铁≥19	一级品	25	1900	0.0475	投加量以 Fe 计，为 5mg/L
焦亚硫酸钠	Na$_2$S$_2$O$_5$	≥96.5	食品添加剂	2	2400	0.0048	
聚氯化铝		氧化铝≥29	饮用水用	2	2000	0.0040	助滤剂
液氯	Cl$_2$			4	800	0.0032	包括预氯化和后氯化
总计						0.1799	

注：表中单价为实际采购价。因为紧急采购，部分药剂的价格高于一般的市场价格。

5）在其他供水厂的应用

在取得新余市第三水厂应急供水成功经验后，在新余市的河下镇水厂也实施了应急净水。该供水厂是镇级供水厂，规模 5000m³/d，设备与管理水平较低。应急净水药剂的投加均采用塑料大桶溶药，用水龙头放流，没有使用机电设备和在线监测仪器，只设一人值守。应急净水后的镉、铊、砷均稳定达标,恢复了供水厂的正常供水。

7. 小结

总结化学沉淀法应急净水技术研究,所取得的成果是:

(1) 确定了化学沉淀法是应对重金属突发污染的有效技术。
(2) 确定了碱性化学沉淀法应急除镉净水技术。
(3) 研发了对几种难去除重金属(铊、锑、钼等)的应急净水技术。
(4) 研发了多种重金属(镉、铊、砷等)复合污染的应急净水工艺。
(5) 以上技术成果已多次成功用于供水厂应急净水,为应急供水作出了贡献。

应急供水的实践表明,所开发的重金属污染的应急净水工艺,易于实施,应急净水效果稳定,所增加的处理费用有限,不仅适用于大中型供水厂,也适用于设备技术水平较低和管理能力较弱的乡镇小型供水厂。去除镉、铊、锑、钼和重金属复合污染的技术(在供水厂规模的应急净水应用)在国内外均属首次,在应对重金属污染的应急净水技术上有重要发展。

10.3.3 应对氧化性或还原性污染物的氧化还原技术

1. 技术原理与应急处理工艺

对于硫化物、氰化物等还原性污染物,在取水口或供水厂混凝前投加氧化剂,如高锰酸钾、氯等,具有很好的去除效果。流程图如图 10-23 所示。

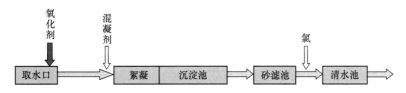

图 10-23 氧化法应急净水工艺流程图

氧化法应急净水工艺的控制要点是,氧化剂的种类应根据污染物的反应特性确定,投加剂量要根据水源水质变化动态调控。加量过多时,氧化剂过量;加量不足时,反应不完全。并应注意氧化带来的次生污染问题。

对于六价铬等氧化性的污染物,则可以使用还原法。常用的还原剂有焦亚硫酸钠等。前一节应对重金属复合污染中,消解过量的高锰酸钾就采用了焦亚硫酸钠还原法。

经试验确定了应对 23 种污染物的氧化还原处理的工艺参数,包括硫化物、氰化物、氨氮(<2mg/L)、亚硝酸盐 4 种无机离子,微囊藻毒素、水合肼、消毒副产物氯化氰 3 种有机指标,甲硫醇、乙硫醇、甲硫醚、二甲二硫、二甲三硫 5 种含硫致嗅物质和磺胺甲噁唑、磺胺嘧啶、土霉素、四环素、诺氟沙星、氧氟沙星等 6 种抗生素。与化学沉淀法组合,还可有效应对砷(Ⅲ)、铊(Ⅰ)、锑(Ⅲ)、铬(Ⅵ)、锰(Ⅱ)5 种金属和类金属污染物。氧化还原法可以去除的污染物见表 10-11。

氧化还原法可以去除的污染物　　　　　　　　表 10-11

应急处理技术		金属	无机离子	其他有机物	消毒副产物	抗生素	数量
氧化还原法	氧化	锰（Ⅱ）	硫化物、氰化物、氨氮（<2mg/L）、亚硝酸盐	微囊藻毒素、水合肼、甲硫醇、乙硫醇、甲硫醚、二甲二硫、二甲三硫	氯化氰	磺胺甲噁唑、磺胺嘧啶、土霉素、四环素、诺氟沙星、氧氟沙星等	19
	还原	铬（Ⅵ）					1
	与沉淀组合（预氧化＋化沉）	砷（Ⅲ）、铊（Ⅰ）、锑（Ⅲ）					3

2. 典型污染物的氧化反应特性

硫化物是一种典型的还原性无机物。硫化物存在于厌氧状态的水体中，使水带有明显的硫化氢臭味。饮用水中硫化物的标准限值是 0.02mg/L。采用预氧化可以快速去除硫化物，反应在数分钟内即可完成，反应产物先是生成硫代硫酸盐，再继续被氧化成硫酸盐。游离氯与硫化物的反应特性图如图 10-24 所示。

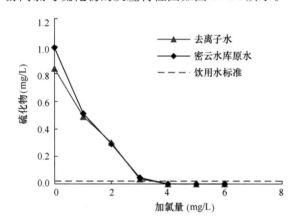

图 10-24　游离氯与硫化物的反应特性图

注：密云水库原水，COD_{Mn}＝2.2mg/L，NH_3-N＝0.02mg/L，pH＝8.06，氧化时间 30min。

氰化物的去除也可以采用氯氧化法。氧化的第一阶段先把氰化物（CN^-）氧化成氰酸盐（CNO^-），反应需要在碱性条件下进行；氧化的第二阶段再把氰酸盐氧化成氮气（N_2）和二氧化碳（CO_2）。在 2015 年的天津港火灾爆炸事故中，对爆炸坑内残存的富含氰化物的废液，大量投加次氯酸钠，进行无害化处理。

硫醇、硫醚类物质是存在于重度污染水体中的一类能够产生恶臭气味的物质，是藻渣、含蛋白质的生活污水或工业废水等在厌氧条件下生物反应的腐败产物。硫醇、硫醚如果继续进行厌氧反应，最终将转化为硫化氢。在几次由于藻类暴发产生的污染事件（如 2007 年 5 月底的无锡水危机事件）和水库冲淤底泥排放事件（如 2015 年 4 月的兰州自来水嗅味事件）中，在受污染的水源水中多次检测到甲硫醇（CH_3SH）、二甲基二硫醚（CH_3-S-S-CH_3）和二甲基三硫醚（CH_3-S-S-S-CH_3）等致嗅物质。

硫醇、硫醚类污染物是在厌氧条件下产生的还原性物质，很容易通过氧化的方法去除，但是被活性炭吸附的效果较差。图 10-25 是甲硫醇的去除特性，可知，氯、高锰酸钾、二氧化氯等水处理常用氧化剂对甲硫醇的去除效果很好，而粉末活性炭对甲硫醇的去除效果有限。图 10-26 是二甲基二硫醚和二甲基三硫醚的去除特性，可知，高锰酸钾氧化法的去除效果显著,粉末活性炭的吸附作用有限。因此,对于硫醇、硫醚类污染物,应采用高锰酸钾预氧化的技术路线。

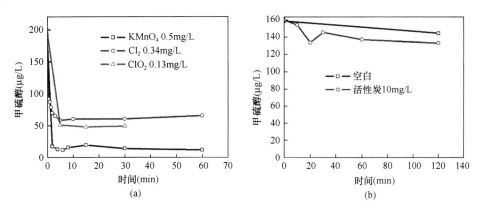

图 10-25 甲硫醇的去除特性

(a) 甲硫醇的氧化特性;(b) 甲硫醇的吸附特性

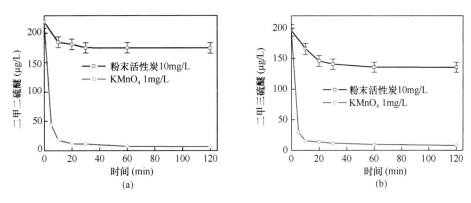

图 10-26 二甲基二硫醚和二甲基三硫醚的去除特性

(a) 二甲基二硫醚;(b) 二甲基三硫醚

3. 小结

氧化还原法应急净水技术研究的成果是:

验证了硫化物、氰化物在氧化处理中反应迅速的特性,可以有效指导相应的应急净水处理。

2006年课题组首次发现了硫醇硫醚类物质是造成供水严重嗅味的一类致嗅物质,并初步确定了对该类物质采用氧化应急净水处理的技术路线;在水专项研究中,扩展了致嗅物质的种类,细化了应急处理技术,形成了系列化的研究成果。在2007年无锡太湖水危机、2015年兰州自来水异味事件等多次突发事件中,有关成果为应急供水提供了关键技术支持。

10.3.4 应对挥发性污染物的曝气吹脱技术

1. 技术原理与应急处理工艺

曝气吹脱法可以用来去除难以吸附和氧化的挥发性污染物,如卤代烃类等,在取水口外水源地设置应急曝气设备,吹脱去除。

曝气吹脱法应急净水工艺流程图见图 10-27。经试验确定可以应对的饮用水相关标准内的污染物见表 10-12。

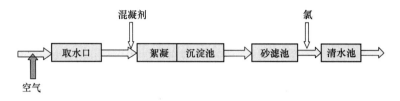

图 10-27 曝气吹脱法应急净水工艺流程图

曝气吹脱法可以去除的污染物(饮用水相关标准内的项目) 表 10-12

应急处理技术	氯代烃	消毒副产物	数量
曝气吹脱法	四氯化碳、氯乙烯、二氯甲烷、1,1-二氯乙烯、1,2-二氯乙烯、三氯乙烯、四氯乙烯、1,1,1-三氯乙烷、1,1,2-三氯乙烷、1,2-二氯乙烷、环己烷、一氯甲烷、溴代甲烷、溴氯甲烷、1,3,5-三甲苯、邻氯甲苯、1,3-二氯苯	三氯甲烷、一溴二氯甲烷、二溴一氯甲烷、三溴甲烷、三卤甲烷总量	22

曝气吹脱技术的优点是不会引入新的污染物。主要缺点是需要设置曝气设备,应用受到现场条件限制,对污染物的去除效果受物质性质和曝气强度影响等。此外,曝气吹脱对污染物并没有分解,只是从水中转移到空气中,对于重污染有害物质的应急吹脱处理,需作好现场人员的安全防护。对于长期运行的吹脱设施,需对有害尾气进行无害化处理。

2. 污染物的曝气吹脱特性

曝气吹脱应急处理特别适合于一些短链的卤代烃类挥发性有机物,包括三氯甲烷、四氯化碳、氯乙烯等。这些物质的特性是难以被活性炭吸附,难以被氧化,但挥发性很强,容易被吹脱去除。

图 10-28 是三氯甲烷的静态吹脱试验结果。由图可知,在不同曝气强度下(试验条件 37.5~100L/h),随着曝气吹脱气水比的增加,水中的挥发性污染的浓度逐渐降低,呈指数下降特性。

根据理论推导,建立了曝气吹脱的理论公式。

$$\frac{C}{C_0} = e^{-Gq} \tag{10-4}$$

式中 C——污染物的浓度,mg/L;
C_0——污染物的初始浓度,mg/L;
G——吹脱系数;
q——气水比。

式中的吹脱系数 G 与曝气吹脱尾气中的饱和度和亨利常数有关,当曝气高度超过气

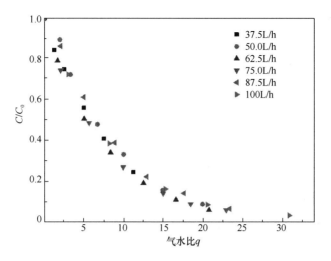

图 10-28 三氯甲烷的静态吹脱试验图

液传输相平衡所需高度，即尾气与水达到相平衡时，吹脱系数 G 等于无量纲亨利常数 H。

$$H = C_g / C_w \tag{10-5}$$

式中 H——无量纲亨利常数；

C_g——平衡时物质在气相中的摩尔浓度，$mol/L_{气}$；

C_w——平衡时物质在水相中的摩尔浓度，$mol/L_{水}$。

曝气吹脱模型的含义是，去除一定量的特定污染物所需的气水比 q 为确定值。表 10-13 给出了部分卤代烃的曝气吹脱参数。

部分卤代烃的曝气吹脱参数 表 10-13

有机物	去除率 50% 对应的气水比	去除率 80% 对应的气水比	去除率 90% 对应的气水比	相平衡高度 (cm)
1,1 二氯乙烯	0.71	1.7	2.4	
四氯化碳	0.73	1.7	2.4	
氯乙烯	0.78	1.8	2.6	
1,1,1 三氯乙烷	1.2	2.9	4.1	
四氯乙烯	1.3	3.0	4.3	40～50
三氯乙烯	2.2	5.2	7.3	40～50
三氯甲烷	5.5	13	18	35～45
一溴二氯甲烷	9.2	22	31	30～50

在实际使用中，由于鼓风曝气进行吹脱的单位电费为 0.010～0.015 元/m³，因此该方法主要适用于所需气水比不大于 15 的污染物去除任务。

3. 曝气吹脱设备

曝气吹脱的设备分为以下类型：

(1) 鼓风曝气吹脱。一般采用罗茨鼓风机和曝气穿孔管，可用于取水口外水体的曝气吹脱，也可用于在清水池前段进行曝气吹脱。

(2) 机械曝气吹脱。一般采用养鱼用的水面充氧机，通过喷洒作用去除挥发性污染物，但其吹脱效率远低于鼓风曝气吹脱。

(3) 吹脱塔或喷淋池。这些吹脱设施一般都设有传质填料和专用的机械通风设备，多作为永久性设施，用于经常性的污染物去除。在应急处置中，此类设施在短时间内往往难以安装实施。

4. 小结

对挥发性污染物吹脱技术所取得的成果：

(1) 确定了吹脱技术在特定条件下使用的必要性。

(2) 试验确定了三氯甲烷等挥发性有机物的吹脱去除特性。

(3) 建立了吹脱处理的理论模型，可以从物质的亨利常数预测吹脱处理的去除效果。

曝气吹脱应急净水处理技术已在 2014 年杭州自来水异味事件等应急供水中得到成功应用。

10.3.5 应对微生物污染的强化消毒技术

对于以下几种情况，供水厂必须进行强化消毒：一是当水源受到医疗污水、生活污水污染使水源水中的微生物含量显著增加；二是当水源受到严重的有机污染时所导致的水源水中微生物过量繁殖；三是在疫情期间，水源可能受到致病微生物的污染，为了保证供水水质的微生物安全性，必须强化消毒。

供水厂强化消毒的主要对策是：采用多点加氯的方式，通过增加消毒剂的投加点和加氯点前移，在整个净水过程和清水池中都保持一定的氯浓度，以大幅度提高消毒的 CT 值（消毒剂浓度与接触时间的乘积），达到更高的消毒效果和安全保证率。

消毒剂首选药剂为氯（包括液氯、次氯酸钠溶液等），也可以考虑二氧化氯。使用氯为消毒剂进行强化消毒时，必须同步监测氯化消毒副产物的生成情况。对于高氨氮含量的原水，因投加的氯转化为氯胺，而氯胺的消毒能力较弱，前加氯消毒宜采用二氧化氯消毒。采用二氧化氯时，应注意总投加量不宜大于 1mg/L（以 ClO_2 计），以防止出现出厂水亚氯酸盐超标问题。臭氧或紫外线消毒需现场安装设备，应急事件中不便采用。

供水厂强化消毒的工艺流程图如图 10-29 所示，可以应对的饮用水相关标准中的微生物指标见表 10-14。

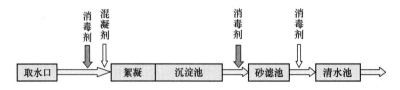

图 10-29 供水厂强化消毒的工艺流程图

强化消毒可以应对的微生物指标（饮用水相关标准中的项目） 表 10-14

应急处理技术	微生物	数量
强化消毒	菌落总数、总大肠菌群、耐热大肠菌群、粪型链球菌群、肠球菌、产气荚膜梭状芽孢杆菌、蓝氏贾第鞭毛虫、隐孢子虫	8

10.3.6 应对高藻水及其特征污染物的综合处理技术

因藻类暴发，高藻水原水对于自来水带来的主要问题有：

(1) 供水厂运行困难和出厂水藻含量偏高。水体藻类暴发时，高藻原水的藻含量每升水中可达数千万个藻细胞，甚至到达上亿。由于藻体表面亲水，且比重接近于 1，混凝沉淀的除藻效果有限，沉后水中仍含有较高数量的藻。其影响是明显缩短了过滤的滤程时间，严重时滤程只有几小时，造成滤池需要频繁的冲洗。滤池也无法实现对藻体的完全去除，造成一些供水厂在原水高藻期时出厂水藻的含量偏高，部分出厂水的藻含量可达每升水中几十万个藻细胞。尽管我国饮用水相关标准对藻体的含量没有规定，但如此高含量的藻仍是一个问题。

(2) 藻类代谢产生的毒性物质。其中典型的毒性物质是藻毒素，是由部分藻类在生长代谢过程中产生的毒性物质，对肝有毒害作用，并是可能的致癌物质（2B 组）。我国《生活饮用水卫生标准》GB 5749—2006 规定，微囊藻毒素-LR 的浓度限值为 0.001mg/L。

(3) 藻类代谢产生的嗅味物质。包括 2-甲基异莰醇、土臭素、环柠檬醛类、吡嗪类等，其中典型的致嗅物质是 2-甲基异莰醇和土臭素，是由部分藻类和放线菌在代谢过程产生的。我国《生活饮用水卫生标准》GB 5749—2006 在附录 A 中对两者的浓度限值要求均为 10ng/L。

(3) 藻体腐败产生的恶臭物质。其中典型的恶臭物质是硫醇、硫醚类物质，包括二甲二硫、二甲三硫、甲硫醇、甲硫醚等，是藻渣在厌氧条件下的腐败分解产物，使水产生臭味的阈值浓度为 $\mu g/L$ 或 ng/L 级。

因此，对于因藻类暴发产生的水质问题，必须首先确定主要污染物的种类。再根据其各自的去除特性，采用针对性的去除技术。对于藻体本身的去除，应加强预氧化和混凝沉淀，有条件的可增加气浮处理；对于藻毒素的去除，可以采用氧化和吸附的技术；对于 2-甲基异莰醇和土臭素，应采用粉末活性炭吸附技术；对于藻体腐败产生的硫醇、硫醚类物质，应采用氧化技术。然后再综合所需采用的多种处理技术，结合供水厂设施情况，构成应急处理工艺。

例如，在 2007 年 5 月无锡太湖水危机事件中，主要恶臭物质是硫醇、硫醚类物质，对此类物质的去除采用了在取水口投加高锰酸钾的预氧化法，然后在供水厂内再投加粉末活性炭进行综合处理的应急净水工艺；在 2007 年 6 月秦皇岛自来水嗅味事件中，主要致嗅物质是土臭素，主要采用了在取水口处投加粉末活性炭吸附的应急净水处理工艺。

10.3.7 饮用水相关标准中尚无有效应对技术的污染物

尽管对饮用水相关标准中的绝大多数污染物已经建立了对应的应急净水技术，但是到目前为止，经过文献检索和试验验证，仍有十余种污染物尚无有效的供水厂应急净水技术，见表10-15。

饮用水相关标准中尚无有效应对技术的污染物　　表10-15

	金属	无机离子	其他有机物	消毒副产物	数量
尚无有效应对技术	钡	氨氮（>2mg/L）、硝酸盐、硼、氟（高浓度）	丙烯醛、丙烯酰胺、丙烯腈、环氧氯丙烷、二（2-乙基己基）己二酸（DEHA）	二氯乙酸、三氯乙酸、甲醛、乙醛、三氯乙醛、氯酸盐、亚氯酸盐、溴酸盐	18

例如：氨氮。对于原水氨氮浓度<2mg/L的情况，供水厂尚可使用折点氯化法去除氨氮，氯与氨的投加比一般采用8～10。但如果氨氮浓度更高，则因加氯量过大而无法采用。生物硝化去除氨氮的方法在污水处理厂很普遍，但在供水厂中，短时间内无法培养大量的硝化菌，因此无法使用。投加钠沸石可以通过离子交换作用去除氨氮，但所需投加量以g/L级计算，也难以实施。因此，对于水源突发的高浓度氨氮污染，供水厂没有可行的应急净水技术。

对于此类污染物的水源突发污染事件，供水厂无法进行应急净水，只能采取规避的办法，即改换水源或停止供水。

表10-15的另一个用途是用于水源风险的排查。在水源突发污染的风险排查中，如果发现在水源的上游有企业生产或使用该表中所列的化学品，则需高度警惕这些企业的突发污染。

10.3.8 污染物活性炭吸附特性预测模型

1. 预测模型的意义

对于污染物被活性炭吸附去除的特性，除了采用实验室吸附试验之外，水专项研究还建立了污染物活性炭吸附特性的预测模型，可以根据污染物的基本理化参数，预测被活性炭吸附的特性。对于没有试验数据的污染物，可以在突发污染时，估算其适用应对技术和基本参数。

2. 模型构建

相关模型构建的步骤是：首先采用结构化学、物理化学等相关学科的基础理论建立理论模型，然后再用F400活性炭对170多种污染物的吸附试验数据作为数据库，进行预测模型的参数回归，从而获得吸附特性的预测模型。

研究中建立了两种预测模型：

（1）基于线性溶剂化自由能关系的吸附等温线预测模型（mod-LSER吸附等温线预测

模型）

mod-LSER吸附等温线预测模型是基于线性溶剂化自由能关系，根据吸附过程中有机物在不同平衡浓度条件下在活性炭上具有不同的分配系数，引入浓度活度系数构建的。其模型形式和Freundlich等温线一致，可以预测得到有机物的活性炭吸附等温线的公式。模型参数采用吸附试验结果作为数据库，进行参数回归，分别得到了单环芳香族、多环芳香族、杂环化合物、脂肪族化合物的16种有机物的分类mod-LSER预测模型和综合mod-LSER预测模型。

mod-LSER预测模型的基本公式如下，所得出的预测模型的参数见表10-16，预测结果与试验数据的比较见图10-30。由图表可知，预测模型有较好的预测精度，分类模型对吸附容量的预测误差小于30%。

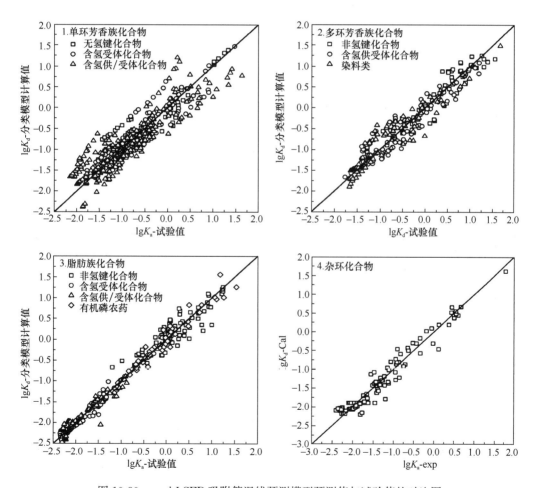

图10-30 mod-LSER吸附等温线预测模型预测值与试验值的对比图

表 10-16 mod-LSER 吸附等温线预测模型参数表

类别	模型参数	N	r^2	a_1	a_2	b_1	b_2	s_1	s_2	e_1	e_2	v_1	v_2	c_1	c_2
单环芳香族化合物	综合模型	450	0.731	−1.530	−0.221	−5.130	−0.634	1.534	0.376	−1.284	−0.736	1.963	−0.287	−2.831	0.347
	非氢键化合物	109	0.838	—	—	−2.575	−0.505	−2.005	−1.090	2.721	0.827	4.170	0.551	−6.573	−0.973
	含氢受体(1)	76	0.829	—	—	−1.860	1.158	−1.829	−0.728	7.936	1.681	−0.856	−1.037	−6.663	−0.780
	含氢受体(2)	40	0.960	0.107	0.008	−14.914	−8.595	8.067	6.452	−4.980	−4.132	2.657	0.204	−2.060	0.464
	含氢供受体	225	0.841	−0.736	0.003	−2.779	−0.252	1.525	0.556	−1.493	−1.136	1.916	−0.354	−4.164	0.380
多环芳香族化合物	综合模型	244	0.68	—	—	−1.308	0.086	0.044	−0.132	0.320	0.168	1.582	−0.061	−3.327	−0.474
	非氢键(1)	45	0.952	—	—	−4.679	−2.685	−5.949	−2.681	14.765	8.155	2.953	−1.498	−9.721	−2.394
	非氢键(2)	30	0.896	—	—	−3.422	11.100	1.158	−2.118	−1.647	2.627	−4.137	−2.288	8.919	2.852
	含氢供受体	94	0.866	−0.716	−0.180	−4.019	−0.568	0.500	0.084	1.802	−0.031	1.848	−0.007	−5.708	−0.235
	染料类	78	0.809	0.041	−0.377	1.543	−0.177	1.509	0.701	−0.577	−0.068	−2.493	−0.426	−0.578	−0.622
脂肪族类化合物	综合模型	320	0.862	−0.936	−0.026	−2.035	−0.105	0.076	0.047	−0.179	−0.292	2.318	0.045	−3.586	−0.156
	非氢键	84	0.815	—	—	1.361	0.381	0.026	−0.548	−1.387	−0.060	1.655	0.632	−2.425	−0.779
	含氢受体	78	0.965	—	—	−33.456	−4.529	67.117	15.650	−22.973	−4.886	−0.088	−0.398	−21.518	−7.362
	含氢供受体	78	0.946	−21.804	−5.600	−4.401	−0.941	25.233	6.779	−18.160	−5.285	−0.944	−1.180	0.656	1.476
	有机磷农药	80	0.929	1.858	0.452	−2.882	0.239	−0.343	−0.250	1.506	0.314	3.463	0.122	−6.884	−1.179
杂环化合物	综合模型	116	0.936	4.714	1.202	−3.676	−0.744	−2.548	−0.583	−0.192	−0.399	2.692	0.232	0.064	0.936

$$\lg K_d = \lg(q/C_e) = eE + sS + aA + bB + vV + c \tag{10-6}$$

式中　　$\lg K_d$——某平衡浓度下的分配系数，$K_d = q/C_e$；

　　　　q——吸附容量；

　　　　C_e——平衡浓度；

　　　　E——超摩尔折射率；

　　　　S——偶极-极化作用；

　　　　V——分子特征体积；

　　　　A——氢键酸度，代表了溶质接受电子的能力；

　　　　B——氢键碱度，代表了溶质提供电子的能力；

e、s、a、b、v、c——参数。

（2）基于液相吸附势和线性自由能的吸附等温线预测模型（Polanyi-Manes-LSER 吸附等温线预测模型）

Polanyi-Manes-LSER 吸附等温线预测模型考虑了活性炭的液相吸附势能与水对有机物的溶剂化效应，并考虑了活性炭孔隙结构对吸附的影响。该研究中把有机物分成为 14 类，包括苯系物、氯苯类、硝基苯类、苯酚类、苯胺类、含氧取代基、多环芳烃等，模型参数采用污染物的吸附试验结果作为数据库，进行参数回归，分别构建了 14 类有机物的 Polanyi-Manes-LSER 吸附等温线预测模型。

Polanyi-Manes-LSER 吸附等温线预测模型的基本公式为：

$$\ln W = \ln W_0 - \left[RT \ln\left(\frac{C_s}{C_e}\right) \Big/ (aA + bB + eE + vV + c) \right]^G \tag{10-7}$$

式中　　　　W——活性炭上吸附的吸附质体积；

　　　　　　W_0——活性炭最大吸附体积；

　　　　　　R——气体状态常数；

　　　　　　T——绝对温度；

　　　　　　A、B、S、E、V——LSER 参数；

a、b、s、e、v、c、G——等温线方程常数。

Polanyi-Manes-LSER 预测模型的参数与预测结果与试验数据的比较见表 10-17 和图 10-31，其中对苯酚类污染的预测精度较差（原因是苯酚类在水中发生解离，影响吸附），其他类型的预测模型均有较好的预测精度，对吸附容量的预测误差小于 30%。

Polanyi-Manes-LSER 吸附等温线预测模型参数表　　　　表 10-17

物质类别		R^2	参数	W_0	a	b	e	v	c	G
单环芳香族化合物	苯系物	0.916	参数	0.62	—	−24.93	4.13	4.79	3.27	1.01
			标准误差		—	13.59	1.94	1.80	1.40	0.38
	氯苯类	0.773	参数	0.50	—	−178.62	−82.04	−14.10	108.64	1.36
			标准误差		—	32.32	30.44	70.17	13.60	0.49

续表

物质类别		R^2	参数	W_0	a	b	e	v	c	G
单环芳香族化合物	硝基苯类	0.826	参数	0.39	—	10.32	−22.82	1.75	34.63	1.36
			标准误差		—	3.19	5.09	5.57	4.30	0.22
	苯酚类	0.563	参数	0.23	12.96	−20.14	−16.29	14.14	27.14	2.25
			标准误差		2.08	6.89	5.79	4.76	5.84	0.44
	苯胺类	0.792	参数	0.29	−6.80	27.69	53.87	0.38	−44.35	2.33
			标准误差		7.71	5.70	11.00	5.86	9.73	0.43
	含氧取代	0.825	参数	0.57	−2.92	10.04	−15.24	−3.93	24.55	1.13
			标准误差		2.38	4.96	6.62	2.51	7.11	0.27
多环芳香族化合物	多环芳烃	0.896	参数	0.62	—	−1.78	−2.27	−3.52	10.81	1.04
			标准误差		—	6.09	5.83	3.69	17.49	0.58
	联苯类	0.909	参数	0.25	18.20	38.10	3.73	−9.43	2.48	0.55
			标准误差		30.55	24.53	9.92	8.69	7.31	0.14
	染料	0.718	参数	0.35	−182.80	194.93	724.90	−156.91	−1547.75	1.56
			标准误差		195.84	219.53	905.48	166.10	2025.89	0.44
脂肪族化合物	脂肪烃	0.765	参数	0.13	−8.98	−0.31	−11.72	12.16	4.82	1.06
			标准误差		5.59	0.49	5.75	6.50	3.09	0.29
	醚醛酯	0.926	参数	0.44	30.18	−9.34	−5.60	3.65	16.45	1.78
			标准误差		8.03	6.38	1.08	2.03	5.05	0.19
	醇醛酸	0.709	参数	0.42	−11.93	3.84	7.54	0.31	14.95	1.79
			标准误差		2.89	1.87	3.06	1.44	3.88	0.55
	有机磷农药	0.905	参数	0.05	10.26	36.79	−1.05	4.90	−26.78	3.79
			标准误差		2.65	6.10	2.50	1.47	9.29	0.54
杂环化合物		0.775	参数	0.13	−103.51	74.50	9.79	−31.09	11.28	1.50
			标准误差		5.65	23.39	3.44	28.68	8.44	0.00

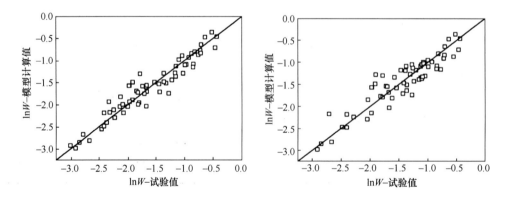

图 10-31 Polanyi-Manes-LSER 吸附等温线预测模型预测值与试验值的对比图

在实际应用中，对于已知所属结构类型的有机物，可以使用该分类的模型预测其活性炭吸附等温线公式。如果不清楚该有机物的结构属性，也可以采用综合模型进行预测，但其预测精度要低于分类模型。两种模型（mod-LSER 模型和 Polanyi-Manes-LSER 模型）可根据情况采用，共同用于对有机物吸附等温线的预测。

3. 模型应用实例

为验证预测模型的预测效果，在模型研发后的两次突发污染事件中进行了应用。一个是 2013 年 12 月杭州水源嗅味问题的主要污染物——邻叔丁基苯酚，另一个是 2014 年 1 月美国西弗吉尼亚州泄漏的化学品——4-甲基-1-环己烷甲醇。为此，先采用预测模型对特定污染物的吸附能力进行了模型计算，再在实验室测定了污染物的活性炭吸附等温线，并与模型预测结果进行比较。

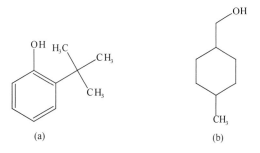

图 10-32　邻叔丁基苯酚和 4-甲基-1-环己烷甲醇的结构式

(a) 邻叔丁基苯酚；(b) 4-甲基-1-环己烷甲醇

两种污染物的化学结构式见图 10-32，模型相关的理化参数见表 10-18。

邻叔丁基苯酚和 4-甲基-1-环己烷甲醇的理化参数　　　　表 10-18

污染物	密度（g/cm³）	C_w（mg/L）	LSER 参数					
			A	B	S	E	V
2-叔丁基苯酚	0.971	700	0.52	0.40	0.92	0.82	1.34
4-甲基-1-环己烷甲醇	0.884	2024	0.31	0.36	0.53	0.43	1.19

邻叔丁基苯酚是一种酚类物质，适用于采用 mod-LSER 预测模型中的酚类模型（含氢供/受体模型）或单环芳香化合物综合模型来计算其吸附等温线参数。4-甲基-1-环己烷甲醇为醇类物质，适用于采用 Polanyi-Manes-LSER 预测模型中的醇醛酸类物质的分类模型计算其吸附等温线参数。模型预测结果与吸附试验数据的对比见图 10-33。由图可知，预测模型可以很好地预测出活性炭对这两种物质的吸附特性。

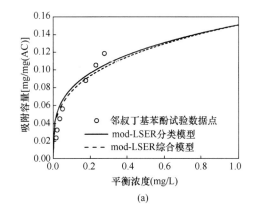
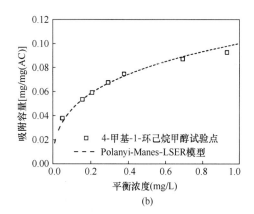

图 10-33　模型预测结果与吸附试验数据的对比图

(a) 邻叔丁基苯酚；(b) 4-甲基-1-环己烷甲醇

10.4 应急净水设施

10.4.1 供水厂应急净水设施建设

在确定了应急净水技术的基础上，如何进行应急净水设施的规范化、标准化建设，对于提升供水厂应急净水能力有着极为重要的意义。

水专项实施前，我国的供水厂设计标准中，没有明确提出对于水源突发污染的应对要求，因此供水厂一般都没有建设应急净水的设施。按照目前的新要求，在《室外给水设计标准》GB 50013—2018 中，增加了对于供水厂应急净水能力的建设要求，并提出了相应的工程设计标准。

对于水源存在较高突发污染风险、原水输送设施存在外界污染隐患、供水安全性要求较高的水源工程和重要供水厂，应设有应对水源突发污染的应急净化设施。对于水源距离供水厂的水流有一定流程时间的地方，应设置前置加药点，充分利用原水输送管（渠）和原水调蓄池的应急供水能力。对于供水厂内的应急净化，要与供水厂现有净水工艺相结合，即可应对水源突发污染事故，又可以解决季节性水源水质恶化问题。

应急处理技术的选择，应根据对水源突发污染的风险分析结果，针对可能的突发污染物的种类，确定供水厂所需要采用的应急净水技术和设置相应的应急净水设施。针对不同突发污染物适宜的应急净水技术在前一节已有详细论述，这里不再复述。

对于应急净水设施，其建设的核心是应急药剂的投加，一般不需要增加专用的净水处理构筑物。应急净水设施工程建设的设计内容包括：应急净水工程的系统构成、应急药剂投加设施（包括应急药剂的储备、配置与投加等）；配套设施（加药间、电气、自控、应急水质监测等）、安全环保（防尘、防爆、消防、人员防护、废弃物处置等）、技术经济指标（设备费用、占地面积、用电负荷等）等。

在水专项研究的指导下，已在多个城市的主力供水厂建成了一批示范工程。在应对水源突发污染的应急供水实践中，也取得了许多重要的经验。综合以上成果与经验，已经形成了应急净水设施工程建设的设计标准和系列化、标准化的工程设计文件和图集，对应的供水厂规模分别为：1万 m^3/d、5万 m^3/d、10万 m^3/d、20万 m^3/d 和40万 m^3/d，应急净水设施部分典型文件（包括技术说明和配套图纸）的目录见表10-19。有关成果可供各个城市在进行应急建设时参考。

应急净水设施部分典型文件　　　　表10-19

技术分类	投加系统	设备规模（万 m^3/d）	备注
活性炭吸附技术	湿式粉末活性炭投加	40	
	干式粉末活性炭投加	40	
化学沉淀技术	浓硫酸投加	20	
	氢氧化钠投加	20	

续表

技术分类	投加系统	设备规模（万 m³/d）	备注
应急氧化技术	高锰酸钾投加	10	
强化消毒技术	液氯投加	20	可作为应急氧化使用
藻类除去技术	二氧化氯投加	10	可作为应急氧化使用

以下论述粉末活性炭、酸碱和高锰酸钾应急处理药剂投加设施的建设。液氯和二氧化氯的应急投加一般采用供水厂现有的消毒设施进行，只是调整投加点与投加量，本文不再复述。

1. 粉末活性炭投加设施

粉末活性炭投加设施用于应对可吸附性有机物的水源突发污染，也可用于季节性的水源恶化的强化处理。粉末活性炭的投加点一般设在取水口的吸水井中或是供水厂混凝的混合池中或进水管中，以尽量增加粉末活性炭与水接触的吸附时间。应急处理中粉末活性炭的投加量应根据需要确定，在进行相关设施建设时，设备的投加量可按 40mg/L 设置；应急处理时如所需投加量大于机械设备的能力时，可以临时采用人工投加作为补充。

相关设施的工程建设内容如下：

（1）存储、配置与投加系统

商品粉末活性炭有（25kg）小包、（500kg）大包和散装（罐车运输）等包装形式。粉末活性炭在储存时，可采用堆放式和货架式两种方式。活性炭储药间按最大加药量3~7d 的用量计算储药量，储药间内药剂堆放高度可按 2~3m（堆放式）或 3~5m（货架式）计算。散装的粉末活性炭由粉末活性炭罐车运输，用压缩空气把粉末活性炭通过卸料管道输送到料仓储存。

粉末活性炭投加分为干式投加法与湿式投加法两种系统。干式投加法采用粉料投加机定量推出粉末活性炭，再利用水射器用水把粉末活性炭输送至投加点投加。湿式投加法则是先把粉末活性炭配置成炭浆（一般浓度为5%）后，再采用螺杆泵定量用加炭管输送至投加点。干式投加法的设备数量少和占地面积小。湿式投加法的投加计量准确，但设备较多。用户可以根据投加量、场地条件以及运行习惯选取干式或湿式投加（图 10-34、图 10-35）。

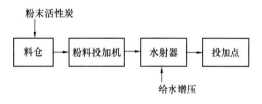

图 10-34 粉末活性炭的干式投加系统

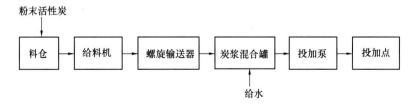

图 10-35 粉末活性炭的湿式投加系统

粉末活性炭的投加泵和管路系统在每次使用之后，必须采用清水继续运行一段时间，以清洗出加炭管道中残余的炭浆，防止管道堵塞。

采用粉末活性炭必须高度重视防尘问题。粉末活性炭干粉的操作（卸料、倒仓等）很容易产生粉尘污染，特别是在破袋时扬尘严重，污染工作环境。因此，在使用成包药品应采用负压就地除尘系统。投加间需设置通风设备，保证室内空气流通。粉末活性炭有粉尘爆炸的风险，操作间必须按照防爆要求进行设计建设。

（2）工程技术经济指标

经过对典型工程设计测算，不同规模供水厂活性炭投加系统的主要技术数据和基建费用（仅包括设备购置和安装费用）见表10-20～表10-22。注意，表中经济数据由当时的材料价格得出，现实情况已有变化，但是从相关数据仍可得到工程建设大致投资费用的信息。

粉末活性炭湿式应急投加设备主要技术数据一览表 表10-20

1	供水厂规模（万 m^3/d）	1	5	10	20	40	备注
2	自用水量	10%	10%	10%	10%	10%	
3	投加量（mg/L）	40	40	40	40	40	
4	药剂量（kg/d）	440	2200	4400	8800	17600	
5	（kg/h）	18.33	91.67	183.33	366.67	733.33	
6	活性炭密度（kg/m^3）	480	480	480	480	480	
7	投加浓度	5%	5%	5%	5%	5%	
8	加药量（kg/h）	367	1833	3667	7333	14667	
9	药剂密度（kg/L）	1	1	1	1	1	
10	药剂体积（L/h）	367	1833	3667	7333	14667	
11	投加泵						
11.1	数量	4	4	4	4	4	另备1台
11.2	单泵计算流量（L/h）	91.7	458.3	916.7	1833.3	3666.7	
11.3	单泵设备选型（m^3/h）	0.25	1.00	1.50	2.00	4.00	
12	干粉投加设备	可人工	自动	自动	自动	自动	
12.1	设备台数	2	2	2	2	2	
12.2	料仓体积（m^3）	2.00	2.00	2.00	4.00	8.00	
12.3	溶解罐（m^3）	1	2	2	3	5	
13	储药间						货架式
13.1	储存时间（d）	7	7	7	7	7	
13.2	储药间面积（m^3）	20	55	80	150	280	

粉末活性炭干式应急投加主要技术数据一览表

表 10-21

1	供水厂规模(万 m³/d)	1	5	10	20	40	备注
2	自用水量	10%	10%	10%	10%	10%	
3	投加量(mg/L)	40	40	40	40	40	
4	药剂量(kg/d)	440	2200	4400	8800	17600	
5	(kg/h)	18.33	91.67	183.33	366.67	733.33	
6	活性炭密度(kg/m³)	480	480	480	480	480	
7	粉末活性炭投加机						
7.1	数量	4	4	4	4	4	
7.2	单台投加量(kg/h)	4.58	22.92	45.83	91.67	183.33	
7.3	单台投加机选型(kg/h)	8	30	60	150	300	
8	干粉投加设备	可人工	半自动	半自动	半自动	自动	
8.1	设备台数	2	2	2	2	2	
8.2	料仓体积(m³)	1	1	2	4	8	
9	空气压缩机						
9.1	台数	2	2	2	2	2	1用1备
9.2	气量(m³/min)	0.67	0.67	0.67	0.67	0.67	
9.3	贮气罐(L)	≥600	≥600	≥600	≥600	≥600	
10	增压泵						
10.1	台数	4	4	4	4	4	2用2备
10.2	流量(m³/h)	≥1	≥2.5	≥5	≥10	≥20	
10.3	扬程(m)	≥40	≥40	≥40	≥40	≥40	
11	射流器出口活性炭浓度	2%~5%	2%~5%	2%~5%	2%~5%	2%~5%	
12	电动葫芦(t)	2	2	2	2	2	
13	储药间						
13.1	储存时间(d)	7	7	7	7	7	
13.2	有效容积(m³)	6.42	32.08	64.17	128.33	256.67	
13.3	长(m)	3	5	7	10	14.72	
13.4	宽(m)	1.2	4	5	7	9.54	
13.5	高(m)	2	2	2	2	2	
13.6	实际容积	7.2	40	70	140	280	

粉末活性炭应急投加系统设备费用表(单位:万元)

表 10-22

供水厂规模(万 m³/d)	1	5	10	20	40
湿式投加基建费用	110	130	150	170	215
干式投加基建费用	81	143	155	174	197
简易投加基建费用	21	35			

注:表中基建费用含土建费用、设备费、安装费用,不含地基处理费用。

2. 酸碱投加设施

酸碱药剂用于应对重金属污染的化学沉淀法，其中碱性化学沉淀法可用于去除镉、铅、锌等污染物，酸性铁盐化学沉淀法可用于去除锑、钼等污染物。净水处理中需要投加酸碱药剂，以实现化学沉淀法所要求的 pH，然后在净水处理后再回调 pH 至平时的正常范围。碱性药剂一般采用液体烧碱，酸性药剂可以采用盐酸或硫酸。用于供水厂净水用的酸碱药剂必须采用食品级药剂（工业级酸碱中金属污染物的含量较高）。pH 调整的药剂投加点设在混凝之前（可直接投加于配水溢流井或混凝反应池进水管），回调 pH 的药剂投加点设在沉后或滤后。运行中 pH 的调整与回调，通过在线 pH 计检测，对酸碱投加量进行手动或自动控制。

相关设施的工程建设内容如下：

（1）存储与投加系统

酸碱药剂具有强腐蚀性，因此，供水厂进药方式推荐采用罐车直接将液体成品药剂（98%的硫酸、31%的盐酸、40%的氢氧化钠）输入药剂储罐。使用时药剂经由隔膜加药泵输送至加药点。酸碱药剂的存储与投加系统基本相同，均由药剂储罐、隔膜加药泵、配套管路和阀门系统组成（图10-36）。

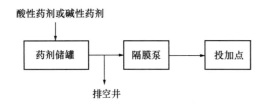

图 10-36 酸碱投加系统组成图

硫酸或盐酸投加系统的管路及管件宜选用不锈钢管，包含输药管路及排空管路等，连接方式采用焊接。氢氧化钠投加系统的管路及管件宜选用 PVC-U，包含输药管路及排空管路等，连接方式为粘接。

酸碱药剂的贮存时间应根据所选药剂性质、药剂供应情况及应急事件发生频率与预计时长等确定。硫酸或盐酸和氢氧化钠的贮存时间分别可按 7d 用量考虑。酸碱药剂可各设储罐 2 个，以便检修清洗等。对于平时采用二氧化氯发生器消毒、设有盐酸储罐的大型供水厂，其盐酸储罐可以兼做应急投加使用，不必再单设酸液储罐，只需建设应急投加的加药泵和管路系统即可。

采用酸碱药剂必须高度重视防范酸碱泄漏和人员安全防护问题。酸罐和碱罐应设置为半地下式，以控制酸碱液万一泄漏时的影响范围。操作间应设安全喷淋系统，包含紧急冲淋装置和洗眼器等。

（2）工程技术经济指标

经过对典型工程设计测算，不同规模供水厂的酸碱应急投加系统主要技术数据和经济指标（仅包括设备购置和安装费用）见表 10-23～表 10-25。

酸液应急投加系统主要技术数据一览表（硫酸） 表 10-23

1	供水厂规模（万 m³/d）	1	5	10	20
2	供水厂自用水量（%）	10	10	10	10

续表

3	投加量（mg/L）	20	20	20	20
4	药剂量（kg/d）	220	1100	2200	4400
	（kg/h）	9.17	45.83	91.67	183.33
5	药剂浓度（%）	92.50	92.50	92.50	92.50
6	投加浓度（%）	92.50	92.50	92.50	92.50
7	加药量（kg/h）	9.91	49.55	99.10	198.20
8	药剂密度（kg/L）	1.83	1.83	1.83	1.83
9	药剂体积（L/h）	5.42	27.08	54.15	108.31
10	投加泵（2用1备）	2	2	2	2
11	单泵流量（L/h）	2.71	13.54	27.08	54.15
	选泵流量（L/h）	5.00	20.00	50.00	90.00
12	储存时间（d）	7	7	7	7
13	药罐体积（m³）	0.91	4.55	9.10	18.20
14	罐数	2	2	2	2
15	单罐容积（m³）	0.45	2.27	4.55	9.10
16	直径（m）	0.5	1	1.5	2
17	有效高度（m）	2.32	2.90	2.58	2.90
	设计高度（m）	2.4	3.00	2.60	3.00
18	加药间平面尺寸（m×m）	18.3×9.1	20.3×9.6	24.3×10.6	26.0×11.1

氢氧化钠应急投加系统主要技术数据一览表　　　　表10-24

1	供水厂规模（万 m³/d）	1	5	10	20
2	供水厂自用水量（%）	10	10	10	10
3	投加量（mg/L）	20	20	20	20
4	药剂量（kg/d）	220	1100	2200	4400
	（kg/h）	9.17	45.83	91.67	183.33
5	药剂浓度（%）	47	47	47	47
6	投加浓度（%）	47	47	47	47
7	加药量（kg/h）	19.50	97.52	195.04	390.07
8	药剂密度（kg/L）	1.5	1.5	1.5	1.5
9	药剂体积（L/h）	13.00	65.01	130.02	260.05
10	投加泵（2用1备）	2	2	2	2
11	单泵流量（L/h）	6.50	32.51	65.01	130.02
	选泵流量（L/h）	10.00	50.00	80.00	170.00
12	储存时间（d）	7	7	7	7
13	药罐体积（m³）	2.18	10.92	21.84	43.69
14	罐数	2	2	2	2

续表

15	单罐容积（m³）	1.09	5.46	10.92	21.84
16	直径（m）	1	1.5	2.5	3
17	有效高度（m）	1.39	3.09	2.23	3.09
	设计高度（m）	1.40	3.10	2.30	3.10
18	加药间平面尺寸（m×m）	18.3×9.1	20.3×9.6	24.3×10.6	26.0×11.1

酸碱应急投加系统经济指标表　　　　表 10-25

1	供水厂规模（万 m³/d）	1	5	10	20	备注
2	设备费用（元）	393086	417022	439614	507306	
3	用电负荷（kW）	3.90	4.08	4.65	5.22	装机负荷
4	占地面积（m²）	300	340	420	500	

3. 高锰酸钾投加设施

高锰酸钾投加主要用于去除水中的还原性污染物，如氰化物、硫化物、二价锰、亚铁、三价砷、铊、硫醇硫醚类化合物、有机污染物等，可用于此类污染物的应急处理和季节性原水水质恶化的预氧化处理。高锰酸钾的投加量根据实际水质确定，运行中需注意防止出现氧化剂投加量不足或是过量的问题，应根据原水水质情况精准投加。进行应急设施建设时，投加设备的最大投加量可按 3mg/L 考虑。高锰酸钾的投加点一般在设在取水口处或供水厂混凝之前。

相关设施的工程建设内容如下：

（1）存储与投加系统

供水厂所用高锰酸钾应采用食品级（《食品安全国家标准　食品添加剂　高锰酸钾》GB 1886.13）。高锰酸钾商品为固体药剂，多采用 25kg 的包装，内包装为聚乙烯塑料袋，外包装为塑料桶或铁皮桶。储存时应与有机物、易燃物、酸类隔离存放。高锰酸钾属于强氧化剂，遇硫酸、铵盐或过氧化氢能产生爆炸，与有机物、还原剂等接触或混合时有引起燃烧爆炸的危险。在运输、贮存和使用时需严格执行安全规程，防止事故发生。高锰酸钾对人体皮肤有强氧化腐蚀性，使用时必须做好人员安全防护。

高锰酸钾投加一般采用湿式投加，即把高锰酸钾商品（固体）配置成溶液后，采用计量泵通过加药管定量输送至投加点。高锰酸钾投加系统的组成见图 10-37。

（2）工程技术经济指标

经过对典型工程设计测算，不同规模供水厂的高锰酸钾应急投加系统主要技术数据（仅包括设备购置和安装费用）见表 10-26 和表 10-27。

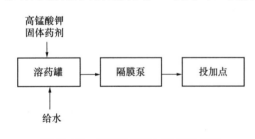

图 10-37　高锰酸钾投加系统组成图

高锰酸钾应急投加系统主要技术数据一览表　　　表10-26

1	供水厂规模（万 m³/d）	1	5	10	20	备注
2	自用水量	10%	10%	10%	10%	
3	投加量（mg/L）	3	3	3	3	
4	药剂量（kg/d）	33	165	330	660	
	（kg/h）	1.38	6.88	13.75	27.5	
5	密度（kg/m³）	1500	1500	1500	1500	
6	投加浓度	5%	5%	5%	5%	
7	加药量（kg/h）	27.5	137.5	275	550	
8	药剂密度（kg/L）	1	1	1	1	
9	药剂体积（L/h）	27.5	137.5	275	550	
	（m³/d）	0.66	3.3	6.6	13.2	
10	投加泵					
10.1	数量	2	2	2	2	另备1台
10.2	单泵计算流量（L/h）	13.75	68.75	137.5	275.0	
10.3	单泵设备选型（m³/h）	0.10	0.20	0.20	0.40	
11	溶解储药罐					人工上料
11.1	设备台数	2	2	2	2	
11.3	溶解罐容积（m³）	0.3	1.3	2.5	3.6	
11.4	罐直径（m）	0.55	1.0	1.2	1.5	
11.5	罐高度（m）	1.6	1.8	2.4	2.4	
12	储药间					堆放式
12.1	储存时间（d）	7	7	7	7	
12.2	储药间面积（m³）	2.5	3.0	6.0	12.0	

高锰酸钾应急投加系统主要技术数据一览表　　　表10-27

供水厂规模（万 m³/d）	1	5	10	20
基建费用（万元）	31	34.5	35	40.5
占地面积（m²）	100	100	100	120
装机负荷（kW）	2.24	2.99	4.04	6.25

10.4.2 移动式应急处理药剂投加装置

针对中小型供水厂实际应急生产需要，在"十一五"时期水专项"自来水厂应急净化处理技术和工艺体系研究与示范"课题的支持下，北京市市政工程设计研究总院有限公司和清华大学合作开发了"移动式应急药剂投加装置"。该装置把粉末药剂（如粉末活性炭、高锰酸钾等）和液体药剂（酸、碱等）的投加设备分别集成在集装箱内，可根据需要及时地将移动加药装置运送到需要的位置进行投加。

1. 移动式粉末药剂应急投加装置

移动式粉末药剂应急投加装置可用来进行粉末活性炭或是高锰酸钾等粉末药剂的储存和投加。

(1) 系统组成

移动式粉末药剂应急投加装置主要包括：投料站、真空上料系统、搅拌罐、液位计、螺杆泵、PLC 控制系统、配电系统、投药管道、给水管道等。

粉末活性炭应急投加的系统流程为：粉末活性炭料仓→真空上料机→气动拨斗→溶解搅拌罐→螺杆泵→水射器→投加点。

高锰酸钾应急投加的系统流程为：高锰酸钾→溶解搅拌罐→螺杆泵→水射器→投加点。

(2) 技术参数

粉末活性炭投加：

1) 适用条件：处理水量 5 万 m^3/d 及以下供水厂。

2) 设计参数：粉末活性炭最大投加量为 20～40mg/L，投加浓度为 5%～10%，加药点 1～2 个。

3) 主要设备：真空上料系统一套、搅拌罐二个（容积各 1.6m^3）、液位计、螺杆泵、自控系统、配电系统、连接管道等。

高锰酸钾投加：

1) 适用条件：处理水量 20 万 m^3/d 及以下供水厂。

2) 设计参数：最大投加量为 1～3mg/L，投加浓度为 2%～5%，加药点 1～2 个。

3) 主要设备：搅拌罐（容积 1.6m^3）、液位计、螺杆泵、自控系统、配电系统、连接管道等。

图 10-38 为移动式粉末药剂应急投加装置实物图。

(a) (b)

图 10-38 移动式粉末药剂应急投加装置实物图
(a) 粉末药剂应急投加装置外观（集装箱侧面）；(b) 药剂投加泵

2. 移动式酸碱药剂应急投加装置

移动式酸碱药剂应急投加装置可用来进行硫酸和液体烧碱（液体氢氧化钠）等液体药

剂的储存和投加。

（1）系统组成

移动式酸碱药剂应急投加系统由酸液和碱液两套投加系统组成，其中的酸液投加系统包括：酸储罐、计量泵、超声波液位计、pH 计、PLC 控制系统等；碱液投加系统包括：碱储罐、计量泵、超声波液位计、pH 计、PLC 控制系统等。

（2）技术参数

1）适用条件：处理水量 5 万 m^3/d 及以下供水厂。

2）设计参数：氢氧化钠和浓硫酸投加量均为 20mg/L，加药点各 2 个。

3）主要设备构成：酸储罐、碱储罐、加药泵、pH 仪、自控系统、配电系统、连接管道等。

4）酸罐、碱罐：容积各为 $1.2m^3$，各设超声波液位计一台。

5）加药泵：采用液压双隔膜计量泵，酸碱各 3 台，2 用 1 备。其中 2 台泵的单台流量 $Q=25L/h$，最大工作压力为 0.7MPa。1 台泵的流量 $Q=50L/h$，最大工作压力为 0.7MPa。

图 10-39 为移动式酸碱药剂应急投加装置实物图。

(a)

(b)

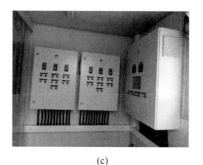

(c)

图 10-39 移动式酸碱药剂投加装置实物图
(a) 酸碱储罐（集装箱后面）；(b) 酸碱投加泵；(c) 系统的配电柜和 PLC 柜

3. 特点与应用

移动式粉末药剂应急投加装置和移动式酸碱药剂应急投加装置分别集成安装在两个 6.096m 的集装箱内，每个集装箱的尺寸为 6058mm（长）×2438mm（宽）×2591mm（高）。当发生水源突发污染事件时，可以用拖车把集装箱直接拉到所需应急处理的供水厂，使用前只需连接外接电源、供水管道与加药管道即可投入运行。

移动式应急加药装置具有灵活性高、可快速应急响应、投资少、占地小等优点。该装置可用于小型供水厂的应急净水。对于拥有多个供水厂的企业，也可购置作为统一的应急储备，供各供水厂调配使用。

水专项所研制的移动式应急加药装置已多次用于水污染突发事件的应急供水，包括2012年广西龙江河镉污染事件（用作广西柳州市柳东水厂应急除镉酸碱加药装置）和2015年甘肃陇星锑业有限责任公司锑污染事件的四川广元市的应急供水（用作广元市西湾水厂应急除锑酸碱加药的备用装置），取得了很好的效果，为应急供水作出了贡献。

10.4.3 移动式应急处理导试水厂

对于特定污染物的应急净水处理，在实验室烧杯试验确定了基本应对技术的基础上，有条件的还应进行原水加注污染物的配水中试试验研究，以进一步验证应急净水技术的可行性和供水厂运行的工艺参数。为此，"十一五"时期水专项"自来水厂应急净化处理技术和工艺体系研究与示范"课题，研制了"移动式应急处理导试水厂"，由天津市自来水集团有限公司、天津市华宇膜技术有限公司和清华大学合作开发。

1. 系统组成

移动式应急处理导试水厂的构成包括：工艺单元系统、药剂配制投加系统、臭氧投加系统、供气系统、自动取样巡检系统、自动控制系统、在线水质监测系统、小型实验室系统、集装箱装载系统、备用电源系统等。

工艺单元系统，包括原水泵、原水箱、提升泵1、管道混合器、预处理罐1、预处理罐2、混凝反应池、斜管沉淀池、提升泵2、压力式砂滤池、臭氧接触池1、臭氧接触池2、中间水箱、提升泵3、压力式炭滤池1、压力式炭滤池2、消毒接触池。

药剂配制投加系统，包括8个独立加药系统和16个加药点组成。

臭氧投加系统，由臭氧发生器、冷却水循环系统、预臭氧投加水射器、后臭氧投加曝气器组成。冷却水循环系统，包括冷却水泵、冷却水箱、冷却水管路、冷却水补充水管路。

供气系统，由空压机、储气罐、减压阀、气体管路等组成。

自动取样巡检系统，由取样泵、自动取样电磁阀和取样管路组成。

自动控制系统，由1号控制柜、2号控制柜、一个悬挂控制箱和一个工控机系统组成。包括电器自控系统、工控机、在线监测仪表和可视化操作界面等，可实现处理系统的自动运行和监测数据的自动采集和数据处理等功能。

在线水质监测系统，包括在线浊度仪、在线pH仪、在线余氯仪、在线氨氮仪和余臭氧监测仪。

小型实验室系统，由实验台、试剂架、水盆、三口龙头、滴水架、实验椅等组成。

集装箱装载系统，由2个6.096m的标准集装箱组成，集装箱上装有排气扇、窗户、日光灯和冷暖空调等设施。

备用电源系统,由发电机和双电源手动切换开关组成。

移动式应急处理导试水厂工艺流程图如图 10-40 所示。

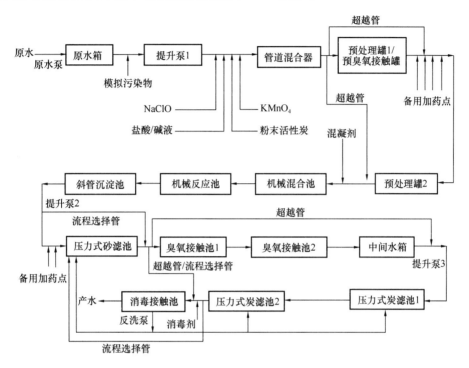

图 10-40 移动式应急处理导试水厂工艺流程图

2. 技术参数

设计处理水量,$Q=1\text{m}^3/\text{h}$。

(1) 原水箱,有效容积 1m^3。

(2) 水处理药剂投加,该导试水厂具有 8 套药剂投加系统(药液桶和加药泵),可进行特定污染物的原水加标试验和选择投加多种应急处理药剂。可投加的药剂种类和最大投加量见表 10-28。

移动式应急处理导试水厂的药剂投加设备表 表 10-28

药剂种类		最大投加量	药液浓度	备注
混凝剂	铁盐	20mg/L	5%	
	铝盐	20mg/L	3%	
次氯酸钠		20mg/L	5%	有腐蚀性,操作人员应注意防护措施
酸		20mg/L	5%	
碱		20mg/L	2%	
高锰酸钾		20mg/L	4%	
粉末活性炭		50mg/L	3%~5%	
模拟污染物		按需投加	按需配制	进行原水加标试验,检验应急处理效果

(3) 预处理罐，带搅拌浆，采用两级串联运行，总停留时间1h，可分别进行超越。预处理罐同时可作为预臭氧接触罐使用。

(4) 混凝反应池，机械搅拌混合池和反应池合建。混合池设计停留时间60s；絮凝反应池分三级，每级停留时间为6min。

(5) 斜管沉淀池，清水区上升流速为1.0mm/s；斜管倾角为60°；斜管沉淀区的液面负荷为3.6m³/(m²·h)。

(6) 砂滤池，考虑集装箱体的高度限制，采用压力式均质滤料滤池，设计滤速为8m/h；可采用水反冲或气水联合反冲。

(7) 臭氧接触池，采用两级串联运行，每级停留时间为7.5min；采用钛板曝气，臭氧投加量为1.5～2.5mg/L。

(8) 中间水箱，容积为250L。

(9) 活性炭滤池，考虑集装箱体的高度限制，采用压力式活性炭滤池，设计滤速为8m/h；采用两级串联运行，每级炭层厚度为1.0m，吸附时间为7.5min；可采用水反冲和气水联合反冲。

(10) 消毒接触池，停留时间为2h；可投加次氯酸钠、二氧化氯、硫酸铵、高锰酸钾等液体消毒剂或溶液。

移动式应急处理导试水厂的外观图见图10-41，内部设备见图10-42。

图10-41 移动式应急处理导试水厂的外观图

图10-42 移动式应急处理导试水厂内部设备图

3. 特点与应用

移动式应急处理导试水厂的工艺流程包括了供水厂常用的预处理、常规处理、臭氧活性炭深度处理和加氯消毒的全处理流程，可进行特定污染物的加标试验，具有多种应急处理药剂的投加系统，可自控运行，配有多种在线水质检测仪器，整个系统置于两个6.096m的集装箱内，可拖运到特定原水水质条件的地方（水源地或供水厂）开展中试研究。

导试水厂具有以下多种功能：

（1）可通过加标试验模拟特定的水源突发性污染事故，验证应急处理技术的可行性与供水厂运行工艺参数，完善应对突发事件的技术措施。

（2）当发生水源突发性污染事故时，导试水厂的模拟运行可为供水厂运行调整提供应急技术指导。

（3）在新供水厂设计建设时，可采用导试水厂进行该水源原水的中试处理研究，为设计建设提供依据。

（4）对于已有供水厂，可以采用导试水厂进行模拟运行，为供水厂调整药剂投加和进行运行优化提供依据。

（5）导试水厂也可以作为小型应急供水设施，在救灾的应急供水中使用。按每人每天10L基本饮水计算，可为2400人提供应急饮水供给。

"十一五"时期水专项，已经为全国10个城市的自来水公司分别配置了移动式应急处理导试水厂，为这些城市的应急预案完善和供水厂运行优化作出了贡献。

10.5 突发事件应急管理

根据我国的《中华人民共和国突发事件应对法》，突发事件是指突然发生，造成或者可能造成严重社会危害，需要采取应急处置措施予以应对的自然灾害、事故灾难、公共卫生事件和社会安全事件，水源突发污染属于事故灾难类的突发事件。由于水源突发污染严重影响供水安全，是城市供水必须应对的一大挑战。本节将重点论述应对水源突发污染在政府主管部门和供水企业这两个层面的突发事件应急管理工作。

10.5.1 水源突发污染城镇供水应急管理程序

为加强对城镇供水系统应对突发性水源污染的应急供水工作的指导，提高城镇供水应急处置的科学性和规范性，保障城镇供水安全，维护正常生产生活秩序，在"十二五"时期水专项"突发事件供水短期暴露风险与应急管控技术研究"课题中编制了"城镇供水系统应对突发性水源污染的应急管理程序"。该应急管理程序适用于我国城镇供水系统应对水源突发污染时的应急管理与应急处置工作，也可供各级地方政府和主管部门参考。

城镇供水系统应对突发性水源污染的应急管理工作程序如下：

1. 应急管理环节

城镇供水系统应对突发性水源污染的应急管理工作可分为事前准备、事中响应和事后评估三个环节。

2. 事前准备

为应对水源突发污染，城镇供水系统需要事前开展水源监测体系建设、供水风险排查、应急能力建设、应急预案编制等事前准备工作。

3. 事中响应

在发生水源突发污染之后，城镇供水系统需要快速响应，针对该特定事件，开展供水系统应急调度能力判断、供水厂应急处理能力判断和饮水健康危害分析，并根据以上判断结果，决定应急处置所需采取的措施。

4. 应急调度能力判断

针对应急监测得到的污染物信息，根据为提高应急能力所建设的多水源和多供水厂的供水系统能力，采取水源调度（包括：多水源联合调度、启动应急水源或备用水源等）、供水厂供水联网调度等措施，可以提高应对突发污染的能力水平，判断该水源污染事件能否通过水源和供水厂的调度措施来规避或解决。

5. 应急处理能力判断

根据应急监测得到的污染发展态势的信息，利用已有对各种污染物的应急处理信息资料、突发污染物应急处理特性和供水厂的净水工艺与应急处理的能力，判断能否通过在供水厂采取应急净化处理来应对该突发污染事件。

6. 饮水健康危害分析

对于经评估判断为水源和供水厂都无法有效应对，自来水出厂水将超标的事件，参考"短期饮水水质安全浓度研究"，详见10.5.2节，判断短期饮水对居民是否会产生健康危害。

7. 应急决策

水源突发污染事件应急决策判别依据的核心，是根据短期饮水对人体健康的影响，合理确定应急处置的措施。

对于在短期内就会对健康产生显著影响的，必须采取"果断停止供水"的应对措施。对于虽然超标，但短期内饮用没有健康影响的毒理学指标，可采取"审慎停水"或是"公告不得作为饮水，但可作为生活杂用谨慎使用"的应对措施。对于虽然超标，但属于感官性状和一般化学指标，且公众尚可接受的情况，可采取实施《生活饮用水卫生标准》GB 5749—2006中可以临时放宽限值的条款，采取"不用停水"的应对措施。

应急处置决策的技术指南详见10.5.3节。

8. 信息发布程序

应急信息发布应依据"速报事实，慎报原因，续报发展"的基本原则，明确信息发布的机构、时间、内容、范围、渠道、舆情监控等方面的要求。

9. 事后评估

应急处置工作结束后，城镇供水系统应及时总结、评估应急处置工作情况，包括损失情况、事件原因、责任认定、改进措施建议等内容，并向上级主管部门和当地人民政府报告。

10.5.2 短期饮水水质安全浓度研究

如何进行水源突发污染事件应急处置措施的决策，其指导思想应是把人民的生命安全和身体健康放在第一位。因此，对于水源突发污染事件，应急供水要根据水源突发污染事件的影响，特别是超标饮水对人体健康的影响，确定相应的应急对策与措施。

因此，首先需要明确事件中饮水超标问题对人体健康的影响，即需要明确短期饮水水质对于人体健康的影响。在此基础上，才能根据饮水超标问题对于人体健康的影响程度，进行应急处置的决策，确定是否需要停止供水和如何采取应对措施。

目前公众普遍认为，只要喝了超标的水就对会健康造成危害。对于水源突发污染造成饮用水超标时，由于无法确定对饮水安全的影响程度，因此大多数情况下所采取的措施是"饮用水超标就停止供水"。实际上这种观点和措施是不科学的，因为饮用水标准中有很多项目的限值是根据长期饮水或是终生饮水而确定的，在饮用水相关标准中并没有明确如何评价短期内饮水超标对人体健康的影响。

因此，需要首先明确饮水水质，特别是短期饮水对于人体健康的影响。在此基础上，建立根据事件对人体健康的影响程度，科学合理地进行应急处置的决策。即，要把应急管理从"超标就停水"的质量控制决策体系，提升到"按影响确定应对措施"的风险控制决策体系，以避免应急处置决策中可能出现的响应过度或是响应延误的问题。

为此，在"十二五"时期水专项"突发事件供水短期暴露风险与应急管控技术研究"课题中，由中国疾病预防控制中心（《生活饮用水卫生标准》GB 5749—2006 的起草单位）确定了 50 种物质的短期饮水安全浓度，以下介绍主要的研究成果。

1. 饮水健康影响与饮用水标准的指标分类

饮水水质的安全包括以下几个方面：一是微生物学安全，不引发水介疾病（生物因素）；二是毒理学安全，所含化学物质对人体健康无不良影响（化学因素）；三是放射性安全，所含放射性对人体健康无不良影响（辐射因素）；四是感观性状良好，公众可以接受。

与之相对应，我国的《生活饮用水卫生标准》GB 5749 分成以下几类指标：微生物指标和消毒与消毒剂指标（保证微生物学安全）、毒理指标（保证毒理学安全）、感观性状指标和一般化学指标（感观性状公众可以接受）、放射性指标（放射性安全）。

对于微生物学指标和消毒与消毒剂指标，超标的健康效应是在饮水人群中引发水介消化道疾病。因此对于微生物指标和消毒与消毒剂指标，超标就有健康效应，任何时刻的供水都应符合标准要求。

对于毒理指标，其要求是保证终生饮用安全。饮用水标准毒理指标中大多数项目的标准限值都是根据终生饮水安全确定的，对于短期内饮用超标水的健康影响，标准中未做说明。

对于感观性状与一般化学指标，超过限值会出现公众难以接受的感观性状和化学问题，例如：浑浊、有色、有嗅、有味、口感不好等。因此对于感观性状与一般化学指标，超标就有水质问题。

对于放射性指标，长期超标的健康效应是引发放射性疾病（致癌）。因此如放射性项目超标，应进行核素分析和评价，判断能否长期饮用。

2. 毒理学指标的饮水水质安全浓度

毒理学指标的饮水水质安全浓度（简称：饮水安全浓度），是指饮水中特定物质的含量对人体健康无不良影响，根据饮水摄入期的不同又分为：短期饮水安全浓度和终生（长期）饮水安全浓度。对于饮用水水源突发污染事件，应特别关注短期饮水对人体健康的影响。

饮水水质安全浓度，是指在一定期限内的饮水条件下，不会对人体健康造成不良影响的某种污染物的上限浓度。按照国际惯例采用规范的方法进行确定。毒理学的饮水健康效应分为非致癌的健康效应和致癌的健康效应两大类。对于非致癌的健康效应，以低于出现效应的阈值浓度来确定饮水安全浓度。对于致癌效应，一般以终生饮水额外致癌风险不大于 1×10^{-5} 来确定饮水安全浓度。对于不同数据来源的差异，采用规定的不确定系数进行核算。对于终生饮水安全，饮水摄入量按成人每人每日摄入 2L 水，持续 70 年考虑；对于成人的人均体重，世界卫生组织是按每人 60kg 考虑，EPA 是按每人 70kg 考虑；污染物的饮水贡献率，如无特定设置，一般采用 20%。对于短期饮水安全，暴露期设置为一日和十日两种，对象选用 10kg 体重的儿童作为敏感人群的代表，每日饮水 1L，污染物的饮水贡献率为 100%。根据毒理学评价方法，污染物短期暴露风险的毒理学效应主要是非致癌性的效应，致癌效应主要来自于长期或终生暴露，不涉及短期水质安全。

饮用水标准中毒理学指标是以饮水安全浓度作为确定标准限值的基础。其中大多数毒理学项目的限值采用终生饮水安全浓度，由慢性或长期的毒理学实验结果确定；但也有个别物质具有短期健康影响效应，因此采用了短期饮水安全浓度，由急性或亚急性毒理学效应确定。

具有短期健康影响效应的代表物质是硝酸盐。根据世界卫生组织编写的《饮用水水质准则》，硝酸盐的准则值为 50mg/L，以避免婴儿因饮水而发生高铁血红蛋白症。我国《生活饮用水卫生标准》GB 5749—2006 对硝酸盐的限值浓度是 10mg/L（地下水源限制时为 20mg/L）。

在由饮水安全浓度制定饮用水标准时，还需考虑技术经济条件的制约。如果技术经济很容易实现，则可能制定更为严格的标准；如果技术达不到，或经济不能承受，则适当放宽标准，即不得不承受更大的健康风险。

3. 十日饮水安全浓度

对于短期饮水安全浓度，通常采用一日饮水安全浓度和十日饮水安全浓度作为指标。对于突发水源突发污染事件的应急处置，主要依据是十日饮水安全浓度。

一日饮水安全浓度的定义是：在1d饮水条件下，不会对健康造成不良影响的某种污染物的上限浓度。一日饮水安全浓度是基于1次或1d（24h内多次）染毒的急性毒理学实验数据确定的，主要用作健康损害赔偿的依据。

十日饮水安全浓度的定义是：在连续10d饮水条件下，不会对健康造成不良影响的某种污染物的上限浓度。十日饮水安全浓度是基于连续每天染毒的亚急性（10～14d）毒理学实验数据确定的。根据我国应对水源突发污染的实践经验，供水超标的时间一般可以控制在一周之内，因此选用10d作为短期饮水的一个特定评价时间。

4. 饮水安全浓度的确定

水专项饮水安全浓度相关研究的主要内容包括：确定饮水安全浓度的方法学；确定50种污染物的十日饮水安全浓度，包括毒理学资料的调研与筛选、安全浓度计算和各国相关数据比较；对其中15种污染物进行毒理学实验验证。

验证污染物的筛选原则是：短期饮水安全浓度与长期指标相差较大的；公众关注度高的；污染事故发生率高的。最后确定了对15种污染物进行毒理学实验验证。

污染物短期暴露健康效应毒理学验证实验的方法为：主要采用大鼠经口染毒亚急性实验，在第14（确定十日饮水安全浓度）和第28d（确定28日饮水安全浓度）对效应指标进行测定。对于有生殖毒性的污染物，使用孕兔染毒，然后对幼兔测试。最后根据毒理学实验结果计算十日饮水安全浓度，并与资料数据进行比较。

毒理学验证实验结果如下：（1）实验结果与文献调研结果相一致的有8项（六价铬、镍、苯、EDTA、二氯甲烷、三氯乙酸、甲萘威、莠去津），饮水安全浓度采用了经过验证的调研值；（2）实验结果比文献调研结果更宽松的有4项（镉、硼、四氯化碳、锑），为安全考虑，饮水安全浓度采用了文献调研的更严格的值；（3）实验结果比文献调研结果更严格的有3项（1,4-二氯苯、苯酚、甲醛），为安全考虑，饮水安全浓度采用实验结果的更严格的值。

为了判断短期饮用超标的水对人体健康产生影响的可能性，该研究提出了"十日饮水安全浓度与《生活饮用水卫生标准》GB 5749—2006 限值的比值（$R_{10d/STD}$）"的概念：

$$R_{10d/STD} = \frac{十日饮水安全浓度}{饮用水标准限值} \tag{10-8}$$

$R_{10d/STD}$越接近1的项目，超标时越容易超过短期饮水安全浓度；$R_{10d/STD}$很大的项目，超标时一般不会达到短期饮水安全浓度。由于饮用水标准中的标准限值大多数是根据污染物的长期饮水健康效应确定的，在发生污染物的短期超标时，对于$R_{10d/STD}<5$的物质，超标后很有可能就超出短期饮水水质安全浓度，因此短期水质安全的风险高，必须加强管理；对于$R_{10d/STD}=5\sim20$的物质，超标后也有可能接近短期饮水水质安全浓度，短期水质安全风险较高，必须给予一定的关注；对于$R_{10d/STD}>20$的物质，尽管超标，但是与短期饮水水质安全浓度尚有较大差距，一般不会造成短期饮水水质安全问题。

根据文献调研和对部分项目的毒理学试验，确定了50种污染物的饮水安全浓度，并与《生活饮用水卫生标准》GB 5749—2006 相比，确定了各自的$R_{10d/STD}$，见表10-29。

50项毒理学指标十日饮水安全浓度与《生活饮用水卫生标准》GB 5749—2006
限值的比值（$R_{10d/STD}$）汇总表　　　　表10-29

范围	项目与$R_{10d/STD}$（括号内数字为$R_{10d/STD}$比值）	项目数
$R_{10d/STD} \leq 5$	砷（1）、铅（1）、汞（2）、甲醛（2）、钡（1）、钼（1）、银（4）、马拉硫磷（1）、灭草松（1）、毒死蜱（1）、甲苯（3）	11
$5 < R_{10d/STD} \leq 20$	镉（8）、六价铬（20）、锰（10）、锑（12）、硼（6）、一氯二溴甲烷（6）、1,1,1-三氯乙烷（20）、百菌清（20）、1,2-二氯苯（9）、苯（20）、甲萘威（20）	11
$R_{10d/STD} > 20$	三氯甲烷（67）、四氯化碳（100）、挥发酚（750）、铍（15000）、镍（50）、铊（70）、二氯乙酸（60）、1,2-二氯乙烷（23）、二氯甲烷（100）、三氯乙酸（30）、七氯（25）、五氯酚（33）、六氯苯（50）、林丹（500）、草甘膦（29）、莠去津（50）、1,1,-二氯乙烯（33）、1,2-二氯乙烯（40）、1,4-二氯苯（25）、六氯丁二烯（500）、丙烯酰胺（600）、环氧氯丙烷（250）、苯乙烯（100）、氯乙烯（600）、二（2-乙基己基）己二酸酯（50）、1,2-二溴乙烷（160）、异丙苯（44）、2,4-二硝基甲苯（3333）	28

注：二（2-乙基己基）己二酸酯和1,2-二溴乙烷为《生活饮用水卫生标准》GB 5749—2006附录A项目，甲萘威、异丙苯和2,4-二硝基甲苯为《地表水环境质量标准》GB 3838—2002项目。

对于短期饮水水质安全浓度的详细信息，可参见由中国疾病预防控制中心环境与健康相关产品安全所组织编写的《饮用水污染物短期暴露健康风险与应急处理技术》，该书在2020年出版，可供相关人员查阅。

根据政府各部门的职责分工，对于水源突发污染事件影响或将要影响供水水质的，卫生部门应根据事件对饮水安全的影响，提出供水、用水的建议，报经当地人民政府批准后实施。因此在供水应急事件发生时，供水企业及其主管部门可请求卫生部门对饮水安全问题作出评估，并由卫生部门提出是否需要停水的建议。

5. 饮水安全浓度示例

以下列举几种污染物的健康危害与饮水安全浓度：

（1）镉

健康危害：引起镉中毒。造成肾功能障碍（影响对蛋白质、糖和氨基酸的重吸收）和影响钙代谢（产生骨质疏松及骨折等相关病症，是早期日本公害病"痛痛病"的病因）。

致癌性：可能致癌。国际癌症研究机构（IARC）在1987年将镉列为2A组（对人类很可能有致癌性），1993年开始将镉列为1组（对人类有确认的致癌性）；但是EPA在2012年仍把镉（经口服）列为D组（对人类的致癌性尚不能分类）。

饮用水标准：《生活饮用水卫生标准》GB 5749—2006的限值为0.005mg/L，超标的健康效应为肾功能障碍。

一日饮水安全浓度：0.04mg/L，超过的健康效应：使成人呕吐。

十日饮水安全浓度：0.04mg/L。十日饮水安全影响的毒理学试验结果是0.08mg/L，健康效应为大鼠蛋白尿；但是为了安全起见，镉的十日饮水安全浓度也采用了0.04mg/L进行管理。十日饮水安全浓度与饮用水标准限值的比值：$R_{10d/STD}=8$。

（2）砷

健康危害：摄入高剂量的砷可造成急性中毒，出现腹痛、呕吐、腹泻、肌肉痛、麻木、四肢抽筋等症状。长期摄入低浓度的砷可出现皮肤损伤（血管末梢异常）、周围神经病变、皮肤癌、膀胱癌、肺癌等癌症和血液循环问题。

致癌性：对人体有致癌性（第1组）。

饮用水标准：《生活饮用水卫生标准》GB 5749—2006 的限值为 0.01mg/L。其制定依据是世界卫生组织的《饮用水水质准则》（第2版），终生饮水 1×10^{-4} 的额外致癌风险的对应浓度是 0.002mg/L，砷 0.01mg/L 的致癌风险是 5×10^{-4}，健康效应是皮肤癌、肺癌、膀胱癌等。《生活饮用水卫生标准》GB 5749—2006 的 0.01mg/L 是根据水源和水处理技术条件确定的，如果对砷按照饮水安全浓度制定饮用水水质相关标准，则会有更多的地下水水源不符合要求，而净水处理的成本又过高，因此对砷的饮用水标准比饮水安全浓度放宽了很多，在水质安全性上做出了很大让步，即受技术经济条件所限，承受了更大的健康风险。

十日饮水安全浓度：0.01mg/L。国际上对砷的短期饮水安全浓度尚未得出明确结论。但是从安全考虑，加之公众对砷的问题十分敏感，十日饮水安全浓度采用《生活饮用水卫生标准》GB 5749—2006 中的 0.01mg/L 进行应急管理。$R_{10d/STD}=1$。

（3）苯

健康危害：短期摄入会造成白血球减少，长期摄入造成淋巴细胞减少。

致癌性：苯是人类致癌物，国际癌症研究机构（IARC）将致癌物分组为1组（对人类有致癌性），EPA 致癌风险分级为 H 类（人类致癌物），能引发白血病等癌症。

饮用水标准：《生活饮用水卫生标准》GB 5749—2006 为 0.01mg/L，对应的终生饮用的额外致癌风险为 1×10^{-5}，超标健康危害为白血病。

一日饮水安全浓度：毒理学试验数据不足，为安全起见，一日饮水安全浓度采用了十日的结果。

十日饮水安全浓度：0.2mg/L，超过该浓度的健康效应为血液指标异常。$R_{10d/STD}=20$。

在2014年4月兰州自来水苯污染事件中，进厂水苯最高浓度约 0.18mg/L，已接近十日饮水安全浓度。由于当时相关人员不清楚事件对饮水安全的严重程度，从发现问题到停止市政供水，时间间隔了约 20h，最终被判定应急处置存在延误问题。兰州在苯污染事件发现之前的一周时曾测定过出厂水的苯，当时水质正常，因此自来水苯超标的时间不会超过一周。在事件后期，卫生专家用进厂水苯浓度未达到十日饮水安全浓度和超标水的历时不到十天，作为事件未对人体健康造成损害的依据，平息了社会索赔诉求。该事件的实践说明，短期饮水安全浓度对于事件发生时的应急处置决策和事故影响处理具有十分重要的意义。

（4）三氯甲烷

摄入途径：饮用水中三氯甲烷进入人体的途径包括饮水摄入、淋浴时的空气吸入和皮肤吸收。

健康危害：三氯甲烷的毒性作用首先是对肝肾产生损害。三氯甲烷对生殖发育也有毒性,但所需剂量比对肝肾毒性剂量高。

致癌性:三氯甲烷经口致癌所需剂量远高于对肝肾造成损害的毒性剂量,按照肝肾毒性控制可以防范致癌。

饮用水标准:《生活饮用水卫生标准》GB 5749—2006 为 0.06mg/L,长期摄入超标水的健康危害首先是肝肾损伤。

一日饮水安全浓度:4mg/L,超过安全浓度的健康效应为肝肾损伤。

十日饮水安全浓度:4mg/L,超过安全浓度的健康效应为体重下降、脂肪肝等。$R_{10d/STD}=67$。因此对于三氯甲烷,即使超标一般也不会达到十日饮水安全浓度。

10.5.3 水源突发污染应急处置决策的技术指南

在"十二五"时期水专项"突发事件供水短期暴露风险与应急管控技术研究"课题中,制订了"关于突发性水源污染时城镇公共供水应急处置决策的技术指南",供政府主管部门在进行应急决策时参考。为了完整准确地体现相关成果,现把该技术指南全文引述如下:

关于突发性水源污染时城镇公共供水应急处置决策的技术指南

第一条【目的和依据】为加强对城镇供水系统应对突发性水源污染的指导,提高城镇供水应急处置决策的科学性,保障城镇供水安全,依据《中华人民共和国突发事件应对法》《国家突发事件总体应急预案》《生活饮用水卫生监督管理办法》《城市供水条例》《城市供水水质管理规定》《生活饮用水卫生监督管理办法》等法律法规制定本导则。

第二条【适用范围】在水源发生突发污染,且超出供水系统的应对能力,可能危及供水水质安全时,为城镇供水系统应急处置决策提供技术支持。

第三条【原则】根据水源突发污染事件中特征污染物对人体健康的影响,合理确定应急响应的等级与应对措施。对于短期饮用超标自来水即可能对人体健康造成损害的,应紧急停止供水;对于自来水的某些指标仅轻微超标,短期饮用不会对人体健康造成损害,且大多数公众尚可接受的,是否停止作为饮水应谨慎决定。(注:此前的应急响应判别依据主要为污染物超标情况,超标就停水,且超标倍数越大问题越严重)

第四条【对城镇供水影响的判别】对于水源突发污染事件对城镇供水的影响,在判别中需考虑的因素包括:

1. 水源污染发展态势判别——污染物的种类、浓度分布、迁移与扩散的预测、对城市供水取水水质的影响等。
2. 特征污染物对饮水安全的影响。
3. 城市供水系统应急调度能力判别——为规避污染水源供水系统采取的应急调度措施,包括:启动应急水源或备用水源及启动所需时间、关闭受污染影响水厂改由其他水厂供水的可能性等。
4. 水厂净化能力判别——水厂现有工艺对特征污染物的去除能力、是否有特征污染物的应急净化处理技术、水厂进行应急净化所需增加的设施、启动应急净化处理所需时间等。

第五条【确定供水预警等级】地方人民政府综合环保、卫生、供水、水利部门的意见后确定城市供水预警等级,并及时启动地方政府相应的应急预案。预警等级可根据事件进展及时调整。

第六条【城市供水预警等级】根据水源突发污染事件对城市供水水质的影响,按照从重到轻的次序,城市供水的预警等级分成"红色"、"橙色"、"黄色"和"蓝色"四个等级。

第七条【红色等级】因水源突发污染,自来水厂的出厂水已经严重超标,短期饮用即可能对人体健康造成损害,或是水质已经超出了公众的可接受程度。满足下列条件之一的为红色等级:

1. 自来水出厂水的毒理指标中超标污染物的浓度已经超过或接近(>70%)短期饮水安全浓度,短期内饮水会对人体健康造成损害。

2. 出厂水的感官性状与一般化学指标中的部分项目严重超过国家标准,特别是其中的臭和味、色度等指标,已经超出了公众的可接受程度。

3. 水厂出水微生物指标中的大肠埃希氏菌、耐热大肠菌群、原虫指标严重超标,或含有其他病原微生物,有可能导致介水传染病暴发,甚至已经出现因水引发的聚集性病例的。

4. 出厂水放射性指标超标,且经放射性核素分析,其中有害核素强度已经超过或接近对人体健康构成损害的。

第八条【红色等级响应】发生的水源污染事件为红色等级时,由政府在最短时间内发布停水公告。

对于供水企业发现自来水厂的出厂水会危害公众健康的情况,供水企业在上报主管部门的同时,可立即停止市政供水。供水主管部门接报后1小时内向政府提出应急处置的建议。(注:对于供水企业在应急事件发生时是否有权停水,有不同意见。现行的《城市供水水质管理规定》(建设部第156号令,自2007年5月1日起施行)的第二十七条规定:"发现城市供水水质安全隐患或者安全事故后,直辖市、市、县人民政府城市供水主管部门应当会同有关部门立即启动城市供水水质突发事件应急预案,采取措施防止事故发生或者扩大,并保障有关单位和个人的用水;有关城市供水单位、二次供水管理单位应当立即组织人员查明情况,组织抢险抢修。城市供水单位发现供水水质不能达到标准,确需停止供水的,应当报经所在地直辖市、市、县人民政府城市供水主管部门批准,并提前24小时通知用水单位和个人;因发生灾害或者紧急事故,不能提前通知的,应当在采取应急措施的同时,通知用水单位和个人,并向所在地直辖市、市、县人民政府城市供水主管部门报告"。供水企业依据词条规定的前半段文字,认为供水企业无权自行停水,需先报主管部门批准;供水主管部门则认为,在危急时刻采取果断措施是供水单位的职责,该规定第二十七条的后半段文字对供水单位已经给予了应急处置权,即在紧急事故时,要求供水企业应当立即采取应急措施,同时向主管部门报告。)

为满足消防用水、冲厕用水、非食品工业用水、市政杂用水等需求,在不会对供水管道造成长期污染的情况下，由地方人民政府决定可择机恢复非饮水的限定性供水，并发布相关公告。

第九条【橙色等级】水源的污染团将在短时间内到达自来水厂取水口，预计水厂的出厂水将会严重超标，短期内饮水可能对人体健康造成损害，或是水质将会超出公众的可接受程度，事件的严重程度属于严重。满足下列条件之一的为橙色等级：

1. 自来水厂出厂水的毒理指标中超标污染物的浓度预计将会超过或接近（＞70%）短期饮水安全浓度，短期内饮水可能对人体健康造成损害。

2. 感官性状与一般化学指标中的部分项目将严重超标，超出用户的可接受程度。

3. 对于水源突发性微生物污染，水厂出水微生物指标中的大肠埃希氏菌、耐热大肠菌群、原虫指标等将可能严重超标，将有可能导致介水传染病暴发的。

4. 出厂水的放射性指标将严重超标，其中有害核素强度预计将有可能对人体健康构成损害的。

第十条【橙色等级响应】发生的水源污染事件为橙色等级时，由卫生部门会同供水行业主管部门向地方政府提出建议，当地政府决策后发布停水公告。停水公告必须在出厂水严重超标前发出。

第十一条【黄色等级】因水源突发污染，致使自来水出厂水某些指标超标，但短期内饮用尚不会对健康造成损害。满足下列条件之一的为黄色等级：

1. 出厂水中的某些毒理项目超过饮用水水质标准，但标准限值是根据长期暴露效应制定的，该浓度的污染物短期内饮用不会对人体健康产生副作用。

2. 对于水源突发微生物污染，出厂水微生物指标中的菌落总数指标轻微超标的（＜500CFU/mL）。

第十二条【黄色等级响应】发生的水源污染事件为黄色等级，由卫生部门会同供水行业主管部门向地方政府提出处置建议，由当地政府决策是否停止作为饮水。对于超标问题较严重的，应停止作为饮水。对于只是轻微超标、浓度远低于短期饮水安全浓度的情况，是否停止作为饮水应谨慎决定，在保障公众健康的前提下，尽可能降低突发污染事件对社会正常秩序的影响。

对于黄色等级，地方政府应发布公告，说明事件原因、超标污染物的种类和浓度、对健康的影响及短期饮水安全浓度、预计持续时间和采取的对策等，并提出指导公众安全饮水用水的建议，包括敏感人群可改饮桶装水、瓶装水等。

第十三条【蓝色等级】因水源突发污染，致使自来水的某些感官性状和一般化学指标轻微超标，但大多数公众尚可接受。

第十四条【蓝色等级响应】在蓝色等级情况下，城市供水可以不停水照常饮用。根据《生活饮用水卫生标准》GB 5749—2006 的 4.1.8 条款（当发生影响水质的突发性公共事件时，经市级以上人民政府批准，感官性状和一般化学指标可适当放宽），由卫生部门会同供水行业主管部门向地方政府提出建议，由地方政府确定是否发布公告。

第十五条【对于不明成分或缺少饮水安全判别依据情况的处置办法】当自来水厂原水

水质突然出现异常，例如：有强烈的化学品或令人厌恶的气味、明显的反常颜色或是水源水体出现大面积不明原因鱼类死亡等情况，显示水源被污染，影响或将会影响自来水水质安全的，环保、供水、卫生等部门应根据各自的职责组织对水源水污染情况进行检测判别，并共同商定问题的严重程度。

对于水源水中出现水质标准之外和缺少饮水安全判别依据的污染物的情况，由环保、供水、卫生等部门共同会商，向地方人民政府提出预警等级分类的建议。

对上述两种情况，由于在短时间内可能难以确定问题水源中特征污染物的具体种类与危害，或是缺少特征污染物饮水安全的判别依据，按照对人民饮水安全负责的原则，应对措施应为：水厂停止从污染水源取水，启动应急备用水源，水厂采取应急净水措施，或是停止向城市供水。

第十六条【信息发布】突发事件及其城市供水的信息由地方人民政府统一向公众发布。对于采取停水措施的，向公众的首次发布必须迅速，在最短时间内指导公众的饮水安全。

第十七条【恢复供水】应急期间，环保、卫生、供水企业应按照各自职责加强水质的监测。当地卫生主管部门负责对出厂水进行特征污染物和相关水质指标的卫生监督，并在事件处置后期，确定自来水厂是否可以恢复正常供水。在恢复供水期间，当地卫生主管部门组织对管网水进行监测，确定已经恢复正常水质的区域。

第十八条【城镇供水事件的解除】在污染源已被切断、供水水源已符合饮用水水源的水质要求、城镇供水的出厂水和管网水经卫生部门检测稳定达标后，由当地人民政府宣布解除供水应急响应。

第十九条【上报省级和国家主管部门的规定】事件发生时，在预警等级确认后，对于红色预警和橙色预警的事件，由地方城市供水主管部门在2小时内向省级城市供水主管部门报告，再由省级主管部门在2小时内向住建部办公厅报告。

所有预警级别的事件结束后1个月内，由地方城市供水主管部门向省级城市供水主管部门提交事件总结报告，并由省级城市供水主管部门报送住建部城建司。

10.5.4 基于污染物水源存在风险和健康影响效应的水源水质监测管理办法

目前供水企业的水质监测是按照《城市供水水质标准》CJ/T 206—2005 的要求进行的。其中，对于水源水：日检9项（浑浊度、色度、臭和味、肉眼可见物、COD_{Mn}、氨氮、细菌总数、总大肠菌群、耐热大肠菌群），月检项目为《地表水环境质量标准》GB 3838—2002 中有关水质检验基本项目和补充项目共29项；对于出厂水：日检9项（浑浊度、色度、臭和味、肉眼可见物、余氯、细菌总数、总大肠菌群、耐热大肠菌群、COD_{Mn}），月检项目为42项常规指标和非常规指标中的可能含有的有害物质，半年检（地表水水源）或年检（地下水水源）检测常规指标与非常规指标的全部项目。尽管《生活饮用水卫生标准》GB 5749—2006 和《城市供水水质标准》CJ/T 206—2005 要求各地自行确定在月检中需要增加检测的非常规指标项目，但因缺少具体的实施办法，各地一般只是按照规定基本要求的检测项目与频率执行。由于地表水水源容易受到突发污染的影响，一些地方的水源突发污染往往是在半年检中才发现，出现问题的时间长短不确定，可能已对饮水安全造成了负面影响。

水专项中对于短期饮水健康影响的研究成果，特别是其中所确定的十日饮水安全浓度，为提升水源水质监测管理的科学水平提供了技术支持。由此，水专项研究中提出了基于污染物的水源存在风险和健康影响效应来确定地表水水源水质监测项目与频率的监测管理办法。

水源水质的检测项目和频率，原来主要是根据供水厂运行需要和污染物存在风险两个方面的因素来确定。新的考虑是需要增加短期饮水条件下污染物对人体健康的影响，对于水源经常出现且短期健康危害高的污染物应加强监测。

水源中污染物对饮水安全的风险因素是：水源中出现的频率、短期饮水健康风险、供水厂日常运行和应急净水能力。对于在过去几年中多次出现超标的污染物，其发生超标的可能性大，应提高监测频率；对于短期饮水健康影响大，在发生超标时很可能达到或超过十日饮水安全浓度、产生负面影响效应的项目，应提高监测频率，并且与"十日饮水安全浓度"相对应，采用周检的频率，以保证检测间隔满足供水安全要求；对于供水厂日常运行无法去除、需要采取应急净水处理的项目，需要提高监测频率。

根据以上对饮水安全因素的考虑，提出了应对水源突发污染的城镇供水地表水水源水质监测项目的风险等级与监测频率的建议，供各地供水企业在制定水源水质监测管理办法时参考，见表10-30。对于地下水水源，也应当根据当地地下水水源的水文地质特性与主要风险因素、短期饮水健康风险和地下水水厂的净水设施与应对能力，确定相应的地下水水源水质检测的管理办法。

供水地表水水源水质监测项目的风险等级与监测频率建议表 表 10-30

指标分类	饮水安全因素	风险等级	监测频率
毒理指标	发生监测值超过《生活饮用水卫生标准》GB 5749—2006 限值的突发风险事件近 3 年内达到 3 次或以上，或十日饮水安全浓度与《生活饮用水卫生标准》GB 5749—2006 限值的比值 $R_{10d/STD} \leqslant 5$，且对应供水厂日常净水工艺难以去除需要应急处理的	高	应加大监测频率至不低于每周 1 次，在水源问题高发期内不低于每日 1 次，有条件的应在线监测
	发生监测值超过《生活饮用水卫生标准》GB 5749—2006 限值的突发风险事件近 3 年内达到 1 次或 2 次，或十日饮水安全浓度与《生活饮用水卫生标准》GB 5749—2006 限值的比值 $R_{10d/STD}=5\sim20$，且对应供水厂日常净水工艺难以去除需要应急处理的	较高	应加大监测频率至不低于每周 1 次，有条件的可在线监测
	发生监测值超过《生活饮用水卫生标准》GB 5749—2006 限值75%的突发风险事件近 3 年内达到 1 次，或十日饮水安全浓度与《生活饮用水卫生标准》GB 5749—2006 限值的比值 $R_{10d/STD}=20\sim50$，且对应供水厂日常净水工艺难以去除需要应急处理的	中度	不低于每月 1 次
	其他毒理指标项目	较低	每半年检测一次

续表

指标分类		饮水安全因素	风险等级	监测频率
感官性状与一般化学指标	浑浊度、色度、臭和味、肉眼可见物、耗氧量、氨氮等		高	按现有要求每日1次，有条件的可在线监测
	铁、锰、挥发酚、氯化物（受潮汐影响的水源）等	对感官性状有明显影响，且需要供水厂强化处理的	中度	应加大监测频率至不低于每周1次，在水源问题高发期内不低于每日1次，有条件的应在线监测
	其他项目		较低	按现有要求不低于每月1次
微生物指标	菌落总数、总大肠菌群、耐热大肠菌群等		高	按现有要求每日1次

以上研究成果建立了适应突发污染风险管理的水源水质检测项目的风险等级与监测管理的配套制度，建立了水源监测项目的识别、评估、监测、退出的实施办法，将按"常规指标与非常规指标"简单划分的监测方式，提升为"根据对每个监测项目的风险评估结果进行监测管理"的风险防控监测方式，为及时发现城市供水水源水质问题提供了技术支持，从而显著提升了饮用水安全保障水平。详细研究成果可参考《城镇供水水源水质突发污染风险识别与监测管理实施办法》。

10.5.5 供水企业应对水源突发污染的应急预案

《中华人民共和国水污染防治法》明确提出了编制应对饮用水安全突发事件应急预案的要求。第七十九条规定：市、县级人民政府应当组织编制饮用水安全突发事件应急预案。饮用水供水单位应当根据所在地饮用水安全突发事件应急预案，制定相应的突发事件应急方案，报所在地市、县级人民政府备案，并定期进行演练。饮用水水源发生水污染事故，或者发生其他可能影响饮用水安全的突发性事件，饮用水供水单位应当采取应急处理措施，向所在地市、县级人民政府报告，并向社会公开。有关人民政府应当根据情况及时启动应急预案，采取有效措施，保障供水安全。

各级人民政府制定城市供水应急预案，核心内容是确定供水突发事件发生时的应急处置决策程序，明确城市供水、环保、水利、卫生等部门的职责，指挥和协调各部门对应急事件的处置。

供水主管部门的应急预案要落实本部门应急处置的机构与职责，明确与相关部门的协调与联动，明确本部门的应急管理和应急措施等内容，确定供水突发事件本部门的应急响应措施。

供水企业的应急预案是要落实供水企业对供水突发事件的防范准备和应急处置的具体措施，并做好企业供水应急预案与城市和主管部门应急预案之间的衔接。供水企业应根据当地人民政府及主管部门制定的《城市供水应急预案》，制定《供水企业的总体应急预案》和《专项应急预案》。

对于突发事件的事件定级与预警响应级别，《中华人民共和国突发事件应对法》有明确的规定。第三条规定：本法所称突发事件，是指突然发生，造成或者可能造成严重社会危害，需要采取应急处置措施予以应对的自然灾害、事故灾难、公共卫生事件和社会安全事件。按照社会危害程度、影响范围等因素，自然灾害、事故灾难、公共卫生事件分为特别重大、重大、较大和一般四级。法律、行政法规或者国务院另有规定的，从其规定。突发事件的分级标准由国务院或者国务院确定的部门制定。第四十二条规定：国家建立健全突发事件预警制度。可以预警的自然灾害、事故灾难和公共卫生事件的预警级别，按照突发事件发生的紧急程度、发展势态和可能造成的危害程度分为一级、二级、三级和四级，分别用红色、橙色、黄色和蓝色标示，一级为最高级别。预警级别的划分标准由国务院或者国务院确定的部门制定。

综上，按照国家的统一规定，突发事件的事件定级分为四级：特别重大、重大、较大和一般。对于突发事件预警响应的级别分为：一级、二级、三级和四级，分别用红色、橙色、黄色和蓝色标示。

对于城市供水突发事件的定级标准，住房城乡建设部目前尚未对外公开其定级标准。环境保护部在突发环境事件的定级标准中，涉及供水安全的规定是：因环境污染造成集中式饮用水水源地取水中断的，地市级以上城市为特别重大事件，县级城市为重大事件，乡镇为较大事件。

对于涉及城市供水突发事件的应急预警与响应，前述预警响应级别是指对于整个事件各级政府启动的预警响应级别，供水企业的预警响应级别可与城市的预警响应级别不同。例如，对于一个镇的供水突发事件，事件定级最多定为较大，政府确定的预警响应级别可能只有三级的黄色预警，但是对于该镇的供水企业，可能就已经是特别重大的事件，需要启动企业内部的一级响应了。

对于应急预案的编制，城市级别和供水主管部门的应急预案的一个重要任务是在应急事件发生时如何进行应急处置的决策，有关的技术指南已在 10.5.3 节进行了论述。本节主要针对供水企业的应急预案，论述其编制要求与管理办法。

供水企业编制的"城市供水应急预案"应包括以下内容：

1. 总则

明确城市供水企业突发事件应急预案的编制目的、编制依据、分类分级、适用范围、预案衔接、工作原则、预案体系等。

明确应急预案的体系，包括综合应急预案、专项应急预案、现场处置方案。

（1）综合应急预案：供水企业突发事件应急预案的总纲，主要从总体上阐述突发事件的应急工作原则。

(2) 专项应急预案：供水企业为应对某一类型或某几种类型突发事件，或者针对重要供水设施、重大危险源、重大活动等内容而制订的应急预案。专项应急预案的种类有：水源突发污染类（应急监测、应急处置、应急队伍组织、应急物资储备等）、供水设施类（设备设施故障、停电、管道爆管、泵站事故等）、自然灾害类（防汛、防台风、放冻害、救灾、应急供水救援等）、公共卫生事件类（卫生安全事件期间供水安全保障等）、安全生产与危害社会安全类（氯气泄漏、危化品管理等）、安保反恐类（反恐怖防范、防投毒等）和其他专项预案（应急供水调度、供水安全度夏、重大活动供水安全保障等）。各供水单位可根据本单位情况，编制相应的专项应急预案。

(3) 现场处置方案：供水企业根据不同突发事件类型，针对具体的场所、装置或设施所制订的应急处置措施。主要包括事故风险分析、应急工作职责、应急处置和注意事项等。供水企业应根据风险评估、岗位操作规程以及危险性控制措施，编制现场处置方案。风险因素单一的供水企业，可不编制专项应急预案，只编写现场处置方案。

各专项应急预案和现场处置方案可纳入综合应急预案附录，方便管理和查阅，并根据供水实际情况变化不断补充、完善预案体系。

2. 应急组织体系与职责

建立应急组织体系，对于供水突发事件的预防、应急处置、恢复与重建全过程，明确各环节的责任部门与协作部门。

3. 风险评估

描述供水基本情况，包括供水企业的自然地理、社会经济、水资源规划、供水基础信息、应急资源等基础信息。

风险描述与应对措施，根据风险筛查和风险应急能力调查结果，描述风险源、风险事件、可能的原因、影响范围、危害程度、风险应对措施、监测措施等。

4. 监测预警和信息报告

应明确预防供水突发事件，在风险源周边进行监测监控的方式、方法，以及采取的预防措施。

对于预警，应明确预警分级、启动预警的条件、预警发布、预警行动及预警解除的条件等。

对于信息报告，供水企业应按照有关规定，根据事件可能的级别和类别，明确信息报告的时限、程序、内容、方式、责任部门。

5. 应急处置

应急处置主要包括先期处置、应急响应、信息发布、应急终止等内容。

突发事件发生后，供水企业应当立即启动企业应急预案，实施供水突发事件先期应急处置工作，采取有效措施控制事态发展。

应急处置的措施有：

(1) 立即组织对事发现场进行控制，组织查找突发事件原因，切断风险源。

(2) 组织协调有关部门负责人、专家和应急队伍参与应急处置。

(3) 初步确认事故的性质,制定并组织实施抢险救援方案,防止发生次生、衍生事件。

(4) 协调有关部门提供应急保障,包括协调关系、调度各方应急资源等。

(5) 部署做好维护现场治安秩序和当地社会稳定工作。

(6) 及时向市政府报告应急处置工作进展情况。

(7) 研究处理其他重大事项。

供水系统突发事件的应急处置和抢险救援过程中的信息和新闻的发布,由地方政府或授权机构实行统一管理,供水企业应及时、客观地提供相关信息。

6. 恢复与重建

应急响应结束后,应进行恢复与重建。

在应急响应结束后,供水企业应对供水突发事件的起因、性质、影响、责任、经验教训和恢复重建等问题进行调查总结,形成事件总结报告。

7. 应急保障

应急保障主要包括以下几方面的内容:信息保障、队伍保障、物资保障、装备保障、技术保障、治安保障、经费保障等。

8. 监督与管理

监督与管理主要包括宣传和培训、预案演练、责任和奖惩等内容。

供水企业要对应急预案进行宣传与培训,应每年至少组织1次应急演练,并建立应急演练评估制度,并根据评估结果,研究提出整改措施,必要时修订完善应急预案。

对供水突发事件应急处置工作实行行政领导负责制和责任追究制。对作出突出贡献的先进集体和个人要给予表彰和奖励。对迟报、谎报、瞒报和漏报供水突发事件重要情况或者应急管理工作中有其他失职、渎职行为的,按照有关规定执行处罚。

9. 附则

明确应急预案的发布主体、发布日期、实施日期、有效期限。按规定向政府有关部门备案。明确解释权和修订要求。

10. 预案附录

附上各专项应急预案和现场处置方案,便于管理和使用。

以上为供水企业编制应急预案的基本要求,详细内容可参见《城市供水企业应急预案编制技术规程》。

10.6 灾后应急供水救援

10.6.1 灾后应急供水救援需求

在自然灾害发生时,如地震、山洪、泥石流、台风等,可能会对城镇供水设施造成严重破坏，导致受灾城镇供水系统无法正常供水，严重影响灾区居民生活和抢险救灾工作的开展。

在自然灾害发生后，灾后应急供水救援首先有两个方面的任务：一是迅速组织力量，包括全国供水行业的力量，对受到灾害破坏的供水设施进行抢修，以尽早恢复正常供水；另一个是在原有供水设施恢复供水之前，组织临时应急供水，解决灾区人民和应急救援队伍在应急救援期的临时饮水供应问题。

在过去的多次重大灾害中，应急救援期的临时饮水主要通过瓶装水来解决。尽管每人的需水量每日只有几升，但是由于灾区人民和应急救援队伍的人数庞大，每日的饮水需求量巨大，造成在应急救援期内大量的运输能力被用来进行瓶装水的运输。

在饮用水净水技术方面，已经形成了以膜技术为核心的设备化的小型净水装置，并实现了车载或可安装在移动式的集装箱内。军队系统已经装备有野战净水车，一些城市也配置了应急制水车，并多次对灾区给予了应急救援。例如在2013年4月四川雅安地震后，沈阳水务集团有限公司在住房城乡建设部的指派下，派出了赴雅安救灾的应急救援队，共22名抢险队员、2台应急净水车和3台抢险车，对灾区进行了应急救援，其中的应急净水车，产水能力为$5m^3/h$（$120m^3/d$），2台制水车可以满足6万人的基本饮水需要（以每人每天4L水计）。但是，当时尚未建立国家级的全国灾后饮水应急救援体系和救援力量。

10.6.2 国家供水应急救援能力建设

为此，在水专项研究成果的基础上，2014年住房城乡建设部向国家发展改革委提出了"国家供水应急救援能力建设项目"的立项申请和可研报告，2015年国家发展改革委批准了项目立项。项目总投资1.6064亿元，资金来源为中央预算内投资，项目的设计单位为中国市政工程中南设计研究总院有限公司，建设单位为中国城市规划设计研究院，至2019年，项目建设完成，通过竣工验收并交付使用。2019年11月14日，住房城乡建设部举行了国家供水应急救援装备移交工作会议暨授牌仪式，向各国家供水应急救援中心区域基地授牌。

国家供水应急救援能力建设项目的主要建设内容是：在住房城乡建设部城市供水水质监测中心配备信息管理及应急指挥保障装置1套。建设了8个应急供水救援中心区域基地，负责区域内的应急供水救援，每个中心设置有保养基地、应急净水车4台[每台产水量$5m^3/h$（$120m^3/d$）]、应急监测车2台（有机物及常规指标水质检测1台、重金属及常规指标检测1台）、应急保障车1台。这8个区域救援中心的所在地为：辽宁抚顺、山东济南、江苏南京、湖北武汉、广东广州、河南郑州、四川绵阳、新疆乌鲁木齐，由所在城市的供水企业管理，分别负责东北、华北、华东、中南、华南、华中、西南、西北共8个片区的应急供水救援。

应急净水车主要用于灾后救援期为灾区人民和应急救援队伍提供生存饮水，可在12h到达本区域内应急地点，提供12万人基本饮水需求（以每人每天4L水计）。

应急净水车充分考虑灾后水源的不确定性,集成了饮用水设备化生产的最新技术,采用了以膜工艺为核心的净水工艺,适应不同类型的水源水,包括高浊度(浊度≤5000NTU,对西北和西南地区高浊度原水,含沙量≤20kg/m³)、微污染、苦咸水(溶解性总固体≤2000mg/L)、低温低浊(水温4℃,浊度<10NTU)、高藻(微囊藻藻细胞总数≤5000万个/L~10000万个/L)等原水,出水达到现行国家标准《生活饮用水卫生标准》GB 5749的要求,为了增强消毒效果,系统采用了紫外线与二氧化氯双重消毒工艺,满足直饮要求。

应急净水车净水工艺的前段是取水泵和预处理系统,预处理有旋流分离器、自清洗过滤器等去除泥砂等大颗粒物的装置,并设有混凝剂等药剂的加药设备。工艺的中段是膜分离系统,设有超滤和反渗透的双膜净水系统,其中反渗透设备是为了应对污染原水或高含盐量原水。工艺的后段是消毒、储存与分装系统,可采用紫外线消毒和化学药剂消毒,满足直饮要求,设有小型清水罐和软体储水袋(500L),并设有1L塑料袋袋装饮水的分装设备。应急净水车为自控运行,配置有自控仪表、水质在线监测仪表、自备电源等。应急制水车采用箱式中型货柜车的车型,具备颠簸路面行驶的抗振动性能,对于为寒冷地区配置的应急净水车,还按防冻要求进行了配置。应急净水车照片见图10-43。

图10-43 应急净水车照片

应急水质监测车主要用于突发重大自然灾害或水源污染事件时对供水及其水源水的水质现场检测,以提高水质检测的时效性。应急水质监测车也可以在开展水质督察时采用,对水质检测能力不足、采样距离过远的地区、分散式供水点等开展现场水质检测,以提高水质督查工作的效率。

应急水质监测车按照实验室环境、实验室级仪器、实验室级质控与实验室信息管理系统的标准进行构建,具备常规指标、有机物指标和重金属指标的现场检测能力。考虑到应用场景的不确定性,具备隔热降温、电磁辐射屏蔽、超低温启动等功能,搭载超静音大功率发电机,保障了装置在恶劣环境下的正常运转。内部采用模块化设计,配置便携仪器、车载仪器和在线仪器,能够实现应急监测、在线连续监测和实验室监测的灵活组合,满足应急监测、现场督察和飞行检查的不同需要。水质检测应用了便携式检测仪、专用检测仪和质谱、色谱、电感耦合等离子体质谱(ICP-MS)等分析仪器,检测能力达到145项指标,覆盖了现行国内外相关标准的主要项目。同时还利用生物毒性分析与谱库检索等技术,具备生物毒性检测和一定的未知物快速筛查能力。以上仪器设备集成在2辆应急水质监测车中,其中A车侧重有机污染物监测,B车侧重金属与生物分析。每个区域中心配置一套(2台)监测车。应急水质监测车照片见图10-44。

应急保障车配备有供水救援信息传输保障系统,包括应急供水救援的综合信息管理系统和多媒体信息化通信系统。作为应急救援现场工作保障平台，应急保障车具有实时通信、动力保障、照明、物资材料储备等功能，可用于信息采集、数据分析、指挥应急等，并可与国家城镇供水应急救援信息系统进行实时数据传递和信息共享。应急保障车照片见图10-45。

 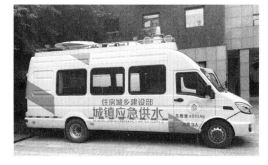

图10-44　应急水质监测车照片　　　　　图10-45　应急保障车照片

该建设项目除了应急设施的硬件建设外，还建立了应急供水救援的管理体制。一是建立了国家和省级层面的分级调度机制，提出了应急救援实施的程序和要求。根据不同应急响应级别下的分级调度权限，确定了应急救援装备调度申请、应急救援现场组织协调、应急救援实施的启动与结束要求等。二是对于应急中心的管理，提出国家应急供水救援力量的管理办法，对应急装备的调度、使用、保管、维护、演练等进行了规定，确保应急装备的有序管理和应急救援工作顺利实施，保障应急供水救援系统的规范运行。该项目的建设，显著提升了我国应对重大自然灾害和重大水污染事故的应急供水能力。

10.6.3　案例：2020年7月恩施应急供水救援

2020年7月21日，湖北恩施清江上游屯堡乡马者村沙子坝发生滑坡，致使清江水源地受泥石流影响，城区供水中断，45万人供水受到影响。

住房城乡建设部对此高度重视，立即指令国家供水应急救援华中区域中心开展应急救援工作。华中基地于当日4时左右，火速集结由7台应急救援车组成的应急供水车队，包含1台通信指挥车，4台净水车和2台水质监测车，配备了40名救援人员，连夜赶赴恩施，并于7月22日7时40分顺利抵达恩施。与此同时，中国城市规划设计研究院作为"国家供水应急救援能力建设"项目的建设单位，立即组织成立了恩施应急供水救援工作组，组成了专家技术团队，于7月22日抵达恩施，协助华中基地的救援队伍开展工作。

在应急净水车稳定持续出水后，由恩施消防、园林等部门车辆组成的运水车以及当地群众纷纷到现场运水、取水，"供水应急救援国家队"进入恩施的消息引起大量关注。湖北省、恩施土家族苗族自治州等各级领导先后多次到车队工作现场慰问，对供水应急工作表示高度赞赏和感谢（图10-46~图10-49）。

图 10-46　国家供水应急车队到达恩施市

图 10-47　消防车到应急净水车旁接水转运

图 10-48　老百姓纷纷来应急车队接水

图 10-49　湖北省副省长曹广晶到现场看望

7月26日0时至24时,经紧急抢修和工艺调整,恩施城区当日供水能力达10万 m^3,其中二水厂供水约2.5万 m^3、三水厂供水约7.5万 m^3。27日,日产能达3.6万 m^3 的喻家河应急泵站启用,整个城区日供水产能超过13万 m^3,恢复率达82%。经湖北省恩施城区应急救援指挥部研究决定,国家应急供水救援中心恩施应急救援任务于7月26日晚结束。

据统计,自7月22日8时成功制水至7月26日22时停用,4台应急净水车共计制水1459.5 m^3,经调试达到直饮标准后,装满78台送水车。制水期间,2台水质监测车累计检测水质204样次,所有检测结果均达标。应急供水的约1500 m^3 的制水量与供水厂的供水量相比看似微不足道,但它提供了应急救灾期间居民的基本生存用水,并为当地供水厂恢复产能赢得了宝贵的时间;此外,"国家队"的支援是一股振奋人心的力量,体现了国家对救灾工作的关心和战胜灾情的决心,为当地救灾工作提振了士气。应急供水救援为打赢恩施饮用水安全保卫战作出了巨大贡献。

7月27日9时,国家应急供水救援中心华中基地的救援队伍在圆满完成恩施支援使命后,踏上归程。

10.6.4 案例:2023年7月海河"23·7"流域性特大洪水应急供水救援

2023年7月,受台风"杜苏芮"残余环流与地形抬升等因素的共同影响,京津冀地区出现严重暴雨洪涝灾害,海河发生流域性特大洪水,其支流子牙河、大清河、永定河先后发生特大洪水。河北省涿州市、北京市房山区洪涝地质灾害严重,城市供水系统遭到破坏,严重影响群众用水安全。

根据住房城乡建设部统一部署,中国城市规划设计研究院作为"国家供水应急救援能力建设"项目的建设单位,迅速组织国家供水应急救援中心西北基地、东北基地赶赴河北省涿州市,华北基地赶赴北京市房山区,分头开展应急供水救援工作。西北基地派出了由22人组成的应急供水救援队(后增员至33人),配备了7台应急救援车(包含4台净水车,2台水质监测车,1台通信保障车),于8月2日下午从河南省郑州市出发,8月3日早晨抵达涿州市。华北基地派出了由29人组成的应急供水救援队,配备了6台应急救援车(包含4台净水车,1台水质监测车,1台通信保障车),于8月3日凌晨从山东省济南市出发,8月3日下午抵达房山区。东北基地派出了由29人组成的应急供水救援队,配备了9台应急救援车(包含4台净水车,2台水质监测车,3台通信保障车),于8月3日中午从辽宁省抚顺市出发,8月4日中午抵达涿州市。中国城市规划设计研究院先后派出25名技术专家,分别前往涿州市和房山区与各基地组成应急供水救援队,协助当地政府开展应急供水和供水设施恢复等救援工作。

在净水车稳定持续出水后,应急供水救援队采取定点供水、水罐车配送和发放水袋等多种方式为灾区群众供水。期间,为充分发挥西北基地和东北基地净水车的供水能力,山东省住房和城乡建设部门派出由20余人组成的防汛供水救援队,驾驶10辆水罐车(包含济南水务集团有限公司3辆、青岛水务集团有限公司1辆、淄博市水务集团有限责任公司1辆、潍坊市城市管理局5辆),于8月6日抵达涿州市支援供水配送工作。在做好应急供水工作的同时,救援队同步加强科普宣传工作,联合中国建设报社开展现场报道与科普讲解,及时播报受灾地区供水应急工作开展情况、城市供水恢复情况等,共同制作"灾后用水安全知识""全流程了解城镇应急供水流程"等微视频,针对洪涝期间公众关注的热点问题,及时向灾区群众解疑释惑、传递权威声音,相关报道被多家媒体、平台转载。救援队在灾区的应急供水工作取得了显著的成效,获得了当地群众和政府的一致好评(图10-50~图10-53)。

8月8日,房山区公共供水基本恢复,华北基地启程返回济南。应急期间,房山救援队累计制水500余m^3,灌装压制水袋1500余袋,使用水罐车送水50车次,累计检测水质指标400余项次。8月12日,涿州市公共供水基本恢复,东北基地、山东省防汛供水救援队和西北基地陆续撤离。应急期间,涿州救援队累计制水3670m^3、使用水罐车送水427车次,灌装压制水袋2220袋,累计检测水质指标2674项次。

图 10-50　西北基地在涿州市的供水点

图 10-51　房山区群众在供水点取水

图 10-52　东北基地在涿州市的供水点

图 10-53　水罐车配送至涿州市小区内

本次应急供水救援，是国家供水应急救援中心建成以来最大规模的一次应急行动，同时也是第一次实现多个应急基地的联合行动。救援队承担了灾区应急供水保障、供水水质监测、安全用水宣传和灾后供水恢复等重要任务，不仅有效缓解了灾区饮水用水困难，更提振了地方政府抢险救灾的信心和决心，为灾区群众饮水安全作出了重大贡献，受到了灾区政府和群众的高度评价。

第四篇 供水设备材料产业化

第11章 水质监测设备材料国产化

11.1 基本情况

当前我国城市供水水质检测机构的技术装备水平总体不高，距离我国《生活饮用水卫生标准》GB 5749 要求的水质指标监测能力还有较大的差距，这与我国水质监测材料国产化水平低、对国外产品依赖性强、设备价格昂贵等有直接的关系。水质监测材料设备市场供应不足及国产化水平低下，严重阻碍了监测技术发展和监测能力的提升，也制约了监测技术方法的普及和推广。

依托水专项"城镇供水系统关键材料设备评估验证及标准化（2017ZX07501-003）""水质监测材料设备研发与国产化（2009ZX07420-008）"等课题，开展了对水质监测相关材料设备制备技术研发和集成应用，研发了固相萃取吸附剂和固相萃取装置、水质检测用标准物质、颗粒物计数仪、智能化多参数水质在线监测仪、免化学试剂水质在线监测仪等，推动了水质监测材料设备的国产化和产业化进程，是一次有益的探索和实践，对推动我国供水行业的技术进步、保障饮用水安全具有重要的意义。

11.2 实验室检测设备

1. 气相色谱-质谱联用仪

气相色谱-质谱联用仪（Gas Chromatography-Mass Spectrometry，GC-MS）是将气相色谱仪与质谱仪通过一定接口组件耦合到一起的分析仪器。样品通过气相色谱分离后的各个组分依次进入质谱检测器，组分在离子源被电离，产生带有一定电荷、质量数不同的离子。不同离子在电场或磁场中的运动行为不同，采用不同质量分析器把带电离子按质荷比（m/z）分开，得到以质量顺序排列的质谱图，再辅以相应的数据收集与控制系统对质谱图进行相应的分析处理，以得到样品的定性定量结果。

GC-MS综合了气相色谱和质谱的优点，可同时完成待测组分的分离、鉴定和定量。在GC-MS仪中气相色谱是质谱的预处理器，质谱是气相色谱的检测器，两者的联用既能够获得气相色谱中待测组分的保留时间和强度信息，也能够获得待测组分在质谱中的质荷比和强度信息。同时仪器工作站软件的发展提高了运行时间、数据收集处理、定性定量、谱库检索及故障诊断等仪器性能（图11-1）。

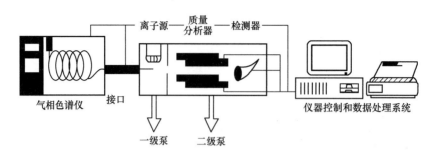

图 11-1　GC-MS 仪基本组成结构图

GC-MS 校准规范《气相色谱-质谱联用仪校准规范》JJF 1164—2018 对离子阱、四级杆台式等进行了主要性能指标的校准，标准规定了仪器通用术语和计量单位，基线噪声、检出限、质量范围、灵敏度、质量稳定性、分辨率等性能指标以及性能测试方法等内容。

国内市场上的主流 GC-MS 仪器厂商包括安捷伦、岛津、赛默飞、珀金埃尔默、布鲁克、天瑞仪器、东西分析、天美、普析通用、舜宇恒平、力可、日本电子等品牌（表 11-1）。

GC/MS 的主要品牌　　　　　　　　　　　表 11-1

序号	市场	厂家	主要型号
1	进口	（美国）布鲁克	EVOQ TQ
2		（美国）安捷伦	7000B、7010B、5977B、7000D、7200、7250
3		（美国）赛默飞	ISQ™ LT、TSQ 8000 Evo、Exactive™、TSQ Duo
4		（美国）PE	Clarus SQ 8、AxION® iQT™
5		（美国）力可	Pegasus BT、Pegasus HRT、Pegasus 4D、TruTOF HT
6		（日本）岛津	TQ8040、TQ8030、TQ8050、QP2010 SE、QP2020
7	国产	天瑞	6800、6800S、iTOFMS-2G
8		天美	SCION SQ、SCION TQ
9		普析通用	M6、M7、M8
10		东西分析	3100、3200、3300、3110
11		聚光科技	Mars-6100

相对进口厂家仪器设备，国产厂家的 GC-MS 技术仍处于不断发展成熟阶段。结构方面，由于国内配套的精密加工技术仍不成熟，造成在高精密的质谱仪器发展上，与进口仪器发展仍存在一定的差距；性能方面，目前国内的技术水平参差不齐，尽管大部分参数都达到国外的水平，由于基础研究经验、技术人员的积累等方面，使整个性能水平仍处于追赶状态。

2. 电感耦合等离子体质谱

电感耦合等离子体质谱（Inductively Coupled Plasma-Mass Spectrometry，ICP-MS）技术是以电感耦合等离子体为离子源，以质谱计进行检测的无机多元素分析技术。被分析样品通常以水溶液的气溶胶形式引入氩气流中，然后进入由射频能量激发的处于大气压下的氩等离子体中心区，等离子体的高温使样品去溶剂化、汽化解离和电离。部分等离子体经过不同的压力区进入真空系统，在真空系统内，正离子被拉出并按照其质荷比分离。检测器将离子转换成电子脉冲，然后由积分测量线路计数。电子脉冲的大小与样品中分析离子的浓度有关。通过与已知的标准或参考物质比较，实现未知样品的痕量元素定量分析（图 11-2）。

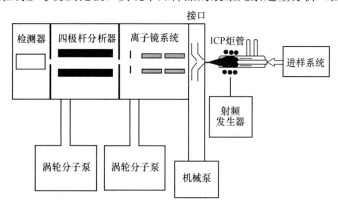

图 11-2 典型 ICP-MS 结构示意图

ICP-MS 具有样品制备和进样技术简单、质量扫描速度快、运行周期短、所提供的离子信息受干扰程度小等优点。ICP-MS 可与多种附件形成一种联用工作模式，比如采用色谱或者激光系统，用时序分析软件来采集和处理瞬时信号，实现对元素的化学形态分析或元素微区分布分析。可以联用的附件包括色谱系统（如液相色谱、离子色谱、凝胶色谱、气相色谱和毛细管电泳等）、激光剥蚀系统、流动注射系统、快速进样系统以及电热蒸发系统等。

《四极杆电感耦合等离子体质谱仪校准规范》JJF 1159—2006 规定了 ICP-MS 关键术语和计量单位、性能指标（背景噪声、检出限、灵敏度、丰度灵敏度、氧化物离子产率、双电荷离子产率、质量轴稳定性、分辨率、冲洗时间、同位素丰度比测量精度、短期稳定性、长期稳定性）以及性能测试方法等内容，对 ICP-MS 主要性能指标的校准做了较为清晰的标准和检测方法规定，可以反映仪器各项性能指标符合程度。

目前国内外 ICP-MS 仪器厂商主要有 Thermo、Perkin Elmer、Agilent、Bruker、LECO、Spectro、天瑞、钢研纳克、普析通用、聚光科技等品牌，主要品牌产品情况见表 11-2。

ICP/MS 的主要品牌 表 11-2

序号	市场	厂家	主要型号
1	进口	（美国）布鲁克	M90、810、820
2		（美国）安捷伦	8900、8800、7700
3		（美国）赛默飞	iCAP TQ、iCAP™ Q、XII
4		（美国）PE	NexION 2000、NexION 300、Elan 900
5		（美国）力可	Renaissance
6		（德国）Spectro	Spectro MS
7		（德国）耶拿	PlasmaQuant MS Elite
8		（日本）岛津	2030

续表

序号	市场	厂家	主要型号
9	国产	天瑞	2000、200E
10		钢研纳克	PlasmaMS 300
11		普析通用	ELEXPLORER
12		聚光科技	EXPEC 7000

国产 ICP-MS 仪器的尺寸、仪器功耗、检出限、灵敏度、抽真空时间等主要技术指标均能满足《四极杆电感耦合等离子体质谱仪校准规范》JJF 1159—2006 的要求。与进口 ICP-MS 相比，国产 ICP-MS 在抽真空时间、仪器功耗等方面实现了超越，经济适用性方面优势明显，尤其是国产化的接口、炬管等核心部件，在保证稳定性与灵敏度的基础上，价格仅为进口 ICP-MS 的 1/2 左右；但是在方法检出限和稳定性方面，国产 ICP-MS 还需要进一步提高、完善，去除质谱干扰，提高易受干扰元素的检出限，满足对痕元素、复杂样品的精确分析，提高国际的竞争力。

11.3 移动监测设备

1. 移动式 GC-MS

近年来，随着人们对现场检验需求的增加，可移动式 GC-MS 应运而生。移动式 GC/MS 可在野外现场进行质谱日常校正以及仪器性能自动校验，仪器启动快速，样品分析时间短。一般配有内置式高压氦气罐，毛细管柱的特殊配置代替传统的对流加热色谱柱箱，在减少 GC/MS 仪器体积的基础上，具有更快的加热与冷却速度和极低的功率消耗。

移动式 GC-MS 主要分为两类：一类是将传统实验室 GC-MS 增加抗震性、减小体积并固定在载具上成为车载质谱；一类是独立设计一种快速给出结果的便携式 GC-MS。移动式 GC-MS 在突发环境污染事件、爆炸物、化学危险品、毒品等方面的现场检验领域有着良好的应用价值。

现在市场上移动式 GC-MS 的仪器厂商主要有英福康、珀金埃尔默、菲力尔、安捷伦、聚光科技等品牌，主要品牌产品情况见表 11-3。

移动式 GC-MS 的主要品牌　　　　表 11-3

序号	市场	厂家	主要型号
1	进口	（德国）英福康	Hapsite ER
2		（美国）安捷伦	Agilent 5975T
3		（美国）菲力尔	Griffin G460
4		（美国）PE	Torion T-9
5	国产	聚光科技	Mars-400 Plus

国产移动式 GC-MS 在离子源技术和样品区域驻留技术上实现了突破，获得了良好的

质量峰形，减少了离子在传输时的损失，保证了仪器的灵敏度和稳定性。色谱模块的集成电路更加小型化，更有利于维护。与国外同类产品相比，载气耗气量可减少20%。在仪器小型化、专用化角度，国内仪器的发展已经处于世界领先水平，除此之外，关键部件和耗材均为国产部件或自主研发，大幅度降低了仪器的应用及维护成本。

2. 移动式ICP-MS

近年来，各种突发性河流重金属污染事件时有发生，对环境造成极大污染。传统的水质重金属现场快速监测多采用阳极溶出伏安法、分光光度法，存在检测指标少、检测速度慢、数据准确性差等一系列问题；ICP-MS经过车载化设计后被固定在移动载体上，能进行快速移动，在水、电、气等环境保障下，可以对现场水质中重金属进行快速筛查和准确、快速、高效检测。相对于现有的便携式重金属分析仪来说是一个里程碑式的技术进步，特别适合我国江河湖泊分布广袤的地理地貌以及基层单位重金属检测手段较为落后的装备现状。

相对于实验室ICP-MS，移动式ICP-MS保持了可以和液相色谱、激光剥蚀等进样装置联用的技术，适用于有机铅、有机汞、价态砷、Cr^{6+}/Cr^{3+}等元素形态分析；具有方法库管理、图形化控制、定制化报表功能，具备与实验室ICP-MS相当的质量校正、检测器校准、质量干扰校正、自动调谐等功能；突破了减振、抗温湿度交变、真空保持以及低功耗设计等技术，可满足野外复杂的车载环境应用需求。

现在市场上移动式ICP-MS的主要生产商有赛默飞（iCAP RQ）和聚光科技（EXPEC 7000）。与国外产品相比，国产化设备自主研发了接口、炬管等核心部件，降低了仪器的成本；突破了全固态自激式的射频、双路射频电源闭环自适应调整等关键技术，仪器能够适应更宽泛的环境温湿度，灵敏度为国外同类产品的3倍，国内市场占有率达60%。

11.4 在线监测设备

1. 综合毒性仪

随着水质在线自动监测技术快速发展，在线自动预警监测系统已在全国得到了广泛应用，国家级水站、地方在线监测站点等逐步建设形成了基本覆盖全国重要水域的自动在线监测网络。水质在线自动监测仪器选型除常规五参数（氨氮、高锰酸盐指数、总氮、总磷等）理化指标，越来越多的在线监测站点增加了综合毒性仪作为理化检测的辅助手段。

综合毒性仪是一种利用生物传感器，通过生物毒性测试方法对水质进行在线监测的设备。综合毒性仪的应用，从生物学的角度进行出发，利用相应的指示生物，对所对应的水环境进行污染状况监测和评价。综合毒性仪的使用避免了普通理化分析的片面性，用生物指标综合评价水体毒性，为环境监测、毒理评价、应急预警提供了良好的技术支撑。按照监测指标的不同，综合毒性仪可分为基于生物行为指标和基于生物生理变化指标两种类型设备；按照所选取受试生物类型的不同，可分为发光细菌法、鱼类行为法、大型蚤法、藻类法以及微生物燃料电池法等类型。

综合毒性仪作为一种辅助监测设备，在饮用水安全保障领域较其他常规在线检测仪表应用相对较少,从地域分布来讲,东部沿海地区应用较为广泛,辽河及松花江流域及中西部应用情况较少。目前在用综合毒性仪既有国际品牌(表11-4),也有国内品牌,发光细菌法、鱼类行为法两种类型设备市场份额占比较大。国内相关生产企业也以这两种类型为主。近年来,综合毒性仪产品国产品牌技术相对成熟,与进口产品性能相差不大,受益于成本的降低以及本地化的售后,国产品牌设备市场占比逐步提高。

国内外综合毒性仪主要生产厂家及产品列表　　表11-4

受试生物		生产厂家	规格型号
发光菌	国产	北京金达清创环境科技有限公司	JQ TOX-online 系列
		深圳市朗石科学仪器有限公司	LumiFox 系列
		聚光科技(杭州)股份有限公司	TOX 系列
		力合科技(湖南)股份有限公司	LFTOX 系列
		杭州绿洁水务科技股份有限公司	ToxSniffer 系列
	进口	(荷兰)MicroLAN	TOXcontrol 系列
		(比利时)AppliTek	Vibrio Tox 系列
		(美国)UniiBest	ToxAlert 系列
		(美国)US	Almightier 系列
产电细菌	国产	北京雪迪龙科技股份有限公司	MODEL 9880 系列
	进口	韩国	S-2000 系列
生物鱼	国产	中国科学院生态环境研究中心	BEWs 系列
		深圳市开天源自动化工程有限公司	RTB 系列
	进口	(新加坡)睿克科技	AquaTEC 系列
藻类	进口	(德国)BBE	AOA 系列
		(美国)哈希	Hydrolab 系列
蚤类	国产	中国科学院生态环境研究中心	BEws 系列
	进口	(德国)BBE	Daphnia Toximeter

国产综合毒性仪中以发光菌法综合毒性仪的生产厂家最多,如深圳朗石科学仪器有限公司(Lumifox8000)、力合科技(湖南)股份有限公司(LFTOX-2010)、杭州绿洁水务科技股份有限公司(ToxSniffer)等。仪器大多采用费氏弧菌作为测试对象,也可使用青海弧菌或明亮发光杆菌作为菌种,测定前进行冻干发光菌活化,制成水合发光菌悬浮液后进行测定。该类仪器均采用高性能的光电倍增管,响应谱广。

生物法综合毒性仪国产设备主要以深圳开天源自动化工程有限公司的RTB型和中国科学院生态环境研究中心的BEWs设备为主。RTB型设备以斑马鱼为受试生物,采用CCD摄像和图像分析技术,视频连续自动监测生物体及生物群的多种运动行为,通过软件分析系统进行指标解析,与软件数据库内大量的历史数据进行比较,确定各指标反映的鱼体实时活性,来判定水体毒性大小(图11-3)。BEWs系统采用青鳉鱼为受试生物,通过外加低压交流电场的生物传感器,将行为方式转换成电信号,连续监测生物在不同压力下的行为变化情况,以分析判断水体的毒性大小(图11-4)。

2. 颗粒计数仪

随着自来水直饮规划的逐步实施,饮用水的颗粒物安全性应引起足够的重视。颗粒物

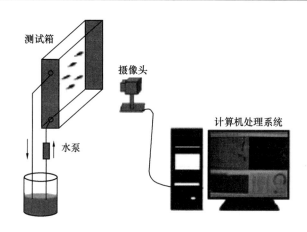

图 11-3　RTB 系统示意图

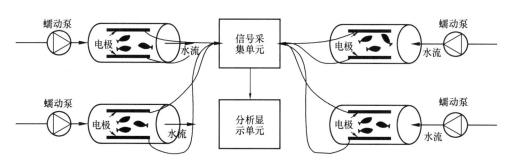

图 11-4　BEWs 系统示意图

分析仪已应用于供水和废水处理。特别是，颗粒物分析仪可用于优化絮凝剂的加入量，优化絮凝器的设计和操作条件，监测和评估过滤器的过滤效率，优化过滤器的操作和维护，定量监测出水颗粒物，为控制有害病原体提供更多的信息等，对于控制生产过程，提高出水质量，降低原材料的消耗都起到了十分重要的作用。

我国水处理行业使用颗粒物分析仪开始于 2002 年，首先是北京自来水九厂利用颗粒物分析仪发现供水厂运行工艺中的缺陷，修改后产生巨大的经济效益，在节约成本的基础上，使出厂水水质提高了不少。接着，在天津、深圳、广州、沈阳、绍兴、上海、济南、杭州等地的水质检测站和比较先进的供水厂陆续采用。目前，在线颗粒物计数仪和台式颗粒物计数仪整机国产化率达 90% 以上，最低检测限和检测精度超过国外同类产品，价格降低了 30%～45%。设备在供水领域填补了国内空白，整体上达到国际先进水平。

激光颗粒物分析仪能够检测出被测水样中各种不同大小颗粒物的分布情况。自来水厂的水处理过程实际上主要是处理颗粒物的过程：供水厂通过加药使水中的小颗粒凝结成便于沉淀和过滤的大颗粒，再通过后续的沉淀和过滤使水变得清洁。在整个过程中，能否监测到各个阶段不同粒径颗粒物的数量，对优化处理过程十分重要。激光颗粒物分析仪能够检测出被测水样中各种不同大小颗粒物的分布情况，能够检测出被测水样中 2～400μm 的颗粒物分布情况，能同时检测出 2～3μm，3～5μm，5～7μm，7～10μm，10～15μm，15～20μm，20～25μm，25～400μm 共 8 个不同粒径范围内的颗粒物分布情况，设备具有高分辨率、高计数效率，能够实时分析和监测流量。

颗粒物的检测方法有：重量法、显微镜观察法、光阻法等检测方法，通过"理论研究（光阻法颗粒物分析模型建立）—关键传感器研发（激光传感器）—控制采样系统研发（控制板、压力传感器等）—产品加工制作—产品应用开发（颗粒物分析仪在供水厂工艺优化应用研究、颗粒物分析仪在膜运行检测的应用研究等）"，自主研发出在线颗粒物分析仪，选用光阻法检测原理，目前产品已经实现生产。

激光传感器是液体中颗粒物分析仪系统中的核心部件之一，主要包括激光光源、狭缝、光电信号接收转换部分、电信号放大部分。激光光源发出的光透过狭缝进入检测池，穿过检测池后被光电池接收到输出电信号，电信号经过处理电路后输出（图11-5）。

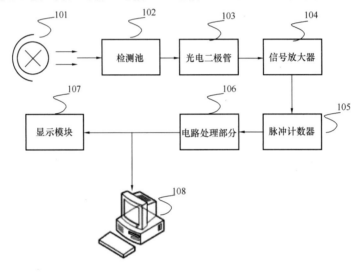

图 11-5　颗粒物分析仪系统框图

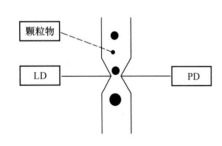

图 11-6　检测原理示意图

颗粒物计数仪采用半导体激光测定原理来检测颗粒（图11-6）。

半导体激光器 LD 发射出狭小激光束，该光束与被检测的液体流向垂直并照射在 PD 上。当光束被水中的粒子阻挡而减弱时，发生瞬时的光强变化，这种变化被 PD 捕捉到，并输出瞬时变化的对应电流信号，该信号与粒子通过光束时的截面积成正比，颗粒物粒径越大，电流信号变化越强，即不同粒径产生不同幅值的电流信号（表11-5）。

技术参数　　表 11-5

测定原理	激光照射/光吸收
工作方式	在线实时监测，采样监测（实验室型）
最大通道数	8个可供用户编程的粒径范围
计数粒径范围	1.5～400μm
分辨率	≤9%，1.5μm；≤5%，10μm

续表

测定原理	激光照射/光吸收
信噪比	>3∶1
计数效率	98%,1.5μm 99.9%,2μm
最大颗粒物浓度	可选 18000 个/mL
一致性（或称丢失率）	在最大浓度 18000 个/mL 时，为 10%
取样相对误差	±2%
光源	激光二极管
计数、传输模式	累计/分段值，可设置
流速	60mL/min
传感器无故障寿命	60000～80000h
通信接口	RS232/RS485（Modbus 协议）/4～20ma 可选

3. 免试剂多参数监测仪

我国的水质监测长期以来一直采用人工采样，结合实验室分析的办法，随着国家对水质污染的日益重视，这几年自动监测仪器和监测系统开始研制和发展。而且大多数仪器及系统的测试都需要使用大量的化学试剂，对水质易产生二次污染。需要一套完整的、适用于城市供水系统的、免试剂、无二次污染的水质监测系统解决上述问题。

免化学试剂在线水质监测仪主要包括紫外可见扫描式多参数在线分析仪、紫外吸收在线分析仪、硝酸盐氮在线分析仪、浊度在线分析仪、叶绿素在线分析仪、水中油在线分析仪、水质挥发酚自动监测仪、水质氰化物自动监测仪、水质挥发性有机物自动监测仪、水体重金属检测装置、藻类生长状态自动分析仪 11 种免试剂在线自动分析仪，过长的在线监测仪性能指标接近或优于国际同类产品，价格降低了 55%～65%。

4. 基于紫外线（UV）的水质在线分析仪

基于紫外线（UV）的水质在线分析仪可检测 COD/TOC/COD_{Mn} 和硝酸盐氮等多个参数，光谱扫描范围为 200～650nm，可以任意设定扫描波长，该仪器分为浸入式、插入式两种安装方式，紫外可见扫描式多参数在线分析仪的工作原理是不同分子对特定波长紫外光吸收有很好的相关性。经过对产品进行微型化、系列化、模块化设计，形成了光源模块、光源光路模块、检测模块、检测光路模块、清洗模块、供电控制及信号处理模块 7 部分（图 11-7）。

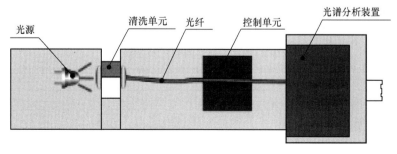

图 11-7 结构组成示意图

紫外可见扫描式多参数在线分析仪的工作原理，是不同分子对特定波长紫外光吸收有很好的相关性。根据有机物（溶解有机物、苯系物）、硝酸盐氮、色度等光谱研究，不同监测参数其吸收既有相互叠加区也有各自的特征区。通过分别对其光谱进行研究，对其特征区和叠加区进行分析和补偿（表11-6）。

紫外吸收在线分析仪目前已经能够达到的技术指标 表11-6

测量范围	0~250m^{-1}	重复性	2.0%
补偿波长	550nm	示值误差	±2.0%FS
水样pH	4~9	检出限	0.2mg/L
运行环境	2~45℃	零点漂移	±1.5%FS
通信接口	RS485/RS232	量程漂移	±1.5% FS
功耗	4W	防护等级	IP68
电源	12VDC	尺寸	$\Phi 70\times 436$mm

硝酸盐氮在线分析仪目前已经达到的技术指标见表11-7。

硝酸盐氮在线分析仪目前已经达到的技术指标 表11-7

测量范围	0.1~100mg/L	重复性	2.0%
补偿波长	275nm	示值误差	±5%±0.5mg/L
水样pH	4~9	检出限	0.2mg/L
运行环境	2~45℃	零点漂移	±1.5%FS
通信接口	RS485/RS232	量程漂移	±5%±0.5mg/L
功耗	4W	防护等级	IP68
电源	12VDC	尺寸	$\Phi 70\times 436$mm

紫外可见扫描式多参数在线分析仪达到的技术指标如下。

1）COD_{Mn}测试项目达到的技术指标（表11-8）

COD_{Mn}测试项目达到的技术指标 表11-8

项目	2mm	5mm
测量范围（mg/L）	20	10
示值误差	±3%±0.5%	±3%±0.5%
重复性（%）	2	2
检出限（mg/L）	0.2	0.1

2）TOC测试项目达到的技术指标（表11-9）

TOC测试项目达到的技术指标 表11-9

项目	2mm	5mm
测量范围（mg/L）	100	50
示值误差	±2%±2%	±2%±2%
重复性（%）	3	3
检出限（mg/L）	1	0.5

3) 硝酸盐氮测试项目达到的技术指标（表 11-10）

硝酸盐氮测试项目达到的技术指标　　　　　　　　　　表 11-10

项目	2mm	5mm
测量范围（mg/L）	30	15
示值误差	±5%±0.5%	±5%±0.5%
重复性（%）	3	3
检出限（mg/L）	0.5	0.3

4) 色度测试项目达到的技术指标（表 11-11）

色度测试项目达到的技术指标　　　　　　　　　　表 11-11

项目	2mm	5mm
测量范围（度）	500	250
示值误差	±5%±5%	±5%±5%
重复性（%）	5	5
检出限（度）	10	5

5. 基于荧光法的免试剂原位在线分析仪

基于被测物质具有荧光特性，将微型探头直接投入水中，激发光源发出一定波长的光照射到敞开式的样品池中，样品中的被测物质受到激发后发出比激发光波长更长的荧光，荧光强度与被测物质的浓度在一定范围内存在线性关系，发出的荧光被检测器接收并产生电信号，根据电信号的强弱来计算水体中被测物质的含量（图 11-8、图 11-9）。

结构组成为：仪器外壳、主控制电路、信号采集电路、电机控制电路、清洗电机、中间连接体、光电检测单元、防护罩等。其中光电检测单元部分由 LED 光源（脉冲氙灯）、导光柱、接收滤光片、检测器等部分组成，是整个仪器的核心部分。光路示意图如图 11-10 所示。

图 11-8　叶绿素在线分析仪

图 11-9　水中油在线分析仪

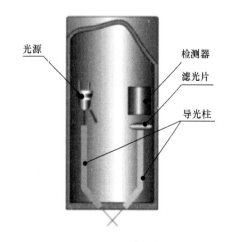
图 11-10　光路示意图

将微型探头直接投入水中,激发光源发出一定波长的光照射到敞开式的样品池中,样品中的被测物质受到激发后发出比激发光波长更长的荧光,荧光强度与被测物质的浓度在一定范围内存在线性关系,发出的荧光被检测器接收并产生电信号,根据电信号的强弱来计算水体中被测物质的含量。

水中油和叶绿素激发光波长和发射光波长的不同,通过采用相应波长的激发光源和接收滤光片,可分别形成水中油在线分析仪和叶绿素在线分析仪(图 11-11、图 11-12、表 11-12)。

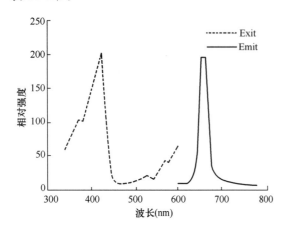

图 11-11 叶绿素 a 的激发光谱和发射光谱

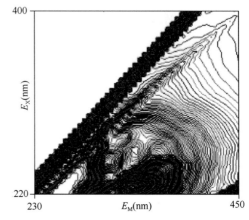

图 11-12 石油类物质激发、发射光谱

不同检测参数波长选择　　　　　　表 11-12

	水中油在线分析仪	叶绿素在线分析仪
激发光源(nm)	中心波长 254	中心波长 470
发射滤光片(nm)	中心波长 360	中心波长 670

达到的技术指标:

叶绿素在线分析仪的各项指标见表 11-13。

叶绿素在线分析仪指标　　　　　　表 11-13

测量范围	0~300μg/L	重复性	2%
电源	12VDC	检出限	0.2μg/L
适合水样 pH	4~9	功耗	4W
运行环境	2~45℃	防护等级	IP68
通信接口	RS232/RS485	尺寸	$\Phi 70 \times 300$mm

水中油在线分析仪的各项指标见表 11-14。

水中油在线分析仪指标　　　　　　表 11-14

测量范围	0~5(10) mg/L	重复性	2%
电源	12VDC	检出限	0.1mg/L
适合水样 pH	4~9	功耗	4W
运行环境	2~45℃	防护等级	IP68
通信接口	RS232/RS485	尺寸	$\Phi 70 \times 300$mm

6. 藻活性在线分析仪

藻类光合作用活性测量系统主要由四部分组成：激发光源聚焦和滤光系统，荧光接收聚焦和滤光系统，信号检测、数据采集与处理系统、计算机控制系统。其中激发光源选用LED或LED阵列，包括调制测量光、光化光及饱和脉冲光（图11-13）。

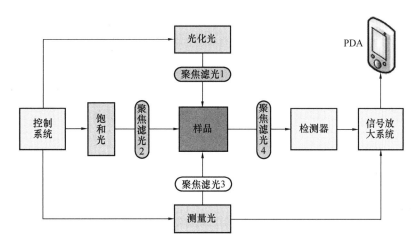

图11-13　藻类光合作用活性测量工作原理示意图

通过控制系统实现各测量光源按一定时序发光，激发光源经过滤光与聚焦后作用于样品上，荧光采用90°方向进行接收，经过聚焦和窄带滤光系统后，由光电倍增管实现光信号的检测，并通过弱信号检测电路检出，完成数模转换后传送给上位机分析处理，整个系统工作由上位机通过系统软件控制完成。

7. 重金属自动监测仪

采用激光诱导击穿光谱技术实现重金属的免化学试剂自动监测。利用短脉冲激光聚焦后作用在样品表面产生高温等离子体，在等离子体冷却前，被激发的原子、离子及分子将产生元素成分特征的等离子体发射谱线，通过接收样品的等离子体光谱并对特征元素谱线强度进行分析以进行元素含量的定量测量。激光诱导击穿光谱探测系统通常由脉冲激光器、激光发射系统、等离子体光谱光学接收系统、光谱探测系统（探测器、光谱仪）以及计算机控制（包括系统控制、数据采集、处理与分析）系统等组成。样品产生的激光等离子体光谱经光纤耦合传输至光谱仪分光后，由探测器进行光谱的探测；并由计算机进行光谱数据的采集、处理、分析及结果显示。

8. 水质挥发性有机物（VOC）在线分析仪

采用膜分离技术，水中的有机挥发物经过膜板块，膜将水与水中的挥发性有机物分离，同时有机挥发物被吹扫气（氮气）携带进入微捕集系统，水中的挥发性有机物被微捕集系统中的吸附剂吸附并解析，解析的挥发有机物被氮气携带进入气相，进行分离和检测。水质挥发性有机物（VOC）自动监测仪包含：气源单元、水样在线采集-富集-解析装置、色谱分析部分（图11-14）。

可实现苯、甲苯、乙苯、苯乙烯、氯苯、三氯甲烷、1,2-二氯甲烷、三氯乙烯、四氯

图 11-14 水质挥发性有机物（VOC）在线分析仪外观图

乙烯共九种水中挥发性有机物的在线监测，最低检测限为 0.001μg/L，线性范围不小于 4 个数量级，分析周期：90min；示值误差为 ±5%，重复性不大于 5%，零点漂移不大于 2%FS，量程漂移不大于 5%（表 11-15）。

国产监测仪与进口仪器的对比　　　　　　　　　　表 11-15

参数	国产监测仪	进口仪器
前处理方法	膜萃取	吹扫捕集
灵敏度	检出限为 0.001ppb	水中 0.5ppb 苯，s/n>200∶1 水中 0.5ppbMTBE（甲基叔丁基醚），s/n>15∶1
稳定性	<5%	对 5ppb 的苯进行 5 次测量，RSD 计算<15%
检测范围	1ppt~100ppb	ppt~ppb

11.5 固相萃取材料设备

国内固相萃取吸附剂产品性能相对单一，实用性和通用性不强，而且没有形成系列化产品和产业化规模。针对这些问题，开展材料制备关键技术研发，研制了聚合物交联微球材料、聚合物包覆型硅胶材料和表面键合硅胶材料等几种材料，以及半自动固相萃取装置和全自动固相萃取装置，并形成产业化生产基地。

1. 高比表面的聚合物交联微球制备技术

采用优化的聚苯乙烯/二乙烯苯悬浮聚合的工艺路线制备材料，经过优化调整工艺参数，有效控制聚合物交联微球的粒径分布和比表面的影响因素，获得了平均粒径 40μm、粒径分布 30~60μm、比表面积 600~800m²/g 的聚合物交联微球。为了提高聚合物交联微球材料的适用范围，对苯乙烯/二乙烯苯聚合物交联微球进行了氯甲基化和键合吡咯烷酮的表面改性，通过控制表面官能团的键合比率，获得了表面极性增强的聚合物交联微球材料，增加了对不同极性范围的有机物的吸附效果。

基于聚苯乙烯/二乙烯苯基质材料，在其表面进行氯甲基化和键合吡咯烷酮的表面改性，通过控制表面官能团比例，获得了表面极性增强的高聚物材料。该填料具有较宽的

pH 适用范围（1～14），克服了传统填料柱床怕干涸、对极性化合物保留不强等缺点，对极性与非极性物质具有平衡的吸附效果，通用性强。

2. 聚合物包覆型硅胶制备技术

聚合物微球固定相吸附剂化学稳定性很高，硅胶吸附剂的机械强度高，因而设计了以硅胶为载体，在其表面通过乙烯基硅烷化，然后用苯乙烯共聚包覆，从而把硅胶和聚合物的优点结合起来，得到一种新型的复合吸附剂材料，可以具备硅胶的机械强度，也可以具有聚合物的耐受酸碱的优点，属于首次引入饮用水中有机污染物监测的新型材料，具有较大的应用研究前景。

3. 表面键合 C18 硅胶制备技术

在经过表面降活处理的硅胶基质上，键合 C18 硅烷获得具有反相吸附性能的固相萃取吸附剂材料。硅胶首先经过酸洗去除硅胶表面附聚的大部分金属离子，再经过四甲氧基硅烷的处理，可以在提高硅胶表面羟基数量的同时降低羟基活性，从而获得了表面性质均一的硅胶基质材料；然后通过键合 C18 硅烷获得具有反相吸附性能的表面，为了降低残留的硅羟基对极性物质的死吸附，采用甲基三甲氧硅烷进行封端处理，掩蔽残留的硅羟基，减少了对碱性物质的死吸附，可以对非极性物质具有较好的萃取效果。

4. 全自动固相萃取装置

可用于水质监测样品前处理，实现从活化、上样、淋洗至洗脱的全自动操作，洗脱液可多步收集。该设备具有 6 个通道，可同时处理 4 个样品，连续处理共 24 个样品；可选择 5 种不同溶剂进行试验，兼顾气体输送；可兼容各厂家 1～30mL 各种规格的固相萃取柱；上样体积一般为 0～5000mL；流速范围 0.1～30mL/min，精度达±5%；独特管路设计，保证样品无交叉污染；特征污染物回收率达到 80% 以上。

5. 产品应用和产业化基地建设

研发产品在国家城市供水水质监测网滨海站和长沙站、中山市供水有限公司检测中心、北京华测北方检测技术有限公司等单位进行了应用，用户认为材料设备高效适用、性能稳定。

在天津博纳艾杰尔科技有限公司建立了聚合物交联微球材料、聚合物包覆型硅胶材料和表面键合 C18 硅胶材料三种固相萃取吸附剂企业标准和 kg 级/批规模生产工艺规范，形成了 1500kg/年固相萃取吸附剂生产线；建立了 SPE-09 固相萃取装置企业标准和操作手册，形成 30 台/年全自动固相萃取装置的生产能力。

11.6 标准物质

针对《生活饮用水卫生标准》GB 5749—2006 中非常规水质指标的检测需求和国内现有水质检测用标准物质品种不全、组分单一，以及存在以国外高纯试剂代替标准物质的现象等问题，从重点有机污染物入手，攻克了国内急需高纯土臭素的手性合成、国产化批量制备技术，创新研制了 11 种有机类国家标准物质，包括 62 个特性量，解决了水质督察中以高纯物质替代标准物质监测质量无法溯源的技术难题。

1. 嗅味物质合成制备技术

2-甲基异莰醇是某些藻类大量繁殖产生的两种代谢产物之一。使用新型的碘甲基格氏试剂的方法，以 D-樟脑为原料，创新性地采用一锅法制备格氏试剂和产物 2-甲基异莰醇，攻克了以往所用的试剂制备难、危险大、产率低、成本高等难题，首次实现了 2-甲基异莰醇的国产化批量合成制备，纯度大于 99%。

土臭素是某些藻类大量繁殖产生的代谢产物之一，并且存在手性异构体，手性纯土臭素的合成与纯化是一直被关注的问题。选择（R)-α-苯乙胺作为手性合成试剂与 2-甲基环己酮进行系列反应，通过对反应条件反复优化，有效控制了手性纯度，突破了关键步骤的产率，实现了手性纯土臭素的合成，纯度达 99%，合成方法收率高，操作简单、方便、安全，原料价格低廉，溶剂用量少，适合批量生产。

2. 氯乙烯纯化制备技术

利用氯乙烯的沸点与其杂质有显著差别的物理化学特性，以及在不同脱水剂之间的吸附系数和被脱水能力的不同，自行设计封闭不锈钢低温精馏装置和氯乙烯气体单体的除水装置，在全封闭体系采用控温低温精馏的方式，在低温（-60℃）下去除无机气体杂质，升温后蒸馏出氯乙烯，控制蒸馏温度，留下其他高沸点的异构体杂质，脱水效果从 10^{-4} 提高到 10^{-6}。该方法低能耗、无毒、成本低，产品纯度高，具有较高的实用价值。

3. 微囊藻毒素纯化技术

微囊藻毒素是天然蓝藻中一种多肽物质，其中两种可变氨基酸组成的不同使其具有多种异构体（MC-LR、MC-RR、MC-YR），还存在其他有机大分子和小分子杂质及其盐类，分离纯化困难。针对微囊藻毒素（MC-LR、MC-RR、MC-YR）的结构特点和可能共存的不同类杂质的结构特点，采用一系列作用互补的多种复合纯化技术进行纯化，达到较好的纯化效果，纯度达以上 95%。

4. 产品应用和产业化基地建设

研制的标准物质溶液发放给国家城市供水水质监测网中 10 个重点城市监测站进行试用，各实验室分别采用不同的样品处理方法和不同分析方法进行测试，其结果大多在预期的不确定度范围内。在卫生系统 32 家水质检测实验室和中国地质调查局组织的 17 家实验室参加的水中有机物污染检测能力验证中，提供溯源技术与考核样品，包括三个系列的有机物混合溶液（有机氯混合溶液、苯系物和卤代烃混合溶液），共涉及 7 个组分、两个浓度水平，经统计结果分析表明，测量结果的平均值和中位值与样品的标准参考值基本一致。中国计量科学研究院初步形成了集高纯物合成、分离纯化、混合标准物质制备、分装和定值为一体的水质检测用标准物质研发、生产基地，基本可以满足水质检测用标准物质研制、生产需求。

第12章 供水关键材料与设备

12.1 玻璃介质大型臭氧发生器

12.1.1 研发背景

随着环保问题日益突出,经济的可持续发展要求我国严格控制各种环境污染物的减排,同时为了保护人民群众的身体健康,对水和空气质量的要求也日益严格。无论是自来水的深度处理,还是各种工业污水处理的达标排放,都离不开臭氧这种高级氧化技术。臭氧是目前环境污染不可或缺的物质,因此臭氧发生器在水处理工程中成为必不可少的设备。特别是我国人口众多,水需求量大,污水排放量亦大。对水处理的需求每天已超出 1.6 亿 m^3,几十万立方米处理量的供水厂和污水处理厂比比皆是,因此,对大型臭氧发生器(每小时几十千克至几百千克)的需求量日益增加。

12.1.2 关键技术及产品性能

臭氧发生器是用于制取臭氧的设备装置。现常用电晕放电法制取臭氧。即使用一定频率的高压电流制造高压电晕电场,让干燥的含氧气体流过介质阻挡放电区,使电场内或电场周围的氧分子发生电化学反应,从而制造臭氧。

研究并优化电晕放电法臭氧发生技术,设计合适的臭氧发生单元结构及管式放电电极介质阻挡放电参数,实现大功率变频谐振电源与臭氧发生器的参数配合。在此基础上对臭氧发生器进行整体设计、实验室和现场测试,试制生产臭氧能力为氧气源 20kg/h、50kg/h、60kg/h 和空气源 30kg/h 的国产化大型臭氧发生器;并在饮用水工程上进行应用,完成产业化生产和应用,形成规模化的设备生产制造体系。

1. 关键技术问题及难点

(1) 研究设计合适的放电电极结构和介质

现有放电管主要存在以下技术问题:

1) 放电管使用寿命短,故障率高。
2) 放电管电气绝缘强度低,导热性散热性差。
3) 放电管介质材料介电常数低,损耗高;

因此致力于研究一种散热效果好,制造成本低并且易于安装、更换的放电单元。而选择合适的放电介质材料及厚度和合理新颖的放电结构,是本项目研究的关键技术问题。该技术方案应拥有完全自主知识产权,避免与国际同类产品发生专利技术纠纷。

(2) 研究设备的整体结构设计，使设备运行稳定可靠

现有大型臭氧发生器自动化程度低。设备的控制、检测、监测、保护水平低下，运行安全可靠性低。因此本项目设备设计面临气量、气压、施加的功率、气体温度、冷却水量等匹配问题。研究PLC自控系统程序，进行短路保护、冷却水过温保护、变压器过温保护、机柜开关保护等各项联锁保护功能。

(3) 大功率变频谐振电源与臭氧发生器的参数配合

现有的国内大型臭氧发生器目前使用的为中低频放电技术（800~1000Hz），产臭氧效率低、耗电大。因此项目研究的臭氧发生器设备电源应采用先进的高频技术，研究大功率变频谐振电源与臭氧发生器参数配合，使单位面积电极可以产生更多臭氧，提升臭氧发生器的工作效率，从而使臭氧发生器达到更高的臭氧浓度及更少的电耗。

2. 技术创新点

项目的研究开发中采用许多新的思想和新的技术，使我国臭氧发生器生产制造水平整体上一个台阶，与国外设备技术水平接近或相当。其主要的创新之处有：

(1) 设备放电管细小化，使相同体积的设备放电管的表面积增大从而达到设备小型化的目的，同时提高放电管的散热效果。

(2) 均匀、狭窄的放电间隙，降低了放电电压，提高了放电效率，使臭氧产生浓度得以提高，同时提高了设备运行的可靠性。

(3) 内电极的特色设计，有利于放电管的小型化，也有利于设备的稳定工作。

(4) 绝缘介质材料采用石英玻璃有利于生产加工，运行稳定和提高效率。

(5) 通过模块化设计，大大提高设备生产、安装及维修效率，同时提高设备可靠性。

(6) 提高设备的工作频率，使臭氧发生器工作在高频率上。较高的工作频率有利于设备的小型化，同时也提高了臭氧产生效率和提高臭氧产生浓度。

(7) 自主开发稳定可靠的自动控制系统，在远程轻松便捷地操作下，保证臭氧发生器安全、稳定和可靠地工作。

12.1.3 产品性能

"十二五"时期水专项"大型臭氧发生器设备研制及其产业化"项目期间，玻璃介质大型臭氧发生器在设计工艺上突破性地采用了可叠加组合的蜂窝模块积木式设计，创新性地解决了臭氧发生器大型化设计的关键技术难题。经第三方检测认定及专家现场观测，臭氧发生器可生产氧气源1~170kg/h和空气源1~85kg/h的设备，运行浓度10%、每千克臭氧产量电耗低于7.6kWh的性能指标，设备运行稳定可靠。

产品与国内外现有设备相比具有高效率、低能耗、体积小、寿命长、运行稳定可靠、价格低等显著优点，完全可替代进口产品。同时已经具备了大型高效臭氧发生器研制的核心技术能力和产品能力，从发展的趋势上看，具有赶超国际先进制造商企业的潜力。国内外臭氧发生器的设备技术指标及经济指标比较见表12-1。

目前国内外同类产品指标比较 表 12-1

生产厂家	WEDECO	OZOINA	国内制造商	新大陆
设备型号	SMO-110	CFV-170	F-G-2-120KG	NLO-130K
技术指标				
额定臭氧浓度（wt%）	10	11	8	11
额定耗电量（kWh/kgO$_3$）	8.6	9	6.8	6.2
耗氧气量（m^3/kgO$_3$）	7	7	10	7
冷却水量（m^3/kgO$_3$）	1.6	1.6	2.0	1.6
经济指标				
设备价格（万元）	2500	3400	1400	1000
运行费用（万元/年）	1427	2253	1763	1468
使用年限（年）	15	10	7	15

在"十三五"时期水专项"城镇供水系统关键材料设备评估验证与标准化"课题支持下，青岛国林实业股份有限公司突破了石英玻璃放电管等核心器件制造技术，优化了气源、发生室及其控制单元的标准化、模块化、智能化集成设计，臭氧发生器放电效率提升了 20%～30%，电耗降低至 7kWh/kgO$_3$，成功实现国产化替代。研究编制给水处理用臭氧发生器国家标准 1 项，团体标准 2 项，形成覆盖产品制造、供水厂使用、检测评估等多维度成套化标准。青岛国林实业股份有限公司建成国内最大规模的臭氧发生器生产基地，年产能 1500 台套，产品覆盖 20～120kg/h 等不同系列，其中 120kg/h 系列装备获山东省首台（套）技术装备认定（图 12-1），产品应用于苏州吴江庙港水厂等全国 70 座大型供水厂，应用规模累计超过 1200 万 m^3/d。

图 12-1 大型臭氧发生器

12.1.4 推广应用情况

应用情况　　　　　　　　　　　　　　　　　　表 12-2

序号	工程名称	工程责任单位	地点	应用产品名称	产品应用规模/数量	供货时间
1	江苏盐城阜宁水厂自来水深度处理工程	阜宁县自来水有限公司	江苏盐城	玻璃放电管大型臭氧发生器	处理量 5万 m³/d (2×5kg/h,氧气源)	2010.09
2	大庆东城水厂自来水深度处理工程	哈尔滨工业大学软件工程有限公司	黑龙江大庆	玻璃放电管大型臭氧发生器	处理量 12万 m³/d (3×8kg/h,富氧源)	2011.07
3	泗洪集泰自来水有限公司自来水深度处理工程	泗洪集泰自来水有限公司	江苏泗洪	玻璃放电管大型臭氧发生器	处理量 4万 m³/d (2×6kg/h,氧气源)	2012.08
4	兴化市自来水厂第二水厂自来水深度处理工程	兴化市自来水总公司	江苏兴化	玻璃放电管大型臭氧发生器	处理量 5万 m³/d (2×5kg/h,氧气源)	2012.08
5	兰溪水厂自来水深度处理工程	黑龙江水利第一工程处	浙江兰溪	玻璃放电管大型臭氧发生器	处理量 3万 m³/d (2×4.2kg/h,空气源)	2012.10
6	山西晋中天湖水厂自来水深度处理工程	北京碧水源科技股份有限公司	山西晋中	玻璃放电管大型臭氧发生器	处理量 3万 m³/d (2×4kg/h,空气源)	2013.08
7	北京市南水北调市内配套工程郭公庄水厂（一期）工程——净配水厂自来水深度处理工程	北京市政建设集团有限责任公司	北京海淀	玻璃放电管大型臭氧发生器	处理量 50万 m³/d (1×11kg/h,2×6kg/h,氧气源)	2014.04
8	兴化自来水公司缸顾水厂自来水深度处理工程	兴化市自来水总公司	江苏兴化	玻璃放电管大型臭氧发生器	处理量 3万 m³/d (2×3kg/h,氧气源)	2012.12
9	江苏建湖上冈水厂自来水深度处理工程	宜兴市英皇水处理设备有限公司	江苏建湖	玻璃放电管大型臭氧发生器	处理量 3万 m³/d (1×3kg/h,氧气源)	2011.04
10	淮安市淮沭河自来水有限公司自来水深度处理工程	淮安市淮沭河自来水有限公司	江苏淮安	玻璃放电管大型臭氧发生器	处理量 3万 m³/d (1×3kg/h,氧气源)	2014.05
11	福州市东南水厂深度处理工程	福州市自来水总公司	福建福州	玻璃放电管大型臭氧发生器	处理量 15万 m³/d (3×10kg/h,氧气源)	2011.12
12	沈阳市西部污水处理厂污水处理工程	国电东北环保产业集团有限公司	辽宁沈阳	玻璃放电管大型臭氧发生器	处理量 25万 m³/d (4×22kg/h,氧气源)	2014.05

续表

序号	工程名称	工程责任单位	地点	应用产品名称	产品应用规模/数量	供货时间
13	内蒙古临河东城污水厂二期项目污水处理工程	北京绿昊源环保工程有限责任公司	内蒙古临河	玻璃放电管大型臭氧发生器	处理量10万 m^3/d（3×15kg/h，空气源）	2014.04
14	濮阳市第二污水处理厂污水处理工程	北京朗新明环保科技有限公司	河南濮阳	玻璃放电管大型臭氧发生器	处理量5万 m^3/d（1×20kg/h，氧气源）	2012.10
15	山东东营污水厂污水处理工程	山东东药药业股份有限公司	山东东营	玻璃放电管大型臭氧发生器	处理量5万 m^3/d（3×20kg/h，氧气源）	2013.04
16	南通市经济开发区中水回用示范工程	江苏久吾高科技股份有限公司	江苏南通	玻璃放电管大型臭氧发生器	处理量10万 m^3/d（3×30kg/h，氧气源）	2014.01
17	中国石油化工股份有限公司茂名分公司催化裂化装置烟气除尘脱硫脱硝设施项目	中国石油化工股份有限公司茂名分公司	广东茂名	玻璃放电管大型臭氧发生器	烟气处理（2×70kg/h，氧气源）	2013.06

臭氧发生器成套装备覆盖日处理水量从百万立方米级的大型供水厂到几千立方米级的乡镇供水厂，形成从大到小的系列规格。所包含的各组成设备或装置，在不同温度地区、不同气源条件、不同冷却水温度条件、不同类型系统集成配置时，都能实现在高效、节能基础上的稳定、可靠运行（表12-2）。

"十三五"时期水专项开展臭氧发生器系统成套化设计、系统化集成研制和标准化提升研究，形成了适用于我国城镇供水行业特点的臭氧发生器系统首台（套）技术集成装备，全面提升了国产臭氧发生器的可靠性、稳定性及智能化水平，满足了未来供水厂进行深度处理工艺的供水设备需求。

12.2 非玻璃介质大型臭氧发生器设备

12.2.1 研发背景

我国传统水处理工艺采用沉淀、过滤、加氯消毒等方法，对农药残留、有机污染物、病毒和"两虫"无明显作用，并且容易生成被称为"癌症之父"的三氯甲烷和其他的"三致"物质。采用大型臭氧发生器系统进行"臭氧+活性炭"深度处理，是解决目前水污染形势严峻、出水水质指标提高的最有效工艺之一。臭氧在饮用水处理中的作用为：

（1）分解生物难降解的有机和无机污染物，如苯、酚及其衍生物，氰化物、硫化物、锰、铁和腐殖酸，杀虫剂、除草剂等。

（2）杀灭抗氯性"两虫"、细菌、病毒、藻类；脱色、除臭、降低浊度。

（3）分解内分泌干扰物，避免卤代烃、氯胺等致癌物质的产生。

（4）提高水中 DO（溶解氧）浓度，将分子有机物降解为小分子，提高后续 BAC 对 COD 和氨氮的降解效率和持久性。

项目立项之前，饮用水行业所采用的大型臭氧发生器大多被国外厂家垄断，国外设备存在价格昂贵，维修成本高、技术服务不到位等诸多问题；而国产臭氧发生器缺乏核心器件关键技术，特别是缺少具有自主知识产权的核心技术产品；臭氧发生器系列产品及系统配套产品国产化水平低，没有形成成套化系统设备；国产臭氧发生器产品尚未形成规模化生产和产业化应用，饮用水深度处理长期被国外臭氧技术垄断。因此需要大力支持国产大型臭氧发生器的发展，扶持国内较有实力的臭氧发生器厂家进行技术创新，赶超国际先进水平，以提高饮用水领域国产设备配套率，保证国家饮用水的安全。

12.2.2 关键技术及产品性能

臭氧是三个氧原子构成的氧分子，分子式为 O_3，其中一个氧原子与另外两个氧原子以单键的形式相连接。臭氧被誉为"绿色化学品"，属强氧化剂，它具有杀菌、脱色、氧化、除臭四大功能及无残留、无二次污染等优点，是环保型绿色工业原料之一。

目前工业应用臭氧发生器大多采用介质阻挡放电（Dielectric Barrier Discharge，DBD），是在被介电体阻隔的电极和放电空间施加升高的交流电压，产生的气体放电现象。在放电空间部分氧气转化为臭氧，同时在电极上产生了大量的热能。

臭氧发生器包括臭氧发生室、臭氧电源系统、控制系统三部分，臭氧发生室是由多组臭氧发生单元组成的装置，臭氧发生单元是产生臭氧的基本部件，由放电管与被其分隔的电极和放电空间组成，多组臭氧发生单元并联，按蜂窝状排列。电源系统是将输入的工频交流电源转化为中频高压交流电源的装置，主要包括整流电路、逆变电路、电抗器、升压变压器以及控制装置等。整流逆变电路将工频交流电源转换成放电所要求的中频交流电源，经过高压变压器升压后输送到臭氧发生室，使臭氧发生室内形成高压电场。臭氧发生器采用 PLC 来实现全自动控制，并可进行本地/远程操作。臭氧发生器采用水冷却，通过满足质量要求的足量的冷却水有效带走放电时放出的热量。臭氧发生器设置有流量、压力、温度等检测及调整用的仪表阀门等，可实现臭氧化气流量、压力等的调节(图 12-2)。

突破的关键技术：

（1）臭氧放电管胚体采用低碳铁素体材料，有效降低加工变形程度；改进介质釉料配方，加入改性纳米材料和高硼硅玻璃成分，提高介质层导热性和致密性；根据新型胚体材料和釉料特点，改进烧结工艺，提高放电管成品的精度。大幅提升了非玻璃介质臭氧放电管的性能。

（2）采用放电管串接的臭氧发生单元专利技术，通过在连接杆上设置抱轴连接片，使臭氧发生单元中的每个放电管的金属管胚体都可与连接杆直接进行可靠电连接，有效杜绝了放电管之间的虚连接，降低了连接电阻，大幅提高了放电效率（表 12-3，表 12-4）。

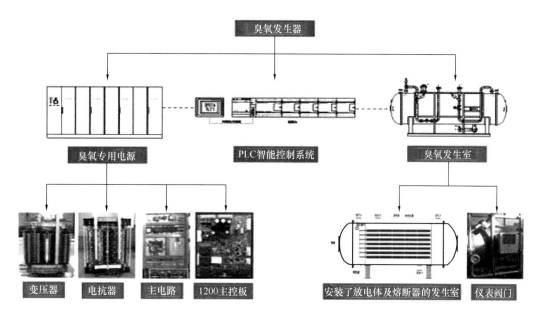

图 12-2 臭氧发生器组成

专利情况　　　　　　　　　　表 12-3

序号	专利号/申请号	专利名称	申请日期	专利类型	专利状态	申请单位
1	201210372902.9	放电体串接的臭氧发生单元及臭氧发生器	2012.09.29	发明专利	已授权	青岛国林实业股份有限公司
2	201110368007.5	一种对氧气进行回收利用的方法及系统	2011.11.18	发明专利	已授权	
3	201110360565.7	一种双介质臭氧发生单元及臭氧发生器	2011.11.15	发明专利	已授权	
4	201310609125.X	用于大型工程类设备的智能控制器系统	2013.11.27	发明专利	已受理	中国海洋大学
5	201310529723.6	后臭氧空气喷射器投加设备	2013.10.31	发明专利	已受理	北京市市政工程设计研究总院有限公司
6	201320730583.4	臭氧发生器用电源及臭氧发生器	2013.11.19	实用新型专利	已授权	青岛国林实业股份有限公司
7	201220507233.7	臭氧发生器用控制器及臭氧发生器	2012.09.29	实用新型专利	已授权	
8	201220507234.0	臭氧发生器用移相整流电源控制装置及臭氧发生器	2012.09.29	实用新型专利	已授权	
9	201220559358.4	臭氧发生器用直流斩波电源控制装置及臭氧发生器	2012.10.30	实用新型专利	已授权	
10	201120494451.7	变压器用绕组及变压器	2011.12.02	实用新型专利	已授权	

软件著作权情况　　　　　　　　　　表 12-4

序号	登记号	名称	登记时间
1	2014SR016492	国林智能功率电源控制单元软件 V1.0	2014.02.12
2	2013SR003706	国林移相整流电源控制单元软件 V1.0	2013.01.11
3	2013SR000096	国林直流斩波电源控制单元软件 V1.0	2013.01.04

（3）自主研发了容性负载臭氧发生器专用大功率中频逆变电源，并通过对逆变谐振电路参数的良好匹配调节和设计优化，提高了臭氧发生器的效率和稳定性。

（4）自主研发了大型臭氧发生器电源控制与监测单元，硬件采用大规模数字逻辑电路和高速微处理器的双核结构，软件开发了电源控制类 IP 核和基于嵌入式实时操作系统的电源监测与控制程序，保障了臭氧系统可靠运行。

（5）自主研制了容性负载专用高压变压器，根据变压器与发生室负载之间的谐振特性，优化了性能参数，采用新型绕组结构，提高了变压器的稳定性和散热性能。

制备了氧气源 20～80kg/h 的大型臭氧发生器，臭氧浓度为 180mg/L，臭氧电耗≤10kWh/kg。

其中气源 80kg/h 的大型臭氧发生器（图 12-3）产品设计指标为：

Ⅰ氧气源，额定臭氧产量为 100kg/h，臭氧浓度为 150mg/L，臭氧功耗≤8kWh/kg；

Ⅱ氧气源，臭氧产量为 80kg/h，臭氧浓度为 180mg/L，臭氧功耗≤10kWh/kg。

图 12-3　氧气源 80kg/h 臭氧发生器

该样机经青岛市产品质量监督检验所检验，设备指标如下：

Ⅰ氧气源，臭氧产量为 107.92kg/h，臭氧浓度为 152.0mg/L，臭氧功耗为 7.48kWh/kg；

Ⅱ氧气源，臭氧产量为 81.12kg/h，臭氧浓度为 182.3mg/L，臭氧功耗为 9.96kWh/kg。

该样机经住房城乡建设部科技成果评估，已达到国际先进水平，填补了我国非玻璃介质大型臭氧发生器制造的空白，具有推广应用价值。

12.2.3 推广应用情况

大型臭氧发生器系列产品建立了 9 项 10 万 m^3 以上的饮用水应用工程，其中 8 项已投入了运行（表 12-5）。

10 万 m^3 以上饮用水应用工程　　　　表 12-5

序号	工程名称	责任单位	产品类型	应用数量	投入运行时间
1	昆山市自来水集团有限公司第四水厂，30 万 m^3/d	昆山市自来水集团有限公司	CF-G-2-20Kg	2 台	2011.04
2	济南鹊华水厂工艺改造工程，20 万 m^3/d	济南泓泉制水有限公司	CF-G-2-13Kg	2 台	2011.11
3	松江小昆山水厂（一期）工程，20 万 m^3/d	上海市松江自来水公司	CF-G-2-17.5Kg	2 台	2012.04
4	建湖城南地面水厂深度处理改造工程，10 万 m^3/d	建湖县自来水公司	CF-G-2-5Kg	3 台	2013.04
5	临城水厂 4 万 m^3/d 改建和 8 万 m^3/d 扩建工程，12 万 m^3/d	舟山市自来水有限公司	CF-G-2-8Kg	2 台	2013.04
6	东台市南苑水厂技改扩建及深度处理工程，20 万 m^3/d	东台市自来水有限公司	CF-G-2-5Kg	2 台	2013.10
7	苏州吴中区新水厂深度处理工程，20 万 m^3/d	苏州吴中供水有限公司	CF-G-2-8.4Kg	2 台	2014.01
8	松江一水厂改造项目，20 万 m^3/d	上海市松江自来水公司	CF-G-2-10Kg	1 台	2014.06
9	岛北水厂自来水深度处理工程，10 万 m^3/d	舟山市自来水有限公司	CF-G-2-8Kg	2 台	现场调试中

（1）昆山市自来水集团有限公司第四水厂，日处理水量 30 万 m^3/d，制水工艺采用预 O_3＋常规处理＋O_3-BAC 工艺，臭氧最大需求量为 40kg/h。整套臭氧系统包含 2 套氧气源 20kg/h 臭氧发生器，配置氮气补加及仪表风系统 1 套、预臭氧投加系统、后臭氧投加系统、臭氧尾气处理系统、内循环冷却水系统、控制系统及监测仪表、仪器等（图 12-4）。

（2）济南鹊华水厂，属于济南泓泉制水有限公司，日处理水量 20 万 m^3/d。供水厂改造在原处理工艺基础上加入"臭氧-生物活性炭"深度处理技术，沉淀出水进入臭氧接触池，在其中实现臭氧氧化，改变水中有机物性质，使有机物更容易被活性炭吸附降解。在臭氧接触池进水管道上投加过氧化氢，通过臭氧/过氧化氢催化氧化产生羟基自由基，利用羟基自由基氧化的非选择性，降低了溴酸盐的生成量。总臭氧需求量为

图 12-4　昆山市自来水集团有限公司第四水厂设备现场

26kg/h，整套臭氧系统包含 2 套氧气源 13kg/h 臭氧发生器，配置氮气补加及仪表风系统 1 套、投加系统、内循环冷却水系统、尾气处理系统、配电柜、自控系统及监测仪表、仪器等（图 12-5）。

图 12-5　济南鹊华水厂设备现场

（3）松江小昆山水厂，属于上海市松江自来水有限公司，日处理水量 20 万 m³/d，投加臭氧分为预臭氧（接触）和后臭氧（接触）两部分，总臭氧需求量为 35kg/h，整套臭氧系统包含 2 套氧气源 17.5kg/h 臭氧发生器，配置氮气投加及补加空气系统、臭氧投加系统、尾气破坏器、检测仪器、自动控制系统、闭路循环水冷却系统、臭氧设备间以及投加部分的连接材料及电缆、桥架等（图 12-6）。

图 12-6 松江小昆山水厂设备现场

12.3 饮用水处理用 PVC 膜组件及装备

12.3.1 研发背景

随着社会的高速发展,我国各地饮用水水源遭到了不同程度的污染,水质情况不容乐观。与此同时,《生活饮用水卫生标准》GB 5749—2006 于 2012 年 7 月开始正式实施,该标准将饮用水原有的 35 项检测指标提高至 106 项。在这样的背景下,许多仍在使用传统的混凝沉淀过滤消毒工艺的供水厂面临巨大的挑战,尤其是浊度和微生物等指标更是难以达标。

超滤技术作为新一代饮用水处理工艺,能够高效地去除传统工艺难以处理的颗粒物、细菌、病毒、藻类等污染物,具有广阔的应用前景。然而,超滤技术的核心——超滤膜组件及成套化设备一直被国外公司所掌控,应用中存在价格高昂、频繁化学清洗、使用成本高等问题,致使超滤膜技术在我国并未得到市场的普遍认可和大规模的应用。本课题从新型膜材料和设备研发、超滤膜装备产业化及基地建设、超滤膜前预处理与膜污染控制、超滤膜检测及评估方法等多方面进行研究,致力于研发并推广"高性能、低成本"的超滤膜组件及设备,推动超滤膜在饮用水中的产业化发展。

12.3.2 关键技术及产品性能

1. 浸入式 PVC 超滤膜组件及设备设计

为有效降低底部的积泥和膜断丝现象的发生,本课题研发的浸入式 PVC 超滤膜组件采用了一端封闭并呈自由状散开的设计方式,提高了膜组件的抗污染性能;为有效控制该类型膜组件的污染和最大化降低其运行能耗,开发了曝气效率远高于现有产品的气体导流装置和新型微孔曝气装置,在曝气状态下,导流管对部分气体进行分流,一部分气体直接对膜丝进行擦洗,另一部分气体则通过导流管顺利向上扩散到更上层进行曝气,使得曝气擦洗更均匀;为使曝气气泡能与膜丝有效接触,经研究确定膜组件的填充率为 45%。为避免膜丝长度和直径的比值影响水在膜丝内的流态和膜丝纵向的通量分配，通过水力学模拟得出了 PVC 膜丝的最佳膜丝长度为 1.0～2.0m。课题组以此为依据设计出了 LJ2A-1000、LJ2A-1500 和 LJ2A-2000 共 3 个类型的膜组件。

2. 浸入式 PVC 超滤膜组件及设备设计

结合新型 PVC 超滤膜的特性，开展优化设计，以模块化、自动化设计为理念，以各个系列压力式超滤膜组件为核心构件，形成了 LH3-0650-V、LH3-1060-V 和 LH3-1080-V 3 个系列标准化、成套化的 PVC 一体化超滤设备。该设备通过增加或减少膜组件的数量可适应不同的供水规模要求。

3. PVC 超滤膜组件及设备产业化生产技术

包含标准化膜元件生产线，一体化、成套化超滤膜设备制造生产线，超滤膜设备自控系统设计及安装测试产线的大型 PVC 超滤膜的产业化基地。

为了保证超滤膜组件及设备的生产质量和使用的稳定性，制订了四个企业标准，分别为：

立升牌压力壳体式中空纤维超滤膜组件（企业标准：Q/320507 YDV01—2014）。

立升牌浸入（没）式中空纤维超滤膜组件（企业标准：Q/320507 YDV02—2014）。

立升牌浸入（没）式中空纤维超滤膜装置（企业标准：Q/320507 YDV03—2014）。

立升牌一体化压力式中空纤维超滤膜装置（企业标准：Q/320507 YDV04—2014）。

同时引进日本企业的优秀质量控制和管理方式，组建严格的 9S 生产质量控制与管理体系，对膜材料性能以及膜组件结构的合理性、安全性建立相应的评价体系。

4. 超滤膜前处理及膜污染控制技术研究

基于水源水质条件，以提高超滤组合工艺的净水效能和膜污染控制为目标，研究并提出了高锰酸钾预氧化、粉末活性炭回流和再絮凝前处理技术。基于超滤膜污染控制技术研究，提出了反冲洗优化控制方法，有效延缓了超滤膜污染；以不可逆阻力的清除为控制标准，优化了超滤膜化学清洗方式，同时避免了化学清洗对超滤膜的损伤，将化学清洗周期延长至 10～12 个月，有效延长了超滤膜寿命。

5. 超滤膜性能评价指标体系和推荐性检测方法

详细调研了我国超滤膜净水技术的工程应用现状，分析了超滤膜性能指标检测方法的必要性和适用性。通过实验分析和总结调研结果，形成了超滤膜性能评价指标体系和推荐性检测方法，对改善我国超滤膜性能评价指标检测现状和稳定国产超滤膜产品质量具有积极意义。

6. 膜工艺系统运行过程中故障诊断的指标体系

建立一套可以自动采集、筛选、存储和分析相关数据的信息化系统，实现自动判断膜组件使用状态，实现自动识别可能存在的故障和风险并提出警告和报警，保证膜组件安全正常运行，确保出水水质稳定、达标。对比国际同类技术，该控制软件［自来水超滤膜系统 PLC 控制软件（2013SR139929）］的技术、经济指标均达到同等水平。

12.3.3 产品性能

1. 浸没式超滤膜组件及设备

本课题研发出适用于大型市政供水厂的 LGJ2A-V1000、LGJ2A-V1500 和 LGJ2A-V2000 三个系列的超滤膜组件及设备（图12-7），国产化率达到95%以上，其膜丝长度分别为1060mm、1540mm 和2015mm。大量供水厂实际运行数据显示，膜供组件稳定运行膜通量在 $25L/(m^2 \cdot h)$ 以上时，运行压力为 $0.02 \sim 0.05MPa$。

超滤膜组件采用了模块化设计，可根据不同处理规模需求设置若干不锈钢框架结构，每个系列膜组件的宽度都为800mm，其长度根据不同的膜组件数量而变化。其中，膜组件的安装间距为145mm，便于膜组件的安装、拆卸和维修。

此外，为了提高膜组件结构的紧凑性，降低膜组件生产制造成本，本产品的曝气系统利用了膜架上的不锈钢管路，直接和底部的曝气系统相连接，实现了整个系统的一体化，方便膜组件和曝气系统的安装检修。

图12-7 浸没式超滤膜组件

2. 标准化、系列化、成套化超滤膜设备

设备包含了膜组件、增压系统、预过滤系统、反洗系统、自控系统、仪器仪表等。根据膜组件数量的不同，处理规模在 $50 \sim 1000 m^3/d$。超滤膜设备中安装有 PLC 系统和远程监控系统，实现整个设备自动化运行，做到无人值守。一体化 PVC 超滤膜设备能够有效保障微生物、浊度等水质指标的达标，且供水规模灵活、能够自动化运行、运行维护成本低，符合我国农村饮水分散、用水量小、运行维护管理水平低以及经济水平有限的特点，适用于我国农村给水工艺改造和小型供水点的新建，为课题研究完成农村供水点建设提供了保障（图12-8）。

12.3.4 推广应用情况

1. 浸没式超滤膜组件及设备

PVC 超滤膜组件在国内众多老供水厂改造、新供水厂投建中大规模应用。课题期间

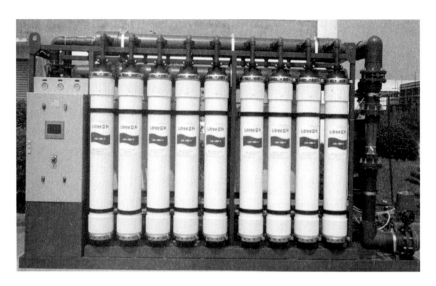

图 12-8 标准化、系列化、成套化超滤膜设备

的推广工程包括目前北京最大的超滤膜水厂——北京第三水厂 309 分厂，上海首个十万立方米级的超滤膜水厂——上海青浦第三水厂，我国西北地区首个大型超滤膜水厂——乌鲁木齐红雁池水厂以及再次采用超滤膜水厂的东营南郊水厂二期工程。此外还建成了广东肇庆大旺水厂、福建华侨水厂等一批在所在区域有重要示范意义的中型水厂，课题实施期间 PVC 超滤膜在市政供水厂的应用规模高达 48.5 万 m^3/d（表 12-6）。

课题研究成果在城镇供水行业中的应用情况　　表 12-6

序号	工程名称	应用产品名称	处理规模（万 m^3/d）
1	乌鲁木齐红雁池水厂给水改造工程	LGJ2A-V2000	10
2	广州肇庆大旺水厂给水改造工程	LGJ2A-V2000	2
3	上海青浦自来水有限公司第三水厂	LGJ2A-V2000	10
4	北京第三水厂	LGJ2A-V2000	8
5	东营南郊水厂二期扩建工程	LGJ2A-V2000	10
6	沧州东水厂提标改造一期工程	LGJ2A-V2000	5
7	福建华侨大学泉州校区水厂	LH3-1060-V	1
8	澄迈县地面水厂给水改造工程	LH3-1060-V	2.5

（2）在农村供水改造工程中的应用

采用标准化、系列化、成套化的 PVC 超滤膜设备，已在海南省 16 个市县的 56 个乡镇完成 200 余个村镇供水点的改造（表 12-7），总处理规模达 10 万 m^3/d，受益人口达 60.2 万人，有效解决了海南省各村镇饮用水中菌落总数和总大肠菌群等微生物指标以及铁锰普遍超标的现象，保障了各村镇村民的饮用水安全（图 12-9，图 12-10）。

课题研究成果在农村给水改造中的部分应用案例 表 12-7

序号	工程名称	应用产品名称	处理规模（m³/d）	投入运行时间
1	九曲江中学给水改造工程	LH3-1060-V	300	2012 年
2	东英镇波浪村依古村给水改造工程	LH3-1060-V	260	2012 年
3	乓乓岭队给水改造工程	LH3-0650-V	90	2012 年
4	上大潭给水改造工程	LH3-0650-V	90	2013 年
5	木棉给水改造工程	LH3-0650-V	90	2013 年
6	下田村给水改造工程	LH3-0650-V	90	2013 年
7	博罗给水改造工程	LH3-1060-V	300	2013 年
8	溪南村给水改造工程	LH3-1060-V	200	2013 年
9	昌球给水改造工程	LH3-0650-V	90	2013 年
10	太平加潭给水改造工程	LH3-1060-V	120	2013 年

图 12-9 临高县东英镇波浪村给水改造工程

图 12-10 澄迈县北排山给水改造工程

12.4 饮用水处理用 PVDF 膜组件及装备

12.4.1 研发背景

膜分离技术是当今用于饮用水深度净化，保障水质安全的重要新技术。本课题以市政饮用水处理为背景，研究高性能聚偏氟乙烯（PVDF）中空纤维超滤膜及其膜组件，被列为"十二五"时期水专项课题之一"饮用水处理用 PVDF 膜组件及装备产业化（2011ZX07410-002）"。

针对目前超滤膜存在的易污染、价格较高的问题，开发低污染、低成本适用于饮用水处理的中空纤维膜材料制备关键技术；针对城镇和农村地区对超滤膜装备的不同需求，开发出适用于不同地区的系列化和成套化超滤膜装备；通过在天津市及全国其他省市较大尺度上建立生产试验依托工程，最后形成不同地区的饮用水深度处理技术系统，为全国缺水及水源受污染地区提供水质保障的技术路线及示范工程样板。

基于上述目标要求，在对全国范围内水质和饮用水处理技术现状进行细致调研后，课题组围绕"饮用水净化新型膜材料研发—高效膜组件的研制—系列化膜装备的升级改造—安全技术保障体系的建立"开展研究工作。

（1）基于多相体系微分相机制中空纤维超滤膜制备关键技术开发；完善中空纤维超滤膜纺丝复配添加剂技术，优化膜结构，提高膜的抗污染能力，降低膜成本，实现饮用水处理用膜的产业化生产。

（2）完成新型饮用水处理用压力式膜组件及组器优化及集成装备化研究；完成低耗饮用水处理用浸没式膜组件及组器优化及集成装备化研究。

（3）完善中空纤维超滤膜制备产业化关键装备和监控体系建设，建立基于饮用水处理用中空纤维超滤膜材料、膜组件检测评价体系及指标体系；建立相关检测平台。

（4）安全饮用水膜法处理自动化运行控制平台和软件支持系统的开发。

（5）建立 6 个万吨级膜法饮用水处理应用示范工程，为大规模工业推广提供设计依据。

12.4.2 关键技术及产品性能

本课题研发了三种制膜工艺：

（1）开发了具有自主知识产权的基于多相体系微分相机制的溶液相转化中空纤维超滤膜制备技术。目前，已实现了膜孔径的精密控制（公称孔径低于 $0.05\mu m$）和规模化生产。

完善了纺丝复配添加剂技术，优化了膜结构。充分利用分散相的分散及粘度调节作用、界面润湿作用和非溶剂的分相及粘度调节作用，使各类添加剂的致孔机理有机配合协同作用，实现纺丝液适宜的分散性和稳定性，有效控制纺丝液与凝固液的双扩散过程和相转移成膜机理，纺制出性能稳定、水通量高、分离性能优异的 PVDF 中空纤维超滤膜。

实现标准化控制。精确掌握成膜体系基质相与各种其他组分的物性，通过工艺与设备相结合的方法实现原料配置与添加过程的精确控制与优化；提升改造溶液纺丝制膜设备自动控制系统，实现了膜丝生产的自动化，进一步提升了膜丝性能的稳定性；完善溶液纺丝制膜在线监控体系建设，实现监控过程与膜丝连续化生产的同步，从而建立良好的生产预警机制。

（2）发明了一种浸没沉淀相转化（NIPS，简称湿法）新工艺，采用新的复配网络结构稀释剂和高孔隙率成孔剂，解决了传统工艺所固有的"难以调节控制形成均匀的不同尺寸孔径"的难题。通过调整成膜高聚物体系的微相分离状态，来调控膜的微孔结构，从而使制备的中空纤维膜具备均匀分布的网络结构，同时具有高孔隙率。

(3) 课题突破了传统热法制膜的工艺模式，提出采用新的水溶性混合稀释剂制膜体系，使热法成膜的工艺发生了根本变革，简化了制膜工艺，节能环保，大幅降低成本。采用水溶性混合稀释剂，可用水来萃取膜中的水溶性稀释剂，既节省了价格昂贵的有机萃取剂，又省去了回收萃取剂的成本，简化了制膜工艺，减少了工人的劳动。针对国产商品膜强度差、易断丝、寿命短的问题，采用当今国际前沿的热致相分离法（TIPS，简称热法）制备 PVDF 中空纤维膜。

以上均突破了制膜的关键技术，产品具有强度高、韧性好、抗污染、通量大、长寿命、高孔隙率等优点，性能指标达到国际先进水平。

课题已申请专利 34 项，参与制定国家标准 2 项，申请软件著作权 8 项（表 12-8～表 12-10）。

专利情况 表 12-8

序号	专利名称	专利类型	专利号
1	检测水中残存微量吐温 80 的方法	发明专利	201110161063.1
2	一种异质复合中空纤维膜的制备方法	发明专利	201110368797.7
3	一种中空纤维复合膜的制备方法	发明专利	201210081941.3
4	一种检测中空纤维状膜孔径性能的方法	发明专利	201210192720.3
5	浸没式膜组件支撑曝气装置	实用新型专利	201320059704.7
6	一种利用压力式连续膜过滤系统实现水处理的方法	发明专利	201310167639.4
7	一种连续膜过滤系统	实用新型专利	201320355663.6
8	一种连续膜过滤系统及水处理的方法	发明专利	201310246676.4
9	一种抗污染中空纤维膜及其制备方法（发明）	发明专利	201310492612.2
10	一种中空纤维疏水膜及其制备方法（发明）	发明专利	201310491584.2
11	一种中空纤维内压膜及其制备方法（发明）	发明专利	201310491144.7
12	一种中空纤维膜喷丝组件（发明）	发明专利	201310491141.3
13	中空纤维膜组件（8 寸柱式膜）	外观设计专利	201330278580.7
14	中空纤维膜组件（6 寸柱式膜）	外观设计专利	201330278566.7
15	中空纤维膜组件（SMF 膜）	外观设计专利	201330349902.2
16	中空纤维膜组件及其生产方法	发明专利	201210295503.7
17	一种超滤膜组件干态保存方法	发明专利	201210183461.8
18	一种大通量聚偏氟乙烯中空纤维膜及其制备方法	发明专利	201210573855.4
19	一种连续的热致相分离法成膜装置及成膜工艺	发明专利	201310480433.7
20	一种热致相分离聚偏氟乙烯中空纤维膜及其制备方法	发明专利	201310512745.1
21	低截留分子量卷式超滤膜制备方法及其产品	发明专利	201410093148.4
22	一种抗生物污染聚醚砜中空纤维超滤膜及其制备方法	发明专利	201410224584.0

续表

序号	专利名称	专利类型	专利号
23	一种连续的热致相分离法成膜装置	实用新型专利	201320634857.X
24	不锈钢过滤器	实用新型专利	201420163203.8
25	内压式中空纤维超滤膜组件	实用新型专利	201420162915.8
26	一种聚偏氟乙烯酚酞侧基聚芳醚砜合金膜的制备方法	发明专利	221310712210.9
27	一种用于饮用水处理的内压式中空纤维合金膜的制备方法	发明专利	201310711497.3
28	一种用于饮用水净化的大通量中空纤维膜的制备方法	发明专利	201310713103.8
29	用于饮用水处理的超低压聚偏氟乙烯合金膜的制备方法	发明专利	201310711308.2
30	用于饮用水处理的聚偏氟乙烯中空纤维超滤膜的制备方法	发明专利	201310712516.4
31	用于饮用水处理的热法聚偏氟乙烯中空纤维膜的制备方法	发明专利	201310712323.9
32	一种用于浸没式膜装置的可伸缩固定器	实用新型专利	ZL201320609245.5
33	一种用于浸没式膜装置的曝气连接头	实用新型专利	ZL201320614105.7
34	一种用于水深度处理的自动监控浸没式膜系统	实用新型专利	ZL201320612706.4

标准情况　　　　　　　　　　　　　　　　　　　　　　　表 12-9

序号	标准名称	标准类型	阶段
1	膜孔径性能测试方法泡点法	国家标准（20100161-T-469）	通过终审
2	超滤膜测试方法	国家标准（20120315-T-469）	通过终审

软著情况　　　　　　　　　　　　　　　　　　　　　　　表 12-10

序号	名称	软著证书号	开发完成日期	首次发表日期
1	SMF 工程设计软件［简称：SMF 设计软件］V1.0	0674535	2013.01.20	2014.01.14
2	CMF 工程设计软件［简称：CMF 设计软件］V1.0	0674835	2013.01.20	2014.01.14
3	招金膜天溶解釜电机控制系统软件	0732927	2012.12.01	2012.12.07
4	招金膜天纺丝温度与压力控制系统软件 V1.0	0732932	2012.12.01	2012.12.07
5	招金膜天中空纤维膜纺丝自动进料控制软件 V1.0	0732926	2012.10.24	2013.04.12
6	招金膜天水质在线监控软件 V1.0	0732925	2013.04.17	2013.05.06
7	招金膜天水处理设备运行监控报警系统软件 V1.0	0732928	2013.02.05	2013.08.20
8	招金膜天平板膜生产自动监控系统软件 V1.0	0732931	2013.10.22	2014.04.08

12.4.3 产品性能

天津膜天膜科技股份有限公司开发了新型饮用水处理用压力式膜组件 UOT640D 型（图 12-11）与浸没式膜组件 ST635D 型（图 12-12），定型开发生产的高效 CMF 和 SMF

膜组件具有低能耗、防堵塞、易于安装与维护的特点，接近或达到国际同类产品水平。

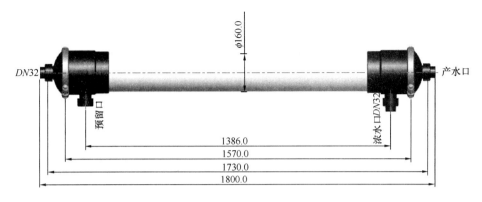

图 12-11　UOT640D 型 CMF 膜组件（单位：mm）

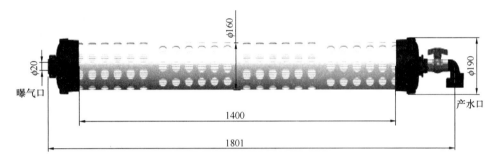

图 12-12　ST635D 型 SMF 膜组件（单位：mm）

北京膜华科技有限公司重点研究了组件流体力学特性对产水性能的影响，组件密封形式及材料，加工技术及方法，优化了组件结构，有效降低流道阻力，提高了其抗污染能力。已定型生产 iMEM、iSMF 两个系列三种形式膜组件产品（图 12-13～图 12-15）。

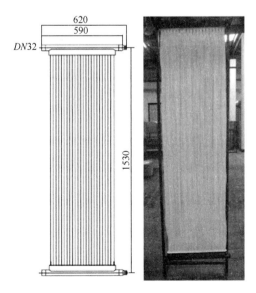

图 12-13　iSMF 浸没式组件（C 型）示意图及照片

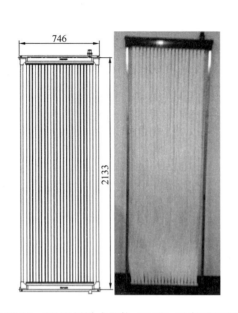

图 12-14　iSMF 浸没式组件（D 型）示意图及照片　　图 12-15　iMEM 压力式组件示意图及照片

山东招金膜天有限责任公司优化设计了大型膜组件，完成了 MTUF、MTFPA 共 2 个不同系列的超滤膜组件的设计和研制（图 12-16，图 12-17）。膜丝具有耐温、耐氧化、耐化学药品、耐污染、拉伸强度高等优良特性，可以去除水中微生物、胶体、藻类等物质。

图 12-16　MTUF 膜组件　　　　　　　图 12-17　MTFPA 膜组件

海南立昇净水科技实业有限公司改进基于"两亲共聚"和编织管增强的 PVDF 复合膜制备技术，拉伸强度可达 100N 以上，研制管道集成化拼装式超滤膜组件，形成具有智能化控制功能的标准化、模块化成套膜装备（图 12-18），年均膜通量衰减率≤5%，断丝率≤1‰。研究编制国家标准 1 项，团体标准 2 项，企业标准 2 项，首次编制超滤膜组件、装置及工程检测评估技术规程。将海南、苏州产业化基地生产的超滤膜及其成套设备全面升级，年产膜材料 200 万 m^2、膜装置 1000 台（套），新产品应用于 21 座万吨级以上规模供水厂和 400 余个村镇供水厂。

图 12-18 500m³/d 超滤膜集成装备

12.4.4 推广应用情况

课题产品已在市政饮用水中推广应用,建成了具有标志意义的大型膜法市政饮用水处理工程6个(金坛第三自来水厂50000m³/d饮用水工程、天津市南港工业区50000m³/d输配水中心工程、上海徐泾水厂10000m³/d市政饮用水提标改造工程、泰安三合水厂40000m³/d市政饮用水水质提升工程、沧州绿源33600m³/d饮用水处理工程、淮南鑫马集团袁庄自来水厂5040m³/d处理工程)。累计建成超滤膜供水厂总规模62.81万m³/d,农村及小型供水应用点66个。

示范工程的设计和建设均建立在中试研究基础上。其投产运行对超滤膜技术的推广具有示范意义。超滤膜法饮用水处理技术在工程投资和运行成本方面已经降到可以接受的范围,且超滤膜工艺系统具有占地面积小、自动化程度高、出水水质好等优点,在运行过程中通过经济有效的方式减缓膜污染、延长膜的使用寿命和控制系统电耗可大大降低运行成本。

典型案例1:天津市南港工业区50000m³/d输配水中心工程

该工程处理水水源为经过预处理后的滦河水,以CMF超滤膜组件为核心,采用"机械混凝+斜板沉淀+CMF超滤膜"水处理工艺,处理规模达到5万m³/d,产水水质达到《生活饮用水卫生标准》GB 5749—2006的要求,运行时间为24h,运行方式为自动运行,保证系统的回收率不小于92%,满足了南港工业区工业和生活用水的需求(图12-19,图12-20)。

典型案例2:泰安三合水厂40000m³/d市政饮用水水质提升工程

该工程在中试现场试验的基础上,由上海市政工程设计研究总院(集团)有限公司设计,由北京膜华科技有限公司提供膜技术和膜设备,采用"预氧化+混凝沉淀+浸没式超滤"水处理工艺,处理规模为40000m³/d。水源水取自泰安市黄前水库,经三合水厂处理后供给泰安市居民用水。工程于2013年10月初开始安装调试,12月31日投入运行(图12-21,图12-22)。

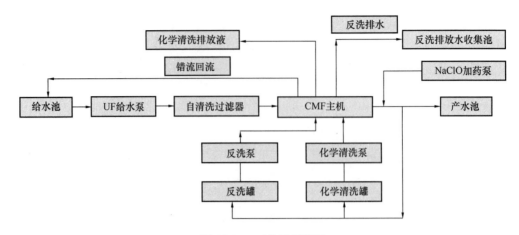

图 12-19 工艺流程简图

图 12-20 南港输配水中心工程膜车间照片

图 12-21 浸没式超滤工艺流程图

典型案例 3：沧州绿源 33600m³/d 饮用水处理工程

该工程以 CMF 超滤膜组件为核心，该工艺采用"絮凝＋斜板沉淀＋多介质过滤＋CMF 超滤膜"水处理工艺，处理规模 33600m³/d。该项目从运行到现在没有出现过异常问题，产水浊度一直低于 0.1NTU，完全达到《生活饮用水卫生标准》GB 5749—2006 的要求（图 12-23，图 12-24）。

图 12-22 膜池实景照片

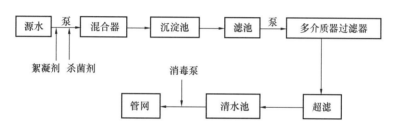

图 12-23 饮用水处理工艺流程

图 12-24 沧州绿源示范工程机组照片

12.5 小型一体水质净化装备

12.5.1 研发背景

我国农村饮用水除了极少部分接入市政供水外，大部分还是以小型集中供水和分散供水为主。我国农村的集中式供水规模普遍较小，目前全国农村集中式供水受益人口5亿多人，约占农村总人口的50%，而日供水量大于200m³的集中式供水工程受益人口仅占农村总人口的15%。其中乡镇级的集中式供水工程只占9%，91%的工程为村级集中式供水工程。在乡镇级供水工程中，北方以地下水源为主，南方以地表水源为主；村级集中式供水工程，多数为单村供水，水源以地下水和山溪水为主；集中式供水工程中，一方面农村饮用水基础设施建设标准低，多数水源没有任何保护措施，并且供水设施简陋，只有水源和管网，饮用水很难稳定达标。另一方面是已有的集中供水工程缺少处理设备和消毒设施，即使具有这些设备和设施，也因运行成本高、管理相对落后，基本不能正常运行，成为只有集水设施和管道的所谓"直肠水"。这种饮用水工程实际只解决了农村用水的方便程度，并未从根本上解决用水的安全性；有水处理设施并且正常运行的集中式供水工程仅占集中供水工程总量的8%左右。此外，部分集中供水工程存在供水能力与实际用水量不匹配的问题，这样就造成了饮用水成本的增加。

分散式供水人口中，67%为浅井供水，主要分布在浅层地下水资源开发利用较容易的农村，供水设施多数为真空井或筒井，建在庭院内或离农户较近的地方，取水方式主要为手动泵、辘轳或微型潜水电泵；3%为集雨，主要分布在干旱及山丘等水资源开发利用困难或海岛等淡水资源缺乏的农村，以屋檐和硬化庭院集流场为主，北方以水窖蓄水为主，南方以水池蓄水为主；9%为引泉，主要分布在山丘区，南方较多；21%无供水设施或供水设施失效，直接取用河水、溪水、坑塘水、山泉水或到其他村拉水，主要分布在南方降水较丰富的山丘区农村。

随着农村经济的快速发展和农业综合开发，乡镇工业对资源的利用强度和规模日益扩大，农村环境污染和生态破坏日趋严重；由于工业废水、农业面源污染、生活污水的排放量不断增加，完全不加治理的随意排放已经超过了水体的承载能力。水生态环境日益恶化，许多饮用水水源受到污染，水质严重超标，水源已很难达到饮用水的标准，甚至达不到地表饮用水水源的标准。这对于无任何净水设施的分散饮水的用户无疑是一场灾难。

针对以上问题，急需开展适宜不同分散式农村饮水安全的小型设备、材料、装置和工艺研究和集成应用，提高村镇居民饮用水的供水安全保障水平。

12.5.2 关键技术内容

1. 地下水硝酸盐异位反渗透净水工艺与设备

通过对离子交换、反渗透和生物反硝化3种最常用的地下水脱硝酸盐技术的比选，并结合华北村镇分散式供水及山东章丘示范区地下水水质特点，设计加工了用 $Na_2CO_3/NaOH$ 软化与反渗透组合工艺处理地下水的中试设备。此外，还研究开发了一类新型膜生物反应器（图 12-25），用其进行地下水反硝化脱氮，可以避免地下水被硝化和反硝化细菌所污染。

图 12-25　新型膜生物反应器（发明专利，公开号：CN101786763A）

2. 地表水过滤-超滤-消毒一体化设备

该技术集成了针对设备和管网二次污染的微生物消毒与原水悬浮物过滤技术，以该技术为核心所研制的 $10m^3/h$ 和 $15m^3/h$ 水处理设备获得发明和实用新型专利证书（图 12-26）。

图 12-26　塘坝水过滤-超滤-消毒一体化设备

超滤与消毒相结合的污染防控技术是净水技术的核心内容。中空纤维膜是膜过滤的最主要形式之一，呈毛细管状。其内表面或外表面为致密层，或称活性层，内部为多孔支承体。致密层上密布微孔，溶液就是以其组分能否通过这些微孔来达到分离的目的。

根据致密层位置不同，中空纤维滤膜又可分为内压膜、外压膜及内、外压膜三种。本研究开发的主要为外压膜。

用中空纤维滤膜组装成的组件，由壳体、管板、端盖、导流网、中心管及中空纤维组成，原液进口、过滤液出口及浓缩液出口与系统连接。其特点：一是纤维直接粘接在环氧树脂管板上，不用支撑体，有极高的膜装填密度，体积小而且结构简单，可减小细菌污染的可能性，简化清洗操作。二是检漏修补方便，截留率稳定，使用寿命长。研究开发的膜组件为 DYUF-2860（图 12-27）。

图 12-27 UF 组件结构示意

DYUF-2860 型膜组件能够满足大多数 RO 前处理以及中水回用处理的需要。UF 以高通量、高品质的外压中空纤维膜为基础，并根据其主要用途进行了结构改进，以适应较高的进水浊度。

(1) 小型消毒过滤一体化功能的饮用水设备

该设备主要集中针对末端微生物污染治理的问题，是以加药消毒和超滤为核心技术的微生物原水消毒和二次污染控制的小型农村净水设备。在原水消毒的同时，避免了设备和管网的微生物二次污染，保障了管网末端入户饮用水的卫生达标，对村镇饮用水微生物普遍超标和管网陈旧设计具有适应性。该成果适用于需要建设安全供水工程且城镇供水管网到不了的村镇（图 12-28）。

图 12-28 宁德九都供水工程示范点和惠州潼侨供水工程示范点

(2) 新型二氧化氯消毒设备

该装置应用于村级供水厂消毒工序，采用的亚氯酸钠法，完全密封不需加热，节能不漏气。

原料转化率在 95% 以上，杀菌性能强，副产物少。采用化学物质输入通道和循环系统，提高反应效率，节约原料。位差势能定比定量投加系统，利用负压自动开关，按定量系统的比例投加，实现精准投药（图 12-29）。

(3) 超滤集成净水设备

本设备将活性炭和纳米金属簇与超滤技术相结合，集成了微电解氧化氨氮工序，通过纳米金属簇中铜锌稀土合金之间的多元微电解氧化作用对水中的氨氮进行氧化去除，为超滤常规净水技术赋予了去除氨氮的功能（图 12-30）。

图 12-29　二氧化氯发生器　　　　图 12-30　超滤集成净水设备

3. 地下饮用水氟去除工艺与设备

该技术工艺主体吸附单元装置共 4 个，3 个运行，1 个再生，循环周期为 900~1000 倍。采用氢氧化钠再生，硫酸铁活化，再生周期约 5d。再生尾液采用石灰-盐酸法处理，可达到排放标准要求。该技术适用于县镇规模含氟地下水的净化，在华北地区地下水含氟量范围内均适用。采用硫酸铁改性活性氧化铝固定床三柱串联吸附除氟技术，原材料价格低廉，处理效果良好，运行稳定，在降低含氟地下水处理费用方面效果明显，出水氟含量达到《生活饮用水卫生标准》GB 5749—2006 的要求，同时还解决了原水砷超标的问题，可为县镇饮用水安全保障提供技术支持，具有推广应用前景。

4. 地下饮用水铁、锰微电解氧化-沉淀-过滤组合净化工艺

针对村镇地下饮用水中微生物、铁、锰等超标问题，利用提升泵余压（不增加额外动力）在曝气池中对地下水进行射流曝气，铁、锰被氧化形成胶体或沉淀，部分在沉淀池中沉淀并通过定期排泥去除，其余经过多种组合滤料（主要是石英砂、锰砂、麦饭石、活性炭等）分级过滤去除，然后通过反冲洗管道利用无油空气压缩机和潜水泵进行"气升水淋"式反冲洗技术（配套技术），再将滤料吸附截流的铁、锰通过自吸泵排出处理系统，最后在水塔中进行紫外灯间歇照射消毒，该技术模式在示范基地应用效果表明，原水水质中铁、锰削减率达 86% 以上，微生物和有机物削减率达 65% 以上，供水系统出水水质中铁、锰、微生物、有机物等超标指标达到《生活饮用水卫生标准》GB 5749—2006 的要求，并研发了配套工艺设备 1 台（套）（DYTM-BG 01）。

5. 集雨水生物慢滤技术与设备

在突破关键技术的基础上，研究形成了一套家用自动生物慢滤水处理设备（图 12-31）。

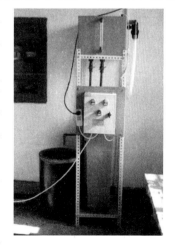

图 12-31　家用自动生物慢滤水处理设备

(1) 设备创新性

1) 针对西北地区集雨水高浊度的特点,设计了 Y 型前置过滤器(过滤网规格为 100 目)对水窖水进行粗滤,减少了后续慢滤装置的堵塞概率。

2) 针对传统配水箱底部开口,重力供水作用下流速先急后缓难以控制的特点,设计了恒流器,保证了高位水箱流出的水流速恒定,避免了流速不均导致出水水质超标问题。

3) 针对传统慢滤装置直接进水,其布水不均匀性导致滤料表面易冲蚀,容易产生沟流等问题,在慢滤装置顶部设计了布水筐,布水筐清洗方便,不仅起到了均匀布水作用,而且对大颗粒污染物进行初步拦截,减少了滤料堵塞概率。

4) 针对农村地区缺少经验丰富的操作员的特点,设计了自动控制系统,在极低成本条件下实现了进水自动化,简化了操作管理。

(2) 设备的主要性能参数

单台处理规模:170~848L/d;主要性能指标:滤料装填高度为 600~700mm,上层水深 100~200mm,滤料粒径 0.3~0.6mm,滤料高度 0.6~0.7m,滤速 0.2~0.4m/h;综合制水成本:0.2~0.8 元/m^3。

6. 地表水生物粉末活性炭-超滤膜组合净水工艺

该技术主要是针对华东河网中越来越多的微污染水源水体中存在溶解性有机物和氨氮超标等问题,创新性地将混凝、沉淀、吸附、生物氧化和膜分离组合在一起,形成集反应-短时间沉淀-吸附/生物氧化和膜分离工艺于一体的组合工艺。在膜分离前先进行接触氧化,利用回流的活性污泥和生物粉末活性炭(BAC)加上搅拌曝气充氧,氧化氨氮和降解 COD_{Mn},并在接触氧化池与超滤膜之间设过渡区,以形成一个活性污泥、生物粉末活性炭的回流空间。过渡区后的水进入超滤膜处理池,结合有效的前处理,选择浸没帘式中空纤维膜,有效去除原水中的悬浮颗粒和吸附在颗粒上的 COD_{Mn}、氨氮等,使出水浊度稳定在 0.1NTU 以下。

在生物接触氧化段,投加体积浓度为 2g/L 的粉末活性炭作为生物生长载体,反应器内维持较高的 PAC 浓度,具备一定的缓冲能力,能使整个系统运行更稳定。过渡区的作用类似沉淀池,在实际改造工程中充足的池长保证活性炭能够充分沉降,上清液则溢流入膜池,能起到抑制生物活性炭污染膜表面的作用。该工艺针对贫营养的微污染地表水源水,可去除水体中浓度低、种类多、性质复杂的污染物,同时也具备抵抗水质和水量变化的冲击、设备布置紧凑、易于自动化控制管理等优点(图 12-32)。

根据上源闸水厂的现状,在全厂 15 万 m^3/d 的总能力中,将一条 3 万 m^3/d 生产线的沉淀池和滤池部分改造为在引现状总干渠原水的条件下,生产出水符合《生活饮用水卫生标准》GB 5749—2006 要求的处理池。系统采用混凝、沉淀、生物粉末活性炭接触氧化和超滤工艺。改造范围在原上源闸水厂一期工程的平流沉淀池和滤池范围内,380V 电源由临近配电间引出,混凝剂投加沿用原系统。改造工程尽量利用原有水池和可利用设备,尽可能减少池外用地,在改造过程中尽可能减少对供水厂运行的影响。

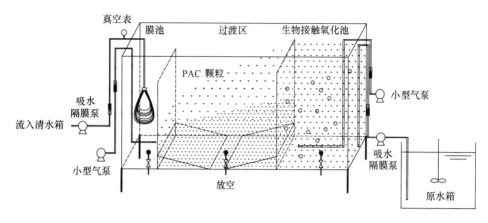

图 12-32　组合工艺示意图

本示范工程以现场中试成果为基础，结合上源闸水厂的实际情况设计的，项目建成后，不仅为上虞增加新的可用水源，而且对类似水源供水厂的升级改造具有很好的示范作用。

絮凝剂自动投加设备

该装置应用于村级供水厂，采用无级变速泵确保搅拌转速大致为理想的 200 转/min，保证絮凝剂既能充分溶解分子结构又不被破坏。

拥有自主专利技术的独立球阀系统保证絮凝剂不沉淀。

定量系统保证絮凝剂按照比例投加，实现了絮凝剂的均匀精准投配。

装置采用了"虹吸投加"专利技术，使用特制的混凝剂虹吸投加箱或者简易虹吸投加装置，使其在箱体内充分稀释，利用加工而成的虹吸装置，水流经过时带走空气形成负压，絮凝剂被定量带入水中，可实现水来药来，水停药停，完全不用动力和人工（图 12-33）。

图 12-33　絮凝净化投配装置

7. 海岛村镇典型水源水净化工艺与设备

（1）太阳能动力屋顶接水净化技术与装置

针对水电两缺的海岛家用净水装置，通过分质供水杂用水龙头和气压罐来实现家用净水装置中空纤维膜的正洗反冲等维护功能，并将出水用于杂用水，充分利用淡水资源；研发多功能电源控制器（图12-34），实现太阳能、蓄电池、城市用电的自动稳定切换。

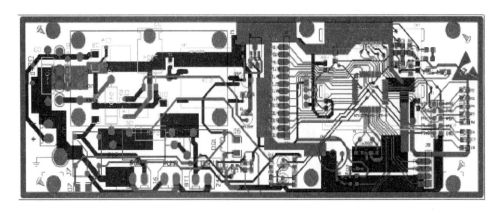

图12-34 电源控制器的核心处理器

（2）海岛超滤膜净化装置的膜丝断裂检测技术

针对海岛村用间歇性超滤膜净化装置，在处理流程中增设小型气泵，增加气路，并在每一支膜元件出水管路上设置透明管段，通过PLC系统智能集成控制，自动进行水泵、气泵的启闭切换，实现在可视管段处目测是否产生气泡以判断每一支膜元件的膜丝是否断裂。装置通过PLC系统智能集成控制，实现了超滤膜膜丝断裂与破损一键检测的功能，操作简单。

针对反渗透膜淡化装置（图12-35），不同于用原水顶替反渗透膜元件中浓水的常规方法，而是用少量的反渗透纯水顶替反渗透膜元件中的高盐、高污染浓水，可显著减少反渗透膜的污染。当设备待机时间过长时亦可用PLC程序控制反渗透装置的定时自动快速冲洗，防止反渗透膜表面的微生物生长污染，无需进行膜供应商要求的加药保护；针对海岛山塘水库、平地水库容量较小，水位变化较大的特点，研制的水面浮动式原水抽吸技术有利于稳定取水，并且与潜水泵的取水方式不同，它不受水体底泥的污染和影响，有利于获得表层浊度相对较低或盐度较低的原水；针对山塘水质咸淡季节性变化现象，在同一设备中实现苦咸水淡化/淡水净化技术的共存，依据水质变化情况实现净化技术的手动切换，或者同时运行，以保证设备出水满足饮用水相关要求。

（3）海岛村镇典型水源水净化工艺与设备

散列海岛村镇主要以小山塘、分散的坑道井、屋顶接水作为淡水水源，水源水质水量变化系数大，用水量冲击负荷剧烈，电力成本高，夏季水电紧缺，水源咸淡交替。围绕海岛产水水质、投资成本、运行成本、操作管理（全自动、少耗材）四个影响海岛村镇饮用水处理技术推广应用的关键问题，研发了海岛家用净水装置的正反冲洗与分质供水技术，太阳能、蓄电池与常规电源的稳定切换技术，膜处理装置的膜丝断裂检测技术，苦咸水淡化/淡水净化一体化技术，延长膜使用寿命的PLC控制的膜污染自动冲洗技术，水面浮动式原水抽吸技术等，形成了一整套从取水到产水的海岛村镇典型水源水净化集成创新技术

图 12-35 海岛苦咸水淡化/淡水净化一体化装置

体系,开发出经济实用和便于管理的全自动海岛典型水源水净化设备,在舟山 4 个海岛进行了示范与中试,设备出水水质均已达到《生活饮用水卫生标准》GB 5749—2006 中关于"农村小型集中式供水和分散式供水部分水质指标及限值"的要求,净水设备的制水成本,与类似设备对比,降低了 10%~30%,得到了当地政府、渔农民等的高度肯定。

(4) 家用屋顶接水收集处理系统

针对散列海岛旱季水电紧缺的现状,以及海岛家用自备井与屋顶接水系统,课题组开发了以中空纤维膜为核心的家用净水器、以太阳能供电为动力的家用屋顶接水收集处理系统,成功解决了传统中空纤维膜家用水处理无法正冲反洗及二次污染的问题,突破了家用净水器的分质供水技术,以及太阳能屋顶接水供水系统的太阳能、蓄电池与常规电源的稳定切换技术,解决了散列海岛村镇夏季水电紧缺的矛盾,保证了渔农民的饮水安全。目前有 3 套家用净水器和 2 套太阳能动力屋顶接水供水系统安装在舟山庙子湖岛和青浜岛使用。

(5) 低压超滤坑道井水处理技术与设备

针对海岛坑道井水现状,研发了低压超滤坑道井水处理设备,突破了超滤膜水处理设备中空纤维膜膜丝断裂的检测技术,解决了膜丝断裂、破损等造成的杂质穿透而引起的水质污染问题,以及用水冲击负荷造成的高能耗问题,成功研制出 ZJU-UF 系列坑道井水处理设备。目前,ZJU-UF-10 自 1009 年 11 月在舟山东极镇青浜岛示范应用,ZJU-UF-30 自 2010 年 5 月起在庙子湖岛示范应用。

8. 苦咸水淡化/淡水净化一体化装置

针对海岛部分山塘水质呈现季节性咸淡交替,导致常规淡水净化装置在水源水质盐度超标情况下出水无法达标的现象,课题组研制出海岛山塘苦咸水淡化/淡水净化一体化装置,且在湖泥岛农村饮用水工程中得到应用。该装置采用反渗透淡化与超滤净化集成工艺,根据咸度变化可实现超滤与反渗透切换或产水混合调配,保证了海岛渔农民在任何季节的水质安全。

9. 海岛苦咸水反渗透淡化技术与装置

针对海岛平地水库、滩涂水库多为苦咸水的现状，课题组开发出海岛苦咸水反渗透淡化装置，集成了课题组研发的水面浮动式原水抽吸技术、PLC 程序控制的反渗透膜自动冲洗技术等反渗透膜污染控制技术，有效降低了苦咸水淡化成本，增加了海岛可用水资源量。该设备已在六横岛蛟头千丈塘平地水库使用，出水已供应至夏家村、翁家村自来水管网，中试电耗量为 $1.5 kWh/m^3$，制水成本低于 $2.5 元/m^3$。

(1) 移动式小型海水淡化技术与装置

针对散列海岛淡水资源匮乏但海水丰富的情况，课题组引入国内新研发的小型能量回收装置，集成 PLC 程序控制的反渗透膜污染自动冲洗技术，突破了小型海水淡化装置上的能量回收与节能技术，研制出移动式小型海水淡化装置。由于集成了小型能量回收装置，本设备的电耗量（$4.0 kWh/m^3$）远小于国内同类小型海水淡化装置的电耗量（$7.0 kWh/m^3$）；同时，课题组设计的三种灵活连接的预处理系统，使装置可用于外海船用、应急海水淡化与海岛长期海水淡化饮用水处理设备。具有节能和灵活、经济、实用的优点。该设备已在六横岛台门镇进行中试，制水成本低于 $4.0 元/m^3$。

(2) 移动式应急深度水处理技术与装置

针对海岛旱季淡水短缺、原水污染程度高的问题，基于分离效率最高的反渗透膜技术和水面浮动式原水抽吸技术，课题组研制出移动式应急深度水处理装置。装置配备汽油发电机，采用车载移动方式，提高了应急装置使用的快速响应和灵活性；装置可保证在原水水质多样性和不确定性的情况下出水水质的安全性；装置适用于海岛村镇和内陆的各类山塘、水库、江河、溪流、洪水，可快速将苦咸水或污染淡水处理成饮用水，已在舟山六横岛、杭州城郊小河试用，出水符合饮用水水质相关标准。

10. 装配式常规一体化装置

突破了常规一体化供水装置处理工艺模块化及标准化制造技术。形成了适用于不同原水水质和净化目标的系列化装备，实现了装置运行远程监控和自动化运行，建立了国内最大的"常规一体化供水装置"的生产基地，装备年生产能力由原来的 100 台（套）提高至 2000 台（套），相关产品在国内销售并实现出口至"一带一路"沿线国家。产品在国内外 80 余座供水厂应用，总供水规模达到 $72.8×10^4 m^3/d$，为保障村镇分散供水安全、提升水质提供了重要的支撑。

12.5.3 推广应用情况

1. 地下水硝酸盐异位反渗透净水工艺与设备

在山东章丘示范基地宁家埠镇徐家村建立了一项中试工程-反渗透法去除地下水中的硝酸盐，运行效果：进水 $[NO_3^--N]≈80 mg/L$，硬度 $≈850 mg/L$（以 $CaCO_3$ 计）；出水 $[NO_3^--N]≈7.8 mg/L$，硬度 $≈30 mg/L$（以 $CaCO_3$ 计）。向当地村民提供符合《生活饮用水卫生标准》GB 5749—2006 的饮用水，可满足 1500 人的饮水安全需求。

2. 地表水过滤-超滤-消毒一体化设备

地表水过滤-超滤-消毒一体化设备已经分别在广东惠州和福建宁德应用于3500人的小型集中供水示范工程，应用后经过稳定运行监测，设备出水口和用户终端水质都达到了《生活饮用水卫生标准》GB 5749—2006中106项水质指标的要求。

小型消毒过滤一体化功能的饮用水设备已经分别在广东惠州和福建宁德农村应用，针对华南地区村镇塘坝水源地与饮用水存在的养殖污染问题，解决了农村7000人的饮用水安全问题。示范基地的饮用水水质常规指标达到《生活饮用水卫生标准》GB 5749—2006的要求。本成果不仅为村镇饮用水安全供水保障体系的建立提供了技术支持，而且保障了农村人口身体健康和新农村建设的基本和实质需求，取得了显著的社会效益。

新型二氧化氯消毒设备已经在课题的示范点进行示范应用，并在四川等地区得到进一步推广。

超滤集成净水设备在甘肃省会宁县柴家门乡柴家门村示范应用。第三方水质检测评估报告表明：各示范户的水源水质浊度、COD、氨氮等主要指标达到地表Ⅲ类水质标准；饮用水水质常规指标达到《生活饮用水卫生标准》GB 5749—2006的要求。

3. 地下饮用水氟去除工艺与设备

在北京市昌平区东南部小汤山镇建设含氟地下水净化示范工程1项，规模为$1000m^3/d$，采用硫酸铁改性活性氧化铝固定床三柱串联吸附除氟技术，原材料价格低廉。主体吸附单元装置共4个（3个运行，1个再生），循环周期为900~1000倍。采用氢氧化钠再生，硫酸铁活化，再生周期约5d。再生尾液采用石灰-盐酸法处理，可达到排放标准要求。示范工程处理效果良好，运行稳定，在降低含氟地下水处理费用方面效果明显，除氟制水成本$0.59元/m^3$，出水氟含量达到《生活饮用水卫生标准》GB 5749—2006的要求，同时还解决了原水砷超标的问题。

该技术适用于县镇规模含氟地下水的净化，在华北地区地下水含氟量范围内均适用，可以同时去除水中的砷，因此也适用于氟和砷都超标的地下水源，可为县镇饮用水安全保障提供技术支持，具有推广应用前景。

4. 地下饮用水铁、锰微电解氧化-沉淀-过滤组合净化工艺

示范工程地点：辽宁省清原县草市镇。

完成时间：2010年8月20日。

示范技术：示范铁、锰曝气过滤技术，微电解氧化-沉淀-过滤组合净化工艺，紫外灯消毒净化技术和防低温管道施工新工艺。

示范工程地点：辽宁省清原县北三家乡。

规模范围：$50m^3/d$；示范面积$0.5km^2$；解决了150户村镇居民安全饮水问题。

运行效果：示范基地出水水质铁、锰去除率均达到80%以上，COD_{Mn}、微生物去除率达到65%以上。饮水水质达到《生活饮用水卫生标准》GB 5749—2006的要求。

5. 集雨水生物慢滤技术与设备

家用自动生物慢滤水处理设备在甘肃省会宁县会师镇南十里堡村、新添堡乡道口村示范应用。本设备具有以下特点：①通过滤料层表面培养微生物粘膜的生化作用达到去除水体中污染物的目的，无需消毒，处理出水能满足《生活饮用水卫生标准》GB 5479—2006 的要求；②适用于农村一家一户分散式供水处理。第三方水质检测评估报告表明：各示范户的水源水质浊度、COD、氨氮等主要指标达到地表水Ⅲ类水质标准；饮用水水质常规指标达到《生活饮用水卫生标准》GB 5749—2006 的要求。

6. 地表水生物粉末活性炭-超滤膜组合净水工艺

根据上源闸水厂的现状，在全厂 15 万 m^3/d 的总能力中，将一条 3 万 m^3/d 生产线的沉淀池和滤池部分改造为在引现状总干渠原水的条件下，生产出水符合《生活饮用水卫生标准》GB 5749—2006 要求的处理池。系统采用混凝、沉淀、生物粉末活性炭接触氧化和超滤工艺。改造范围在原上源闸水厂一期工程的平流沉淀池和滤池范围内，380V 电源由临近配电间引出，混凝剂投加沿用原系统。改造工程尽量利用原有水池和可利用设备，尽可能减少池外用地，在改造过程中尽可能减少对供水厂运行的影响。

本示范工程以现场中试成果为基础，结合上源闸水厂的实际情况设计的，项目建成后，不仅为上虞增加新的可用水源，而且对类似水源水厂的升级改造具有很好的示范作用。

12.6　供水管网漏损监控设备

12.6.1　研发背景

我国供水企业漏损情况严重，作为漏失的水量也需要经过水质处理、泵站输送，漏失水量的商品属性无法体现，使得供水负担增加，供水收益减少，这与国家节能减排的目标不符，为达到供水企业节能减排的目标，必须采取措施控制管网漏损。

针对目前我国国产检漏仪器设备检测效率低、定位精度低、市场占有率低等问题，研制具备辅助定位功能的小流量泄漏的检漏仪器设备，开发漏损预警系统，促进管网检测和压力控制设备的国产化与产业化，提高我国管网检漏技术和装备水平。

我国多数供水设施陈旧、技术水平提高缓慢、管理体制存在许多问题等原因使城市供水管网漏损率高于国家所规定的标准，距发达国家的先进水平还有很大的差距。各地供水企业开展漏水调查工作，配备简单的仪器设备，以管道事故抢修为主，漏水调查仅依靠老工人的经验，多数单位管道漏水控制效果不好。近几年由于国内经济环境和市场管理机制的改善、有关用水节水政策措施的颁布，供水管网检漏受到各级政府和各地供水企业的重视，国外成熟的技术与设备进入国内市场，为开展漏水调查工作提供了良好的条件，各地供水企业相继引进了许多发达国家的先进漏水检测设备。一些供水企业根据自身状况也成立了相应的检漏队伍，专门从事漏水控制工作，取得了一定的效果，但从总体上来看和发达国家还有一定的差距，检漏技术人员较少，专业技能较低，对先进设备的引进和使用没有很好"消化"，工程经验不足，虽有先进的仪器设备也无法达到应有的效果。

因国产设备在技术上和稳定性上与国外产品的差距，国内用户对于国产设备的采购和使用积极性不高,导致本行业的产业化进展缓慢。而像英国、德国、瑞士、日本等都有本国的管网漏损控制管理设备的生产厂家,这有利于这些国家的相关专业的技术、理念的发展,同时对于相关上、下游行业也有很大的推动,反过来也对本行业起到促进作用;由于本行业专业性较强,在国际上成熟的专业生产厂家不超过10家。

正是由于我们的理念和技术水平发展缓慢,无法抵御国外相关设备大量进入国内市场,也无法要求国外厂家按照我国用户的实际需求做产品的改进。

综上所述,漏损控制设备产业化势在必行。

12.6.2 关键技术及产品性能

1. 听漏仪

听漏仪是用于供水管道、供热管道等泄漏检测的电子产品。在原有产品基础上,增加了国外同类设备没有的声音、图像、现场采集的数据存储、回放以及数据的下载等功能,并通过PC机导出、打印(图12-36)。

图12-36 听漏仪

本产品突破的关键技术有:小信号的放大滤波、选频、高信噪比的模拟电路;基于FFT的频谱显示技术;将现场采集的漏水噪声进行海量存储和回放;现场噪声波形进行客观记录;音频电路设计原理、PCB布线的抗干扰及低噪声技术。

该产品已获得多项国家专利,包括采用可编程滤波器的听漏仪(ZL201120146120.4)、可调频率滤波分析软件(2011SR048215)、供水管网泄漏检测仪(ZL201230080050.7)、固定频段滤波分析软件V1.0。

2. 相关仪

本产品应用高精度延迟时间差确定、互相关分析、基于线性回归的计算模式理论泄漏定位和利用FFT的傅里叶变换、kalman滤波、小波分析等技术实现高精度滤波等技术,具有国际先进技术水平,并结合液体压力管道检测技术要求而自主开发研制完成,由硬件实现信号检测、采样、模拟滤波、放大(自动增益)、A/D转换、传输以及供电,由软件实现数字滤波、相关分析、泄漏定位、频谱分析以及扩展的多种功能。泄漏噪声信号的采集、滤波、相关分析、输入输出等均由相关仪主机来控制,通过人机接口界面完成(图12-37)。

该产品获得国家发明专利:一种液体压力管道泄漏检测装置(ZL200910086818.9)、液体压力管道泄漏监测装置专用软件V3.0(2009SR044754)、一种液体压力管道泄漏检测装置(ZL200420096159X),并通过了北京市电子产品质量检测中心的认证。

3. 供水管网DMA分区计量漏损控制管理系统

这是一项全新的、创新性的发明,是供水管网DMA分区定量漏损控制一体化系统方

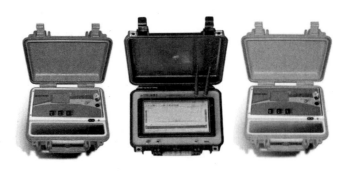

图 12-37　相关仪

案配套的区域漏损评估分析软件。填补国内空白具有数据采集、监控、评估、分析软件系统。能明晰、准确、方向性的、数字化的显示和预报供水企业或区域的漏水情况。对快速降低漏损，极大提高经济效益，保障民生安全生活具有重要意义（图 12-38）。

DMA分区编号	001	DMA分区名称	绵阳分区		
ICF参数	2.00	服务区人口	人	服务面积	平方米
区域最高高程	米	区域最低高程	米	进入区域管线数量	条
管材分类			>>	用户数量	13109 户
管道最长服务年限	年	管道总长度	7300 米	区域每年爆管数量	次
管道连接总数	5200 个	私人拥有水管长度	11795 米	目标比例	15% 范围0-100%
正常夜间用水量	90.86 立方米	日售水量	8371 立方米	无计量用水	立方米
夜间允许最小流量	101.708 立方米/小时	修改者	叶鹏	修改时间	2014-01-29 08:36
备注					

DMA分区设备列表　DMA分区地图　DMA分区执管部门

序号	使用类型	设备编号	开始日期	结束日期	设备类型	流向	安装位置
->	DMA设	000069130108	2013-07-29		多功能漏损	流入	一环路南段实验幼儿园路口右侧人行道
2	DMA设备	000069130109	2013-07-29		多功能漏损	流入	涪城路三鹏广场人行道
3	DMA设备	000069130110	2013-07-29		多功能漏损	流入	红星街工行人行道

DMA分区地图　基础信息　流量趋势分析　漏损评估解析　渗漏预警查看　数据查看（流量）　数据查看（压力）

序号	项目名称	项目值
1	分析范围	2013-11-30-->2014-02-17
2	当前最小流量 (m^3/h)	143.560
3	当前最小流量时间	2014-02-17 03:00
4	夜间允许最小流量 (m^3/h)	101.710
5	当前日供水量 (m^3)	9535.540
6	当前日漏水量 (m^3)	1004.400
7	当前日漏失率	11.0%
8	阶段供水量 (m^3)	798785.140
9	阶段漏失总量 (m^3)	119266.080
10	单位管长漏失水量 [$m^3/(h\cdot km)$]	8.87
11	阶段漏失率	14.9%
12	阶段售水量 (m^3)	669680.000
13	阶段产销差量 (m^3)	129105
14	阶段产销差率	16.2%
15	最大流量 (m^3/h)	640.400
16	最大流量时间	2014-02-17 10:00

图 12-38　DMA 分区计量漏损控制管理系统

软件主要应用、研究的关键技术包括：1）实时自动采集供水管网中的流量、压力监测数据；2）DMA漏损评估分析；3）在线监测；4）动态监测；5）派工处置。

本产品获得了计算机软件著作权：供水管网DMA分区定量漏损监控管理系统V2.0（2014RS115625），并通过中国软件评测中心的检测。另外，作为本产品的经验总结，于2014年初在中国建筑工业出版社出版了技术专著《分区定量管理理论与实践》。

4. 插入式三功能一体漏损监测仪

创造性的将流量、压力、噪声等三种传感数据进行一体化应用，采集、传输同步，目前仅在国外有1家家庭小作坊研制类似产品，但尚未形成生产能力（图12-39）。

插入式三功能一体漏损监测仪的压力和流量传感器采用国内厂家现有部件，与北京埃德尔黛威新技术有限公司（以下简称北京埃德尔）研发的噪声传感器和数据记录仪经过软硬件集成，已经投入示范城市应用，并开始小批量销售。

（1）GPRS无线通信技术

GPRS，即通用分组无线业务。GPRS特别适用于间断的、突发性的或频繁的、少量的数据传输，也适用于偶尔的大数据量传输，具有实时在线、按量计费、快捷登录、高速传输、自如切换的优点。目前该技术已经模块化，可以通过相应的指令对其进行操作。

（2）传感器技术

传感器的作用是把非电量的物理量转变成模拟电信号，例如电流、电压、频率及脉

图12-39 三功能一体漏损监测仪

冲等，通常这些信号比较小，需要放大及滤波后才能得到我们想要的信号。例如噪声传感器是将管道噪声（即漏水震动）转换成变化的电压，压力传感器也是将管道压力转换成变化的电压等。

（3）远程升级技术

应用编程（IAP）技术为系统在线升级和远程升级提供了良好的解决方案，也为数据存储和现场固件的升级带来了极大的灵活性。可利用芯片的串行口接，通过RS232、现有的Internet、无线网络或者其他通信方式很方便地实现在线以及远程升级和维护。

（4）在线渗漏预警系统

在线渗漏预警系统（图12-40）主要由探头（探头内含噪声记录模块、数据存储模块、GPRS无线发射模块，电源模块）、监测仪、智能分析软件组成。在线渗漏预警系统的探头安装在阀门、消火栓或直接安装在管道上，该装置有坚固的外壳，符合IP68防护标准，并监测、记录管网的噪声数据，利用GPRS网络将数据发送至监控中心，并通过

PC智能分析软件对测量数据进行图形显示和管理。按照已经划分好的区域，把分布于管网各处的监测点监测到的数据传输到服务器或数据中心，应用漏水点噪声强度和离散度，按区域进行统计分析，使用户能即时的发现管道是否存在渗漏或大的泄漏，起到监测漏点和预警的作用，从而实现快速，稳定，长期降低爆管概率和供水安全事故的发生。长期的噪声可以快速反应漏水复原的现象，即时发现区域内新的漏水点。

图 12-40　在线渗漏预警系统

本系统的主要特点是实时监测管段漏损，通过对噪声强度、频率和带宽分析实现；通过原始噪声回放，以区分漏水声或干扰噪声；具有泄漏实时短信报警功能；24h 噪声监测数据；消火栓报警；GPRS 无线通信；监测结果可实时在地图上标注显示。

（5）渗漏预警系统-离线模式

本系统主要由多个探头（探头内含噪声记录模块、数据存储模块、无线发射模块）、巡检仪、智能分析软件等组成。根据管网特点，合理选择管道节点（选择管道阀门、消火栓等），多台探头安装在管网上不同地点，按预定时间开关机，并监测、记录管网的噪声数据，将这些信息贮存在探头的存储器内，利用巡检仪收集各个探头存贮的噪声数据，并通过智能分析软件处理，按照已经划分好的区域，把分布于管网各处的数据传输点发出的数据分区域进行统计分析，通过管网噪声强度和离散度，以及对区域内夜间用水状况的调查，使用户能及时发现管道是否存在渗漏或大的泄漏，起到检漏和预警的作用，从而降低爆管概率和供水安全事故的发生。

本系统主要特点：应用清晰的泄漏识别、移动或固定泄漏监测、经过巡检收集数据，再分析管网漏损情况，以便确定检漏策略。不需要标定、安装便捷、操作简单。

12.6.3　推广应用情况

wDMA、在线监测渗漏预警系统、多功能漏损监测仪分别在北京、绍兴、南昌、绵阳、黄石、福州、德州等城市示范应用，拟计划与北京沟通，开展涉及所有课题成果的综合示范工作。如 wDMA 系统在南昌供水企业的应用已经由最开始的 4 个 DMA 分区扩展到 33 个，除了接入多功能漏损监测仪的数据以外，还接入了 ABB 的流量计、国产流量计、两家国内厂家的远传水表数据，下一步要与 SCADA 系统、GIS、营销系统等并网运行；超声波原理的多功能漏损监测仪接入绍兴自来水有限公司的 SCADA 系统后，查处许多新的漏点，效果明显；通过示范应用 wDMA，取得意外效果，利用短期数据可评估出供水企业的真实漏损率和漏损量。

1. 北京劳动保障职业学院地下管线模拟试验场地

为充分应用和延伸应用"十二五"课题研究的成果，中国城市规划协会地下管线专业委员会、北京劳动保障职业学院，北京埃德尔三方展开校企共同合作，在北京劳动保障职业学院建立了"智慧管网实训基地"，由北京埃德尔负责组织设计，铺设了四种智慧管网：包括供水、供热、燃气、排水等地下管网，也把电力电缆作为探测内容包含了进去。并设置了多个监测点；设计安装了多种在线监测设备和监控软件系统。如"十二五"课题成果的多功能漏损监测仪、渗漏预警系统、wDMA 软件系统以及排水多功能监测一体机、燃气阀井在线监测系统、供热管网漏损光纤监控系统等。同时，建立了综合展示室和地下剖面室。在综合室通过 2(m)×3(m) 的大屏幕展示 4 种管网在线监测系统的综合信息平台；在剖面室展示各种管材在土壤地层中的铺设状况，以及相关模拟维修、抢修操作，如带压打孔等。

该实训基地既可以满足学校教学使用，也可以作为相关行业岗位培训基地，同时也可以作为"十二五"课题的生产、研发试验场地。目前该实训基地正在建设中，四种智慧管网及在线监测设备已经基本完成安装，正在进行综合室和剖面室的施工建设（图 12-41，图 12-42）。

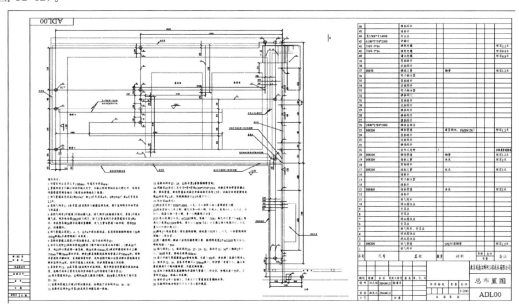

图 12-41 实训基地总图

图 12-42　综合室和剖面室

2. 供水管网 DMA 分区计量漏损控制管理系统在南昌的应用

供水管网 DMA 分区计量漏损控制管理系统在示范单位（南昌供水企业）运行近一年，帮助南昌供水企业发现漏损，挽回经济损失 520 万元；由开始的 3 个 DMA 分区扩大至 12 个大区，60 多个 DMA 分区，系统运行稳定；除了接入课题成果的多功能漏损检测仪外，同时接入国内外 2 个厂家的流量计、压力计以及国内 2 家远传水表厂的数据，显示出很好的兼容性；目前正在与北京供水企业、德州供水企业、绵阳供水企业、开封供水企业、黄石供水企业、吴江供水企业等沟通系统实施方案。该系统在国内还没有见到类似产品，属于国内首创，完全自主开发。

12.7　新型二次供水设备

12.7.1　研发背景

二次供水是关乎国计民生的重要事情，并且已经被纳入国家公共卫生安全体系。虽然经过长期的发展我国城市供水水平得到了很大的提高，但目前也存在着很多隐患。我国二次供水设备的水泵大多没有优化选型配置，造成水泵长期低频率运行，其中 35Hz 以下运行比例占 60%，单位电耗量平均为 1500kWh/(km·MPa)；并且传统供水设备所用三相异步电机在低负载状况下效率偏低，从而为二次供水设备从电机优化层面寻求效率增长点提供了巨大空间。

近年来相关文献经常提到二次供水设备水箱或蓄水池污染引起二次供水突发性水污染事件，贮水设备陈旧开裂，或因贮水设备过大、不定时循环，或没有在供水过程中全密闭，供水已经成为二次供水突发水污染事件的主要原因之一，所以关注全密闭供水对水质保障有重大意义。另外在出厂水水质符合生活饮用水标准的情况下，还存在水质二次污染的可能性，其主要原因是输送过程中发生的浊度升高，因余氯下降引起的细菌超标，或管网破损引起的水质污染都是较为常见的现象。课题组以北京、上海两大最具代表性的城市为研究对象，分别对上海出厂水与管网水数据进行收集，并随机抽取北京近百处二次供水终端水质，发现在水质绝大多数符合饮用水标准的情况下还是有个别地方存在超标或已接近标准上限,因此针对二次供水设备水质改善设备功能的研究刻不容缓。

在线监测方面,世界上曾发生过多起城市饮用水浊度和细菌学指标符合卫生标准的情况下,由贾第鞭毛虫和隐孢子虫引起疾病暴发的事例;虽然浑浊度低于 0.1NTU 被视为安全的饮用水,但此时水中仍然存在大量的颗粒物质,浑浊度测量作为超滤膜后水质指标不能准确反映水体中这些病原微生物的情况,新型二次供水设备如果用浊度评价水质监测结果也会存在一定问题;另外现在的二次供水监控平台大多只具备设备运行参数的监测,以超滤为核心的二次供水设备缺少水质监测结果合理评估、预警远程监控平台。

12.7.2 关键技术及产品性能

以矢量泵和永磁电机的技术应用为核心,开展了无负压二次供水设备、超滤膜及在线检测技术的集成研究,形成了批量生产能力,取得如下成果:

(1) 开发了以矢量泵和永磁电机组合应用为核心的二次供水设备,并进行了系统优化,实现节能目标。在研发中,联合国家稀土永磁电机工程技术研究中心以唐任远院士为核心的设计团队,通过对永磁电机磁路结构计算优化、无位置无编码器变频矢量解耦控制数学模型改进、矢量电机专用变频控制器的开发、不可逆退磁问题的攻克等,研发出具有高效节能特点的永磁同步矢量电机,其效率比同功率三相异步电动机(IE2)最高效率点高 5% 以上,普遍达到 IE4 能耗标准,属于超高效电机,达到国际领先水平(图 12-43)。

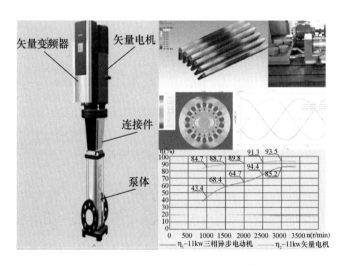

图 12-43 矢量泵和永磁电机组合

(2) 建立了水泵参数数据库,成功应用于新型二次供水设备水泵选配。课题组根据 SVM(最小二乘支持向量机)数据挖掘原理,首先进行了大规模适用于二次供水设备的水泵运行参数测量,并利用 MATLAB 进行了后期数据处理,最终得到了 200 余种常用规格立式多级泵各频率下的流量—扬程、水泵效率、电机效率等数据曲线,共计 12000 余条,并对数据进行了软件化录入,为系统设计优化奠定了基础(图 12-44)。

以上述两项技术为核心,应用国产专业变频器、国产超滤膜及国产控制元器件,在北

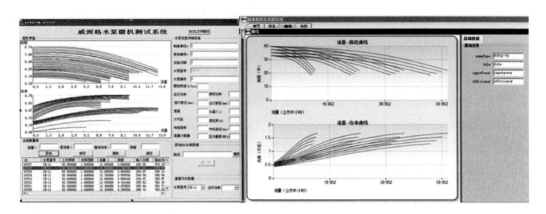

图 12-44 水泵软件数据系统

京、山东泰安、浙江余姚等地实施了二次供水改造工程，相对于进口国外配置成本降低了 36.8%；与改造前相比，能耗降低 38%～47%，浊度、颗粒物、微生物等水质指标得到明显改善。以北京核工业乙二号院住宅小区生活给水系统项目改造为例，使用课题成果后前后节能贡献率（图 12-45）分析如下（因系统水泵搭配已按课题研究模型优化，此处矢量泵只考虑最高效率提升率）。

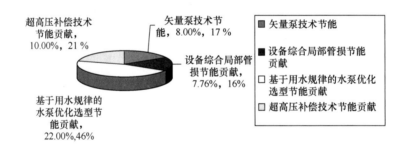

图 12-45 节能贡献率分析

以某项目日供水量 $100m^3$，扬程 100m 为例，该项目改造前单位耗电量平均为 1.2kWh/(m·MPa)，采用矢量泵并进行系统优化后，其耗电量平均为 0.7kWh/(m·MPa)。该项目年节省电量为 18250kWh。

（3）研制出不间断产水超滤膜组件。研发出包含超滤处理单元、在线反冲洗切换模块、防压差破坏流量控制模块、智能控制柜、在线反冲洗模块、在线化学清洗模块在内的超滤膜在线净化设备，实现不间断产水功能，与传统超滤组件相比节约占地 79%～83%，节能 90%。

研发出以颗粒计数仪为主的在线监测技术，将超滤技术和在线监测技术联用，通过云服务对二次供水设备运行数据的系统性收集，为我国智慧城市建设中供水设备大数据、物联网相关技术奠定了坚实基础（图 12-46）。

图 12-46 示范工程-宁波余姚富达广场

12.7.3 推广应用情况

课题承担单位在二次供水行业内市场占有率大幅度提升,课题完成时形成 2 个产业化基地:新型二次供水设备产量达 4500 套/年,矢量泵产量为 1 万台/年,三年销售收入累计 12 亿元人民币以上,实现利税过 5000 万元;课题完成时使用本课题核心技术"矢量无负压、矢量变频、在线水质改善模块、智联供水设备"的产品销售已累计达 62 套,收入 3100 万元。

课题研究成果为行业标准《矢量变频供水设备》CJ/T 468—2014、国家标准《矢量无负压供水设备》GB/T 31853—2015 的编制提供了技术支撑,为课题成果在行业内的推广作用作出了重要贡献。

在水专项课题支持下,课题最终建成了国内最大的无负压供水设备试验平台(图 12-47),该平台由二次供水设备、在线超滤膜组件、在线监测仪表等组成,可模拟工程实际情况对无负压供水设备运行进行多工况试验研究,可精确测量评定无负压、水泵、电机运行参数及各点效率,平台测量精度误差为 $\pm 0.1\%$,在课题研究过程中发挥了重要作用。

图 12-47 无负压供水设备试验平台

第13章 材料设备评估验证与标准化

材料设备是城镇饮用水安全保障的基础性物资,但支撑城镇供水水质提升的臭氧发生器、膜材料设备、检测仪表等关键产品,过去长期依赖国外进口品牌,国产装备在产品适用性、技术可靠性和性能稳定性等方面与国外同类产品比较仍有较大差距,产品技术标准和行业应用手册等规范化文件相对匮乏,严重制约了我国城镇供水行业的可持续健康发展。因此破解关键材料设备评估验证与研发制造"瓶颈"性技术难题,构建面向城镇供水行业重大需求的国产装备应用标准化和产业化体系,是新时代"高品质"饮用水技术体系建设的重要内容。

"十三五"时期,水专项启动实施"城镇供水系统关键材料设备评估验证与标准化"项目,在总结凝练水专项实施以来的饮用水安全保障技术领域研究成果基础上,系统开展关键设备材料的行业调研、评估验证和标准化研究,明确关键材料设备性能指标体系和存在的技术短板,指导研发制造核心集成装备,提升相关产品技术成熟度,建立适用于我国供水行业特点的材料设备标准化技术体系,推动城镇供水行业高质量发展。

13.1 材料设备评估

针对城镇供水系统设备材料点多面广、种类繁杂,产品质量参差不齐等问题,首次系统开展了国内外行业调研分析,覆盖净水材料、供水器材、净水设备、小型设备、自控检测仪表5大类100多种产品,重点研究筛选36种关键材料设备,编制调研评估报告1部,涵盖871个材料设备厂商及974家供水企业用户的材料设备清单1份;研发了基于模糊数学原理的关键设备材料多目标评估集成技术、模型方法和配套软件;开发了可查询可更新的信息管理系统并用于技术评估,并纳入国家供水监管业务化平台,基于调研筛选的1000余项性能指标,明确了36种材料设备用户关注重点的566个关键指标构成及行业应用基础数据库,为供水材料设备产业化健康发展提供了基础性的数据资源。

13.1.1 评估技术

针对关键材料设备的性能特征与应用效能缺乏统一的综合评估方法问题,研发了基于评价矩阵和权重向量的多目标模糊数学运算综合评估技术;提出基于技术先进性、技术可靠性、性能稳定性、经济适用性、国际竞争力5项综合评价指标作为一级评价指标集和体现产品特征的二级指标集的评价矩阵、权重分配及赋分方法;基于J2EE技术平台,采用B/S结构,开发了包括基础数据录入、专家打分、数据评价运算、评价结果查询及报表打印等功能模块的多目标综合评估配套模型软件;通过研究建立的综合评估技术体系和配套软件,开展系统化技术评估,明确了36种产品的技术就绪度、技术优劣势和发展方向,编制形成了第三方评估技术指南(图13-1)。

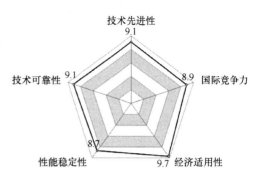

图 13-1 颗粒活性炭评估雷达图

13.1.2 研究方法

通过实地勘查、会议采集讨论、问卷调查、专家咨询及文献查阅等方式,对城镇供水系统净水材料、净水设备、供水器材、小型供水设备、检测仪表设备5大类产品进行较为全面系统的调研,梳理总结了产品的分类、主要性能指标、系列标准规范、生产技术原理、国内外生产与应用状况、典型应用案例等。在此基础上,对包括净水材料4个、净水设备5个、供水器材6个、小型供水设备5个、检测仪表设备7个等共36项关键材料设备产品提出产品性能评估指标体系,选取技术先进性、技术可靠性、性能稳定性、经济适用性、进口替代性5项指标作为一级评价指标,每个评价指标可根据设备材料本身特性,进一步细化分解为二次评价指标,如技术先进性分解为A_1,A_2,A_3…A_n等;技术可靠性分解为B_1,B_2,B_3…B_n等;性能稳定性分解为C_1,C_2,C_3…C_n等;经济适用性分解为D_1,D_2,D_3…D_n等;进口替代性分解为E_1,E_2,E_3…E_n等多个基本项。在调研形成的样本库里进一步总结调研样本数据,对比分析国内外相关性能指标,对标国际先进水平划分评估等级并给出评估建议值,同时邀请行业专家对产品性能进行评估,提取专家评估结果建立评估矩阵,计算权重向量;最后通过模糊运算,确定技术就绪度等级,形成评估结论和产品性能技术评估雷达图。

13.1.3 评估结果与结论

1. 总体情况

在对我国城镇供水系统关键材料设备进行行业调研基础上,梳理总结净水材料、净水设备、供水器材、小型一体化设备、检测仪表5大类中的36项重点产品生产及应用现状,构建了技术评估及应用验证技术体系,评估了产品的技术就绪度,除纳滤膜元件技术就绪度为7、二氧化氯发生器技术就绪度在7~8之间外,其余产品的技术就绪度均达到8级以上。总体来说,我国供水行业关键材料设备的生产及应用均取得了长足的进步和发展(表13-1)。

关键材料设备产品技术就绪度评估结果 表 13-1

产品名称	技术就绪度等级	评估结论
铝系混凝剂	9	在城镇供水系统中得到了广泛应用,建议在关键控制指标中进一步突出对盐基度要求
铁系混凝剂	8	在城镇供水系统中得到了广泛应用,建议在关键控制指标中进一步突出对盐基度要求,在相关产品质量标准中增加锌、锰等杂质含量的控制要求
高分子混凝剂	8	在城镇供水系统中得到了一定应用,建议进一步重视对产品中丙烯酰胺单体含量的控制要求,卫生部门进一步推进对该类产品的卫生许可批件的审批
次氯酸钠溶液	8~9	具体行业大规模应用的条件,建议加强次氯酸钠溶液贮存条件对氯酸盐等副产物生产情况的调研
颗粒活性炭	9	国产颗粒活性炭实现了行业大规模应用
粉末活性炭	9	国产粉末活性炭实现了行业大规模应用,建议加强木质炭和煤质炭应用场景的调研
石英砂滤料	9	石英砂滤料实现了行业大规模应用
臭氧发生器	8~9	已实现了大型臭氧发生器设备的国产化,具有可替代进口产品的能力
二氧化氯发生器	7~8	复合/纯二氧化氯发生器已实现设备的国产化并形成一定市场应用规模,建议在应用中加快淘汰技术工艺落后的复合二氧化氯发生器产品,提高设备的原料转化率
紫外线发生器	8	已实现国产化仍需进一步提高对于进口产品的市场竞争力,并区分不同设备类型及用途
投溶药设备	8	已实现国产化,与进口设备相比具有竞争力
次氯酸钠发生器	8	已实现设备的国产化并形成一定市场应用规模,进一步核算单位产能的设备投资指标
气浮设备	8	已实现了气浮设备的国产化,在城镇供水行业有一定的市场应用规模,建议在关键控制指标进一步突出除藻效果
自动切断阀	8~9	国产化及市场占有率较高,具有可替代进口产品的能力,建议加强国外蝶阀产品技术发展方向调研
铸铁管	9	产品竞争力强,应用效果良好;建议进一步提升铸铁管质量,降低生产成本,开拓与占领国际市场
PE管	9	国内龙头企业的聚乙烯管产品已达到国际先进水平,在国内应用效果良好;建议加强对产品原材料监管,提高管材生产、施工自动化水平,降低爆管等事故率
超滤膜材料及组件	8	具备行业大规模应用的条件,建议完善供水行业超滤膜材料及组件标准体系
纳滤元件	7	实现国产化,在供水行业产品应用标准化方面具有一定差距;建议针对水源特定污染物及处理目标,明确膜元件的应用分类
反渗透组件	8	已实现了元件的国产化并形成了一定市场应用规模
斜管斜板	9	达到国际先进水平

续表

产品名称	技术就绪度等级	评估结论
滤池配水器材	9	在国内市场具有很高占有率
生物填料	8	具备行业大规模选择应用的条件
常规一体化供水装置	8	已出口至"一带一路"国家，具备国际竞争力
超滤装置	8~9	具备行业大规模应用的条件，建议完善超滤膜装置的检测评估相关标准
纳滤装置	8	具备规模化应用的潜力
反渗透装置	8	具备行业大规模应用的条件
电渗析装置	8	在小型供水领域已实现规模化应用，建议探索大型电渗析装置在供水领域应用的可行性
无负压二次供水装置	8	具备国际竞争力
常规一体化供水装置	8	已出口至"一带一路"国家，具备国际竞争力
超滤装置	8~9	具备行业大规模应用的条件，建议完善超滤膜装置的检测评估相关标准
发光菌综合毒性在线仪表	7~8	已实现综合毒性仪（生物鱼法）设备的国产化，具有可替代进口产品的能力
生物鱼综合毒性在线仪表	8	已实现了设备的国产化并形成了一定市场应用规模
颗粒计数仪	8	已实现了颗粒计数仪设备的国产化，具有可替代进口产品的能力
ICP-MS	7~8	已实现了设备的国产化并形成了一定市场应用规模
GC-MS	7~8	已实现了设备的国产化并形成了一定市场应用规模
移动实验室	7-8	已实现了设备的国产化并形成了一定市场应用规模
漏损仪表	8	实现了听漏设备的国产化，在设备性能方面与国外品牌还有一定差距
智能水表	8	实现国产化，需进一步提高水表的计量稳定性能，补足技术短板，提高国产品牌的市场竞争力

（1）净水材料、供水器材等两大类的产品国产化水平较高，基本能实现自给自足，市场占有率相对较高，产品技术性能和生产水平与国际先进差距相对较小，部分产品出口欧美及东南亚国家，产品竞争力相对较强。其中，活性炭、超滤膜材料及组件等产品为水专项重点支持产品，水专项研究期间应用研究水平迅速提高，突破了活性炭压块、PVC膜制造、PVDF膜制造等系列关键技术，建立了生产研发基地和较为完整的设计与制造体系，部分技术性能达到国际先进水平，产业链不断完善。

（2）净水设备生产及制造水平显著提高，尤其臭氧发生器、二氧化氯发生器、次氯酸钠发生器等新型设备市场占有率不断提升，运行成本逐步降低，产品竞争力稳步提升。其中臭氧发生器是水专项支持产品，打破了国外垄断，大型臭氧发生器已实现系列化、产业化生产，主要性能指标达到国际先进水平。二氧化氯发生器、次氯酸钠发生器生产应用水平显著提高，技术就绪度整体达到较高水平，已实现了设备的国产化并形成了一定市场应用规模。

（3）小型供水设备技术就绪度整体均达到 8 级或以上，且已实现了设备的国产化，形成产品规模化产业化基地并得到推广应用，一体化装置、膜分离装置、二次供水设备等产品部分技术性能接近国际先进水平，具备了替代进口能力。其中，超滤膜装置、无负压二次供水设备 2 项产品属于水专项重点支持产品。水专项研究期间，开展了大量的以超滤为核心的饮用水集成处理技术研究与示范工作，形成了针对不同流域、不同水质特征原水的饮用水集成处理技术体系和超滤膜污染理论及控制技术体系。

（4）检测自控仪表类是近年来技术进步最为显著的关键材料设备，在水专项实施期间，各产品均取得较大技术突破，已实现了设备的国产化并形成了一定市场应用规模。常规水质在线监测仪表与进口产品性能参数相当，综合毒性仪、颗粒计数仪具备替代进口能力，实验室大型仪器设备以及漏损监控仪表高端产品虽与国际先进仍有差距，但也占领一定的市场份额。

2. 存在问题

在关键材料设备技术就绪度评估的同时，结合行业调研也找出了各产品的技术优劣势和需要关注的主要问题，这些问题已经成为关键材料设备技术的快速发展和广泛应用的限制性因素。

（1）产品核心竞争力不足

关键材料设备生产厂家总体实力相对较弱，具有世界影响力的品牌或强大实力的大型生产企业较少，无一企业进入世界 500 强或行业强势品牌系列；企业产品质量及产品制造原材料质量参差不齐，部分产品原材料仍依赖进口，产品性能差别较大，部分产品质量与国际先进仍有较大差距，如铸铁管、PE 管等生产能力尚可，但不同生产厂家产品原材料、价格、质量均存在较大差异，如除水表外的大部分仪表类产品已经实现国产化，但核心部件依赖进口的比例大，产品质量与国际先进差距较大。

（2）产品标准体系不完善

很多新型产品标准体系不完善，如截至 2019 年年底 ICP-MS、GC-MS 仅有《四极杆电感耦合等离子体质谱仪校准规范》JJF 1159—2006、《气相色谱-质谱联用仪校准规范》JJF 1164—2018 各 1 项关于设备的标准，其余均为检测方法标准；综合毒性仪仅在《城镇供水水质在线监测技术标准》CJJ/T 271—2017 附录中对综合毒性仪（发光菌法）、综合毒性仪（生物鱼法）技术要求进行了规定；次氯酸钠发生器老产品标准废止，新标准未建立，有一些部件组成没有国家标准的要求；传统产品部分标准规范年代较早，适应性差；部分产品标准较少且不成体系，如大部分产品缺乏专门的运行维护标准，标准体系的不完善限制了新材料和新工艺的应用，阻碍了产品技术进步和行业的广泛应用。

（3）检测评估能力不足

为满足国家饮用水涉水卫生要求，在关键材料设备检测方面多关注卫生需求，没有针对产品本身性能、应用效果评价等方面的技术要求或规范，缺乏相关标准和全面、权威的第三方检测评价机构。目前，对产品性能的评价基本都由生产厂家自行检测，产品质量自说自话，而用户的实际应用效果更不知如何评价。因此无法对产品性能和应用效果进行客观评价，限值了产品性能和应用效果的提升，无形中助推了产品鱼龙混杂、质量参差不齐、价格恶性竞争等不健康的市场行为。

3. 典型产品举例

臭氧发生器成套设备是深度水处理的关键设备。针对我国水源微污染水质的特点，臭氧-活性炭深度处理技术具有应用经验成熟、实施效果好、技术完善和经济成本低的优点，是目前国内经济有效的饮用水深度处理技术之一。臭氧发生器成套设备主要包括臭氧发生器、臭氧投加设备、尾气破坏设备、配套设备优化选型、智能化控制系统等，工程应用中需要根据不同的水质及变化、不同的处理水量及变化、不同臭氧的应用目的（消毒或去除化学污染等），来选择适当的工艺及相应规格的设备。

建立适用于饮用水处理用的臭氧发生器成套设备标准化体系、评估体系，实现臭氧发生器成套设备产业化，整合成套装置中的臭氧发生器、臭氧投加设备、尾气破坏器、智能化控制系统等各个标准化、模块化装置，实现臭氧发生器成套设备的稳定性、可靠性，降低运行能耗及费用，在工艺及工程设计、运行、设备制造中都是非常重要的。

（1）生产及应用

针对城镇供水系统各类型的臭氧发生器、气源装置、冷却装置、臭氧投加装置、尾气处理装置、自动化控制装置、系统设备优化选型及系统集成等，臭氧发生器类型包括介质阻挡放电法（分管式、板式）、电解法、紫外线法等分类产品的全覆盖综合调研。臭氧发生器典型生产厂家与典型用户，其选取方法选用类型抽样法，即从臭氧发生器的生产厂家和用户中，按照其属性特征分成若干类型或层，再从不同类型或层中随机抽取样本。

本项目调研的105家臭氧发生器制造企业包括，86家管式的，7家板式的，7家电解的，5家既有管式的也有板式的（板式的均主要针对小型臭氧发生器）。从调研样本来看（图13-2），管式占绝大多数86.67%，板式和电解分别占比11.43%和6.67%。共有39

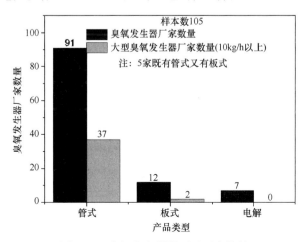

图13-2 臭氧发生器类型及厂家数量

家企业能生产大型臭氧发生器（10kg/h 以上），其中管式 37 家占比 94.87%，板式仅 2 家占比 5.13%。电解法目前不适用大产量臭氧发生器。

我国饮用水应用臭氧-生物活性炭深度处理技术已有近三十余年的历史，有大量的应用实例，表 13-2 给出了此次调研的部分典型案例。

臭氧发生器厂家应用案例　　　　　表 13-2

序号	用户	万 m³/d	臭氧规模	品牌
1	常州市武进自来水公司	6	5	OZONIA
2	昆明市自来水集团有限公司（五厂）	30	33	OZONIA
3	上海市周家渡水厂	2	2.5	OZONIA
4	上海市自来水公司（南市）	60	130	OZONIA
5	深圳市水务（集团）有限自来水公司（东湖）	39	24	OZONIA
6	常州通用自来水公司	4	5	OZONIA
7	广州顺德自来水公司	10	10	OZONIA
8	广州顺德自来水公司二期	10	10	OZONIA
9	桐乡市自来水公司	6	10	OZONIA
10	嘉兴市自来水公司	17	30	OZONIA
11	深圳自来水公司（笔架山）	52	94	OZONIA
12	上海闸北自来水公司（杨树浦）	52	94	OZONIA
13	广州南州水厂	80	142	OZONIA
14	广州南州水厂二期	20	42	OZONIA
15	安徽阜阳铁路水厂	3	10	OZONIA
16	广州南沙水厂	20	44	OZONIA
17	海宁实康水务有限公司	15	30	OZONIA
18	嘉善县水务投资有限公司	10	20	OZONIA
19	平湖市水务投资（集团）有限公司	8	30	OZONIA
20	苏州市自来水有限公司	30	40	WEDECO
21	上海浦东自来水公司临江水厂	60	100	WEDECO
22	长沙市自来水公司/第二水厂	30	40	WEDECO
23	昆山自来水公司/泾河水厂	60	80	WEDECO
24	昆山自来水公司/第三水厂	40	60	WEDECO
25	杭州滨江水务有限公司	15	30	WEDECO
26	深圳梅林水厂	90	135	WEDECO
27	杭州市水业集团有限公司南星水厂	15	26	WEDECO
28	桐乡果园桥水厂	10	10	WEDECO
29	海盐县自来水公司	5	9	WEDECO
30	嘉善县自来水公司地面水厂	10	20	WEDECO
31	平湖古横桥水厂	6	12	WEDECO
32	海宁第二水厂	8	15	WEDECO

续表

序号	用户	万 m³/d	臭氧规模	品牌
33	嘉兴市港区供水有限责任公司凉亭桥水厂	5	9	WEDECO
34	苏州相城水厂	30	40	WEDECO
35	中国石油大庆石化公司水厂	3.6	9	WEDECO
36	昆山市自来水集团有限公司第三水厂（三期）	20	20	青岛国林
37	昆山市自来水集团有限公司第四水厂	30	40	青岛国林
38	上海市青浦区第二水厂	40	72	青岛国林
39	苏州市吴江第二水厂	90	40	青岛国林
40	上海市松江自来水有限公司	26	30	青岛国林
41	上海市松江东部自来水有限公司	16	28	青岛国林
42	上海市松江西部自来水有限公司	20	35	青岛国林
43	嘉善县幽澜自来水有限公司	21	20	青岛国林
44	杭州萧山供水有限公司第三水厂	60	20	青岛国林
45	上海市小昆山自来水厂	10	35	青岛国林
46	滨海自来水东坎净水厂	10	30	青岛国林
47	山东省济南市鹊华水厂	40	26	青岛国林
48	宿迁银控自来水有限公司	—	12.5	青岛国林
49	苏州市吴中区自来水厂	90	60	青岛国林
50	舟山市自来水有限公司	8	16	青岛国林
51	江苏省沭阳县自来水厂	5	8	青岛国林
52	盐城市建湖县城南水厂	—	15	青岛国林
53	东台市自来水有限公司	30	10	青岛国林
54	上海市松江区车墩水厂	16	28	青岛国林
55	盐城市城东水厂三期			新大陆
56	石家庄东北地表水厂			新大陆
57	徐州市市区区域供水中心水厂			新大陆
58	涟水县第二水厂			新大陆
59	北京郭公庄水厂 一期			新大陆
60	石家庄东南地表水厂			新大陆
61	福州市东南区水厂			新大陆
62	北京通州水厂			新大陆
63	北京小汤山镇水厂			新大陆
64	大庆市东城水厂			新大陆
65	石家庄市南水北调配套工程高新区北水厂			新大陆
66	天水榜沙河净水厂			新大陆
67	衡南第一水厂			新大陆
68	金湖县自来水公司二水厂			新大陆
69	湖南新邵枫树坑水库引水净水厂			新大陆

续表

序号	用户	万 m³/d	臭氧规模	品牌
70	江苏省泗洪县净水厂			新大陆
71	阜宁县城东水厂一期			新大陆
72	阜宁县城东水厂二期			新大陆
73	兴化第二自来水厂			新大陆
74	山东商河县清源水厂			志伟环保
75	山东乐陵县自来水厂			志伟环保
76	平顶山第四水厂			志伟环保
77	平顶山第六水厂			志伟环保
78	平顶山第一水厂			志伟环保
79	安徽长丰县自来水厂			志伟环保
80	广州南州水厂			志伟环保
81	哈尔滨利民水厂			志伟环保
82	镇江自来水有限责任公司			康尔
83	高清县自来水公司			康尔
84	徐州首创骆马湖自来水厂			金大万翔
85	徐州首创刘湾自来水厂			金大万翔
86	南昌东湖区自来水厂			徐州天蓝
87	徐州丰县自来水厂			徐州天蓝

（2）评估结论

邀请涵盖高校研究机构、生产企业、生产厂家、设计院所等在内的10名专家根据建立的评估体系对二氧化氯发生器进行了专家评估，赋值结果显示国内二氧化氯发生器生产和应用的技术就绪度整体达到8级，具备行业大规模应用的条件（表13-3，图13-3）。

专家打分表 表13-3

权重	一级评价指标	二级评价指标	满分	专家打分
0.25	U_1技术先进性（100）	A_1臭氧发生器臭氧产量	20	
		A_2臭氧发生器臭氧浓度	30	
		A_3臭氧发生器臭氧电耗	30	
		A_4系统集成及配套能力	20	
		汇总	100	
0.30	U_2技术可靠性（100）	B_1额定技术指标衰减	50	
		B_2臭氧放电管击穿率	50	
		汇总	100	
0.15	U_3性能稳定性（100）	C_1放电管寿命	35	
		$C_2$2h内臭氧浓度与电耗变动	30	
		C_3调节性能及范围	35	
		汇总	100	

续表

权重	一级评价指标	二级评价指标	满分	专家打分
0.20	U_4经济适用性（100）	D_1臭氧系统建设成本	30	
		D_2臭氧系统运行成本	40	
		D_3臭氧系统维护费用	30	
		汇总	100	
0.10	U_5国际竞争力（100）	E_1企业生产规模	45	
		E_2市场占有率	45	
		E_3是否出口及比例	10	
		汇总	100	

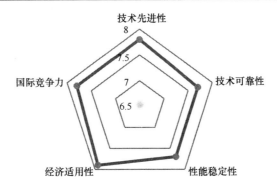

图13-3 臭氧发生器评估结果图

13.2 材料设备验证

针对关键材料设备技术经济性能评价、产品选择和应用成效验收等缺乏统一标准问题，研发了基于主成分和相关性分析的多维度验证集成技术，建立了验证模型方法、标准化流程及配套软件，在长江、黄河、珠江等6大流域和京津冀、环太湖等重点地区88个验证点开展了实地验证评估，基于1011项海选指标集建立了36种材料设备的271项标准化验证指标体系及其评估等级，编制完成《城镇供水系统关键材料设备验证评估报告》，为行业单位自行开展相关产品的性能验证提供了标准化程序、模型方法和验证案例。

13.2.1 验证技术

针对用户需求通过系统梳理城镇供水系统关键设备材料的产品质量性能、应用成效和经济性等指标；建立实验室检验、中试校验和生产性验证等多维度验证海选指标集；通过对验证指标数据梳理，经过不可观测性剔除，基于相关性分析剔除相关系数大的指标，再利用主成分分析筛选出主成分中因子负载大的指标，建立基于相关性-主成分分析的多维度产品应用性能验证集成技术、模型方法、标准化流程及配套软件，开展系统化技术验证，建立了36种产品的标准化验证指标体系及其评估等级，编制了验证评估报告，为用户开展产品评价、选择及验收提供标准程序、方法和指标体系。

13.2.2 研究方法

根据供水关键设备材料行业发展情况，选择典型案例，对净水材料、净水设备、供水器材、小型供水设备、检测自控仪表设备5大类32项具体产品进行验证，具体内容如下：

净水材料涉及活性炭、天然及合成滤料等7类；净水设备涉及臭氧发生器、紫外线发生器等6类；供水器材涉及膜材料及其组件、斜管斜板、铸铁管等6类；小型供水设备涉及常规一体化供水装置、膜分离供水装置等6类；检测自控仪表设备涉及实验室仪器、水质在线监测仪表、移动实验室、智能水表等7类。

在行业调研基础上，针对各项产品性能特点，并根据关键设备材料在不同流域、不同规模、不同水质条件、不同工艺条件下的应用情况，对于项目涵盖的5大类17小类32种关键材料设备及其他相关材料设备进行筛选，每类选择不少于5种产品进行验证。

1. 方法步骤

为验证净水材料、净水设备、供水器材、小型供水设备、检测仪表设备5大类城镇供水关键设备材料的技术经济性能，在数据库筛查、专题调研及单项解析基础上，结合项目评估过程中对各项具体产品技术先进性、技术可靠性、性能稳定性、经济适用性、进口替代性5项指标建立的评价指标集，从产品质量指标、应用效果指标、经济型指标等方面，建立一套涵盖实验室性能检验、中试校验和生产流程验证的多维度标准化验证工作程序，确保验证客观性、科学性和公正性。

具体工作流程（图13-4）如下：

实验室验证：依托现有实验室检测平台，按照相关国家、行业及地方标准要求，结合相应产品使用手册及其他技术要求，对关键产品的性能进行合格性判定，选取性能验证合格产品开展进一步的技术验证。

中试校验：依据不同设备材料特点，依托建设部水处理滤料质量监督检测中心和山东省城市供排水水质监测中心建立的国家水专项山东中试基地等已有水专项中试研发技术平台，建立第三方鉴定验证基地，在实验室验证基础上选择有代表性的设备材料开展中试研究，在进行不同条件下的技术经济必选，为下一步生产验证提供技术支撑。如条件不具备可直接进行生产试验。

生产性验证：依托水专项现有示范工程及关键设备材料厂家应用案例，选择典型设备材料产品进行生产性验证，主要评价产品在具体案例的应用效果和产品性能参数，评价不同产品的不同流域、不同规模、不同水质条件、不同工艺条件下的技术应用效果，形成城镇供水行业关键设备材料验证技术方法体系，编制供水行业验证工作标准。

2. 验证指标体系建立及应用

针对城镇供水关键设备材料的性能特点，建立实验室检验、中试校验和生产性验证等多个维度的产品验证指标体系，即用少数关键指标反映较为完整的原始信息。建立基于主成分和相关性分析的多维度验证模型，研发了配套软件系统。在全国不同流域不同规模验证点的多维度验证基础上，形成验证海选指标集，通过不可观测、相关性和主成分分析，

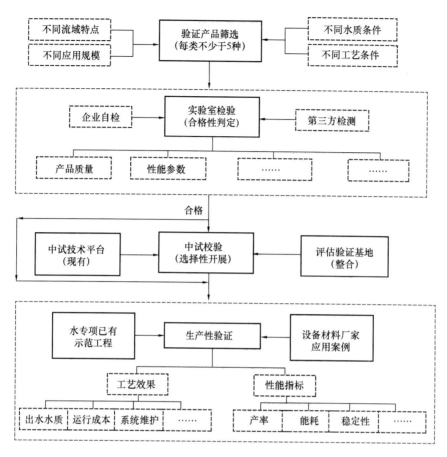

图 13-4 产品验证工作流程

构建基于大数据分析筛选的产品关键核心指标。在全国不同流域开展关键材料设备实验室、中试、生产验证试验，收集各产品验证数据，通过不可观测、相关性和主成分分析，筛选基于验证数据分析的产品关键核心指标，结合产品评估指标、权重、文献调查、实地调研和不同流域的多维度验证结果，给出关键指标赋值范围，进行合格性判定及等级划分，用于具体产品性能的综合验证评估。

(1) 材料设备验证指标体系

结合设备材料产品标准，结合在实验室、中试及生产性实际验证中体现的产品质量、应用效果及经济性能等指标，汇总形成具体的验证指标。

根据可观测性原则初步筛选指标，删除汇总指标中数据无法获得的评价指标，使初步筛选后的指标满足可观测性，能够实际应用。

通过相关性分析删除同一准侧层内相关系数大的指标，避免指标的信息重复；

通过主成分分析删除了因子负载小的指标，保证了筛选出的指标对评价结果有显著影响。

产品验证指标体系构建原理见图 13-5。

(2) 指标体系构建

1) 设备运行评估验证指标的筛选

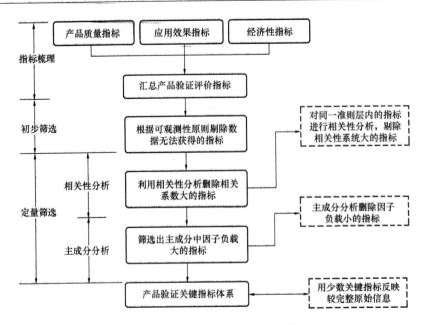

图 13-5 产品验证指标体系构建原理

利用工艺实际应用中的高频指标作为重点,结合文献梳理和实地调查研究进行指标的海选。根据可观测性原则将数据无法获得的海选指标删除,保证初步筛选后的指标体系可以量化。

2)指标筛选前的数据标准化

对所有原始数据进行 0-1 标准化处理,也称离差标准化,即对原始数据进行线性变换,将原始数据缩放到 [0, 1] 区间内。设 x_{ij} 为第 j 个评价对象第 i 个指标标准化后的值;v_{ij} 为第 j 个评价对象第 i 个指标的值;m 为被评价的对象数,则 0-1 标准化后的 x_{ij} 为:

$$x_{ij} = \frac{v_{ij} - \min\limits_{1 \leqslant i \leqslant m}(v_{ij})}{\max\limits_{1 \leqslant i \leqslant m}(v_{ij}) - \min\limits_{1 \leqslant i \leqslant m}(v_{ij})} \tag{13-1}$$

3)指标筛选的相关性分析

① 相关性分析的思路

通过计算两个评价指标之间的相关系数,删除相关系数较大的评价指标,消除评价指标所反映的信息重复对评价结果的影响,简化指标体系。相关性分析筛选指标的好处是剔除信息重复的指标。

② 相关性分析的具体步骤

计算各个评价指标之间的相关系数。设 r_{ij} 为第 i 个指标和第 j 个指标的相关系数,Z_{ki} 为第 k 个评价对象第 i 个指标的值,$\bar{Z}_i$ 为第 i 个指标的平均值。

则相关系数计算公式为:

$$r_{ij} = \frac{\sum\limits_{k=1}^{n}(Z_{ki} - \bar{Z}_i)(Z_{kj} - \bar{Z}_j)}{\sqrt{\sum\limits_{k=1}^{n}(Z_{ki} - \bar{Z}_i)^2 (Z_{kj} - \bar{Z}_j)^2}} \tag{13-2}$$

规定一个临界值 $M(0<M<1)$，如果 $|r_{ij}|>M$，则可以删除其中的一个评价指标；如果 $|r_{ij}|<M$，则同时保留两个评价指标。

通过相关性分析删除同一准则层内相关系数大的指标，保证了筛选出的指标反映信息不重复。

4）指标筛选的主成分分析

为把材料设备验证评价指标项聚合成为准则层的综合得分，采用主成分分析法进行处理。使用主成分法作综合评价时，主成分选择的原则是其累计概率$\geqslant 85\%$。

① 在主成分分析法确定各综合评价因子权重的基础上，构造验证评价模型，即：

$$P_j = \sum_{i=1}^{m} U_i \times V_j \quad (j=1,2,3\cdots k) \tag{13-3}$$

其中 P_j 代表各子验证指标得分，U_i 为各验证指标相应的因子的主成分得分，V_j 为各验证指标相应的因子的权重值（即为主成分贡献率），m 为指标个数。

主成分分析步骤：

求标准化指标值的相关系数矩阵 $R_{m\times m}$；

求矩阵 R 的特征值 $\lambda_j (j=1,2,3\cdots k)$，$\lambda_j$ 表示第 j 个主成分 F_j 所解释的原始指标数据的总方差，则主成分 F_j 对原始指标数据的方差贡献率 w_j 为：

$$w_j = \lambda_j / \sum_{j=1}^{k} \lambda_j \tag{13-4}$$

将特征值 λ_j 按从大到小的顺序排列，根据累计方差贡献率大于 85% 的要求选取前 k 个特征值对应的主成分，得到第 i 个指标在第 j 个主成分上因子负载 b_{ij} 矩阵。

$$\alpha_{ij} = b_{ij}/\sqrt{\lambda_i} \tag{13-5}$$

② 主成分分析对评价指标的筛选

根据主成分 F_j 上因子负载的绝对值 $|b_{ij}|$ 筛选指标。$|b_{ij}|$ 越大表明指标 i 对评价结果的影响越显著，越应当保留；$|b_{ij}|$ 越小则表明指标对评价结果的影响越弱，越应当剔除。通过主成分分析筛选指标，保证了筛选后的指标对评价结果有显著影响。

（3）验证指标体系及评价等级划分

将相关-主成分分析法得到的指标体系按照文献调查、实地调研及上述小试、中试及生产试验结果对评价指标进行等级划分。

（4）典型产品验证评估

选择各类材料设备典型应用案例验证数据，利用上述建立的验证指标体系对该典型产品进行验证评估。

13.2.3 验证结果与结论

1. 总体情况

对本项目确定的关键材料设备产品进行验证，验证地区包括长江、黄河、珠江等 6

大流域和京津冀、环太湖等重点地区,验证点包括8个典型城镇水源、72个水厂、6个区域管网等88个验证点。

筛选建立了36个产品的验证指标体系,验证了产品的性能和实际应用效果(表13-4)。

典型产品(36种)关键指标筛选结果　　　　　　　　　　表13-4

序号	产品类别	产品名称	海选指标	筛选结果
1	净水材料	颗粒活性炭	孔容积等33个	强度等8个
2		粉末活性炭	孔容积等22个	孔容积等6个
3		滤料	破碎率等35个	密度等14个
4		铝系混凝剂	盐基度等32个	盐基度等7个
5		铁系混凝剂	投加量等24个	投加量等4个
6		有机高分子混凝剂	投加量等11个	投加量等5个
7		次氯酸钠溶液	有效氯等29个	有效氯等5个
8	净水设备	臭氧发生器	标准气量等25个	臭氧浓度等13个
9		紫外线发生器	处理流量等56个	紫外生物验证剂量等13个
10		二氧化氯发生器	产量波动范围等29个	二氧化氯浓度等6个
11		次氯酸钠发生器	交流电耗等29个	交流电耗等5个
12		投药溶药设备	流量调节上限等24个	流量调节下限等7个
13		气浮设备	气泡粒径等61个	气泡粒径等15个
14		蝶阀/自动切断阀	壳体强度等18个	阀杆硬度等4个
15	净水器材	铸铁管及管件	球化率等24个	球化率等7个
16		PE管及管件	壁厚平均值等24个	壁厚平均值等7个
17		超滤膜材料及组件	膜丝纯水透过率等26个	膜丝纯水透过率等8个
18		纳滤膜元件	水通量等45个	水通量等13个
19		反渗透膜元件	脱盐率等44个	脱盐率等10个
20		斜管斜板	抗拉强度等20个	抗拉强度等6个
21		滤池配水器材	滤池抗压强度等24个	滤池抗压强度等7个
22		填料	比表面积等22个	比表面积等7个
23	小型供水设备	常规一体化供水装置	浊度去除率等29个	浊度去除率等4个
24		超滤膜装置	膜材料公称孔径等21个	跨膜压差等5个
25		纳滤膜装置	水回收率等13个	水回收率等6个
26		反渗透设备	装置进水量等17个	装置产水率等6个
27		电渗析装置	装置进水量等29个	装置产水量等9个
28		无负压二次供水设备	振动等30个	吨水电耗等7个
29	检测仪表	综合毒性仪(生物鱼法)	灵敏度等20个	灵敏度等7个
30		综合毒性仪(发光菌法)	零点漂移等29个	零点漂移等9个
31		颗粒计数仪	颗粒数范围等26个	颗粒粒径范围等9个
32		GC-MS	质量范围等21个	质量分辨率等5个
33		ICP-MS	LI灵敏度等20个	Co灵敏度等5个
34		移动实验室	GC-MS质量分辨率移动前等58个	GC-MS质量分辨率移动前等9个
35		超声波水表	低区计量误差等24个	低区计量误差等7个
36		听漏仪	拾音器灵敏度等17个	信号增益等6个

2. 典型产品举例

（1）验证方案

通过前期对各种臭氧发生器在设备出厂检验、运行现场检验，并对国内的臭氧发生器生产厂家和用户进行调研，筛选臭氧发生器关键技术经济指标和应用效果指标，开展典型产品的生产和应用流程进行技术性能测试和技术经济性分析，建立臭氧发生器的验证体指标系，为臭氧发生器在供水行业的推广和应用提供了数据支撑。

1) 臭氧发生器产品性能验证

产品性能验证依托现有检测平台，按照相关国家、行业标准要求，结合相应产品使用手册及其他技术要求，对臭氧发生器的性能进行合格性判定，选取性能验证合格产品开展进一步的技术验证。臭氧发生器出厂时性能验证通过企业自检和第三方检测的方式进行。

2) 生产性验证

选择济南凤凰路水厂、济南南康水厂、济南鹊华水厂、昆山自来水公司第四水厂、昆山自来水公司第三水厂、苏州吴江第二水厂、徐州首创刘湾水厂等臭氧系统开展测试验证工作。

臭氧系统检测指标包括臭氧浓度、臭氧产量、臭氧电耗、输入功率、发生室气压、臭氧出气温度、冷却水出水温度、稳定性、臭氧泄漏、调节性能、臭氧吸收效率等指标。

臭氧接触池水质检测指标包括耗氧量、TOC、UV_{254}、溴离子、溴酸盐和甲醛等指标。

（2）臭氧发生器指标筛选

指标体系的建立：利用臭氧系统实际应用中的高频指标作为重点，结合文献梳理和实地调查研究进行指标的海选。根据不可观测性原则将数据无法获得的海选指标删除，保证初步筛选后的指标体系可以量化。

评价指标体系的初筛及标准化：

1) 指标海选，对不可观测指标进行删减。

为保证该数据分析过程中，各指标的广泛性和丰富性，臭氧发生器验证体系中的数据来源是在数据库筛查、专题调研以及单向解析的基础上进行，针对产品性能特点，并根据臭氧发生器在不同流域、不用规模、不同水质条件、不同工艺组合条件下的应用情况，从产品质量指标、应用效果指标、经济型指标等方面对臭氧发生器的各项指标进行筛选验证，标准化验证工作程序涵盖了产品性能验证和生产性验证等多维度的验证。结合前期的实验内容和实验数据，以及通过查阅文献和实地调研的结果，以臭氧发生器的性能和实际应用评价指标，建立城镇供水臭氧发生器验证海选指标体系，具体见表13-5。

臭氧发生器性能验证海选指标集 表13-5

序号	准则层	指标层	筛选结果
1	X_1产品性能	$X_{1.1}$标准气量	相关性分析删除
2		$X_{1.2}$发生室气压	不可观测删除
3		$X_{1.3}$臭氧出气温度	相关性分析删除

续表

序号	准则层	指标层	筛选结果
4	X_1产品性能	$X_{1.4}$冷却水出水温度	保留
5		$X_{1.5}$输入功率	相关性分析删除
6		$X_{1.6}$臭氧浓度	保留
7		$X_{1.7}$臭氧产量	保留
8		$X_{1.8}$臭氧电耗	保留
9	X_2生产性	$X_{2.1}$标准气量	相关性分析删除
10		$X_{2.2}$发生室气压	不可观测删除
11		$X_{2.3}$臭氧出气温度	主成分分析删除
12		$X_{2.4}$冷却水出水温度	保留
13		$X_{2.5}$输入功率	相关性分析删除
14		$X_{2.6}$臭氧浓度	保留
15		$X_{2.7}$臭氧产量	保留
16		$X_{2.8}$臭氧电耗	保留
17		$X_{2.9}$接触后臭氧浓度	保留
18		$X_{2.10}$排放臭氧浓度	保留
19		$X_{2.11}$后臭氧投加流量	保留
20		$X_{2.12}$处理水量	相关性分析删除
21		$X_{2.13}$后臭氧投加量	主成分分析删除
22		$X_{2.14}$耗氧量	保留
23		$X_{2.15}$溴离子	主成分分析删除
24		$X_{2.16}$溴酸盐	保留
25		$X_{2.17}$甲醛	主成分分析删除

2) 基于相关分析的指标筛选

利用项目软件计算相关系数，规定 X_1 准则层相关系数大于 0.85，X_2 准则层相关系数大于 0.75 的指标筛选结果见表 13-6。

相关性分析后的指标筛选结果　　　　　　　　表 13-6

序号	准则层	保留的指标	删除的指标	相关系数
1	X_1	$X_{1.7}$臭氧产量	$X_{1.1}$标准气量	0.999
2		$X_{1.7}$臭氧产量	$X_{1.5}$输入功率	0.968
3		$X_{1.4}$冷却水出水温度	$X_{1.3}$臭氧出气温度	0.860
4	X_2	$X_{2.7}$臭氧产量	$X_{2.1}$标准气量	0.883
5		$X_{2.7}$臭氧产量	$X_{2.5}$输入功率	0.906
6		$X_{2.7}$臭氧产量	$X_{2.12}$处理水量	0.762
7		$X_{2.7}$臭氧产量	$X_{2.15}$溴离子	0.806
8		$X_{2.9}$接触后臭氧浓度	$X_{2.1}$标准气量	0.795
9		$X_{2.9}$接触后臭氧浓度	$X_{2.17}$处理水量	0.837

利用计算得出的标准化数据,应用项目软件进行相关性分析计算。对于准则层 X_1,通过给定临界值 0.85,筛选得出三组相关性较高的数据,其中臭氧产量与标准气量的相关系数为 0.999,与输入功率的相关系数为 0.968,从数据分析中可以得出,在固定的臭氧浓度下,臭氧发生器的臭氧产量与标准气量成正比,臭氧产量与输入功率接近成正比,因此保留臭氧产量;冷却水出水温度与臭氧出气温度的相关系数为 0.860,从前面数据分析中可以得出,冷却水是臭氧发生器的工作条件,臭氧发生室是个换热容器,冷却水温度与臭氧出气温度具有直接的结果,因此保留冷却水出水温度。对于准则层 X_2,通过给定临界值 0.75,筛选得出六组相关性较高的数据,其中臭氧产量与标准气量的相关系数为 0.883,与输入功率的相关系数为 0.906,与处理水量的相关系数为 0.762,在固定的投加量下,臭氧产量与处理水量成正比,因此保留臭氧产量;臭氧产量与溴离子的相关系数为 0.806,分析两者在水处理工艺上没有直接关系,两者都保留;接触后臭氧浓度与标准气量的相关系数为 0.795,与处理水量的相关系数为 0.837,分析两者在水处理工艺上没有直接关系,两者都保留。在两个准则层中,虽然存在相同的指标层,但是二层数据收集的条件不同,进而导致同一指标的相关性不同,对于设备的相关性判定,可以参见准则层 X_1 得出的结论。

3) 基于主成分分析的指标筛选

在相关性分析的基础上,利用主成分分析筛选各准则层内剩余的指标,准则层 X_1 选取累积方差贡献率达到 94%,准则层 X_2 选取累积方差贡献率达到 83% 时各个主成分中因子负载绝对值较大的指标,由于各准则层的样本数量及收集环境不同,所以各个准则层确定出来的累积方差贡献率也不同,而且各准则层计算出来的主成分个数也不同,选择标准也不同。对于准则层 X_1,选取累积方差贡献率达到 94% 时各个主成分中因子负载绝对值较大的指标,这里选取第一主成分中因子负载绝对值大于 0.80 的指标和第二主成分及第三主成分中因子负载绝对值最大的指标;对于准则层 X_2,选取累积方差贡献率达到 83% 时各个主成分中因子负载绝对值较大的指标,这里选取第一主成分中因子负载绝对值大于 0.55 的指标和第二主成分至第六主成分中因子负载绝对值最大的指标。各主成分特征值和贡献率见表 13-7,各主成分负载系数及其筛选结果见表 13-8。

主成分的特征值和贡献率 表 13-7

准则层	主成分	初始特征值			主成分的特征值及贡献率		
		特征值	贡献率(%)	累计贡献率(%)	特征值	贡献率(%)	累计贡献率(%)
X_1	1	3.078	51.297	51.297	3.078	51.297	51.297
	2	1.491	24.849	76.146	1.491	24.849	76.146
	3	1.077	17.944	94.091	1.077	17.944	94.091
	4	0.307	5.115	99.206			
	5	0.045	0.753	99.959			
	6	0.002	0.041	100.000			

续表

准则层	主成分	初始特征值			主成分的特征值及贡献率		
		特征值	贡献率（%）	累计贡献率（%）	特征值	贡献率（%）	累计贡献率（%）
X_2	1	3.954	30.417	30.417	3.954	30.417	30.417
	2	2.426	18.659	49.077	2.426	18.659	49.077
	3	1.519	11.683	60.760	1.519	11.683	60.760
	4	1.096	8.429	69.189	1.096	8.429	69.189
	5	0.968	7.447	76.636	0.968	7.447	76.636
	6	0.879	6.765	83.401	0.879	6.765	83.401
	7	0.767	5.903	89.304			
	8	0.659	5.066	94.370			
	9	0.321	2.469	96.839			
	10	0.178	1.372	98.211			
	11	0.112	0.865	99.076			
	12	0.082	0.634	99.710			
	13	0.038	0.290	100.000			

各主成分负载系数及其筛选结果 表13-8

序号	准则层	指标	主成分						筛选结果
			F_1	F_2	F_3	F_4	F_5	F_6	
1	X_1	$X_{1.4}$冷却水出水温度	0.473	0.845	0.169	—	—	—	保留
2		$X_{1.6}$臭氧浓度	−0.348	−0.047	0.903	—	—	—	保留
3		$X_{1.7}$臭氧产量	0.793	−0.460	0.321	—	—	—	保留
4		$X_{1.8}$臭氧电耗	0.846	−0.179	−0.298	—	—	—	保留
5	X_2	$X_{2.3}$臭氧出气温度	−0.252	−0.497	0.631	0.167	0.120	0.127	删除
6		$X_{2.4}$冷却水出水温度	−0.091	−0.164	0.406	0.052	−0.756	0.389	保留
7		$X_{2.6}$臭氧浓度	0.676	0.457	0.262	0.133	0.047	0.233	保留
8		$X_{2.7}$臭氧产量	−0.561	0.640	0.279	0.158	0.136	0.249	保留
9		$X_{2.8}$臭氧电耗	−0.273	0.818	0.035	0.015	−0.069	−0.120	保留
10		$X_{2.9}$接触后臭氧浓度	0.901	−0.264	−0.029	0.107	0.026	0.127	保留
11		$X_{2.10}$排放臭氧浓度	0.648	0.135	0.297	0.254	0.199	0.061	保留
12		$X_{2.11}$后臭氧投加流量	−0.872	−0.267	−0.134	0.137	0.100	0.154	保留
13		$X_{2.13}$后臭氧投加量	0.432	0.775	−0.020	−0.179	−0.160	0.002	删除
14		$X_{2.14}$耗氧量	−0.010	−0.037	0.124	−0.771	0.354	0.484	保留
15		$X_{2.16}$溴酸盐	−0.059	0.108	−0.637	0.479	0.149	0.529	保留
16		$X_{2.17}$甲醛	0.358	−0.086	0.417	0.251	0.339	−0.125	删除

（3）验证评估体系建立及应用

1）验证评估体系及等级的划分

将相关-主成分分析法得到的指标体系按照文献调查、实地调研及上述小试、中试及生产试验结果对评价指标进行等级划分，具体评价指标的等级见表13-9。

评价指标的等级划分 表13-9

指标	等级
臭氧浓度（氧气源）	≥150g/m³，优良； 100～150g/m³，合格； <100g/m³，不合格
臭氧产量	≥额定产量，合格； <额定产量，不合格
臭氧电耗	≤7.5kWh/kg，优良； 7.5～11kWh/kg，合格； ≥11kWh/kg，不合格
冷却水出水温度	≤30℃，合格； >30℃，不合格
接触后臭氧浓度	<15g/m³，合格； ≥15g/m³不合格
排放臭氧浓度	≤0.2mg/m³，合格； >0.2mg/m³，不合格
后臭氧投加流量	具有后加计量功能，合格； 没有后投加计量功能，不合格
耗氧量	<2.0mg/L，合格； ≥3.0mg/L，不合格
溴酸盐	<0.1,mg/L，合格； ≥0.1mg/L，不合格

2) 典型产品验证评估

本指标体系验证是基于济南凤凰路水厂的运行数据来进行的。该水厂位于历城区王舍人镇张马屯村，建设规模为10万 m³/d，采用高密度沉淀池＋臭氧接触池＋活性炭吸附池＋V型滤池为核心的净水处理工艺，主要承担济南东部城区的供水任务。其中办公管理设施、臭氧发生间、加药间、加氯间等按20万 m³/d 建设，设备按10万 m³/d 购置。高密度沉淀池、臭氧接触池、活性炭吸附池、V型滤池、清水池等呈直线布置，紧凑合理，利于减小水头损失，连接方便。臭氧系统采用2台10kg/h臭氧发生器，2016年11月20投入运行。

验证实验方法：取水厂有关的部分指标进行检测，由划分的评价指标等级对验证地点指标进行验证（表13-10）。

济南凤凰路水厂臭氧系统验证评估结果 表13-10

指标	验证结果	评估结论
臭氧浓度（氧气源）	148g/m³	合格
臭氧产量	12kg/h	合格
臭氧电耗	7.2～7.5kWh/kg	合格

续表

指标	验证结果	评估结论
冷却水出水温度	26.4℃	合格
接触后臭氧浓度	14.2g/m³	合格
排放臭氧浓度	≤0.2mg/m³	合格
后臭氧投加流量	12.5	合格
耗氧量	1.4mg/L	合格
溴酸盐	0.004mg/L	合格

对济南凤凰路水厂臭氧系统进行验证，各项指标均为合格。

13.3 材料设备标准化

研发了供水行业材料设备标准体系多维度构建方法，构建了涵盖净水材料等5大类36种材料设备158部标准的城镇供水关键材料设备标准体系表。按照"补齐短板、更新提升"的工作思路，研究编制了《中空纤维膜使用寿命评价方法》GB/T 38511—2020等27项行业急需的技术标准和7项企业标准，形成《城镇供水系统关键材料设备应用指导手册》1部，从产品制造、设计选型、安装调试、运行管理等多个维度为城镇供水行业提供了标准依据。培育建立了3个关键材料设备第三方测试评估基地，形成覆盖38个产品270项参数的检测评估及验证能力，其中臭氧发生器、膜组件、紫外线设备等首次通过中国国家认证认可监督管理委员会CMA认证，填补了我国城镇供水关键材料设备测试评估计量认证认可的行业空白。

13.3.1 标准化技术

我国供水行业设备材料标准数量多、种类多、发布部门多，尚无科学的标准体系构建方法。基于供水行业产品标准属性，研发了基于分类法和系统法的材料设备标准体系多元化构建方法，建立了涵盖基础标准、通用标准、专用标准、其他标准4种类型5大类36种产品标准体系表（图13-6）。针对现有产品标准体系缺失、不完善问题，新编了27项技

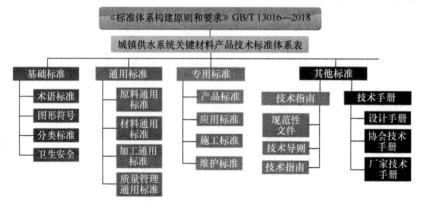

图13-6 城镇供水系统关键材料产品技术标准体系表

术标准、7项企业标准和1部应用指导手册，约占整个标准体系的20%，建立了涵盖产品制造、测试方法和应用规程的全链条标准体系，填补了供水系统关键材料设备标准化建设的国内空白。

依托国家城市供水水质监测网济南监测站（图13-7）、建设部水处理滤料质量监督检测中心、深圳市水务（集团）有限公司水表计量检定中心等项目单位的国家级资质平台，借助水专项材料设备研究成果，培育建立关键材料设备第三方测试评估基地，形成覆盖38个产品270项参数的检测评估及验证能力，其中臭氧发生器、膜组件、紫外线设备等首次通过中国国家认证认可监督管理委员会CMA认证，填补了我国城镇供水行业关键材料设备测试评估计量认证认可的空白。

图13-7 国家城市供水水质监测网济南监测站资质及认定能力附表

13.3.2 标准体系构建

水专项实施以来，我国在城镇供水行业材料设备研发方面取得了突破性进展，但在供水关键材料设备标准化体系构建等方面上存在明显的技术短板。产品标准体系是一定范围内供水行业产品技术标准按其内在联系形成的科学的有机整体，是相关标准的集合体。但我国供水行业设备材料标准数量多、种类多、发布部门多，但尚无科学的标准体系构建方法对现有的标准进行归纳和整理，影响了供水设备材料的规范化发展。虽然现行产品标准体系在饮用水安全保障工作中发挥了重要作用，但仍存在标龄长、修订不及时，标准层次关系不清、分工不当，存在交叉、矛盾、不协调等问题。因此，有必要对我国供水行业现行产品标准进行梳理，形成更加完善的、符合技术发展需要的供水行业产品标准体系，促进我国供水行业关键设备材料的健康发展，提升我国供水行业关键设备材料标准化水平，为水专项标志性成果"饮用水安全多级屏障技术和全过程监管技术"提供标准化支撑。

项目研究提出了适用于我国供水行业产品的标准体系构建方法，在对净水材料、净水设备、供水器材、小型供水设备和检测仪表设备5大类36种产品标准系统调研和归纳整理的基础上，根据《标准体系构建原则和要求》GB/T 13016—2018对产品标准进行相应属性的规定，结合产品标准的适用范围、主要内容的不同，将产品标准分为基础标准、通用标准、专用标准和其他标准四个层次，明确了"产品标准清单-标准属性分析-标准系统分类-标准体系表构建-补齐标准短板"技术路线。

主要研究内容如下：

1. 通过对城镇供水系统关键设备材料的标准调研和归纳分析，提出产品标准清单。

2. 根据《标准体系构建原则和要求》GB/T 13016—2018的标准划分方式，分析各标准的性质属性，包括标准适用范围、主要内容等。

3. 结合供水行业现行的标准体系，对产品标准按照基础标准、通用标准、专用标准进行分类，明确各标准在标准体系所处的位置。

4. 根据产品标准的划分结果，绘制标准体系表。

5. 分析标准体系表，提出产品缺失标准，补齐标准在应用和检测评估方面的短板，提升产品标准化水平。

项目构建了四个层次的城镇供水系统关键产品标准体系，产品标准共158部，其中基础标准2部，通用标准21部，专用标准127部，其他标准8部。基础标准包括术语、符号及型号表示等，通用标准包括水质标准、通用产品标准（阀门、管道等）等，专用标准包括净水材料、净水设备、供水器材、小型供水设备、检测仪表5大类，其他标准包括指导手册、设计手册和应用指南。

在此基础上，初步构建了36种产品标准体系表。通过对36种具体产品标准体系表的分析发现，产品在实际应用中缺乏可操作、易实施的指导性技术要求，有的产品质量标准偏低，膜、臭氧发生器、一体化供水设备的检测评估和应用标准缺乏，综合毒性、颗粒计数等在线监测设备技术要求不明确，消毒剂、混凝剂的等净水材料供水专用标准缺失，移动实验室相关标准不能满足实际需求。

针对我国供水行业产品标准体系存在的问题，开展体系表中缺失标准的研究编制，完善了供水行业产品标准体系，提升了标准体系的合理性和科学性。项目共研究编制形成1部应用指导手册和27项标准（表13-11），其中国家标准3项，行业标准2项，团体标准22项。编制《水处理用臭氧发生器技术要求》GB/T 37894—2019、《车载台式气相色谱-质谱联用仪技术要求》T/CIMA 0022—2020等产品标准10项；立项修编或研究编制《生活饮用水净水厂用煤质活性炭》CJ/T 345—2010、《给水处理臭氧系统应用规程》T/CAMIE 10—2020、《城镇给水厂活性炭应用技术规程》T/CAQI 147—2020、《城镇给水气浮处理工程技术规程》T/CECS 791—2020等产品应用技术标准12项；研究编制《给水处理臭氧系统检测评估技术规程》T/CAQI 150—2020、《给水处理用超滤膜组件、装置和工程的检测评估技术规程》T/CAQI 189—2021等检测评估标准4项。上述标准的编制补齐了产品工程应用和检测评估标准方面的短板，更新提升了产品质量标准，形成了产品应用指导手册，完善了城镇供水行业标准体系。

项目标准产出一览表　　表13-11

序号	标准名称	标准编号	标准类别
1	高强低压紫外线杀菌灯	DB44/T 1357—2014	国家标准
2	生活饮用水净水厂用煤质活性炭	CJ/T 345—2010	行业标准
3	城镇供水管网末端水质在线监测智能化模块技术规范	T/CAQI 93—2019	团体标准
4	城镇给水综合毒性在线监测设备通用技术规则	T/CAQI 146—2020	团体标准
5	城镇给水颗粒计数在线监测仪应用技术规程	T/CAQI 152—2020	团体标准
6	城镇给水气浮处理工程技术规程	T/CECS 791—2020	团体标准
7	城镇给水二氧化氯应用技术规程	T/CAQI 148—2020	团体标准
8	城镇给水厂混凝药剂应用技术规程	T/CAQI 151—2020	团体标准
9	给水处理臭氧系统检测评估技术规程	T/CAQI 150—2020	团体标准
10	NB-IoT水表自动抄表系统现场安装、验收与使用技术指南	T/CMA SB 040—2019	团体标准
11	城镇给水次氯酸钠消毒应用规程	T/CAMIE 13—2020	团体标准
12	二次供水设施运行评估技术规程	T/CAMIE 14—2020	团体标准
13	城镇给水厂活性炭应用技术规程	T/CAQI 147—2020	团体标准
14	给水处理用超滤膜组件、装置和工程的检测评估技术规程	T/CAQI 189—2021	团体标准
15	一体化供水装置检测评估技术规程	T/CAQI 190—2021	团体标准
16	中空纤维膜使用寿命评价方法	GB/T 38511—2020	国家标准
17	城镇给水用压力式中空纤维超滤膜装置		团体标准
18	水处理用臭氧发生器技术要求	GB/T 37894—2019	国家标准
19	给水处理臭氧系统应用规程	T/CAMIE 10—2020	团体标准
20	城镇给水综合毒性在线监测仪技术规程（鱼类行为法）	T/CAQI 149—2020	团体标准
21	物联网水表	CJ/T 535—2018	行业标准
22	城镇给水用悬浮填料		团体标准
23	城镇水处理用滤料		团体标准
24	中小型饮用水纳滤处理系统技术规程		团体标准
25	车载台式气相色谱-质谱联用仪技术要求	T-CIMA 0022—2020	团体标准
26	车载式电感耦合等离子体四级杆质谱仪技术要求	T-CIMA 0023—2020	团体标准
27	城镇供水水质检测移动实验室	T-ZZB 1577—2020	团体标准

上述标准对促进生产制造企业按标准的要求生产合格产品，指导产品应用单位的工程验收与运行管理，规范城市供水行业可持续发展均具有重要的指导意义。

13.3.3 监测评估能力建设

在研究重点产品评估验证基础上，依托国家城市供水（排水）监测网济南监测站、建设部水处理滤料质量监督检测中心、深圳市水务（集团）有限公司水表计量检定中心和阀门检测站等平台培育建立关键设备材料第三评估测试基地，形成覆盖38个产品270项指标的检测评估能力（表13-12），其中臭氧发生器、膜组（元）件、次氯酸发生器、二氧化氯发生器、紫外线发生器等首次通过中国国家认证认可监督管理委员会CMA认证，填补了行业空白。

关键材料设备检测评估能力一览表　　　　表13-12

检测机构	产品序号	产品名称	评估验证能力
国家供水监测网济南监测站（CMA认证，165项）	1	活性炭	水分等23项
	2	混凝剂	盐基度等74项
	3	次氯酸钠溶液	有效氯等5项
	4	过氧化氢溶液	稳定度等5项
	5	二氧化氯溶液	二氧化氯含量等4项
	6	次氯酸钠发生器	盐耗等6项
	7	臭氧发生器	臭氧产率等6项
	8	二氧化氯发生器	二氧化氯收率等6项
	9	紫外消毒装置	有效剂量等3项
	10	气浮设备	溶气效率等6项
	11	膜组件	产水量等10项
	12	滤料	密度等17项
深圳水务水表计量检定中心和阀门检测站（专项计量授权证书和CNAS认证，20项）	1	超声波水表	流量检定等4项
	2	斜管斜板	耐冲击强度1项
	3	滤池配水器材	滤头精度1项
	4	供水管材	厚度、防腐涂层等9项
	5	综合毒性仪	零点漂移等4项
	6	投药溶药设备	计量准确度1项
建设部滤料质量检测中心（CMA认证，44项）	1	填料	有效比表面积等9项
	2	石英砂、无烟煤、陶粒等滤料	破碎率等20项
	3	纳滤装置	脱盐率等5项
	4	反渗透装置	脱盐率等4项
	5	电渗析	产水率等6项
其他单位（41项）	1	自动切断阀	泄漏率等6项
	2	在线监测仪表	pH等5项
	3	漏损监控仪表	自动增益等6项
	4	无负压二次供水装置	抗干扰能力等10项
	5	一体化供水装置	出水流量误差等14项

1. 国家城市供水（排水）监测网济南监测站济南评估测试基地

（1）基地条件配备情况

国家城市供水（排水）监测网济南监测站济南评估测试基地成立于"十三五"时期，依托山东省城市供排水水质监测中心［国家城市供水（排水）监测网济南监测站］，结合"城镇供水系统关键材料设备评估验证及标准化"项目研究任务建立，该基地拥有飞行时间质谱、三重四级杆气相质联用仪、三重四级杆液相质联用仪、电感耦合等离子发射光谱、流式细胞仪等国内外高精尖水质监测仪器设备，包括实验室主场所、清河基地和鹊华基地三个测试平台。

实验室主场所。实验室主场所下设毒理学研究室、风险评估研究室、质谱研究室、生物鉴定室、色谱分析室、光谱分析室6个专业实验室。实验室主场所具备水处理剂和水处理用滤料的检测能力，包括聚氯化铝、氯化铁、硫酸亚铁、聚合硫酸铁、硫酸铝、阴离子和非离子型聚丙烯酰胺、工业过氧化氢、次氯酸钠、二氧化氯消毒剂、聚氯化铝铁、煤质活性炭、木质净水用活性炭、石英砂滤料、无烟煤滤料、砾石承托料15项产品，共128项参数，并获得中国国家认证认可监管管理委员会颁发的检验检测机构资质认定证书。

清河分场所。清河分场所实验室面积900m^2，设置了二氧化氯发生器检测室、次氯酸钠发生器检测室、膜设备检测室和臭氧发生器检测室4个设备实验室，具备次氯酸钠发生器、二氧化氯消毒剂发生器、饮用水处理用浸没式中空纤维超滤膜组件及装置、纳滤膜及其元件、卷式聚酰胺复合反渗透膜元件、柱式中空纤维膜组件和臭氧发生器7种设备，28项参数的检测能力，并获得中国国家认证认可监管管理委员会颁发的检验检测机构资质认定证书。

鹊华水厂分场所。鹊华水厂分场所拥有中试实验基地1500m^2，搭建了120m^2紫外线测试设备平台，该平台由山东省城市供排水水质监测中心依据国际标准自主研发设计。由原水罐、水泵、管路系统、电控系统及待测平台等主要部分组成。其中原水罐有效容积200m^3，直径4.8m，高6m，主管道管径DN600，最大设计流量2000m^3/h，可实现最大处理规模5万m^3/d的单台设备剂量验证，是目前国内规模最大的紫外线剂量测试平台。

国家城市供水（排水）监测网济南监测站济南评估测试基地的实验室主场所、清河分场所和鹊华水厂分场所，目前具备覆盖水处理剂、水处理用滤料、水处理设备3大类24个产品159项指标的检测能力（表13-13）。

关键材料设备检测评估能力一览表　　表13-13

序号	产品类别	产品编号	评估验证能力
1	水处理剂	《生活饮用水用聚氯化铝》GB 15892—2009	氧化铝（Al_2O_3）的质量分数、盐基度、密度、不溶物的质量分数等10项
2		《水处理剂 氯化铁》GB/T 4482—2018	铁（Fe^{3+}）的质量分数、亚铁（Fe^{2+}）的质量分数等9项
3		《水处理剂 硫酸亚铁》GB/T 10531—2016	硫酸亚铁的质量分数、不溶物的质量分数等8项
4		《水处理剂 聚合硫酸铁》GB/T 14591—2016	全铁的质量分数、盐基度、密度、还原性物质（以Fe^{2+}计）的质量分数等13项
5		《水处理剂 硫酸铝》HG 2227—2004	氧化铝（AL_2O_3）的质量分数、不溶物的质量分数等9项
6		《水处理剂 阴离子和非离子型聚丙烯酰胺》GB/T 17514—2017	阴离子度、固含量、丙烯酰胺单体含量、溶解时间等11项

续表

序号	产品类别	产品编号	评估验证能力
7	水处理剂	《工业过氧化氢》GB/T 1616—2014	游离酸（以 H_2SO_4 计）的质量分数、过氧化氢（H_2O_2）、稳定度、不挥发物、总碳（以 C 计）5 项
8		《次氯酸钠》GB 19106—2013	有效氯（以 Cl 计）、游离碱（以 NaOH 计）、铁（Fe）、重金属（以 Pb 计）、砷（As）5 项
9		《二氧化氯消毒剂卫生标准》GB 26366—2010	有效成分二氧化氯含量、砷含量、重金属（以 Pb 计）、消毒剂对微生物的杀灭效果 4 项
10		《水处理剂 聚氯化铝铁》HG/T 5359—2018	氧化铝、盐基度、不溶物的质量分数、pH、砷的质量分数、铅的质量分数、镉的质量分数等 14 项
11	水处理用滤料	《生活饮用水净水厂用煤质活性炭》CJ/T 345—2010	漂浮率、水分、强度、装填密度、碘吸附值、亚甲蓝吸附值等 17 项
12		《木质净水用活性炭》GB/T 13803.2—1999	强度、表观密度、粒度、水分、灰分、pH 6 项
13		《水处理用滤料》CJ/T 43—2005 水处理用石英砂滤料	破碎率及磨损率、密度、有效粒径及均匀系数、含泥量、轻物质含量、灼烧减量、盐酸可溶率 7 项
14		《水处理用滤料》CJ/T 43—2005 水处理用无烟煤滤料	破碎率及磨损率、密度、有效粒径及均匀系数、重物质含量、盐酸可溶率 5 项
15		《水处理用滤料》CJ/T 43—2005 砾石承托料	砾石密度、明显扁平、细长颗粒含量、砾石含泥量、砾石盐酸可溶率 5 项
16	水处理设备	《次氯酸钠发生器卫生要求》GB 28233—2020	消毒剂对微生物的杀灭效果、有效氯含量范围（以 Cl 计）、pH、流量、盐耗、电耗 6 项
17		《二氧化氯消毒剂发生器安全与卫生标准》GB 28931—2012	出口溶液外观、二氧化氯纯度、二氧化氯与氯气的质量比值、二氧化氯收率、出口溶液 pH、产量波动范围 6 项
18		《城镇给排水紫外线消毒设备》GB/T 19837—2019	紫外线剂量、紫外灯老化系数、紫外线穿透率（UVT）3 项
19		《饮用水处理用浸没式中空纤维超滤膜组件及装置》CJ/T 530—2018	纯水通量、切割分子量、外形尺寸、完整性 4 项
20		《纳滤膜及其元件》HY/T 113—2008	产水量、脱盐率 2 项
21		《卷式聚酰胺复合反渗透膜元件》GB/T 34241—2017	产水量、脱盐率 2 项
22		《柱式中空纤维膜组件》HG/T 5111—2016	通量、完整性 2 项
24		《水处理用臭氧发生器技术要求》GB/T 37894—2019	臭氧产量、臭氧电耗、稳定性、调节性能、臭氧浓度、臭氧泄露 6 项

（2）基地行业作用发挥

目前，实验室持续为济南市城乡供水水厂使用的水处理剂定期开展监测，频率为 2 次/年，该数据为水厂进行水处理剂的采购提供参考，同时上报至济南市水务局供水主管部门备案。

依托各科研项目，为全省有需要的水厂开展水处理设备的测试评估，包括潍坊市浩博水厂的臭氧发生器、临沂二水厂臭氧发生器、东营南郊水厂超滤膜、庆云双龙湖水厂紫外线发生器、东营南郊水厂二氧化氯发生器等，为水厂查出了水处理设备运行的问题，并协助完成后续水处理设备的维护运行，保障了水厂的安全稳定运行和出水水质安全达标。

基于基地完善的硬件条件，强有力的人才支撑，该基地还承担了培养硕士和博士研究生、项目研究与应用的重要任务。为"十三五"时期水专项多项项目提供检测服务和技术支持，与同济大学、山东建筑大学、济南大学联合培养硕士、博士研究生10余名，为《生活饮用水净水厂用煤质活性炭》CJ/T 345—2010、《城镇给水颗粒计数在线监测仪应用技术规程》T/CAQI 152—2020、《水处理用臭氧发生器技术要求》GB/T 37894—2019等20余项标准的编制提供技术支持。

2. 深圳市水务（集团）有限公司评估测试基地

（1）基地装备配备情况

深圳基地行政办公地点位于深圳市福田区白石路5号福田水质供化厂，实验测试区域总共约有1600m^2，现有科研开发人员24人，其中硕士研究生以上学历12人。基地主要分为主要分成4大版块，分别为智能水表评估验证平台、管材评估验证平台、给水材料设备试验平台、综合毒性仪（鱼类行为法）评估验证平台。

智能水表评估验证平台：依托深圳市水表计量检测中心建立，可以进行智能水表类产品的测试。深圳市水表计量检定中心是深圳市水务（集团）有限公司中具有独立建制的，通过国家法定计量检定机构1069规范考核的，经深圳市质量技术监督局授权的社会公用标准检定机构。深圳市水务（集团）有限公司水表计量检定中心拥有国家专项计量授权证书，拥有800余万元的各类仪器、设备，可进行智能水表基本误差、逆流试验、压力损失、流体扰动试验等4项实验与测试，检测口径范围为DN15～DN200。

管材评估验证平台：依托深圳水务阀门检测及维修分公司的阀门检测站建立，可进行管材及管件等产品的测试。深圳市水务（集团）有限公司阀门检测站是深圳市水务（集团）有限公司中的专业供水排水阀门检测机构，拥有CNAS签发的实验室认可证书，拥有300余万元的各类仪器、设备，可进行管材的尺寸、外防腐涂层厚度、涂层附着力等9项指标的实验与测试。

给水材料设备试验平台：依托深圳水务国家安全饮用水工程中心建立，可进行滤池配水器材、斜管斜板、投溶药设备等产品测试。国家安全饮用水工程研究中心于2007年9月30日通过建设部验收，正式挂牌成立，拥有总值2000余万元的各类仪器、设备。目前依托该中心搭建了一体化给水试验平台（5m^3/h），可进行斜管耐冲击强度测试、滤头缝隙精度检测及加药设备精度等实验与测试。

综合毒性仪（鱼类行为法）评估验证平台：依托深圳市水务（集团）有限公司下属二级企业深圳市水务科技有限公司建立，可以进行综合毒性仪（生物鱼）产品的测试。深圳市水务科技有限公司是水质毒性生物监测系统（RTB）的研发者和生产商，在鱼类行为法监测综合毒性方面进行了深入研究，是国内首批开展鱼类行为法研究的单位之一，拥有300余万元的各类仪器、设备，可利用特制的斑马鱼驯化养殖箱，基于毒理学规范驯化养殖的标准模式斑马鱼或青鳉鱼作为受试鱼，对综合毒性仪的零点漂移、温度控制误差、灵敏度、平均无故障运行时间4项重要性能参数进行测试。

目前，基地建立了较为完善的质量管理体系，年检测水表能力达到14万只/年，年阀门检测约700台次，再配合其他检测能力，基地为深圳市水务（集团）有限公司建立优质饮用水技术标准体系，开展深圳市自来水直饮工作起到重要支撑作用（图13-8，表13-14）。

图13-8　深圳市水务（集团）有限公司水表检定基地资质证书（左）和
深圳市水务（集团）有限公司阀门检测站CNAS证书（右）

深圳基地检测能力一览表　　　　　　　　　　　表13-14

序号	产品类别	评估验证能力	参考标准	项目数量（个）
1	智能水表	基本误差、逆流试验、压力损失、流体扰动试验	GB/T 778.1、GB/T 778.2	4
2	管材	尺寸（外径、内径、厚度、不圆度）、表面平整度、金相（石墨大小、球化率）、材质分析、涂层厚度、锌层重量、涂层完整性、涂层附着力、密度分析	GB/T 13295	9
3	斜管斜板	耐冲击强度	CJ/T 83—2016	1
4	滤池配水器材	滤头精度	CECS 178	1
5	投药溶药设备	投加设备精度	GB 7782、GB/T 3214	1
6	综合毒性仪(生物鱼)	零点漂移、温度控制误差、灵敏度、平均无故障运行时间	T/CAQI 149—2020	4

（2）基地行业作用发挥

基地可以使项目将现场研究和实验室研究相结合，让绝大部分科研人员长期在现场一线开展工作，完成相关科研项目此外，还进行产学研结合完成科研成果转化，水质毒性生物监测仪 RTB 的技术开发和产品化开发，由深圳市水务科技有限公司实现成果转化，产品销往全国十多个省市。同时，水表计量检定中心水表检定数量由 1993 年成立之初的 1 万只/年，提升至约 14 万只/年。2019 年实际水表检定数量为 28 万只，2020 年水表检定数量达 40 万只。每年，阀门检测站共完成阀门检测约 700 台次，检测及时率达 100%，已开展的检测项目除了基础性的阀门密封试验、上密封试验、壳体试验外，还包括阀门金相试验、阀门壁厚实验、阀体材质试验、阀门扭矩试验、阀门表面涂层厚度试验、阀门防腐层电火花检漏试验等。

3. 建设部水处理滤料质量监督检测中心武汉评估测试基地

（1）基地装备配备情况

依托中国市政工程中南设计研究总院有限公司的建设部水处理滤料质量监督检测中心及市政给水排水创新技术实验室，2020 年建成滤料、填料、纳滤装置、反渗透装置、电渗析装置第三方评估验证基地，地点在湖北省武汉市江岸区解放公园路 41 号，基地总面积 1187m^2，其中实验用房面积 1070m^2（包括中试场所 100m^2），办公用房面积 117m^2。可以满足五项产品第三方评估验证的相关实验及试验工作的开展。

基地硬件齐全，实验室仪器设备有分析天平、比表面积分析仪、破碎率磨损率测定仪、研磨机、pH 计、紫外可见分光光度计、显微镜、原子荧光光度计、TOC 分析仪、液相色谱、离子色谱、颗粒计数仪、氨氮在线分析仪、COD 分析仪、马弗炉、振筛机、滤料预处理系统、烘箱、强度仪、台式浊度计、水浴锅等 20 余台套，可完成对五项产品各项性能指标的检测分析，具有石英砂滤料、砾石承托料，无烟煤滤料、高密度矿滤料和陶粒滤料及承托料的检测资质，同时具有活性炭检测、水质指标检测、混凝沉淀、臭氧氧化等小试的能力。

基地还建设有五个产品的中试评估验证系统。

滤料评估验证系统：规模为 5m^3/d 的滤料评估验证中试系统，包含进水系统，反应-混凝单元、沉淀单元、过滤单元、加药单元、冲洗系统等，其中过滤单元包含 V 形滤池及深床滤池，可根据需求进行选择，该滤料评估验证中试系统为一体化装置，可在实验室或中试现场进行评估验证试验。

填料评估验证系统：规模为 1.5m^3/h 的滤料评估验证中试系统，包含配水系统、生物池体（拦截系统）、曝气系统、出水系统等，其中生物池体长宽高为 2m、1.8m、1.8m，分为 3 格，其中一格为安装固定填料。对于陶粒，也有一套规模为 5m^3/d 的填料评估验证中试系统，包含进水系统，反应-混凝单元、沉淀单元、过滤单元、加药单元、冲洗系统等，其中过滤单元包含 V 形滤池及深床滤池，可根据需求进行选择，该评估验证中试系统为一体化装置，可在实验室或中试现场进行评估验证试验。

纳滤装置、反渗透装置评估验证系统：规模为 6m^3/d 中试系统，包含进水单元、预处理单元、纳滤单元、反渗透单元、冲洗系统、化学清洗系统、加药系统，并配置有在线仪表等。

电渗析评估验证系统：共设有两个平台，即选择性电渗析膜堆整装成套平台和选择性特种离子膜及膜堆性能检测整装成套平台。其中选择性电渗析膜堆整装成套平台，不仅包括加工、检测现有各种型式电渗析膜堆的能力，同时具备一定的新开发膜堆的加工能力。包括选择性电渗析隔板加工及检测单元设备、配水板加工及检测单元设备、离子交换膜加工及检测（共用）单元设备、电极板检测设备、膜堆组装平台、膜堆性能综合测试平台、膜堆设计及测试软件等。而选择性特种离子膜及膜堆性能检测整装成套平台，具备对现有离子膜及新研发的离子膜进行测试的全部功能，包括对膜的离子交换、容量、含水率、固定离子浓度、反离子迁移数、电阻（导电性）、电解质扩散系数、非电解质扩散系数、水的渗透、水的电渗、道南吸附盐、同性离子间的选择透过性、抗污染性能、化学稳定性、抗氧化性能、热稳定性、溶胀度、尺寸稳定性、机械强度、膜厚度等选择性特种离子膜及膜堆特性进行测试，测试专用单元包括：离子膜基本性能测试单元、传质性能测试单元、机械性能测试单元、耐化学性处理测试单元、膜污染测试单元、标准实验膜堆测试平台、软件等。

基地人员队伍方面配备基地负责人、检测人员、运行人员、档案管理人员、业务人员及质量监督人员合计16人，并编制了基地建设报告，产品评估验证方案、基地质量手册、程序文件、基地管理办法、基地作业指导书、设备维护管理规程等文件保证了基地的体系运转及业务化运行。

第三方评估验证基地可对供水行业内五项产品的技术先进性、技术可靠性、性能稳定性、经济适用性、国际竞争力等五个维度展开评估验证（表13-15）。

各项产品评估验证指标　　　表13-15

序号	产品名称	评估验证指标
1	滤料	破碎率、磨损率、密度、含泥量、轻物质含量、灼烧减量、盐酸可溶率、含硅量、含锰量、比表面积、堆积密度、孔隙率、密度大于$1.8g/cm^3$重物质含量、小于用户要求的最小粒径含量、大于用户要求的最大粒径含量、有效粒径、均匀系数、不均匀系数、粒径范围、浊度去除率、使用寿命、运行费用
2	填料	比表面积、硝化负荷、破碎率、磨损率、密度、堆积密度、空隙率、使用寿命、运行费用等
3	纳滤装置	装置水回收率、膜通量、进水压力、电控系统智能性、装置脱盐率、有机微污染物去除率、膜更换周期、清洗频率、建设成本、运行成本、膜组件国产化
4	反渗透装置	装置水回收率、清洗频率、膜通量、膜更换周期、进水压力、运行成本、电控系统智能性、建设成本、有效能量转换效率、装置国产化、装置脱盐率、国产装置出口情况、产品标准
5	电渗析装置	离子交换、容量、含水率、固定离子浓度、反离子迁移数、电阻（导电性）、电解质扩散系数、非电解质扩散系数、水的渗透、水的电渗、道南吸附盐、同性离子间的选择透过性、抗污染性能、化学稳定性、抗氧化性能、热稳定性、溶胀度、尺寸稳定性、机械强度、膜厚度

通过该基地的评估验证工作可对行业内五项产品的生产和应用现状作出评价和建议,促进滤料产品的技术进步、性能提升,也为五项产品的标准化建设提供重要支撑数据。

(2) 基地行业作用发挥

该基地建成以来为全国广大客户提供了滤料检测工作及滤料性能评估工作,2020年完成各类滤料样品数450个,检测频次5000余次。为"十三五"时期水专项"城市供水系统规划设计关键技术评估及标准化"课题、"樟村水质净化厂填料选型及参数优化研究""MBBR工艺在污水处理提质增效中应用研究""新青水质净化厂提标工程中试试验研究""一带一路"科技项目,以及中斯联合国家自然基金"斯里兰卡CODu病区地下水脱硬除氟研究"等10余项项目提供检测服务和技术支持。另外为《炭砂滤池设计标准》T/CUWA 20055—2022、《中小型饮用水电渗析处理技术规程》T/CUWA 20053—2021、《城镇给水用悬浮填料》T/CAMIE 06—2021等10余项标准的编制提供技术支持。

第五篇 技术应用成效与展望

第14章 标志性成果与应用

14.1 主要标志性成果

1. 攻克了水源地精准保护管理和多水源联合调度的技术难题

在水源保护方面，我国缺乏饮用水水源地安全规划与管理的技术及其相关的经济政策研究，尤其在水源地保护、管理技术的系统集成方面存在很大的差距，难以适应实际需求。多水源之间进行科学联动难度较大，需要建立原水系统水力模型，形成多水源科学调配方案，提升原水系统的整体风险应对能力。水专项以"污染源识别-环境风险评估-水源保护区划分"为主线，研究建立针对不同水源地类型的饮用水水源保护区划分技术，形成了我国饮用水水源地环境保护相关的技术标准和指南，支撑构建了我国饮用水水源地风险管控体系；研发了城市多水源调度与水质调控成套技术，有效提升城市原水系统的整体风险应对能力。

（1）创建了饮用水水源保护区划分与规范化建设成套技术，解决了我国饮用水水源地精准保护和差异化管理的科技难题。

1）发布《饮用水水源保护区划分技术规范》HJ 338—2018。在全国4万多个城市、城镇、乡镇和农村集中式饮用水水源保护区划分工作中得到应用，有效指导了水源保护区划分工作，全国集中式饮用水水源保护区划定完成率从2005年的69.23%提高到当前的99.0%，水源保护区划定完成率大幅提高。

2）建立集中式饮用水水源地环境状况调查评估技术方法。相关方法已应用于全国2785个县和942个地级以上城市集中式饮用水水源地环境状况调查和年度评估工作。形成了多项行业标准，如《集中式饮用水水源地环境保护状况评估技术规范》HJ 774—2015、《集中式饮用水水源编码规范》HJ 747—2015等。

3）构建饮用水水源地规范化建设技术方法。相关成果已经纳入《中华人民共和国水污染防治法》《水污染防治行动计划》及水源保护相关的法律法规中，目前城市水源地规范化建设的比例达到90%以上。形成《集中式饮用水水源地规范化建设环境保护技术要求》HJ 773—2015、《农村饮用水水源地环境保护技术指南》HJ 2032—2013及2项水源地保护专项执法行动标准。形成了《集中式地表水饮用水水源地突发环境事件应急预案编制指南》《饮用水水源地风险源名录编制指南》2项指南，促进水源保护从"日常监管"

向"风险管理"转变。

4）支撑开展了全国饮用水水源地的环境整治。截至2019年年底，全国2804个饮用水水源地完成10267个环境问题整治，水质达到或好于Ⅲ类水的水体比例相较于2015年上升8.9%，7.7亿人口的饮用水水源保障水平得到有效提升。

（2）突破了城市多水源水质水量联合调配关键技术，形成城市多水源调度与水质调控成套技术，建立多水源供水信息化业务平台，实现了原水系统的多水源科学调度。

1）形成了基于监测预警的水源水质保障技术。建立水源地上下游实验室检测、移动快速检测以及在线监测技术系统，监测范围覆盖藻类、嗅味、化学品、油类、重金属等160多项指标，藻类、浊度、pH、盐度等在线数据10min更新一次，氨氮、高锰酸盐指数等在线数据可4h更新一次，总氮、总磷、锑等在线数据6h更新一次，明确了区域水源地污染特征指标和预警值。构建跨区域跨部门的水质水量监测预警平台，形成上下游水质水量联合调度方案，有效控制了原水中的藻嗅等特征污染物浓度，有效避免了咸潮入侵对供水水质的影响，提升了水源地风险应对和供水保障能力。

2）突破多水源水质水量综合调配技术难题，提高了上海等超大型城市水源保障和原水联合调度能力。建设具备原水系统数据采集、监控、预警、指挥等功能的城市多水源水质水量联合调度系统；建立城市原水系统水力模型，解决了水量、水力、水质平衡难点，形成城市多水源联合运行调配方案，实现了城市多水源联合供水的科学调度。在上海等超大城市应用，建设上海市多水源供水信息化业务平台，覆盖了青草沙水库、陈行水库、黄浦江金泽水库三大原水系统，可调配水量扩展至超过1000万 m^3/d，实现了跨流域（长江、太湖）、跨地域（上海、江苏、浙江）、跨部门（水务集团、区县公司）的一体化的业务运行，提升超大城市饮用水安全保障能力。

2. 突破了饮用水水质净化与特征污染物去除关键技术瓶颈

我国饮用水水源普遍受到藻类、嗅味、氨氮、砷、氟等的污染，常规工艺应对这些特征污染物的能力不足，缺乏有效的去除技术和净化工艺，严重制约饮用水水质的稳定达标。臭氧-活性炭、超滤膜过滤等深度处理技术是保障饮用水水质安全的重要手段，但我国在深度处理应用的科学认识、技术储备和运行经验等方面比较薄弱。

水专项突破了我国饮用水中特征污染物去除关键技术，发展臭氧-活性炭和膜法净水等饮用水深度处理技术与工艺，突破了深度处理技术在我国水厂实际应用中的技术障碍，技术就绪度从原来的5～6级提升到9级，促进了深度处理技术大规模推广应用。臭氧-活性炭多级屏障处理规模从600万 m^3/d 扩大到5000万 m^3/d，国产超滤膜水厂规模由立项初的2万 m^3/d（南通水厂）发展到约900万 m^3/d。臭氧-活性炭深度处理与超滤膜两项主流深度处理净水工艺的应用规模占比已由水专项实施初期实际需求的2%提高到20%。

（1）系统构建了嗅味表征方法库，提出基于嗅味物质特征的供水全流程嗅味去除方案。

1）构建了以嗅味评价、致嗅物高通量识别及多组分同时定量分析为核心的饮用水嗅味识别表征方法库，揭示了我国饮用水水源嗅味污染的普遍性。通过规范嗅味类型描述、对嗅味浓度赋予嗅觉强度,构建了饮用水嗅觉层次分析法(FPA),对全国重点流域/区域55个城市共209座水厂水源和出厂水嗅味开展了系统调查,发现80%以上的水源和近50%的出厂水存在不同程度的嗅味,主要嗅味类型为腥臭味(污水、沼泽和腐败味等)和土霉味,各占约40%,另外鱼腥味、化学味、药味等也有一定程度的检出。调查的100种嗅味物质中,共检出嗅味物质77种,检出率大于50%的嗅味物质达19种。

2)提出基于嗅味物质特征的水厂嗅味去除方案,针对藻源嗅味形成水源-水厂联合的嗅味控制技术策略。提出以氧化为核心进行腥臭味物质去除、以活性炭吸附为核心进行土霉味物质去除、以高级氧化技术去除复杂嗅味的技术方案。臭氧-活性炭工艺用于上海4座水厂(总规模126万 m^3/d)、山东济南4座水厂(总规模80万 m^3/d)和呼和浩特金河水厂(40万 m^3/d)等大型供水工程,总供水规模达到245万 m^3/d,彻底解决了上海饮用水嗅味问题。适配孔容活性炭筛选技术应用于深圳长流陂水厂(35万 m^3/d),每年节省用碳成本1000万元。控藻抑嗅技术在上海青草沙水库进行了试验性应用,2020年2-甲基异莰醇生成量降低80%,并为金泽水库、密云水库、凤凰山和南屏水库等优化运行提供技术支持。涵盖100种嗅味物质的《GC-MS/MS嗅味物质分析数据信息库》和《藻类计数系统》v1.4等软件系统已进行商业转化。嗅觉层次分析法(FPA)表征方法编入国家和行业水质检测标准,在珠海等20个城市实现业务化应用,并为上海、北京、珠海、深圳、浙江、山东等40多个城市培训技术人员1000余名。编制了《饮用水嗅味控制和管理技术指南》,技术就绪度从开始时的5~7级提升为8~9级。

(2)创新了以控藻为目标的预处理和深度处理技术,建立了以臭氧-生物活性炭为核心的协同净化与多级屏障饮用水处理新工艺,实现藻和藻类衍生污染物的协同处理,有效避免了太湖藻类暴发可能导致的停水危机。

1)攻克了高藻高嗅味等复杂污染原水高效协同净化处理的技术难题。突破了饮用水传统局限于水厂净化的界限,研发了水源与原水预处理藻类协同控制技术,显著提升了原水水质;研发了以控藻为目标的化学与生物协同预处理技术、深度处理溴酸盐控制技术;针对高藻水中藻类及衍生污染物(如嗅味物质、藻毒素、氨基酸等)问题,综合考虑气温和其他水质条件,提出不同藻类和嗅味特点下高藻原水处理过程中氧化剂种类的遴选和浓度的优化,实现藻细胞和藻类衍生污染物的协同处理。

2)建立了以臭氧-生物活性炭为核心的协同净化与多级屏障饮用水处理新工艺,有效解决水源高有机物、高藻、高嗅味处理的难题,大幅提升了供水厂的出厂水水质。在无锡、苏州、吴江、宜兴等城市以太湖为水源的13座水厂(470万 m^3/d)及其供水区域进行综合示范,在江苏太湖流域13个市县推广应用(总规模1335万 m^3/d),整体提升了太湖流域饮用水安全保障能力,基本消除了饮用水藻类、嗅味等广大群众反映强烈的水质问题,800万人口龙头水质稳定达标。2017年太湖蓝藻水华规模超过2007年,太湖沿线各个城市饮用水稳定达标,龙头水无嗅无味。

3)形成了《江苏太湖地区饮用水深度处理工艺选用指南》《江苏太湖地区饮用水源突发污染应急处理技术导则》《江苏太湖地区富营养化水源饮用水臭氧-生物活性炭深度处理

工艺运行规程》《太湖水源饮用水深度处理工艺选用指南》，以及我国首部省级内控标准《江苏省城市自来水厂关键水质指标控制标准》DB 32/T 3701—2019，为高藻原水协同净化技术推广应用提供有力依据和指导。

(3) 创建了"人工湿地原位强化＋生物预处理＋深度处理"协同控制多级屏障成套技术，破解了河网污染水源低温期饮用水氨氮难以稳定达标的技术难题。

1) 突破了冬季人工湿地对氨氮污染原水的强化去除技术难题。发现水源地生态岸边带高效反应"活区"核心净水机制，提出增强岸边带"活区"活性的生态型水源构建新原理。创建了埋设芦苇根系、增加沟壕蜿蜒等一系列增强湿地交错带边界活性热区的新技术，并通过水位升降调控等手段提升氨氧化细菌和古菌以及厌氧氨氧化菌丰度和净化性能，显著提高氨氮去除效果和湿地综合净化功能。冬季对氨氮和有机物的去除率分别提高15%和18%。

2) 研发了基于生物接触氧化、吸附与水力调控耦合作用的湿地去除氨氮强化技术、水厂多载体生物强化除氨氮水处理技术，提出了常规工艺后置生物处理的两级过滤-臭氧生物活性炭创新工艺，充分发挥人工湿地与水处理工艺的协同作用，在嘉兴贯泾港水源湿地开展示范应用，冬季对氨氮和有机物的去除率分别提高15%和18%。形成了平原河网地区复合污染水源的系统解决方案，解决了一直困扰嘉兴市冬季低温期水厂氨氮无法稳定达标的难题，成果在海宁、桐乡等水源污染河网地区推广应用。

3) 形成了《水源净化湿地系统技术指南》《城市水源人工湿地设计导则》《城市水源人工湿地运行维护技术导则》《水源生态湿地建设与长效运行管理技术指南》等规范化文件。技术就绪度从启动时的6级达到9级，入选"中国人居环境范例奖"（2011年度）、"迪拜国际改善居住环境全球百佳范例奖"（2012年）。

(4) 突破了臭氧-活性炭工艺微型动物和溴酸盐次生风险控制技术，破除了该工艺在不同区域推广应用的技术障碍。

1) 突破了臭氧-活性炭工艺微型动物风险防控技术。针对生物安全问题，总结形成微型动物防控技术，提出交替预氧化灭活、高效絮凝沉淀去除和冲击式杀灭的水厂全流程防控措施，有效解决了生物活性炭床上的微型动物泄漏问题，提高了工艺的生物安全性，建设了深圳梅林水厂（60万 m^3/d）等示范工程，并在粤港澳大湾区、南水北调受水区等地区进行了技术示范和规模化应用，总处理规模在300万 m^3/d 以上。

2) 提出了适应不同水源特征的溴酸盐控制技术。针对臭氧-活性炭深度处理工艺产生致癌性溴酸盐风险，阐明了溴酸盐生成机理和控制方法，提出基于加氨的溴酸盐抑制技术和过氧化氢高级氧化控制溴酸盐技术等技术与方案，提高了深度处理工艺的化学安全性，建成上海临江水厂（60万 m^3/d）、吴江第二水厂（30万 m^3/d）、济南鹊华水厂（20万 m^3/d）等示范工程，在我国太湖流域、黄河流域和其他地区的臭氧-活性炭深度处理水厂推广应用。

3) 基于专项成果编制了《臭氧-活性炭深度净水工艺设计与运行管理技术规程》《臭氧-活性炭工艺无脊椎动物控制技术指南》《臭氧-活性炭工艺副产物控制技术指南》等技

术文件。

(5) 揭示了饮用水净化超滤膜污染机理，形成了超滤膜净水工艺组合技术，破解了超滤膜技术在大型水厂的规模化推广应用的瓶颈。

1) 破解了饮用水净化超滤膜污染控制技术难题，保障了超滤膜净水工艺的稳定运行。在优化不同原水水质、不同膜组合工艺条件下，针对大型超滤膜水厂的主要工艺参数及运行条件，提出了超滤膜污染控制措施，实现了对膜污染的有效控制和膜通量的长期稳定保持；明确了不同原水温度下膜运行通量范围，保证大型超滤膜水厂的长期稳定运行；提出了基于正常物理清洗、NaClO维护性清洗和酸碱化学清洗的膜污染控制对策。

2) 形成了超滤膜净水工艺组合技术，保障膜工艺稳定运行，降低运行成本和能耗。"十一五"期间水专项支持设计建成国内首座大型超滤组合处理工艺饮用水厂-东营南郊水厂（10万 m^3/d，2009年12月建成通水），采用国产超滤膜组件，出厂水水质稳定达到《生活饮用水卫生标准》GB 5749—2006要求，其中藻类去除率100%，浊度稳定在0.1NTU以下。吨水膜单元增加建设成本不超过200～300元，吨水运行成本增加不超过0.3元。"十三五"期间，又在郭公庄水厂建成全国最大的50万 m^3/d 的国产超滤膜水厂，其技术经济性能指标达到国内领先水平。

3) 形成了超滤膜水厂设计和运行管理的一系列标准规范，为膜技术在市政给水领域更广泛的工程应用提供依据和指导。核心成果纳入《室外给水设计标准》GB 50013—2018和《城镇供水厂运行、维护及安全技术规程》CJJ 58—2009修编内容，并编制了《城镇给水膜处理技术规程》CJJ/T 251—2017。

(6) 发展了诱导结晶硬度去除技术，有效解决了高硬度地下水源供水"水垢"问题。

1) 高效固液分离和流化床两种反应形式的诱晶软化技术，以及两种处理装置，获取了工艺运行的主要技术指标和关键工艺参数。已分别示范应用于济南平阴县田山水厂和牛旺庄水厂，工程出水水质均稳定达标。与现有处理技术相比，该工艺技术出水水质稳定，产水率高，出水可依需要进行控制，可低于100mg/L；处理费用低，建设成本在280～500元/($m^3 \cdot d$)，去除100mg/L总硬度（以 $CaCO_3$ 计）的运行成本在0.15～0.18元/m^3。运行过程基本可实现生产废水的"零排放"，且可与其他工艺技术组合使用，具有显著的经济效益和社会效益，应用前景广阔。

2) 通过总结了工艺适用范围和工程维护管理经验，形成《饮用水硬度去除技术指南》1项，建立了地下水诱导结晶硬度去除成套化工艺技术包，为高硬度地下水源水厂的新建与改（扩）建工程的工艺选择、设计、建设及运行管理等提供了技术指导。水专项实施之前技术就绪度为7级，水专项实施之后，技术就绪度达到8级。

(7) 突破了铁、锰、砷、氟等地下水特殊性水质问题，充实完善了地下水水源饮用水处理工艺的设计标准和运行手册。

1) 突破了传统除砷技术中受砷价态和吸附剂再生的限制，开发出同步去除As(Ⅲ)和As(Ⅴ)的原位包覆再生新型除砷技术。在郑州东周水厂（20万 m^3/d）成功进行工程示范，后面该技术又先后成功应用于北京市朝阳区、通辽等地多个水厂的强化除砷改造工程，总供水规模达到 5 万 m^3/d。设计进水砷浓度为 $0.02\sim0.025mg/L$，出水总砷浓度稳定在 $0.01mg/L$ 以下，处理成本低于 0.1 元/ m^3。水专项实施之前技术就绪度为 3 级，当前技术就绪度达到 8 级。

2）研发出络合-吸附复合原理的接触过滤除氟技术，解决了传统氧化铝吸附剂再生困难、使用寿命短的问题。该技术在河南省兰考县固阳镇固阳水厂开展了示范工程，处理规模为 240 m^3/d，进水氟化物浓度在 $1.3\sim2.0$ mg/L，出水氟化物浓度$\leqslant 1.0$ mg/L。该技术还在内蒙古巴彦淖尔市的 4 个水厂进行了应用，这几处水厂原出水中的氟化物含量超标 $1\sim2$ 倍，总供水量约 11000 m^3/d，覆盖供水人口约 8.3 万人。技术就绪度由 3 级提升到 7 级。

3）优化了传统净水技术中铁锰去除工艺，实现了铁、锰、氨氮复合污染的同步去除。该技术成功应用于哈尔滨松北区前进水厂改扩建示范工程，原水 $TFe(15.0\sim20.0mg/L)$、$Mn^{2+}(1.1\sim1.7mg/L)$、$NH_3\text{-}N(0.9\sim1.2mg/L)$ 时，处理后出水满足《生活饮用水卫生标准》GB 5749—2006 的要求，$TFe\leqslant 0.2mg/L$，$Mn^{2+}\leqslant 0.05mg/L$，$NH_3\text{-}N\leqslant 0.2mg/L$，长年稳定达标。同比传统两级过滤技术，节约基建投资 30%，节约运行费用 20%。技术就绪度由 5 级提升到 8 级。

(8) 探索了适合我国农村供水的新路径，形成城乡统筹区域供水和模块化装备供水新模式，破解农村供水安全保障难题。

相比城市供水，我国农村供水存在一些特殊问题，一是水源分散，保护困难；二是技术落后、设施简陋；三是管理粗放、监管乏力。水专项实施前，我国一些地区正在开展城乡供水一体化研究与示范，但是农村供水存在用户分散、用水量小、经济承受能力低等问题，技术就绪度为 $5\sim6$ 级。针对上述问题，水专项形成了城乡统筹区域供水规划模式、长水龄条件的管网水质保持技术、供水全流程监管技术，研发了以模块化为核心的农村适用供水设备，提升了村镇供水保障能力。

1）创新城乡统筹供水模式，探索农村饮用水安全保障新途径。对于人口密度高、城镇化程度高的地区，针对上述问题，水专项形成了城乡统筹区域供水规划模式、长水龄条件的管网水质保持技术、供水全流程监管技术，打破了城乡供水"二元结构"，实现了城乡供水同网、同质、同价、同服务。江苏省城乡统筹区域供水乡镇覆盖率达到 99% 以上，基本覆盖全省约 2400 万农村人口。技术成果在太湖流域（江苏、浙江和上海）城乡统筹供水中推广应用全覆盖，从根本上提升了村镇供水保障能力，彻底改善了农村龙头水水质。

2）针对村镇地区分散供水的特点，开发出适宜不同地区水源水质的适用净水技术与模块化装备。提出了适用于农村供水的少药剂或无药剂的膜过滤净化和变频紫外线消毒技术，形成标准化、系列化产品。突破了常规一体化供水装置处理工艺模块化、工艺产品标准化，形成了适用于不同原水水质和净化目标的系列化装备，实现了装置运行远程监控和自动化运行，建立了国内最大的"常规一体化供水装置"的生产基地，装备的年生产能力由原来的 100 台套提高至 2000 台套，产业化水平迈上新台阶，相关产品国内市场占有率高达90％以上，产品销往国内并实现出口至柬埔寨等一带一路国家。产品在国内外80余座水厂应用，总供水规模达到72.8万 m^3/d，有力支撑了一体化供水装置的推广应用。形成了《一体化给水处理装置应用技术规程》CECS 349—2013等标准化文件，为设备制造及检测评估提供了规范化指导，显著提升了我国一体化净水设备生产应用的标准化水平，技术就绪度达到8级。

3. 解决了复杂供水管网"黄水"防控与漏损管控等技术难题

（1）揭示了水源切换时供水管网"黄水"发生机理，突破了管网水质风险识别和控制技术，化解了发生大规模"黄水"风险。

南水北调工程等长距离、跨流域调水的实施使我国很多城市供水面临不同水源切换和多水源供水的局面，水专项实施初北京从河北黄壁庄水库调水过程中供水管网曾出现过大面积"黄水"现象。水专项针对南水北调受水区可能出现的水质风险开展了系统的研究，研发水源切换供水区域水质风险识别技术，提出"黄水"风险评判指标，形成控制技术方案，化解了水源切换供水管网大规模"黄水"发生风险。

1）揭示水源切换时供水管网"黄水"发生机理。管垢稳定性差异是判别水源切换时能否发生大规模管网"黄水"的关键。水源切换时不易发生"黄水"的管道其管垢表面存在以稳定性 Fe_3O_4 为主的致密层，同时发现生物膜中铁还原菌和硝酸盐还原菌为优势菌时有利于 Fe_3O_4 的生成；而水源切换时易于发生"黄水"的管道管垢无致密稳定管垢层，α-FeOOH 含量高，生物膜中铁氧化菌为优势菌。

2）提出水源切换供水区域水质风险识别技术。供水管道中管垢稳定性与长期输配的水质有关。水中 HCO_3^- 和 NO_3^--N 浓度低、溶解氧和消毒剂浓度高，形成的管垢中 Fe_3O_4 占比高，应对水质变化能力强，水源切换后管垢内铁不易释放。管网水中相对较高浓度的余氯和溶解氧对管垢的稳定性具有促进作用。因此，引入硝酸盐、溶解氧和余氯修订传统拉森指数，提出了2项具有普适性的水源切换管网"黄水"预测指数，即综合性水质腐蚀性判定指数和水质差异度指数，以此形成了基于水质参数的供水管道管垢稳定性评价技术用于"黄水"预测。

3）形成南水北调受水区"黄水"控制技术方案。研究出厂水水质指标对管网水质稳定性的影响规律，发现溶解氧、余氯、总碱度、硫酸根、硝酸盐和pH等是影响管网铁释放的重要参数，由此构建了以出厂水水质控制为核心的水厂-管网协同控制技术，并在此基础上构建了包括多水源分区调度调配、基于水厂消毒与管网末梢余氯控制的管网水质稳定性综合控制技术。

4）形成《南水北调河南受水区典型城市供水系统水源切换及应对技术指南》《南水北调山东受水区城市供水管网水质保障技术指南》，相关成果已纳入新修订的《室外给水设计标准》GB 50013—2018。在北京市多水源供水条件下的大型复杂管网进行了工程示范，为北京、河北、山东和河南等地区多水源切换条件下控制供水管网水质、最大程度地使用南水北调外调水源，发挥了重要科技支撑作用。该技术就绪度达到9级。

（2）建立了基于分区管理的供水管网漏损控制技术体系，解决了超大城市复杂供水管网漏损识别与控制技术难题。

供水管网漏损是全球供水行业长期面临的普遍问题，水专项实施前我国城市供水管网综合漏损率约为16%。"水十条"规定，到2020年，全国公共供水管网漏损率应控制在10%以内，对管网漏损控制提出了很高的要求。水专项在管网水量平衡分析、基于分区计量的漏损监测、管网压力优化调控，以及爆管风险评价与识别定位等方面进行了研究。

1）建立了适合我国供水管网特征的水量平衡分析方法，实现对管网漏损进行准确定量解析。针对我国供水管网与国外供水管网运行和管理上的差异，改进了国际水协会提出的水量平衡分析方法，明确了管网漏损的各个构成组分，为我国供水管网的漏损分析提供了基本依据。该方法是首次在我国提出，已被编入《城镇供水管网漏损控制及评定标准》CJJ 92—2016。

2）开发了供水管网漏损高效识别方法，有效解决了管网漏损识别定位难题。针对复杂管网漏损监测难的问题，建立了管线和独立计量分区（DMA）尺度上的管网漏损多级评价方法，优化了监测方案，提高了监测效率；将DMA流量监测数据与听音法检漏数据相结合，开发了基于DMA流量异常诊断与漏水噪声监听的管网漏损高效预警、监测方法，提高了漏损检出能力。技术成果纳入《城镇供水管网分区计量管理工作指南-供水管网漏损管控体系构建（试行）》，已在全行业发布实施。

3）构建了基于DMA的最低可达夜间流量评价方法。明确了其主要影响因素包括管材、管长、管径、管龄、户数、压力等，实现了DMA可控漏损水量的预测，并基于成本效益分析，优化了管网漏损控制策略。

4）管网漏损控制技术在示范应用中取得成效，示范区管网漏损率显著下降。北京市区漏损率从2011年到2020年由14.18%下降至9.93%，实现了年节水约2500万 m^3 的效果。苏州松陵片区供水管网17.6 km^2 示范区管网漏损率由2017年的21.6%降低到2020年的3.91%，达到发达国家先进水平。

（3）解决了供水系统"最后一公里"的技术难题，为保障居民龙头水水质提供了成套的技术支撑。

用户供水水质下降甚至无法达标是城市"最后一公里"供水的主要问题，主要表现为黄水、浑水、微生物增殖等水质问题，直接原因是这部分供水设施老旧失修、材质落后，以及清洗消毒等运行维护不及时、不到位。此外，居民小区入住率、用水量、用户管道材质等也是影响用户饮用水水质的重要因素。"最后一公里"供水安全保障已成为制约"让百姓喝上放心水"的瓶颈和短板。

1）提出了二次供水管材评价与选用技术。通过对生活给水管道安全性、耐久性以及全生命周期内的节能环保性、经济性进行评价，研发和建立了生活给水管道和主要供水设备的综合评价体系，补充和完善《生活饮用水输配水设备及防护材料安全评价标准》，为二次供水常用管材和主要设备的选用评价技术提供切实可用的技术参数和评价依据。

2）提出了建筑内管路系统优化布局技术。揭示了二次供水系统中水体余氯衰减规律、水质污染特性等与水力停留时间的相关性，建立了建筑给水管道（建筑立管和户内管道）

的水力循环系统,提出了环状配管阻力损失的理论计算方法,研发了用以减少死水段并与链状、环状方式配套的双承弯构件,并从节能、节水、保障水质的角度提出建筑管路优化布置建议。

3) 研发了二次供水水箱水质监测与消毒技术。提出了包括减少水箱死水区的导流板优化布置、内衬新型环保材料的老旧水箱原位改造、不同水箱壁面材质的清洗剂选择等在内的水箱改造及清洗消毒技术。研发了二次供水水箱水质实时监测系统,开发了基于实时水质数据反馈的二次供水水箱自动补氯技术,由实时水质数据驱动加药泵精准投加消毒剂,实现余氯精准控制。

4) 形成了适合我国实际的二次供水管理模式。通过对上海、北京、深圳、苏州、郑州等国内城市的二次供水管理进行系统调研,总结了目前我国城市二次供水管理的四种模式。明确了二次供水设施的产权归属、运行和维护的责任主体,落实了新建小区二次供水设施、改扩建和运行维护管理费用,支持供水企业接管二次供水设施,加强二次供水水质监管。

技术成果支撑编制和修订了国家标准《建筑给水排水设计规范》GB 50015(报批稿)、行业标准《二次供水工程技术规程》CJJ 140(报批稿)、中国工程建设协会标准《二次供水运行维护及安全技术规程》T/CECS 509—2018、住宅科技产业技术创新战略联盟标准《二次供水设备与材料用与评价指南》AFH-103—2018 等 6 套相关技术标准规范,出版了《二次供水工程设计手册》《建筑给水排水设计手册》(第三版)2 部书籍。该技术就绪度达到 8 级。

4. 实现了饮用水安全监管从事后被动应对向主动风险管理转变

水专项实施前,我国供水水质管理存在以下 3 方面问题:一是实验室检测方法不完善、在线监测和应急监测标准匮乏,水质预警技术不成熟、水质信息资源分散;二是水质监测设备依赖进口,国产化不足;三是水质标准制订基础数据匮乏,水质标准更新针对性不足;四是供水行业缺乏监督管理技术手段和依据,信息化手段匮乏。整体技术就绪度为 4~5 级。针对我国饮用水安全的日常管理、监督管理和应急管理等需求,水专项研发形成水质检测标准化技术、饮用水水质风险评估及标准制定技术,整合构建了国家-省-市三级供水安全监管业务化平台,支撑了"水十条"要求"从水源地到水龙头全过程监管饮用水安全"的全面落实,提高了我国饮用水安全监管的业务化水平。

(1) 建立了"从源头到龙头"供水系统全流程标准化监测技术体系,实现了监测方法的规范化。

建立了"从源头到龙头"供水系统全流程标准化监测技术体系,涵盖实验室检测、在线监测和移动监测,填补了在线监测标准的空白,对现行标准中部分指标的检测方法进行了补充或完善。通过监测/检测技术的优化与改进,实现了生活饮用水及其水源水中 300 余种痕量污染物的定性定量筛查鉴定,方法检出限降低了 1~3 个数量级,降低了检测的假阳性概率。显著提高了检测自动化水平,最大程度上降低了检测过程中有机试剂的使用量。

(2) 建立了饮用水水质风险评价方法，获取了我国饮用水水质风险评估关键参数，全面支撑了生活饮用水卫生标准修订。

全面支撑了《生活饮用水卫生标准》GB 5749 的修订。完成了我国持续时间和规模最大的水质普查和风险筛查，为我国《生活饮用水卫生标准》GB 5749 的修订提供基础数据支撑。调查 78 个城市（235 个自来水厂），定向调查 761 项水质指标覆盖了大部分新兴和热点污染，流域覆盖国土面积达 80% 以上。估算本土化饮水消费和人群敏感性差异，完成风险评估关键参数估计。构建了饮用水优先控制清单，并基于风险控制完成水质标准修订，例如本次标准修订吸纳了水专项发现的高氯酸盐和乙草胺两个高风险污染物指标。

(3) 整合构建了城市供水系统监管平台并开展了业务化运行，支撑全国城市供水水质督察和供水企业规范化管理考核业务化工作。

支持建成 1 个国家城市供水全过程监管平台，建成山东、河北、江苏 3 个省级平台和济南、德州、邯郸等数十个城市级平台；国家、省、市三级平台均实现了实时监控、监测预警、应急管理、日常监管、专项业务等八大类监管业务功能。国家平台支撑了 2019 和 2020 年度水质抽样检测（水质督察）和国家供水应急救援八大基地运行等业务的开展。编制了《城市供水水质督察技术指南》，指导了 2009 年以来开展的全国城市供水水质督察，系统支撑全国供水水质督察由 35 个城市扩展到全国 667 个城市和 1472 个县城，覆盖全国县城以上城镇近 4500 个公共供水厂，涉及用水人口约 4.36 亿人。

5. 彻底扭转了我国面对突发事件时城市供水被动应急的局面

突发水污染或自然灾害事件往往导致城市供水危机，严重影响城市供水安全，给公众生活和社会秩序带来了很大困扰，存在以下 3 个方面的难点：一是在突发事件及污染物的不确定性下，如何快速确定应急处理技术和工艺参数；二是如何缩短应急救援时间，对降低突发事件损失与影响至关重要；三是在供水应急救援中如何确保人民群众的基本用水需求。水专项实施之前，我国缺少应对突发水污染的成套应急处理技术，不掌握饮用水水质指标的短期健康影响效应，缺乏水源突发污染时规范化的应急管理办法，城市供水应急预案缺乏针对性和实用性，技术就绪度为 5~6 级。水专项针对上述问题开展综合研究，形成城市应急供水成套技术、应急预案制定技术，技术就绪度提高到 8~9 级，极大提高了我国应对水源突发污染和自然灾害引发的城市供水危机的能力，彻底扭转了我国供水行业面对突发水源污染缺乏相应处理技术的被动局面。

(1) 揭示了多种污染物的短期饮水健康影响，首次将饮用水短期暴露健康影响因素纳入水源风险评估。建立了我国突发事件饮用水污染物短期暴露健康风险的评估方法，编制了《饮用水中污染物短期暴露健康风险参考值制定指南》，确定了 50 种污染物的一日和十日饮水水质安全浓度，使我国水质标准由单一的标准限值，发展到不同暴露条件下的一系列水质安全浓度值，促进我国饮水标准由质量控制提升到风险控制，为突发水源污染应急供水管理决策提供科学支撑。

(2) 建立了污染物的识别、评估、监测、退出机制，将"常规指标与非常规指标"简单划分监测方式提升为"一物一策"，根据风险评估结果实施监管的风险防控监测方式。

编制了《城镇供水水源水质突发污染风险识别与监测管理实施办法》，把应急管理从"不合格就停水"的质量控制决策体系，提升到"按影响确定停水对策"的风险控制决策体系。

（3）系统研究并开发形成了城市供水应急净化处理成套技术和城市供水应急预案制定技术。研发的应急净化处理技术涵盖172种污染物，基本覆盖饮用水相关标准中涉及的主要环境污染物，成功应对专项实施期间的全国40余起供水应急事件，彻底扭转了我国供水行业面对突发水源污染缺乏相应处理技术的被动局面。根据研究成果形成《城市供水突发事件应急预案编制指南》，提出了应急组织体系、运行机制、应急保障和监督原则，建立了风险源排查评估和应急响应流程，指导各地政府和供水企业编制应急预案，防治未病，对风险预先制定应急处理方案，并进行演练。

（4）形成了由六种关键技术组成的应急净水成套技术，覆盖了饮用水标准和主要环境风险污染物，确定了172种污染物的应急适用技术和工艺参数，建立了不同类型污染物应急处理特性的预测模型，编制了《城市供水厂应急处理技术导则》，提供了水厂应急净水设施建设的系列化设计文件，开发了移动式应急处理导试水厂和移动式应急加药设备，为我国供水行业应对水源突发污染奠定了技术基础，指导了行业应急能力建设，为成功应对广西龙江河镉污染、四川广元水源锑污染等40多起突发水源污染和灾害事故提供技术支持，研究水平和应用水平整体上达到国际领先地位。

（5）支撑国家供水应急救援中心和八大基地建设。针对我国应急供水救援能力不足，在救援过程中缺乏相应的救援物资、人员、设施等统筹协调能力，缺少相应装备等问题，从救援实施、调度决策、信息保障与应急装备制造等方面建立了城镇供水应急救援体系，技术支持建立了国家供水应急救援八大基地，有效覆盖了我国90%的人口，填补了我国供水应急救援能力的空白，在雅安地震、恩施泥石流等事件的应急供水中起到"安定民心"的特殊作用。

（6）支撑了政府供水应急决策管理工作。基于污染物短期暴露对健康的影响程度，确定了针对性的管控对策，为政府主管部门制定应急供水管理办法提供了技术支持，把应急管理从"不合格就停水"的质量控制决策体系，提升到"按影响确定停水对策"的风险控制决策体系。

（7）编制形成了系列的标准化文件，如《城市供水应急预案编制指南》《城镇公共供水应急处置决策的技术指南》《城市供水突发事件应对管理办法》《城市供水厂应急处理技术导则》等技术文件，提高了我国应急供水管理水平。

6. 推动供水关键设备材料国产化，打破国外长期垄断

长期以来，大小臭氧发生器、超滤膜等供水关键设备材料主要依赖进口，价格昂贵、运行成本高、投资成本高。在设备材料性能如强度、通量、寿命等方面，尚不能适应我国供水水质特点和行业要求。这些因素限制了先进的水质净化、监管技术等在我国广泛推广应用，影响了我国饮用水水质提升和行业发展。在水专项支持下，开展大型臭氧发生器、超滤膜、检测材料与设备等国产化研发，建成18个产业化基地，推动了大型臭氧发生器、净水超滤膜组件、水质监测设备等材料设备的产业化。

（1）国产大型臭氧发生器打破国外垄断，在大型水厂应用实现"零"的突破。研制成功 20～120kg/h 玻璃和非玻璃介质大型臭氧发生器系列产品，主要性能指标达到国际先进水平。2019年市场占有率达到50%～60%，已在北京郭公庄水厂、济南鹊华水厂、昆山第四水厂等示范应用。形成《水处理用臭氧发生器技术要求》GB/T 37894—2019、《水处理用臭氧发生器》CJ/T 322—2010 等4项标准。

（2）突破了超滤膜组件及其装备制造技术，提升了我国膜装备国产化水平。开发出适用于饮用水处理的 PVC/PVDF 型超滤膜及其膜组件，在海南、天津、苏州多地建成产业化基地，膜材料产能达到 417 万 m^2/年，形成了多个系列化、标准化的产品及装备，国产化率高达 95% 以上，产品通量、强度以及膜寿命等指标达到国际先进水平，价格比国外同类产品下降 30% 以上，国内市场占有率高达 70% 以上，年产值超过 700 亿元。国产超滤膜水厂规模由 2 万 m^3/d 发展到 900 万 m^3/d。

（3）研发了一批具有自主知识产权的检测仪器和材料设备。自主研发了水质毒性分析仪、颗粒物计数仪等水质监测检测仪器，填补国内空白，关键性能指标达到国际先进水平，价格比国外同类产品降低 30%～50%。自主研发的便携式气相色谱-质谱联用仪（GC-MS）、水质移动监测站年生产能力达到 100 套，国内市场占有率达 90% 以上。形成了听漏仪等 7 项拥有自主知识产权的漏损监控关键设备，渗漏预警系统和多功能漏损监测仪填补了国内空白，部分产品技术达到国际先进水平，较进口产品价格降低 30%。建设了 4 个漏损监控设备产业化基地，形成听漏仪和相关仪年产 500 台套、管线定位仪年产 1000 台套的产业能力，产品在北京等 10 个城市开展示范应用，部分产品出口到二十多个国家和地区。研制了模块化、一体化供水设备并实现产业化，生产能力由原来的 100 台（套）提高至 2000 台套，相关产品国内市场占有率高达 90% 以上，为保障村镇分散供水安全、提升水质提供了重要的支撑。

14.2 典型成果应用案例

1. 太湖流域饮用水安全技术与综合示范应用

太湖蓝藻暴发影响饮用水水源，并直接影响城市供水安全。2007年太湖蓝藻水华引起水源严重污染，导致无锡发生72h自来水危机，70%的无锡市民无法正常用水。太湖流域有湖泊、河网和江河三种类型饮用水水源，原水复杂多变。湖泊型水源受高藻影响，河网水源存在高氨氮和高有机物污染特性，上海黄浦江水源长期受到嗅味和有机物影响，长江水源面临咸潮入侵。同时，饮用水安全保障技术相对落后，太湖流域饮用水安全保障突出问题。

水专项开展了"从源头到龙头"饮用水安全保障的关键技术研究和示范应用，形成了以臭氧-活性炭为核心的多级屏障净化技术，以及三类水源分类解决方案，建设56项示范工程，通过流域推广应用，实现环太湖城市深度处理全覆盖、城乡统筹全覆盖、应急保障全覆盖、统接统管全覆盖，2000万人口龙头水质稳定达标。供水管网漏损率降低到10%以内。通过两省一市的推广，间接受益人口达1亿人。

（1）高藻湖泊型太湖水源饮用水安全保障多级屏障技术和解决方案。创新了以控藻为目标的预处理技术和深度处理技术，建立了以臭氧-生物活性炭为核心的协同净化与多级屏障饮用水处理新工艺，在无锡、苏州、吴江、宜兴等城市13座水厂（470万 m^3/d）综合示范，在13个市县推广应用（总规模1335万 m^3/d），基本消除了饮用水藻类、嗅味等广大群众反映强烈的水质问题，800万人口龙头水质稳定达标。2017年太湖蓝藻水华规模超过2007年，水专项技术支撑作用充分发挥，太湖沿线各个城市饮用水稳定达标，龙头水无嗅无味，有效避免了太湖藻类暴发可能导致的停水危机。

（2）高氨氮河网型水源饮用水安全保障技术与解决方案。攻克一直困扰着嘉兴地区的冬季氨氮出水不能稳定达标的难题，在浙江嘉兴市地区等示范应用，解决了全国污染最严重的河网水源水的饮用水水质安全问题，嘉兴湖州市200万人口龙头水质问题达标，漏损率降低到10%以内（"水十条"要求），建设了"从水源到龙头"管控一体化平台，实现工程技术与运行管理有机结合，提升供水行业精准管理能级。

（3）复杂嗅味微污染江河型水源饮用水安全保障技术与解决方案。形成了黄浦江上游金泽水库、长江青草沙水库和陈行水库的上海多水源联合调度技术方案和平台，实现上海三大水源水质水量调度运行（1000万 m^3/d）。形成了嗅味、有机物协同净化技术方案和臭氧-活性炭工艺溴酸盐风险控制技术，黄浦江水源全面实现深度处理（占上海供水40%），彻底解决长期存在的嗅味问题，1000万人口龙头水质稳定达标。

（4）发布了地方饮用水水质标准《上海市饮用水水质标准》和《江苏省城市自来水厂关键水质指标控制标准》DB32/T 3701—2019，实现了龙头水从"合格水"向"优质水"转变，形成优质（高品质）饮用水水质净化处理集成技术，在上海、苏州建成示范区（点），直接受益人口超过10万人。

（5）编制和发布了《太湖流域江苏地区城乡统筹区域联网供水运行技术导则》等20项技术规范。在江苏全省推广应用，全省城乡统筹区域供水覆盖率从2008年30%上升至2019年98%，臭氧-活性炭深度处理总能力2020年达到3000万 m^3/d（占全省总供水能力的95%），江苏全省98%的水厂建成应急处理系统，全省饮用水水质综合合格率达到99.9%。在上海市推广应用，实现两江并举、水库集中供水格局，集约化供水95%，嗅味和口感等水质指标明显改善，间接受益人口2000万人，饮用水水质综合合格率由2010年91.77%提高到2019年99.73%。

2. 京津冀及南水北调受水区技术与综合示范

2008年10月北京市在利用南水北调干渠京石段调入河北省应急水源后，曾出现持续较长时间的大面积管网"黄水"，严重影响了居民正常生活。水专项系统优化南水北调受水区的多水源配置、供水设施布局和净水技术工艺，针对水源切换管网"黄水"控制开展相关研究，通过研究水源切换前后出厂水拉森指数、硝酸盐浓度等水质特征和管垢中Fe_3O_4成分、生物膜群落结构等管网特征，突破了以水质化学特征和管垢稳定性特征为判据的水源切换管网"黄水"敏感区识别技术，实现了对"黄水"风险的预测，构建了基于水厂深度处理提升生物稳定性和根据"黄水"风险制定水源切换策略的综合控制方案。

技术成果应用有效化解了水源切换后供水管网大面积出现"黄水"的风险，保障了首都的供水安全；编制《南水北调受水区城市供水安全保障技术指南》为北京、天津、郑州、石家庄、保定等南水北调受水区重点城市合理配置黄河水、长江水和当地水资源，水源切换条件下优选净水工艺，为保障管网水质稳定提供了重要技术指引，支持北京市成功应对南水北调水源切换管网大规模"黄水"发生，实现北京市公共供水全区域龙头水稳定达标，受益人口超过1000万人。

3. 粤港澳大湾区饮用水安全保障技术与综合示范

针对珠江下游地区水源污染、水源低硬度低碱度、水质化学稳定性差，咸潮上溯以及湿热气候条件下深度处理工艺生物安全性等问题，水专项开展了适应性技术研究和工程示范，建立"水源改善-水厂净化-安全输配"的全过程集成技术体系，突破了河库型水源高效净化优化调度等技术难题，建设了深圳城区型水库水质监测与库群调配等示范工程，增强了原水保障水平，澳门、香港因同饮珠江水也直接受益。突破了深度处理工艺次生风险控制等技术难题，建成了在深圳梅林水厂（供水规模为 60 万 m^3/d）和广州南洲水厂（供水规模为 100 万 m^3/d）等示范工程应用，实现了出厂水的优质供给；突破了输配管网诊断及水质稳定等技术难题，采用实时水力水质模型指导管网优化运行调度，提高供水管网精细化管理水平。

通过理念和技术创新，实现了自来水生产输配过程的食品级管控，支撑了深圳自来水直饮示范区建设。在水专项技术成果的支撑下，形成了基于HACCP危害识别与控制的供水系统运行管理风险评估的关键技术，构建了HACCP全过程水质风险管控体系，建立了全国首个优质饮用水技术标准体系，深圳市盐田示范区23万人自来水可直饮，用户龙头水水质综合合格率达到98％以上，引领辐射粤港澳大湾区供水标准向国际先进城市看齐。

4. 黄河下游地区饮用水安全保障技术与综合示范

山东省地处黄河下游，为我国北方严重缺水地区，黄河水是当地最大的客水资源和重要饮用水水源。黄河水整体呈现微污染特征，引黄水库富营养化严重，水质高藻高嗅味问题日益凸显。此外，引黄水等客水资源与本地地表水、地下水联合调配使用，多水源供水引发的原水水质波动大、水厂工艺不适配、管网水质稳定性差等问题突出，饮用水全流程安全保障科技支撑能力严重不足。自"十一五"时期水专项实施以来，水专项先后部署了"黄河下游地区饮用水安全保障技术研究与综合示范"等10余项项目、课题或子课题研究任务，投入中央财政资金约1.9亿元，山东省配套示范工程建设经费约5.0亿元，在饮用水安全保障领域，系统开展了"全流程多级屏障"及"全过程协同管理"两大成套技术的应用集成与综合示范，攻克大型膜法水厂工艺集成应用等技术难题，支撑建成我国首座大型超滤膜水厂；构建省市两级监测预警业务化平台，全面提升饮用水安全监管技术能力。

核心成果已在山东省39座示范工程水厂推广应用，总制水规模290余万 m^3/d，龙头水水质稳定达到并优于《生活饮用水卫生标准》GB 5749—2006的要求，直接受益人口超过100万人;技术成果推广至全省13市39座水厂,总制水规模达290万 m^3/d,受益人口超过1600万人;全省供水水质督察实现县级以上城镇全覆盖,设市城市出厂水合格率达到100%,受益人口6000余万人,为保障黄河流域供水安全提供了整体解决方案和工程范例。

14.3 实施成效与影响

1. 整体提升了我国饮用水安全保障能力和科技水平

(1) 提高了我国饮用水安全保障科技创新能力。一是建立一批高水平的创新平台/研发基地。水专项支持建成了水质净化处理、管网安全输配、设备材料测试、水质检测分析、水质安全监管、供水应急救援6大类10余个技术研发平台和基地,为饮用水安全保障提供能力支撑。二是培养了一批勇于开拓、拥有国际竞争力的学术研究和管理运营的研发团队和领军人才,发展和提升了我国饮用水安全保障技术人才水平和能力储备。

(2) 促进了我国饮用水安全保障领域科技进步。一是建立了饮用水安全保障技术体系,包括发展和丰富"从源头到龙头"饮用水安全多级屏障工程技术并实现了工程化;创新和建立了"从源头到龙头"全过程饮用水安全监管技术并实现业务化;创建了"从书架到货架"材料设备开发技术并实现了产业化。二是探索城市高品质饮用水技术路线,引领上海、深圳、苏州等大都市饮用水水质提升。三是构建了适合我国国情的饮用水技术标准体系,取得一系列标准化成果,丰富和完善了饮用水安全保障技术标准,覆盖"从源头到龙头"供水全流程,涵盖供水系统规划设计、运行管理、安全监管和设备材料产业化。

(3) 提高了我国饮用水安全监管和应急救援能力。发展和完善了饮用水水质相关标准,支撑实施了全国供水水质督察市县全覆盖,建立了国家供水水质安全监管平台并实现业务化运行,支持构建了应急供水保障体系,支撑建设了国家供水应急救援中心和八大基地,整体提升了我国饮用水安全保障能力。

2. 推动全国城乡饮用水安全保障和高质量发展

(1) 显著改善北京、上海、深圳等国际化大都市饮用水质量。专项技术成果支持北京市成功应对南水北调水源切换管网大规模"黄水"发生,实现北京市公共供水全区域龙头水稳定达标,受益人口超过1000万人;支持系统解决了困扰上海多年的饮用水嗅味问题,全市饮用水品质显著提升,上海市饮用水水质综合合格率由2010年91.77%提高到2019年99.73%,臭和味合格率由2010年77.82%提高到2019年98.01%;支撑了深圳盐田自来水直饮示范区建设,2017~2018年示范区出厂水、管网水及二次供水合格率分别为100%、99.9%、97.51%,用户龙头水水质综合合格率为98.39%,深圳市盐田区23万人实现了自来水可直饮。

(2) 解决了长期困扰我国重点发展区域的饮用水稳定达标的难题。技术成果在太湖流域(长三角)、京津冀、粤港澳大湾区等重点地区进行了规模化示范应用与推广,破解了我国重点发展区域藻类、嗅味、氨氮、砷、氟等水源问题导致的饮用水水质问题,化解了南水北调受水区水源切换供水风险，直接受益人口超过1亿人，惠及人口超过5亿人。

（3）着力解决嗅味和硬度等老百姓反映强烈的突出水质问题

专项技术成果形成了针对特殊水质问题的技术解决方案，技术方案得到广泛应用，解决了老百姓对饮用水中嗅味、硬度、氨氮、红虫等反映强烈的水质问题，增强人民群众获得感、幸福感。

（4）创新了城乡统筹供水模式，探索农村饮用水安全保障新途径。对于人口密度高、城镇化发达的地区，创新提出城乡统筹供水模式，打破了城乡供水"二元结构"，实现了城乡供水同网、同质、同价、同服务，在太湖流域江苏、浙江和上海城乡统筹供水全覆盖，从根本上提升了村镇供水保障能力，改善了农村龙头水水质。

（5）推动全国城乡饮用水水质显著提升。通过标准规范等成果的技术引导和推广应用，整体推动了供水行业的技术进步和管理水平，全国城市供水水质抽查达标率由2009年的58.2%提高到目前的96%以上，农村饮用水安全保障能力得到显著提升，增强了人民群众的获得感和幸福感，为让"老百姓喝上放心水"作出了重要贡献。

3. 专项成果受到主流媒体和社会公众高度关注

研究成果积极回应群众关注的饮用水嗅味、硬度、"黄水"等问题，受到社会公众和媒体的广泛关注。2019年5月19日至26日在全国科技周期间展出了全流程饮用水安全保障系统展示模型，让参观群众和媒体"看见饮用水水质提升的全过程"，形象展示了水专项饮用水科技成果，央视新闻联播、朝闻天下多次报道。此外，水专项自主研发的部分技术和设备产品已在"一带一路"沿线的斯里兰卡、柬埔寨、缅甸、孟加拉、尼泊尔、乍得等国家推广应用，取得较好国际影响。

4. 标志性成果水平分析

水专项实施前，我国开始实施《生活饮用水卫生标准》GB 5749—2006，2009年全国城市供水水质达标率仅为58.2%，存在水源复合污染研究缺乏、供水技术落后、应急能力不足等系统性问题。当时，发达国家饮用水水源保护好，水源基本未受污染，水源水质较好。建设有较为系统完备的多级屏障和风险管理系统，有科学严谨的饮用水水质相关标准制定标准及方法体系，供水技术、材料设备先进，供水安全管理理念先进和技术成熟，信息化、智能化程度高。

水专项实施后，建立"从源头到龙头"饮用水安全保障技术体系，发展形成多级屏障工程、多级协调管理和材料设备制造三个技术系统，突破饮用水多级屏障与全流程监管技术，支撑确保"让老百姓喝上放心水"。有效破解了我国重点发展区域藻类、嗅味、氨氮、砷、氟等水源污染导致的饮用水水质问题，有效化解了南水北调受水区供水管网"黄水"风险。创建了适合我国大型复杂环状管网的漏损解析-评价-控制技术，苏州吴中示范区管网漏损率低至3.21%，支撑"水十条"要求的2020年公共供水管网漏损率10%以内。构建饮用水水质监测、风险评估、预警应急等全流程协同监管技术，纳入国家饮用水安全监管业务化运行，支撑全国667个城市和1472个县镇供水水质督察和安全管理规范化考核。应急监测、应急处置和应急救援等成套技术，为广西龙江镉污染、雅安地震、恩施泥石流等40多起突发水源污染和灾害事故的供水安全提供了强有力的技术支撑。形成了纳滤净水等高品质饮用水技术储备,支撑深圳盐田示范区23万人口实现自来水龙头水直饮。通过技术体系规模化示范应用,显著改善了环太湖、京津冀、粤港澳等综合示范区以及上海、北京、深圳、苏州等国际化大都市的饮用水质量,直接受益人口超过1亿人,惠及人口超过5亿人。通过引领带动,促进了饮用水安全保障能力的整体提升,全国城市供水水质达标率由2009年的58.2%提高到96%以上。

当前国际上饮用水安全保障科技发展情况:欧美国家更加关注水源保护与水质提升,强调以健康风险控制为导向净化技术发展,关注新污染物及其相应标准,不断完善和修订饮用水水质相关标准,提升饮用水品质。强化运行监管,建立智慧化管理,不断推进供水管理的公共参与。发展高端水质检测设备,研制以新一代功能膜为代表的先进材料设备和处理工艺。

第 15 章 总结与展望

15.1 经验与体会

（1）取得体系化技术成果，作出历史性重要贡献。水专项是"政府负责、企业主导、科技支撑、百姓受益"的科技工程、民生工程和系统工程，饮用水主题经过15年的艰辛探索和协同攻关，继承发展了前人的科技成果，取得了体系化的创新成果，系统构建了"从源头到龙头"全流程饮用水安全保障技术体系，并在示范应用中取得了显著成效，也将对未来技术体系的现代化进程产生影响，为我国饮用水领域的科技发展作出了历史性贡献。

（2）新型"举国体制"有助于形成体系化成果。水专项确立的重大科技工程定位、政产学研用联合攻关模式、15年持续稳定的支持机制等新型"举国体制"，具有显著特点和优势：一是顶层设计、总体布局和分步实施的策略，有助于避免技术成果"碎片化"，有利于形成体系化的技术成果；二是有助于持续培育提升技术就绪度，并针对解决系统性复杂问题，有利于形成体系化的解决方案；三是有助于持续培养锻炼科技人才队伍，整合建设科技研发平台，有利于形成体系化的科技能力。

（3）技术应用主体参与程度决定成果出口与成效。饮用水安全保障技术体系的形成与发展，还得益于与三个技术序列直接相关的三类技术应用主体（供水运维企业、政府管理部门、设备制造企业）的广泛参与和主动作为，并在技术的工程化应用、业务化运行和产业化推进中起到积极的驱动作用，这是水专项研发的技术成果有出口、能落地、见成效的关键所在。

15.2 存在的问题

一是科技成果的转移转化应用有待加强。相关的配套政策和机制有待完善，部分技术的标准化、规范化、产品化仍然滞后；另外，在现行的工程项目招投标政策环境下，新技术、新产品的应用仍存在许多障碍，这些都在一定程度上影响了新技术成果的大规模推广应用。

二是新兴污染物监测控制尚需加强。水专项当时的任务设计倾向于解决当时遇到的迫切问题的关键技术研发和示范，在过去的15年，水环境中新兴有毒有害污染物问题日益凸显，病毒、激素类等新兴污染物不断出现，未来还可能面临更多新问题和风险，危及人体健康和饮用水安全，亟需根据新时期的新要求，针对新的问题和挑战持续开展相关研究。

15.3 发展趋势展望

未来的发展目标：构建现代化的饮用水安全保障技术体系，支撑建设智能高效、绿色低耗、韧性可靠的全流程供水系统，推进我国饮用水安全保障治理体系和治理能力现代化，实现更加安全优质饮用水供给。建议将"智慧化、绿色化、韧性化"作为我国饮用水安全保障科技重点发展方向，至少在三个层面上有所发展：

（1）在战略和管理层面，需要更多关注和研究与高质量发展、低碳绿色发展的密切相关的策略、政策和管理要求，并利用物联网、大数据、人工智能等现代信息技术，提高饮用水安全管理的智能化和精准化水平。

（2）在技术和工程层面，需研究探索在全球气候变化、不确定性风险增加的背景下，如何规划设计建设和改造饮用水净化和输配系统，如何增强饮用水供给系统的韧性，提高抗击风险、化解危机的能力。

（3）在材料和设备层面，需重点开发基于无机材料的膜组件及其模块化、智能化、易维护的净水装备，既能适用于分散式的乡村供水，又能满足湿热海岛、高寒边疆地区的供水，还可适用于组团式城镇供水，应兼具绿色低碳、韧性可靠等特点。

附：水专项饮用水主题部分图书清单

1. 《饮用水安全保障理论与技术研究进展》
2. 《饮用水安全保障技术导则》
3. 《饮用水水质监测与预警技术》
4. 《饮用水深度处理技术》
5. 《饮用水厂膜法处理技术》
6. 《饮用水安全输配技术》
7. 《典型村镇饮用水安全保障适用技术》
8. 《饮用水水质风险评价技术》
9. 《城市供水系统应急净水技术指导手册》
10. 《饮用水嗅味控制与管理技术指南》
11. 《饮用水安全保障技术典型案例——水专项饮用水安全保障科技成果综合示范应用及成效》